T0259867

Prüfungstrainer Experimentalphysik

Hans-Christoph Mertins · Markus Gilbert

Prüfungstrainer Experimentalphysik

Physik verstehen und lernen für die mündliche Prüfung im Bachelor (Haupt- und Nebenfach)

3. Auflage

Springer Spektrum

Hans-Christoph Mertins
Markus Gilbert
FB Physikalische Technik, Fachhochschule Münster
Steinfurt, Deutschland

ISBN 978-3-662-49689-3   ISBN 978-3-662-49690-9 (eBook)
DOI 10.1007/978-3-662-49690-9

Die Deutsche Nationalbibliothek verzeichnet diese Publikation in der Deutschen Nationalbibliografie;
detaillierte bibliografische Daten sind im Internet über http://dnb.d-nb.de abrufbar.

Springer Spektrum

Planung: Margit Maly

Gedruckt auf säurefreiem und chlorfrei gebleichtem Papier.

Springer Spektrum ist Teil von Springer Nature
Die eingetragene Gesellschaft ist Springer-Verlag GmbH Berlin Heidelberg

Gebrauchsanweisung statt Vorwort

Dieser Prüfungstrainer ist kein weiteres klassisches Physiklehrbuch, sondern soll wie ein Trainer gezielt auf die mündliche Prüfung im Vordiplom oder Bachelor in den Fächern Experimentalphysik und Physikalische Technik vorbereiten. Der Prüfungstrainer übt mit Ihnen nicht die Lösung von Rechenaufgaben, sondern er stellt im Frage-Antwort-Spiel eine typische mündliche Prüfung nach. Der Prüfungstrainer kann allerdings nicht zaubern, d. h. das grundlegende Verständnis der Experimentalphysik, wie es durch regelmäßigen Vorlesungsbesuch und Bearbeiten von Übungen erworben wurde, wird vorausgesetzt. Ist dieses vorhanden, so ersetzt der Trainer für die Prüfungsvorbereitung weit ausschweifende Lehrbücher und ermöglicht Ihnen, sich auf den relevanten Prüfungsstoff zu konzentrieren.

Wie bereite ich mich vor?
Sie können die Vorbereitung auf die Prüfung effektiv beginnen, wenn Sie Ihren Prüfer oder seine wissenschaftlichen Mitarbeiter einige Wochen vor der Prüfung fragen, ob es spezielle Themenschwerpunkten gibt. Zudem gibt es in den Fachschaften Gedächtnisprotokolle der Prüfungen, in denen Studierende die abgefragten Themen aufgelistet haben. Es ist dringend zu empfehlen, sich zu zweit oder maximal zu dritt kontinuierlich über einen längeren Zeitraum vorzubereiten. Somit erarbeiten Sie sich den Stoff und lernen ihn klar zu formulieren, eine Fähigkeit, die Sie in der mündlichen Prüfung beherrschen müssen. Eine intensive Vorbereitung ist zudem das wirkungsvollste Mittel gegen Prüfungsangst.

Wie setze ich den Trainer ein?
Der Prüfungstrainer teilt den gesamten Prüfungsstoff in kompakte Arbeitspakete (Kapitel) ein, die aufeinander aufbauen. Bevor Sie die jeweiligen Prüfungsfragen beantworten, arbeiten Sie zuerst den entsprechenden Theorieteil durch, der eine kompakte Zusammenfassung des jeweiligen Themas gibt. Falls Sie hier schon Verständnisschwierigkeiten haben sollten, deutet das auf größere Lücken in Ihrem Grundwissen hin. In diesem Fall müssen Sie Ihre Lehrbücher heranziehen und diese Lücken schließen. Am Ende dieses Kapitels finden Sie hierfür geeignete Literaturhinweise. Im zweiten Schritt sollten Sie die Prüfungsfragen in der angegebenen Reihenfolge beantworten. Sie bauen aufeinander auf, so wie es typisch für eine mündliche Prüfung ist. Die Antworten sind mit der entsprechenden Bezeichnung im Anschluss an den Fragenteil aufgelistet. Die Nummerierung folgt

dem folgenden Muster: Frage F4.2.9 ist Frage Nr. 9 zu Abschn. 4.2 und A4.2.9 ist die zugehörige Antwort. Viele Prüfer überlassen Ihnen zu Beginn der Prüfung die Wahl des Themas. Nutzen Sie unbedingt eine solche Möglichkeit. Wählen Sie hierzu ein mittelschweres Thema und bereiten Sie sich auf einen kleinen Vortrag vor, so dass Sie einen der Theorieteile des Prüfungstrainers vortragen können.

Was muss ich wissen?

Studierende der Physik an Fachhochschulen müssen die Prüfungsfragen zum Grundverständnis und zur Messtechnik beantworten können, Studierende an Universitäten zusätzlich die Vertiefungsfragen. Studierende mit Physik als Nebenfach sollten die Fragen zum Grundverständnis beantworten können. Die wichtigsten Formeln sind im Theorieteil herausgehoben, die am häufigsten abgefragten Formeln erscheinen nochmals im Prüfungsteil zum Grundverständnis. Formeln und Rechnungen in den Antworten zu den Vertiefungsfragen sollen Ihnen zum besseren Verständnis dienen. In der mündlichen Prüfung werden Rechnungen nur sehr selten verlangt. Die Vertiefungsfragen des Trainers gehen oft über den üblicherweise abgefragten Stoff hinaus. Damit wollen die Autoren auch spezielle Themenschwerpunkte einiger Prüfer mit abdecken. Sie sollten sich daher im Vorfeld über die „Lieblingsthemen" Ihres Prüfers informieren. Oft sind die Vertiefungsfragen mit den Informationen des vorhergehenden Theorieteils allein nicht zu beantworten. Seien Sie deshalb nicht frustriert, sondern betrachten Sie den Vertiefungsteil als Erweiterung des Theorieteils. Literatur zur Vertiefung wird unten angegeben.

Für das erfolgreiche Bestehen der Prüfung ist die Beherrschung bestimmter Prüfungsthemen wichtig. Diese sind stichpunktartig unten angegeben. Von diesen sind die bedeutungsvollsten Themen im Prüfungstrainer durch die Fragen zum Grundverständnis abgedeckt. Da es sich um eine Prüfung in Experimentalphysik handelt, sind die wichtigsten Messtechniken in Abschn. 10.2 noch einmal stichpunktartig aufgelistet.

Während der Prüfung

Die meisten Studierenden sind nach der Prüfung über ihr unerwartetes gutes Abschneiden überrascht, d. h. sie sind meist besser, als sie sich selbst einschätzen. Trotzdem sollten Sie ernsthaft und intensiv lernen. Erzählen sie mutig und ruhig was Sie wissen, prahlen Sie aber nie mit Schlagworten der Physik, ohne diese erklären zu können. Reden Sie in der Prüfung nicht nur, sondern zeichnen Sie Kurven und skizzieren Sie Messaufbauten oder schreiben Sie die Formeln auf. Ein Bild sagt mehr als tausend Worte und gibt vor allem Ihnen Sicherheit. Prägen Sie sich daher die Abbildungen des Prüfungstrainers ein. Die Prüfung ist kein Verhör, sondern eher ein Fachgespräch zwischen zwei Menschen, die an Physik interessiert sind. Sie sollten wissen, dass ein Prüfer es immer gut mit Ihnen meint und oft ebenso aufgeregt ist wie Sie.

Zum Schluss möchten wir uns bei Frau Sandra Höhm für die Mitarbeit an diesem Buch bedanken. Für das kritische Lesen des Manuskripts und die vielen guten Anmerkungen danken wir den Professoren Hans Denk, Joachim Nellessen, Jürgen Chlebek und Martin Poppe, ebenso wie den Studenten Sebastian Müller und Ralf Pohl.

Literatur

Zur Aneignung und Absicherung des Grundverständnisses sind folgende Bücher für alle Themenbereiche geeignet:

1. D. Halliday, R. Resnik, J, Walker, „Physik", Wiley VCH Verlag Weinheim, 2003
2. P.A. Tipler, G. Mosca, „Physik", Springer-Verlag Berlin, 2015
3. D. Meschede, „Gerthsen Physik", Springer-Verlag Berlin, 2015

Zur Vertiefung des Stoffs sind folgende Bücher hilfreich, wobei der entsprechende Band zum jeweiligen Thema herangezogen werden sollte:

1. W. Demtröder, „Experimentalphysik", Bände 1–4, Springer-Verlag Berlin, 2010–2015
2. Bergmann, Schäfer, „Lehrbuch der Experimentalphysik", Band 1–6, de Gruyter Berlin
3. M. Poppe, „Prüfungstrainer Elektrotechnik", Springer-Verlag Berlin, 2015

Prüfungsthemen

Folgende Themen sind für Studierende der Physik an Universitäten zum erfolgreichen Bestehen der Physik-Vordiplomsprüfung wichtig. Die Zahl der Sterne gibt ihre Bedeutung an.

1. Mechanik

1.1 Kräfte**, Newton'sches Gesetz**, Beschleunigung**, Scheinkräfte**, schiefer Wurf**, Bewegungsgleichung, Körper im Kraftfeld, Inertialsystem, Trajektorie, schwere/träge Masse, Reibung
1.2 Energieerhaltung**, konservative Kräfte**, Arbeit, Potenzial, Hooke'sches Gesetz
1.3 Impuls- und Energieerhaltung**, Stöße**, ballistisches Pendel, Schwerpunktsbewegung
1.4 Drehimpuls**, Drehmoment**, Fliehkräfte*, Kräftegleichgewicht*, Corioliskraft*, Satellitenumlauf, Balkenwaage, Foucault'sches Pendel, Drehachse
1.5 Trägheitsmoment**, Erhaltungssatz**, Steiner'scher Satz**, Kreisel*, Kepler'sche Gesetze**, Hauptachsen*, Drehwaage, Messung von Trägheitsmomenten, Bewegungsgleichungen der Rotation, rollendes Rad, Rollen über schräge Ebene, Looping
1.6 Elastizitätsmodul*, barometrische Höhenformel*, laminare Strömung*, Bernoulli-Gleichung, Tragfläche, Auftrieb
1.7 Spezielle Relativitätstheorie, Raum-Zeit, Minkowski-Diagramme, Zeitdilatation, Längenkontraktion, Energie-Masse-Äquivalenz, Lorentz-Transformation

2. Schwingungen & Wellen

2.1 Harmonischer Oszillator**, Kräfte und Differentialgleichungen**, Resonanz**, Dämpfungsfälle**, gekoppelte Oszillatoren*, Pendel*, Energiebilanz*, Drehschwingung

3. Thermodynamik

4. Elektrizität & Magnetismus

5. Optik

5.1 Dispersion**, Mikroskop**, Teleskop**, Brechung/Reflexion*, Linsenfehler*, Total-
     reflexion, Linsengleichung, Vergrößerung, reelle und virtuelle Bilder, Hohlspiegel
5.2 Lineare Polarisation**, Brewster-Winkel**, zirkulare Polarisation, Polarisationsfilter,
     Doppelbrechung
5.3 Beugung und Huygens'sches Prinzip**, Kohärenz**, Doppelspalt**, Gitter und
     Spektrometer**, Auflösungsvermögen**, Rayleigh-Kriterien, Vielstrahlinterferenz,
     Fraunhofer/Fresnell-Beugung, Interferenz an dünnen Schichten, Beugung an Kanten

6. Quantenmechanik

6.1 schwarzer Strahler und Planck'sches Gesetz**, Wien'sches Verschiebungsgesetz*,
     Photoeffekt**, Compton-Effekt**, Wirkungsquantum und Messung von h
6.2 Schrödinger-Gleichung**, De-Broglie-Wellen**, Unschärfe**, Wahrscheinlichkeits-
     dichte**, Welle-Teilchen-Dualismus, Wellenpakete*
6.3 Harmonischer Oszillator**, Potenzialtopf**, Potenzialwall, Nullpunktsenergie**,
     Tunneleffekt und Anwendungen**, Korrespondenzprinzip

7. Atomphysik

7.1 Bohr'sche Postulate**, Termschema**, II-Spektrum**, Messung von Spektren*,
     Franck-Hertz-Versuch**, Radialwellen*, Orbitale, Ein-Elektronensysteme, Gasent-
     ladungslampen
7.2 Quantenzahlen**, Stern-Gerlach-Versuch*, Zeemann-Effekt und Feinstruktur*,
     Lambshift*, Spin, magnetisches Moment, Pauli-Prinzip, Periodensystem*, Mole-
     külspektren, Einstein-de-Haas-Effekt, Hund'sche Regel, Entartung, Auswahlregel,
     L-S/j-j-Kopplung
7.3 Röntgenspektrum**, Röntgenröhre, Bragg-Streuung, Synchrotronstrahlung
7.4 Laser

8. Festkörperphysik

8.1 Bragg-Streuung*, Gitterebenen, reziprokes Gitter, Drehkristallmethode, fcc- und bcc-
     Gitter, Kristallbindungen, Hybridisierung
8.2 Bänderschema*, Elektronengas, Fermi-Verteilung*, Bosonen*, elektrische Leitungs-
     mechanismen
8.3 pn-Übergang, Diode, LED, Solarzelle, Transistorverstärker
8.4 Phononen, Einstein- und Debye-Modell, Raman- und Brillouinstreuung
8.5 Supraleitung, Meißner-Ochsenfeld-Effekt, Hochtemperatursupraleiter

9. Kernphysik

10. Messtechnik

Inhaltsverzeichnis

Die Autoren

Markus Gilbert M.Sc., geboren 1972 in Augsburg, studierte Physik bis 2002 an der Uni Paderborn. Seit 2003 ist er als wissenschaftlicher Mitarbeiter an der FH Münster, seit 2013 als Dozent für Physik tätig.

Hans-Christoph Mertins, geboren 1963, studierte Physik an der TU-Berlin, wo er 1995 promovierte. Von 1996 bis 2003 an dem Berliner Synchrotron BESSY, seit 2003 Professor für Physik an der Fachhochschule Münster tätig, Aktivitäten in Forschung und Lehre, Aufbau eines Schülerlabors, Verleihung des Bolognapreises der FH Münster für ausgezeichnete Lehre.

Mechanik

1.1 Bewegung, Kräfte, Gravitation, Bezugssysteme

I Theorie

Grundlegend für die Mechanik ist die Beschreibung von zeitlichen Abläufen und den damit verbundenen Kräften, egal ob es um eine Autofahrt oder die Bewegung der Erde um die Sonne geht. Im Folgenden betrachten wir geradlinige Bewegungen eines punktförmigen Teilchens bzw. dessen Schwerpunkt in einem Kraftfeld. Kreisbewegungen sind Thema in Abschn. 1.4.

Bewegungen

Bewegt sich ein Punkt zwischen den Zeitpunkten t_1 und t_2 geradlinig vom Ort x_1 zum Ort x_2, so hat er die Strecke $\Delta x = x_2 - x_1$ zurückgelegt und hierfür die Zeit $\Delta t = t_2 - t_1$ benötigt (Abb. 1.1). Die mittlere Geschwindigkeit ergibt sich aus

$$v_{\text{gem}} = \frac{\Delta x}{\Delta t} = \frac{x_2 - x_1}{t_2 - t_1}, \quad [v_{\text{gem}}] = \frac{\text{m}}{\text{s}} \quad \text{(mittlere Geschwindigkeit)} . \tag{1.1}$$

Abb. 1.1 Weg-Zeit-Kurve $x(t)$ und Veranschaulichung der mittleren Geschwindigkeit v_{gem} und der Momentangeschwindigkeit v

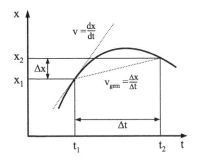

© Springer-Verlag Berlin Heidelberg 2016
H.-C. Mertins, M. Gilbert, *Prüfungstrainer Experimentalphysik*,
DOI 10.1007/978-3-662-49690-9_1

Abb. 1.2 Weg $\vec{r}(t)$ im
mehrdimensionalen Raum

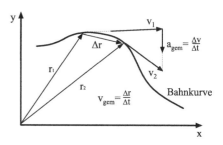

Die Steigung der Verbindungsgeraden im Weg-Zeit-Diagramm ergibt direkt die Geschwindigkeit. Eventuelle Änderungen der Geschwindigkeit während der Zeitdauer Δt werden allerdings nicht erfasst.

Darum ist es sinnvoller, die Momentangeschwindigkeit für den jeweiligen Zeitpunkt zu betrachten. Diese erhält man, wenn das Zeitinterfall Δt infinitesimal klein wird, d. h. wenn t_2 an t_1 heranrückt und aus der Verbindungsgeraden die Tangente am Punkt t_1 wird. Die Geschwindigkeit $v(t_1)$ zum Zeitpunkt t_1 entspricht also der Steigung der Tangente der Wegkurve am Punkt (x_1, t_1) (Abb. 1.1).

$$v = \frac{\mathrm{d}x}{\mathrm{d}t}, \quad [v] = \frac{\mathrm{m}}{\mathrm{s}} \quad \text{(Geschwindigkeit)}. \tag{1.2}$$

Ändert sich die Geschwindigkeit mit der Zeit, so handelt es sich um eine beschleunigte Bewegung. Die momentane Beschleunigung zu einem Zeitpunkt ist durch die Ableitung der Geschwindigkeit nach der Zeit gegeben.

$$a = \frac{\mathrm{d}v}{\mathrm{d}t} = \frac{\mathrm{d}^2 x}{\mathrm{d}t^2}, \quad [a] = \frac{\mathrm{m}}{\mathrm{s}^2} \quad \text{(Beschleunigung)}. \tag{1.3}$$

Beispiel: In der Regel bewegen sich Objekte im dreidimensionalen Raum, so dass wir mit entsprechenden Vektoren arbeiten müssen. Der Ortsvektor $\vec{r} = (r_x, r_y, r_z)$ zeigt vom Ursprung des x-y-z-Koordinatensystem zum Ort des Teilchens (Abb. 1.2). Die Darstellung kann auf zwei Wegen erfolgen:

Entweder werden die x-, y- und z-Komponenten als Funktion der Zeit wie in Abb. 1.1 dargestellt, oder man zeichnet die Bahnkurve $\vec{r}$ des Teilchens im Raum (Abb. 1.2). Die Geschwindigkeit $\vec{v} = (v_x, v_y, v_z)$ und die Beschleunigung $\vec{a} = (a_x, a_y, a_z)$ werden ebenfalls durch Vektoren dargestellt. Sie werden nicht im Ursprung des Koordinatensystems angetragen, sondern am Ort $\vec{r}$ des Teilchens. Ihre Komponenten hängen jeweils von der Zeit ab und können separat gemäß Gl. 1.2 und 1.3 ermittelt werden. Beachten Sie, dass in dieser Darstellungsweise zwei verschiedene Größen, nämlich der Ort und die Geschwindigkeit erscheinen können. Die Vektorlängen haben dann verschiedene Einheiten und Skalierungen! Die Abhängigkeit $\vec{r}(t)$ muss zur weiteren Berechnung bekannt sein. Die momentane Geschwindigkeit zur Zeit t_1 bzw. am Ort $\vec{r}_1 = \vec{r}(t_1)$ ist dann

$$\vec{v}(t) = \frac{\mathrm{d}\vec{r}}{\mathrm{d}t} = \left(\frac{\mathrm{d}x}{\mathrm{d}t}, \frac{\mathrm{d}y}{\mathrm{d}t}, \frac{\mathrm{d}z}{\mathrm{d}t} \right) = (v_x, v_y, v_z). \tag{1.4}$$

Dies ist ein Vektor, der tangential an der Bahnkurve im Punkt $\vec{r}_1$ anliegt. Seine Länge ist durch den Betrag $|\vec{v}|$ gegeben. Entsprechend wird die Beschleunigung ermittelt.

$$\vec{a}(t) = \frac{d\vec{v}}{dt} = \left(\frac{dv_x}{dt}, \frac{dv_y}{dt}, \frac{dv_z}{dt} \right) = \left(a_x, a_y, a_z \right) . \tag{1.5}$$

Wenn sich nur der Betrag $|\vec{v}|$ ändert, so spricht man von Tangentialbeschleunigung. Wenn sich nur die Richtung der Geschwindigkeit ändert, spricht man von Normalbeschleunigung, denn dann steht die Beschleunigung immer senkrecht auf $\vec{v}$ (siehe auch Kreisbewegung in Abschn. 1.4).

Newton'sche Axiome

Ein sich selbst überlassener Körper, auf den keine äußere Kraft wirkt, bewegt sich geradlinig mit konstanter Geschwindigkeit (Trägheitsprinzip, **1. Newton'sches Axiom**). Ändert er seinen Bewegungszustand, so wird er beschleunigt und es muss eine Kraft auf ihn wirken. Die Beschleunigung des Körpers erfolgt in Richtung der Vektorsumme aller angreifenden Kräfte

$$\vec{F} = m\,\vec{a}\,, \quad [F] = \frac{\text{kg m}}{\text{s}^2} = \text{N} = \text{Newton} \quad \text{(Kraft, \textbf{2. Newton'sches Axiom})}. \tag{1.6}$$

Die **Masse** ist eine innere Eigenschaft jedes Körpers. Sie ist als träge Masse ein Maß für den Trägheitswiderstand, den der Körper der Beschleunigung entgegenbringt. Ihre Einheit ist das Kilogramm $[m] = $ kg. Das **3. Newton'sche Axiom** ist das Reaktionsprinzip. Es besagt, dass Kräfte immer paarweise auftreten. Übt ein Körper A eine Kraft $\vec{F}_A$ auf den Körper B aus, so wirkt eine gleich große, aber entgegen gerichtete Kraft $\vec{F}_B = -\vec{F}_A$ von Körper B auf Körper A.

Impuls

Bewegt sich ein Teilchen der Masse m mit der Geschwindigkeit v, so besitzt es den Impuls

$$\vec{p} = m\,\vec{v}\,, \quad [p] = \text{kg m/s} \quad \text{(Impuls)}. \tag{1.7}$$

Der Impuls ist eine wichtige Größe zur Beschreibung von Stoßvorgängen, z. B. in der Kernphysik, oder für den Düsenantrieb (siehe Abschn. 1.3). Der Impuls eines freien Teilchens ist zeitlich konstant. Dies bedeutet im Gegenzug, dass eine Kraft gewirkt haben muss, wenn sich p geändert hat, so dass man das zweite Newton'sche Axiom wie folgt formulieren kann:

$$\vec{F} = \frac{d\vec{p}}{dt} \quad \text{(2. Newton'sches Axiom)}. \tag{1.8}$$

Ist die Masse konstant, bedeutet dies direkt $\vec{F} = m\,\vec{a}$.

Abb. 1.3 Kräftediagramm für
einen Körper, der nach rechts
gezogen wird und Veranschaulichung der Reibung

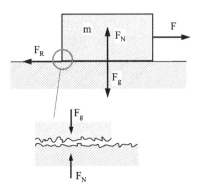

Gewichtskraft

In der Nähe der Erdoberfläche erfährt jeder Körper eine konstante, auf den Erdmittelpunkt
gerichtete **Erdbeschleunigung** vom Betrag $a = g = 9,81$ m $\cdot$ s^{-2}. Damit wirkt auf den
Körper die Gewichtskraft, auch kurz als Gewicht bezeichnet.

$$\vec{F}_g = m\vec{g} \quad \text{(Gewichtskraft)}. \tag{1.9}$$

Die Gewichtskraft ist proportional zur **schweren Masse** m, die mit der **trägen Masse**
übereinstimmt.

Generell wirkt zwischen zwei Massen m_1 und m_2, die sich im Abstand r befinden, die
anziehende Gravitationskraft

$$F = G\frac{m_1 m_2}{r^2}, \quad G = 6{,}67 \cdot 10^{-11} \frac{\text{N m}^2}{\text{kg}^2} \quad \text{(Gravitationsgesetz)}. \tag{1.10}$$

Sie ist von dem Schwerpunkt der einen Masse auf den Schwerpunkt der anderen Masse
gerichtet. Mit der Erdmasse $m_1 = 5{,}98 \cdot 10^{24}$ kg und dem Erdradius $r = 6{,}37 \cdot 10^6$ m ergibt
sich die mittlere Erdbeschleunigung zu $g = G\, m_1/r^2 \approx 9{,}81$ m$\cdot$s^{-2} an der Erdoberfläche.

Normalkraft

Liegt ein Körper der Masse m ruhig auf einer Bodenfläche, wirkt die Gravitationskraft $\vec{F}_g$ nach unten. Die Bodenfläche muss mit der entgegen gerichteten Normalkraft
$\vec{F}_N = -\vec{F}_g$ auf den Körper nach oben wirken, denn die Beschleunigung ist für den
ruhenden Körper null (Abb. 1.3).

Diese „Kontaktkräfte" stehen immer senkrecht (normal) zur Oberfläche und werden
daher Normalkräfte genannt. Sie entsprechen dem 3. Newton'schen Axiom (actio = reactio) und werden immer benötigt, wenn die Bewegung von Körpern auf einer Kontaktfläche
oder statische Gleichgewichte berechnet werden müssen.

Reibungskraft

Soll der in Abb. 1.3 gezeigte Block aus der Ruhelage bewegt werden, so muss die Kraft
$\vec{F}$ ihn nicht nur beschleunigen, sondern zusätzlich die Reibungskraft $\vec{F}_R$ überwinden.

Reibung tritt zwischen zwei Flächen auf, die in Kontakt stehen, was durch den **Reibungs-koeffizient** μ_R zwischen zwei Materialien beschrieben wird:

$$\left|\vec{F}_R\right| = \mu_R \left|\vec{F}_N\right| \quad \text{(Reibungskraft)}. \tag{1.11}$$

Die Reibungskraft wirkt immer längs der Kontaktfläche, obwohl die „andrückende" Normalkraft senkrecht zur Kontaktfläche wirkt. Genau genommen unterscheidet man drei Fälle der Reibung: Ruht der Körper, so wird in Gl. 1.11 der Haftreibungskoeffizient μ_{RH} verwendet. Rutscht der Körper, so wird der kleinere Gleitreibungskoeffizient μ_{RG} benutzt und für Rollbewegung der noch kleinere Wert μ_{RR}. Typische Reibungskoeffizienten sind z. B. Stahl auf Stahl: $\mu_{RH} = 0{,}7$, $\mu_{RG} = 0{,}6$, $\mu_{RR} = 0{,}001$.

Strömungswiderstand
Bewegt sich ein Körper durch ein Fluid wie z. B. ein Gas oder eine Flüssigkeit (siehe Abschn. 1.6), so erfährt er einen Strömungswiderstand. Diese Kraft $\vec{F}_S$ wirkt gegen die Richtung der Geschwindigkeit v. Ihr Betrag hängt ab vom Widerstandskoeffizienten C, von der effektiven Querschnittsfläche A des Körpers, von der Dichte ρ des Fluids und von der Geschwindigkeit. Bei geringen Geschwindigkeiten gilt $F_S \sim v$, bei größeren Geschwindigkeiten, wie sie z. B. beim Fallschirmspringen herrschen, wächst sie quadratisch mit v und es gilt $F_S = 1/2 \cdot C \, \rho \, A \, v^2$.

Federkraft
Wird eine elastische (Hooke'sche) Feder um die Strecke x aus der entspannten Gleichgewichtslage heraus gestreckt oder gestaucht (Abb. 1.4), so wirkt die Kraft

$$\vec{F} = -k\,\vec{x} \quad \text{(Federkraft)} \tag{1.12}$$

mit der Federkonstanten k, wobei $[k] = \text{N} \cdot \text{m}^{-1}$. Der Betrag der Federkonstanten gibt die Steifheit der Feder an. Das Minuszeichen besagt, dass die Federkraft immer in die Gleichgewichtslage ($x = 0$) zurück zeigt, egal ob die Feder gedrückt oder auseinander gezogen wird. Die Kraft ist in unserem Fall längs der Feder gerichtet, wobei $\vec{x} = \Delta \vec{r}$ in Abb. 1.4 gilt.

Abb. 1.4 Die Kraft ist proportional zur Auslenkung einer Feder aus ihrer Gleichgewichtslage

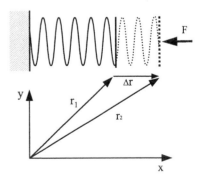

Abb. 1.5 Veranschaulichung
zu den Begriffen Scheinkräfte
und Inertialsystem

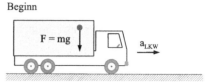

Beginn

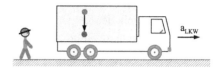

später: Bezugssystem fest

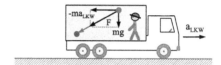

später: Bezugssystem beschleunigt

Inertialsystem

Um die Bewegung eines Punktes im Raum beschreiben zu können, ist ein Bezugspunkt
nötig, meist der Ursprung eines rechtwinkligen Koordinatensystems. Liegt das Bezugssystem S_1 z. B. in einem Lastwagen, der nach rechts hin beschleunigt wird, so treten in
ihm Scheinkräfte auf. Diese Schein- oder auch Trägheitskräfte werden von einem nicht
beschleunigten Bezugssystem S_2 (Straße) nicht beobachtet. Wie ist das zu verstehen?

Abb. 1.5 zeigt einen Lastwagen, in dem ein Apfel fallen gelassen wird, während der
Wagen gleichzeitig nach rechts beschleunigt wird. Ein auf der Straße stehender Beobachter sieht, wie der Apfel durch die Gravitation senkrecht nach unten fällt und der Wagen
nach rechts wegfährt. Ein im Wagen mitfahrender Beobachter sieht dagegen einen nach
links unten wegfliegenden Apfel. Nach dem zweiten Newton'schen Gesetz muss der mit-
fahrende Beobachter zusätzlich zu der Gravitationskraft eine Kraft (Scheinkraft) annehmen, die den Apfel von seiner senkrechten Bahn nach links ablenkt. Ein **Inertialsystem**
ist ein Bezugssystem, in dem diese „Schein"- oder „Trägheitskräfte" nicht auftreten. Dies
sind ausschließlich ruhende oder sich mit konstanter Geschwindigkeit bewegende Systeme.

II Prüfungsfragen

Grundverständnis

F1.1.1 Nennen und erklären Sie die drei Newton'schen Axiome.

F1.1.2 Auf einen fallenden Stein wirkt die Gravitationskraft $\vec{F}$. Wo greift die Gegenkraft an?

F1.1.3 Was ist der Unterschied zwischen Masse und Gewicht?

F1.1.4 Was ist eine Hooke'sche Feder?

F1.1.5 Eine Kiste rutscht eine schräge Ebene hinab. Zeichnen Sie das Kräftediagramm. Geben Sie die Formeln zur Berechnung der Kräfte und der Beschleunigung an. Unter welcher Bedingung rutscht die Kiste mit konstanter Geschwindigkeit?

F1.1.6 Wie ermittelt man den Reibungskoeffizienten zwischen zwei Materialien?

F1.1.7 Stellen Sie die Bewegungsgleichungen $x(t)$ für den freien Fall auf.

F1.1.8 Tragen Sie zurückgelegten Weg, Geschwindigkeit und Beschleunigung als Funktionen der Zeit für den freien Fall auf.

F1.1.9 Ein Ball wird von einem Turm horizontal abgeschossen. a) Zeichnen Sie die Bahnkurve in ein x-y-Diagramm und tragen Sie Geschwindigkeit und Beschleunigung ein. b) Gleichzeitig wird ein zweiter Ball senkrecht fallen gelassen. Welcher Ball erreicht zuerst den Erdboden, wenn der Luftwiderstand vernachlässigt wird?

F1.1.10 Was ist ein Inertialsystem und was sind Schein- oder Trägheitskräfte?

Messtechnik

F1.1.11 Wie werden Geschwindigkeit und Beschleunigung gemessen?

F1.1.12 Wie können Kräfte gemessen werden?

F1.1.13 Wie können Massen gemessen werden?

F1.1.14 Wie ist die Längeneinheit Meter definiert?

F1.1.15 Wie wird die Zeitdauer gemessen?

Vertiefungsfragen

F1.1.16 Wie hängen Kraft und Impuls zusammen?

F1.1.17 Wann ist ein Körper im Gleichgewicht?

F1.1.18 Wie kann das Gravitationsgesetz und die Gravitationskonstante G ermittelt werden?

F1.1.19 Wie berechnet man die Endgeschwindigkeit beim freien Fall?

F1.1.20 Sie stehen im Aufzug (Lift) auf einer Personenwaage. Welche Masse zeigt die Waage an, wenn der Aufzug a) steht, b) nach oben beschleunigt, c) mit konstanter Geschwindigkeit nach unten fährt, d) nach oben fährt und abbremst?

F1.1.21 Stellt ein Labor auf der Erde ein Inertialsystem dar?

F1.1.22 Wann gelten die Gesetze der Newton'schen Mechanik nicht?

F1.1.23 Was sind schwere und träge Masse?

III Antworten

A1.1.1 Die Newton'schen Axiome begründen die klassische Mechanik. Erstes Axiom (Trägheitsprinzip): Ein Körper verharrt im Zustand der Ruhe oder gleichförmigen, geradlinigen Bewegung, solange keine Kraft auf ihn wirkt. Zweites Axiom: Die Beschleunigung des Körpers ist der wirkenden Kraft gleichgerichtet, es gilt $\vec{F} = m\,\vec{a}$. Drittes Axiom (*actio = reactio*): Zu jeder Kraft gehört eine gleich große, aber entgegengesetzt wirkende Kraft. Bemerkung: Das erste Axiom folgt aus dem zweiten Axiom, da mit $F = 0$ auch $a = 0$ folgt.

A1.1.2 Die Erde zieht den Stein mit $\vec{F}_g = m\vec{g}$ an, aber ebenso zieht der Stein mit $\vec{F} = -\vec{F}_g$ die Erde an. Die Kräfte greifen im Mittelpunkt des Steins bzw. der Erde an.

A1.1.3 Die Masse ist eine intrinsische Eigenschaft des Körpers. Das Gewicht ist eine Kraft $\vec{F}_g = m\vec{g}$ (Gewichtskraft). Sie ist proportional zur Masse und aus ihr kann die Masse bestimmt werden.

A1.1.4 Eine Hooke'sche Feder ist eine mechanische, elastische Feder, die bei Dehnung oder Stauchung eine Rückstellkraft aufbaut, die proportional zur Auslenkung $\vec{F} = -k\,\vec{x}$ ist (Hooke'sches Gesetz). Die „Stärke" der Feder wird durch die Federkonstante $k = F/x$ in $N \cdot m^{-1}$ angegeben.

A1.1.5 Siehe Abb. 1.6. Die Gravitationskraft wirkt mit dem Betrag mg senkrecht nach unten. Sie teilt sich in zwei Komponenten auf: a) Senkrecht zur Ebene bewirkt sie die Normalkraft $F_N = mg\cos\theta$. b) Die Komponente parallel zur Ebene $mg\sin\theta$ führt zur Beschleunigung, wobei die Reibungskraft $F_R = \mu_R F_N = \mu_R mg\cos\theta$ in die entgegengesetzte Richtung wirkt. Die resultierende Beschleunigung der Kiste erhalten wir aus $ma = mg\sin\theta - mg\,\mu_R\cos\theta$. Die Kiste rutscht mit konstanter Geschwindigkeit, wenn $a = 0$, d. h. $0 = mg\sin\theta - mg\,\mu_{RG}\cos\theta$. Der diesem Fall entsprechende Neigungswinkel hängt von der Gleitreibungskonstanten ab.

Abb. 1.6 Kräfte an rutschender Kiste

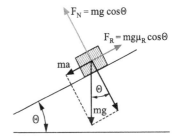

A1.1.6 Der Haftreibungskoeffizient zwischen Kiste und Ebene wird bestimmt, indem die Neigung der schrägen Ebene von Null an soweit vergrößert wird, bis der Körper rutscht. Genau dann gilt $mg\sin\theta_H = \mu_{RH}mg\cos\theta_H$. Der kleinere Gleitreibungskoeffizient wird gemäß A1.1.5 aus der Neigung der Ebene bestimmt. Dazu wird der Neigungswinkel so weit verkleinert, bis die Rutschgeschwindigkeit einen konstanten Wert annimmt.

A1.1.7 Die Bewegungsgleichung lautet $\vec{F} = m\,\vec{a}$ (Gl. 1.6). Die Lösungen dieser Gleichung ergeben sich aus den Anfangsbedingungen des speziellen Falls, hier der freie Fall. Er ist eine konstant beschleunigte Bewegung (Luftwiderstand wird vernachlässigt) und es gilt für die Beschleunigung $a = g = 9{,}81\,\mathrm{m\cdot s^{-2}}$, für die Geschwindigkeit $v(t) = a\,t + v_0$ und für den Ort $x(t) = 1/2 \cdot a\,t^2 + v_0\,t + x_0$. Wird der Ball nicht mit einer Anfangsgeschwindigkeit nach unten geworfen, so gilt $v_0 = 0$. Zur Zeit $t = 0$ befindet sich der Ball am Ort x_0.

A1.1.8 Siehe Abb. 1.7 und A1.1.7.

Abb. 1.7 Bewegungsgrößen
$x(t)$, $v(t)$ und $a(t)$ für freien
Fall

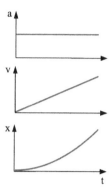

A1.1.9 a) Siehe Abb. 1.8. b) Beide Bälle kommen zur gleichen Zeit unten an.

Abb. 1.8 Schiefer Wurf

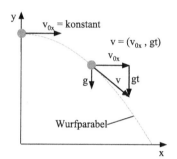

A1.1.10 Ein Inertialsystem ist ein nicht beschleunigtes Bezugssystem. Hier gelten die Newton'schen Gesetze. In einem beschleunigten Bezugssystem treten für einen mitbeschleunigten Beobachter aufgrund der Massenträgheit Trägheits- oder Scheinkräfte auf, die nicht den Newton'schen Axiomen gehorchen. Diese Kräfte führen zu einer Änderung des geradlinigen Bewegungszustandes (anfahrendes, bremsendes oder durch die Kurve fahrendes Auto).

A1.1.11 Die mittlere Geschwindigkeit $v = \Delta x / \Delta t$ eines Punktes wird aus der zurückgelegten Strecke Δx, z. B. zwischen zwei Lichtschranken, und der benötigten Zeit Δt ermittelt. Bei passieren der ersten Schranke startet die Uhr, bei passieren der zweiten Schranke stoppt die Uhr. Die Beschleunigung $a = \Delta v / \Delta t$ erhält man aus der Messung der Geschwindigkeiten zu zwei aufeinander folgenden Zeiten. Hierzu benötigt man insgesamt 4 Lichtschranken. Für die Momentanwerte der Geschwindigkeit und Beschleunigung muss $\Delta t \to 0$ streben, d. h. der Abstand der Lichtschranken muss praktisch gegen Null gehen. Weitere Messmethoden stehen in Abschn. 10.2.

A1.1.12 Federkraftmesser: Messung der Längenänderung einer Hooke'schen Feder, da diese proportional zur wirkenden Kraft ist ($\vec{F} = -k\,\vec{x}$). Die Federkonstante muss bekannt sein.

A1.1.13 a) **Federkraftwaage**: Hier wird eine Hooke'sche Feder durch Belastung mit einer Masse im Gravitationsfeld gedehnt oder gestaucht. Wenn sich das Gleichgewicht zwischen Gewichtskraft der Masse und Rückstellkraft der Feder $mg = kx$ eingestellt hat, kann aus der Auslenkung x der Feder bei bekannter Federkonstanten und Gravitationsbeschleunigung die Masse ermittelt werden. Genau genommen misst die Federkraftwaage also nicht die Masse, sondern die Gewichtskraft. b) **Balkenwaage**: Vergleich der Gewichtskraft mit derjenigen einer bekannter Masse (siehe auch Abschn. 1.4). c) Kraft auf Körper mit bekannter Masse wirken lassen, dessen Beschleunigung messen und daraus die Kraft $F = ma$ berechnen.

A1.1.14 Die Längeneinheit Meter ist definiert durch die Strecke, die das Licht im Vakuum in der Zeit $1/299.792.458\,\mathrm{s}$ zurück legt.

A1.1.15 Die Zeitmessung erfolgt mit Uhren. Das Zeitmaß ist meist die Periodendauer eines periodischen Vorgangs (siehe Schwingungen in Abschn. 2.1). Die SI-Einheit ist die Sekunde.

A1.1.16 Definition des Impulses durch: $\vec{F} = \mathrm{d}\vec{p}/\mathrm{d}t$. Dies ist eine andere Formulierung des 2. Newton'schen Axioms. Falls die Masse konstant ist, folgt aus $\vec{p} = m\,\vec{v}$ direkt $\vec{F} = m\,\vec{a}$.

A1.1.17 Ein Körper ist im Gleichgewicht, wenn die Summe aller auf ihn wirkenden Kräfte Null ist. Zusätzlich muss die Summe aller Drehmomente (Abschn. 1.4) Null sein.

A1.1.18 Die von *Cavendish* erfundene **Drehwaage** dient der Bestimmung kleiner Anziehungs- bzw. Abstoßungskräfte (Abb. 1.9). Zwei kleine Massen m sind beweglich an einem Torsionsfaden aufgehängt. Nähert man zwei große Massen M, so werden durch die Gravitationskraft die kleinen Massen angezogen. Dabei dreht sich der Faden und damit ein an ihm befestigter Spiegel. Dieser lenkt einen Laserstrahl ab, woraus man den Drehwinkel des Fadens bestimmen kann. Daraus und mit Kenntnis des Torsionsmoduls (Abschn. 1.6) des Fadens kann die Anziehungskraft zwischen den Massen berechnet werden.

Abb. 1.9 Cavendish-Drehwaage

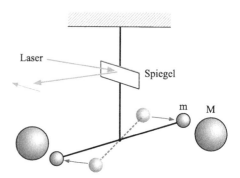

Laser

Spiegel

m M

A1.1.19 Beim freien Fall wächst die bremsende Kraft $F_S = 1/2 \cdot C \rho A v^2$ des Strömungswiderstandes mit der Geschwindigkeit so weit an, bis sie der Gravitationskraft entspricht ($mg - F_S = 0$). Dann herrscht Kräftefreiheit, d. h. bei dieser Endgeschwindigkeit wird der Körper nicht weiter beschleunigt und v kann berechnet werden.

A1.1.20 Die **Waage** zeigt die Normalkraft an, mit der sie nach oben gegen die darauf stehende Person wirkt. Auf die Person wirkt nach unten die Gravitationskraft mg. Die Beschleunigung ergibt sich aus der resultierenden Kraft $F_N - mg = ma$. a) Wenn der Lift steht, d. h. wenn $a = 0$, zeigt die Waage die Gewichtskraft $F_N = mg$ an. b) Wird der Lift mit a nach oben beschleunigt, so zeigt die Waage die größere Gewichtskraft $F_N = m(a + g)$ an. c) Bei konstanter Geschwindigkeit ist $a = 0$ und die Waage zeigt $F_N = mg$. d) Abbremsen bei der Fahrt nach oben bedeutet negative Beschleunigung, also wird eine kleinere Gewichtskraft $F_N = m(g - a)$ angezeigt.

A1.1.21 Nein, denn die Erde rotiert um sich selbst und um die Sonne. Damit stellt sie ein beschleunigtes System dar und es wirken Fliehkraft und Corioliskraft (Abschn. 1.4). Allerdings sind diese Kräfte so klein, dass sie in vielen Experimenten vernachlässigt werden können.

A1.1.22 Die Newton'sche Mechanik gilt nicht in Nicht-Inertialsystemen. Sie gilt ebenfalls nicht, wenn die Geschwindigkeit nahe der Lichtgeschwindigkeit ist (Relativitätstheorie) sowie bei kleinsten Objekten mit atomaren Dimensionen (Quantenmechanik).

A1.1.23 Die träge Masse setzt gemäß $F = ma$ der Änderung des Bewegungszustandes eines Körpers einen Widerstand entgegen. Die schwere Masse ergibt sich aus dem Gravitationsgesetz $F = G m_1 m_2 / r^2$. Da beim freien Fall für alle untersuchten Massen dieselbe Erdbeschleunigung g ermittelt wurde, können schwere und träge Masse als gleich betrachtet werden.

1.2   Energie, Arbeit, Leistung, Potenziale

I Theorie

Eine der wichtigsten Zukunftsfragen betrifft die Lösung der weltweiten Energieversorgung. Wie kann man Energie speichern oder von einer Form in eine andere umwandeln und mechanische Arbeit leisten?

Arbeit
An einem Teilchen wird von einer Kraft physikalische Arbeit verrichtet, wenn sich ihr Angriffspunkt um eine Wegstrecke $\Delta \vec{x}$ bewegt (Abb. 1.10). Entscheidend dabei ist nur die Kraftkomponente parallel zum zurückgelegten Weg, was durch das Skalarprodukt erfasst wird.

$$W = \vec{F} \cdot \Delta \vec{x} = F \, \Delta x \cos \theta \,, \quad [W] = \mathrm{N\,m} = \mathrm{J} = \text{Joule} \quad \text{(Arbeit).} \qquad (1.13)$$

Die Arbeit ist ein Skalar. Sie ist positiv, wenn Kraft und zurückgelegter Weg in dieselbe Richtung zeigen, d. h. *von* dem Körper wird Arbeit verrichtet. Ist $\vec{F}$ gegen den zurückgelegten Weg gerichtet, so ist W negativ, d. h. *an* dem Körper wird Arbeit verrichtet. Steht die Kraft senkrecht auf dem Weg, so ist mit $\cos 90° = 0$ auch die Arbeit $W = 0$.

Ändert sich der Betrag der Kraft oder ihr Angriffswinkel auf dem zurückgelegten Weg von x_1 bis x_2, so muss der Weg in kleine Abschnitte unterteilt werden, auf denen die Kraft näherungsweise konstant ist. Die gesamte Arbeit ist dann die Summe aller Teilarbeiten $\sum W_i = \sum \vec{F_i} \cdot \Delta \vec{x}$ (Abb. 1.11). Das Verfahren wird exakt, wenn die Strecken $\Delta \vec{x}$ infinitesimal klein werden und das Integral gebildet wird.

$$W = \int_{x_1}^{x_2} \vec{F} \cdot \mathrm{d}\vec{x} \quad \text{(Arbeit).} \qquad (1.14)$$

Abb. 1.10 Wird die Kiste mit der Kraft $\vec{F}$ um die Strecke $\Delta \vec{x}$ verschoben, so wird die Arbeit $W = F \, \Delta x \cos \theta$ verrichtet

Abb. 1.11 Die Arbeit ist die von der Kurve eingeschlossene Fläche

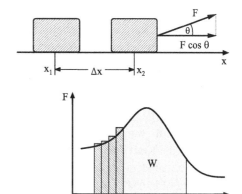

Die Arbeit ist damit für den eindimensionalen Fall anschaulich die Fläche unter der Kurve $\vec{F}(x)$. Wir haben gesagt, dass durch die Krafteinwirkung Arbeit an dem Körper verrichtet wird. Wo steckt die Arbeit nun, und kann diese wieder abgerufen und an einen anderen Körper übertragen werden? Das bringt uns zu dem Begriff der Energie.

Kinetische Energie

Beschleunigen wir einen ruhenden Körper der Masse m mit der Kraft $\vec{F}$ auf die Geschwindigkeit $\vec{v}$ (z. B. Auto anschieben), so steckt für den reibungsfreien Fall die gesamte Beschleunigungsarbeit als kinetische Energie im bewegten Körper.

$$E_{\text{kin}} = \frac{1}{2}mv^2, \quad [E_{\text{kin}}] = \text{J} \quad \text{(kinetische Energie)}. \tag{1.15}$$

Potenzielle Energie

Die in einem Körper gespeicherte Energie wird als potenzielle Energie bezeichnet. Sie kann z. B. durch Kompression einer elastischen Feder oder durch Lageveränderung im Kraftfeld, wie z. B. dem Gravitationsfeld aufgebaut werden. Spannen oder dehnen wir eine elastische Feder über eine Strecke x, so erhalten wir mit $\int \vec{F} \cdot d\vec{x} = k \int x \, dx$ den Betrag der in der Feder gespeicherte Energie

$$E_{\text{Feder}} = \frac{1}{2}k \, x^2, \quad [E_{\text{Feder}}] = \text{J} \quad \text{(Federenergie)}. \tag{1.16}$$

Diese „Spannungsenergie" kann wieder abgerufen werden, z. B. als kinetische Energie zur Beschleunigung einer Kugel.

Heben wir eine Masse m im Gravitationsfeld über eine Strecke h von x_1 nach x_2 senkrecht nach oben, so müssen wir Arbeit gegen die Schwerkraft $\vec{F}_g = m\vec{g}$ leisten. Im Gegensatz zu den beiden ersten Fällen ist die Kraft unabhängig vom Ort x, zumindest nahe der Erdoberfläche, und mit $m g \int dx$ folgt

$$E_{\text{pot}} = mg \, h, \quad [E_{\text{pot}}] = \text{J} \quad \text{(potenzielle Energie)}. \tag{1.17}$$

Auch diese im Körper gespeicherte Energie wird in kinetische Energie umgewandelt, wenn der Körper fallengelassen wird.

Kraftfeld & Potenzial

Potenzielle Energie kann nicht nur für die Bewegung im Gravitationsfeld oder für das Spannen einer Feder definiert werden, sondern unter bestimmten Voraussetzungen auch allgemein, und zwar, wenn es sich um ein konservatives Kraftfeld handelt. Dies ist der Fall, wenn die Kraft nicht von der Zeit abhängt, und wenn die Arbeit nicht von dem speziellen Weg, sondern nur von der Differenz zwischen Startpunkt und Zielort abhängt. Zur Illustration ist in Abb. 1.12 ein Ausschnitt gezeigt, in dem die Masse auf zwei alternativen Wegen von P_1 nach P_4 bewegt wird. Nur der Streckenabschnitt von P_1 nach P_2, bzw.

Abb. 1.12 Wird ein Masse-
punkt durch ein konservatives
Kraftfeld bewegt, so ist die
Arbeit unabhängig vom Weg

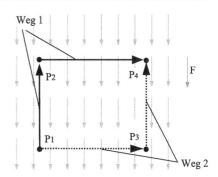

von P_3 nach P_4 trägt zur Arbeit bei. Da die Kräfte überall im Raum gleich sind, muss die
Arbeit für beide Wege identisch sein. Die Abschnitte von P_2 nach P_4 und von P_1 nach
P_3 kosten keine Arbeit, da Kraft und Weg senkrecht zueinander stehen. Typische konservative Kraftfelder sind homogene Felder, d. h. die Kräfte sind vom Betrag und Richtung
für alle Orte konstant. Aber auch Zentralfelder wie das Gravitationsfeld (Gl. 1.10) oder
elektrostatische Felder von Punktladungen (Abschn. 4.1, Abb. 4.2) sowie Überlagerungen
mehrerer solcher Felder bilden konservative Kraftfelder.

Der große Vorteil eines konservativen Kraftfeldes ist die Möglichkeit durch das Potenzial dieses Kraftfeldes die potenzielle Energie definieren zu können. Damit wird die
komplizierte Berechnung der Arbeit nach Gl. 1.14 aus Kraftvektor und speziellem Weg
durch eine einfache Differenzbildung zwischen den Potenzialen, also skalaren Größen,
ersetzt. Wie funktioniert dies? Die Arbeit zur Verschiebung eines Teilchens von $\vec{r}_1$ nach
$\vec{r}_2$ durch ein konservatives Kraftfeld ist nur eine Funktion der Differenz zwischen zwei
Integralwerten, d. h. $W(\vec{r}_1, \vec{r}_2) = \int_{\vec{r}_1}^{\vec{r}_2} \vec{F} \cdot d\vec{r}$. Da $\vec{F}$ unabhängig von $\vec{r}$ ist, hängt die Arbeit nur von $\vec{r}_1$ und $\vec{r}_2$ ab, nicht aber vom speziellen Weg. Definiert man nun für jeden
Ort ein Potenzial $\Phi(\vec{r})$ bzw. die potenzielle Energie $E_{\text{pot}}(\vec{r})$, so ist die Verschiebearbeit
$W(\vec{r}_1, \vec{r}_2) = E_{\text{pot}}(\vec{r}_2) - E_{\text{pot}}(\vec{r}_1)$ gleich der Differenz der potenziellen Energien zwischen
den zwei Orten $\vec{r}_1$ und $\vec{r}_2$. Setzt man den Startpunkt $\vec{r}_1$ auf Null, so hängt die Arbeit nur
noch vom Zielort $\vec{r}_2$ ab. Diese Größe nennt man dann die potenzielle Energie, bezogen auf
$\vec{r}_1$. Verdeutlichen wir uns das an dem Berg in Abb. 1.13a. Um eine Masse von Punkt A $(\vec{r}_1)$
nach B $(\vec{r}_2)$ zu bringen, können wir den steilen Weg (1) oder den flacheren, aber längeren
Weg (2) wählen. Die Arbeit ist dieselbe, da wegen des Skalarproduktes nur die Wegkom-
ponente parallel zur Gewichtskraft zur Arbeit beiträgt, und dies ist gerade die Höhe h in
z-Richtung. Wird für den Punkt A am Fuß des Berges die potenzielle Energie auf Null
gesetzt, so gibt mit Gl. 1.17 die Höhe direkt die potenzielle Energie an. Bewegt sich die
Masse von B nach A zurück, so wird die selbe Energie wieder frei gesetzt. Dies bedeu-
tet generell, dass auf jedem geschlossenen Weg von $\vec{r}_1$ über $\vec{r}_2$ zurück nach $\vec{r}_1$ die Arbeit
Null ist, was der Definition des konservativen Kraftfeldes entspricht. Der Arbeitsprozess
ist also reversibel, Energie geht nicht verloren, d. h. der Energieerhaltungssatz gilt. Ver-

Abb. 1.13 a) Schnitt durch ein Potenzialgebirge und b) dessen Äquipotenziallinien (Höhenlinien)

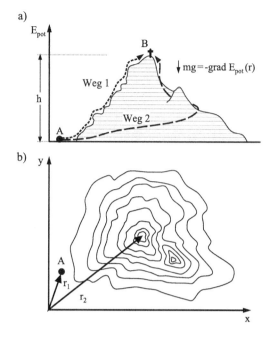

schiebt man den Massepunkt bei konstanter Höhe um den Berg, so läuft man auf einer **Äquipotenziallinie**. Die Verschiebung kostet keine Arbeit, denn die potenzielle Energie bleibt konstant. Die Äquipotenziallinien ergeben sich aus den waagerechten Schnitten des Berges (Abb. 1.13b) und sind aus Wanderkarten als Höhenlinien bekannt. Je dichter sie liegen, desto steiler geht es bergauf oder bergab.

Genau genommen muss man zwischen Potenzial $\Phi(\vec{r})$ und potenzieller Energie $E_{pot}(\vec{r})$ unterscheiden. Für den Fall unseres Berges, wo es nur auf die Höhe z ankommt, bedeutet dies $\Phi(z) = g\,z$ und $E_{pot}(z) = m\,\Phi(z) = m\,g\,z$.

Ist die Funktion der potentiellen Energie $E_{pot}(\vec{r})$ bekannt, so kann daraus das Kraftfeld $\vec{F}(\vec{r})$ direkt durch Gradientenbildung abgeleitet werden.

$$\vec{F}(\vec{r}) = -\operatorname{grad} E_{pot}(\vec{r})\,, \quad \text{(Kraftfeld)} \tag{1.18}$$

mit $\operatorname{grad} E_{pot}(\vec{r}) = \left(\dfrac{\partial E_{pot}}{\partial r_x}, \dfrac{\partial E_{pot}}{\partial r_y}, \dfrac{\partial E_{pot}}{\partial r_z} \right)$.

Was bedeutet dies anschaulich? Der Gradient ist ein Vektor, der in die Richtung zeigt, in welche sich die potenzielle Energie am stärksten ändert, d. h. in die Richtung des stärksten Anstiegs. Beachten Sie die unterschiedlichen Richtungen der Kräfte in Gl. 1.14 und Gl. 1.18. Der Gradient der potenziellen Energie $\operatorname{grad} E_{pot}(\vec{r})$ zeigt in unserem Beispiel bergauf. Ein Ball würde aber gegen die Richtung des Gradienten den Berg hinab rollen, denn die wirkende Kraft $m\vec{g}$ zeigt entsprechend dem Minuszeichen in Gl. 1.18 nach unten. Im Gegensatz dazu wirkt die Kraft $F(\vec{r})$ im Arbeitsintegral Gl. 1.14, die man aufbringen muss um den Ball bergauf zu befördern, gegen die Gravitationskraft. Sie ist also $F(\vec{r}) = -\left(-\operatorname{grad} E_{\mathrm{pot}}(\vec{r})\right)$. Wahrscheinlich haben Sie bisher an dieser Stelle immer intuitiv das richtige Vorzeichen gewählt.

Energieerhaltung

Die Summe der potenziellen und kinetischen Energie, genannt die mechanische Energie, ist in einem konservativen Kraftfeld zeitlich konstant, d. h. es gilt

$$E_{\mathrm{mech}} = E_{\mathrm{pot}} + E_{\mathrm{kin}} = \text{konstant}, \quad \text{(Energieerhaltung)} \tag{1.19}$$

$$\Leftrightarrow \frac{\mathrm{d}}{\mathrm{d}t}\left(E_{\mathrm{pot}} + E_{\mathrm{kin}}\right) = 0 \Leftrightarrow \Delta E_{\mathrm{kin}} = -\Delta E_{\mathrm{pot}}.$$

Dies bedeutet, dass bei mechanischen Vorgängen die Änderung der potenziellen Energie ΔE_{pot} zur Änderung der kinetischen Energie ΔE_{kin} führt. Wann ist die Summe aus potenzieller und kinetischer Energie nicht konstant? Immer wenn das Kraftfeld nicht konservativ ist und wenn bei Arbeitsprozessen mechanische Energie, z. B. als Wärmeverlust durch Reibung verloren geht. Der Prozess ist dann nicht umkehrbar (reversibel). Erst wenn die Wärmeverluste in die Energiebilanz mit einbezogen werden, gilt Gl. 1.19 in erweiterter Form (siehe Abschn. 3.2).

Leistung

Für viele Prozesse ist nicht die Arbeit allein ausschlaggebend, sondern die Zeit, in welcher die Arbeit verrichtet wird. Dies ist dann die Leistung, also die Arbeitsrate

$$P = \frac{\mathrm{d}W}{\mathrm{d}t}, \quad [P] = \frac{\mathrm{J}}{\mathrm{s}} = \mathrm{W} = \text{Watt} \quad \text{(Leistung)}. \tag{1.20}$$

$$P = \vec{F} \cdot \vec{v}. \tag{1.21}$$

Die letzte Gleichung folgt aus $\mathrm{d}W = \vec{F} \cdot \mathrm{d}\vec{x}$ und $\mathrm{d}\vec{x} = \vec{v}\,\mathrm{d}t$. Bewegt sich der Massenpunkt also senkrecht zur angreifenden Kraft, so wird keine Arbeit geleistet (siehe auch Kreisbewegungen in Abschn. 1.4).

II Prüfungsfragen

Grundverständnis

F1.2.1 Wie ist die mechanische Arbeit definiert?

F1.2.2 Welche Arbeit leistet man an einer Kiste ($m = 10\,\mathrm{kg}$), um diese 1 m nach oben, bzw. 10 m horizontal über eine reibungsfreie Ebene zu bewegen?

F1.2.3 Was ist potenzielle Energie?

F1.2.4 Nennen Sie Beispiele für potenzielle Energie.

F1.2.5 Was besagt der Energieerhaltungssatz, wann gilt er?

F1.2.6 Was sind Äquipotenziallinien?

F1.2.7 Mit welcher Geschwindigkeit fällt ein Stein ($m = 1\,\text{kg}$) aus 1 m Höhe auf den Boden?

F1.2.8 Was sind konservative Kräfte?

F1.2.9 Zwei Motoren ziehen gleich schwere Kisten auf die selbe Höhe. Motor (A) ist doppelt so schnell wie Motor (B) Welcher Motor hat die größere Leistung, welcher leistet mehr Arbeit?

Messtechnik

F1.2.10 Wie wird Arbeit gemessen?

F1.2.11 Wie wird Leistung gemessen?

Vertiefungsfragen

F1.2.12 Wie kann man beweisen, dass eine Kraft nicht konservativ ist?

F1.2.13 Wie werden Kraft und Potenzial ineinander umgerechnet?

F1.2.14 Zeigen Sie die Energieerhaltung am Beispiel der Hooke'schen Feder und leiten Sie die Federkraft ab.

III Antworten

A1.2.1 Arbeit ist Kraft mal Weg ($W = \vec{F} \cdot \vec{x}$), wobei aber nur die Kraftkomponente parallel zum Weg relevant ist. Ändert sich die Kraft auf dem Weg, so muss integriert werden, also $W = \int\limits_{x_1}^{x_2} \vec{F} \cdot \mathrm{d}\vec{x}$.

A1.2.2 Die Arbeit zum Anheben der Kiste im Gravitationsfeld der Erde berechnen wir mit $W = m\vec{g} \cdot \vec{x}$. Da die Gravitationskraft parallel zum Weg verläuft, folgt mit $\cos 0° = 1$ für die Arbeit $W = 10\,\mathrm{kg} \cdot 9{,}81\,\mathrm{m\,s^{-2}} \cdot 1\,\mathrm{m} = 98{,}1\,\mathrm{J}$. Die horizontale, reibungsfreie Bewegung senkrecht zur Kraft $m\vec{g}$ kostet wegen $\cos 90° = 0$ keine Arbeit.

A1.2.3 Für ein konservatives Kraftfeld kann für jeden Ort $\vec{r}$ ein Potenzial $\Phi(\vec{r})$ bzw. für ein Teilchen die potenzielle Energie $E_{\mathrm{pot}}(\vec{r})$ definiert werden. Die potenzielle Energie des Teilchens hängt damit nur von seiner Lage im Kraftfeld ab. Somit kann auf einfache Art die Arbeit berechnet werden, die nötig ist, um das Teilchen vom Ort $\vec{r}_1$ zu einem anderen Ort $\vec{r}_2$ zu bewegen. Die Arbeit ist die Differenz der potenziellen Energiewerte an den beiden Orten: $W(\vec{r}_1, \vec{r}_2) = E_{\mathrm{pot}}(\vec{r}_2) - E_{\mathrm{pot}}(\vec{r}_1)$. Sie hängt nicht vom speziellen Weg zwischen den Orten ab.

A1.2.4 Für die vertikale Verschiebung einer Masse m im Gravitationsfeld um die Strecke y kann man in Erdnähe die potenzielle Energie $E_{\mathrm{pot}} = mg\,y$ definieren. Durch Stauchen oder Dehnen einer Hooke'schen Feder um die Strecke x kann man potenzielle Energie $E_{\mathrm{pot}} = 1/2 \cdot k x^2$ in der Feder „speichern".

A1.2.5 Für ein konservatives Kraftfeld ist die mechanische Gesamtenergie zeitlich konstant, d. h. $E_{\mathrm{mech}} = E_{\mathrm{pot}} + E_{\mathrm{kin}}$. Damit kann sich die mechanische Energieform nur zwischen potenzieller und kinetischer Energie wandeln, aber nicht verloren gehen.

A1.2.6 In einem konservativen physikalischen Feld besitzen alle Punkte einer Äquipotenzial-Linie bzw. Fläche das selbe Potenzial. Die Feldlinien stehen senkrecht auf den Äquipotenzial-Linien bzw. Flächen. Bewegt ein Punkt sich auf einer Äquipotenziallinie durch das Feld, so kostet dies keine Arbeit, denn seine potenzielle Energie bleibt konstant. Zum Beispiel stellen die Höhenlinien eines die Äquipotenziallinien des Gebirges dar.

A1.2.7 Vernachlässigen wir die Luftreibung, so handelt es sich um ein konservatives System, d. h. die mechanische Energie bleibt erhalten. Potenzielle Energie wird dann in kinetische umgewandelt: $E_{\mathrm{pot}} = E_{\mathrm{kin}} \Rightarrow 1/2 \cdot m\,v^2 = m\,g\,h \Rightarrow v = \sqrt{2\,g\,h} \approx 4{,}4\,\mathrm{m \cdot s^{-1}}$.

A1.2.8 Konservative Kräfte (Potenzialkräfte) wirken in Systemen, in denen die Summe aus potenzieller und kinetischer Energie zeitlich konstant bleibt, d. h. wo die mechanische Energie erhalten bleibt. Die geleistete Arbeit hängt nicht vom speziell gewählten Weg ab. Konservative Kräfte müssen zeitlich konstant sein. Sie können als Gradient eines Potenzials geschrieben werden (Gl. 1.18). Beispiele sind die Gravitationskraft, die Federkraft und Kräfte in der Elektrostatik und Magnetostatik. Treten zusätzlich Reibungskräfte auf, so handelt es sich nicht mehr um ein konservatives System.

A1.2.9 Leistung ist Arbeit pro Zeit: $P = \mathrm{d}W/\mathrm{d}t$. Daher ist die Leistung von Motor (A) doppelt so groß wie die von Motor (B). Beide leisten aber die gleiche Arbeit, denn diese hängt nur von der Änderung der potenziellen Energie $W = m\,g\,h$ ab, nicht von der Zeit, die der Motor benötigt.

A1.2.10 Prinzipiell ist die parallel zu einer Verschiebung wirkende Kraft zu bestimmen und über den gesamten Weg zu integrieren: $W(\vec{r}_1, \vec{r}_2) = \int\limits_{x_1}^{x_2} \vec{F} \cdot \mathrm{d}\vec{r}$. Alternativ kann die Arbeit aus der Leistung und der entsprechenden Dauer ermittelt werden: $W(t_1, t_2) = \int\limits_{t_1}^{t_2} P\,\mathrm{d}t$.

Handelt es sich um konservative Kräfte, so ist die Arbeit gleich der Differenz der potenziellen Energie.

A1.2.11 Messung der Leistung $P = \mathrm{d}W/\mathrm{d}t$ bedeutet Messung der Arbeit und der benötigten Zeit. Oft wird mechanische in elektrische Leistung gewandelt und diese gemessen.

A1.2.12 Berechnen Sie die Arbeit über einen geschlossenen Weg. Wenn diese nicht Null ist, so ist die Kraft nicht konservativ.

A1.2.13 Ist das Potenzial bzw. die potenzielle Energie bekannt, so erhält man nach Gl. 1.18 die Kraft durch den negativen Gradienten der potenziellen Energie. Ist umgekehrt die Kraft bekannt, so erhält man die potenzielle Energie am Ort x_1 durch das Integral $E_{\mathrm{pot}}(\vec{r}_1) = -\int\limits_{\vec{r}_0}^{\vec{r}_1} \vec{F} \cdot \mathrm{d}\vec{r}$. Ihr Wert ist bezogen auf den Punkt $\vec{r}_0$.

A1.2.14 Die Masse m der Feder mit der Federkonstanten k sei im Zentrum, d. h. in der kräftefreien Gleichgewichtslage bei $x = 0$ konzentriert (Abb. 1.14b). Wird das Zentrum der Feder um die Strecke x verschoben, so wächst die potenzielle Federenergie um $E_{\mathrm{pot}} = 1/2 \cdot k x^2$ Wird die Feder frei gelassen, so wandelt sich ihre potenzielle in kinetische Energie $E_{\mathrm{kin}} = 1/2 \cdot m v^2$ um. Da es keine Reibungsverluste geben soll, gilt die mechanische Energieerhaltung $E_{\mathrm{mech}} = E_{\mathrm{kin}} + E_{\mathrm{pot}} = $ konstant. Die Federkraft ergibt sich nach Gl. 1.18 zu $F = -\mathrm{d}E_{\mathrm{pot}}/\mathrm{d}x = -kx$.

Abb. 1.14 a) Schwingendes
Feder-Masse-System mit
b) kinetischer und potenzieller
Energie und c) wirkender Kraft

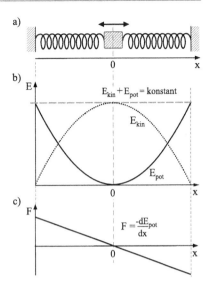

1.3 Teilchensysteme, Impulserhaltung, Stöße

I Theorie

Der Impulsbegriff spielt für die Beschreibung von Mehrteilchensystemen eine wichtige
Rolle. In der Kernphysik lässt man Teilchen mit hoher Energie aufeinander stoßen, um
aus den Reaktionsprodukten Information über den Kernaufbau zu erhalten. Ebenso zum
Thema „Impuls" gehören die Gleichungen zum Raketenantrieb sowie die Beschreibung
der Gesetze beim Golfspiel.

Schwerpunkt

Die Bewegung eines komplizierten Systems aus mehreren Teilchen lässt sich erfassen,
wenn man erstens die Bewegung des Schwerpunktes und zweitens die Bewegung der einzelnen Teilchen in Bezug auf den Schwerpunkt kennt. Man kann so tun, als wäre die
gesamte Masse im Schwerpunkt konzentriert und als würden alle äußeren Kräfte ausschließlich in ihm angreifen. Für ein einfaches Zweiteilchensystem (Abb. 1.15) erhalten
wir die Koordinate x_S des Schwerpunktes der beiden Masse m_1 und m_2 durch Gewichtung
ihrer Koordinaten mit den jeweiligen Massen gemäß

$$x_S = \frac{m_1 x_1 + m_2 x_2}{M} \quad \text{(Schwerpunkt: 2-Teilchensystem)}, \tag{1.22}$$

$$M = m_1 + m_2 \quad \text{(Gesamtmasse)}.$$

Der Schwerpunkt liegt auf der Verbindungslinie beider Massen. Nur für gleiche Massen
liegt er in der Mitte, sonst dichter an der größeren Masse. Meist besteht das System aus

Abb. 1.15 Die Gesamtmasse
M ist im Schwerpunkt x_S
vereinigt

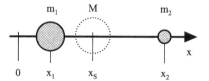

vielen Massen, die sich im dreidimensionalen Raum verteilen (Abb. 1.16a). Der Schwerpunkt $\vec{r}_S$ wird dann aus den entsprechenden Ortsvektoren ermittelt:

$$\vec{r}_S = \frac{1}{M} \sum_i m_i \vec{r}_i \quad \text{(Schwerpunkt: Vielteilchensystem)}. \tag{1.23}$$

Ist die Masse homogen über einen Körper verteilt (Abb. 1.16b), so ersetzt ein Integral die Summe: $\vec{r}_S = \int \vec{r}\, dm/M$. Die Geschwindigkeit des Schwerpunktes ist entsprechend Gl. 1.23 ebenfalls die Summe der gewichteten Geschwindigkeiten der einzelnen Teilchen:

$$\vec{v}_S = \frac{d\vec{r}_S}{dt} = \frac{1}{M} \sum_i m_i \vec{v}_i \quad \text{(Geschwindigkeit des Schwerpunktes)}. \tag{1.24}$$

Daraus erhalten wir direkt den Impuls des Schwerpunktes als Summe der Einzelimpulse:

$$\vec{P} = M\,\vec{v}_S = \sum_i \vec{p}_i \quad \text{(Impuls des Schwerpunktes)}. \tag{1.25}$$

Impulserhaltung

Für den Fall eines abgeschlossenen Systems gibt es nur innere Kräfte. Diese treten auf, wenn die Teilchen des Systems gegenseitig in Wechselwirkungen treten. Von außen wir-

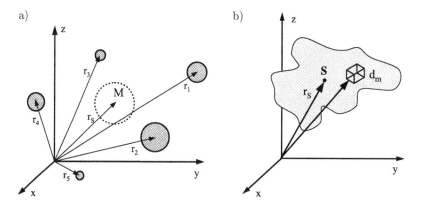

Abb. 1.16 Bildung des Schwerpunktes $\vec{r}_S$ a) für ein System aus vielen Massepunkten, b) für eine kontinuierliche Masseverteilung

Abb. 1.17 Impulserhaltung
beim Stoß zweier Teilchen

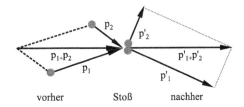

ken keine Kräfte auf das System, d. h. es gilt $0 = \vec{F} = \mathrm{d}\vec{P}/\mathrm{d}t$ (siehe Abschn. 1.1). Dies
bedeutet, dass der Gesamtimpuls zeitlich konstant ist:

$$\vec{P} = \sum_i \vec{p}_i = \text{konstant (Impulserhaltungssatz)}. \qquad (1.26)$$

Die Impulswerte $\vec{p}_i$ der einzelnen Teilchen können sich zwar ändern, aber die Summe $\vec{P}$
muss konstant bleiben. Der Impuls des Schwerpunktes ist also zeitlich konstant. Für den
Fall der Einwirkung einer äußeren Kraft $\vec{F}_{\text{ex}}$ auf das System gilt Gl. 1.26 nicht mehr und
der Schwerpunkt wird mit $\vec{a}_S$ beschleunigt, gemäß $\vec{F}_{\text{ex}} = M\,\vec{a}_S$.

Stöße

Wenden wir nun den Impulserhaltungssatz für ein abgeschlossenes System an. Es besteht
aus zwei Teilchen, die sich mit dem jeweiligen Impuls $\vec{p}_1 = m_1\vec{v}_1$ und $\vec{p}_2 = m_2\vec{v}_2$
einander nähern und miteinander stoßen (Abb. 1.17).

Sie müssen sich dazu nicht zwangsläufig berühren, sondern nur in Wechselwirkung
treten wie z. B. zwei Magnete, die sich auch ohne Berührung abstoßen. Da im abgeschlossenen System keine äußeren Kräfte wirken, gelten der Impuls- und der Energieerhaltungssatz wie folgt:

$$\vec{p}_1 + \vec{p}_2 = \vec{p}_1\,' + \vec{p}_2\,' \quad \text{(Impulserhaltung)}, \qquad (1.27)$$

$$E_{\text{kin}-1} + E_{\text{kin}-2} = E'_{\text{kin}-1} + E'_{\text{kin}-2} + Q \quad \text{(Energieerhaltung)}. \qquad (1.28)$$

Der Index $'$ bezeichnet die Werte der Teilchen nach dem Stoß. Die Größe Q berücksichtigt
mögliche Umwandlungen der kinetischen Energie beim Stoß. Das können Wärmeverluste
sein oder die Änderung der inneren Energie der Teilchen. Solche Stöße heißen **inelastisch**.
Für **elastische Stöße** bleibt die kinetische Energie der Teilchen erhalten und für Gl. 1.28
gilt dann $Q = 0$. Mithilfe der Gl. 1.27 und Gl. 1.28 können Stöße insofern vollständig
beschrieben werden, als dass man Betrag und Richtung der Impulse nach dem Stoß ermitteln kann, wenn man die Werte vor dem Stoß kennt. Konkrete Beispiele betrachten wir im
Prüfungsteil. Beachten Sie, dass immer beide Gleichungen erfüllt sein müssen und dass
wir hier nur „fliegende" Teilchen betrachten. Wenn die Teilchen zusätzlich rotieren, muss
zusätzlich der Drehimpulserhaltungssatz berücksichtigt werden (Abschn. 1.4, 1.5).

II Prüfungsfragen

Grundverständnis

F1.3.1 Was ist der Schwerpunkt eines Systems und warum führt man ihn ein?

F1.3.2 Was besagt der Impulserhaltungssatz, wozu wird er genutzt und wo ist er gültig?

F1.3.3 Nennen Sie Beispiele für elastische und inelastische Stöße.

F1.3.4 Nennen Sie Beispiele zur Anwendung des Impulssatzes.

F1.3.5 Was ist ein abgeschlossenes System und was sind innere bzw. äußere Kräfte?

F1.3.6 In einem auf der Wasseroberfläche ruhenden Ruderboot geht eine Person vom Heck zum Bug. Was passiert dabei?

Messtechnik

F1.3.7 Wie wird der Impuls gemessen?

Vertiefungsfragen

F1.3.8 Warum gelten die Gesetze (Gl. 1.27, 1.28) nicht für das Billardspiel?

F1.3.9 Erklären Sie das Prinzip des Raketenantriebs.

F1.3.10 Was ist ein ballistisches Pendel?

III Antworten

A1.3.1 Der Schwerpunkt eines Systems aus vielen Teilchen ist nach Gl. 1.23 der Massenmittelpunkt des Systems. Um die Bewegung dieses Systems zu beschreiben reicht es aus, die Bewegung des Schwerpunktes zu erfassen. In einem homogenen Kraftfeld, wie z. B. dem Gravitationsfeld in Erdnähe, bewegt sich das Vielteilchensystem so, als ob die Kraft allein im Schwerpunkt angreifen würde. Zum Beispiel wird der Flug eines Feuerwerkskörpers (Rakete) durch die Bewegung seines Schwerpunktes beschrieben. Dies ist bei Vernachlässigung des Luftwiderstandes die klassische Wurfparabel. Nach der Explosion, bei der nur innere Kräfte wirken, fliegen die Bruchstücke in verschiedene Richtungen, aber ihr Schwerpunkt bewegt sich weiter auf der Wurfparabel.

A1.3.2 Der Impulserhaltungssatz besagt, dass die vektorielle Summe der Impulse aller Teilchen (Gesamtimpuls) eines Systems erhalten bleibt, d. h. zeitlich konstant ist, sofern keine äußeren Kräfte wirken. Dies folgt direkt aus den Newton'schen Axiomen: $0 = \vec{F} = \mathrm{d}\vec{P}/\mathrm{d}t$. Er ist wichtig für die Analyse von Stoßprozessen und gilt generell, auch in der Relativitätstheorie und in der Quantenmechanik (siehe z. B. Compton-Effekt, Abschn. 6.1).

A1.3.3 Die kinetische Gesamtenergie der Stoßpartner des Systems bleibt bei elastischen Stößen konstant (z. B. beim Stoß zwischen Tennisball und Schläger). Bei inelastischen Stößen wird ein Teil der kinetische Gesamtenergie in Wärme oder Schall umgewandelt oder wird zur Änderung der inneren Energie der Stoßpartner eingesetzt. Wenn z. B. zwei Knetkugeln oder zwei Autos frontal gegeneinander stoßen, geht ein Teil der kinetischen Energie bei der Verformung verloren. Der Impulserhaltungssatz gilt aber ebenso für inelastische Stöße.

A1.3.4 Elastischer Stoß: Auf einer horizontalen, reibungsfreien Eisfläche stößt ein Puck $(m_1, \vec{v}_1, \vec{p}_1 = m_1\vec{v}_1)$ frontal gegen einen ruhenden Puck $(m_2; \vec{v}_2 = 0, \vec{p}_2 = 0)$. Vor dem Stoß ist der Gesamtimpuls $\vec{P} = \vec{p}_1 + \vec{p}_2 = \vec{p}_1$, nach dem Stoß ist der Gesamtimpuls $\vec{P}' = \vec{p}_1' + \vec{p}_2'$ und es gilt der Impulserhaltungssatz $\vec{P}' = \vec{P}$ (Abb. 1.18). Die Impulse und Geschwindigkeiten der beiden Pucks nach dem Stoß hängen von ihrer individuellen Masse ab und zur Berechnung muss zusätzlich der Energieerhaltungssatz $E_{\mathrm{kin}-1} + E_{\mathrm{kin}-2} = E_{\mathrm{kin}-1}' + E_{\mathrm{kin}-2}'$ berücksichtigt werden. Die verschiedenen Grenzfälle sind in Abb. 1.18 skizziert.

Abb. 1.18 Elastischer Stoß für unterschiedliche Massenverhältnisse

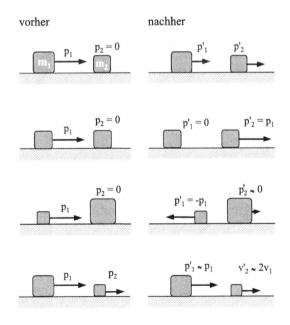

Inelastischer Stoß: Zwei Pucks mit Anfangsimpuls $p_1 = m_1 v_1$, $p_2 = m_2 v_2$ stoßen und kleben dabei zusammen (Abb. 1.19). Danach bewegen sie sich gemeinsam mit dem Impuls $p' = (m_1 + m_2) \, v' = p_1 + p_2$, woraus die Geschwindigkeit $v' = (m_1 v_1 + m_2 v_2)/(m_1 + m_2)$ berechnet werden kann. Der Energieerhaltungssatz kommt bei der Berechnung nicht zur Anwendung, da wir keine Information über die konkreten Energieverluste haben.

Abb. 1.19 Inelastischer Stoß

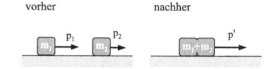

A1.3.5 Ein abgeschlossenes System steht nicht in Wechselwirkung mit seiner Umgebung, d. h. es tauscht weder Energie noch Masse aus und es wirken keine äußeren Kräfte aus der Umgebung auf das System. Innere Kräfte wirken nur zwischen den Teilchen des Systems, wenn diese gegeneinander stoßen. Beispiel: Das System soll aus mehreren Schlittschuhläufern bestehen, die reibungsfrei auf einer horizontalen Eisfläche rutschen. Stoßen sie nur untereinander, so wirken innere Kräfte und der Erhaltungssatz gilt für den Gesamtimpuls des abgeschlossenen Systems. Stößt ein Läufer aber mit der Bande am Rand der Eisfläche, so wirkt diese mit einer äußeren Kraft auf den Läufer und der Gesamtimpuls des nicht mehr abgeschlossenen Systems ist von außen verändert worden.

A1.3.6 Das Boot wird sich in die entgegengesetzte Richtung bewegen. Ursache ist die Impulserhaltung. Anfänglich ist der Gesamtimpuls des Systems Person + Boot $P = p_P = p_B = 0$. Bewegt sich die Person, muss ihr Impuls p'_P durch einen entgegengerichteten Impuls des Bootes $p_B = -p_P$ ausgeglichen werden. Die Geschwindigkeit des Bootes hängt von der Geschwindigkeit und der Masse der Person sowie der Masse des Bootes ab.

A1.3.7 Zur Bestimmung des Impulses $\vec{p} = m\,\vec{v}$ eines Teilchens müssen dessen Masse und Geschwindigkeit gemessen werden.

A1.3.8 Da es sich um rotierende Kugeln handelt, müssen zusätzlich der Drehimpulserhaltungssatz und die Rotationsenergie berücksichtigt werden (Abschn. 1.5).

A1.3.9 Der **Raketenantrieb** beruht auf dem Rückstoßprinzip, d. h. der Gesamtimpuls des Systems Treibstoff und Rakete muss zeitlich konstant bleiben. Erhält der verbrennende Treibstoff einen Impuls nach unten, so muss die Rakete einen Impulszuwachs in die entgegengesetzte Richtung, also nach oben, bekommen. Die antreibende Kraft $F = \mathrm{d}p/\mathrm{d}t = v\,\mathrm{d}m/\mathrm{d}t + m\,\mathrm{d}v/\mathrm{d}t$ beruht im wesentlichen auf der Änderung ($\mathrm{d}m/\mathrm{d}t$) der Raketenmasse.

A1.3.10 Mit dem **Ballistischen Pendel** kann die Geschwindigkeit von Geschossen ermittelt werden. Ein Projektil trifft horizontal in einen an Fäden aufgehängten Holzklotz und bleibt in ihm stecken. Mithilfe des Impuls- und Energieerhaltungssatzes kann aus der Höhe, um die sich der Klotz dabei anhebt, die Geschwindigkeit des Projektils bestimmt werden.

1.4 Rotation, Drehmoment, Drehimpuls, Corioliskraft

I Theorie

Jede Bewegungsform lässt sich aus Translations- und Rotationsbewegungen aufbauen. In diesem Kapitel betrachten wir die grundlegenden Größen zur Beschreibung der Rotation eines Massepunktes. In Abschn. 1.5 erweitern wir die Begriffe auf die Rotation eines starren, ausgedehnten Körpers.

Gleichförmige Kreisbewegung

Ein Massepunkt bewegt sich in der Zeit dt vom Ort $\vec{r}_1$ nach $\vec{r}_2$ auf dem Kreis mit dem Radius r um eine feststehende Drehachse (Abb. 1.20a). Dabei legt er die Strecke $d\vec{r}$ zurück und überstreicht den Winkel $d\theta$. Für kleine Zeiten bzw. Winkel entspricht $d\vec{r}$ dem Bogensegment. Zudem kann $d\vec{\theta}$ als Vektor betrachtet werden, der in Richtung der Drehachse zeigt und die kleine Ortsänderung des Punktes auf der Kreisbahn kann durch

$$d\vec{r} = d\vec{\theta} \times \vec{r} \quad \text{(Verschiebung)} \tag{1.29}$$

beschrieben werden. Das Kreuzprodukt bewirkt, dass $d\vec{r}$ senkrecht auf $\vec{r}$ und senkrecht auf der Drehachse, also auf $d\vec{\theta}$ steht. Die Winkelgeschwindigkeit ist dann

$$\vec{\omega} = \frac{d\vec{\theta}}{dt}, \quad [\omega] = \frac{1}{s} \quad \text{(Winkelgeschwindigkeit)}. \tag{1.30}$$

Beachten Sie, dass der Winkel im Bogenmaß (rad) angegeben werden muss. Da „rad" aber im eigentlichen Sinn keine Einheit darstellt, lautet die Einheit der Winkelgeschwindigkeit nicht rad/s, sondern einfach $1/s$. Die Winkelgeschwindigkeit zeigt als Vektor in die Richtung der Drehachse und definiert damit diese (Daumen der rechten Hand zeigt in Richtung von $\vec{\omega}$, Finger zeigen in Bewegungsrichtung des Punktes, Abb. 1.20a). Da die Drehachse senkrecht auf der Bewegungsebene steht, wird diese ebenfalls durch $\vec{\omega}$ definiert.

Die Bahngeschwindigkeit $\vec{v}$ des Punktes auf dem Kreisbogen ergibt sich für kleine Winkel $d\theta$ aus der in der Zeit dt zurückgelegten Strecke mit $|\vec{r}| = $ konstant und $\vec{v} = d\vec{r}/dt = (d\vec{\theta} \times \vec{r})/dt$ zu

$$\vec{v} = \vec{\omega} \times \vec{r}, \quad [v] = \frac{m}{s} \quad \text{(Bahngeschwindigkeit)}. \tag{1.31}$$

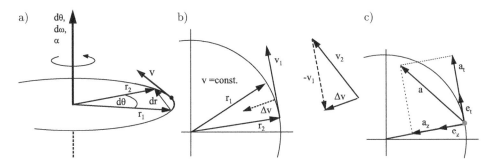

Abb. 1.20 Kreisbewegung a) wichtige Größen, b) Bahngeschwindigkeit, c) Bahnbeschleunigung mit Zentripetal- und Tangentialanteil

Sie ist immer tangential zum Kreisbogen orientiert (Abb. 1.20b) und ändert somit ständig ihre Richtung, aber ihr Betrag ändert sich nur, wenn $\vec{\omega}$ variiert. Für eine Kreisbewegung, wie sie z. B. das rotierende Rad darstellt, besitzen alle Punkte dieselbe Winkelgeschwindigkeit, aber die Bahngeschwindigkeit $v = \omega r$ nimmt betragsmäßig mit wachsendem Abstand von der Drehachse zu. Die Zeit für einen vollen Kreisumlauf des Punktes ist $T = 2 \pi r / v = 2 \pi / \omega$. Sie ist nur von ω abhängig. Wie groß ist nun die Beschleunigung des Punktes auf der Kreisbahn? Wenn sich die Winkelgeschwindigkeit zeitlich ändert, so ergibt sich die Winkelbeschleunigung zu

$$\vec{\alpha} = \frac{d\vec{\omega}}{dt} = \frac{d^2 \vec{\theta}}{dt^2}\,, \quad [\alpha] = \frac{\text{rad}}{\text{s}^2} \quad \text{(Winkelbeschleunigung)}. \tag{1.32}$$

Diese wird als Vektor parallel zur Drehachse eingetragen. Welche Bahnbeschleunigung $\vec{a}$ spürt nun der rotierende Punkt auf der Kreisbahn, wenn sich seine Bahngeschwindigkeit $\vec{v}$ ändert? Dazu wenden wir die Produktregel an und erhalten aus $\vec{a} = d\vec{v}/dt = d(\vec{\omega} \times \vec{r})/dt$ nach etwas Rechnung:

$$\vec{a} = \alpha r \, \vec{e}_T + \omega^2 r \, \vec{e}_Z\,, \quad [a] = \frac{\text{m}}{\text{s}^2} \quad \text{(Bahnbeschleunigung)}. \tag{1.33}$$

Die Bahnbeschleunigung setzt sich also aus einer tangentialen und einer radialen Komponente zusammen (Abb. 1.20b,c). In tangentialer Richtung ($\vec{e}_T$: Einheitsvektor, der an jedem Ort $\vec{r}$ der Bahn tangential anliegt) wächst der Betrag von $\vec{a}$ mit der Winkelbeschleunigung $\vec{\alpha}$ und dem wachsenden Abstand r zur Drehachse. Dieser Beitrag stammt aus der Änderung des Betrages der Geschwindigkeit $\alpha r = |d\vec{v}|/dt$, wie man aus Gl. 1.32 und Gl. 1.31 folgert. Die zweite, radiale Beschleunigungskomponente tritt bei einer Kreisbewegung immer auf, auch wenn $\alpha = 0$, bzw. $|\vec{v}| = $ konstant! Sie entsteht allein aus der Richtungsänderung der Geschwindigkeit (Abb. 1.20b,c) und zeigt immer zum Zentrum der Drehachse ($\vec{e}_Z$: Einheitsvektor, der immer auf die Drehachse zeigt). Mit Gl. 1.31 folgt für diese so genannte Zentripetalbeschleunigung

$$a_Z = \frac{v^2}{r} \quad \text{(Zentripetalbeschleunigung)}. \tag{1.34}$$

Abb. 1.21 Die radial wirkende
Zentripetalkraft $\vec{F}_Z$ zwingt den
Massepunkt auf die Kreisbahn

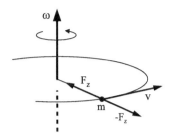

Damit ein Körper der Masse m eine gleichförmige Kreisbewegung (ω = konstant) ausführen kann, muss an ihm eine Kraft angreifen, die immer auf einen festen, zentralen
Punkt, d. h. auf die Drehachse zeigt (Abb. 1.21):

$$F_Z = \frac{m\,v^2}{r} \quad \text{(Zentripetalkraft)}. \tag{1.35}$$

Was bedeutet dies z. B. für einen Sportler beim Hammerwerfen? Die Stahlkugel rotiert
vor dem Abwurf auf einer Kreisbahn um den Sportler. Damit die Kugel auf dem Kreis
gehalten werden kann, muss der Sportler sie mithilfe eines Stahlseils in Richtung Zentrum auf die Kreisbahn „ziehen". Es muss also eine Zentripetalkraft $\vec{F}_Z$ auf die Kugel in
Richtung der Drehachse (Sportler) wirken. Nach dem 3. Newton'schen Axiom muss auf
den Sportler aber eine entgegengesetzt gerichtete Kraft $-\vec{F}_Z$ wirken. Wird das Seil losge-
lassen, so bewegt sich die Kugel mit der aktuellen Geschwindigkeit weiter, d. h. tangential
zur Kreisbahn, denn es gibt keine Zentripetalkraft mehr, die sie auf den Kreis zwingt.

Drehmoment
Wie müssen Sie einen Schraubenschlüssel einsetzen, um eine festsitzende Schraube effektiv zu lösen? Sie müssen ein großes Drehmoment erzeugen:

$$\vec{T} = \vec{r} \times \vec{F}, \quad [T] = \text{N} \cdot \text{m} \quad \text{(Drehmoment)}. \tag{1.36}$$

In Abb. 1.22 ist gezeigt, was das bedeutet. Das Drehmoment wächst mit der Hebelarmlänge r und der wirkenden Kraft, genauer mit der Kraftkomponente, die senkrecht
am Hebelarm angreift. Greift die Kraft in Längsrichtung des Hebels an ($\varphi = 180°$),
so verschwindet das Drehmoment. Das Kreuzprodukt in Gl. 1.36 erfasst genau diesen
Sachverhalt: Das Drehmoment ist ein Vektor, der in der Drehachse liegt. Seine Länge entspricht der Fläche $T = r\,F\sin\varphi$, die durch Hebelarm und Kraft aufgespannt wird. Das
Drehmoment hat für die Rotation die gleiche Bedeutung wie die Kraft für die Translationsbewegung, wie wir im Folgenden sehen werden.

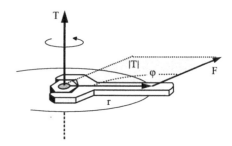

Abb. 1.22 Veranschaulichung
des Drehmomentes T

Drehimpuls

Bewegt sich ein Punkt der Masse m mit der Geschwindigkeit v auf einer Kreisbahn mit
dem Radius r (Abb. 1.23), so besitzt er den Drehimpuls

$$\vec{L} = \vec{r} \times \vec{p} = m \left(\vec{r} \times \vec{v} \right) , \quad [L] = \frac{\text{kg} \cdot \text{m}^2}{\text{s}} \quad \text{(Drehimpuls)} . \tag{1.37}$$

Dies ist ein Vektor, der senkrecht auf dem Radius und senkrecht auf der Geschwindigkeit
(Impuls) steht. Er ist somit parallel zur Drehachse und seine Länge wird durch die Fläche
gegeben, die von dem Radius und dem Impuls des Teilchens aufgespannt wird. Beachten
Sie, dass Drehmoment und Drehimpuls immer in Bezug auf einen festen Punkt, z. B. den
Koordinatenursprung, definiert werden.

Für den Fall der gleichförmigen Kreisbewegung gilt $|\vec{r}| =$ konstant, $|\vec{v}| =$ konstant
und $\vec{r} \perp \vec{v}$. Mit Gl. 1.37 und Gl. 1.31 folgt $|\vec{L}| = m\,r^2\omega$. Bildet man von Gl. 1.37 die
zeitliche Ableitung, so findet man

$$\frac{\mathrm{d}\vec{L}}{\mathrm{d}t} = \vec{T} \quad \text{(Drehmoment)} . \tag{1.38}$$

Die zeitliche Änderung des Drehimpulses wird also durch das Drehmoment bewirkt,
analog der Änderung des Impulses $\vec{p}$ durch eine Kraft $\vec{F}$ bei Translationsbewegungen
(Abschn. 1.1). Entsprechend kann man einen Schritt weitergehen und den Drehimpulserhaltungssatz formulieren:

$$\vec{T} = 0 \Rightarrow \vec{L} = \text{konstant} \quad \text{(Drehimpulserhaltung)} . \tag{1.39}$$

Abb. 1.23 Zur Definition des
Drehimpulses L

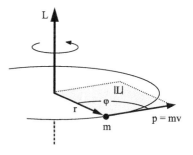

Dieser Sachverhalt wird im nächsten Kapitel genauer behandelt. Dort finden Sie auch eine tabellarische Gegenüberstellung der Größen der Translations- und Rotationsbewegung.

Rotierende Bezugssysteme

Ein Labor auf unserer Erde stellt kein Inertialsystem dar, denn es ist von außen, aus einem ruhenden System betrachtet, ein rotierendes und damit ein beschleunigtes System. Für uns mitrotierende Beobachter wirken die Zentrifugal- und die **Corioliskraft** als Scheinkräfte, die wir zur Beschreibung von Bewegungen auf der Erde mit erfassen müssen. Bewegt sich ein Punkt der Masse m mit der Geschwindigkeit $\vec{v}\,'$ am Ort $\vec{r}\,'$, gemessen im System, das mit der Winkelgeschwindigkeit $\vec{\omega}$ rotiert, so treten folgende Scheinkräfte auf:

$$\vec{F}_{ZF} = m\,\vec{\omega} \times (\vec{r}\,' \times \vec{\omega}) \quad \text{(Zentrifugalkraft)}, \tag{1.40a}$$

$$\vec{F}_C = 2m\,(\vec{v}\,' \times \vec{\omega}) \quad \text{(Corioliskraft)}. \tag{1.40b}$$

Die Zentrifugalkraft ist identisch mit der Zentripetalkraft (Gl. 1.35), nur mit anderem Vorzeichen. Sie ist quer zur Drehachse ($\vec{\omega}$) gerichtet, also z. B. am Äquator der Erde genau entgegen der Gravitationskraft. An anderen Punkten der Erdoberfläche ist die Richtung natürlich eine andere, wobei die aktuellen Winkel zur Drehachse durch das Kreuzprodukt erfasst werden. Die Corioliskraft tritt auf, da die Erde sich unter dem bewegten Massepunkt wegdreht. Betrachten wir dazu einen Fußballspieler und einen Torwart, die sich beide auf einer rotierenden Platte befinden (Abb. 1.24a). Das Tor steht aber außerhalb fest im ruhenden System. Zur Zeit $t = 0$ schießt der Spieler den Ball Richtung Tor, vor dem der Torwart postiert ist. Die Ballgeschwindigkeit ist $\vec{v}\,'$ und wird von den Spielern im rotierenden System gemessen. Nach einer gewissen Zeit hat die Scheibe sich gedreht, und der Torwart steht nicht mehr vor seinem Tor (Abb. 1.24b). Ein Beobachter im äußeren, ruhenden System sieht genau dies und für ihn bewegt sich der Ball auf einer geraden Linie Richtung Tor. Die rotierenden Spieler sehen aber, wie der Ball von der erwarteten geradlinigen Bahn nach rechts parabelförmig abgelenkt wird. Deshalb nehmen sie an, dass eine Kraft wirken muss (Abschn. 1.1). Diese Scheinkraft (Corioliskraft) müssen sie also in ihrem rotierenden System einführen. Sie steht senkrecht zur Drehachse und senkrecht zur Geschwindigkeit $\vec{v}\,'$.

Abb. 1.24 Veranschaulichung
der Corioliskraft im rotierenden Bezugssystem: Torwart
und Schütze stehen auf der
rotierenden Scheibe, das Tor
steht außen. a) Zur Zeit $t = 0$
wird der Ball zum Tor geschossen. b) Flugbahn des Balls,
beobachtet aus dem nicht-
rotierenden Inertialsystem.
c) Flugbahn des Balls, beobachtet von einer mitrotierenden
Kamera. d) Luftablenkung
durch die Corioliskraft auf der
nördlichen Erdkugel

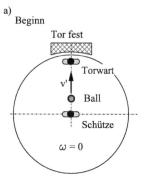

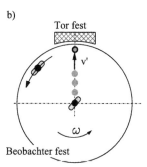

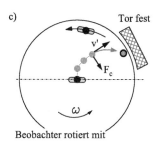

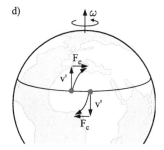

II Prüfungsfragen

Grundverständnis

F1.4.1 Skizzieren Sie die Kreisbewegung eines Punktes mit allen relevanten Größen.

F1.4.2 Was ist der Unterschied zwischen Bahn- und Winkelgeschwindigkeit bzw. -beschleunigung?

F1.4.3 Ein Turbinenrad beschleunigt in 1 Minute gleichmäßig von 0 auf 30.000 U·min^{-1}. Geben Sie die Endgeschwindigkeit an. Wie berechnen Sie die Winkelbeschleunigung? Wie viele Umdrehungen hat das Rad in der ersten Minute gemacht?

F1.4.4 Auf einem Spielplatz steht ein Kind auf einer großen, um die vertikale Drehachse rotierenden Scheibe. Skizzieren Sie die wirkenden Kräfte. Wie bewegt sich das Kind, wenn es die Haftung zur Scheibe verliert?

F1.4.5 Wie kommt die Schwerelosigkeit in der ISS-Raumstation zustande?

F1.4.6 Was ist eine Zentrifuge?

F1.4.7 Wie ist das Drehmoment definiert?

F1.4.8 Wie setzt man einen Schraubenschlüssel effektiv ein?

F1.4.9 Was besagt das Hebelgesetz?

F1.4.10 Wann ist ein Körper im statischen Gleichgewicht?

F1.4.11 Bestimmen Sie den Drehimpuls des um den Atomkern kreisenden Elektrons.

Messtechnik

F1.4.12 Wie wird die Drehzahl gemessen?

F1.4.13 Wie funktioniert ein Drehmomentschlüssel?

F1.4.14 Wie funktioniert eine Balkenwaage und was wird gemessen?

Vertiefungsfragen

F1.4.15 Welche Arbeit muss man leisten, um eine reibungsfrei laufende Masse mit konstanter Winkelgeschwindigkeit auf einer Kreisbahn zu halten?

F1.4.16 Was ist das Foucault-Pendel und was kann man mit ihm zeigen?

F1.4.17 Warum stellt ein Labor auf der Erde kein Inertialsystem dar?

F1.4.18 Warum strömen die Wolken in einem Tiefdruckgebiet auf der Nordhalbkugel der Erde im Uhrzeigersinn?

III Antworten

A1.4.1 Siehe Abb. 1.20a–c. Die relevanten Größen sind der überstrichene Winkel θ, die Winkelgeschwindigkeit $\omega = d\theta/dt$ und die Winkelbeschleunigung $\alpha = d\omega/dt$.

A1.4.2 Die Winkelgeschwindigkeit und Winkelbeschleunigung sind für alle Punkte auf einer rotierenden Scheibe identisch. Als Vektoren zeigen sie immer in Richtung der Drehachse (Abb. 1.20a). Dagegen ist die Bahngeschwindigkeit eines Punktes auf der rotierenden Scheibe immer tangential zur Kreisbahn und ändert somit ständig ihre Richtung. (Abb. 1.20b). Ihr Betrag $v = \omega r$ wächst mit dem Abstand zur Drehachse. Die Bahnbeschleunigung eines Punktes ist $\vec{a} = \alpha r \, \vec{e}_T + \omega^2 r \, \vec{e}_Z$. Sie setzt sich immer aus zwei Komponenten zusammen: Bei konstanter Winkelgeschwindigkeit ω wird der Punkt mit $\omega^2 r = v^2/r$ immer zur Drehachse hin beschleunigt (Zentripetalbeschleunigung). Ändert sich die Winkelgeschwindigkeit, so kommt zusätzlich die Komponente αr der Bahnbeschleunigung tangential zur Kreisbahn dazu (Abb. 1.20c).

A1.4.3 Die Endgeschwindigkeit des Turbinenrades ist $\omega = 30.000 \cdot 2\pi/60 \, \mathrm{s}^{-1} = 3142 \, \mathrm{s}^{-1}$. Die Beschleunigung ist $\alpha = d\omega/dt = 30.000 \cdot 2\pi/3600 \cdot \mathrm{s}^{-2} = 52 \, \mathrm{s}^{-2}$. Der in der ersten Minute überstrichene Winkel ergibt sich aus $\theta = 1/2 \cdot \alpha t^2$. Die Zahl der Umdrehungen ergibt sich dann aus $U = \theta/2\pi = 15.000$.

A1.4.4 Siehe Abb. 1.25: Damit das Kind die Kreisbewegung vollführen kann, muss die Zentripetalkraft $F_z = m v^2/r$ wirken. Diese wird durch die Reibungskraft $F_R = \mu m g$ aufgebracht, wobei die Gravitationskraft $F_g = m g$ das Kind auf die Scheibe „drückt" (Abschn. 1.1). Mit steigender Rotationsgeschwindigkeit wächst F_z und für $F_z > F_R$ rutscht das Kind von der Scheibe. Wenn es den Kontakt zur Scheibe verloren hat, fliegt es mit der aktuellen Geschwindigkeit v tangential zur Scheibe weg.

Abb. 1.25 Kind auf rotierender Scheibe

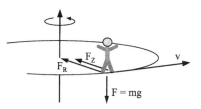

A1.4.5 Bei dem Flug auf der Kreisbahn um die Erde wirkt auf den Astronauten in der ISS zwar die Gravitationskraft der Erde. Die Schwerelosigkeit drückt sich darin aus, dass Astronaut und Raumstation gleiche Kräfte erfahren und somit keine Kraft zwischen den beiden auftritt. Ähnlich ist es bei dem freien Fall oder dem Parabelflug, wobei zwischen dem Boden, auf dem ich stehe und mir keine Kraft wirkt. Damit ist die Gewichtskraft Null, was Schwerelosigkeit bedeutet.

A1.4.6 Eine **Zentrifuge** dient der schnellen Trennung von Stoffgemischen wie Suspensionen, die im Erdschwerefeld nur sehr langsam ablaufen. Die Trennung basiert auf der Zentrifugalkraft in einer schnell rotierenden Trommel.

A1.4.7 Das Drehmoment $\vec{T} = \vec{r} \times \vec{F}$ ist durch das Kreuzprodukt aus Hebelarmlänge und Kraft definiert. Es steht als Vektor senkrecht auf beiden und sein Betrag entspricht der von $\vec{r}$ und $\vec{F}$ aufgespannten Fläche.

A1.4.8 Sie müssen ein möglichst großes Drehmoment erzeugen (Abb. 1.22), d. h. die Kraft senkrecht an einem möglichst langen Hebelarm ansetzen. Um festsitzende Schrauben zu lösen, wird der Schraubenschlüssel oft durch ein langes Rohr (Hebelarm) verlängert.

A1.4.9 Siehe Diskussion zur Balkenwaage A1.4.14.

A1.4.10 Wenn die Summe aller Kräfte und die Summe aller Drehmomente Null ist. Der Körper wird im Schwerpunkt gelagert (unterstützt) und die mögliche Drehachse muss auch durch den Schwerpunkt laufen.

A1.4.11 Fliegen die Elektronen mit der Geschwindigkeit $\vec{v}$ auf der Kreisbahn mit dem Radius $\vec{r}$ um den Atomkern, so ist ihr Drehimpuls durch $\vec{L} = \vec{r} \times \vec{p} = m \left(\vec{r} \times \vec{v} \right)$ definiert. Er steht als Vektor senkrecht auf der Bahnebene.

A1.4.12 Die Messung von Drehzahlen erfolgt mit einem **Tachometer**. Beim Fliehkrafttachometer wird aus der Fliehkraft $F_Z = m \, \omega^2 \, r$ die Frequenz ω und daraus die Zahl der Umdrehungen pro Zeiteinheit bestimmt. Beim elektrischen Tachometer wird die Faradayinduktion eines Generators (Dynamo) ausgenutzt und aus der generierten Spannung die Drehzahl bestimmt (Abschn. 4.6). Beim Wirbelstromtachometer befindet sich eine beweglich montierte Metallplatte zwischen zwei rotierenden Magneten. Die Magneten erzeugen Wirbelströme in der Platte, was zu einem Drehmoment der Platte führt, aus dem letztendlich die Drehzahl der Magneten bestimmt werden kann (Prinzip siehe Abschn. 4.6).

A1.4.13 Mit einem **Drehmomentschlüssel** können Schraubverbindungen mit definiertem Drehmoment „festgezogen" werden. Dabei „greift" der Drehmomentschlüssel solange, bis eine bestimmte Kraft und damit das gewünschte Drehmoment $T = r\,F$ erreicht wird. Ein interner Federmechanismus erlaubt es, verschiedene Drehmomente (Kräfte) einzustellen.

A1.4.14 Eine **Balkenwaage** besteht aus einem im Schwerpunkt abgestützten waagerechten Balken. In den Abständen r_1, r_2 vom Schwerpunkt des Balkens befinden sich an seinen beiden Enden zwei Waagschalen (Abb. 1.26). Die unbekannte Masse wird in eine Waagschale gelegt und erzeugt ein Drehmoment $T_1 = r_1\,m_1 g$. Die andere Waagschale wird mit bekannten Vergleichsmassen aufgefüllt, bis das von ihr erzeugte Drehmoment $T_2 = r_2 m_2 g = -T_1$ das der ersten Waagschale kompensiert. Gemessen wird also das Drehmoment, woraus die unbekannte Masse mit $m_1 = m_2\,r_2/r_1$ bestimmt wird. Anhand der Balkenwaage lässt sich auch das Hebelgesetz $F_1\,r_1 = F_2\,r_2$ erläutern: Über einen großen Hebelarm r_2 kann durch eine kleine Kraft F_2 an einem kurzen Hebelarm r_1 eine große Kraft $F_1 = F_2 r_2/r_1$ erzeugt werden. Das Hebelgesetz basiert also auf der Kompensation der Drehmomente.

Abb. 1.26 Kräfte und Drehmomente an Balkenwaage

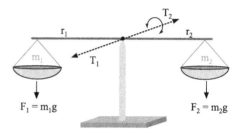

A1.4.15 Für einen reibungsfrei mit konstanter Winkelgeschwindigkeit auf einer Kreisbahn laufenden Punkt ist die einzig wirkende Kraft die Zentripetalkraft. Da diese immer senkrecht auf der Geschwindigkeit steht, ist die Leistung $P = \vec{F} \cdot \vec{v} = 0$ und damit auch die Arbeit $W = \int P\,\mathrm{d}t = 0$ (Abschn. 1.2).

A1.4.16 Mit dem **Foucault-Pendel** wurde 1850 in Paris die Erdrotation nachgewiesen. Das Pendel besteht aus einer schweren Kugel (Masse ca. 30 kg), die an einer langen Schnur (Länge ca. 70 m) aufgehängt ist. Von einem Inertialsystem (Fixstern) betrachtet, dreht sich die Erde unter dem schwingenden Pendel weg, analog zum Beispiel in Abb. 1.24c. Für den mitrotierenden Beobachter auf der Erde dagegen, dreht sich die Schwingungsebene des Pendels relativ zur Erdoberfläche. Um dies zu erklären, muss er die quer zur Schwingungsrichtung wirkende Corioliskraft als Scheinkraft annehmen. Auf der Nordhalbkugel wird das Pendel nach rechts, auf der Südhalbkugel nach links abgelenkt.

A1.4.17 Die Erde führt eine Kreisbewegung aus und ist damit, für einen im Weltraum fixierten Beobachter, ein beschleunigtes System, also kein Inertialsystem. Die wirkenden

Scheinkräfte sind die Coriolis- und die Fliehkraft. Sie sind allerdings klein gegenüber der Gravitationskraft.

A1.4.18 Der Drehsinn der Luftströmungen in einem Tiefdruckgebiet hängt von der ablenkenden Corioliskraft ab. Bewegen sich die Luftmassen auf der Nordhalbkugel mit der Geschwindigkeit v' (Abb. 1.24d), so werden sie nach rechts abgelenkt, denn wie bei dem Foucault-Pendel wirkt auf der Nordhalbkugel die Corioliskraft nach rechts und auf der Südhalbkugel nach links. Tiefdruckgebiete rotieren auf der Nordhalbkugel also im Uhrzeigersinn und entgegengesetzt auf der Südhalbkugel.

1.5 Trägheitsmoment, Drehimpulserhaltung, Präzession

I Theorie

In diesem Kapitel erweitern wir die Bewegungsgleichungen aus Abschn. 1.4 auf starre Körper.

Trägheitsmoment

Welche kinetische Energie besitzt ein Punkt der Masse m, der im Abstand r um eine feste Achse rotiert (Abb. 1.27a)? Dazu berechnet man seine kinetische Energie $E_{kin} = m\,v^2/2$ (Abschn. 1.2). Mit der Geschwindigkeit $v = \omega\,r$ (Abschn. 1.4) erhält man die Rotationsenergie $E_{rot} = \omega^2 m\,r^2/2$ und mit dem Trägheitsmoment I folgt

$$E_{rot} = \frac{1}{2}I\,\omega^2\,, \quad [E_{rot}] = \mathrm{J} \quad \text{(Rotationsenergie)}. \tag{1.41a}$$

$$I = m\,r^2\,, \quad [I] = \mathrm{kg \cdot m^2} \quad \text{(Trägheitsmoment)} \tag{1.41b}$$

Diese Form ähnelt der Gleichung für die kinetische Energie. Die Geschwindigkeit wird durch die Winkelgeschwindigkeit, und die träge Masse m wird durch das Trägheitsmoment I ersetzt. Für einen starren Körper, der aus vielen Massenelementen m_i aufgebaut ist (Abb. 1.27b) setzt sich die gesamte Rotationsenergie aus den Energiebeiträgen der einzelnen Massenelemente zusammen:

$$I = \sum_i m_i r_i^2 \quad \text{(Trägheitsmoment)}. \tag{1.42}$$

Ist die Massendichte ρ des Körpers nicht konstant, so muss man entsprechend über das Körpervolumen V integrieren und $I = \int r^2 \rho\,\mathrm{d}V$ berechnen, um die Massenverteilung am Ort r korrekt zu erfassen. Was bedeutet das Trägheitsmoment konkret? Um einen Körper in Rotation zu versetzen, muss man also die Energie E_{rot} aufbringen. Dieser Beschleunigung stellt der Körper sein Trägheitsmoment entgegen, was nicht nur von der trägen Masse

Abb. 1.27 Zur Definition des Trägheitsmomentes bzgl. einer Rotationsachse a) für einen Massepunkt, b) für einen starren Körper

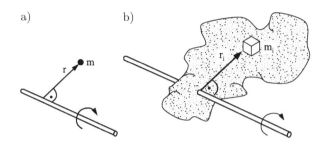

m_i abhängt, sondern vor allem davon, wie weit (r_i, Abb. 1.27b) sie von der Drehachse entfernt ist. Verschiebt man die Drehachse, so muss sich zwangsläufig das Trägheitsmoment des Körpers ändern, d. h. es ist immer auf eine spezielle Achse bezogen. Die Trägheitsmomente spezieller Rotationskörper wie Kugel, Ring etc. findet man in Tabellenwerken der Lehrbücher.

Steiner'scher Satz

Die tabellierten Trägheitsmomente beziehen sich meist auf eine Drehachse, die durch den Schwerpunkt S des Körpers mit der Gesamtmasse m läuft. Nennen wir dieses I_S, so berechnet man das Trägheitsmoment bzgl. einer dazu im Abstand h parallel laufenden Achse (Abb. 1.28), mit dem Steiner'schen Satz:

$$I = I_S + m\,h^2 \quad \text{(Trägheitsmoment bzgl. Parallelachse)}. \tag{1.43}$$

Drehmoment

Die Bedeutung des Trägheitsmomentes zeigt sich auch für das Drehmoment. Um einen Punkt in Rotation um eine Drehachse zu versetzen, lassen wir die Kraft F tangential, d. h. senkrecht zum Radius r angreifen. Das Drehmoment $T = r\,F$ lässt sich mit $F = m\alpha\,r$ (Abschn. 1.4) zu $T = m\,r^2\alpha$ umschreiben. Für einen starren Körper müssen wir nicht nur einen Massepunkt, sondern alle Punkte der Masse m_i im Abstand r_i von der Drehachse

Abb. 1.28 Zum Steiner'schen Satz

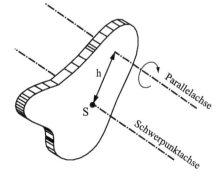

Abb. 1.29 Die mit $\vec{\omega}_1$ rotierende Scheibe wird durch $\vec{F}_1$ beschleunigt, durch $-\vec{F}_1$ abgebremst und wegen $P = \vec{T}_2 \cdot \vec{\omega}_1 = 0$ nicht beeinflusst

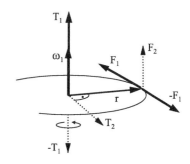

berücksichtigen und erhalten mit dem Trägheitsmoment aus Gl. 1.42

$$\vec{T} = I\,\vec{\alpha} \quad \text{(Drehmoment)}. \tag{1.44}$$

Die Rotation ist genau dann eine beschleunigte Bewegung, wenn ein Drehmoment auftritt, analog zur Beschleunigung der Translationsbewegung bei Auftreten einer Kraft.

Wollen wir die **Leistung** bestimmen, mit der dem Körper Rotationsenergie zugeführt wird, so erhalten wir aus $P = \mathrm{d}E_{\mathrm{rot}}/\mathrm{d}t$

$$P = \vec{T} \cdot \vec{\omega} \quad \text{(Leistung)}. \tag{1.45}$$

Auch hier besteht die Analogie zur Translation ($P = \vec{F} \cdot \vec{v}$). Das Skalarprodukt besagt, dass die Leistungsaufnahme maximal wird, wenn $\vec{T}$ parallel zu $\vec{\omega}$, d. h. zur Drehachse ist. Aus Abb. 1.29 wird dies ersichtlich: Greift die Kraft $\vec{F}_1$ am Punkt r tangential an, so sind $\vec{T}_1$ und $\vec{\omega}$ parallel und die Rotation wird beschleunigt. Greift sie entgegengesetzt ($-\vec{F}_1$) an, so wird abgebremst. Greift die Kraft aber wie $\vec{F}_2$ quer zur Bewegungsebene an, so wird die Rotation nicht beeinflusst, da $\vec{T}_2$ und $\vec{\omega}$ orthogonal sind.

Drehimpuls und Erhaltung

Der in Abschn. 1.4 definierte Drehimpuls $\vec{L} = \vec{r} \times \vec{p}$ eines einzelnen Massepunktes baut sich für einen starren Körper aus der Summe der Drehimpulse aller Punkte des Körpers auf

$$\vec{L} = \sum_i m_i\,\vec{r}_i \times \vec{v}_i \quad \text{(Drehimpuls)}. \tag{1.46}$$

Mit $\vec{v}_i = \vec{\omega} \times \vec{r}_i$ folgt daraus die Darstellung mithilfe des Trägheitsmomentes:

$$\vec{L} = I\,\vec{\omega} \quad \text{(Drehimpuls)}. \tag{1.47}$$

In Abschn. 1.4 haben wir gezeigt, dass der Drehimpuls eines Massepunktes konstant ist, sofern kein äußeres Drehmoment wirkt (Gl. 1.38, 1.39). Dies gilt natürlich auch für starre Körper.

Kreisel

Anhand des Kreisels wollen wir die Rotationsgesetze veranschaulichen (Abb. 1.30). Ein mit der Winkelgeschwindigkeit $\vec{\omega}_R$ rotierendes Rad ist am linken Ende seiner horizontal ausgerichteten Drehachse frei beweglich an einem Faden aufgehängt und wird am rechten Ende z. B. mit der Hand gehalten (nicht gezeigt).

Was passiert, wenn die rechte Seite der Drehachse nicht mehr gehalten wird und die Schwerkraft nach unten angreifen kann? Die Drehachse wird nicht, wie erwartet, nach unten wegkippen, sondern sie weicht quer dazu aus. Das Rad vollführt eine Präzessionsbewegung, d. h. es rotiert um die vertikale Aufhängung. Warum passiert das? Das kippende Drehmoment $\vec{T} = \vec{r}_2 \times m\,\vec{g}$ ist wegen des Kreuzproduktes immer quer zur Drehachse und quer zur Schwerkraft, also horizontal gerichtet, selbst wenn die Drehachse nicht perfekt horizontal liegt. Die Bewegungsgleichung (Gl. 1.38) sagt, dass der Drehimpuls des Rades sich um $d\vec{L} = \vec{T}\,dt$ ändern muss und diese Änderung zeigt in Richtung von $\vec{T}$. Da $\vec{L}$ und $\vec{T}$ immer senkrecht zueinander stehen, kann sich der Betrag von $\vec{L}$ nicht ändern, sondern nur seine Richtung um $d\vec{L}$, was zur Präzession des Rades führt (Abb. 1.30). Die Winkelgeschwindigkeit $\vec{\omega}_P$ der Präzessionsbewegung ergibt sich gemäß $\vec{T} = \vec{L} \times \vec{\omega}_P$ aus dem Drehmoment. Die Physik des Kreisels kann beliebig vertieft werden, was aber Thema des Haupt- oder Masterstudiums ist.

Unten finden Sie die Gegenüberstellung der relevanten Größen zur Beschreibung von Translations- und Rotationsbewegungen. Prägen Sie sich die Analogie der Größen ein!

Translation		Rotation	
Ort	$\vec{r}$	Winkel um Drehachse	$\vec{\theta}$
Geschwindigkeit	$\vec{v} = \dfrac{d\vec{r}}{dt}$		$\vec{\omega} = \dfrac{d\vec{\theta}}{dt}$
Beschleunigung	$\vec{a} = \dfrac{d\vec{v}}{dt}$		$\vec{\alpha} = \dfrac{d\vec{\omega}}{dt}$
Masse	m	Trägheitsmoment	$I = \sum\limits_i m_i r_i^2$
Energie	$E_{\text{kin}} = \dfrac{1}{2} m\,v^2$		$E_{\text{rot}} = \dfrac{1}{2} I\,\omega^2$
Impuls	$\vec{p} = m\vec{v}$	Drehimpuls	$\vec{L} = I\,\vec{\omega}$
Kraft	$\vec{F} = m\,\vec{a}$	Drehmoment	$\vec{T} = \vec{r} \times \vec{F},\ \vec{T} = I\,\vec{\alpha}$
Leistung	$P = \vec{F} \cdot \vec{v}$		$P = \vec{T} \cdot \vec{\omega}$
Bewegungsgleichung	$\vec{F} = \dfrac{d\vec{p}}{dt}$		$\vec{T} = \dfrac{d\vec{L}}{dt}$

Abb. 1.30 Zur Präzession
eines Kreisels

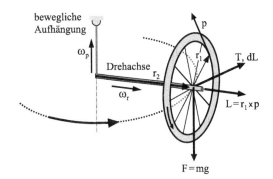

II Prüfungsfragen

Grundverständnis

F1.5.1 Wie lautet das Grundgesetz der Dynamik für Drehbewegungen? Welche Größen der Translation korrespondieren mit denen der Rotation?

F1.5.2 Wie berechnet man das Trägheitsmoment eines starren Körpers?

F1.5.3 Erläutern Sie die Energieerhaltung am Jojo bzw. am Maxwellrad.

F1.5.4 Eine Kugel rollt ohne zu rutschen und ohne Energieverluste eine schräge Ebene hinunter und durch einen Looping (vertikale Kreisbahn). Aus welcher Höhe muss die Kugel starten, um durch den Looping zu kommen?

F1.5.5 Eine Kugel, ein Zylinder und ein Ring besitzen je denselben Durchmesser und dieselbe Masse. Welches Objekt rollt am schnellsten eine schräge Ebene hinab?

F1.5.6 Wie verändert sich das Trägheitsmoment eines starren Körpers, wenn die Drehachse nicht durch den Schwerpunkt verläuft?

F1.5.7 Welches Gesetz nutzt die Eisläuferin bei der Pirouette aus?

F1.5.8 Auf einem Drehschemel sitzt eine Person und hält ein rotierendes Rad. Was passiert, wenn es die Drehachse des Rades verkippt?

Messtechnik

F1.5.9 Wie kann das Trägheitsmoment gemessen werden?

F1.5.10 Wie funktioniert ein Kreiselkompass?

F1.5.11 Wie kann die Motorleistung gemessen werden?

Vertiefungsfragen

F1.5.12 Warum müssen manche Au토räder ausgewuchtet werden?

F1.5.13 Erklären Sie die Präzession eines Kreisels.

F1.5.14 Geben Sie die Kepler'schen Gesetze sowie ihre Herleitung an.

III Antworten

A1.5.1 Das Grundgesetz der Drehbewegung lautet $\vec{T} = I\,\vec{\alpha}$, das der Translationsbewegung lautet $\vec{F} = m\,\vec{a}$. Die Kraft wird also durch das Drehmoment ersetzt, die träge Masse durch das Trägheitsmoment und die Geschwindigkeit durch die Winkelgeschwindigkeit ω. Der Impuls wird durch den Drehimpuls ersetzt und analog zu $\vec{F} = \mathrm{d}\vec{p}/\mathrm{d}t$ gilt $\vec{T} = \mathrm{d}\vec{L}\big/\mathrm{d}t$ (siehe die Auflistung am Ende des Theorieteils).

A1.5.2 Zur Berechnung des Trägheitsmomentes $I = \sum m_i r_i^2$ müssen die einzelnen Massen und ihre senkrechten Abstände zur Drehachse bekannt sein. Je weiter die Massen von der Drehachse entfernt sind, desto größer ist I (siehe Abb. 1.27).

A1.5.3 Rollt das zu Beginn ruhende Jojo, bzw. das Maxwellrad aus der Höhe h an einer Schnurr ab, so wird die potenzielle Energie $E_{\mathrm{pot}} = mgh$ in kinetische Energie des Schwerpunktes des Rades $E_{\mathrm{kin}} = mv^2/2$ und in Rotationsenergie $E_{\mathrm{rot}} = I\omega^2/2$ gewandelt. Vernachlässigen wir Reibungsverluste, so muss nach dem Energieerhaltungssatz für die mechanische Gesamtenergie $E = E_{\mathrm{pot}} + E_{\mathrm{kin}} + E_{\mathrm{rot}} = $ konstant gelten. Unmittelbar vor dem unteren Umkehrpunkt gilt $mgh = E_{\mathrm{kin}} + E_{\mathrm{rot}}$. Exakt am Umkehrpunkt muss $E_{\mathrm{kin}} = 0$ gelten, da die Geschwindigkeit ihr Vorzeichen wechselt und $v = 0$ passieren muss.

A1.5.4 Wir legen das Koordinatensystem mit $y = 0$ in den unteren Punkt der Loopingbahn. Der obere Punkt des Loopings mit Radius r liegt dann bei $y = 2\,r$. Dort muss die nach oben auf die Kugel wirkende Zentrifugalkraft $F = m\,v^2/r$ mindestens so groß wie die nach unten gerichtete Gravitationskraft $m\,g$ sein. Dazu benötigt die Kugel eine ausreichend große Geschwindigkeit. Die nötige Starthöhe y der Kugel ergibt sich aus der Energieerhaltung $mgy = mv^2/2 + I\omega^2/2 + mg \cdot 2r$ zu $y \approx 2{,}7 \cdot r$, wobei das Trägheitsmoment der Kugel, $I = \frac{2}{5}mr_k^2$ mit $r_K =$ Kugelradius und $v = \omega\,r_K$ verwendet wurde. Wichtig ist: Die Kugel muss oberhalb des oberen Punktes des Loopings starten, denn die potenzielle Energie wird nicht nur in kinetische, sondern auch in Rotationsenergie umgewandelt.

A1.5.5 Die Kugel ist am schnellsten, dann der Zylinder und zum Schluss kommt der Ring, denn das Objekt mit dem kleinsten Trägheitsmoment I erfährt die größte Beschleunigung. Zum Beweis (wird kaum abgefragt) berechnet man die Beschleunigung a_S des Schwerpunktes des rollenden Objektes mit der Masse m und dem Radius r aus $F_R - mg\sin\theta = ma_S$ (Abb. 1.31).

Abb. 1.31 Kräfte an rollendem Rad

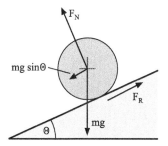

Die Reibungskraft F_R erzeugt ein Drehmoment $T = rF_R = I\alpha$ und führt zur Rollbewegung des Objektes, sonst würde es nur rutschen. Mit $a_S = \alpha\,r$ folgt aus den obigen Gleichungen $a_S = -g\sin\theta/(1 + I/m\,r^2)$. Masse und Radius sind für alle Objekte gleich. Sie unterscheiden sich nur durch ihr Trägheitsmoment.

A1.5.6 Das Trägheitsmoment eines starren Körpers ist immer auf eine bestimmte Drehachse bezogen, denn die Verteilung der Masse bezüglich der Achse bestimmt das Trägheitsmoment. Es wächst, wenn die Drehachse nicht durch den Schwerpunkt verläuft. Ist das Trägheitsmoment I_S einer bestimmten Schwerpunktachse bekannt, so kann das Trägheitsmoment einer um h versetzten, dazu parallelen Achse durch $I = I_S + m\,h^2$ berechnet werden (Steiner'sche Satz).

A1.5.7 Drehimpulserhaltung: Bei der Pirouette rotiert die Eisläuferin um ihre Längsachse schneller ($\omega_2 > \omega_1$), wenn sie die zuvor ausgestreckten Arme an den Körper zieht (Abb. 1.32). Dadurch ist ihre Massenverteilung näher zur Drehachse verlagert und das Trägheitsmoment wird kleiner ($I_2 < I_1$). Der Drehimpuls $\vec{L} = I\,\vec{\omega}$ muss aber erhalten bleiben, d. h. mit $L = I_1\,\omega_1 = I_2\omega_2$ folgt $\omega_2 = \omega_1 I_1/I_2$, d. h. $\omega_2 > \omega_1$.

Abb. 1.32 Drehimpulserhaltung bei Pirouette

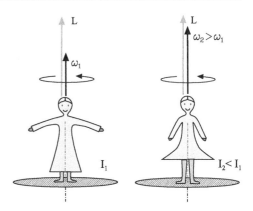

A1.5.8 Betrachten Sie das System aus rotierendem Rad und sitzender Person (Abb.
1.33a).

Abb. 1.33 Drehimpulserhaltung für das System Rad und
Person

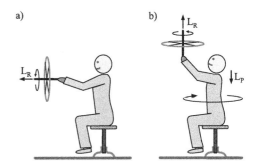

Zu Beginn liegt die Drehachse des Rades horizontal und die Drehimpulse von Person
und Rad in Richtung der Drehschemelachse sind Null. Kippt die Person das rotierende
Rad nach oben, so erhält das System einen Drehimpuls $\vec{L}_R$ in Richtung der Drehschemelachse. Aufgrund der Drehimpulserhaltung muss der Gesamtdrehimpuls $\vec{L}_P + \vec{L}_R = 0$
aber verschwinden.

Deshalb muss die Person einen betragsmäßig gleich großen, aber entgegengesetzt ge-
richteter Drehimpuls $\vec{L}_P = -\vec{L}_R$ erhalten. Die Person muss also entgegen der Richtung
des Rades rotieren. Das zur Drehung der Person führende Drehmoment $T = \mathrm{d}L/\mathrm{d}t$ wird
während der Verkippung des Rades erzeugt. Die Winkelgeschwindigkeit der Person hängt
vom Verhältnis der Trägheitsmomente ab (siehe A1.5.7).

A1.5.9 Das Trägheitsmoment eines starren Körpers kann indirekt aus der Periodendauer
einer Drehschwingung ermittelt werden. Als Hilfsmittel dient ein waagerechter, runder
Drehtisch, der um seine vertikale Achse rotierbar gelagert ist. Auf ihm befindet sich der
zu vermessende Körper. Bei Auslenkung aus der Ruhelage treibt eine Spiralfeder den
Tisch in seine Ruhelage zurück, was zu einer Schwingung um die vertikale Achse führt,
aus deren Periodendauer das Trägheitsmoment ermittelt werden kann (Abschn. 2.1). Der

Körper kann statt dessen auch an einem Draht aufgehängt und in Drehschwingung um die vertikale Achse versetzt werden.

A1.5.10 Ein **Kreiselkompass** (**Gyroskop**) ist ein kardanisch aufgehängter Kreisel. Er ist somit kräftefrei und seine Energie und Drehimpuls bleiben bei der Drehung konstant. Der Drehimpuls des Kreisels legt die durch den Schwerpunkt verlaufende Drehachse fest. Sie behält wegen der Drehimpulserhaltung ihre Richtung im Raum bei. Wird solch ein Kreiselkompass im Flugzeug installiert, so kann die Drehachse einen künstlichen Horizont definieren, der seine Lage bei jeder Flugbewegung beibehält.

A1.5.11 Die mechanische **Motorleistung** $P = T\,\omega$ kann prinzipiell über die Drehzahl und das Drehmoment der Motorwelle bestimmt werden. Dazu wird ein Lastarm auf die Welle gepresst (**Prony-Zaum**) und dessen Drehmoment $T = r_1 m\,g$ so eingestellt, dass es das Drehmoment der Welle kompensiert, d. h. so, dass Gleichgewicht herrscht und der Lastarm sich weder senkt noch hebt.

A1.5.12 Autoräder werden ausgewuchtet, damit der Massenschwerpunkt des Rades in der Radachse liegt. Dann heben sich die Zentrifugalkräfte auf und die Rotation ist kraftfrei, so dass das Rad auch ohne Lagerführung (freie Achse) rotieren könnte. Eine Unwucht führt zur Erregung von Eigenschwingungen, die bei einer bestimmten Geschwindigkeit zur Resonanzkatastrophe (Abschn. 2.2) führen können.

A1.5.13 Siehe die Diskussion im Theorieteil zum Kreisel.

A1.5.14 Die drei **Kepler'schen Gesetze**, welche die Planetenbewegung um die Sonne beschreiben, lauten: 1. Die Umlaufbahnen aller Planeten haben die Form einer Ellipse, in deren einem Brennpunkt die Sonne steht (Abb. 1.34). 2. Die Verbindungslinie von der Sonne zum Planeten überstreicht in gleichen Zeitintervallen gleiche Flächen. 3. Das Quadrat der Umlaufzeiten eines Planeten ist proportional zur dritten Potenz der Hauptachse seiner Umlaufbahn. Durch den Beweis der Gesetze können Sie zeigen, dass Sie einen Großteil der Mechanik verstanden haben.

Abb. 1.34 Veranschaulichung zu den Kepler'schen Gesetzen

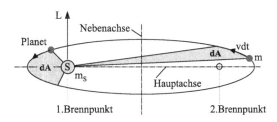

1. Der Planet bewegt sich im Gravitationsfeld der Sonne, deren Anziehungskraft proportional mit dem Abstandsquadrat abnimmt ($F \sim 1/r^2$, Abschn. 1.1). Die Bahn eines

Planeten in solch einem Zentralfeld muss entweder eine Parabel, eine Hyperbel oder eine Ellipse sein (hier ohne Beweis). Von diesen drei Möglichkeiten liefert nur die Ellipse eine geschlossene Bahn, womit der erste Satz von Kepler bewiesen ist.

2. Bewegt sich der Planet mit der Geschwindigkeit $\vec{v}$ in der Zeit $\mathrm{d}t$, so überstreicht er die Dreiecksfläche $\mathrm{d}\vec{A} = \vec{r} \times \vec{v}\,\mathrm{d}t/2$. Dies lässt sich mithilfe des Drehimpulses $\vec{L} = \vec{r} \times m\,\vec{v}$ umformen zu $\mathrm{d}\vec{A}/\mathrm{d}t = \vec{L}/2\,m$. Im Zentralfeld der Sonne gibt es aber kein Drehmoment, denn die einzige wirkende Kraft zeigt immer entlang der Verbindungslinie zwischen Sonne und Planeten. Dies bedeutet $\vec{T} = \mathrm{d}\vec{L}/\mathrm{d}t = 0$ woraus $\mathrm{d}\vec{L} = 0$ folgt, d. h. der Drehimpuls muss konstant sein. Wenn aber der Drehimpuls konstant ist, muss auch die pro Zeit überstrichene Fläche $\mathrm{d}\vec{A}/\mathrm{d}t$ konstant sein, womit der zweite Kepler'sche Satz bewiesen ist. Wegen des zweiten Gesetzes (Flächensatz) sind die Planeten in Sonnennähe schneller als in der Sonnenferne.

3. Das dritte Kepler'sche Gesetz folgt aus dem Gravitationsgesetz, was wir für den einfachen Fall der Kreisbahn zeigen. Die Gravitationskraft bildet die Zentripetalkraft, d. h. $G \cdot m_S m/r^2 = m\,v^2/r$ mit der Sonnenmasse m_S und der Planetenmasse m (Abschn. 1.1, 1.4). Die Umlaufgeschwindigkeit ergibt sich aus der Umlaufzeit T zu $v = 2\,\pi\,r/T$. Setzt man dies in die vorige Gleichung ein und formt um, so erhält man $T^2 = r^3\left(4\,\pi^2/G\,m_S\right)$, also das dritte Kepler'sche Gesetz für die Kreisbahn

1.6   Fluide, Druck, Auftrieb, Strömung

I Theorie

Unter Fluiden verstehen wir Flüssigkeiten und Gase, die keine bestimmte Form wie Festkörper besitzen, sondern den verfügbaren Raum ausfüllen können. Die entscheidenden Größen zur Beschreibung der Dynamik von Fluiden sind der Druck, die Dichte und das Kompressionsmodul. Dieses einfache Konzept ermöglicht uns die Berechnung sehr unterschiedlicher technischer Aufgaben – von Staudämmen bis hin zu den Tragflächen von Flugzeugen.

Dichte
Ein Charakteristikum jeder Substanz ist ihr Verhältnis von Masse zu Volumen, die Dichte

$$\rho = \frac{m}{V}, \quad [\rho] = \frac{\mathrm{kg}}{\mathrm{m}^3} \quad \text{(Dichte)}. \tag{1.48}$$

Die Dichte ist temperaturabhängig. Meist fällt sie mit zunehmender Temperatur, da die Stoffe sich ausdehnen und sie steigt mit zunehmendem Druck. Dieser Effekt tritt für Gase deutlich stärker auf als für Flüssigkeiten und wird in der Thermodynamik ausführlich behandelt.

Abb. 1.35 Der Druck p ist
der Quotient aus Kraft F und
Fläche A

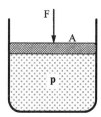

Druck

Greift eine Kraft F senkrecht und gleichmäßig verteilt auf eine Fläche A nach innen an
(Abb. 1.35), so wird der Druck auf die Fläche wie folgt definiert:

$$p = \frac{F}{A}, \quad [p] = \frac{\mathrm{N}}{\mathrm{m}^2} = \mathrm{Pa} = \text{Pascal} \quad \text{(Druck)}. \tag{1.49}$$

Wirkt die Kraft nach außen, so heißt der Quotient F/A Zug. Für den Druck gibt es
weitere, alte Einheiten wie **Bar** (1 bar $= 10^5$ Pa) oder **Atmosphären** (1 atm $= 1{,}01325 \cdot$
10^5 Pa). Der normale Luftdruck auf Meereshöhe beträgt 1 atm $= 1{,}01325$ bar. Beachten Sie, dass der Druck kein Vektor ist, also auch keine Vorzugsrichtung besitzt. Diese
Eigenschaft wird u. a. im **Pascal'sches Prinzip** ausgedrückt: „Der Druck ist im Innern
des Fluids und an jeder Stelle der Wand derselbe" (der Schweredruck, s. u., wird hier vernachlässigt). Das bedeutet, dass die Kraft auf den beweglichen Kolben (Abb. 1.35) eine
Druckänderung erzeugt, die unverändert auf jeden Punkt innerhalb des Fluids und auf die
Wände des Gefäßes wirkt. Ursache hierfür ist die Beweglichkeit der Moleküle. Zu Beginn
der Druckänderung wirkt auf ein Flächenelement $\mathrm{d}A$ im Fluid die Kraft $\mathrm{d}F = p \, \mathrm{d}A$, welche die Moleküle so lange verschiebt, bis sich beim Druck p ein Gleichgewicht der Kräfte
einstellt. Dies wird in der hydraulischen Presse zur Verstärkung von Kräften ausgenutzt
(siehe Prüfungsteil).

Schweredruck

Ein Gefäß mit der Grundfläche A sei mit dem Fluid der Dichte ρ bis zur Höhe h gefüllt
(Abb. 1.36). Auf dem Boden des Gefäßes lastet damit das Fluidgewicht $m \, g = (\rho \, A \, h) \, g$
und erzeugt den Schweredruck $p = mg/A$, bzw.

$$p = \rho \, g \, h \quad \text{(Schweredruck)}. \tag{1.50}$$

Abb. 1.36 Der Schweredruck
nimmt mit wachsender Tiefe
der Flüssigkeit zu

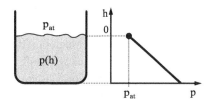

Abb. 1.37 Kommunizierende Röhren: Der Druck am Boden ist unabhängig von der Gefäßform

Der Gesamtdruck in der Tiefe h ist die Summe aus dem auf dem Fluid lastenden (Luft-)Druck p_{at} und dem mit der Tiefe h linear ansteigenden Schweredruck (Abb. 1.36). Der Schweredruck ist nur von der Höhe h der Fluidsäule abhängig, nicht aber von der Gestalt des Gefäßes. Dies zeigt sich an kommunizierenden Röhren, d. h. verschieden geformten Gefäßen, die am Boden miteinander verbunden und mit Wasser gefüllt sind (Abb. 1.37). Man könnte annehmen, dass der Druck unter Gefäß (2) am größten sei, aber der Druck ist am Boden unter allen Gefäßen gleich (**hydrostatisches Paradoxon**). Wäre der Druck unter (2) höher, so müsste dort eine Kraft wirken, die das Wasser in die benachbarten Behälter drücken würde, so dass dort der Wasserspiegel ansteigen und höher als in Gefäß (2) sein müsste. Dies ist aber nicht der Fall.

Kompressionsmodul
Durch eine Drucksteigerung Δp verringert sich das Volumen V eines Fluids um ΔV. Die Größe der relativen Volumenänderung $\Delta V/V$ hängt von den Kräften zwischen den Atomen oder Molekülen der Substanz ab. Ein Maß hierfür ist der Kompressionsmodul

$$\kappa = -\frac{\Delta p}{\Delta V/V}\,, \quad [\kappa] = \text{Pa} \quad (\text{Kompressionsmodul})\,. \tag{1.51}$$

Die **Kompressibilität** $1/\kappa$ ist das Inverse des Kompressionsmoduls. Festkörper und Flüssigkeiten (z. B. Eisen: $\kappa = 1{,}7 \cdot 10^6\,\text{Pa}$, Wasser: $\kappa = 2 \cdot 10^4\,\text{Pa}$) haben ein großes κ, sind also schwer zu komprimieren. Für Gase ist κ vergleichsweise klein und hängt vom Druck selbst und der Temperatur ab (Abschn. 3.1, 3.2).

Eine ähnliche Größe ist der **Elastizitätsmodul** von Festkörpern. Ist z. B. die Kraft F nötig, um einen Draht mit der Querschnittsfläche A und der Länge L um die Strecke ΔL zu dehnen, so wird der Elastizitätsmodul E des Drahtes durch $\Delta L/L = E^{-1}F/A$ definiert. Die Dehnung $\Delta L/L$ ist also proportional zum Zug F/A, was als Hooke'sches Gesetz bezeichnet wird (Abschn. 1.1).

Druckmessung
Ein Druckmessgerät heißt **Manometer**. Die Bestimmung des Drucks p im Inneren eines Gefäßes (Abb. 1.35) erfolgt z. B. durch die Messung der Kraft $F = p\,A$, die der Druck auf eine bewegliche Wand (Membran) des Manometers ausübt. Damit wird der Druck immer als Über- oder Unterdruck zum außerhalb des Manometers wirkenden Druck angegeben.

Die Druckmessung von Gasen erfolgt oft durch Flüssigkeitsmanometer. Im offenen Flüssigkeitsmanometer (Abb. 1.38a) führt die Druckdifferenz $p_1 - p_{at}$ zu einer Verschiebung h der Flüssigkeitssäule zwischen dem Behälter mit dem Druck p_1 und dem offenen

Abb. 1.38 a) Offenes
Flüssigkeitsmanometer,
b) Quecksilberbarometer

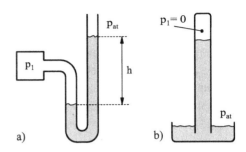

Ende des U-Rohres mit dem Druck p_{at}, meist dem atmosphärischen Außendruck. Kennt man die Dichte der Flüssigkeit, so gibt die Höhe h direkt die Druckdifferenz an $p_1 - p_{\text{at}} = \rho\,g\,h$. Im geschlossenen Quecksilbermanometer (Abb. 1.38b) ist das obere Ende des Rohres evakuiert und der Druck dort nahezu Null ($p_1 \approx 0$). Das untere Ende steht im Hg-Bad und ist dem Druck der Atmosphäre p_{at} ausgesetzt, der direkt aus der Höhe h der Hg-Säule abgelesen werden kann $p_{\text{at}} = \rho\,g\,h$. Die Einheit wird in **Torr**, nach dem Erfinder *Torricelli*, angegeben. Die Höhe von 1 mm entspricht 1 Torr. Mit der Dichte von Hg ($\rho = 13{,}6\,\text{g}/\text{cm}^3$) folgt für den Atmosphärendruck von 1,013 bar die Höhe $h = 760$ mm, also $p = 760$ Torr. Beachten Sie, dass bei den genannten Messverfahren der Druck als Überdruck (Unterdruck) bzgl. dem atmosphärischen Luftdruck angegeben wird. Will man den absoluten Druck wissen, so muss man p_{at} dazu addieren.

Auftrieb

Taucht ein Körper in ein Fluid, so erfährt er eine Auftriebskraft, deren Betrag gleich der Gewichtskraft der durch den Körper verdrängten Fluidmenge ist (**Archimedisches Prinzip**). Ursache ist die Druckdifferenz $p_2 - p_1 = \rho_{\text{Fluid}}\,g\,(h_2 - h_1)$ zwischen den Positionen h_1 und h_2 (Abb. 1.39). Die Druckkräfte $F_{1,2} = p_{1,2}A$ auf der Körperoberseite und -unterseite mit der Fläche A unterscheiden sich, und ihre Differenz führt zu einer nach oben gerichteten Auftriebskraft

$$F_a = \rho_{\text{Fluid}}\,g\,V \quad \text{(Auftriebskraft)}. \tag{1.52}$$

Abb. 1.39 Veranschaulichung
der Auftriebskraft

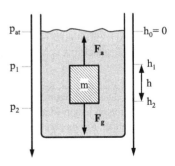

Die Kräfte auf die gegenüberliegenden Seitenflächen heben sich auf. Entscheidend für den Auftrieb ist nur die Dichte des Fluids und das verdrängte Volumen V. Die Form des Körpers spielt keine Rolle. Sind Körpergewicht und Auftriebskraft im Gleichgewicht ($F_{g-\text{Körper}} = F_a$), so schwebt der Körper im Fluid. Aus Gl. 1.52 folgt daher, dass das Schwimmverhalten eines Körpers im Fluid nur von dem Verhältnis der jeweiligen Dichten bestimmt wird: $F_{g-\text{Körper}}/F_a = \rho_{\text{Körper}}/\rho_{\text{Fluid}}$. Ein Körper schwimmt also, wenn $\rho_{\text{Körper}}/\rho_{\text{Fluid}} < 1$, er sinkt, wenn $\rho_{\text{Körper}}/\rho_{\text{Fluid}} > 1$ und er schwebt, falls $\rho_{\text{Körper}}/\rho_{\text{Fluid}} = 1$.

Strömung

Wir betrachten nur den einfachsten Fall der Strömung für ein **ideales Fluid** mit folgenden Eigenschaften: a) inkompressible, d. h. die Dichte des Fluids ist konstant, b) laminar, d. h. die Fluidschichten mit unterschiedlicher Geschwindigkeit schieben ohne Turbulenzen aneinander vorbei c) wirbelfreie Strömung, d) stationär, d. h. die Strömungsverhältnisse an einem Ort ändern sich nicht mit der Zeit, e) nicht-viskos, d. h. reibungsfrei, so dass keine Energie verbraucht wird.

Strömungen kann man durch kleinste Partikel sichtbar machen, z. B. bei Untersuchungen im Windkanal. Ihre Geschwindigkeitsvektoren an jedem Punkt des strömenden Fluids ergeben die Stromlinien (Abb. 1.40). Da sie sich nicht überschneiden dürfen, kann man sie zu Stromröhren zusammenfassen, so als würden sie in einem Schlauch verlaufen. Was passiert, wenn der Strömungskanal seinen Querschnitt ändert (Abb. 1.41)? Da das Fluid inkompressibel ist, muss der Volumenfluss von links nach rechts durch die Querschnittsflächen A_1, A_2 der Stromröhre innerhalb der Zeit dt konstant sein, d. h. $V_1 = A_1 v_1$ d$t = V_2 = A_2 v_2$ dt. Hieraus folgt

$$A_1 v_1 = A_2 v_2 \quad \text{(Kontinuitätsgleichung)}. \tag{1.53}$$

Wo die Röhre enger ist, muss die Strömungsgeschwindigkeit also größer sein. Das Fluid ist also beschleunigt worden, wofür eine Kraft, genauer ein Druckunterschied verantwortlich sein muss. Wie bestimmen wir diesen? Das Fluid muss im dicken Rohr gegen den Druck p_1 die Arbeit d$W_1 = F_1$ d$x_1 = p_1 A_1$ d$x_1 = p_1$ dV aufbringen. Das gleiche Volumen dV muss auf der rechten Seite gegen den Druck p_2 die Arbeit d$W_2 = p_2 A_2$ d$x_2 = p_2$ dV aufbringen. Die beiden Arbeiten unterscheiden sich genau um die kinetische Energie, welche dem durchgeschobenen Volumen zugeführt wurde, das im engen Rohrabschnitt schneller strömt. Diese ist d$W_1 -$ d$W_2 = (p_1 - p_2)$ d$V = 1/2 \cdot$

Abb. 1.40 Die Geschwindigkeitsvektoren an jedem Punkt des strömenden Fluids ergeben die Stromlinien

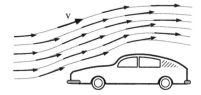

Abb. 1.41 Zur Herleitung der
Bernoulli-Gleichung

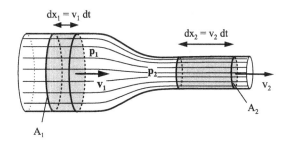

$\rho \, dV \left(v_2^2 - v_1^2\right)$, woraus $p_1 + \rho \, v_1^2/2 = p_2 + \rho \, v_2^2/2$ folgt. Berücksichtigen wir noch den über der hier betrachteten Flüssigkeit lastenden Schweredruck sowie den Atmosphärendruck, so erhalten wir die Bernoulligleichung in ihrer üblichen Form

$$p + \frac{1}{2}\rho \, v^2 + \rho \, g \, h = p_{\mathrm{at}} = \text{konstant} \quad \text{(Bernoulli-Gleichung)}. \qquad (1.54)$$

Der Term $\rho \, v^2/2$ heißt Staudruck. Wenn also die Strömungsgeschwindigkeit zunimmt, muss gleichzeitig der Druck abnehmen. Genau dieser Effekt wird für den Auftrieb von Flugzeugtragflächen ausgenutzt (siehe Prüfungsteil).

II Prüfungsfragen

Grundverständnis

F1.6.1 Welche Kraft drückt die Magdeburger Halbkugeln zusammen?

F1.6.2 Wie groß ist der absolute Druck im Autoreifen, wenn er mit $p = 2$ bar aufgepumpt wurde und wenn er „platt" ist?

F1.6.3 Wie berechnet man den Druck am Boden eines 10 m tiefen Wasserbeckens?

F1.6.4 Was ist das hydrostatische Paradoxon?

F1.6.5 Was ist die Auftriebskraft und wann schwimmt ein Körper?

F1.6.6 Warum sinken Schwimmer im toten Meer weniger tief ins Wasser ein als im Mittelmeer?

F1.6.7 Wie prüft man, ob Schmuck aus echtem Gold oder einer Legierung besteht?

F1.6.8 Wie regelt ein Fisch oder ein U-Boot seine Tauchtiefe?

F1.6.9 Skizzieren und erklären Sie die hydraulische Presse.

F1.6.10 Auf welchem Prinzip beruht der Auftrieb von Flugzeugtragflächen und welches Gesetz beschreibt dies?

Messtechnik

F1.6.11 Mit welchen Geräten wird die Dichte ermittelt?

F1.6.12 Nennen Sie Druckmessgeräte und erklären Sie ihre Funktionsweise.

F1.6.13 Wie funktioniert ein einfacher Höhenmesser?

F1.6.14 Wie kann man die Strömungsgeschwindigkeit eines Fluids messen?

Vertiefungsfragen

F1.6.15 Was sind ideale Fluide?

F1.6.16 Was besagt die Kontinuitätsgleichung?

F1.6.17 Was geben Stromlinien an?

F1.6.18 Was ist der Kompressionsmodul?

F1.6.19 Was besagt die Barometerformel?

F1.6.20 Wie erklärt man das Verschwinden von Schiffen im Bermudadreieck?

III Antworten

A1.6.1 Die Kraft, welche die beiden Magdeburger Kugelhälften zusammenpresst, wird durch die Druckdifferenz $\Delta p = p_{at} - p_i$ zwischen dem äußeren Luftdruck und dem geringeren Innendruck erzeugt. Nehmen wir eine vollständig evakuierte Kugel mit Innendruck $p_i = 0$ und einen äußeren Luftdruck von $p_{at} = 1\,\text{bar} = 10^5\,\text{Pa}$ an, so folgt für die Kraft auf die Kugel mit Radius $r = 0,1\,\text{m}$: $F = \Delta p\,\pi\,r^2 \approx 3000\,\text{N}$. Für die Kraft macht es kaum einen Unterschied, ob exakt auf $p_i = 0$ oder nur auf $p_i = 0,01\,\text{bar}$ evakuiert wurde.

A1.6.2 Die Anzeige $p = 2\,\mathrm{bar}$ des Reifendrucks gibt nur den Überdruck gegenüber dem Atmosphärendruck $p_{\mathrm{at}} = 1\,\mathrm{bar}$ an. Der absolute Druck ist also $p = 3\,\mathrm{bar}$. Ist der Reifen defekt (platt), so ist der Innendruck gleich dem Außendruck $p = 1\,\mathrm{bar}$ und die Kraft auf den Reifen ist natürlich Null.

A1.6.3 Der Druck am Boden eines $h = 10\,\mathrm{m}$ tiefen Wasserbeckens berechnet sich aus dem Schweredruck des Wassers und dem auf der Wasseroberfläche lastenden Atmosphärendruck $p_{\mathrm{at}} = 1{,}013\,\mathrm{bar}$ gemäß $p = \rho\,g\,h + p_{\mathrm{at}}$. Mit der Dichte von Wasser $\rho = 10^3\,\mathrm{kg \cdot m^{-3}}$ folgt $p \approx 2\,\mathrm{bar}$.

A1.6.4 Das hydrostatische Paradoxon zeigt sich bei kommunizierenden Röhren. Diese sind oben offen, unten verbunden und mit Flüssigkeit gefüllt (Abb. 1.37). Die Flüssigkeit steht in allen Röhren gleich hoch. Ursache ist der mit „Hydrostatisches Paradoxon" bezeichnete Sachverhalt, dass der Druck am Boden der Gefäße nur von der Flüssigkeitshöhe, nicht aber von der Gefäßform abhängt.

A1.6.5 Wird ein Körper in ein Fluid (Wasser, Luft etc.) eingetaucht, so erfährt er eine statische Auftriebskraft entgegen der Gravitationskraft (Abb. 1.39, Archimedisches Prinzip). Sein Gewicht wird also gemindert. Ursache ist der unterschiedliche Schweredruck an Ober- bzw. Unterseite des Körpers. Die Auftriebskraft $F_a = \rho_{\mathrm{Fluid}}\,g\,V$ hängt von der Gewichtskraft des verdrängten Fluids und damit von dessen Dichte und Volumen ab. Ein Körper schwimmt, wenn $\rho_{\mathrm{Körper}}/\rho_{\mathrm{Fluid}} < 1$ gilt.

A1.6.6 Der Salzgehalt und somit die Dichte des Wassers im toten Meer ist größer als im Mittelmeer. Deshalb erfährt ein Schwimmer im toten Meer einen größeren Auftrieb.

A1.6.7 Ob ein Schmuckstück aus echtem Gold oder einer Legierung besteht, zeigt die Bestimmung der Dichte $\rho = m/V$ des Materials und der Vergleich mit Literaturwerten für reines Gold. Die Masse erhält man aus einer Wägung des Schmucks, sein Volumen kann durch vollständiges Untertauchen in Wasser und der Bestimmung der verdrängten Wassermenge ermittelt werden.

A1.6.8 Das Volumen der Schwimmblase wird verändert und damit das Volumen des verdrängten Wassers. Als Folge kann die Auftriebskraft $F_a = \rho_{\mathrm{Fluid}}\,g\,V$ eingestellt werden. Bei einem U-Boot wird das verdrängte Volumen durch einen Tauchtank geregelt. Wird er mit Wasser geflutet sinkt das Boot, wird das Wasser durch Pressluft wieder hinausgedrückt, taucht es auf.

A1.6.9 Die **hydraulische Presse** besteht aus einem mit einer Flüssigkeit (Hydrauliköl mit großem Kompressionsmodul) gefüllten Behälter mit zwei Zylindern, deren Durchmesser sich stark unterscheiden (Abb. 1.42). Wird die Kraft F_1 auf den beweglichen Kolben des kleineren Zylinders mit der Fläche A_1 ausgeübt, so wird im Fluid der Druck p erzeugt. Dieser wirkt wegen der Inkompressibilität des Fluids an allen Stellen des Behälters (Schweredruck wird vernachlässigt) und erzeugt am Kolben des großen Zylinders eine große Kraft $F_2 = p\, A_2 = F_1 \cdot A_2/A_1$. Die Kraftverstärkung ist durch das Flächenverhältnis gegeben. Die Hubhöhen der Kolben verhalten sich allerdings umgekehrt, also wie A_1/A_2.

Abb. 1.42 Hydraulische
Presse

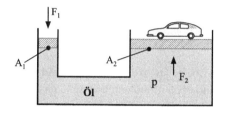

A1.6.10 Der dynamische Auftrieb von **Flugzeugtragflächen** beruht auf dem Druckunterschied zwischen der Unter- und der Oberseite der Tragfläche (Abb. 1.43). Die Luft strömt mit größerer Geschwindigkeit $v_2 > v_1$ über dem Flügel als unter dem Flügel. Entsprechend der Bernoulli-Gleichung $p_1 + \rho\, v_1^2/2 = p_2 + \rho\, v_2^2/2$ muss der Druck p_2 oberhalb des Flügels kleiner als der Druck p_1 an der Unterseite sein. Die Druckdifferenz $\Delta p = p_1 - p_2$ führt zu einer nach oben gerichteten Kraft. Genau betrachtet spielen Wirbelbildungsprozesse am Tragflächenende eine wichtige Rolle für die Strömungsführung, so dass $v_2 > v_1$ folgt.

Abb. 1.43 Dynamischer
Auftrieb an Tragfläche

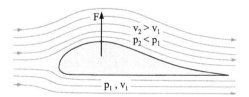

A1.6.11 Zur Bestimmung der Dichte $\rho = m/V$ müssen Masse und Volumen einer Probe ermittelt werden. Für feste Stoffe siehe z. B. A1.6.7. Zur Dichtebestimmung von flüssigen Substanzen nutzt man das **Aräometer**. Es ist ein mit Bleikörnern beschwerter Glaskörper, der in die zu vermessende Flüssigkeit gesetzt wird. Je kleiner die Dichte der Flüssigkeit, desto kleiner ist die Auftriebskraft und desto tiefer sinkt das Aräometer ein bis es schwebt. Dann gilt $m\, g = \rho_{\mathrm{Fluid}}\, g\, V$ und die Einsinktiefe und damit die Dichte der Flüssigkeit kann direkt an einer Skala abgelesen werden (Abb. 1.44).

Abb. 1.44 Aräometer

A1.6.12 Manometer messen den Druck einer Flüssigkeit oder eines Gases als Differenzdruck gegenüber dem Atmosphärendruck. Bei **Flüssigkeitsmanometern** wirken die Drücke auf die beiden senkrechten Schenkel eines mit Flüssigkeit gefüllten U-Rohres. Die Druckdifferenz $p_1 - p_2 = \rho\, g\, h$ führt zu einer Verschiebung der Flüssigkeitssäule um die Höhe h, aus der man den Druck ableitet. Beim **Federmanometer** wird durch den Differenzdruck eine Membran bzw. Feder verformt. Die Verformung ist proportional zur wirkenden Kraft und damit zum Differenzdruck und wird auf einen beweglichen Zeiger übertragen und an einer Skala abgelesen. Bei **Widerstandsmanometern** wird die Änderung des elektrischen Widerstandes einiger Stoffe unter hohem Druck ausgenutzt. Der Luftdruck wird mit dem Barometer (Flüssigkeitsmanometer) gemessen (siehe Abb. 1.38a, b und Beschreibung im Theorieteil). Geringe Drücke (Vakuum) können im Grobvakuum ($10^5 - 10^2$ Pa) mit Federmanometer gemessen werden. Bei kleineren Drücken ($10^2 - 10^{-2}$ Pa) nutzt man die Druckabhängigkeit der Wärmeleitfähigkeit von Gasen (**Pirani**-Manometer). Für Messungen bis etwa 10^{-11} Pa nutzt man elektrische **Penning**-Vakuummeter. Hierbei werden die Gasmoleküle ionisiert und aus der Stärke des Ionenstroms auf die Zahl der Moleküle und damit auf den Gasdruck geschlossen.

A1.6.13 Ein einfacher **Höhenmesser** nutzt die Abnahme des Luftdrucks mit zunehmender Höhe. Er misst den Luftdruck und berechnet über die Barometerformel (siehe A1.6.19) die Höhe.

A1.6.14 Die Strömungsgeschwindigkeit eines Fluids kann z. B. mit dem **Venturi-Rohr** gemessen werden (Abb. 1.45). In der Verengung wächst die gesuchte Geschwindigkeit v_1 auf v_2 an. Gemessen wird die dadurch entstehende Druckdifferenz $\Delta p = p_1 - p_2$, z. B. durch ein zwischengeschaltetes Flüssigkeitsmanometer. Aus der Bernoulli-Gleichung und der Kontinuitätsgleichung erhält man eine Formel für v_1 als Funktion von Δp.

Abb. 1.45 Venturi-Rohr

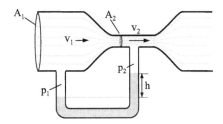

A1.6.15 Für ideale Fluide gilt: a) inkompressibel, d. h. die Dichte des Fluids ist konstant, b) laminar, d. h. gleichmäßige Strömungsgeschwindigkeit, c) wirbelfreie, nicht-turbulente Strömung, d) stationär, d. h. die Strömungsverhältnisse ändern sich nicht mit der Zeit, e) nicht-viskos, d. h. reibungsfrei, so dass keine Energie verbraucht wird.

A1.6.16 Die Kontinuitätsgleichung lautet für ideale Fluide: $A_1 v_1 = A_2 v_2$. Sie besagt, dass die einströmende Menge gleich der ausströmenden Menge sein muss und stellt damit einen Erhaltungssatz dar.

A1.6.17 Stromlinien sind Linien, deren Richtung in jedem Raumpunkt mit der Richtung des Geschwindigkeitsvektors des strömenden Fluids übereinstimmt. Bei stationären Strömungen sind sie identisch mit der Bahn, die durch Farbstoffe sichtbar gemacht werden kann.

A1.6.18 Der Kompressionsmodul $\kappa = -\Delta p / (\Delta V / V)$ ist ein Maß für die Volumenänderung bei Druckeinwirkung.

A1.6.19 Die **Barometerformel** lautet $p_h = p_0 \, e^{-h/H}$, mit $H = 8005$ m. Sie beschreibt die exponentielle (nicht lineare!) Abnahme des Drucks mit zunehmender Höhe h. Umgekehrt erlaubt sie eine vergleichsweise genaue Bestimmung der Höhe aus dem dort herrschenden Luftdruck p_h. Ursache des exponentiellen Verhaltens ist die Tatsache, dass die Dichte der Luft nicht konstant ist, sondern dass sie mit zunehmender Höhe gemeinsam mit dem Luftdruck abnimmt (siehe Abschn. 3.1).

A1.6.20 Auch wenn es ein Mythos ist, dass im Bermudadreieck mehr Schiffe verschwinden als anderswo, so ist folgende herangezogene Erklärung physikalisch vernünftig. Im Bereich des Bermudadreiecks lösen sich oft große Mengen Methangas vom Meeresboden und steigen auf. Das Gemisch Wasser-Methangas besitzt eine deutlich geringere Dichte als Wasser, so dass der Auftrieb nicht mehr ausreicht, um die Schiffe zu tragen.

1.7 Spezielle Relativitätstheorie

I Theorie

Einstein'sche Postulate
Die spezielle Relativitätstheorie befasst sich mit der Beschreibung von Raum und Zeit aus der Sicht von Beobachtern, die sich mit konstanter Geschwindigkeit zueinander bewegen. Sie befinden sich damit je in einem Inertialsystem, in denen die Gesetze der Mechanik gültig sind. Werden Vorgänge in einem Inertialsystem von einem anderen, dazu bewegten Inertialsystem aus beobachtet, so zeigt sich, dass bei der Beschreibung Raum und Zeit keine unabhängigen, absoluten Größen sind, sondern dass beide zusammenhängen. Alle

Abb. 1.46 *Links*: Die Flugbahn eines Teilchens ergibt
sich als Folge von Ereignissen
$E_1, E_2, \ldots$ im Minkowski-
Diagramm. *Rechts*: Zeitartige
Ereignisse sind kausal verknüpfbar und liegen innerhalb
des Lichtkegels

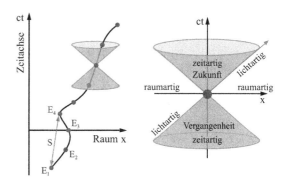

Phänomene der speziellen Relativitätstheorie ergeben sich aus den folgenden Grundlagen,
die als Einstein'sche Postulate bezeichnet werden:

Das **erste Postulat**, das **Relativitätsprinzip**, besagt, dass es kein physikalisches Verfahren gibt, wodurch die absolute Größe oder Richtung der Geschwindigkeit eines Systems bestimmt werden kann.

Das **zweite Postulat** besagt, dass die Lichtgeschwindigkeit unabhängig von der Bewegung der Lichtquelle ist. Die Lichtgeschwindigkeit im Vakuum hat somit in allen Inertialsystemen denselben Wert c. Es folgt aus den Maxwell-Gleichungen und ist eine
Konsequenz des ersten Postulates.

Als Folge kann nunmehr kein absolut ruhendes System, d. h. kein ausgezeichnetes System wie z. B. der **Äther**, definiert werden. In der Physik wurde bis zur Entwicklung der
speziellen Relativitätstheorie angenommen, dass der Äther ein in der Welt absolut ruhendes Medium sei, in dem sich das Licht ausbreiten würde, ebenso wie Schall sich in dem
Medium Luft ausbreitet. Die Planeten und Sterne würden sich ebenfalls durch diesen absolut ruhenden Äther bewegen. Das **Michelson-Morley**-Experiment konnte die Existenz
des ruhenden Äthers schon 20 Jahre zuvor widerlegen. Hierzu wurden zwei Lichtstrahlen
zur Interferenz gebracht (Abb. 1.46), wobei einer der Lichtstrahlen senkrecht zur Erdbewegung und der zweite Strahl parallel (antiparallel) zur Erdbewegung verlief. Würde
sich die Erde durch den ruhenden Äther bewegen, so müsste zwischen den beiden Strahlrichtungen ein Laufzeitunterschied des Lichtes auftreten. Dies könnte sichtbar gemacht
werden, wenn das Michelson-Interferometer gedreht werden würde und damit die Strahlen ihre Richtung bezüglich der Erdbewegung ändern würden. Dies müsste zur Änderung
des Interferenzbildes führen, was aber nicht beobachtet wurde.

Die Raum-Zeit

Eine wichtige Ausgangsüberlegung der Relativitätstheorie war die Frage nach der Gleichzeitigkeit von zwei Ereignissen an unterschiedlichen Orten und damit verbunden, die
Frage nach der Bedeutung der Endlichkeit der Ausbreitungsgeschwindigkeit des Lichtes,
das zur Übertragung der entsprechenden Information der Ereignisse an bewegte Beobachter genutzt werden soll. Um diese Problematik in den Griff zu bekommen, wählen wir

zur Zeitmessung in einem Bezugssystem die Eigenzeit einer im System ruhenden Uhr. Während in der klassischen Physik eine getrennte Angabe von Zeit t und Ortskoordinaten (x, y, z) erfolgt, wird stattdessen in der Relativitätstheorie ein **Ereignis** in der **Raum-Zeit** durch den **Vierervektor** (ct, x, y, z) (**Weltvektor**) angegeben, wobei die Größe ct die Dimension einer Länge besitzt. Die Welt ist somit keine statische Anordnung von Objekten in der Gegenwart, sondern ein Prozess im Raum-Zeit-Diagramm des ruhenden Beobachters. Somit bildet z. B. die Flugbahn eines Objektes eine Folge von Ereignissen $E_1, E_2, E_3, \ldots$ (Abb. 1.46 links), die sich als Folge von Weltpunkten durch die **Weltlinie** im **Minkowski-Raum** darstellen lässt. Der raum-zeitliche Abstand von Ereignissen (Weltvektor) lässt sich durch die Länge s gemäß

$$s^2 = c^2 \Delta t^2 - \Delta x^2 - \Delta y^2 - \Delta z^2 \qquad (1.55)$$

messen. Diese Vorschrift wird **Minkowski-Theorem** genannt. Oft wird sie als Analogon zum Satz des Pythagoras im klassischen dreidimensionalen Raum bezeichnet, denn dieser ist ebenfalls eine Vorschrift zur Längenberechnung von Vektoren. Hierbei ist aber zu beachten, dass nach Pythagoras Seitenlängen addiert werden, wohingegen in Gl. 1.55 eine Differenz gebildet wird. Dadurch ist unsere intuitive Vorstellung der klassischen Längenberechnung im reinen dreidimensionalen Raum nicht auf den Vierervektor der Raum-Zeit übertragbar. Die Größe s ist unabhängig vom Inertialsystem, aus dem sie gemessen wird.

Da die Geschwindigkeit eines Objektes durch $v < c$ beschränkt ist, kann sich seine Weltlinie nur innerhalb des um 45° geöffneten **Lichtkegels** bewegen (Abb. 1.46). Der Abstand eines Ereignisses zu einem im Scheitelpunkt des Kegels (Koordinatenursprung) liegenden Ereignis (Abb. 1.46 rechts) heißt lichtartig, wenn $s^2 = 0$ gilt. Das zweite Ereignis liegt dann genau auf dem Lichtkegel. Der Abstand heißt **raumartig**, wenn $s^2 < 0$ gilt. Solche Ereignisse lassen sich in einem Bezugssystem nicht kausal verknüpfen. Kausal verknüpfbar sind nur Ereignisse mit **zeitartigen** Abständen mit $s^2 > 0$ zum Scheitelpunkt, d. h. solche, die innerhalb des Kegels liegen.

Um die **Gleichzeitigkeit** von Ereignissen aus der Sicht von zueinander bewegten Beobachtern zu definieren, soll eine Vorschrift hergeleitet werden, die später in die Lorentz-Transformation mündet. In einem ruhenden System A wird zur Zeit T_1 am Ort $x_A = 0$ ein breitgefächerter Lichtblitz gezündet, wobei zwei Strahlen die Spiegel M_{1A} und M_{2A} treffen, von denen reflektiert werden und danach gleichzeitig am Entstehungsort zur Zeit T_{2A} wieder eintreffen (Abb. 1.47a). Die beiden Ereignisse, d. h. die Lichtreflexion an Spiegel M_{1A} und M_{2A}, haben somit gleichzeitig zu der Zeit $t_A = (T_1 + T_{2A})/2$ stattgefunden. Somit liegen gleichzeitige Ereignisse auf der gestrichelten, horizontalen Raumachse. Um die Sichtweise eines Beobachters aus einem bewegten System B darzustellen, dessen Koordinatenursprung zum Zeitpunkt T_1 des Zündens des Blitzes mit dem Koordinatenursprung des Systems A identisch war, muss die Zeitachse von B gegenüber der Zeitachse des Systems A um den Winkel α mit $\tan\alpha = v/c$ gekippt werden, denn der Abstand zwischen den bewegten Systemen A und B vergrößert sich mit der Zeit gemäß $x_A = v\, t_A$. In anderen Worten bildet die gekippte Achse die Weltline des Systems B von System A aus

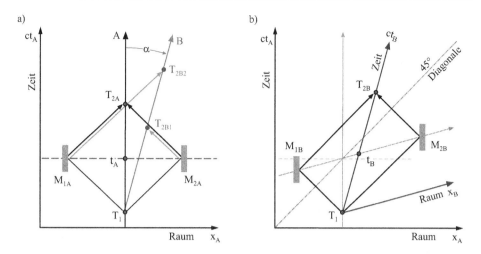

Abb. 1.47 Beschreibung der Gleichzeitigkeit von zwei Ereignissen; a) für den ruhenden Beobachter in System A und b) für den hierzu bewegten Beobachter in System B

gesehen (Abb. 1.47a). Für den bewegten Beobachter in System B erreichen die beiden Reflexe der Spiegel M_{1A} und M_{2A} den Ausgangspunkt aber nicht mehr gleichzeitig zur Zeit T_{2A}, sondern zu verschiedenen Zeiten $T_{2B1} < T_{2B2}$. Damit für System B auch die Gleichzeitigkeit beider Ereignisse definiert werden kann, müssen die beiden Reflexe aus Sicht des bewegten Systems gleichzeitig ankommen. Hierzu müssen die Raumachse und mit ihr die beiden Spiegel des Systems B gekippt werden, so dass die zurückgelegten, neuen Strecken der Reflexe $T_1 \rightarrow M_{1B} \rightarrow T_{2B}$ und $T_1 \rightarrow M_{2B} \rightarrow T_{2B}$ gleich lang werden, d. h., dass $T_{2B1} = T_{2B2} = T_{2B}$ (Abb. 1.47a, b). Wie erfolgt nun die Kippung, d. h. die Transformation der Raumachse, so dass ein gleichzeitiges Eintreffen der Lichtsignale für das bewegte System B erreicht wird? Hierzu wird die 45°-Diagonale des Koordinatensystems A gebildet, an der die Weltlinie ct_B (Zeitachse) gespiegelt wird, wodurch die neue Raumachse x_B des bewegten Systems entsteht. Auf dieser neuen Raumachse x_B (Gleichzeitigkeitsachse) müssen beiden Spiegel liegen, denn auf ihr liegen die Orte der gleichzeitigen Ereignisse zum Zeitpunkt t_B, von System B aus gesehen (zur Position der Spiegel siehe Aufgabe F1.7.4).

Zeitdilatation bedeutet, dass der ruhende Beobachter A die Zeit einer identischen Uhr im mit der Geschwindigkeit v bewegten System B langsamer verstreichen sieht als die Zeit auf seiner ruhenden Uhr. Zur Herleitung wird die Weltline der bewegten Uhr im ruhenden System betrachtet, wobei die Koordinaten von zwei aufeinanderfolgenden Ereignissen durch die Koordinaten ($t = 0$, $x = 0$, $y = 0$, $z = 0$) und ($t = \tau$, $v_x\tau$, $v_y\tau$, $v_z\tau$) beschrieben werden (Abb. 1.48a). Zwischen diesen Ereignissen sollen die beiden Uhren jeweils fünf Takte absolviert haben, d. h. fünfmal getickt haben. Jeder Beobachter sieht auf seiner eigenen, relativ zu ihm ruhenden Uhr nach fünf Takten dieselbe Zeit τ, die **Eigenzeit**, angezeigt. Wenn der Beobachter A aber auf die andere Uhr des bewegten Systems B

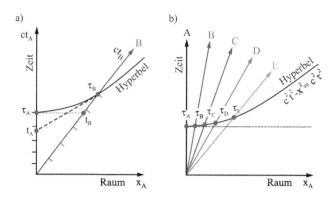

Abb. 1.48 a) Die Eigenzeit τ_B der Uhr des bewegten Beobachters scheint für den ruhenden Be-
obachter A langsamer abzulaufen als seine Eigenzeit τ_A ($\tau_B > \tau_A$). b) Die Umrechnung der
Eigenzeit τ_A, τ_B ... zwischen identischen Uhren in zueinander bewegten Systemen erfolgt nach
Gl. 1.55, wodurch sich ihre Lage auf einer Hyperbel ergibt

schaut, so sieht er dort nach fünf Takten eine andere Zeit τ_B als auf seiner eigenen, zu ihm
ruhenden Uhr, wo τ_A angezeigt wird. Die Umrechnung zwischen beiden Uhren erfolgt
gemäß dem Minkowski-Theorem (Gl. 1.55), woraus folgt

$$\tau_A = \tau_B \sqrt{1 - (v/c)^2}.\tag{1.56}$$

Die Gleichung zeigt, dass mit $\tau_A < \tau_B$ die Uhr im bewegten System B für den in A ruhenden Beobachter eine längere Taktdauer, d. h. Eigenzeit, besitzt. Schaut der Beobachter A
zu seiner Zeit $t = \tau_A$ auf die Uhr des Systems B, so sieht er dort eine kürzere verstrichene
Zeitdauer $t_B < \tau_A$ zwischen den Ereignissen. Die ruhende Uhr läuft also schneller, die
Zeiger sind also schon weiter als bei der bewegten Uhr. Der bewegte Beobachter B sieht
aber paradoxerweise genau dasselbe Phänomen, d. h. $t_A < \tau_B$. Für ihn ruht seine Uhr und
die Uhr im System A bewegt sich von ihm fort. Deshalb sieht jeder Beobachter die Uhr
eines bewegten Systems langsamer laufen als seine eigene, ruhende Uhr. Beachten Sie:
Die Taktrate bzw. die Eigenzeit τ der bewegten Uhr scheint länger zu dauern, weshalb die
auf der bewegten Uhr angezeigte Zeit t kürzer erscheint.

Längenkontraktion bedeutet, dass der ruhende Beobachter die Länge L_B eines Stabes
in einem bewegten System verkürzt sieht gegenüber der Länge L_A des identischen Stabes
in seinem ruhenden System. Die Längenberechnung erfolgt gemäß

$$L_B = L_A \sqrt{1 - (v/c)^2}.\tag{1.57}$$

Die Geschwindigkeit $\vec{v} = (v, 0, 0)$ des Stabes $\vec{L}_A = \left(L_{Ax}, L_{Ay}, L_{Az}\right)$ ist hierbei parallel
zu seiner Längsrichtung orientiert. Quer zur Bewegungsrichtung ändert sich die Länge
nicht, so dass $\vec{L}_B = \left(L_{Ax} \sqrt{1 - (v/c)^2}, L_{Ay}, L_{Az}\right)$ gilt.

Relativistischer Impuls und Energie

In der klassischen Mechanik spielen die beiden Erhaltungsgrößen Energie E und Impuls $p = mv$ eine wichtige Rolle. Im relativistischen Fall hoher Geschwindigkeiten gelten die Erhaltungssätze auch noch, müssen aber umgeschrieben werden. In der klassischen Newton'schen Physik langsamer Geschwindigkeiten bewirkt eine Kraft die Beschleunigung der Masse gemäß $F = ma = dp/dt$ (siehe Abschn. 1.1). Bei hohen Geschwindigkeiten müssen hierbei Längenkontraktion und Zeitdilatation berücksichtigt werden, was dazu führt, dass der Impuls durch $p = mv/\sqrt{1 - v^2/c^2}$ ersetzt werden muss. Die Masse m heißt **Ruhemasse** und wird von dem relativ zur Masse ruhenden Beobachter gemessen. In manchen Lehrbüchern wird irrtümlicherweise von der relativistischen Masse gesprochen, die aufgrund ihrer hohen Geschwindigkeit auf den Wert $m/\sqrt{1 - v^2/c^2}$ angewachsen sein soll. Damit soll motiviert werden, dass bei steigender Geschwindigkeit die Masse so sehr anwächst, dass eine Beschleunigung der Masse auf Geschwindigkeiten $v > c$ nicht möglich wird. Die Masse wächst aber nicht mit der Geschwindigkeit an. Zudem führt das Bild der anwachsenden Masse zu Widersprüchen, u. a. dem, dass die Masse eine Lorentz-Invariante sein muss (siehe A1.7.7). Konsequenter ist das Bild des anwachsenden Impulses. Die Gesamtenergie der bewegten Masse berechnet sich durch $E = \gamma\, m\, c^2$. Bei Aufteilung in Ruheenergie und kinetische Energie ergibt sich der relativistische Zusammenhang von Energie und Impuls durch:

$$E^2 = \left(mc^2\right)^2 + \left(c\,\vec{p}\right)^2 \,. \tag{1.58a}$$

$$E = mc^2 + \frac{1}{2}mv^2 + \frac{3}{8}m\frac{v^4}{c^2} + \cdots \tag{1.58b}$$

Die **Energie-Masse-Äquivalenz** zeigt sich deutlich in Gl. 1.58a für $\vec{p} = 0$. Eine Taylorentwicklung von $E = \gamma\, m\, c^2$ ergibt Gl. 1.58b. Für den Fall der Ruhe $v = 0$ sehen wir, dass ein Körper ohne kinetische Energie allein aufgrund seiner Ruhemasse eine Ruheenergie $E = mc^2$ besitzt. Diese Energie-Masse-Äquivalenz zeigt sich in der Bindungsenergie von Atomkernen und tritt als Massendefekt in Kernspaltungs- und Fusionsprozessen auf. Bei kleinen Geschwindigkeiten $v \ll c$ erkennen wir den zweiten Term in Gl. 1.58b als kinetische Energie der klassischen Newton'schen Mechanik wieder. Für größere Geschwindigkeiten müssen die weiteren Korrekturterme berücksichtigt werden.

Lorentz-Transformation

Die Lorentz-Transformation führt keine weiteren Phänomene ein, sondern sie stellt die mathematische Vorschrift zur Transformation von Raum- und Zeitkoordinaten bei dem Übergang zwischen zwei zueinander bewegten Inertialsystemen dar. Aus ihr folgen die oben beschriebenen relativistischen Phänomene wie Zeitdilatation und Längenkontraktion. Für den einfachen Fall, dass die Koordinatensysteme A und B zum Zeitpunkt $t = 0$ zusammenfallen und dass das System B sich längs der x-Achse des Systems A mit der

Geschwindigkeit v bewegt, folgt für die Transformation der Zeit und der Koordinaten:

$$y_A = y_B, \qquad z_A = z_B$$

$$x_B = \frac{x_A - vt_A}{\sqrt{1 - (v/c)^2}} \qquad t_B = \frac{t_A - vx_A/c^2}{\sqrt{1 - (v/c)^2}} . \tag{1.59a}$$

Die Rücktransformation erfolgt einfach durch den Vorzeichenwechsel von v:

$$x_A = \frac{x_B + vt_B}{\sqrt{1 - (v/c)^2}} \qquad t_A = \frac{t_B + vx_B/c^2}{\sqrt{1 - (v/c)^2}} . \tag{1.59b}$$

Für den Fall kleiner Geschwindigkeiten $v \ll c$ geht die Lorentz- in die Galilei-Transformation der klassischen Mechanik über.

Die Lorentz-Transformation berücksichtigt die Invarianz des Abstandes zwischen zwei Weltpunkten (Vierervektoren (ct, x, y, z)) in der Raum-Zeit (Minkowski-Raum). Dies bedeutet, dass bei einem Wechsel des Koordinatensystems $A \rightarrow B$ der Abstand zwischen zwei Ereignissen, also die Größe $s^2 = c^2 \Delta t^2 - \Delta x^2 - \Delta y^2 - \Delta z^2$ konstant bleiben muss (Gl. 1.55). Dies drückt sich in der Tatsache aus, dass die Lorentz-Transformation einer Drehung ähnelt, was durch die Matrixschreibweise mit den Abkürzungen $\beta = v/c$ und $\gamma = 1/\sqrt{1 - \beta^2}$ ersichtlich wird

$$\begin{pmatrix} ct_B \\ x_B \end{pmatrix} = \gamma \begin{pmatrix} 1 & -\beta \\ -\beta & 1 \end{pmatrix} \begin{pmatrix} ct_A \\ x_A \end{pmatrix} = \begin{pmatrix} \cosh\varphi & -\sinh\varphi \\ -\sinh\varphi & \cosh\varphi \end{pmatrix} \begin{pmatrix} ct_A \\ x_A \end{pmatrix} \tag{1.60}$$

Die Größe φ wird **Rapidität** genannt, wobei $\tanh\varphi = \beta = v/c$ gesetzt wird. Sie spielt in der Geschwindigkeitsaddition eine Rolle.

Alle Naturgesetze müssen sich unter der Lorentz-Transformation zwischen bewegten Bezugssystemen invariant verhalten.

Das **Additionstheorem der Geschwindigkeiten** ist eine Umrechnungsvorschrift der Geschwindigkeiten zwischen mehreren Bezugssystemen, die sich aus der Lorentz-Transformation ergibt. Wenn ein Objekt mit der Geschwindigkeit u sich im System B bewegt, wobei sich das System B gegenüber dem ruhenden System A mit der Geschwindigkeit $\vec{v} = (v, 0, 0)$ bewegt, so misst der in A ruhende Beobachter die Geschwindigkeit w und den Ort des Objektes durch

$$x_A = w\, t_A \qquad \text{mit Geschwindigkeit } w = \frac{u + v}{1 + uv/c^2} , \tag{1.61}$$

wobei wir für $u, v \ll c$ wieder das klassische Additionstheorem der Newton'schen Mechanik erhalten. Aus Gl. 1.61 sehen wir, dass selbst für maximale Geschwindigkeit $u = v = c$ die Summe mit $w = c$ die Lichtgeschwindigkeit nicht überschreiten kann.

II Prüfungsfragen

Grundverständnis

F1.7.1 Nennen Sie die Grundpostulate der Relativitätstheorie.

F1.7.2 Was war der Äther und wie wurde seine Existenz widerlegt?

F1.7.3 Was ist der Minkowski-Raum? Wo liegen kausal verknüpfbare Ereignisse?

F1.7.4 Erläutern Sie den Begriff Eigenzeit und die Hyperbel der Gleichzeitigkeit.

F1.7.5 Diskutieren Sie die Zeitdilatation.

F1.7.6 Erklären Sie die Längenkontraktion.

F1.7.7 Erläutern Sie die Lorentz-Transformation. Was bedeutet Lorentz-Invarianz?

F1.7.8 Wie addieren sich Geschwindigkeiten im Fall mehrerer bewegter Systeme?

F1.7.9 Wie lauten die relativistischen Formeln für Energie und Impuls?

F1.7.10 In welchen Experimenten wird die Energie-Masse-Äquivalenz sichtbar?

Messtechnik

F1.7.11 Beschreiben Sie das Michelson-Morley-Experiment.

F1.7.12 Was ist eine Lichtuhr?

F1.7.13 Nennen Sie ein Experiment, das die Zeitdilatation beweist.

F1.7.14 Erläutern Sie das Experiment zum Zwillingsparadoxon.

F1.7.15 Nennen Sie technische Beispiele, die ohne relativistische Rechnungen nicht beherrschbar wären.

Vertiefungsfragen

F1.7.16 Erläutern Sie das Zusammenspiel der elektromagnetischen Kräfte und der relevanten Felder im Rahmen der speziellen Relativitätstheorie.

F1.7.17 Wie wird die Gleichzeitigkeit von zwei Ereignissen definiert?

F1.7.18 Beschreiben Sie den relativistischen Dopplereffekt und eine Anwendung.

F1.7.19 Skizzieren Sie den Beschleunigungsprozess im $p(t)$ und $E(t)$-Diagramm für den klassischen und den relativistischen Fall.

F1.7.20 Beschreiben Sie Einsteins Gedankenexperiment zur Verletzung des Impulserhaltungssatzes in der klassischen Mechanik und seine Lösung in der speziellen Relativitätstheorie.

F1.7.21 Zeigen Sie, dass Teilchen ohne Ruhemasse sich mit $v = c$ bewegen.

III Antworten

A1.7.1 Das **erste Einstein'sche Postulat**, das **Relativitätsprinzip**, besagt, dass es kein Verfahren gibt, wodurch die absolute Größe oder Richtung der Geschwindigkeit eines Systems bestimmt werden kann. Das **zweite Postulat** besagt, dass die Lichtgeschwindigkeit unabhängig von der Bewegung der Lichtquelle ist. Die Lichtgeschwindigkeit im Vakuum hat somit in allen Bezugssystemen denselben Wert c. Dies folgt aus dem ersten Postulat und aus den Maxwell-Gleichungen. Hierbei berechnet sich die Lichtgeschwindigkeit im Vakuum aus zwei Konstanten, und zwar der Dielektrizitätskonstanten ε_0 und der Permeabilitätskonstanten μ_0 zu $c = 1/\sqrt{\varepsilon_0 \mu_0}$ (siehe auch Abschn. 4.9).

A1.7.2 Nach der überholten klassischen Vorstellung wurde angenommen, der **Äther** sei ein alles durchdringendes Medium, das als Trägermedium für die Lichtausbreitung nötig sei. Er bildete ein absolut ruhendes, d. h. ausgezeichnetes System, durch das die Planeten und Sterne hindurch flögen. Erst das **Michelson-Morley**-Experiment (siehe A1.7.11) konnte die Existenz des ruhenden Äthers widerlegen. Auch vom Standpunkt der Elektrodynamik ist der Äther nicht nötig, denn gemäß den Maxwell-Gleichungen benötigt eine elektromagnetische Welle zur Ausbreitung kein Medium.

A1.7.3 Der **Minkowski-Raum** ist ein vierdimensionaler Raum, der durch die drei Raumkoordinaten x, y, z und eine zeitartige Achse ct aufgespannt wird und die **Raum-Zeit** bildet. In ihm lässt sich die Bewegung von Objekten entsprechend den Gesetzen der speziellen Relativitätstheorie einfach darstellen. Hierzu werden Ereignisse durch den Vierervektor (*ct, x, y, z*) dargestellt. Eine Folge von Ereignissen, wie z. B. die Flugbahn eines Teilchens, bildet die **Weltlinie** im Minkowski-Raum (Abb. 1.46 links). Der Einfachheit halber wird zur Veranschaulichung nur die vertikale Zeitachse und die x-Komponente der Raumkoordinaten aufgetragen.

Während in der klassischen Mechanik die Länge des Vektors $\vec{r} = (x, y, z)$ im Raum gemäß dem Satz des Pythagoras durch $|\vec{r}| = r = \sqrt{x^2 + y^2 + z^2}$ gemessen wird, erfolgt die Längenmessung eines Weltvektors zwischen zwei Ereignissen in der Raum-Zeit gemäß Gl. 1.55 durch $s = \sqrt{c^2 \Delta t^2 - (\Delta x^2 + \Delta y^2 + \Delta z^2)}$ (**Minkowski-Theorem**). Beachten Sie, dass Pythagoras die Länge des Vektors durch die Summe der Vektorkomponenten bildet, während nach dem Minkowski-Theorem (Gl. 1.55) die Länge des Vierervektors durch eine Differenz gebildet wird. Diese Differenzbildung widerstrebt unserer intuitiven Vorstellung einer Vektorlänge. Diese Längenmessung ist die Ursache für das Auftreten von Hyperbeln (A1.7.4–A1.7.6, Abb. 1.48, 1.49).

Kausale Verknüpfungen von Ereignissen im Minkowski-Raum lassen sich durch den um 45° geöffneten Lichtkegel klassifizieren. Dieser wird durch die Weltlinie eines mit Lichtgeschwindigkeit fliegenden Objektes gebildet. Auf dem Lichtkegel liegen „**lichtartige**" Ereignisse (Abb. 1.46 rechts) mit Abstand $s^2 = 0$ zum Ursprung. Da die Geschwindigkeit eines Objektes durch $v < c$ beschränkt ist, kann sich seine Weltlinie nur innerhalb des Lichtkegels bewegen. Solche Ereignisse innerhalb des Kegels sind kausal verknüpfbar, da **zeitartige** Abstände mit $s^2 > 0$ zum Ursprung vorliegen. Außerhalb des Kegels liegende Ereignisse sind **raumartig** mit $s^2 < 0$. Solche Ereignisse lassen sich nicht kausal verknüpfen, da die Wirkung einer Ursache sich mit Überlichtgeschwindigkeit ausbreiten müsste.

A1.7.4 Die **Eigenzeit** τ ist das Zeitmaß, genauer die Taktdauer, die in einer Uhr abläuft. Ein neben der Uhr ruhender Beobachter würde diese Eigenzeit verstreichen sehen. Als Uhr hierfür könnte z. B. die einem radioaktiven Teilchen innewohnende Zerfallszeit genutzt werden. Wird diese Eigenzeit in einem anderen, relativ hierzu bewegten System gemessen, so scheint sie langsamer abzulaufen, d. h., die Taktdauer scheint länger zu sein, was als Zeitdilatation beschrieben wird.

Um die „**Hyperbel der Gleichzeitigkeit**" zu erläutern, betrachten wir aus dem ruhenden System A heraus mehrere bewegte Uhren B, C, D, die gleichzeitig aus demselben Ursprungspunkt im System A mit verschiedenen Raketen B, C, D, ... wegfliegen. Die Geschwindigkeit der Uhren soll mit wachsendem Buchstaben zunehmen, also $v_B < v_C < \ldots$ Die Uhren werden durch die entsprechenden Weltlinien beschrieben (Abb. 1.48b). Die Kippung $\tan \beta = v/c$ der jeweiligen Weltlinie (Zeitachsen) nimmt mit steigender Geschwindigkeit zu. Die in jedem System ablaufende Eigenzeit τ_A, τ_B, τ_C, ... der Uhren kann durch Gl. 1.55 berechnet werden, wobei die Größe s unabhängig vom Bezugssystem sein muss. Somit definiert Gl. 1.55 eine Hyperbel. Die Länge des Vierervektors $(c\tau, x, 0, 0)$ ergibt somit genau die Eigenzeit. Wenn wir jeweils auf der Zeitachse dieselbe Größe $s^2 = c^2 \tau^2 - \Delta x^2$ nachmessen, so erhalten wir die Eigenzeit τ der Uhren und damit die „Gleichzeitigkeit" (Abb. 1.48a, b). Auf der Hyperbel liegen alle Ereignisse mit demselben zeitlichen Abstand $s = c\tau_A$, $c\tau_B$, $c\tau_C$, ... zu einem ersten Ereignis im Ursprung, d. h., jede der bewegten Uhren zeigt dieselbe Eigenzeit in ihrem System an. Anzeige derselben Eigenzeit bedeutet, dass ein Foto der Uhr im System A, identisch mit einem Foto der Uhr in System B usw. sein würde, also bei allen Uhren dieselbe Zeigerposition anzeigen würde. Achtung: Eigenzeit gilt immer nur für das eigene System. Für den Beobachter im ruhenden System A, dessen Uhr genau $\tau = \tau_A$ anzeigt, würde der Zeiger der Uhr im bewegten System B noch nicht so weit gekommen sein, er würde also $t_B < \tau_B$ sehen. Diese auf der jeweiligen Zeitachse eingetragenen unterschiedlichen Längenunterschiede der Eigenzeiten τ_A, τ_B, ... sind in Abb. 1.48a, b direkt zu erkennen.

A1.7.5 Zeitdilatation bedeutet, dass der ruhende Beobachter A die Zeit einer Uhr im mit der Geschwindigkeit v bewegten System B langsamer verstreichen sieht als die Zeit auf seiner ruhenden Uhr, d. h., die Taktdauer im bewegten System scheint länger zu sein. Die Umrechnung erfolgt nach Gl. 1.56.

Zur Veranschaulichung wird die Weltline der bewegten Uhr B (ct_B-Achse) aus dem ruhenden System A heraus betrachtet (Abb. 1.48a). Beide Uhren seien zur selben Zeit $t = 0$ (Koordinatenursprung) gestartet. Ein Ereignis in System A soll stattfinden, nachdem die Eigenzeit τ_A abgelaufen ist. Die Uhr in A zeigt also τ_A an. Um zu sehen, welche Zeit die bewegte Uhr in System B anzeigt, müsste der Beobachter A die Zeit auf der bewegten Uhr B ablesen. Dazu läuft er auf seiner Gleichzeitigkeitsachse, d. h. parallel zur Raumachse x_A nach rechts. Der Schnittpunkt mit der Zeitachse des Systems B gibt genau die auf der Uhr B abgelaufene Zeit an. Nach Gl. 1.56 folgt $\tau_A = t_B = \tau_B \sqrt{1 - (v/c)^2}$. Dies ist aber ein kürzeres Zeitintervall als die entsprechende Eigenzeit τ_B, welche die Uhr dem in System B ruhenden Beobachter zum Zeitpunkt des Ereignisses anzeigen würde (Abb. 1.48a). Die Uhr B scheint für den Beobachter A langsamer zu laufen, d. h., die Zeiger sind noch nicht so weit gekommen wie bei Uhr A, d. h., die Taktdauer bzw. die Eigenzeit der Uhr B scheint gedehnt zu sein.

Die Zeitdilatation hängt nur vom Betrag der Geschwindigkeit, nicht aber von der Richtung ab, ist also symmetrisch. Schaut der Beobachter aus System B in das System A, so sieht er ebenfalls eine Zeitdilatation der Eigenzeit in System A. Betrachten Sie hierzu ein Ereignis, das im System B zur Zeit τ_B stattfindet (Abb. 1.48a). Um die auf der bewegten Uhr A abgelaufene Zeit abzulesen, muss Beobachter B auf seiner Gleichzeitigkeitslinie nach links laufen. Seine Gleichzeitigkeitslinie entspricht der Tangente an die Hyperbel zum Zeitpunkt τ_B des Ereignisses. Der Schnittpunkt t_A auf der Zeitachse des Systems A gibt genau die Zeit an, die Beobachter B auf der Uhr A sieht: $\tau_B = t_A = \tau_A \sqrt{1 - (v/c)^2}$. Dies ist aber ein kürzeres Zeitintervall als die entsprechende Eigenzeit τ_A, welche die Uhr in A zum Zeitpunkt des Ereignisses im System A anzeigen würde.

A1.7.6 Die **Längenkontraktion** beschreibt die Reduktion der Länge eines in Längsrichtung bewegten Stabes gemäß Gl. 1.57, die von einem ruhenden System aus gemessen wird. Die Geschwindigkeit $\vec{v} = (v, 0, 0)$ sei parallel zur Länge $\vec{L}_A = \left(L_{Ax}, L_{Ay}, L_{Az}\right)$ des Stabes in x-Richtung orientiert. Quer zur Bewegungsrichtung ändert sich die Länge nicht, sondern nur in Bewegungsrichtung, so dass $\vec{L}_B = \left(L_{Ax}\sqrt{1 - (v/c)^2}, L_{Ay}, L_{Az}\right)$ gilt.

Motivieren lässt sich die Längenkontraktion durch folgende Überlegung: Um generell die Länge L eines Stabes in der Raum-Zeit zu bestimmen, müssen wir seine beiden Enden gleichzeitig messen. Dazu tragen wir ihn auf der Gleichzeitigkeitslinie (Raumachse) des entsprechenden Systems ein, denn der Abstand beider Enden wird gleichzeitig gemessen (Abb. 1.49). Im ruhenden System A liegen seine beiden Enden bei $(0, x_A)$ und bilden zwei vertikal verlaufende Weltlinien (Zeitachsen) im Abstand $L_A = x_A$. Im bewegten System B sind die Weltlinien gekippt, wobei die des linken Stabendes durch null verläuft. Wie erhalte ich aber die Weltlinie des rechten Stabendes im bewegten System? Hierzu konstruiere ich die Raumachse des bewegten Systems B und bestimme den Schnittpunkt mit der Hyperbel. Warum Hyperbel? Weil nach Gl. 1.55 die Größe s in jedem Inertialsystem identisch sein muss und diese Bedingung genau eine Hyperbelgleichung $-L^2 = c^2 t^2 - x^2$ definiert. So, wie in Aufgabe A1.7.5 die Länge s auf der Zeitachse die Bedeutung der Eigenzeit der Uhr in einem System besitzt, so besitzt die Länge s auf der Raumachse die Bedeutung der Stablänge L. Diese Länge ist in jedem System für einen Beobachter, der neben dem Stab steht, natürlich identisch. Auf dem Schnittpunkt mit der Hyperbel liegt also das rechte Ende des Stabes, so wie es der in B bewegte Beobachter für einen im System B ruhenden Stab sehen würde. Die Tangente an der Hyperbel durch diesen Schnittpunkt bildet die Weltlinie (Zeitachse) des rechten Endes des Stabes im bewegten System. Verlängere ich diese Tangente nach unten, so gibt ihr Schnittpunkt mit der Raumachse des ruhenden Systems A die verkürzte Länge L_B des bewegten Stabes, die der ruhende Beobachter messen würde. Gemäß Minkowski-Theorem folgt für die Längenberechnung in beiden Systemen $-L^2 = c^2 t_A^2 - x_A^2 = c^2 t_B^2 - x_B^2$, woraus Gl. 1.57 und $L_B = x_B < L_A = x_A$ folgt (Abb. 1.49, beachte: weil $ct = 0$, folgt $-L^2$).

Abb. 1.49 Längenkontraktion eines in Längsrichtung bewegten Stabes, gemessen aus dem ruhenden bzw. bewegten System

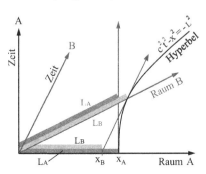

Genauso verhält es sich aus Sicht des Beobachters in System B. Er sieht sich und seinen Stab ruhend (langer Stab auf Raumachse B). Für ihn ist das System A bewegt. Der in B ruhende Beobachter sieht ebenfalls den Stab im bewegten System A kürzer als seinen ruhenden Stab, also $L_B > L_A$, eingetragen auf der Raumachse des Systems B in Abb. 1.49. Im Prinzip haben wir identische Verhältnisse wie bei der Zeitdilatation.

Achtung: Längenkontraktion wird nur beobachtet, wenn der Stab längs zur Geschwindigkeitsrichtung des bewegten Beobachters orientiert ist bzw. eine Längskomponente in

Geschwindigkeitsrichtung besitzt. Sind Stab und Geschwindigkeit exakt senkrecht zueinander orientiert, so wird keine Längenkontraktion beobachtet.

A1.7.7 Die **Lorentz-Transformation** beschreibt die Transformation der Raumkoordinaten und der Zeit bei einem Übergang zwischen zwei zueinander bewegten Inertialsystemen gemäß Gl. 1.59a, b. In diesen Inertialsystemen beschreiben kräftefreie, also
unbeschleunigte Teilchen geradlinige Weltlinien. Die Lichtgeschwindigkeit bleibt für alle
Inertialsysteme konstant. Die Lorentz-Transformation betrifft die parallel zum Geschwin-
digkeitsvektor liegenden Raumkoordinaten (Längenkontraktion), die Zeit (Zeitdilatation)
und bei elektromagnetischen Wellen die senkrecht zur Geschwindigkeit stehenden elektromagnetischen Feldkomponenten (siehe Antwort A1.7.16).

In Abb. 1.50 ist das Ereignis E in der Raum-Zeit für das ruhende Inertialsystem A
und für das bewegte System B eingetragen. Der Einfachheit halber bewegt System B sich
längs zur Achse x_A. Die Zeitachse ct_B ist um den Winkel α mit $\tan\alpha = v/c$ gekippt.
Die Raumachse x_B ist an der Lichtgeraden $x_A = ct_A$ gespiegelt. Entsprechend sind auch
die Gitternetzlinien des Systems B rautenförmig. Die Transformation lautet: $y_A = y_B$,
$z_A = z_B$ (weil v parallel zu x_A) und

$$x_{BE} = (x_{AE} - v\,t_{AE})/\sqrt{1 - (v/c)^2} \qquad t_{BE} = \left(t_{AE} - v\,x_{AE}/c^2\right)/\sqrt{1 - (v/c)^2}.$$

Aus ihr folgen Zeitdilatation und Längenkontraktion.

Abb. 1.50 Koordinatentrans-
formation eines Ereignisses
E gemäß der Lorentz-
Transformation

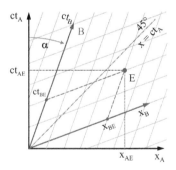

Lorentz-invariant sind Größen, die sich bei Lorentz-Transformationen nicht ändern.
Solche Größen müssen für alle Beobachter aus beliebigen Inertialsystemen den gleichen
Wert ergeben. Typische Größen sind Lichtgeschwindigkeit, Ruhemasse oder Ladung. Um
eine Lorentz-Invariante zu bilden, nutzt man die Länge des entsprechenden Vierervektors.
Für den raum-zeitlichen Abstand zweier Ereignisse wird dies mit Gl. 1.55 durch $s^2 =
c^2\Delta t^2 - \Delta x^2 - \Delta y^2 - \Delta z^2 =$ konst. beschrieben.

A1.7.8 Geschwindigkeiten mehrerer Bezugssysteme addieren sich gemäß Gl. 1.61. Ein
Objekt, das mit der Geschwindigkeit u sich im Inertialsystem B bewegt, wobei sich das
System B gegenüber dem ruhenden System A mit der Geschwindigkeit v bewegt, besitzt

aus der Sicht des Beobachters im ruhenden System A die Geschwindigkeit $w = (u + v)/(1 + uv/c^2)$. Nur für $u, v \ll c$ erhalten wir wieder das klassische Additionstheorem der Newton'schen Mechanik, also $w = u + v$. Die Normierung auf den Nenner sorgt dafür, dass die Geschwindigkeitssumme w nie die Lichtgeschwindigkeit überschreitet.

A1.7.9 Der **Impuls** p und die **kinetische Energie** E_{kin} eines Objektes sind in der klassischen Newton'schen Mechanik ($v \ll c$) durch $E_{\text{kin}} = p^2/2m$ gekoppelt. Die geleistete Beschleunigungsarbeit führt hier nur zur Steigerung der Geschwindigkeit. In der speziellen Relativitätstheorie ist es nicht mehr ganz so einfach. Bei hoher Geschwindigkeit $v \approx c$, wie sie z. B. in Teilchenbeschleunigern auftreten, ändert sich der Impuls nicht mehr gemäß $p = mv$, sondern wegen der einzuhaltenden Bedingung $v \leqslant c$ gilt dann $p = \gamma\, m\, v$ und die Energie berechnet sich durch $E = \gamma\, m\, c^2$ mit $\gamma = 1/\sqrt{1 - v^2/c^2}$. Aus der Forderung der Energie- und Impulserhaltung wird der Zusammenhang zwischen Impuls und Energie durch $E^2 = \left(mc^2\right)^2 + (cp)^2$ beschrieben. Der erste Term bildet die bekannteste Physikformel $E = mc^2$. Sie erfasst die Ruheenergie und taucht ebenfalls als erster Term in Gl. 1.58b auf, die aus einer Taylor-Entwicklung der Gleichung $E = \gamma\, m\, c^2$ entstanden ist. Beachten Sie, dass die Ruheenergie $E = mc^2$ und damit auch die Ruhemasse m sich für schnell bewegte Teilchen nicht ändern, denn die kinetische Energie steckt im zweiten Term $(cp)^2$. Während in der Newton'schen Mechanik vielfach allein mit der Geschwindigkeit gerechnet wird, ist dagegen in der Relativitätstheorie die gemeinsame Behandlung von Energie und Impuls notwendig. Deshalb wird der Energie-Impuls-Vierervektor $\left(E, cp_x, cp_y, cp_z\right)$ definiert. Seine Länge $E^2 - (c^2 p_x^2 + c^2 p_y^2 + c^2 p_z^2) = (mc^2)^2$ erfasst genau die Ruhemasse im Term mc^2. Dieses Vorgehen ist analog zur Beschreibung von Ereignissen im Minkowski-Raum durch den Vierervektor (ct, x, y, z). Seine Länge ist die Eigenzeit.

A1.7.10 Die **Energie-Masse-Äquivalenz** $\Delta E = \Delta mc^2$ zeigt sich deutlich in der Physik der Paarbildung und Zerstrahlung und im Massendefekt bei Kernspaltungs- und Fusionsprozessen (siehe Abschn. 9.1, A9.1.5).

A1.7.11 Das **Michelson-Morley**-Experiment benutzt das hierzu entwickelte Michelson-Interferometer (siehe A5.3.17), wobei die Spiegel fixiert bleiben. In dem Experiment wurden zwei Lichtstrahlen zur Interferenz gebracht (Abb. 1.46), wobei ein Lichtstrahl senkrecht zur Erdbewegung und der andere parallel (antiparallel) zur Erdbewegung verlief. Würde sich die Erde durch den ruhenden Äther bewegen und würde die Lichtgeschwindigkeit von der Bewegung des Bezugssystems abhängen, so müsste zwischen den beiden Strahlrichtungen des Michelson-Morley-Experimentes ein Laufzeitunterschied der Lichtwege auftreten. Dieser könnte detektiert werden, wenn das Michelson-Interferometer gedreht wird und damit die Strahlen ihre Richtung bezüglich der Erdbewegung ändern würden. Als Resultat müsste sich das Interferenzbild der überlagerten Strahlen ändern, was aber nicht beobachtet wurde. Damit wurde die Vorstellung des absolut ruhenden Äthers widerlegt.

Eine oft gebrauchte Analogie zu der Lichtbewegung im Äther ist das Beispiel von zwei gleich schnellen Schwimmern, die jeweils eine gleich lange Strecke in einem fließenden Gewässer hin- und zurückschwimmen müssen. Derjenige, der quer zur Strömung schwimmt, schafft es in kürzerer Zeit als derjenige, der in Längsrichtung des Flusses hin- und zurückschwimmt.

A1.7.12 Die **Lichtuhr** dient dem Gedankenexperiment zur Veranschaulichung der Zeitdilatation und Längenkontraktion. In ihr wird ein Lichtblitz zwischen zwei gegenüberliegenden Spiegeln hin- und herreflektiert (Abb. 1.51a). Solche periodischen Vorgänge sind für die Definition der Eigenzeit sowie für Zeitmessungen ideal geeignet. Nach jedem vollen Durchlauf des Lichtpulses wird am oberen Spiegel ein Tick und somit eine Zeiteinheit an der Uhr registriert. Beträgt der Spiegelabstand $L = 1,5 \cdot 10^8$ m, so würde die Zeiteinheit eine Sekunde betragen. Kürzere Abstände würden kürzere Zeitintervalle erzeugen. Das Besondere an der Lichtuhr ist, dass sie die Konstanz der Lichtgeschwindigkeit ausnutzt. Hieraus folgen nun die Phänomene Zeitdilatation und Längenkontraktion:

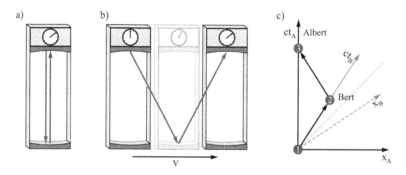

Abb. 1.51 a) In einer Lichtuhr definiert der Hin- und Rücklauf eines Lichtblitzes zwischen zwei Spiegeln die Taktdauer bzw. Eigenzeit. b) Im bewegten System ergibt sich ein längerer Laufweg des Lichtes, wodurch bei identischer Lichtgeschwindigkeit die Zeitdilatation folgt. c) Skizze des Zwillingsparadoxons

Ein Beobachter A, der relativ zur Uhr ruht, misst das Zeitintervall einer Periode und erhält $T_A = 2L/c$. Bewegt die Uhr sich senkrecht zum Lichtpuls, so verlängert sich für den Beobachter, der die Uhr an sich vorbeifliegen sieht, der Weg des Lichtes zwischen den Spiegeln (Abb. 1.51b). Während einer Periode sieht er die größere Strecke $2L_B = \sqrt{(2L)^2 + (vT_B)^2}$. Da die Lichtgeschwindigkeit aber auch auf der längeren Strecke konstant c ist, wird die Zeit für den Hin- und Rücklauf des Lichtpulses durch $T_B = 2L_B/c$ berechnet. Aus den drei Gleichungen erhalten wir die Umrechnungsvorschrift zur Zeitdilatation $T_B = T_A/\sqrt{1 - (v/c)^2}$. Die Periodendauer T_B der bewegten Uhr ist wegen des längeren Weges auch länger als T_A für die ruhende Uhr. In A1.7.4 haben wir die Größen T_A und T_B Eigenzeit der jeweiligen Uhren genannt.

A1.7.13 Der Beweis der **Zeitdilatation** lässt sich an sehr schnell bewegten Teilchen mit $v \approx c$ beweisen. **Myonen**, die in etwa 10 km Höhe durch kosmische Strahlung erzeugt werden, zerfallen mit einer Halbwertszeit von 1,5 μs. Aufgrund der kurzen Lebensdauer von 2,2 μs im Ruhezustand würden nahezu keine Myonen die Erde erreichen können. Trotzdem wird aber ein deutlicher Anteil auf der Erde gemessen. Die Erklärung erfolgt durch die Zeitdilatation der fliegenden Teilchen, wonach die Halbwertszeit und damit die Lebensdauer der Myonen deutlich ansteigt. Ebenso könnte mit der Längenkontraktion, also einem kürzeren Flugweg aus Sicht der Myonen argumentiert werden.

A1.7.14 Das **Zwillingsparadoxon** beschreibt folgendes Experiment: Von den beiden Zwillingen bleibt Albert auf der Erde zurück und Bert steigt in eine Rakete, fliegt einige Jahre mit nahezu Lichtgeschwindigkeit, damit der Effekt auch groß genug wird, von der Erde weg, dreht um und fliegt wieder zur Erde zurück. Dann treffen sich beide, wobei Bert deutlich jünger als Albert ist, d. h., für Bert ist die Zeit viel langsamer vergangen. Auf Alberts Uhr ist es demnach viel später als auf Berts Uhr. Auf den ersten Blick scheint dies ein Paradoxon zu sein, denn es widerspricht dem Relativitätsprinzip, wie wir es aus der Symmetrie der Zeitdilatation in A1.7.6 gesehen haben, denn Bert könnte sagen, dass Albert mit der Erde wegfliegt und zu ihm zurückkommt. Der entscheidende Punkt zur Erklärung ist die Unsymmetrie beider Systeme. Albert befindet sich in einem Inertialsystem, wohingegen Bert sich aufgrund der Richtungsumkehr seiner Geschwindigkeit in einem beschleunigten System befunden hat, also nicht mehr in einem Inertialsystem. Die Phase des Abbremsens und Beschleunigens selbst ist hierbei irrelevant. Wichtig ist, dass die in dem Raum-Zeit-Diagramm (Abb. 1.51c) zurückgelegte Strecke $1 \rightarrow 2 \rightarrow 3$ von Bert größer als die Strecke $1 \rightarrow 3$ von Albert ist. Im euklidischen Raum der klassischen Mechanik bedeuten längere Wege auch längere Zeiten. Im vierdimensionalen Minkowski-Raum ist das aber nicht so. Hier bedeuten längere Wege gerade kürzere Zeiten, denn zurückgelegte Strecke und abgelaufene Zeit hängen gemäß Gl. 1.55 zusammen. Die kürzere Gesamtzeit von Bert ergibt sich aus den kürzeren Reisezeiten des Hin- und des Rückweges. Die umfangreiche Berechnung der auftretenden Zeitdifferenz findet sich in den entsprechenden Lehrbüchern.

Ein entsprechendes Experiment ist mit zwei Atomuhren erfolgreich durchgeführt worden, wobei eine Uhr im Flugzeug transportiert wurde und die andere am Flughafen wartete. Die geflogene Uhr ging nach.

A1.7.15 Ohne relativistische Rechnung ist die Beschreibung von Stoßprozessen in **Teilchenbeschleunigern** oder in Synchrotronspeicherringen nicht möglich. Ebenso würde die Positionsangabe von **GPS-Signalen** auf der Erde um einige Meter falsch liegen. Dies liegt an zwei Effekten: a) gemäß der speziellen Relativitätstheorie führt die Zeitdilatation in den mit 4000 m/s bewegten Uhren der Satelliten zu einem kleinen Fehler und b) gemäß der allgemeinen Relativitätstheorie (hier ohne Erklärung) ergibt sich ein zusätzlicher, größerer Fehler. Beide müssen korrigiert werden.

A1.7.16 Elektrische und magnetische Felder $\vec{E}, \vec{B}$ werden durch ihre Kraftwirkung auf ruhende bzw. mit der Geschwindigkeit $\vec{v}$ bewegte Probeladungen q_0 gemäß $\vec{F} = q_0 \left(\vec{E} + \vec{v} \times \vec{B} \right)$ definiert. Die Beschreibung des Zusammenhangs beider Kräfte in bewegten Bezugssystemen war ursprünglich der Anlass für Einsteins spezielle Relativitätstheorie. Die Gesetze der Elektrodynamik müssen für alle Beobachter gleich sein, unabhängig von ihrer Geschwindigkeit.

Abb. 1.52 Skizze zur Veranschaulichung der Lorentz-Transformation bei bewegter elektrischer Ladung

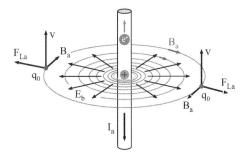

Betrachten wir im Laborsystem (a) einen geraden Leiter, durch den ein Elektronenstrom I mit der Geschwindigkeit v nach oben läuft (Abb. 1.52). Dieser erzeugt ein kreisförmiges Magnetfeld B_a im Laborsystem. Ein zweiter Beobachter, System (b), der mit der Stromgeschwindigkeit v längs des Leiters mitfliegt, sieht keinen Elektronenstrom und damit auch kein Feld B_a, denn er sieht nur ruhende Elektronen im Leiter. Stattdessen sieht er relativ zu ihm nach unten vorbeifliegende, positive Metallionen, die aufgrund der Längenkontraktion eine höhere Ladungsdichte und damit eine positive elektrische Ladung darstellen. Diese Ladung erzeugt aus Sicht des Systems (b) ein elektrisches Feld $\vec{E}_b = \vec{v} \times \vec{B}_a$, das radial vom Leiter nach außen zeigt (Abb. 1.52). Dies entspricht genau dem zweiten Term, in $\vec{F} = q_0 \left(\vec{E} + \vec{v} \times \vec{B} \right)$. Es gilt, dass beide Terme, d. h. Lorentz-Kraft und Coulomb-Kraft, in der Summe eine auf die Probeladung gleichbleibende Gesamtkraft erzeugen.

Wir kommen zum selben Ergebnis, wenn wir statt des Stroms durch den Leiter eine durch das Laborsystem (a) fliegende Probeladung q_0 betrachten, die mit der Geschwindigkeit v in ein Magnetfeld B_a des Laborsystems eintritt und so durch die Lorentz-Kraft F_{La} abgelenkt wird (Abb. 1.52). Fliegen wir aber im System (b) mit der Ladung q_0 mit, so ruht für uns die Ladung und wir können wegen der aus unserer Sicht fehlenden Geschwindigkeit für die Ablenkung der Ladung nicht die Lorentz-Kraft verantwortlich machen. Stattdessen müssen wir die Ablenkung durch ein elektrisches Feld deuten, das gemäß $\vec{E}_b = \vec{v} \times \vec{B}_a$ zu berechnen ist.

Analog ergibt sich aus der Bewegung eines Beobachters gegen ein elektrisches Feld E_a, das im Laborsystem (a) ruht, ein magnetisches Feld. Der bewegte Beobachter misst dann $\vec{B}_b = - \left(\vec{v} \times \vec{E}_a \right) / c^2$.

Diese Phänomene lassen sich wie folgt durch Lorentz-Transformationen beschreiben, wobei nur Bewegungen senkrecht zu den Feldern relevant sind:

$$\vec{E}_{b\perp} = \frac{\left(\vec{E}_a + \vec{v} \times \vec{B}_a\right)_\perp}{\sqrt{1 - (v/c)^2}}, \qquad\qquad \vec{E}_{bII} = \vec{E}_{aII},$$

$$\vec{B}_{b\perp} = \frac{\left(\vec{B}_a - \vec{v} \times \vec{E}_a/c^2\right)}{\sqrt{1 - (v/c)^2}}, \qquad\qquad \vec{B}_{bII} = \vec{B}_{aII}.$$

Auch sehen wir, dass für $v \ll c$ die oben beschriebenen Gleichungen auftreten. Die Lorentz-Transformationen sorgen also dafür, dass Raum- und Zeitkoordinaten so umgerechnet werden, dass die elektrodynamischen Gesetze unabhängig von der Geschwindigkeit des Beobachters gelten.

A1.7.17 Jeder Beobachter kann direkte Aussagen nur über Ereignisse machen, die exakt an seinem Beobachtungsort stattfinden. Um zu bestimmen, wann ein Ereignis an einem anderen Ort stattgefunden hat, wird er idealerweise Lichtsignale nutzen, die von diesem Ort abgeschickt wurden, denn die Lichtgeschwindigkeit ist in allen Bezugssystemen gleich groß und es ist somit egal wie schnell ein Bezugssystem sich bewegt, aus dem die Lichtsignale ausgesandt werden. Aus der Entfernung und Laufzeit der Lichtsignale kann er den Zeitpunkt des Ereignisses berechnen. Dieses Verfahren wird eingesetzt, um die **Gleichzeitigkeit** von Ereignissen zu definieren. Zur Zeit T_1 wird am Ort $x_A = 0$ ein breitgefächerter Lichtblitz gezündet (Abb. 1.47a), wobei zwei Lichtstrahlen die Spiegel M_{1A} und M_{2A} treffen, von beiden jeweils reflektiert werden und danach gleichzeitig am Entstehungsort zur Zeit T_{2A} wieder eintreffen. Wir haben die beiden Spiegel M_{1A} und M_{2A} so platziert, dass sie gleichen Abstand zum Entstehungsort des Blitzes haben. Damit finden auch die Ereignisse der Lichtreflexion an den Spiegel M_{1A} und M_{2A} gleichzeitig zu der Zeit $t_A = (T_1 + T_{2A})/2$ statt. Im Minkowski-Diagramm liegen gleichzeitige Ereignisse also immer auf der Raumachse, so wie hier in Abb. 1.47a die beiden Spiegel auf der gestrichelten, höhenversetzten Raumachse.

Schaut ein relativ zu System A bewegter Beobachter B in das System A hinein, so sieht er, dass die beiden Ereignisse nicht mehr gleichzeitig stattfinden. Aufgrund seiner Bewegung ist die Zeitachse (Weltlinie) des Systems B um den Winkel α mit $\tan\alpha = v/c$ gekippt (Abb. 1.47a). Als Folge treffen die an den beiden Spiegeln M_{1A} und M_{2A} gleichzeitig reflektierten Signale an verschiedenen Positionen (Zeiten) der Zeitachse des Systems B an, d. h., sie erreichen den Ausgangspunkt nicht mehr gleichzeitig zur Zeit T_{2A}, sondern zu verschiedenen Zeiten $T_{2B1} < T_{2B2}$.

Wenn die beiden Reflexe auch für Beobachter B gleichzeitig stattfinden sollen, so müssen die Raumachse des Systems B und mit ihr die beiden Spiegel gekippt werden, so dass die zurückgelegten neuen Strecken der Reflexe $T_1 \rightarrow M_{1B} \rightarrow T_{2B}$ und $T_1 \rightarrow M_{2B} \rightarrow T_{2B}$ gleich lang werden, d. h. $T_{2B1} = T_{2B2} = T_{2B}$ (Abb. 1.47b). Die neue Raumachse erhalten wir durch Spiegelung der Weltlinie ct_B (Zeitachse) des bewegten Systems B an der 45°-Diagonalen des Koordinatensystems A (ct_A, x_A). Um die neuen Positionen M_{1B} und M_{2B} der Spiegel zu finden, wird ein Rechteck konstruiert, wobei die langen Seiten des Rechtecks parallel zu der 45°-Diagonalen verlaufen und die Weltlinie ct_B des Systems B eine Diagonale des neuen Rechtecks bildet (Abb. 1.47b). Die zweite Diagonale dieses Rechtecks ist dann genau die neue Raumachse x_B (Gleichzeitigkeitsachse), auf der die beiden Spiegel liegen müssen, denn auf der x_B-Achse liegen die Orte der gleichzeitigen Ereignisse zum Zeitpunkt t_B, von System B aus gesehen. Der Lichtweg von T_1 zum Spiegel M_{1B} bildet die untere kurze Seite des Rechtecks (Abb. 1.47b). Entsprechend finden wir die Position des oberen Spiegels M_{2B}.

A1.7.18 Anders als bei dem akustischen Dopplereffekt (Abschn. 2.3) ist zur Ausbreitung elektromagnetischer Wellen kein Medium, wie z. B. Luft, nötig. Der **relativistische Dopplereffekt** zeigt dennoch dieselbe Tendenz, und zwar erhöht sich die empfangene Frequenz, wenn Sender und Empfänger sich aufeinander zubewegen, und die Frequenz sinkt, wenn Sender und Empfänger sich voneinander entfernen. Sendet ein ruhender Sender elektromagnetische Strahlung der Frequenz f_0 aus und bewegt sich der Empfänger mit der Geschwindigkeit v unter dem Winkel α relativ zum Wellenvektor k (Abb. 1.53), so wird die empfangene Frequenz f berechnet durch

$$f = f_0 \frac{\sqrt{1 - (v/c)^2}}{1 - (v/c)\cos\alpha}.$$

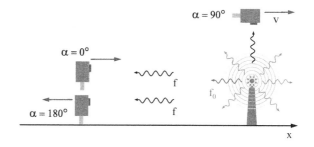

Abb. 1.53 Skizze zum transversalen und longitudinalen Dopplereffekt

Zu beachten ist hierbei, dass bei Entfernen von Sender und Empfänger $\alpha = 180°$ und bei Annäherung $\alpha = 0°$ gilt. Wir müssen also in die obige Gleichung den Betrag von v einsetzen. Das Vorzeichen ± 1 wird durch $\cos\alpha$ erfasst. Für diese beiden Fälle ergibt sich die Taylorentwicklung zu $f = f_0 \left(1 \pm \frac{v}{c} + \frac{1}{2}\frac{v^2}{c^2} \pm \cdots\right)$. Wird nur der erste Term v/c berücksichtigt, so handelt es sich um den **Dopplereffekt erster Ordnung**. Das Vorzeichen wird so gewählt, dass bei Annäherung eine Blauverschiebung ($f > f_0$) und bei Entfernen eine Rotverschiebung ($f < f_0$) erzielt wird. Der **transversale** relativistische

Dopplereffekt tritt bei senkrechter Ausrichtung von Strahlrichtung und Geschwindigkeitsrichtung $\alpha = 90°$ auf, so dass auch hierbei eine reduzierte Frequenz $f = f_0 \sqrt{1 - (v/c)^2}$
gemessen wird.

Eine **praktische Anwendung** der Dopplerverschiebung zur Geschwindigkeitsmessung
ergibt sich in der Kosmologie, wo die Relativgeschwindigkeit von Sternen zum Beobachter auf der Erde gemessen wird. Das aus entfernten Galaxien zu uns kommende Licht
zeigt eine **Rotverschiebung**. Dies bedeutet, dass die Strahlung der Wasserstoffatome der
Sterne eine größere Wellenlänge (Verschiebung nach Rot) zeigt als Emissionslinien von
ruhenden Wasserstoffatomen im Labor. Hieraus wird auf die Ausdehnung des Weltalls,
d. h. das Anwachsen des Abstandes zwischen Erde und entfernter Galaxie, geschlossen.

A1.7.19 Wird in der klassischen Newton'schen Physik ein Objekt der Ruhemasse m mit
konstanter Kraft beschleunigt, so bleibt die Beschleunigung über die Zeit konstant und
die Geschwindigkeit sowie der Impuls $p = m\,v$ wachsen linear und unbegrenzt mit der
Beschleunigungsdauer an. Nach der speziellen Relativitätstheorie ist das Anwachsen der
Geschwindigkeit, also die Beschleunigung, aber begrenzt, da die Lichtgeschwindigkeit
nicht überschritten werden darf (Abb. 1.54a). Nur der Impuls wächst in beiden Fällen linear, unbegrenzt an, da der abnehmende Geschwindigkeitszuwachs durch $1/1\sqrt{1 - v^2/c^2}$
kompensiert wird. Die Beschleunigung $a = F/m$ nimmt allerdings mit steigender Geschwindigkeit ab (Abb. 1.54b). In der klassischen Newton'schen Mechanik steigt die
kinetische Energie parabelförmig mit der Geschwindigkeit wie $E_{\text{kin}} = mv^2/2$. In der
Relativitätstheorie berechnet sich die Energie eines Teilchens gemäß Gl. 1.58a. Zu Beginn steigt die kinetische Energie bei kleinen Geschwindigkeiten parabelförmig mit der
Geschwindigkeit an. Mit zunehmender Geschwindigkeiten steigt sie aber schwächer und
für v nahe c steigt sie linear mit $E_{\text{kin}} = pc$ (Abb. 1.54c).

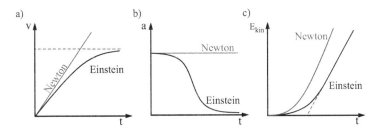

Abb. 1.54 Unterschiedliches Verhalten eines im homogenen Kraftfeld beschleunigten Teilchens
als Funktion der Zeit für Newton'sche und relativistische Verhältnisse: a) Geschwindigkeit, b) Beschleunigung und c) aufgenommene kinetische Energie

A1.7.20 Einstein hat sich hierzu folgendes Experiment ausgedacht: Ein im System A ruhendes Teilchen wird von zwei Photonen identischer Energie $E = h\,f$ (Abschn. 6.1) aus
entgegengesetzter Richtung gleichzeitig getroffen. Die Photonenimpulse heben sich auf,

so dass die Geschwindigkeitsänderung des Teilchens $\Delta v = 0$ beträgt (Abb. 1.55a). Betrachten wir den Vorgang aus einem mit der kleinen Geschwindigkeit $v \ll c$ relativ zum Teilchen nach links bewegten Bezugssystem B, so scheinen das in A ruhende Teilchen und die Photonen eine Geschwindigkeitskomponente in x-Richtung, also nach rechts, zu besitzen (Abb. 1.55b). Wegen der Konstanz der Lichtgeschwindigkeit entlang der Hypotenuse des Dreiecks in Abb. 1.55b beträgt die Geschwindigkeitskomponente des Teilchens $v = c \sin \theta$. Dasselbe Dreieck ergibt sich für die Betrachtung der beteiligten Impulse. Wegen $v \ll c$ können wir klassisch mit $p = m v$ rechnen. Die sich nicht auslöschenden Komponenten der Photonenimpulse in x-Richtung betragen $p_{\text{Phot}} \sin \theta$. Der Impuls des Teilchens muss sich also durch die Einwirkung beider Photonen um $2 \Delta p = 2 p_{\text{Phot}} \sin \theta$ ändern. Wie wir aus System A wissen, hat sich die Geschwindigkeit des Teilchens aber nicht geändert. Deshalb muss aus der Impulserhaltung $\Delta p = \Delta (m v) = \Delta m v$ und damit $\Delta p = \Delta m c \sin \theta$ folgen. Deshalb kann die Impulsänderung nur durch die Massenänderung des Teilchens aufgebracht werden. Mit dem Photonenimpuls $p = h/\lambda$ und dem Zusammenhang zwischen Wellenlänge, Frequenz und Wellengeschwindigkeit $c = f \lambda$ (siehe Abschn. 6.1) folgt $h/\lambda = \Delta m c$, daraus folgt $E/(\lambda f) = \Delta m c$ und daraus $E = \Delta m c^2$.

Abb. 1.55 Skizze zum Gedankenexperiment Einsteins zum Impulserhaltungssatz bei Absorption zweier Photonen durch ein Atom, betrachtet a) im ruhenden System und b) im bewegten System

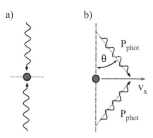

A1.7.21 Formen wir das in Gl. 1.58a beschriebene Energie-Impuls-Konzept der speziellen Relativitätstheorie um, so erhalten wir die Gleichung $E^2 \left(1 - v^2/c^2\right) = \left(1 - v^2/c^2\right) \cdot m^2 c^4 + c^2 m^2 v^2$. Betrachten wir Teilchen, z. B. Photonen, die keine Ruhemasse besitzen, so müssen wir $m = 0$ einsetzen und erhalten $E^2 \left(1 - v^2/c^2\right) = 0$, was nur durch $v = c$ zu erfüllen ist.

2.1 Harmonische Schwingung, Dämpfung, Resonanz

I Theorie

Schwingungen spielen eine große Rolle in allen Bereichen der Physik. In Uhren sind sie fundamental, in mechanischen Maschinen sind sie oft unerwünscht, in der Akustik werden sie gezielt eingesetzt, in der Elektrodynamik bilden sie die Grundlage für Radiosender und in der Molekül- und Festkörperphysik geben sie Aufschluss über die quantenmechanischen Kopplungsmechanismen der Atome.

Harmonischer Oszillator

Der harmonische Oszillator stellt ein grundlegendes Schwingungssystem dar. Sein Kennzeichen ist, dass die Beschleunigung proportional zur Auslenkung aus der Gleichgewichtslage und stets zu dieser hin gerichtet ist. Typisch hierfür ist eine an einer elastischen Feder befestigte, reibungsfrei schwingende Masse m (Abb. 2.1).

Wird sie um die Strecke x aus dem Gleichgewicht ausgelenkt, so wirkt die rücktreibende Federkraft $F = -k\,x$. Diese führt zur Beschleunigung der Masse gemäß $F = m\,a$ in Richtung der Gleichgewichtslage bei $x = 0$ (Abschn. 1.1). Aufgrund der Trägheit schwingt die Masse darüber hinaus, wird aber durch $F = -k\,(-x)$ wieder zurückgetrieben. Das System aus rücktreibender Kraft (Feder) und trägem Element (Masse) versucht also, immer in die stabile Ruhelage zurückzukehren. Aus der Kräftegleichung

Abb. 2.1 Schema eines harmonischen Oszillators

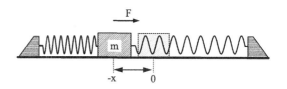

© Springer-Verlag Berlin Heidelberg 2016
H.-C. Mertins, M. Gilbert, *Prüfungstrainer Experimentalphysik*,
DOI 10.1007/978-3-662-49690-9_2

Abb. 2.2 Harmonische
Schwingung als Projektion
einer Kreisbewegung

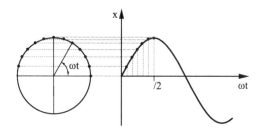

$m\,a = -k\,x$ erhalten wir für die freie, ungedämpfte (reibungsfreie) Schwingung die Differentialgleichung

$$\frac{\mathrm{d}^2 x}{\mathrm{d}t^2} + \frac{k}{m}x = 0 \quad \text{(Schwingungsgleichung, ungedämpft)}. \tag{2.1}$$

Die Lösung dieser **Differentialgleichung** (DGL) ist keine Zahl, sondern eine Funktion $x(t)$, welche die DGL jederzeit erfüllen muss. Die Lösung lautet

$$x(t) = x_0 \cos(\omega\,t + \varphi) \quad \text{(Schwingungsfunktion)}. \tag{2.2}$$

Diese Kurve ist in Abb. 2.2 dargestellt. Die Auslenkung $x(t)$ ändert sich cosinusförmig, wobei die Amplitude x_0 die maximale Verschiebung aus der Gleichgewichtslage angibt. Das Argument $(\omega\,t + \varphi)$ heißt Phase, und die Phasenkonstante φ ist die Phase bei $t = 0$. Die Phasenkonstante richtet sich nach der Anfangsbedingung der Schwingung. Ist z. B. zum Start der Schwingung (t = 0) die Masse maximal ausgelenkt, so folgt $\varphi = 0$. Durchläuft die Masse dagegen bei t = 0 die Gleichgewichtslage in positive x-Richtung, so ist $\varphi = -90°$ und in Gl. 2.2 könnte die Cosinusfunktion durch eine Sinusfunktion mit $\varphi = 0$ ersetzt werden. Beide Funktionen sind also gleichwertig. Die Schwingungskurve erhalten wir, wenn an der schwingenden Masse ein Stift befestigt ist, und ein Blatt Papier unter ihr mit konstanter Geschwindigkeit nach unten gezogen wird. Für einen vollen Schwingungsdurchgang benötigt das System die Periodendauer T. Der Kehrwert, die Frequenz f, gibt die Anzahl der Schwingungen pro Sekunde an.

$$f = \frac{1}{T}, \quad [f] = \frac{1}{\mathrm{s}} = \mathrm{Hz} = \text{Hertz} \quad \text{(Frequenz)}. \tag{2.3}$$

Die Kreisfrequenz ω ergibt sich aus der Periodizität von $2\,\pi$ der Cosinusfunktion.

$$\omega = \frac{2\,\pi}{T} = 2\,\pi\,f, \quad [\omega] = \frac{1}{\mathrm{s}} \quad \text{(Kreisfrequenz)}. \tag{2.4}$$

Ein Schwingungsdurchgang der Periodendauer T entspricht also einem vollen Kreisumlauf von $2\,\pi$. Generell kann die harmonische Schwingung als von der Seite betrachtete Projektion einer Kreisbewegung aufgefasst werden (Abb. 2.2). Der Radius entspricht der

Amplitude x_0, der Winkel ωt variiert mit der Zeit. Die Kreisfrequenz ω erhalten wir, wenn Gl. 2.2 in die DGL 2.1 eingesetzt und nach ω aufgelöst wird:

$$\omega = \sqrt{\frac{k}{m}}, \quad [\omega] = \frac{1}{\text{s}} \quad \text{(Eigenfrequenz)}. \tag{2.5}$$

Jedes schwingende System hat somit eine charakteristische Eigenfrequenz, oft als ω_0 gekennzeichnet, die sich einstellt, wenn es frei schwingen kann. Je größer die Federkonstante k, desto schneller schwingt es und je größer die Masse m, desto langsamer (träger) schwingt der harmonische Oszillator. Die Geschwindigkeit und Beschleunigung der Masse folgt aus den entsprechenden Ableitungen der Auslenkung $x(t)$ (Gl. 2.2) nach der Zeit:

$$v(t) = -\omega\, x_0 \sin(\omega t + \varphi) \quad \text{(Geschwindigkeit)}, \tag{2.6}$$

$$a(t) = -\omega^2 x_0 \cos(\omega t + \varphi) \quad \text{(Beschleunigung)}. \tag{2.7}$$

Damit gilt $a(t) = -\omega^2 x(t)$, d. h. der Betrag der Beschleunigung und damit der Kraft $F = m\,a$ ist immer proportional zur Auslenkung. Dies ist genau die Bedingung für eine harmonische Schwingung.

Energie

In dem ungedämpften harmonischen Oszillator wird abwechselnd die in der Feder gespeicherte potenzielle Energie verlustfrei in kinetische Energie der Masse und zurück umgewandelt (Abb. 2.3a, b).

$$E_{\text{pot}} = \frac{1}{2}k\, x_0^2 \cos^2(\omega t + \varphi), \tag{2.8}$$

$$E_{\text{kin}} = \frac{1}{2}m\, x_0^2 \omega^2 \sin^2(\omega t + \varphi). \tag{2.9}$$

Abb. 2.3 a) Potenzielle und kinetische Energie wandeln sich periodisch um. b) Ort x und Geschwindigkeit v

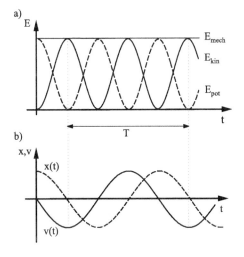

Für die mechanische Gesamtenergie folgt mit $\omega^2 = k/m$ und $\sin^2 \gamma + \cos^2 \gamma = 1$

$$E_{\text{mech}} = E_{\text{pot}} + E_{\text{kin}} = \frac{1}{2} k\, x_0^2 \quad \text{(Energieerhaltung)}. \tag{2.10}$$

Dieser Ausdruck ist unabhängig von der Zeit, d. h. es gilt die Erhaltung der mechanischen Energie. Beachten Sie, dass die Energie immer positiv bleibt (Abb. 2.3a).

Gedämpfte Schwingung

Reale Schwingungssysteme sind gedämpft, d. h. durch Reibung wird dem System Energie entzogen, und die Amplitude wird mit der Zeit kleiner, bis die Schwingung zum Stillstand kommt (Abb. 2.4). Die Reibungskraft ist der Bewegungsrichtung entgegengesetzt und meist proportional zur Geschwindigkeit $v = dx/dt$ und zum Reibungskoeffizienten b:

$$F_R = -b\, v \quad \text{(Reibungskraft)}. \tag{2.11}$$

Die Schwingungsgleichung Gl. 2.1 muss um diesen Term erweitert werden.

$$\frac{d^2 x}{dt^2} + \frac{b}{m} \frac{dx}{dt} + \frac{k}{m} x = 0 \quad \text{(Schwingungsgleichung, gedämpft)}. \tag{2.12}$$

Aufgrund der Dämpfung hat die Lösung dieser DGL nun folgende geänderte Form:

$$x(t) = x_0\, e^{-\delta t} \cos(\omega\, t) \quad \text{(Schwingungsfunktion, gedämpft)}. \tag{2.13}$$

Die Auslenkung variiert weiterhin cosinusförmig, mit der Eigenfrequenz.

$$\omega = \sqrt{\frac{k}{m} - \delta^2} \quad \text{(Eigenfrequenz, gedämpft)}, \tag{2.14}$$

$$\delta = \frac{b}{2m}, \quad [\delta] = \frac{1}{\text{s}} \quad \text{(Dämpfungskonstante)}. \tag{2.15}$$

Abb. 2.4 Die Amplitude einer gedämpften Schwingung klingt exponentiell ab

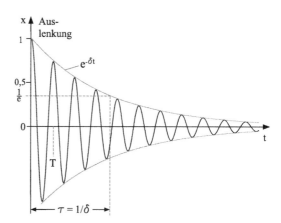

Abb. 2.5 Drei wichtige
Dämpfungsfälle

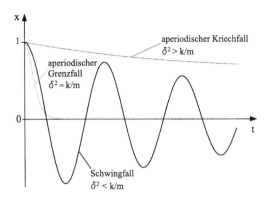

Die Amplitude $x_0\, e^{-\delta t}$ nimmt exponentiell mit der Zeit ab (Abb. 2.4). Ein wichtiger Wert ist die **Zeitkonstante** $\tau = 1/\delta$. Nach dieser Zeit ist die Amplitude auf den Bruchteil $1/e \approx 0{,}37$ gesunken (Abb. 2.4). Die Dämpfung δ führt außerdem zu einer Senkung der Eigenfrequenz (Gl. 2.14). Man unterscheidet folgende Fälle:

(a) $\delta^2 < \dfrac{k}{m}$ Schwingfall,

(b) $\delta^2 > \dfrac{k}{m}$ aperiodischer Kriechfall,

(c) $\delta^2 = \dfrac{k}{m}$ aperiodischer Grenzfall.

Ist δ zu groß, und wird der Radikant der Wurzel in Gl. 2.14 negativ, so kommt es erst gar nicht zu einer Schwingung und die Lösung der DGL 2.12 ist eine Funktion, die nach der Auslenkung des Systems sehr langsam in die Gleichgewichtslage zurück führt, ohne darüber hinaus zu schwingen (aperiodisch), sofern sie nicht mit einer Anfangsgeschwindigkeit startet (Abb. 2.5).

Für den aperiodischen Grenzfall (c) folgt $\omega = 0$ und nach der Auslenkung kehrt das System exponentiell in die Gleichgewichtslage zurück, ohne über diese hinaus zu schwingen (Abb. 2.5). Die Zeit der Rückkehr ist sehr kurz. Dieser Fall wird z. B. bei der Konstruktion von Stoßdämpfern ausgenutzt, denn das Auto soll nicht schwingen, sondern schnell in die Gleichgewichtslage zurückkehren.

Erzwungene Schwingung

Sollen die Dämpfungsverluste in einem harmonischen Oszillator kompensiert werden, so muss von außen eine periodisch veränderliche Kraft $F_a \cos \omega_a t$ angreifen. Die DGL der erzwungenen Schwingung lautet nun

$$\frac{d^2 x}{dt^2} + \frac{b}{m}\frac{dx}{dt} + \frac{k}{m}x = \frac{F_a}{m}\cos \omega_a t \quad \text{(DGL, erzwungene Schwingung)}. \qquad (2.16)$$

Nach einer gewissen Einschwingzeit, die hier nicht diskutiert wird, bewegt sich der harmonische Oszillator mit der von der äußeren Kraft vorgegebenen Frequenz ω_a und nicht mit seiner Eigenfrequenz ω (Gl. 2.14):

$$x(t) = x_0 \cos(\omega_a t - \varphi) \quad \text{(Funktion der erzwungenen Schwingung)}. \quad (2.17)$$

Die Auslenkung $x(t)$ ist gegen die äußere Kraft um φ phasenverschoben, d. h. $x(t)$ hinkt der äußeren Kraft um φ nach. Die Amplitude x_0 hängt von der Amplitude F_a der anregenden Kraft ab, von der Dämpfung δ und, viel empfindlicher, von der relativen Lage der Anregungsfrequenz ω_a zur Eigenfrequenz $\omega_0 = \sqrt{k/m}$.

$$x_0 = \frac{F_a/m}{\sqrt{(\omega_0^2 - \omega_a^2)^2 + (2\delta\,\omega_a)^2}} \quad \text{(Amplitude, erzwungene Schwingung)}. \quad (2.18)$$

Fallen äußere Frequenz ω_a und Eigenfrequenz ω_0 zusammen, so wird der Nenner in Gl. 2.18 minimal und die Amplitude maximal (Abb. 2.6a). Für ein ungedämpftes System mit $\delta = 0$ wird der Nenner sogar Null und wir erhalten die so genannte **Resonanzkatastrophe** mit $x_0 = \infty$, d. h. das System wird zerstört. Die Phasenverschiebung φ hängt ebenfalls von δ und von der relativen Lage der Anregungsfrequenz ω_a zur Eigenfrequenz ω_0 ab (Abb. 2.6b).

$$\tan\varphi = \frac{2\delta\,\omega_a}{\omega_0^2 - \omega_a^2} \quad \text{(Phasenverschiebung)}. \quad (2.19)$$

Zum Verständnis der Vorgänge, betrachten wir 3 Frequenzbereiche:

(a) $\omega_a \ll \omega_0$ Dies ist der linke Frequenzbereich in Abb. 2.6a, b. Näherungsweise folgt damit aus Gln. 2.18, 2.17 $x(t) = F_0 \cos(\omega_a t)/k$. Die schwingende Masse kann der langsamen Bewegung der äußeren Kraft immer folgen. Beide sind also in Phase und $\varphi = 0$. Die Amplitude ist F_0/k.

(b) $\omega_a \gg \omega_0$ Dies ist der rechte Frequenzbereich. Hier dominiert die träge Masse das System, es gilt näherungsweise $x(t) = -F_0 \cos(\omega_a t)/m\omega_a^2$. Die Phasenverschiebung beträgt $\varphi = -\pi$, d. h. Auslenkung und Anregungskraft sind gegenphasig, denn die träge Masse kann der schnellen Anregung nicht mehr folgen.

(c) $\omega_a \approx \omega_0$ Resonanzfall. Hier sind Auslenkung und Kraft um $\varphi = -\pi/2$ phasenverschoben. Damit sind aber die Geschwindigkeit $v(t) = \mathrm{d}x/\mathrm{d}t$ der schwingenden Masse und die äußere Kraft in Phase, so dass netto Leistung durch die äußere Anregung auf das System übertragen wird: $P = F_a v = F_0 \omega\, x_0 \cos^2 \omega_0 t$. Würde diese Leistung nicht durch die Reibung verbraucht, so müsste die Amplitude auf $x_0 \to \infty$ anwachsen (Resonanzkatastrophe). In den Fällen (a) und (b) wird vom System netto keine Leistung aufgenommen, denn im Mittel wird genau so viel wieder abgegeben, wie aufgenommen wurde (siehe Prüfungsteil). Den genauen Wert der Resonanzfrequenz $\omega_{\text{Res}} = \sqrt{\omega_0^2 - 2\delta^2}$ erhält man aus der Ableitung der Resonanzkurve (Gl. 2.18). Er liegt etwas unterhalb der Eigenfrequenz.

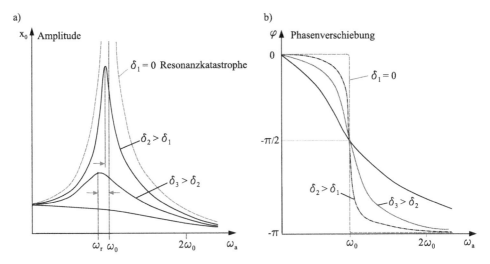

Abb. 2.6 Erzwungene Schwingung für verschiedene Dämpfungen: a) Die Amplitude ist maximal im Resonanzfall, b) Phasenverschiebung zwischen Oszillator und anregender Kraft

II Prüfungsfragen

Grundverständnis

F2.1.1 Was ist eine Schwingung? Nennen Sie einige schwingende Systeme.

F2.1.2 Skizzieren Sie für eine harmonische Schwingung die Funktionen $x(t)$, $v(t)$, $a(t)$. Geben Sie die Formeln an und kennzeichnen Sie Frequenz, Periodendauer und Phasenverschiebung.

F2.1.3 Wie hängt die Frequenz einer harmonischen Schwingung von der Amplitude ab?

F2.1.4 Was zeichnet die harmonische Schwingung aus?

F2.1.5 Skizzieren Sie eine freie, gedämpfte Schwingung, geben Sie die Schwingungsfunktion $x(t)$ an und diskutieren Sie die relevanten Größen.

F2.1.6 Wie lautet die Eigenfrequenz des ungedämpften (gedämpften) Federpendels?

F2.1.7 Diskutieren Sie die Grenzfälle der Dämpfung und ihre technische Bedeutung.

F2.1.8 Nennen Sie die Eigenfrequenz des mathematischen Pendels.

F2.1.9 Welche Frequenz hat die erzwungene Schwingung?

F2.1.10 Was ist Resonanz? Skizzieren Sie die Amplitude und die Phasenverschiebung als Funktion der Erregerfrequenz für eine erzwungene Schwingung im Resonanzbereich. Wo liegt die Resonanzfrequenz und wie erhält man sie?

F2.1.11 Nennen Sie Fälle, wo Resonanz erwünscht bzw. unerwünscht ist.

Messtechnik

F2.1.12 Wie kann die Erdbeschleunigung gemessen werden?

F2.1.13 Nennen Sie Geräte zur Frequenzmessung.

F2.1.14 Wie kann man die Dämpfung einer Schwingung messen?

Vertiefungsfragen

F2.1.15 Leiten Sie die Differentialgleichung der gedämpften, erzwungenen Schwingung ab.

F2.1.16 Wie hängt die Energie einer gedämpften freien Schwingung von der Zeit ab?

F2.1.17 Was ist der Gütefaktor und was ist das logarithmische Dekrement?

F2.1.18 Was ist ein physikalisches Pendel?

F2.1.19 Beschreiben Sie die Drehschwingung.

F2.1.20 Was ist harmonisch am harmonischen Oszillator?

III Antworten

A2.1.1 Eine Schwingung ist ein zeitlich periodischer Vorgang, der nach der Periodendauer T wieder die gleiche Schwingungsphase erreicht hat. Typische Schwingungssysteme sind in Abb. 2.7 gezeigt.

A2.1.2 Siehe Gln. 2.2, 2.6, 2.7 und Abb. 2.8. Die Periodendauer kann direkt abgelesen werden, woraus die Frequenz $f = 1/T$ ermittelt wird. Die Geschwindigkeit eilt dem Ort $x(t)$ um die Phasenverschiebung $\pi/2$ voraus, ebenso eilt die Beschleunigung der Geschwindigkeit um $\pi/2$ voraus. Dies erkennt man auch aus dem Vergleich zwischen $x(t)$ und $v(t)$, denn aus $x(t) = x_0 \cos(\omega t)$ folgt $v(t) = -x_0\omega \sin(\omega t) = x_0\omega \cos(\omega t + \pi/2)$.

Abb. 2.7 Diverse Ausführungen des Pendels (zu Antworten A2.1.1, A2.1.18, A2.1.19)

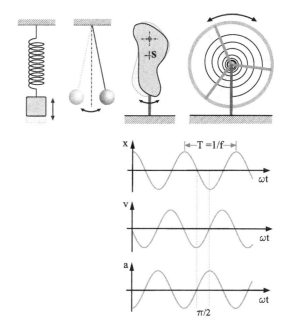

Abb. 2.8 Ort, Geschwindigkeit und Beschleunigung einer harmonischen Schwingung

A2.1.3 Die Frequenz einer harmonischen Schwingung hängt nicht von der Amplitude ab, denn nach Gln. 2.5, 2.14 geht sie nicht in die Frequenz ein. Der Ton (Frequenz) einer Klaviersaite hängt also nicht davon ab, ob die Saite stark oder sanft angeschlagen wird.

A2.1.4 Kennzeichen des harmonischen Oszillators ist eine Rückstellkraft, die proportional zur Auslenkung ist (Gl. 2.7). Die harmonische Schwingung lässt sich einfach durch eine Sinus- bzw. Cosinusfunktion darstellen (Gl. 2.2). Dies entspricht der Projektion einer Kreisbewegung (Abb. 2.2).

A2.1.5 Die freie, gedämpfte Schwingung $x(t) = x_0 \, e^{-\delta t} \cos(\omega t)$ ist in Abb. 2.4 dargestellt. Die Amplitude $x_0 \, e^{-\delta t}$ nimmt exponentiell mit der Zeit ab und ist nach der Zeitkonstanten $t = \tau = 1/\delta$ auf den Anteil $1/e$ des Startwertes abgeklungen.

A2.1.6 Kann der harmonische Oszillator frei schwingen, so tut er das mit seiner Eigenfrequenz. Im Fall eines Feder-Masse-Systems ist das $\omega = \sqrt{k/m}$ bzw. $\omega = \sqrt{k/m - \delta^2}$, falls er gedämpft ist. Im Wesentlichen wird ω durch das Verhältnis der rücktreibenden Kraft zur trägen Masse des Oszillators bestimmt. Die Dämpfung (δ) reduziert die Eigenfrequenz.

A2.1.7 Im Normalfall liegt geringe Dämpfung $\delta^2 < k/m$ vor und das System kommt erst nach vielen Schwingungen zur Ruhe (Abb. 2.5). Für sehr starke Dämpfung $\delta^2 > k/m$

(aperiodischer Kriechfall) benötigt das ausgelenkte System sehr lange, um in die Ruhelage zurückzukehren, was meist unerwünscht ist. Für gezielte Schwingungsdämpfung (Stoßdämpfer) oder Zeigerinstrumente ist eine schnelle Rückkehr in die Gleichgewichtslage ohne Schwingung ($\delta^2 = k/m$, aperiodischer Grenzfall) erwünscht.

A2.1.8 Das ideale, **mathematische Pendel** besteht aus einem Massepunkt (Kugel), der an einem idealen masselosen Seil aufgehängt wird (Abb. 2.7). Für nicht zu große Amplitude lautet seine Eigenfrequenz $\omega = \sqrt{g/L}$, bzw. $\omega = \sqrt{g/L - \delta^2}$ für das z. B. durch Luftreibung gedämpfte Pendel. Durch die Seillänge L kann die Frequenz eingestellt werden, was z. B. bei der Pendeluhr ausgenutzt wird. Zudem eignet sich das Pendel zur Bestimmung der Gravitationsbeschleunigung g.

A2.1.9 Anders als bei der freien Schwingung bewegt das System sich nicht mit seiner Eigenfrequenz, sondern mit der Frequenz ω_a der von außen angreifenden Kraft $F_a \cos \omega_a t$, nachdem eine gewisse Einschwingzeit vergangen ist.

A2.1.10 Resonanz tritt bei erzwungenen Schwingungen auf, wenn die Erregerfrequenz ω_a etwa so groß wie die Eigenfrequenz ω_0 des Oszillators wird. Als Folge steigt die Amplitude $x_0(\omega_a)$ der Schwingung (Gl. 2.18) stark an (Abb. 2.6a). Die Resonanzkatastrophe tritt für ungedämpfte Systeme ($\delta = 0$) auf. Mit steigender Dämpfung sinkt die Amplitude und die Resonanzfrequenz verschiebt sich leicht zu kleineren Werten. Für die exakte Bestimmung der Resonanzfrequenz muss die Kurve $x_0(\omega_a)$ nach ω_a abgeleitet und Null gesetzt werden. Beachten Sie, dass $x_0(\omega_a) > 0$, auch für kleine Erregerfrequenzen. Der Oszillator folgt für $\omega_a \ll \omega_0$ immer der langsamen Bewegung des Erregers. Für sehr großes ω_a kann der Oszillator dem schnellen Erreger nicht mehr folgen, d. h. im Grenzfall $\omega_a \gg \omega_0$ geht die Amplitude gegen Null. Dies zeigt sich auch in der Phasenverschiebung zwischen Oszillator und der äußeren anregenden Kraft (Abb. 2.6b). Bei der Resonanzfrequenz läuft die Kurve durch $\varphi = -\pi/2$, unabhängig von der Dämpfung. Nur hier nimmt der Oszillator netto Energie von dem Erreger auf, was zum Anstieg der Amplitude führt. In den anderen Fällen ($\omega_a < \omega_0$, $\omega_a > \omega_0$) fließt im zeitlichen Mittel gleich viel Energie in das System wie wieder zurück in den Erreger (siehe auch Theorie zur erzwungenen Schwingung).

A2.1.11 Resonanz ist erwünscht, wenn dadurch Schwingungen verstärkt werden sollen, ebenso wenn es darum geht stehende Wellen (Abschn. 2.2) zu erzeugen. In der Musik wird die Resonanz des Gitarrenkörpers genutzt, in der Optik die des Laserresonators (Abschn. 7.4) und beim Radio die Resonanz des Schwingkreises (Abschn. 4.7). Unerwünscht ist Resonanz z. B. bei Motoren, d. h. die ganze Maschine darf nicht bei einer bestimmten Motordrehzahl (Eigenfrequenz) zu Schwingungen angeregt werden (Waschmaschinen im Schleudergang). Ebenso dürfen Bauwerke (Brücken) nicht durch Wind zu Eigenschwingungen angeregt werden.

A2.1.12 Aus der Eigenfrequenz $\omega = \sqrt{g/L}$ des mathematischen Pendels kann die Gravitationskonstante ermittelt werden.

A2.1.13 Zum einen kann die Frequenz, bzw. Periodendauer direkt gemessen werden. Zum anderen kann Resonanz ausgenutzt werden. Dazu können mechanische **Zungen-Frequenzmesser** genutzt werden, die viele verschiedene, einseitig eingespannte Stahlplättchen besitzen, deren Eigenfrequenz in Abständen von $\frac{1}{2}$ Hz abgestuft sind. Durch akustische Anregung oder mithilfe einer elektromagnetischen Spule (Abschn. 4.5) schwingt im Resonanzfall das Stahlplättchen am stärksten, dessen Eigenfrequenz am besten getroffen wird. Meist werden mechanische oder akustische Schwingungen in elektrische Signale gewandelt, deren Frequenzen z. B. durch abstimmbare, elektromagnetische Schwingkreise (Abschn. 4.7) ermittelt werden können.

A2.1.14 Die Dämpfung δ erhält man aus der Messung der Amplitude der Schwingung als Funktion der Zeit (Abb. 2.4). Siehe auch Frage F2.1.16.

A2.1.15 Die Differentialgleichung einer Schwingung erhält man aus der Betrachtung aller wirkenden Kräfte. Die Kraft zur Beschleunigung der Masse lautet $F = m \left(d^2x/dt^2 \right)$. Die Reibungskraft $F_R = -b \left(dx/dt \right)$ wirkt in entgegen gesetzte Richtung, ebenso wie die rückstellende Federkraft $F_F = -k\,x$. Für eine freie Schwingung verschwindet die Summe aller Kräfte, d. h. $F + F_R + F_F = 0$. Bei einer erzwungenen Schwingung bestimmt die äußere, periodische Kraft $F_a \cos \omega_a t$ den Vorgang, so dass $F + F_R + F_F = F_a \cos \omega_a t$ folgt. Daraus ergibt sich die Differentialgleichung $\frac{d^2x}{dt^2} + b\frac{dx}{dt} + \frac{k}{m}x = F_a \cos \omega_a t$.

A2.1.16 Die Gesamtenergie einer gedämpften, freien Schwingung klingt mit der Zeit exponentiell ab. Mit Gl. 2.10 folgt für die gedämpfte Schwingung $E_{\text{mech}} = k \left(x_0\, e^{-\delta t} \right)^2 / 2$, d. h. $E_{\text{mech}}(t) \sim e^{-2\delta t}$.

A2.1.17 Der **Gütefaktor**, oder auch kurz Güte, ist ein dimensionsloses Maß für die Dämpfung des schwingenden Systems im Resonanzfall. Er ist als dimensionslose Größe $Q = \omega\, E_m / P = \omega/2\,\delta$ definiert, wobei ω die Resonanzfrequenz ist, E_m die maximal im System gespeicherte Energie und P die Verlustleistung. Anschaulich drückt die Güte das Verhältnis von Amplitude zur Kurvenbreite im Bereich der Resonanz aus (Abb. 2.6a). Das **logarithmische Dekrement** ist ein Maß für die Dämpfung. Man erhält es einfach aus dem Logarithmus des Verhältnisses zweier aufeinander folgender Amplituden im Abstand $\Delta t = T$, also aus $\ln \left(x(t)/x(t + T) \right) = \delta\, T$ (Abb. 2.4).

A2.1.18 Das **physikalisches Pendel** ist ein beliebig geformter Körper, dessen Masse m nicht wie bei dem mathematischen Pendel punktförmig ist, sondern über den ganzen Körper verteilt ist (Abb. 2.7). Deshalb muss sein Trägheitsmoment zur Berechnung der

Eigenfrequenz $\omega = \sqrt{L\,m\,g/I}$ mit berücksichtigt werden. Die Drehachse befindet sich im Abstand L vom Schwerpunkt des Pendels.

A2.1.19 Die **Torsions**- oder **Drehschwingung** kann z. B. bei der Verdrillung eines Drahtes oder bei einer Spiralfeder beobachtet werden (Abb. 2.7). Wird sie aus der Gleichgewichtslage herausgedreht, so ist das rücktreibende Drehmoment $T = -D\,\theta$ proportional zum Auslenkungswinkel θ. Die Eigenfrequenz ist $\omega = \sqrt{D/I}$. Dies ist analog zur schwingenden Feder, wo für die Kraft $F = -k\,x$ gilt und die Eigenfrequenz $\omega = \sqrt{k/m}$ lautet. Statt der Federkonstante ist die Richtgröße D und statt der Masse das Trägheitsmoment relevant.

A2.1.20 Das Harmonische am harmonischen Oszillator kommt aus der Musik. Er erzeugt reine Töne mit der Frequenz $\omega = n\,\omega_0$, n ganze Zahl, was als harmonisch empfunden wird (siehe Abschn. 2.2, 2.3).

2.2   Wellenausbreitung, stehende Wellen

I Theorie

Wellen können Energie und damit auch Information durch den Raum transportieren, ohne Masse zu transportieren, wie z. B. Schallwellen. Elektromagnetische Wellen wie Licht benötigen zur Ausbreitung gar kein Medium, und die Materiewellen sind zum Verständnis der modernen Quantenphysik unerlässlich.

Wellenausbreitung

In einem deformierbaren Medium sind benachbarte Massenpunkte durch Kräfte gekoppelt (Abb. 2.9). Wird ein Punkt aus seiner Gleichgewichtslage $y = 0$ ausgelenkt, so überträgt sich diese Auslenkung auf den benachbarten Punkt und kann sich aufgrund der Kopplung aller Punkte als Welle durch das ganze Medium in x-Richtung ausbreiten. Die einzelnen Punkte führen dabei Schwingungen um ihre Gleichgewichtslage aus, wandern selbst aber nicht in x-Richtung durch das Medium. Es wandert nur die „Störung".

Eine Welle kann also als räumlich und zeitlich veränderlicher Zustand aufgefasst werden. Schwingen die Punkte, wie in Abb. 2.9 dargestellt, senkrecht zur Ausbreitungsrichtung der Welle, so handelt es sich um eine Transversalwelle. Schwingen sie in Aus-

Abb. 2.9 Auslenkungs- und Ausbreitungsrichtung einer transversalen Welle im elastischen Medium

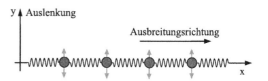

Abb. 2.10 a) Moment-
aufnahme einer Welle mit
Wellenlänge, b) zeitliches
Schwingungsverhalten eines
Punktes mit Periodendauer T

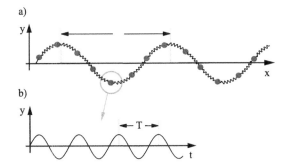

breitungsrichtung, so ist es eine Longitudinalwelle. Im dreidimensionalen Medium breitet
sich die Störung in alle Richtungen als Kugelwelle aus. Eine in x-Richtung fortschreitende transversale mechanische Welle kann durch die folgenden Gleichungen beschrieben
werden:

$$y(x,t) = y_0 \sin(k\,x - \omega\,t - \varphi) \quad \text{(Wellenfunktion)}, \qquad (2.20)$$

$$y_0\,, \quad [y_0] = \text{m} \quad \text{(Amplitude)},$$

$$k = \frac{2\,\pi}{\lambda}\,, \quad [k] = \frac{1}{\text{m}} \quad \text{(Wellenzahl)},$$

$$\lambda\,, \quad [\lambda] = \text{m} \quad \text{(Wellenlänge)},$$

$$\omega = 2\,\pi\,f\,, \quad [\omega] = \frac{1}{\text{s}} \quad \text{(Frequenz)},$$

$$T = \frac{1}{f}\,, \quad [T] = \text{s} \quad \text{(Periodendauer)},$$

$$(k\,x - \omega\,t - \varphi) \quad \text{(Phase)}.$$

Die Wellenlänge λ ist der räumliche Abstand von zwei äquivalenten Punkten x_1, x_2, für
welche die Phase der Sinusfunktion sich um $2\,\pi$ unterscheidet. Die Auslenkung muss
für eine feste Zeit also für beide Punkte gleich sein $y(x_1, t_0) = y(x_2, t_0)$. Daher können wir aus einem Foto der Welle zu einer festen Zeit $t = t_0$ die Wellenlänge ermitteln
(Abb. 2.10a). Die räumliche Periodizität der Welle wird also durch die Wellenlänge λ,
bzw. die Wellenzahl k erfasst. Die Frequenz f, mit der die Teilchen in der Welle schwingen, ist für alle Orte x dieselbe. Benachbarte Teilchen schwingen allerdings in etwas
verschiedenen Phasen. Um die Frequenz zu bestimmen, konzentrieren wir uns auf einen
festen Punkt x_0 und messen seine Auslenkung $y(x_0, t)$ als Funktion der Zeit (Abb. 2.10b).
Hierfür gelten die Gesetze der harmonischen Schwingung (Abschn. 2.1) und folglich
wird aus der Wellenfunktion mit konstantem Wert $k\,x_0$ eine Schwingungsfunktion $y(t) =
y_0 \sin(k\,x_0 - \omega\,t - \varphi)$, die nur noch von der Zeit abhängt.

Abb. 2.11 Zwei Moment-
aufnahmen einer nach rechts
fortschreitenden Welle mit
den Bewegungsrichtungen der
einzelnen Punkte

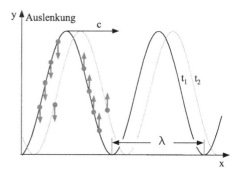

Phasengeschwindigkeit

Um die Wellenausbreitung zu untersuchen, betrachten wir zwei „Fotos" der Welle zu aufeinander folgenden Zeiten t_1, t_2 (Abb. 2.11). Die aktuelle Schwingungsrichtung der Massenpunkte ist durch vertikale Pfeile gekennzeichnet. Auf der linken Seite des „Berges" zeigen sie nach unten, rechts davon nach oben, so dass sich die Welle nach rechts ausbreitet. Will der Beobachter wie ein Surfer auf dem Wellenberg „mitreiten", so muss $y(x, t)$ konstant sein, d. h. die Phase $(k\,x - \omega\,t - \varphi)$ muss zeitlich konstant sein, was $\mathrm{d}(k\,x - \omega\,t - \varphi)/\mathrm{d}t = 0$ bedeutet. Hieraus können wir die Ausbreitungsgeschwindigkeit $c = \mathrm{d}x/\mathrm{d}t$ der Welle bestimmen:

$$c = \frac{\omega}{k} = \lambda\,f\,, \quad [c] = \frac{\mathrm{m}}{\mathrm{s}} \quad \text{(Phasengeschwindigkeit der Welle)}. \tag{2.21}$$

Beachten Sie: c ist nicht die Geschwindigkeit des materiellen Teilchens in y-Richtung, sondern die eines Zustandes der Welle, nämlich der Phase. Die Geschwindigkeit eines schwingenden materiellen Punktes der Welle in y-Richtung erhalten wir aus

$$u = \frac{dy}{\mathrm{d}t} = -y_0\omega\cos(kx - \omega\,t - \varphi)\,, \quad [u] = \frac{\mathrm{m}}{\mathrm{s}} \quad \text{(Geschwindigkeit eines Wellenpunktes)}. \tag{2.22}$$

Die Ausbreitungsgeschwindigkeit c einer Welle hängt von dem konkreten System ab, z. B. der Gitarrensaite, der Wasseroberfläche oder der Schallwelle im Gas. Man muss jeweils die konkrete Bewegung der Teilchen (Abb. 2.9) durch die Newton'schen Gleichungen (Abschn. 1.1) beschreiben, wobei die Massendichte und die Kopplungskräfte, beschrieben durch den Elastizität- bzw. Kompressionsmodul, die entscheidende Rolle spielen. Konkrete Formeln werden in Antwort A2.2.4 und Antwort A2.3.2 angegeben.

Wellengleichung

Bisher haben wir nur den Spezialfall einer harmonischen, ebenen transversalen Welle betrachtet. Die allgemeine Welle muss weder harmonisch, noch periodisch oder eben sein. Es kann sich auch um die Ausbreitung einer einmaligen Störung (Stein fällt ins Wasser)

Abb. 2.12 Die Überlagerung mehrerer Wellen ergibt wieder eine Welle

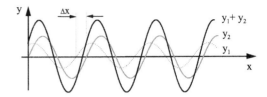

handeln. Die passende Wellenfunktion $y(x,t)$ muss in jedem Fall die Wellengleichung erfüllen.

$$\frac{\partial^2 y}{\partial x^2} = \frac{1}{c^2}\frac{\partial^2 y}{\partial t^2} \quad \text{(Wellengleichung)}. \tag{2.23}$$

Anhand der Randbedingungen für einen speziellen Fall, wie z. B. der eingespannten Gitarrensaite bei stehenden Wellen, wird aus den vielen möglichen Lösungen die spezielle Wellenfunktion herausgefunden.

Mit welcher Rate transportieren Wellen die Energie? Zuerst bestimmen wir die Energiedichte ρ_{Energie}, d. h. die Energie pro Volumenelement $\mathrm{d}V$ für das Modell der Welle auf einer gespannten Saite (Abb. 2.9). Hierzu müssen wir die Summe aus kinetischer Energie $(\mathrm{d}m)\,u^2/2$ des Punktes mit der Masse $\mathrm{d}m = \rho\,\mathrm{d}V$ (ρ = Massendichte) und aus potenzieller Energie $k\,y^2/2$ aufgrund der Auslenkung $y(x,t)$ der Feder (Saite) bestimmen. Für das zeitliche Mittel gilt $\rho_{\text{Energie}} = \rho\,y_0^2\omega^2/2$. Da der Energietransport mit der Phasengeschwindigkeit stattfindet, ist die Intensität der Welle, also die Energieflussdichte durch eine Fläche senkrecht zur Ausbreitungsrichtung, gegeben durch

$$I = \frac{1}{2}c\,\rho\,y_0^2\omega^2, \quad [I] = \frac{\mathrm{J}}{\mathrm{m}^2\mathrm{s}} \quad \text{(Intensität)}. \tag{2.24}$$

Die Intensität einer Welle ist also proportional zum Quadrat der Amplitude y_0 und der Frequenz ω.

Interferenz

Die Ausbreitung von Wellen im Raum wird durch das Huygen'sche Prinzip beschrieben, das in Abschn. 5.3 eingehender erläutert wird. Hier beschränken wir uns auf das eindimensionale Problem der Ausbreitung von zwei oder mehreren Wellen im elastischen Medium (z. B. Luft, Gitarrensaite):

$$y_1(x,t) = y_{01}\sin(k\,x - \omega\,t), \tag{2.25}$$

$$y_2(x,t) = y_{02}\sin(k\,x - \omega\,t - \varphi)$$

Sie besitzen gleiche Frequenz und Wellenlänge, aber eine Phasendifferenz φ und ungleiche Amplituden y_{01}, y_{02}.

Damit ergibt sich die neue Welle $y(x,t) = y_1(x,t) + y_2(x,t)$ als Summe der Einzelwellen (Abb. 2.12). Eine große Bedeutung für die Überlagerung der Wellen hat ihre

Abb. 2.13 Die Überlagerung
zweier identischer Wellen,
die sich nur in der Phase
unterscheiden, ergibt a)
konstruktive Interferenz für
$\Delta x = m\,\lambda$ und b) Auslöschung
für $\Delta x = (1/2 + m)\,\lambda$

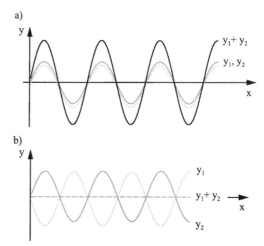

Phasendifferenz. In Abb. 2.12 eilt die Welle y_2 der Welle y_1 voraus. Wollen wir die Phasendifferenz in der Ortsdarstellung sichtbar machen, müssen wir diese als Wegstreckendifferenz, genauer durch den **Gangunterschied** Δx ausdrücken. Der ergibt sich aus der Phasendifferenz $(k\,x_2 - \omega\,t - \varphi) - (k\,x_1 - \omega\,t) = k\,\Delta x - \varphi$ zu

$$\Delta x = \frac{\varphi}{k} = \frac{\varphi}{2\,\pi}\lambda \quad \text{(Gangunterschied)}. \tag{2.26}$$

Der Gangunterschied verhält sich also zur Wellenlänge wie die Phasendifferenz zu $2\,\pi$.

Für den Fall, dass beide Wellen die gleiche Amplitude besitzen ($y_0 = y_{01} = y_{02}$), gilt für die Überlagerung (Interferenz) beider Wellen

$$y(x,t) = y_1 + y_2 = 2y_0 \cos\frac{1}{2}\varphi \cdot \sin\left(k\,x - \omega\,t - \frac{1}{2}\varphi\right). \tag{2.27}$$

Hierbei unterscheiden wir zwei Extremfälle:

$$\Delta x = \pm\lambda,\ \pm 2\lambda,\ \pm 3\lambda,\dots \quad \text{(konstruktive Interferenz)}, \tag{2.28a}$$
$$\Leftrightarrow \varphi = 2\,\pi,\ 4\,\pi,\ 6\,\pi,\dots$$

$$\Delta x = \pm\frac{\lambda}{2},\ \pm\frac{3}{2}\lambda,\ \pm\frac{5}{2}\lambda,\dots \quad \text{(destruktive Interferenz)}. \tag{2.28b}$$
$$\Leftrightarrow \varphi = \pi,\ 3\,\pi,\ 5\,\pi,\dots$$

Beträgt der Gangunterschied ein ganzzahliges Vielfaches der Wellenlänge, so addieren sich die Wellen „konstruktiv", d. h. sie verstärken sich (Abb. 2.13a). Beträgt Δx die halbe Wellenlänge, so löschen sich beide Wellen aus (destruktive Interferenz, Abb. 2.13b). Das folgt auch, wenn die dem Gangunterschied entsprechende Phasendifferenz φ in den Term $\cos(\varphi/2)$ in Gl. 2.27 eingesetzt wird.

Stehende Wellen

Stehende Wellen folgen aus einem besonderen Fall der Interferenz, und zwar, wenn sich zwei *entgegenlaufende* Wellen $y_1(x,t) = y_0 \sin(kx - \omega t)$ und $y_2(x,t) = y_0 \sin(kx + \omega t)$ mit gleicher Amplitude und Wellenlänge überlagern. Dies passiert z. B. durch Reflexion der Wellen an den eingespannten Enden der Gitarrensaite. Die Summe ergibt die stehende Welle

$$y(x,t) = y_1 + y_2 = \underbrace{2y_0 \sin kx}_{\text{Amplitude}} \cdot \underbrace{\cos \omega t}_{\text{Schwingungsterm}} \quad \text{(stehende Welle)} . \quad (2.29)$$

Das entscheidende Neue ist, dass die Amplitude ($2y_0 \sin kx$) vom Ort x abhängt. Das zeitliche Verhalten dagegen wird durch den bekannten Schwingungsterm $\cos \omega t$ beschrieben. In Abb. 2.14 ist die Auslenkung einer Saite für verschiedene Zeiten dargestellt. Die Saite ist an den Rändern ($x = 0, L$) eingespannt und kann sich dort nicht bewegen. Aber auch an weiteren Orten, den Knoten, ist die Amplitude immer Null. Hier kann man die Saite festhalten, ohne die Schwingung zu beeinflussen. An anderen Orten, den Bäuchen, kann die Amplitude maximal werden.

Die Bedingung für die Ausbildung von stehenden Wellen sieht man sofort aus Abb. 2.15: Die Saitenlänge L muss ein ganzzahliges Vielfaches einer halben Wellenlänge sein:

$$L = n\frac{\lambda}{2}, \quad n = 1, 2, 3, \ldots \quad \text{(Bedingung für stehende Wellen)} . \quad (2.30)$$

Die Orte x der Knoten folgen aus der Bedingung $2y_0 \sin kx = 0$, d. h. $kx = 0, \pi, 2\pi, \ldots$ (Gl. 2.29) und entsprechend die Orte der Bäuche aus der Bedingung $kx = \pi/2, 3\pi/2, \ldots$

$$L = n\frac{\lambda}{2}, \quad n = 1, 2, 3, \ldots \quad \text{(Orte der Knoten)} \quad (2.31\text{a})$$

$$x = \left(\frac{2n+1}{2}\right)\frac{\lambda}{2}, \quad n = 0, 1, 2, 3, \ldots \quad \text{(Orte der Bäuche)} \quad (2.31\text{b})$$

Mit welcher Frequenz schwingt die Saite? Dies hängt sowohl von der konkreten Ausbreitungsgeschwindigkeit $c = f\lambda$ der Welle auf der Saite als auch von der Bedingung für die Ausbildung stehender Wellen (Gl. 2.30) ab

$$f_n = n\frac{c}{2L}, \quad n = 1, 2, 3, \ldots \quad \text{(Resonanzfrequenz der stehenden Welle)} . \quad (2.32)$$

Abb. 2.14 Vier Moment-
aufnahmen einer stehenden
Welle

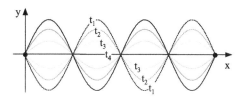

Abb. 2.15 Stehende Wellen
auf einer beidseitig eingespannten Saite

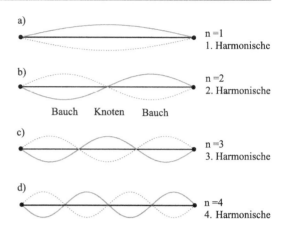

a)

n = 1
1. Harmonische

b)

n = 2
2. Harmonische

Bauch   Knoten   Bauch

c)

n = 3
3. Harmonische

d)

n = 4
4. Harmonische

Jede Resonanzfrequenz f_n und ihre zugehörige Wellenfunktion wird eine Schwingungsmode genannt. Die niedrigste Resonanzfrequenz f_1 ($n = 1$) erzeugt die Grundschwingung oder auch erste **Harmonische** genannt (Abb. 2.15a). Die nächsthöhere Frequenz f_2
ist die zweite Harmonische (erster Oberton, Abb. 2.15b). Die Zahl n gibt die Schwingungsmode und somit die Zahl der Bäuche an.

II Prüfungsfragen

Grundverständnis

F2.2.1 Was sind Wellen, welche Wellentypen kennen Sie?

F2.2.2 Skizzieren Sie die Funktion einer ebenen harmonischen Welle und diskutieren Sie
die relevanten Größen. Wie können diese experimentell ermittelt werden?

F2.2.3 Was ist die Phasengeschwindigkeit der Welle?

F2.2.4 Wovon hängt die Phasengeschwindigkeit mechanischer Wellen ab?

F2.2.5 Was ist Interferenz?

F2.2.6 Was sind stehende Wellen? Wann bilden sie sich aus?

F2.2.7 Was sind die Harmonischen und die Oberschwingungen?

F2.2.8 Wie ändert man die Frequenz einer schwingenden Gitarrensaite?

Messtechnik

F2.2.9 Wie kann man die Wellengeschwindigkeit messen?

F2.2.10 Wie kann die Wellenlänge bestimmt werden?

Vertiefungsfragen

F2.2.11 Was besagt das Huygens'sche Prinzip?

F2.2.12 Wie kann man generell beweisen, dass ein physikalischer Zustand sich als Welle ausbreitet?

F2.2.13 Wie lautet die Wellengleichung und ihre Lösung?

F2.2.14 Wie kann man beweisen, dass eine Welle transversal ist?

F2.2.15 Was ist die Fourieranalyse?

F2.2.16 Was ist die Gruppengeschwindigkeit eines Wellenpaketes?

III Antworten

A2.2.1 Eine Welle ist ein Vorgang, bei dem sich eine Größe zeitlich und räumlich ändert und bei dem Energie ohne Materialtransport transportiert wird. Die Wellenausbreitung kann auf eine einmalige Störung (Stein fällt ins Wasser, Druckwelle nach Explosion) oder auf periodische Störungen folgen. Die Ausbreitung mechanischer Wellen erfolgt durch die Kopplung benachbarter Teilchen (Abb. 2.9). Es gibt zwei wichtige Wellentypen: Bei Transversalwellen erfolgt die Auslenkung, bzw. die Änderung der relevanten Größe quer zur Ausbreitungsrichtung (z. B. Wasserwellen, Seilwellen, Elektromagnetische Wellen). Bei Longitudinalwellen (Schall) erfolgt die Auslenkung in Ausbreitungsrichtung (siehe Abschn. 2.3).

A2.2.2 Bei einer ebenen Welle sind die Wellenfronten parallele Ebenen. Sind es zudem harmonische Wellen, so lautet die Funktion $y(x,t) = y_0 \sin(k\,x - \omega\,t)$. Die Bedeutung und Berechnung der Größen ist in Gl. 2.20 aufgelistet. Die Darstellung erfolgt am besten getrennt für $y(x) = y_0 \sin(k\,x - \omega\,t_0)$ mit $t_0 =$ konstant (Abb. 2.10a) und für $y(t) = y_0 \sin(k\,x_0 - \omega\,t)$ mit $x_0 =$ konstant (Abb. 2.10b). Die Wellenlänge erhält man aus der räumlichen Darstellung $y(x)$, die z. B. aus einem Foto der Wasserwelle gewonnen werden kann. Die Periodendauer erhält man aus der zeitlichen Abhängigkeit $y(t)$ am Ort x_0 (Stab in das Wasser stecken).

A2.2.3 Die Phasengeschwindigkeit $c = \lambda f$ ist die Ausbreitungsgeschwindigkeit der Phase $(k\,x - \omega\,t - \varphi)$ einer Welle mit fester Wellenlänge λ. Man erhält sie z. B. aus der Ausbreitungsgeschwindigkeit des Wellenberges. Für die Ausbreitung um die Strecke λ benötigt er die Periodendauer T, woraus $c = \lambda/T = \lambda\,f$ folgt. Die Phasengeschwindigkeit ist verschieden von der Gruppengeschwindigkeit eines Wellenpaketes (Antwort A2.2.16).

A2.2.4 Die Phasengeschwindigkeit mechanischer Wellen hängt von der Dichte ρ und dem Elastizitätsmodul E (Abschn. 1.6) des Materials ab, in dem sich die Welle ausbreitet. Es gilt $c = \sqrt{E/\rho}$. Zum Beispiel besitzt Eisen $c = 5100\,\mathrm{m \cdot s^{-1}}$ und das weichere Blei mit einem ca. 12 mal kleineren E und dem ca. 1,4 mal größeren ρ ein kleineres $c = 1300\,\mathrm{m \cdot s^{-1}}$.

A2.2.5 Interferenz entsteht, wenn sich zwei oder mehrere Wellen überlagern. Sie tritt bei allen Wellen auf und hängt vom Gangunterschied der Wellen ab. Für zwei Wellen mit gleicher Wellenlänge λ und einem Gangunterschied $\Delta = \lambda$ bzw. einem Vielfachen von λ, tritt konstruktive Interferenz, d. h. Verstärkung auf (Abb. 2.13a). Falls Δ ein ungeradzahliges Vielfaches der halben Wellenlänge ist, tritt destruktive Interferenz (Auslöschung) der Wellen immer und überall auf (Abb. 2.13b). Ist die Frequenz der beiden interferierenden Wellen leicht unterschiedlich, so tritt Schwebung auf (siehe Abschn. 2.3). Interferenz von Lichtwellen siehe Abschn. 5.3.

A2.2.6 Stehende Wellen bilden sich aus, wenn zwei Wellen mit gleicher Frequenz, Wellenlänge und Amplitude in entgegen gesetzte Richtung laufen, z. B. wenn die Wellen auf eine Gitarrensaite an den festen Enden reflektiert werden. Die resultierende Welle ist durch $y = 2y_0 \sin kx \cdot \cos \omega\,t$ gegeben und die Amplitude $y = 2y_0 \sin kx$ hängt vom Ort x ab (Gl. 2.29). An den Knoten ist die Auslenkung immer Null, denn dort gilt $\sin kx = 0$ (Abb. 2.14, 2.15). An den Bäuchen gilt $\sin kx = 1$. Hier wird die Auslenkung maximal, ändert sich allerdings periodisch mit $\cos \omega\,t$. Damit sich eine stehende Welle, z. B. auf einer beidseitig eingespannten Saite der Länge L überhaupt ausbilden kann, muss gelten $L = n\lambda/2$ mit $n = 1, 2, 3, \ldots$ (Abb. 2.15). Für den Fall der nur einseitig eingespannten Saite siehe Abschn. 2.3.

A2.2.7 Die ersten vier Harmonischen Schwingungen ($n = 1, \ldots, 4$) einer stehenden Seilwelle sind in Abb. 2.15 gezeigt. Die Grundschwingung ist die erste Harmonische mit $n = 1$. Die zweite Harmonische wird erste Oberschwingung genannt usw.

A2.2.8 Die Frequenz der Grundschwingung ($n = 1$) einer Gitarrensaite der Länge L ergibt sich aus $f = c/2L$ (Gl. 2.32). Man muss also entweder die Länge oder die Wellengeschwindigkeit, z. B. durch Spannen der Saite ändern.

A2.2.9 Die Bestimmung der Wellengeschwindigkeit kann durch Laufzeitmessung einer Störung erfolgen, z. B. die Schallausbreitung nach einer Explosion in Luft. Zum anderen können stehende Wellen untersucht werden und aus der gemessenen Frequenz sowie der Wellenlänge die Geschwindigkeit mit $c = \lambda\, f$ berechnet werden.

A2.2.10 Die Wellenlänge wird aus einer „Momentaufnahme" der Welle zu einer festen Zeit gewonnen (Abb. 2.10a), z. B. Foto einer Wasserwelle. Zum anderen können stehende Wellen erzeugt werden. Mit Gln. 2.30, 2.31 wird aus dem Abstand der Knoten und Bäuche λ ermittelt.

A2.2.11 Das **Huygen'sche Prinzip** wird in Abschn. 5.3 in Aufgabe A5.3.2 besprochen.

A2.2.12 Wenn ein physikalischer Zustand sich als Welle ausbreitet, dann muss er Interferenz oder Beugung zeigen. Siehe auch Abschn. 5.3.

A2.2.13 Die Wellengleichung ist in Gl. 2.23 dargestellt. Eine Welle ist die Lösung der Wellengleichung. Die allgemeine Wellenfunktion ist vom Typ $y = f(x \pm ct)$, wobei c die Wellengeschwindigkeit ist.

A2.2.14 Eine transversale Welle kann polarisiert sein, eine longitudinale Welle nicht. Die Polarisation kann man messen (Abschn. 5.2).

A2.2.15 Jede beliebige periodische Funktion $f(t) = f(t + T)$ mit der Periodendauer T kann durch eine Summe aus verschiedenen Sinus- oder Cosinusfunktionen aufgebaut werden. Diese bilden die **Fourierreihe**

$$f(t) = a_0 + \sum_{n=1}^{\infty} a_n \cos\left(n\,\omega_1\, t + \varphi_n\right).$$

Die Funktion $a_1 \cos \omega_1 t$ mit der Grundfrequenz ω_1 heißt Grundschwingung. Die anderen Funktionen $a_n \cos\left(n\,\omega_1\, t + \varphi_n\right)$ heißen Oberschwingungen. Ihre Frequenzen sind ganzzahlige Vielfache der Grundfrequenz und ihre individuellen Amplituden a_n sowie Phasenverschiebungen φ_n müssen durch die **Fourieranalyse** bestimmt werden. Das hieraus resultierende Fourierspektrum ist ein Linienspektrum, d. h. nur bestimmte Frequenzen $n\omega_1$ sind vertreten. Jede periodische Funktion $f(t)$ besitzt ihre charakteristischen Frequenzen mit den zugehörigen Amplituden. Dies ist in Abb. 2.16a–c dargestellt. Aus einer einfachen Sinusfunktion erhalten wir nur eine einzige Frequenz (Abb. 2.16a). Handelt es sich um ein räumlich begrenztes Wellenpaket, so ergibt sich kein diskretes Linienspektrum, sondern man benötigt unendlich viele Sinusfunktionen, deren Frequenzen sich mit der Breite $\Delta\omega$ um eine bestimmte mittlere Frequenz verteilen (Abb. 2.16b). Für die Rechteckfunktion mit Amplitude A lautet die Fourierreihe $f(t) = a_0 + \sum_{n=1}^{\infty} a_n \sin\left(n\,\omega_1\, t\right)$ mit $a_0 = A/2$, $a_{2n} = 0$ und $a_{2n-1} = 2A/((2n - 1)\pi)$ (Abb. 2.16c). Die Grundfrequenz $\omega_1 = 2\,\pi/T$ wird durch die Periodendauer der Rechteckfunktion bestimmt. Wegen $a_{2n} = 0$ fehlen im Fourierspektrum die Oberschwingungen mit geradzahligen Vielfachen der Grundfrequenz. Auf der Abzisse könnte man statt n auch die Frequenz $\omega_n = n\, 2\,\pi/T$ auftragen.

Abb. 2.16 Funktionen und ihr Fourierspektrum: a) Sinusfunktion, b) Wellengruppe, c) Rechteckfunktion

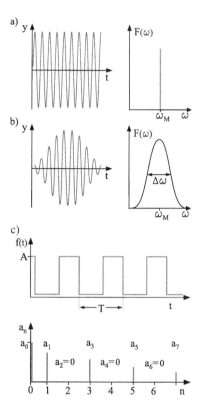

A2.2.16 Ein räumlich begrenztes **Wellenpaket** (Abb. 2.16b, 2.17) lässt sich aus unendlich vielen harmonischen Wellen unterschiedlicher Frequenz und Amplitude zusammensetzen, ähnlich wie eine Fourierreihe. Die Amplitudenverteilung $F(\omega)$ ist um eine Mittelfrequenz ω_M mit einer bestimmten Breite $\Delta\omega$ zentriert (Abb. 2.16b). Die Ausbreitungsgeschwindigkeit des Wellenpaketes ist die **Gruppengeschwindigkeit** $v_{gr} = d\omega/d\,k$. Diese wird gemäß $v_{gr} = \Delta x/\Delta t$ aus der in der Zeit Δt zurückgelegten Strecke Δx berechnet (Abb. 2.17). Sie ist zu unterscheiden von der Phasengeschwindigkeit $c = \omega/k$, die für jede einzelne Welle der Gruppe verschieden sein kann. Die Gruppengeschwindigkeit ist die Übertragungsgeschwindigkeit von Signalen. Sie kann nie größer als die Lichtgeschwindigkeit werden, anders als die Phasengeschwindigkeit. Falls Dispersion auftritt, d. h. wenn die Phasengeschwindigkeit von der Frequenz abhängt, dann breiten sich die einzelnen Komponenten des Wellenpaketes unterschiedlich schnell aus. Als Folge ändert sich die Form des Wellenberges mit der Zeit und das Wellenpaket kann zerfließen. Dispersion ist z. B. typisch für Lichtwellen in Glas (Abschn. 5.1, Aufgabe A5.1.5).

Abb. 2.17 Ausbreitung eines
Wellenpaketes

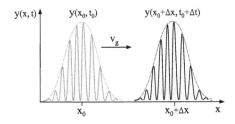

2.3 Schall, Schwebung, Doppler-Effekt

I Theorie

Schall breitet sich als mechanische Welle in festen, flüssigen und gasförmigen Medien aus. Für das menschliche Ohr wahrnehmbar ist nur der Frequenzbereich $16\,\text{Hz} < f < 20\,\text{kHz}$. Schwingungen unter $16\,\text{Hz}$ nennt man Infraschall, über $20\,\text{kHz}$ Ultraschall. Technisch genutzt wird Schall u. a. zur Schiffsortung (Echolot), in der Seismologie oder als Ultraschall für bildgebende Verfahren in der Medizintechnik.

Schallwellen

In diesem Kapitel befassen wir uns nur mit der Schallausbreitung in Gasen wie z. B. Luft. Von einer punktförmigen Schallquelle breiten sich Druckwellen in den ganzen Raum aus (Abb. 2.18). Senkrecht auf der Ausbreitungsrichtung steht die Wellenfront, die für große Abstände von der Schallquelle durch eine ebene Welle beschrieben werden kann (Abschn. 2.2). Die Luftmoleküle schwingen periodisch in bzw. gegen die Ausbreitungsrichtung der Welle, weshalb man sie **longitudinale Druckwelle** nennt. Schwingen sie aufeinander zu, so steigt der Luftdruck in diesem Bereich um Δp gegenüber dem normalen Luftdruck p_0. Schwingen sie in entgegengesetzte Richtung, so sinkt der Luftdruck um Δp.

Abb. 2.18 Druckverhältnisse einer longitudinalen Schallwelle

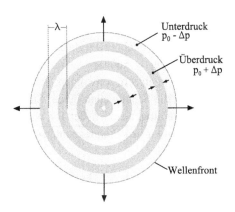

Es bildet sich somit eine periodische Abfolge von Unterdruckbereichen ($p_0 - \Delta p$) und Überdruckbereichen ($p_0 + \Delta p$) aus, die sich durch die typische Wellenfunktion beschreiben lässt.

$$\Delta p\,(x,\,t) = \Delta p_0 \sin\,(k\,x - \omega\,t) \quad \text{(Schallwelle)}. \tag{2.33}$$

Die Wellenlänge $\lambda = 2\,\pi/k$ ist der Abstand zweier benachbarter Bereiche mit gleichem Druck. Die Amplitude Δp_0 ist der Betrag maximaler Druckänderung und $f = \omega/2\,\pi$ ist die Frequenz der Schallwelle. Die Ausbreitungsgeschwindigkeit der Welle ist durch $c = f \cdot \lambda$ gegeben (Abschn. 2.2), wobei jedes Gas, bzw. Flüssigkeit oder Festkörper, eine eigene Schallgeschwindigkeit besitzt. Natürlich zeigen longitudinale Schallwellen ebenso wie transversale Wellen (Abschn. 2.2) Interferenzerscheinungen oder bilden stehende Wellen, z. B. in einer Flöte (s. u.).

Schallpegel

Die Lautstärke ist ein uneinheitlicher, subjektiver Begriff. Daher benutzt man den Begriff **Schallintensität** $I = P/A$ einer Schallwelle. Sie ist definiert als die pro Fläche A (z. B. Mikrophon, Trommelfell) übertragene Leistung P und ist proportional zum Quadrat der Druckamplitude, d. h. $I \sim (\Delta p_0)^2$. Das menschliche Ohr ist in der Lage, Druckdifferenzen über einen sehr großen Dynamikbereich von $\Delta p_{\mathrm{max}}/\Delta p_{\mathrm{min}} = 10^{12}$ wahrzunehmen. Deshalb wurde eine dem Menschen angepasste Größe zur Messung der Schallintensität, der **Schallpegel**, gemessen in **Dezibel**, definiert:

$$\beta = 10 \cdot \log\left(\frac{I}{I_0}\right), \quad [\beta] = \mathrm{dB} = \text{Dezibel} \quad \text{(Schallpegel)}. \tag{2.34}$$

Hierbei ist I_0 die geringste Schallintensität, die von dem menschlichen Ohr noch wahrgenommen werden kann. Zum Beispiel ist die Schallintensität von „Blätterrauschen" etwa $I = 100 \cdot I_0$, was einem Schallpegel von 20 dB entspricht. Die menschliche Schmerzgrenze liegt bei 120 dB. Steigt die Schallintensität um einen Faktor 10, so steigt der Schallpegel um 10 dB.

Schwebung

Die Interferenz von zwei Wellen mit leicht gegeneinander verstimmter Frequenz führt zur Schwebung. Betrachten wir dazu zwei Stimmgabeln, die mit den etwas unterschiedlichen Frequenzen $\omega_1 = 560\,\mathrm{Hz}$, $\omega_2 = 550\,\mathrm{Hz}$ schwingen ($\Delta\omega = \omega_2 - \omega_1 \ll \omega_1$). Wenn die Stimmgabeln einzeln schwingen, nehmen wir den Frequenzunterschied kaum wahr. Erst wenn sich die Schallwellen beider Stimmgabeln an unserem Ohr überlagern, bildet sich eine **Schwebung**, aus, d. h. der Ton wird periodisch lauter und leiser (Abb. 2.19). Erst daraus können wir den Frequenzunterschied bestimmen. Die Summe beider Schwingungen ergibt

$$\Delta p(t) = 2\,\Delta p_0 \underbrace{\cos\frac{1}{2}\,(\omega_1 - \omega_2)\,t}_{\text{Schwebung}} \cdot \underbrace{\sin\frac{1}{2}\,(\omega_1 + \omega_2)\,t}_{\text{Schwingung}} \quad \text{(Schwebung)}. \tag{2.35}$$

Abb. 2.19 Schwebung

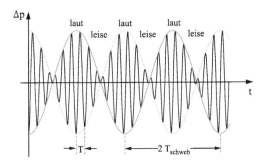

Die neue Schwingungsfrequenz ist der Mittelwert $\omega = (\omega_1 + \omega_2)/2$, in unserem Beispiel 555 Hz. Die zugehörige Schwingungsdauer ist $T = 2\pi/\omega$. Die Amplitude dieser „schnellen" Schwingung ist moduliert, d. h. sie ändert sich vergleichsweise langsam mit der Schwebungsfrequenz $\omega_{\text{Schweb}} = |\omega_1 - \omega_2|$. Die zugehörige Schwebungsdauer ist $T_{\text{Schweb}} = 2\pi/\omega_{\text{Schweb}}$. Beachten Sie den Unterschied zwischen der Frequenz des Schwebungsterms in Gl. 2.35 und der doppelt so großen Schwebungsfrequenz. Er entsteht, weil für die hörbare periodische Schwankung der Schallintensität das Vorzeichen von Δp keine Rolle spielt.

Stehende Schallwellen

So wie auf einer Gitarrensaite können sich auch in der Luftsäule einer Orgelpfeife oder Flöte stehende Schallwellen ausbilden. Dies ist möglich, da die hin und her laufenden Wellen nicht nur an der geschlossenen Seite eines Rohres, sondern auch an der offenen Seite aufgrund von Dichteunterschieden reflektiert werden (Abb. 2.20a). An den offenen Rohrenden können die Gasmoleküle sich nahezu frei bewegen, so dass dort die Bäuche der Molekülschwingungen liegen. Die Grundschwingungsmode mit $n = 1$ (1. *Harmonische*), sowie die erste Oberschwingung mit $n = 2$ ist für ein beidseitig offenes Rohr in Abb. 2.20a gezeigt. Eine stehende Welle bildet sich aber nur dann aus, wenn Wellenlänge und Rohrlänge L gemäß folgender Formel zusammenpassen:

$$\lambda = \frac{2L}{n}, \quad n = 1, 2, 3, \ldots \quad \text{(stehende Wellen an beidseitig offenem Rohr)}. \quad (2.36a)$$

Die Verhältnisse für ein einseitig geschlossenes Rohr sind in Abb. 2.20b gezeigt. An der geschlossenen Rohrseite müssen die Schwingungsknoten liegen. Damit ergibt sich eine geänderte Bedingung für stehende Wellen:

$$\lambda = \frac{4L}{n}, \quad n = 1, 3, 5, \ldots \quad \text{(stehende Wellen an einseitig offenem Rohr)}. \quad (2.36b)$$

Beachten Sie, dass hier nur eine ungerade Modenzahl n erlaubt ist. Die von dem entsprechenden Musikinstrument (Flöte, Orgelpfeife usw.) erzeugte Resonanzfrequenz der Schallwelle berechnet man gemäß $f = c/\lambda$.

Abb. 2.20 Stehende Schallwellen im a) beidseitig offenen
Rohr, b) einseitig geschlossenen Rohr. Die Pfeile deuten die
Bewegung der Gasmoleküle an

a) offenes Rohr

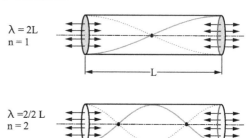

$\lambda = 2L$
$n = 1$

$\lambda = 2/2\,L$
$n = 2$

b) einseitig
    geschlossenes Rohr

$\lambda = 4L$
$n = 1$

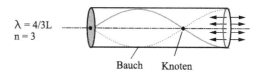

$\lambda = 4/3L$
$n = 3$

Bauch   Knoten

Doppler-Effekt

Wenn sich eine Schallquelle und ein Empfänger relativ zueinander bewegen, nimmt der
Empfänger nicht die Frequenz f_0 bzw. die Wellenlänge λ_0 der vom Sender emittierten
Schallwellen wahr. Der Empfänger detektiert eine größere Frequenz $f > f_0$, wenn sich
Sender und Empfänger aufeinander zu bewegen. Entfernen sich beide, so wird eine kleine-
re Frequenz $f < f_0$ wahrgenommen. Warum unterscheiden sich emittierte und detektierte
Frequenz? Bewegt sich der Sender auf den Empfänger zu, so detektiert der Empfänger pro
Zeiteinheit mehr Wellenzüge, als im ruhenden Zustand des Senders (Abb. 2.21). Entsprechend steigt die Zahl der Schwingungen pro Zeiteinheit, d. h. die Frequenz f. Entfernt
sich der Sender, so detektiert der Empfänger weniger Wellenzüge pro Zeiteinheit, d. h.
weniger Schwingungen, so dass die Frequenz f sinken muss. Bewegt sich der Empfänger
auf den ruhenden Sender zu, so gelten ähnliche Betrachtungen.

Bei der Berechnung der Frequenz f kommt es aber nicht allein auf die Relativgeschwindigkeit von Sender und Empfänger an. Es muss zusätzlich unterschieden werden,
ob der Sender sich mit der Geschwindigkeit v_S relativ zum ruhenden Medium (z. B.
Luft), in dem sich der Schall ausbreitet, bewegt, oder ob der Empfänger sich mit der
Geschwindigkeit v_E relativ zum ruhenden Medium bewegt. Alle genannten Fälle lassen
sich zusammenfassen durch

$$f = f_0 \frac{c \pm v_E}{c \pm v_S} \quad \text{(Doppler-Effekt)}, \qquad (2.37)$$

Abb. 2.21 Veranschaulichung
des Doppler-Effektes

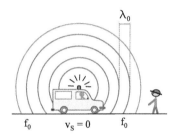

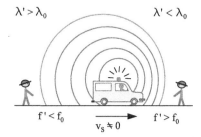

wobei c die Wellengeschwindigkeit im ruhenden Medium ist. Das Vorzeichen von v_E, v_S ist je nach Fall so zu wählen, dass aus Gl. 2.37 $f > f_0$ folgt, wenn sich Sender und Empfänger aufeinander zu bewegen. Wenn sie sich voneinander entfernen, muss $f < f_0$ folgen. Besonders groß ist der Effekt, wenn die Geschwindigkeiten v_E, v_S nahe der Wellengeschwindigkeit liegen.

Der Doppler-Effekt ist ein generelles Wellenphänomen und tritt z. B. auch für elektromagnetische Wellen auf. Daher lassen sich bei Radarverfahren die Geschwindigkeiten von Zielobjekten messen. In der Astronomie kann die Geschwindigkeit von Sternen relativ zum Beobachter auf der Erde gemessen werden (**optischer Doppler-Effekt**). Dazu wird das Spektrum des vom Stern emittierten Lichtes, genauer die Frequenz bestimmt (Abschn. 7.1). Da man die zu erwartenden Spektrallinien (Frequenzen) der Sterne kennt, kann aus der Abweichung der beobachteten Frequenzen auf die Geschwindigkeit des Sterns geschlossen werden. Bewegen sich Stern und Erde aufeinander zu, so wird eine *Blauverschiebung* des Lichtes beobachtet, d. h. die Frequenz verschiebt sich in Richtung der höherenergetischen, blauen Seite des Spektrums. Entfernt sich der Stern von der Erde, so wird eine *Rotverschiebung* des Lichtes beobachtet, d. h. die Lichtfrequenz verschiebt sich auf die niederenergetische, rote Seite des Spektrums. Allerdings muss entsprechend der Relativitätstheorie Gl. 2.37 modifiziert werden, denn Licht breitet sich mit konstanter Geschwindigkeit auch ohne Medium aus.

II Prüfungsfragen

Grundverständnis

F2.3.1 Was ist Schall? Wie und in welchen Medien kann er sich ausbreiten?

F2.3.2 Wovon hängt die Schallgeschwindigkeit ab?

F2.3.3 Was ist Schallintensität und was ist Lautstärke?

F2.3.4 Was ist eine Schwebung und wie sieht das Schwingungsbild aus?

F2.3.5 Wie kann man Saiteninstrumente stimmen?

F2.3.6 Skizzieren Sie die ersten Moden einer stehenden Welle in einem beidseitig offenen und in einem einseitig geschlossenen Rohr.

F2.3.7 Wie hängt in einem Blasinstrument die Frequenz (Tonhöhe) von der Länge des Instruments ab?

F2.3.8 Was ist der Doppler-Effekt? Nennen Sie Beispiele.

Messtechnik

F2.3.9 Was wird mit dem Kundt'schen Rohr gemessen?

F2.3.10 Mit welchem Gerät wird die Schallintensität gemessen?

F2.3.11 Was ist ein Sonar?

F2.3.12 Wie funktioniert die Ultraschalldiagnostik?

F2.3.13 Wie kann man Geschwindigkeiten akustisch messen?

Vertiefungsfragen

F2.3.14 Wie hat man bewiesen, dass sich das Universum ausdehnt?

F2.3.15 Was ist die Schallmauer und was gibt die Mach-Zahl an?

F2.3.16 Wie erfolgt die Frequenzanalyse von Schall?

F2.3.17 Was sind Chladnische Klangfiguren?

III Antworten

A2.3.1 Schall breitet sich als mechanische Welle in einem elastischen Medium aus. In Gasen und Flüssigkeiten breitet er sich als longitudinale Druckwelle aus, d. h. die Atome schwingen in Ausbreitungsrichtung (Abb. 2.18). In Festkörpern breiten sich longitudinale und zusätzlich transversale Schallwellen aus. Für den Menschen hörbar ist der Frequenzbereich zwischen 16 Hz und 20 kHz. Darüber liegt der Ultraschall bis etwa 1 GHz.

A2.3.2 Die Schallgeschwindigkeit hängt von den elastischen Eigenschaften und der Dichte ρ des Materials ab. Für longitudinale Wellen in Festkörpern gilt $c = \sqrt{E/\rho}$ (E = Elastizitätsmodul) und für Flüssigkeiten $c = \sqrt{K/\rho}$ (K = Kompressionsmodul, Abschn. 1.6). Für Gase gilt $c = \sqrt{\gamma\,R\,T/m}$, wobei der Adiabatenexponent γ eine wichtige Rolle spielt (Details in Abschn. 3.2). Da die Dichte von der Temperatur abhängt, ist die Schallgeschwindigkeit, besonders bei Gasen, stark temperaturabhängig. Beispiele sind: Eisen $c = 5100\,\mathrm{m \cdot s^{-1}}$, Wasser $c = 1460\,\mathrm{m \cdot s^{-1}}$ für $T = 15\,°\mathrm{C}$ und Luft $c = 331\,\mathrm{m \cdot s^{-1}}$ für $T = 0\,°\mathrm{C}$, $p = 1$ bar.

A2.3.3 Die Schallintensität $I = P/A$ einer Schallwelle ist die pro Fläche A übertragene Leistung P. Da das menschliche Ohr einen sehr hohen Dynamikbereich besitzt, wurde das logarithmische Maß $\beta = 10 \cdot \log{(I/I_0)}$ (Dezibel) eingeführt. Erzeugt z. B. Schallquelle (a) eine tausendmal größere Schallintensität als Quelle (b), so ist β_a um 30 dB größer als β_b.

Die Lautstärkeempfindung ist subjektiv und hängt vom Schalldruck und der Frequenz ab, d. h. zwei Töne mit gleicher Intensität bzw. Schallpegel, aber mit unterschiedlicher Frequenz empfinden wir als unterschiedlich laut. Töne mit geringen Frequenzen $f <$ 500 Hz und Töne mit hohen Frequenzen $f > 5000$ Hz erscheinen uns leiser als Töne des mittleren Frequenzbereichs von 500 Hz bis 5000 Hz. Daher wird der Lautstärkepegel definiert, gemessen in Phon. Er skaliert entsprechend dem menschlichen Hörvermögen.

A2.3.4 Eine Schwebung entsteht als Überlagerung aus zwei Schwingungen mit leicht verstimmten Frequenzen ω_1, ω_2 (Gl. 2.35). Die resultierende Frequenzamplitude ändert sich periodisch mit der Schwebungsfrequenz $\omega_{\mathrm{Schweb}} = |\omega_1 - \omega_2|$, was zu einer Lautstärkeschwankung führt (Abb. 2.19).

A2.3.5 Die zu stimmende Saite wird gleichzeitig mit einem genormten Instrument oder einer Stimmgabel zu Schwingungen angeregt. Die Spannung der Saite wird so lange verändert, bis die Schwebung verschwindet, d. h. bis $\omega_{\mathrm{Schweb}} = |\omega_1 - \omega_2| = 0$.

A2.3.6 Siehe Abb. 2.20a, b und Gl. 2.36a, 2.36b.

A2.3.7 Stehende Wellen bilden sich in einem einseitig offenen Rohr (Orgelpfeife) aus (Gl. 2.36b), wenn $\lambda = 4\,L/n$, $n = 1,\ 3,\ 5,\ \dots$. Die Frequenz muss dann wegen $f =$

$c/\lambda = n c/4 L$ mit zunehmender Rohrlänge abnehmen. Lange Orgelpfeifen erzeugen tiefere Töne als kurze Orgelpfeifen.

A2.3.8 Der Doppler-Effekt tritt auf, wenn die Wellenquelle und der Detektor sich relativ zueinander bewegen. Der Detektor nimmt eine höhere Frequenz wahr, wenn sie sich aufeinander zu bewegen und eine geringere, wenn sie sich entfernen (Gl. 2.37). Die Änderung der Wellenlänge bzw. Frequenz lässt sich anhand von Abb. 2.21 erklären. Ein Beispiel für den akustischen Doppler-Effekt ist das Martinshorn des Feuerwehrwagens: Nähert er sich, so steigt die wahrgenommene Frequenz, entfernt er sich, so sinkt die Frequenz. In der Astronomie nutzt man den optischen Doppler-Effekt zur Bestimmung der Sterngeschwindigkeit relativ zur Erde aus der *Blau-* bzw. *Rotverschiebung* der Spektrallinien (siehe Theorie).

A2.3.9 Das **Kundt'sche Rohr** ermöglicht die Messung der Schallgeschwindigkeit in Gasen. Es ist ein einseitig geschlossenes, waagerecht liegendes Rohr, dessen Boden mit etwas Korkmehl bedeckt ist. Von der offenen Seite werden Schallwellen bekannter Frequenz eingekoppelt, die zu stehenden Wellen im Rohr führen, sofern Rohrlänge und Wellenlänge die Gleichung $\lambda = 4L/n$ erfüllen. An den Schwingungsbäuchen wird das Korkmehl aufgewirbelt, an den Knoten bleibt es im Rohr liegen, so dass aus dem Abstand $\lambda/2$ zweier benachbarter Knoten (Bäuche) die Wellenlänge und damit die Schallgeschwindigkeit $c = \lambda f$ bestimmt werden kann.

A2.3.10 Die Messung der Schallintensität erfolgt mit einem **Mikrofon**, das Schall in elektrische Wechselspannung umwandelt. Im Kondensator-Mikrofon ändert der Schalldruck den Abstand einer Membran zu einer Gegenelektrode, und somit die Kapazität dieser Anordnung (Abschn. 4.2). Bei dem Tauchspulenmikrofon bewegt die Membran eine elektromagnetische Spule in einem inhomogenen Magnetfeld und induziert somit eine Spannung (Abschn. 4.6). Bei einem piezoelektrischen Mikrofon wird durch die Membran ein Piezokristall gestaucht und dadurch eine elektrische Spannung erzeugt (Abschn. 4.2).

A2.3.11 Ein **Sonar** (sound navigation and ranging) dient Schiffen und U-Booten zur Schallortung. Meist wird Ultraschall ausgesandt und über die Laufzeit des Echos Entfernungen gemessen.

A2.3.12 Ultraschalldiagnostik basiert auf der Tatsache, dass Ultraschallwellen an Grenzflächen zwischen unterschiedlich dichtem Material bzw. Gewebe reflektiert werden. Ultraschall wird durch einen Piezokristall erzeugt, indem dieser mit einer hochfrequenten Wechselspannung angesteuert wird. Der reflektierte Ultraschall wird ebenfalls durch einen Piezokristall detektiert.

A2.3.13 Geschwindigkeiten eines Objektes können mit Hilfe des Doppler-Effektes gemessen werden. Die Messung der Frequenzverschiebung zwischen den ausgesandten und den reflektierten Schallwellen gemäß Gl. 2.37 ermöglicht in der Doppler-Sonographie neben der Abstandsmessung gleichzeitig die Geschwindigkeitsmessung, z. B. von U-Booten. In der Ultraschalldiagnostik wird dies u. a. zur Bestimmung der Fließgeschwindigkeit des Blutes ausgenutzt. Die Fledermaus ermittelt so die Geschwindigkeit ihrer Beute.

A2.3.14 Ausdehnung des Universums bedeutet, dass sich die Sterne vom Zentrum entfernen. Demzufolge muss nach dem optischen Doppler-Effekt das von den sich entfernenden Sternen abgestrahlte Licht mit einer geringeren Frequenz die Erde erreichen. Durch Vergleich mit den Spektren (Lichtfrequenzen) der den Stern bildenden Atome wird diese Verschiebung zu kleineren Frequenzen auch beobachtet (Rotverschiebung).

A2.3.15 Das Durchbrechen der **Schallmauer** ist die bildhafte Beschreibung für das Überschreiten der Schallgeschwindigkeit ($c \approx 330\,\text{m} \cdot \text{s}^{-1}$). Bei Erreichen der Schallgeschwindigkeit bilden die vom Flugzeug emittierten Schallwellen eine einzige Druckwelle (Schallmauer). Bei Überschallgeschwindigkeit werden die Schallwellen vom Mach'schen Kegel eingehüllt (Abb. 2.22). Die **Mach-Zahl** gibt die Geschwindigkeiten, z. B. einer Rakete, in Vielfachen der Schallgeschwindigkeit an.

Abb. 2.22 Veranschaulichung zur Über-Schallgeschwindigkeit

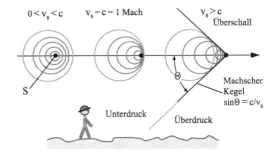

A2.3.16 Die Frequenzanalyse erstellt ein Frequenzspektrum, d. h. sie gibt die Intensität der vorkommenden Frequenzen an. Dazu wird der Schall mittels Mikrophon in elektrische Schwingungen gewandelt, die mithilfe der Fourieranalyse ausgewertet werden (Abschn. 2.2, Antwort A2.2.15).

A2.3.17 Chladnische Klangfiguren sind die Knotenlinien auf einer zweidimensionalen schwingenden Platte oder Membran einer Trommel. Sie bilden sich als Folge zweidimensionaler stehender Wellen. Streut man feines Pulver auf die schwingende (waagerechte) Platte, so sammelt sich das Pulver in den Knotenlinien, denn dort ist die Schwingungsamplitude Null.

Thermodynamik

3.1 Temperatur, Ideales Gas, Kinetische Gastheorie

I Theorie

Die wesentlichen thermodynamischen Effekte lassen sich durch die ungeordneten Molekülbewegungen auf mikroskopischer Ebene beschreiben, wozu die Gesetze der Mechanik herangezogen werden können. Allerdings ist es nicht möglich, die Bewegung jedes individuellen Moleküls zu erfassten, sondern es werden nur Mittelwerte über alle Moleküle eines Systems gebildet.

Temperatur
Die Temperatur ist ein Maß für die mittlere kinetische Energie $\langle E \rangle = m \langle v^2 \rangle / 2$ der ungeordneten Moleküle

$$\langle E \rangle = \frac{f}{2} k T , \quad [T] = K = \text{Kelvin} \quad \text{(Definition der Temperatur)} \quad (3.1)$$

mit der Boltzmannkonstante $k = 1{,}381 \cdot 10^{-23}\,\text{J} \cdot \text{K}^{-1}$. Der Freiheitsgrad f gibt die Zahl der Bewegungsmöglichkeiten eines Moleküls an, um Energie aufzunehmen. Im einfachsten Fall eines punktförmigen Moleküls, das sich nur in drei Raumrichtungen bewegen kann gilt $f = 3$. Falls zusätzlich Rotationen oder Schwingungen möglich sind, wächst f (Abschn. 3.2). Aus Gl. 3.1 folgt, dass die kleinste Temperatur $T = 0\,\text{K}$ nicht erreicht werden kann, denn hier müssten die Moleküle in Ruhe sein. Die Quantenmechanik wird zeigen, dass dieser Zustand nie exakt erreicht werden kann (Abschn. 6.3 und 3.3, Antwort A3.3.14). Die Temperaturskala ist in Schrittweiten von 1 K eingeteilt, die ebenso groß wie 1 Grad Celsius sind. Sie ergibt sich aus 1/100 des Abstandes zwischen Schmelz- und Siedepunkt von Wasser bei Normaldruck von 1,013 bar. Die exakte Definition der Temperatureinheitet lautet: 1 Kelvin ist der 1/273,16 te Teil des Abstandes vom abso-

© Springer-Verlag Berlin Heidelberg 2016
H.-C. Mertins, M. Gilbert, *Prüfungstrainer Experimentalphysik*,
DOI 10.1007/978-3-662-49690-9_3

luten Nullpunkt $T = 0\,\text{K}$ bis zum Tripelpunkt von Wasser. Der Tripelpunkt liegt bei $p = 612\,\text{Pa} = 6{,}12 \cdot 10^{-3}\,\text{bar}$ bei $273{,}16\,\text{K}$ $(0{,}01\,°\text{C})$.

Zur Messung der Temperatur eines Körpers wird dieser mit einem Thermometer in Kontakt gebracht. Wenn sich thermisches Gleichgewicht zwischen beiden eingestellt hat, haben beide dieselbe Temperatur (**Nullter Hauptsatz** der Thermodynamik).

Thermometer

Die meisten Thermometer basieren auf der temperaturabhängigen Ausdehnung von Festkörpern, Flüssigkeiten oder Gasen. Für die Längen- bzw. Volumenänderung eines Festkörpers oder einer Flüssigkeit gilt näherungsweise

$$L(T) = L(0)\,(1 + \alpha\,T) \qquad \text{(Längenausdehnung)}, \tag{3.2a}$$

$$V(T) = V(0)\,(1 + 3\,\alpha\,T) \quad \text{(Volumenausdehnung)}. \tag{3.2b}$$

Der **Ausdehnungskoeffizient** α gibt die relative Längenänderung pro Kelvin Temperaturänderung an (konkrete Beispiele im Prüfungsteil). Ursache der Ausdehnung von Festkörpern bei Erwärmung ist die Zunahme der Schwingungsenergie der Atome und damit ihrer Amplitude, d. h. der mittlere Atomabstand wächst. Bei Gasen wird die Ausdehnung im Folgenden durch die kinetische Gastheorie erklärt.

Kinetische Gastheorie

In der kinetischen Gastheorie betrachtet man ein **ideales Gas**, das aus Teilchen mit folgenden Eigenschaften besteht: punktförmige Teilchenmasse ohne Volumen, keine Kräfte zwischen den Teilchen, verhalten sich bei Stößen wie elastische Kugeln, sie besitzen eine mittlere Geschwindigkeit und sie bewegen sich ungeordnet in alle Richtungen (Abb. 3.1). Für solche Teilchen gilt das **ideale Gasgesetz**

$$p\,V = N\,k\,T \tag{3.3a}$$

$$p\,V = n\,R\,T \tag{3.3b}$$

mit der Gaskonstanten $R = N_A k = 8{,}31\,\text{J/K} \cdot \text{mol}$. Das Produkt aus Druck p und Volumen V ist proportional zur Gastemperatur. Je nach Wahl ist die Proportionalitätskonstante gegeben durch die Teilchenzahl N und die Boltzmannkonstante k, oder, wenn die Gasmenge in Mol angegeben wird, durch die Anzahl n der Mole und die Gaskonstante R.

Abb. 3.1 Der Gasdruck entsteht durch Stöße der Moleküle mit der Wand und Impulsübertrag

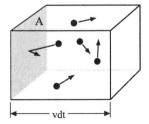

Abb. 3.2 Zustandsänderungen
des idealen Gases: a) isotherm,
b) isochor, c) isobar

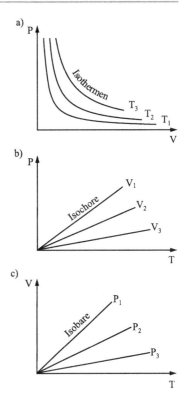

Dabei gibt die Avogadrozahl $N_A = 6{,}02 \cdot 10^{23} \cdot \text{mol}^{-1}$ die Zahl der Teilchen pro Mol an.
Die ideale Gasgleichung beschreibt die Zustandsänderungen des Gases für die 3 wichtigen
Fälle (Abb. 3.2a–c).

Isotherme $p \sim V^{-1}$ falls $T = $ konstant (Gesetz von Boyle-Mariotte),
Isochore $\quad p \sim T$ falls $V = $ konstant (Gesetz von Gay-Lussac),
Isobare $\quad V \sim T$ falls $p = $ konstant (Gesetz von Charles).

Diese benötigen wir in Abschn. 3.2 zur Ermittlung der Druckarbeit. Die technische Realisierung dieser Prozesse ist in Abb. 3.8a–c in Abschn. 3.2 gezeigt.
    Wie lässt sich die ideale Gasgleichung aus den mechanischen Bewegungsvorgängen
ableiten? Betrachten wir dazu ein ideales Gas, eingesperrt im Kasten mit dem Volumen V
(Abb. 3.1). Die Teilchen mit der Masse m bewegen sich mit der Geschwindigkeit v und
übertragen durch Stoß und Reflexion an der Wand den Impuls $2mv$. Die Impulsände-
rungen $dp/dt = F$ der Teilchen ist mit einer Kraft auf die Wandfläche A verbunden,
was letztendlich zum Druck $p = N\,F/6\,A = d(N\,2mv/6\,A)/dt$ auf die Wand führt,
denn nur $1/6$ aller N Teilchen trifft auf eine von insgesamt sechs Wänden. Je größer
die Teilchengeschwindigkeit, desto mehr Teilchen tragen zum Impulsübertrag bei. Diese befinden sich im Volumen $V = A\,v\,dt$. Die Stoßzahl pro Fläche und Zeiteinheit ist

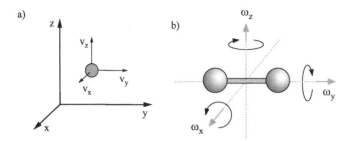

Abb. 3.3 Veranschaulichung des Freiheitsgrades eines Moleküls für a) Translation, b) Rotation

$N v / 6 V$. Daraus folgt der Druck $p = N m \langle v^2 \rangle / 3 V$, wobei das Mittel der Quadrate der Geschwindigkeiten $\langle v^2 \rangle$ anzusetzen ist. Mit $f = 3$ Freiheitsgraden und Gl. 3.1 folgt daraus die ideale Gasgleichung.

Freiheitsgrade

Welche Bedeutung haben die Freiheitsgrade? Sie geben die Fähigkeit der Gasteilchen an, Energie in Form kinetischer Energie aufzunehmen, wobei jede mögliche Bewegungskomponente Freiheitsgrad f genannt wird. Ist nur Translation in die 3 Raumrichtungen möglich, so folgt $f = 3$ (ideale Gas, Abb. 3.3a). Reale Gase bestehen dagegen meist aus ausgedehnte Molekülen, die rotieren und somit zusätzlich Rotationsenergie aufnehmen können (Abb. 3.3b). Bei drei- oder mehratomigen Molekülen wie H_2O sind Rotationen um alle drei Raumachsen erlaubt, und es folgt $f = 6$. Bei zweiatomigen Molekülen wie O_2 ist die Rotation um die Längsachse erst bei sehr hohen Temperaturen möglich, so dass hier gilt $f = 5$. Zusätzlich können mehratomige Moleküle noch Schwingungsenergie und potenzielle Energie aufnehmen, die wir hier nicht betrachten werden. Der **Gleichverteilungssatz** sagt aus, dass auf jeden Freiheitsgrad die mittlere Energie von $k T / 2$ pro Teilchen entfällt. Dies werden wir in Abschn. 3.2 zur Beschreibung der spezifischen Wärme nutzen.

Maxwell-Verteilung

Die statistische Bewegung mikroskopisch kleiner Teilchen wie z. B. Rauchpartikel ist als **Brown'sche Bewegung** bekannt und kann unter dem Mikroskop beobachtet werden. Die quadratisch gemittelte thermische Geschwindigkeit berechnet sich aus Gl. 3.1 zu $\langle v_{rms} \rangle = \sqrt{3 k T / m}$ (Index *rms*: root mean square). Sie hängt also nur von der Temperatur und der Teilchenmasse ab. Aber nicht alle Teilchen besitzen diese Geschwindigkeit. Die konkrete Verteilung der Geschwindigkeiten der einzelnen Teilchen ist gegeben durch

$$f(v) = \frac{4}{\sqrt{\pi}} \left(\frac{m}{2 k T} \right)^{3/2} v^2 e^{-mv^2/(2kT)} \quad \text{(Maxwell-Verteilung)}. \quad (3.4)$$

In Abb. 3.4 sind die Verteilungskurven von Sauerstoffmolekülen für drei verschiedene Temperaturen angegeben. Die Wahrscheinlichkeit ein Teilchen mit der Geschwindigkeit v

Abb. 3.4 Maxwell-Verteilung
der Molekülgeschwindigkeit
eines Gases bei verschiedenen
Temperaturen

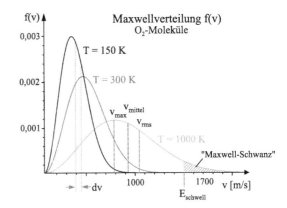

im Intervall dv zu finden ist gegeben durch $f(v)\,dv$. Die Wahrscheinlichkeit, dass das Molekül eine Geschwindigkeit v im größeren Intervall $v_1 < v < v_2$ besitzt, ist gegeben durch $\int_{v_1}^{v_2} f(v)dv$, d. h. durch die Fläche unter der Kurve. Die gesamte Fläche unter der Kurve muss immer 1 ergeben, denn dies ist die Wahrscheinlichkeit, ein Teilchen mit irgend einer Geschwindigkeit im Intervall $0 < v < \infty$ zu finden. Mit steigender Temperatur wird $f(v)$ flacher und das Maximum verschiebt sich, wie erwartet, zu höheren Geschwindigkeiten. Die für die Definition der kinetischen Energie in Gl. 3.1 verwendete Geschwindigkeit v_{rms} erhält man aus dem Mittelwert der Quadrate der Geschwindigkeiten gemäß

$$v_{rms} = \sqrt{\langle v^2 \rangle} = \left(\int_0^{\infty} v^2 f(v) dv \right)^{1/2} = \sqrt{3\,kT/m} \quad (\textit{rms-Geschwindigkeit}). \quad (3.5)$$

In der Maxwell-Verteilung treten zwei weitere charakteristische Geschwindigkeiten der Teilchen auf, die man nicht verwechseln darf (Abb. 3.4). Die mit höchster Wahrscheinlichkeit vorzufindende Geschwindigkeit ist $v_{\max} = \sqrt{2\,k\,T/m}$. Sie liegt unter dem Maximum der Verteilungskurve. Die mittlere Geschwindigkeit $v_{\text{mittel}} = \int_0^{\infty} v\, f(v) dv = \sqrt{8kT/\pi\,m}$ erhält man aus der Gewichtung der Geschwindigkeit mit ihrer Wahrscheinlichkeitsverteilung. Beachten Sie, dass alle Geschwindigkeiten nur von der Gastemperatur und der Teilchenmasse abhängen.

Die Maxwell-Verteilung hat große Bedeutung für viele in der Natur ablaufende Prozesse. Sie gibt an, wie viele Teilchen ausreichend hohe Energie $E > E_{\text{Schwell}}$ besitzen, um bestimmte Reaktionen auszulösen, auch wenn die mittleren Energien deutlich kleiner sind. Diese hochenergetischen Teilchen sitzen im „Maxwellschwanz" am hochenergetischen Ende der Verteilungsfunktion (Abb. 3.4). Zum Beispiel ist die mittlere Energie der Wassermoleküle in einem See zu gering, um die Bindungskräfte zu überwinden und zu verdunsten. Nur der kleine Anteil des „Maxwellschwanzes" trägt zur Verdunstung und damit zum Wasserkreislauf bei. Ebenso besitzt nur ein kleiner Teil der Protonen in der

Sonne ausreichend hohe kinetische Energie, um die elektrostatische Abstoßung zu über-winden und so zur Kernfusion bei zu tragen.

II Prüfungsfragen

Grundverständnis

F3.1.1 Was ist die Temperatur und wie wird sie definiert?

F3.1.2 Welche Temperatureinheiten gibt es und welche Fixpunkte dienen der Eichung?

F3.1.3 Was sind die Freiheitsgrade und was besagt der Gleichverteilungssatz?

F3.1.4 Was behandelt die kinetische Gastheorie?

F3.1.5 Was ist ein ideales Gas und wie lautet die ideale Gasgleichung?

F3.1.6 Was sind Isobaren, Isochoren und Isothermen und was besagen die Gesetze von Gay-Lussac und von Boyle-Mariotte? Zeichnen Sie die pV-Diagramme.

F3.1.7 Skizzieren und erläutern Sie die Maxwell-Verteilung für zwei Temperaturen.

Messtechnik

F3.1.8 Welche Effekte werden zur Temperaturmessung genutzt?

F3.1.9 Wie kann man die Geschwindigkeit von Molekülen messen?

Vertiefungsfragen

F3.1.10 Welche technische Rolle spielt die Temperaturausdehnung?

F3.1.11 Wovon hängt die Geschwindigkeit der Teilchen ab?

F3.1.12 Was ist die Brown'sche Bewegung?

F3.1.13 Was ist Diffusion?

F3.1.14 Wovon hängt die freie Weglänge der Moleküle ab?

F3.1.15 Wie werden hohe Temperaturen gemessen?

III Antworten

A3.1.1 Die Temperatur ist eine thermodynamische Zustandsgröße. Sie ist ein Maß für die innere Energie eines Systems, genauer für die mittlere kinetische Energie $E = f k T /2$ der Moleküle eines Systems (z. B. Gas). Sie ist streng von der Wärme zu unterscheiden (Abschn. 3.2).

A3.1.2 Die SI-Einheit ist das *Kelvin* mit dem Nullpunkt $T = 0$ K. Fixpunkt ist der Tripelpunkt des Wassers bei 273,16 K = 0,01 °C. (Abschn. 3.4). Die Schrittweite 1 K sowie 1 °C ist 1/100 des Abstandes vom Tripelpunkt zum Siedepunkt des Wassers, genauer der 1/273,16 te Teil des Abstandes vom Tripelpunkt bis zum Nullpunkt bei $T = 0$ K.

A3.1.3 Die Freiheitsgrade f eines Moleküls geben die Zahl der möglichen Bewegungen im Raum an und damit die Möglichkeit Energie aufzunehmen. Einatomige Moleküle können nur Translationsbewegungen in drei Richtungen ausführen ($f = 3$, Abb. 3.3a). Mehratomige Moleküle können zusätzlich um drei Achsen rotieren ($f = 6$, Abb. 3.3b), wobei zweiatomige Moleküle keine Rotation um die Verbindungslinie durchführen können ($f = 5$).
Der Gleichverteilungssatz (Äquipartitionsprinzip) besagt, dass im thermischen Gleichgewicht auf jedes Molekül pro Freiheitsgrad die gleiche Energie $k T /2$ entfällt, d. h. auf ein zweiatomiges Molekül $5 k T /2$.

A3.1.4 Die kinetische Gastheorie befasst sich mit der freien und regellosen Bewegung der Moleküle eines idealen Gases. Aus Impuls und kinetischer Energie der Teilchen werden der Druck, die Temperatur, die Wärmekapazität sowie Transporteigenschaften abgeleitet. Anschaulich kann der Gasdruck auf den Impulsübertrag der Teilchen auf die Wand zurückgeführt werden (siehe Theorie).

A3.1.5 Das ideale Gas besteht aus Teilchen, die punktförmig (ohne Volumen) und von gleicher Masse sind. Stöße zwischen ihnen erfolgen elastisch und es gibt keine molekularen Kräfte zwischen ihnen. Die Richtungen ihrer Geschwindigkeiten sind statistisch verteilt, die Beträge der Geschwindigkeit durch die Maxwell-Verteilung (Abb. 3.4) erfasst. Gas mit geringer Dichte und hoher Temperatur (z. B. Luft bei 300 K) erfüllt diese Bedingungen, anders als reale Gase (Abschn. 3.4). Die ideale Gasgleichung lautet $p V = N k T$, bzw. $p V = n R T$.

A3.1.6 In allen Fällen geht es um die Zustandsänderungen von Druck, Volumen und Temperatur des idealen Gases. Diese werden beschrieben durch die ideale Gasgleichung $p V = n R T$. Wenn je eine der drei Größen im Prozess konstant bleibt (*Iso* bedeutet soviel wie konstant), ergeben sich die drei folgenden Prozesse: Isothermen: mit $T = $ konstant folgt $p V = $ konstant (Boyle Mariotte, Abb. 3.2a), Isochore: mit $V = $ konstant folgt $p \sim T$ (Gay-Lussac, Abb. 3.2b), Isobare: mit $p = $ konstant folgt

$V \sim T$ (Abb. 3.2.c). Am besten merkt man sich nur die ideale Gasgleichung und leitet alles daraus ab.

A3.1.7 Die Maxwell-Verteilung $f(v)$ (Gl. 3.4) erfasst die Geschwindigkeitsverteilung der Teilchen eines idealen Gases, das im thermischen Gleichgewicht steht. Die Wahrscheinlichkeit ein Teilchen mit der Geschwindigkeit v im Intervall dv zu finden ist gegeben durch $f(v)\,dv$. Die typische Verteilung ist in Abb. 3.4 gezeigt. Zur Diskussion siehe Theorieteil.

A3.1.8 Zur Temperaturmessung muss das Thermometer in Kontakt mit der zu vermessenden Substanz gebracht werden, bis sich thermodynamisches Gleichgewicht einstellt (Nullter Hauptsatz). Mechanische **Thermometer** beruhen auf der temperaturabhängigen Längenausdehnung $L(T) = L(0)\,(1 + \alpha\,T)$ bzw. Volumenausdehnung von Festkörpern, Flüssigkeiten (Quecksilberthermometer für $-39\,^\circ\mathrm{C} < T < 150\,^\circ\mathrm{C}$) oder Gasen. Metallausdehnungsthermometer arbeiten bis etwa $1000\,^\circ\mathrm{C}$. **Bimetallthermometer** bestehen aus zwei Metallstreifen, die sich bei Erwärmung unterschiedlich ausdehnen, was zu einer Verbiegung des Streifens führt. Diese ist wiederum abhängig von der Temperatur. **Gasthermometer** dienen der Kalibrierung anderer Thermometer. Sie arbeiten mit fast idealen Gasen (Helium, Luft) und nutzen das ideale Gasgesetz $p\,V = n\,R\,T$, wobei das Gasvolumen konstant gehalten wird und die Temperaturänderung aus der Druckänderung des Gases ermittelt wird.

Elektrische **Widerstandsthermometer** nutzen die Temperaturabhängigkeit des elektrischen Widerstandes R von Metallen oder Halbleitern (Abschn. 4.3). Mit wachsender Temperatur steigt R bei Metallen leicht an, bei Halbleitern nimmt R stark ab. Der typische Arbeitsbereich ist $13\,\mathrm{K} < T < 1200\,\mathrm{K}$ für Platin mit Messgenauigkeiten unter $0{,}1\,\mathrm{K}$. **Thermoelemente** nutzen den Seebeck-Effekt. Sie bestehen aus zwei verschiedenen Metalldrähten (Abschn. 4.3, Abb. 4.22), an deren beiden Enden sich eine Thermospannung ausbildet, wenn sie unterschiedliche Temperatur besitzen. Wird ein Ende auf einer Normtemperatur (Eiswassser) gehalten, so kann aus der elektrischen Spannung die Temperatur des anderen Endes ermittelt werden.

A3.1.9 In einer Vakuumapparatur werden Atome in einem Ofen verdampft, die in einem schmalen Atomstrahl heraustreten und nach Durchlaufen einer Strecke nachgewiesen werden können. In dieser Strecke befindet sich eine rotierende Achse mit zwei Zahnrädern (Abb. 3.5). Aus der Rotationsgeschwindigkeit und dem Abstand der Zahnräder sowie der Lochgröße kann auf die Geschwindigkeit der Atome geschlossen werden, die das zweite Zahnrad passieren.

Abb. 3.5 Vorrichtung zur Messung der Atomgeschwindigkeit

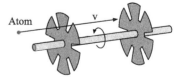

A3.1.10 Materialzerstörung durch Temperaturausdehnung kann z. B. durch Dehnungs-fugen verhindert werden. Ausgenutzt wird die Temperaturausdehnung u. a. beim Auf-schrumpfen eines heißen Rings auf eine kalte Achse oder zur Temperaturmessung bei Thermometern. Der Ausdehnungskoeffizient von Eisen ist bei $100°$ C $\alpha = 1{,}2 \cdot 10^{-5}\,\mathrm{K}^{-1}$, für Glas etwa $5 \cdot 10^{-7}\,\mathrm{K}^{-1} < \alpha < 8 \cdot 10^{-6}\,\mathrm{K}^{-1}$. Bei Kombinationen von unterschiedlichen Materialien sollte ein ähnliches α angestrebt werden.

A3.1.11 Die Geschwindigkeit der Teilchen eines idealen Gases hängt nur von der Gas-temperatur als Maß für die Energie und von der Masse ab (Gl. 3.5).

A3.1.12 Die **Brown'sche Bewegung** ist die regellose Bewegung kleinster Teilchen, die sich in Flüssigkeiten oder Gasen im thermischen Gleichgewicht befinden. Die Brown'sche Bewegung (Zitterbewegung) wird durch den statistischen Impuls- und Energieaustausch mit den meist viel kleineren Flüssigkeitsteilchen (Gasteilchen) hervorgerufen und führt zur Diffusion der Teilchen.

A3.1.13 **Diffusion** ist eine Ausgleichsbewegung von Teilchen, Atomen oder Ladungen. In Folge der Wärmebewegung streben die Teilchen von Bereichen höherer zu Bereichen niedrigerer Teilchendichte mit dem Ziel des Konzentrationsausgleichs. Bedeutung haben Diffusionsprozesse nicht nur bei Gasen, sondern auch bei Halbleitern (siehe pn-Übergang in Abschn. 8.3).

A3.1.14 Die **mittlere freie Weglänge** $\lambda = 1/\left(n\,\sigma\,\sqrt{2}\right)$ eines Moleküls ist der Weg, den es zwischen zwei Stößen mit anderen Molekülen des Gases zurück legt. Sie steigt mit sinkender Teilchendichte n (d. h. sinkendem Druck) und sinkendem Stoßquerschnitt σ des Moleküls. Der Begriff erlaubt die Beschreibung von Transportphänomenen und kann auch auf die Bewegung von Elektronen in Metallen zur Deutung der elektrischen Leitfähigkeit herangezogen werden.

A3.1.15 Hohe Temperaturen eines Körpers (Sonne, Glühwendel) werden berührungs-los mit einem **Pyrometer** gemessen, indem eine Spektralanalyse der emittierten Strah-lung vorgenommen wird. Grundlage ist die Physik des schwarzen Strahlers. Nach dem Wien'schen Verschiebungsgesetz ist die Temperatur des strahlenden Körpers direkt mit der Wellenlänge der intensivsten Strahlung verbunden (Abschn. 6.1).

3.2 Erster Hauptsatz, spezifische Wärme, Arbeitsprozesse

I Theorie

In der Mechanik konnten wir Prozesse mit Wärmeverlusten nicht behandeln. Den Formalismus dazu, der uns letztendlich die Beschreibung thermodynamischer Maschinen erlaubt, schaffen wir in diesem Kapitel.

Erster Hauptsatz der Thermodynamik

Wir können die Temperatur eines Systems erhöhen, wenn wir an ihm Arbeit leisten oder Energie in Form von Wärme zuführen. Die Temperatur dient dabei als Maß für die innere Energie U des Systems (Abschn. 3.1) und wird für n Mol eines Gases mit f Freiheitsgraden angegeben durch

$$U = \frac{f}{2} n\, R\, T, \quad [U] = \mathrm{J} \quad \text{(innere Energie)}, \tag{3.6}$$

wobei $R = 8{,}31\,\mathrm{J/K \cdot mol}$ die Gaskonstante ist. Die Änderung der inneren Energie kann neben der Temperaturerhöhung auch zum Aufbrechen von Atombindungen (Schmelzen, Verdampfen) und damit zur Änderung der Aggregatzustände von Festkörpern und Flüssigkeiten führen (Abschn. 3.4). Die Energiebilanz eines Systems wird durch den ersten Hauptsatz der Thermodynamik beschrieben wobei wir infinitesimale kleine Änderungen betrachten:

$$\mathrm{d}U = \mathrm{d}Q + \mathrm{d}W \quad \text{(erster Hauptsatz)}. \tag{3.7}$$

Die Änderung der inneren Energie $\mathrm{d}U$ eines Systems ist gleich der Summe der ihm von der Umgebung zugeführten Wärme $\mathrm{d}Q$ und der zugeführten Arbeit $\mathrm{d}W$ (Abb. 3.6).

Man beachte, dass ein System innere Energie U besitzt, aber keinen Inhalt an Wärme Q oder Arbeit W! Diese beiden Größen treten nur bei der Änderung der inneren Energie auf. Es wird sich später zeigen, dass Arbeit und Wärme jeweils von dem konkreten Prozess abhängen, die Summe aber prozessunabhängig ist. Daher kann für die Summe ein Potential, die innere Energie U, definiert werden (Gl. 3.7).

Mechanische Arbeit kann z. B. durch Kompression der Luft in einer Luftpumpe geleistet werden. Wird der Kolben mit der Grundfläche A um die Strecke $\mathrm{d}x$ verschoben, so führt das zur Volumenänderung $\mathrm{d}V = A\,\mathrm{d}x$ (Abb. 3.7).

Ist $\mathrm{d}x$ infinitesimal klein, so kann der Druck p des Gases während eines Prozessschritts als konstant betrachtet werden und für die gesamte Druckarbeit folgt mit $-\mathrm{d}W = F\,\mathrm{d}x =$

Abb. 3.6 Zum ersten Hauptsatz: Änderung der inneren Energie eines Systems durch Zuführung von Wärme und mechanischer Arbeit

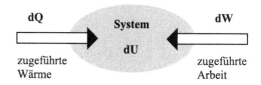

Abb. 3.7 Veranschaulichung der Druckarbeit durch Anheben des Kolbens

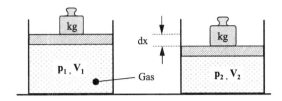

$$p\,A\,\mathrm{d}x = p\,\mathrm{d}V$$

$$W = -\int_{V_1}^{V_2} p\,\mathrm{d}V \quad \text{(Druckarbeit an Gasen)}. \tag{3.8}$$

Meist ist der Druck vom Volumen und der Temperatur abhängig, so dass für die Berechnung die konkrete Druckfunktion $p\,(T, V)$ bekannt sein muss (Details s. u.). Das Vorzeichen der Druckarbeit ist so gewählt, dass das Gas Arbeit gegen den Außendruck leisten muss um sein Volumen zu vergrößern. Wird es dagegen komprimiert ($\mathrm{d}V < 0$), so steigt seine innere Energie.

Spezifische Wärmekapazität

Was ist aber nun Wärme? Falls in einem Prozess keine mechanische Arbeit geleistet wird ($\mathrm{d}W = 0$), so ist die ausgetauschte Wärme nichts anderes als die Änderung der Molekülbewegung, d. h. Änderung der inneren Energie $\mathrm{d}U = \mathrm{d}Q$ (Gl. 3.7). Führt man dem System die Wärmemenge $\Delta Q = \int \mathrm{d}Q$ zu, so ändert sich seine Temperatur um ΔT. Je größer die Masse des Körpers, umso mehr Wärme muss man für die gleiche Temperaturerhöhung zuführen. Ein geeignetes Maß hierfür ist die spezifische Wärmekapazität des Materials:

$$c = \frac{1}{m}\frac{\Delta Q}{\Delta T}, \quad [c] = \frac{\mathrm{J}}{\mathrm{kg} \cdot \mathrm{K}} \quad \text{(spezifische Wärmekapazität)}. \tag{3.9}$$

Die **Wärmekapazität** $C = c\,m$ beschreibt einen konkreten Körper der Masse m. Die materialspezifische Größe c lässt sich auf die atomaren Eigenschaften des Körpers zurückführen und zwar über die Energiezunahme $\Delta Q = \Delta U = f\,k\,\Delta T/2$ jedes einzelnen Moleküls. Besitzt der Körper $N = m/\mu$ Moleküle der Molekülmasse μ, so folgt $c = f\,k/2\,\mu$. Für ein Mol mit $N_A = 6,02 \cdot 10^{23}$ Teilchen erhalten wir die **molare Wärmekapazität** $c_{\mathrm{mol}} = N_A f\,k/2 = f\,R/2$. Wir haben damit die molare Wärmekapazität auf fundamentale Konstanten zurückgeführt und sind unabhängig vom speziellen Material. Dies mündet in die Regel von **Dulong und Petit** für beliebige Festkörper. Ein Festkörper hat $f = 6$ Freiheitsgrade und damit gilt $c_{\mathrm{mol}} = 3\,N_A k = 24,9\,\mathrm{J/mol} \cdot \mathrm{K}$. Diese Regel ist gut erfüllt für schwere Elemente im warmen Zustand. Für leichte Elemente sind dagegen bei tiefen Temperaturen einige Freiheitsgrade „eingefroren", so dass diese zur Energieaufnahme nicht beitragen können.

Bei Gasen muss unterschieden werden, ob die Wärmezufuhr bei konstantem Volumen (c_V), d. h. **isochor** oder bei konstantem Druck (c_P), d. h. **isobar** durchgeführt wird (Abb. 3.8b, c).

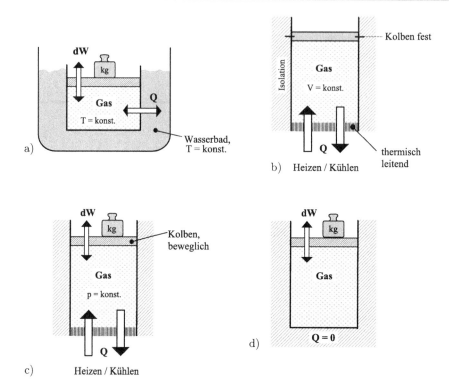

Abb. 3.8 Technische Realisierung wichtiger thermodynamischer Prozesse: a) isotherm, b) isochor, c) isobar, d) adiabatisch.

Kann das Gas sich ausdehnen (c_P), so wird ein Teil der zugeführten Wärme in mechanische Arbeit gewandelt und trägt nicht zur Erhöhung der inneren Energie und damit der Temperatur bei (Gln. 3.7, 3.8). Deshalb ist $c_V < c_P$, da bei konstantem Volumen für die gleiche Temperaturerhöhung eine geringere Wärmezufuhr nötig ist. Für Gase gilt $c_V = c_{mol} = f\,R/2$ und aus der idealen Gasgleichung (Abschn. 3.1) folgt nach einigen Umformungen:

$$c_P = c_V + R = \left(\frac{f}{2} + 1\right) R \quad \text{(molare Wärmekapazität, } p = \text{konstant)}. \qquad (3.10)$$

Adiabaten

Will man prüfen, ob die Moleküle eines Gases aus einem, zwei oder mehreren Atomen aufgebaut sind, muss man experimentell den **Adiabaten-Exponenten** c_P/c_V bestimmen:

$$\gamma = \frac{c_P}{c_V} = \frac{f+2}{f} \quad \text{(Adiabatenexponent)}. \qquad (3.11)$$

Abb. 3.9 Vergleich von
isothermer und adiabatischer
Zustandsänderung im pV-
Diagramm

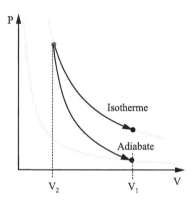

Einatomige Gase haben $f = 3$ und damit $\gamma = 5/3$ (siehe Abschn. 3.1, Abb. 3.3a, b).
Zweiatomige oder linear angeordnete Moleküle führen zu $f = 5$ und damit zu $\gamma = 7/5$.
Gewinkelte oder mehratomige Moleküle sollten $\gamma = 8/6$ zeigen. Um den Adiabatenexponenten experimentell zu bestimmen, müssen wir Druck, Temperatur und Volumen
bei einer Zustandsänderung beobachten. Hierfür ist die **adiabatische Zustandsänderung**
wichtig. Bei ihr kann keine Wärme ausgetauscht werden, also ist $dQ = 0$ (Abb. 3.8d).
Entweder muss das System hierfür thermisch isoliert sein, oder der Prozess muss sehr
schnell ablaufen, wie z. B. bei der Schallausbreitung. Aus dem ersten Hauptsatz folgt dann
sofort $dU = dW \Rightarrow c_V m\, dT = -p\, dV$. Mit der idealen Gasgleichung $p = nRT/V$ und
mit c_V erhalten wir nach etwas Rechnung

$$p\, V^\gamma = \text{konstant}, \tag{3.12a}$$

$$T\, V^{\gamma-1} = \text{konstant} \quad \text{(Adiabatengleichungen)}. \tag{3.12b}$$

Die adiabatische Zustandsänderung läuft also mit $p \sim V^{-\gamma}$ und ist daher steiler als die
Isotherme ($p \sim V^{-1}$), da $\gamma > 1$ (Abb. 3.9). Bei adiabatischer Kompression steigt die
Temperatur des Systems, da Wärme nicht wie bei der isothermen Kompression an die
Umgebung abgegeben werden kann.

Wird ein Gas komprimiert, z. B. wenn die Luft im Kolben einer Luftpumpe zusammen-
gedrückt wird, so wird am Gas Arbeit verrichtet und seine innere Energie steigt (Gl. 3.8,
3.7). Die Arbeit ist über die Funktion $p\,(T, V)$ an die Art der Prozessführung gekoppelt
(Abb. 3.8a–d). Wird diese im pV-Diagramm dargestellt, so kann sie direkt als Fläche zwischen der $p(V)$-Kurve und V-Achse abgelesen werden. In Abb. 3.10 sieht man, dass die
Fläche W_1 für den Weg (1) größer als die Fläche W_2 für den Weg (2) ist, obwohl Start- und
Endpunkt jeweils identisch sind. Betrachten wir nun systematisch die in Abb. 3.8a–d dargestellten Arbeitsprozesse für ein ideales Gas. Für die Berechnung der relevanten Größen
benötigt man nur vier Formeln: das ideale Gasgesetz (Gl. 3.3), die Druckarbeit (Gl. 3.8),
den ersten Hauptsatz (Gl. 3.7) und die spezifische Wärme (Gl. 3.9).

Abb. 3.10 Die Fläche unter
der Kurve im pV-Diagramm
gibt die mechanische Arbeit an,
die ein Gas leistet. Die Arbeit
hängt vom Weg ab

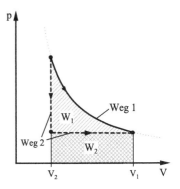

Isotherm $T =$ konstant und mit $p = nRT/V$ (Abschn. 3.1) folgt für die Arbeit

$$\Delta W = -nRT \int_{V_1}^{V_2} \frac{\mathrm{d}V}{V} = -nRT \ln\left(\frac{V_2}{V_1}\right). \tag{3.13}$$

Mit der Temperatur bleibt auch die innere Energie $U = f\, n\, RT\, /2$ konstant und mit dem
1. Hauptsatz folgt für die ausgetauschte Wärme $\Delta Q = -\Delta W$.

Isobar $p =$ konstant, d. h. der Druck kann vor das Integral (Gl. 3.8) gezogen werden,
und es folgt $\Delta W = -p \int_{V_1}^{V_2} \mathrm{d}V = p(V_2 - V_1) = -p\Delta V$.

Isochor $V =$ konstant bedeutet, dass mit $\mathrm{d}V = 0$ auch die Arbeit $\Delta W = 0$ Null ist. Für
die Änderung der inneren Energie gilt $\Delta U = \Delta Q = cm\Delta T$.

Adiabatisch $\mathrm{d}Q = 0$, womit nach dem ersten Hauptsatz gilt $\mathrm{d}U = \mathrm{d}W = n\, c_V \mathrm{d}T$, was
aus $\Delta W = n\, c_V \int_{T_1}^{T_2} \mathrm{d}T = nc_V(T_2 - T_1)$ folgt.

Kreisprozess Wird ein Kreisprozess durchlaufen, so sind Anfangs- und Endzustand, d. h.
Druck, Temperatur und Volumen identisch (Abb. 3.11). Da $\Delta T = 0$, ist die innere Energie U immer konstant, d. h. $\Delta U = 0$, unabhängig von den gewählten Prozesswegen.
Mit dem ersten Hauptsatz folgt $-\Delta W = \Delta Q$. Die vom System geleistete Arbeit entspricht der zugeführten Wärme. Sie erscheint im pV-Diagramm als die von den Kurven
eingeschlossene Fläche (Abb. 3.11). Solche Prozesse sind zur Beschreibung thermodynamischer Maschinen wichtig und werden in Abschn. 3.3 diskutiert.

Abb. 3.11 Kreisprozess, der
die Punkte 1 bis 4 durchläuft.
Die geleistete Arbeit ist die
eingeschlossene Fläche

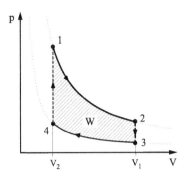

II Prüfungsfragen

Grundverständnis

F3.2.1 Was besagt der erste Hauptsatz der Thermodynamik?

F3.2.2 Was ist Wärme? Was ist innere Energie?

F3.2.3 Was ist ein Perpetuum Mobile erster Art?

F3.2.4 Was ist die spezifische Wärmekapazität, was ist die Wärmekapazität?

F3.2.5 Was ist die molare Wärmekapazität?

F3.2.6 Was sind c_V und c_p? Wer ist größer? Was ist der Adiabatenexponent?

F3.2.7 Was ist eine adiabatische Zustandsänderung?

F3.2.8 Skizzieren Sie im pV-Diagramm eine Adiabate und eine Isotherme.

F3.2.9 Wie werden die folgenden Arbeitsprozesse technisch realisiert: isotherm, isochor, isobar und adiabatisch?

F3.2.10 Berechnen Sie die Arbeit und die Änderung der inneren Energie für folgende Prozesse: isotherm, isochor, isobar und adiabatisch.

F3.2.11 Zeichnen Sie einen beliebigen Kreisprozess in ein pV-Diagramm und kennzeichnen Sie die geleistete Arbeit. Wie ändert sich dabei die innere Energie?

Messtechnik

F3.2.12 Was ist ein Kalorimeter?

F3.2.13 Wie kann man den Adiabatenexponenten messen?

Vertiefungsfragen

F3.2.14 Erläutern Sie das Experiment von Joules zum Wärmeäquivalent.

F3.2.15 Berechnen Sie den Adiabatenexponenten für Moleküle.

F3.2.16 Was besagt das Gesetz von Dulong-Petit?

F3.2.17 Was ist die Enthalpie?

III Antworten

A3.2.1 Der erste Hauptsatz der Thermodynamik lautet $dU = dQ + dW$. Er beschreibt die Energieerhaltung eines abgeschlossenen Systems. Die Änderung dU der inneren Energie des Systems ist gleich der Summe aus zugeführter/abgeführter Wärme und der am/vom System geleisteten Volumenarbeit.

A3.2.2 Wärme ist ausgetauschte Energie. Ein System besitzt keine Wärme, aber innere Energie $U = f\, n\, R\, T/2$. Diese ist die Summe der Energie aller Moleküle mit Freiheitsgrad f (n = Molzahl) und wird durch die Temperatur gemessen (siehe Abschn. 3.1).

A3.2.3 Ein **Perpetuum Mobile erster Art** ist eine Maschine, die aus dem Nichts Arbeit leistet. Da sie den ersten Hauptsatz der Thermodynamik (Energieerhaltung) verletzen würde, kann es sie nicht geben.

A3.2.4 Die spezifische Wärmekapazität $c = \Delta Q/(m\, \Delta T)$ ist die Wärme ΔQ, die nötig ist, um $m = 1\,\text{kg}$ eines Materials um die Temperatur von $\Delta T = 1\,\text{K}$ zu erhöhen. Aus dieser stoffspezifischen Eigenschaft kann die Wärmekapazität $C = c\, m$ eines konkreten Gegenstandes des entsprechenden Materials der Masse m ermittelt werden. Zum Beispiel ist die spezifische Wärmekapazität von Wasser $c = 4180\,\text{J} \cdot \text{kg}^{-1} \cdot \text{K}^{-1}$. In älterer Einheit ist dies $c = 1\,\text{kcal} \cdot \text{kg}^{-1} \cdot \text{K}^{-1}$, d. h. man benötigt die Energie von einer Kalorie um die Temperatur von einem Gramm Wasser um ein Kelvin zu erhöhen. Die Werte für Metalle wie Kupfer fallen mit $c = 386\,\text{J} \cdot \text{kg}^{-1} \cdot \text{K}^{-1}$ etwa um den Faktor 10 kleiner aus. Das bedeutet, dass für die gleiche Erwärmung von Wasser etwa zehn mal mehr Energie benötigt wird als für die gleiche Masse an Kupfer.

A3.2.5 Die spezifische molare Wärmekapazität $c_{\mathrm{mol}} = \Delta Q/\Delta T = N_A f\, k/2 = R f/2$ bezieht sich nicht auf die Masse, sondern auf die Molmenge eines Stoffs. Sie lässt sich auf die Energiezunahme $\Delta Q = \Delta U = f\, k\, \Delta T/2$ eines einzelnen Moleküls zurückführen.

A3.2.6 Bei Gasen müssen wir bei der Messung der spezifischen Wärmekapazität unterscheiden, ob das Gasvolumen konstant gehalten wird (c_V) oder ob der Gasdruck konstant gehalten wird (c_p). Es gilt immer $c_p > c_V$, da bei konstantem Gasdruck ein Teil der zugeführten Wärme in Volumenarbeit gewandelt wird, d. h. man muss mehr Wärme für die Erhöhung der Temperatur (innerer Energie) aufwenden. Aus der Differenz $c_p - c_V = R$ erhält man die Gaskonstante.

Der Adiabatenexponent $\gamma = c_p/c_V$ ergibt sich aus den beiden spezifischen molaren Wärmekapazitäten. Mit $\gamma = (f+2)/f$ kann der Freiheitsgrad f der Gasmoleküle bestimmt werden (s. u.). Der Adiabatenexponent bestimmt die Schallgeschwindigkeit $c = \sqrt{\gamma\, R\, T/m}$ in Gasen (m = Molmasse, Abschn. 2.3).

A3.2.7 Bei einer adiabatischen Zustandsänderung tauscht das System keine Wärme mit der Umgebung aus. Entweder ist das System thermisch isoliert, oder der Prozess läuft sehr schnell ab (Schallausbreitung). Auch vertikale Luftbewegungen in der Atmosphäre verlaufen adiabatisch.

Generell bedeutet adiabatisch also $\mathrm{d}Q = 0$, woraus für die innere Energie $\mathrm{d}U = \mathrm{d}Q + \mathrm{d}W = \mathrm{d}W$ folgt. Eine Adiabate wird durch Gl. 3.12a, 3.12b beschrieben. In Abschn. 3.3 sehen wir, dass die Entropie sich für adiabatische Prozesse nicht ändert ($\mathrm{d}Q = 0 \rightarrow \mathrm{d}S = 0$), d. h. dass der Prozess reversibel ist.

A3.2.8 Siehe Abb. 3.9. Adiabaten ($p \sim V^{-\gamma}$) sind steiler als Isothermen ($p \sim V^{-1}$), da $c_p/c_V = \gamma > 1$.

A3.2.9 Die technisch Realisierung der Arbeitsprozesse isotherm, isochor, isobar und adiabatisch ist in Abb. 3.8a–d gezeigt.

A3.2.10 Isotherm: Luft wird bei konstanter Temperatur $T = 20°C = 293\,\mathrm{K}$ in der Luftpumpe vom Volumen $V_1 = 0{,}1\,\mathrm{l}$ auf $V_2 = 0{,}02\,\mathrm{l}$ komprimiert, was für eine Gasmenge $n = 1\,\mathrm{mol}$ die Arbeit $\Delta W = nRT \ln(0{,}02\mathrm{l}/0{,}1\mathrm{l}) = -3921\,\mathrm{J}$ kostet (Gl. 3.13). Die innere Energie ändert sich nicht, da wegen $\mathrm{d}T = 0$ auch $\mathrm{d}U = \mathrm{d}T\, f\, N\, R/2 = 0$. Nach dem ersten Hauptsatz wird dabei die Wärme $\Delta Q = -\Delta W = 3921\,\mathrm{J}$ erzeugt. Damit der Vorgang isotherm abläuft, muss die Wärme direkt abgeführt werden, wozu die Luftpumpe im Wasserbad mit der konstanten Temperatur $T = 293\,\mathrm{K}$ sitzt (Abb. 3.8a). Die innere Energie bleibt konstant. Siehe auch Abb. 3.2a.

Isobar: Eine hypothetische Hydraulikpresse soll mit Gas statt Hydrauliköl arbeiten. Sie vergrößert ihr Volumen von $V_1 = 1\,\mathrm{m}^3$ auf $V_2 = 1{,}2\,\mathrm{m}^3$ indem sie bei konstantem Druck $p = 10\,\mathrm{bar}$ einen Stempel verschiebt (Abb. 1.42, Abschn. 1.6, Abb. 3.2c). Dabei leistet sie die Arbeit $\Delta W = p\Delta V = 10^6\,\mathrm{Pa}\,(1{,}2 - 1)\,\mathrm{m}^3 = 2 \cdot 10^5\,\mathrm{J}$. Da wir nichts über

die ausgetauschte Wärme wissen, können wir auch nichts über die Änderung der inneren
Energie bzw. die Temperatur sagen.

Isochor: Ein verschlossener, mit Gas gefüllter Behälter, der sich nicht ausdehnt, kann
somit wegen $dV = 0$ auch keine Arbeit leisten $\Delta W = p\,dV = 0$ leisten (Abb. 3.8b).
Nach dem ersten Hauptsatz kann seine innere Energie ΔU sich nur durch Wärmeaustausch mit der Umgebung ändern. Mit Kenntnis der Masse und der spezifischen Wärme
kann die Temperaturänderung $\Delta U = \Delta Q = cm\Delta T$ berechnet werden (siehe auch
Abb. 3.2b).

Adiabatisch: Eine perfekt isolierte Luftpumpe erlaubt keinen Wärmeaustausch der
eingesperrten Luft mit der Umgebung $dQ = 0$, Abb. 3.8d). Wird die Luft komprimiert, so
ändern sich alle Größen von z. B. $V_1 = 5\,l$, $p_1 = 1\,bar$, $T_1 = 20\,°C$ auf $V_2 = 1\,l$, p_2, T_2.
Nach dem ersten Hauptsatz gilt damit für die innere Energie und die geleistete Arbeit
$\Delta U = \Delta W$ mit $\Delta W = n\,c_V\,\Delta T$. Ist die Änderung der Temperatur $\Delta T = T_2 - T_1$ nicht
bekant, so muss sie mit Hilfe der Adiabatengleichung ($T\,V^{\gamma-1} =$ konstant) berechnet
werden: $T_2 = T_1(V_1/V_2)^{\gamma-1} = 423\,K$. Der Adiabatenkoeffizient $\gamma = c_p/c_V = 1{,}4$ wurde für zweiatomige Gase wie Luft (N_2, O_2) mit $f = 5$ gemäß Gl. 3.11 berechnet (siehe
auch Abb. 3.9).

A3.2.11 Ein beliebiger Kreisprozess ist in Abb. 3.11 gezeigt. Die Arbeit ist die von den
Kurven eingeschlossene Fläche. Die innere Energie bleibt natürlich konstant, da sie sich
für einen geschlossenen Weg nicht ändern darf.

Abb. 3.12 Kalorimeter

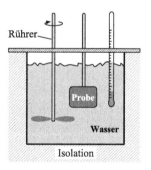

A3.2.12 Ein **Kalorimeter** dient der Bestimmung der spezifischen Wärme von Stoffen,
sowie der Wärmemenge, die bei physikalischen, chemischen oder biologischen Prozessen freigesetzt oder verbraucht wird. Die Probe befindet sich im Wasserbad und tauscht
Wärme mit diesem aus (Abb. 3.12). Ein Rührwerk sorgt für eine homogene Temperatur-
verteilung im Wasser, eine Isolation verhindert Wärmeverluste an die Umgebung, und ein
Thermometer misst während des Prozesses die Änderung der Temperatur. Grundlage ist
der erste Hauptsatz der Thermodynamik $dU = dQ + dW$ mit $dW = 0$. Für die Bestimmung der spezifischen Wärme c_{Probe} der Probe wird diese zuvor auf bekannte Temperatur
T_{Probe} aufgeheizt und in das Wasser der Temperatur T_{Wasser} gegeben. Nach einiger Zeit

hat sich für Probe und Wasser die Gleichgewichtstemperatur T_G eingestellt. Die von der Probe abgegebene Wärmemenge $\Delta Q = c_{\text{Probe}} \, m_{\text{Probe}} \, (T_{\text{Probe}} - T_G)$ wird vom Wasser und dem inneren Behälter aufgenommen, d. h. $\Delta Q = (c_{\text{Wasser}} \, m_{\text{Wasser}} + C_{\text{Kal}}) \, (T_G - T_{\text{Wasser}})$. Hieraus kann die spezifische Wärme der Probe berechnet werden.

A3.2.13 Den Adiabatenexponenten γ eines Gases kann man durch die Bestimmung der Schallgeschwindigkeit $c = \sqrt{\gamma \, R \, T / m}$ ermitteln (Abschn. 2.3).

A3.2.14 Das **Experiment von Joules** weist die Gleichheit von mechanischer Arbeit und Wärme nach. Ein Gewicht fällt um die Höhe h, treibt ein Rührwerk an (Abb. 3.13) und führt dem System die mechanische Arbeit $m \, g \, h = \Delta Q$ als Wärme zu, so dass mit der inneren Energie $\Delta U = \Delta Q$ auch die Wassertemperatur steigt. Das Wärmeäquivalent von $4,18\,\text{J}$ führt bei 1 g Wasser zur Erhöhung der Temperatur um $\Delta T = 1\,\text{K}$.

Abb. 3.13 Aufbau zum Experiment von Joules

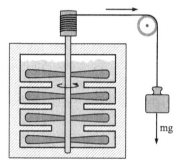

A3.2.15 Man kann den Adiabatenexponenten direkt durch $\gamma = c_p / c_V = f + 2 / f$ berechnen. Einatomige Gase (z. B. Edelgase) besitzen nur $f = 3$ Freiheitsgrade der Translation und damit $\gamma = 1,67$. Zweiatomige Gase besitzen zusätzlich zwei Rotationsmöglichkeiten, also $f = 5$ und $\gamma = 1,4$ (Abb. 3.3). Mehratomige Moleküle besitzen drei Rotationsmöglichkeiten, daher $f = 6$ und somit $\gamma = 1,33$. Kommen zusätzliche Schwingungsmöglichkeiten dazu, so weichen die experimentellen von den theoretischen Werten ab.

A3.2.16 Die Regel von Dulong und Petit besagt, dass die spezifische Wärmekapazität pro Mol generell für Festkörper $c_{\text{mol}} = 24,9\,\text{J/mol} \cdot \text{K} \approx 3\,R$ beträgt. Sie folgt aus der statistischen Mechanik, wenn man pro Freiheitsgrad die Energie von $N_A k \, T / 2 = R \, T / 2$ pro Mol und Freiheitsgrad annimmt. Der Festkörper hat drei Freiheitsgrade der Translation und drei für die Schwingung. Sie gilt nur für ausreichend hohe Temperatur, d. h. wenn keine Freiheitsgrade eingefroren sind.

A3.2.17 Die Definition der **Enthalpie** entspringt aus dem umgeformten ersten Hauptsatz $\mathrm{d}Q = \mathrm{d}U + p\mathrm{d}V$. Sie ist eine Zustandsgröße, definiert durch $H = U + p \, V$, bzw. durch die Enthalpieänderung $dH = dU + p\,dV + V\,dp$. Mit $dp = 0$ ist bei isobaren Prozessen die Entalpieänderung $dH = dQ$ gleich der ausgetauschten Wärme. Die Enthalpie wird oft bei chemischen Reaktionen und Phasenumwandlungen verwendet, da hier der Druck konstant ist.

3.3 Wärme-Kraftmaschinen, Wirkungsgrad, Entropie

I Theorie

Aufgabe von Wärme-Kraftmaschinen ist die Umwandlung von Wärme in mechanische Energie (z. B. Dampfmaschine, Stirling-Motor, Dieselmotor). Kraft-Wärmemaschinen wandeln dagegen mechanische Energie in Wärme (z. B. Kühlschrank). Für beide Typen laufen die gleichen zyklischen Prozesse ab, allerdings in entgegengesetzter Richtung. Das Grundprinzip ist in Abb. 3.14 gezeigt.

Man benötigt eine Arbeitssubstanz, oft Gas oder Wasserdampf, sowie ein warmes und ein kaltes Reservoir. Ein Reservoir ist eine idealisierte Vorrichtung mit großer Wärmekapazität, die große Wärmemengen aufnehmen oder abgeben kann, ohne dass sich ihre Temperatur merklich ändert. Das warme Reservoir ist meist der Brennstoff oder der aufgeheizte Wasserdampf. Das kalte Reservoir ist Kühlwasser oder einfach die kältere Umgebung.

Wärme-Kraftmaschine Hier entnimmt die Arbeitssubstanz dem warmen Reservoir mit der Temperatur T_H die Wärmemenge ΔQ_H. Ein Teil dieser Wärme wird in mechanische Arbeit umgewandelt, wenn die Arbeitssubstanz expandiert und sich dadurch abkühlt.

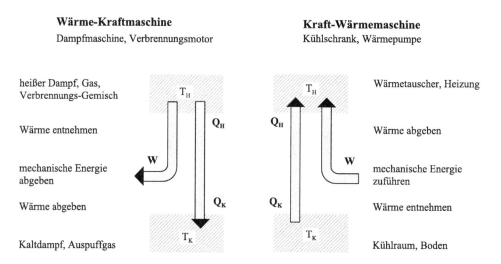

Abb. 3.14 Prinzip der Wärme-Kraft- und Kraft-Wärmemaschinen

Die restliche Wärme ΔQ_K gibt sie an das kältere Reservoir ab. Danach beginnt der Zyklus von neuem. Mithilfe des ersten Hauptsatzes der Thermodynamik $dU = dQ + dW$ (Abschn. 3.2) finden wir, dass die pro Zyklus verrichtete Arbeit gleich der netto zugeführte Wärmemenge ist: $|\Delta W| = \Delta Q_H - |\Delta Q_K|$. Die innere Energie U der Arbeitssubstanz ändert sich nicht, denn der Zyklus ist ein voller Kreisprozess mit identischer Anfangs und Endtemperatur. Ziel eines Ingenieurs ist es, den Wirkungsgrad einer Wärme-Kraftmaschine, d. h. das Verhältnis von gewonnener mechanischer Arbeit $|\Delta W|$ zu bezahlter Wärmemenge ΔQ_H zu maximieren.

$$\eta = \frac{|\Delta W|}{\Delta Q_H} = 1 - \frac{|\Delta Q_K|}{\Delta Q_H} \quad \text{(Wirkungsgrad der Wärme-Kraftmaschine)}. \quad (3.14)$$

Der Wirkungsgrad kann nie eins werden, denn es wird immer ein Teil der aufgenommenen Wärme an das kältere Reservoir abgegeben. Wichtig ist hierbei der Begriff zyklisch arbeitend. In nicht zyklisch laufenden, also einmaligen Prozessen, kann dagegen die gesamte Wärmemenge abgegeben werden.

Kraft-Wärmemaschine Hier läuft der gleiche Prozess in umgekehrter Richtung ab (Abb. 3.14). Durch mechanische Arbeit wird die Arbeitssubstanz komprimiert und so ihre Temperatur von T_K auf T_H angehoben. Dies wird z. B. in Wärmepumpen ausgenutzt, wo dem kälteren Erdreich Wärme entzogen und dem wärmeren Haus ΔQ_H zugeführt wird. Der Wirkungsgrad, besser Leistungszahl, ist nun invertiert: $\varepsilon = \Delta Q_W / \Delta W$ und damit größer als eins. In Kühlschränken ist man an der entzogenen Wärme interessiert, d. h. $\varepsilon = \Delta Q_K / \Delta W$.

Zweiter Hauptsatz der Thermodynamik
Der zweite Hauptsatz behandelt die Frage, wie viel der Wärmeenergie in mechanische Energie umgewandelt werden kann und warum der Wirkungsgrad (Gl. 3.14) nie eins werden kann. Dabei ist die Prozessrichtung wichtig: Wir können bei Reibung mechanische Energie vollständig in Wärme umwandeln, z. B. Erwärmung der Bremsscheiben eines PKW beim Abbremsen. Umgekehrt kann aber nie Wärme vollständig in mechanische Energie gewandelt werden, d. h. allein durch Abkühlen der Bremsscheiben und Rückführung der Wärme kann das Auto nicht angetrieben werden. Bei diesen Betrachtungen ist wichtig, dass solch ein Prozess immer von allein, also ohne äußeres Zutun ablaufen soll. Der 2. Hauptsatz sagt anschaulich gesprochen aus, dass Wärme *von selbst ohne äußeres Zutun* immer nur vom wärmeren zum kälteren Reservoir fließt, nie aber umgekehrt. Ein **Perpetuum Mobile 2. Art** wäre eine Maschine, die diesen Grundsatz verletzen würde. Dies wäre z. B. ein Schiff, dessen zyklisch arbeitender Motor keinen anderen Effekt bewirkt, als Wärme aus einem einzigen Reservoir (Meerwasser) zu entnehmen und vollständig in mechanische Arbeit zu wandeln. Wir werden den 2. Hauptsatz später über die Entropie formulieren.

Abb. 3.15 Abeitsdiagramm
für Carnot-Prozess

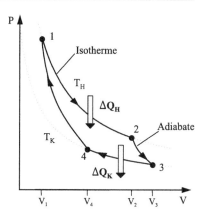

Carnot-Kreisprozess

Alle Prozesse, bei denen mechanische Energie durch Reibung in Wärme gewandelt wird, heißen **irreversibel**. Sie sind nicht **reversibel**, d. h. nicht umkehrbar, da die verlorene Energie nicht wieder zurückgewandelt werden kann. Solche irreversiblen Verlustprozesse treten in jeder Maschine auf. Der Carnot-Kreisprozess ist nun ein Gedankenexperiment zur Frage, wie groß der Wirkungsgrad für ideale Maschinen ohne solche Verluste werden kann. Hierzu betrachtet man ein thermodynamisches System eines idealen Gases, das in einem Kreisprozess über vier Prozesse zu seinem Anfangszustand zurück kehrt (Abb. 3.15). Die vier Prozesse sind reversibel, so dass die Carnot-Maschine den theoretisch höchst möglichen Wirkungsgrad besitzt. Zu seiner Berechnung müssen wir die mechanische Energie und die Wärmemengen der vier Prozessschritte ermitteln, wozu wir die in Abschn. 3.2 aufgestellten Formeln nutzen:

$1 \to 2$ isotherme Expansion: Aufnahme von ΔQ_H aus heißem Reservoir mit T_H
$\quad \Delta Q_H = -\Delta W_{12} = R T_H \ln(V_2/V_1)$ System leistet Arbeit

$2 \to 3$ adiabatische Expansion: System ist thermisch isoliert
$\quad \Delta Q = 0 \Rightarrow \Delta U = U(T_K) - U(T_H) = \Delta W_{23}$ System leistet Arbeit

$3 \to 4$ isotherme Kompression: Abgabe von ΔQ_K an kälteres Reservoir
$\quad -\Delta Q_K = \Delta W_{34} = R T_K \ln(V_3/V_4)$

$4 \to 1$ adiabatische Kompression: System ist thermisch isoliert
$\quad \Delta Q = 0 \Rightarrow \Delta U = U(T_H) - U(T_K) = \Delta W_{41}$

Die vom System geleistete Arbeit ΔW_{23} wird der inneren Energie entnommen. Sie ist gleich der in das System hineingesteckten Arbeit ΔW_{41}. Daher geben nur die isothermen Prozesse einen Nettobeitrag $\Delta W = \Delta W_{12} + \Delta W_{34}$. Aus der Adiabatengleichung (Abschn. 3.2) erhalten wir die Beziehung $(V_3/V_4) = (V_2/V_1)$. Es folgt $\ln(V_3/V_4) = -\ln(V_1/V_2)$ und daraus

$$\eta = \frac{T_H - T_K}{T_H} \quad \text{(max. Wirkungsgrad, Carnot-Prozess)} . \qquad (3.15)$$

Alle realen Maschinen können keinen höheren Wirkungsgrad besitzen, da ihre Prozesse irreversibel sind und somit zu Energieverlusten führen. Der Wirkungsgrad steigt also mit der Temperaturdifferenz. Nach Gl. 3.15 ist es sinnvoll, ein heißes Reservoir mit hoher Temperatur T_H und ein kaltes Reservoir mit tiefer Temperatur T_K zu nutzen. Weil der absolute Temperaturnullpunkt aber nie erreicht werden kann, also immer $T_K > 0$ gilt, können wir nie den Wirkungsgrad $\eta = 1$ erzielen. Wärme kann also selbst bei idealen Maschinen nie vollständig in mechanische Energie umgewandelt werden.

Entropie

Die Entropie S ist eine Zustandsgröße des Systems, ebenso wie die innere Energie, der Druck oder das Volumen. Führen wir auf einem infinitesimal kleinen Prozessabschnitt dem System bei der Temperatur T die Wärmemenge dQ reversibel zu, so ändert sich die Entropie des Systems um

$$dS = \frac{dQ}{T}, \quad [dS] = \frac{J}{K} \quad \text{(Entropieänderung)}. \tag{3.16}$$

Mit der Entropie können wir den 2. Hauptsatz der Thermodynamik beschreiben und reversible von irreversiblen Prozessen unterscheiden:

$$\Delta S = 0 \quad \text{(reversibler Kreisprozess)}, \tag{3.17a}$$

$$\Delta S > 0 \quad \text{(irreversible Kreisprozesse)}. \tag{3.17b}$$

Bei reversiblen Kreisprozessen bleibt die Entropie des Systems konstant, bei irreversiblen Prozessen nimmt sie zu. Dies kann man für den oben betrachteten reversiblen Carnot-Prozess einfach zeigen: Auf den adiabatischen Zweigen ist wegen $dQ = 0$ auch $\Delta S = \int dS = \int dQ/T = 0$. Auf den Isothermen heben sich die Entropieänderungen $\Delta S = \sum \Delta Q/T = R \ln(V_1/V_2) + R \ln(V_3/V_4) = 0$ des heißen und des kalten Reservoirs wegen $\ln(V_3/V_4) = -\ln(V_1/V_2)$ gegenseitig auf. Beachten Sie: Die Entropie des Gesamtsystems nimmt nicht ab, aber in Teilen des Systems kann sie wohl abnehmen. Für irreversible Prozesse kann die Größe $\Delta Q_{\text{irrev}} = T\,\Delta S$ als für den Prozess verlorene Wärme betrachtet werden, die nicht mehr als Arbeit nutzbar ist. Die Entropiezunahme ist ein Maß für die Nichtumkehrbarkeit eines Prozesses.

Wahrscheinlichkeit und Entropie

Es gibt aber noch eine weitere Interpretation der Entropie und zwar über die Wahrscheinlichkeit von Zuständen. Ein Gas sei zur Zeit t_1 in der linken Hälfte eines Gefäßes mit dem Volumen V_1 eingesperrt (Abb. 3.16). Wird das Ventil geöffnet, so diffundiert das Gas in die rechte Hälfte mit dem Volumen V_2 und füllt nach einer gewissen Zeit das ganze Volumen $V = V_1 + V_2$ gleichmäßig aus. Dieser Vorgang ist irreversibel, d. h. von sich aus wird das Gas nicht wieder in die linke Hälfte zurückkehren. Dieses „Zurückkehren" würde den ersten Hauptsatz der Energieerhaltung nicht verletzen, aber es wäre sehr unwahrscheinlich. Nehmen wir an, das Gas besitzt nur ein Teilchen. Die Wahrscheinlichkeit P_1, dieses

Abb. 3.16 Experiment zur
Entropie: a) Das Gas befindet
sich im linken Behälter, b) nach
Öffnen des Ventils verteilt es
sich gleichmäßig auf beide
Behälter

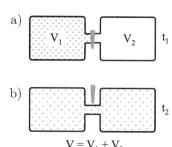

im Volumen V_1 zu finden ist $P = V_1/V = 1/2$. Besitzt das Gas N Teilchen, so ist die Wahrscheinlichkeit, dass alle in V_1 sind und keines in V_2 gegeben durch $P = 2^{-N}$. Für ein Mol mit $N = N_A = 6 \cdot 10^{23}$ Teilchen wird sofort klar, wie unwahrscheinlich es ist, alle Teilchen in V_1 zu finden. Die Entropie eines Zustandes wird durch den Logarithmus seiner Wahrscheinlichkeit definiert:

$$S = k \ln(P) \quad \text{(Entropie)}. \tag{3.18}$$

Der Zustand, dass die N Teilchen sich über das gesamte Volumen V verteilen ist $2N$ mal wahrscheinlicher, als dass alle Teilchen sich im kleineren Volumen V_1 befinden. Die Entropie ist damit um $\Delta S = k \ln(2^N)$ höher. Betrachten wir ganz allgemein ein Gas, das sich von einem kleineren Volumen V_1 auf ein größeres Volumen V ausdehnt. Die Wahrscheinlichkeit, dass ein Teilchen sich in V_1 befindet, obwohl es in ganz V sein könnte, ist gegeben durch $P = V_1/V$. Die Wahrscheinlichkeit alle N Teilchen in V_1 zu finden ist $P = (V_1/V)^N$. Die Wahrscheinlichkeit der Gleichverteilung der Teilchen über das ganze Volumen V ist nahezu $P = 1$. Die Entropiedifferenz zwischen beiden Zuständen ist also $\Delta S = k N \ln(V/V_1)$. Die Entropie ist damit proportional zur Zahl der Realisierungsmöglichkeiten eines Zustandes. Wir ersetzen „Entropie" durch „Wahrscheinlichkeit" und formulieren den **2. Hauptsatz** um: „*Ein System geht nie von selbst in einen bedeutend unwahrscheinlicheren Zustand über.*" Wird ein System sich selbst überlassen, so verändert es sich solange, bis der Zustand höchster Wahrscheinlichkeit, also maximaler Entropie erreicht ist. Beachten Sie, dass es nicht unmöglich ist, dass alle Teilchen in V_1 sind, es ist nur sehr unwahrscheinlich.

II Prüfungsfragen

Grundverständnis

F3.3.1 Beschreiben Sie den Arbeitsprozess einer Wärme-Kraftmaschine.

F3.3.2 Was ist der Wirkungsgrad? Gibt es hierfür eine Obergrenze?

F3.3.3 Was sind reversible und irreversible Prozesse? Nennen Sie Beispiele.

F3.3.4 Was besagt der zweite Hauptsatz der Thermodynamik?

F3.3.5 Was ist die Entropie?

F3.3.6 Was ist ein Perpetuum-Mobile zweiter Art?

F3.3.7 Diskutieren Sie den Carnot-Prozess im pV-Diagramm. Wie groß ist der Wirkungsgrad?

F3.3.8 Skizzieren Sie den Carnot-Prozess im TS-Diagramm.

F3.3.9 Wie funktioniert eine Wärmepumpe? Wie ist ihr Wirkungsgrad definiert?

Vertiefungsfragen

F3.3.10 Nennen Sie Wärme-Kraftmaschinen und typische Wirkungsgrade.

F3.3.11 Beschreiben Sie den Stirling-Motor.

F3.3.12 Beschreiben Sie den Otto-Motor.

F3.3.13 Warum werden in Maschinen nicht reversible Prozesse ausgenutzt, obwohl diese den höchsten Energiegewinn versprechen?

F3.3.14 Was sagt der 3. Hauptsatz der Thermodynamik (Nernst'sches Theorem)?

III Antworten

A3.3.1 Wärme-Kraftmaschinen wandeln Wärme in mechanische Arbeit um, indem eine Arbeitssubstanz Wärme aus einem heißen Reservoir (Wasserdampf, explodierendes Benzin-Luft-Gemisch) entnimmt. Beim Abkühlen und Abgabe der Restwärme an ein kälteres Reservoir (Kühlwasser) wird Arbeit geleistet. Der Arbeitsprozess ist ein zyklisch ablaufender Kreisprozess (Abb. 3.14).

A3.3.2 Der Wirkungsgrad $\eta = |\Delta W|/\Delta Q$ gibt den Anteil der geleisteten Arbeit pro aufgenommener Wärme an. In zyklisch arbeitenden Maschinen ist er $\eta = 1 - |\Delta Q_K|/\Delta Q_H$. Es gilt immer $\eta < 1$. Reale Maschinen besitzen einen Wirkungsgrad, der nicht größer als der einer idealen Carnot-Maschine sein kann.

A3.3.3 Ein reversibler Prozess ist zeitlich umkehrbar und kann von allein in die entgegengesetzte Richtung ablaufen. Ein Beispiel ist der elastische Stoß von zwei Billardkugeln (Abschn. 1.3). Wird solch ein reversibler Prozess gefilmt, so wäre der rückwärts laufende Film (Zeitumkehr) glaubhaft, denn dieser Prozess ist ebenfalls möglich. Ein irreversibler Prozess wäre der Stoß einer Billardkugel mit einer Glaskugel, die dabei in viele Scherben zerspringt. Ein entsprechend rückwärts laufender Film würde sofort als solcher erkannt werden, denn der Prozess, dass die Scherben sich zur Glaskugel zusammenfügen, kann nicht von allein ablaufen. Jemand müsste hierzu von außen eingreifen. Ein anderes typisches Beispiel für irreversible Prozesse ist die Wandlung von mechanischer Energie in Wärmeenergie, z. B. beim Abbremsen eines PKW. Die Wärme kann nicht (vollständig) in mechanische Energie zurück gewandelt werden, d. h. allein durch Abkühlen der Bremsscheiben und Rückführung der Wärme kann das Auto nicht angetrieben werden.

Dieser Sachverhalt wird im zweiten Hauptsatz der Thermodynamik ausgedrückt und kann quantitativ durch die Entropie erfasst werden. Bei reversiblen Kreisprozessen bleibt die Entropie konstant. Bei reversiblen Prozessen ist das Gas immer im thermodynamischen Gleichgewicht, und man kann zeigen, dass solche Prozesse im Prinzip unendlich langsam ablaufen müssen. Ein Beispiel für reversible Prozesse ist der Carnot-Prozess.

A3.3.4 Der 2. Hauptsatz ist ein Erfahrungssatz, der die Richtung von thermodynamischen Zustandsänderungen angibt. Er sagt, dass Wärme von selbst ohne äußeres Zutun immer nur vom wärmeren zum kälteren Reservoir fließt, nie aber umgekehrt. Die Entropie eines thermodynamischen Systems kann ohne äußeres Zutun nie abnehmen, d. h. $\Delta S \geq 0$.

A3.3.5 Die Definition der Entropie kann zweifach erfolgen. In der Thermodynamik ist die Entropie eine Zustandsgröße, deren Änderung $dS = dQ/T$ durch die ausgetauschte Wärme bei fester Temperatur gegeben ist. Der Wärmeaustausch dQ erfolgt reversibel auf einem infinitesimal kleinen Prozessabschnitt.

In der statistischen Physik ist die Entropie $S = k \ln(P)$ eine Größe, die proportional zur Wahrscheinlichkeit P eines thermodynamischen Zustandes ist. Der zweite Hauptsatz besagt, dass ein thermodynamischer Prozess nicht von allein in Richtung eines unwahrscheinlicheren Zustandes ablaufen kann, d. h. die Entropie kann nicht abnehmen ($\Delta S \geq 0$). Die Entropie ist somit ein Maß für die Irreversibilität eines Prozesses. Für reversible Prozesse bleibt die Entropie konstant ($\Delta S = 0$).

A3.3.6 Ein **Perpetuum-Mobile zweiter Art** ist eine hypothetische Maschine, die den zweiten Hauptsatz der Thermodynamik verletzen würde. Typisches Beispiel ist ein Schiff, das zyklisch Wärme aus einem Reservoir (Meerwasser) entnimmt und vollständig in mechanische Arbeit wandelt. Man kann im Carnot-Prozess (s. u.) zwar Wärme durch isotherme Ausdehnung vollständig in Arbeit wandeln (wegen $T = $ konstant folgt $0 = dU = dW + dQ$). Aber ein zyklischer Prozess kann nicht allein aus vier isothermen Zweigen aufgebaut werden.

A3.3.7 Der Carnot-Prozess ist im Theorieteil beschrieben (Abb. 3.15). Wichtig ist, dass es keine periodisch arbeitende Maschine gibt, deren Wirkungsgrad höher als der des Carnot-Prozesses $\eta = (T_H - T_K)/T_H$ ist.

A3.3.8 Der Carnot-Prozess im $T\,S$-Diagramm ist in Abb. 3.17 gezeigt.

$1 \rightarrow 2$ isotherme Expansion: Aufnahme von ΔQ_H aus heißem Reservoir mit T_H

$2 \rightarrow 3$ adiabatische Expansion: wegen $\Delta Q = 0$ gilt $\Delta S = 0$

$3 \rightarrow 4$ isotherme Kompression: Abgabe von ΔQ_K an kälteres Reservoir mit T_K

$4 \rightarrow 1$ adiabatische Kompression: wegen $\Delta Q = 0$ gilt $\Delta S = 0$

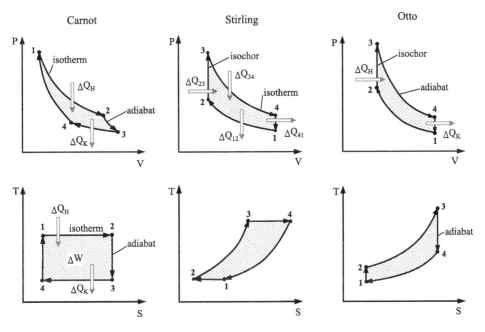

Abb. 3.17 Arbeitsdiagramme von Wärme-Kraftmaschinen

A3.3.9 Der Prozessablauf einer Wärmepumpe ist in Abb. 3.14 gezeigt. Einem kälteren Reservoir (Erdboden) wird Wärme entnommen und einem heißerem Reservoir (Haus) zugeführt. Das kalte Reservoir wird dadurch noch kälter, das heiße noch heißer. Nach dem zweiten Hauptsatz kann dieser Prozess nicht von allein ablaufen. Es muss hierfür also mechanische Energie aufgewendet werden. Ihr Wirkungsgrad, besser die Leistungszahl $\varepsilon = \Delta Q_H/\Delta W$ ist das Verhältnis aus zugeführter Wärme und aufgewendeter mechanischer Arbeit. Typische Werte für die Leistungszahl liegen um $\varepsilon \approx 5$. In Kühlschränken ist statt dessen die entzogene Wärme ΔQ_K einzusetzen. Die aufgewendete Arbeit ΔW entspricht der zugeführten elektrischen Energie.

A3.3.10 Bei **Dampfmaschinen** wird Dampf mit hohem Druck erzeugt, der sich entspannt und dabei Arbeit leistet. **Verbrennungsmotoren** wie Otto- oder Dieselmotor nutzen die Expansion des Verbrennungsgemisches. Sie besitzen höhere Wirkungsgrade als Dampfmaschinen und sind kompakter gebaut. Typische Wirkungsgrade: Otto-Motor: 35 %, Dieselmotor: 42 %. Die nicht in Nutzleistung umgesetzte Energie muss als Wärme abgeführt werden, entweder durch Kühlung oder durch Abführung heißer Abgase. Kühlung ist nicht nur zur Bereitstellung des kälteren Reservoirs nötig (Abb. 3.14), sondern auch wegen der begrenzten Wärmelast des Motormaterials (Grauguss bis 400 °C), der Dichtungen und der Schmierung. Bei Heißluftmotoren (Stirling-Motor, s. u.) wird die Arbeitssubstanz nicht ausgetauscht.

A3.3.11 Im **Stirling-Motor** durchläuft eine eingeschlossenes Gas folgende Prozesse (Abb. 3.17):

$1 \to 2$ isotherme Kompression bei Abgabe von Wärme ΔQ_{12} an kaltes Reservoir T_K

$2 \to 3$ isochore Wärmezufuhr ΔQ_{23} führt zum Druckanstieg

$3 \to 4$ isotherme Expansion, Wärmeaufnahme von ΔQ_{34} aus heißem Reservoir T_H

$4 \to 1$ isochore Wärmeabgabe ΔQ_{41}

Läuft der Stirling-Motor rückwärts, so kann er als Wärmepumpe eingesetzt werden. Zur technischen Umsetzung der isochoren Prozesse sind zwei Kolben nötig, die parallel laufen können (konstantes Volumen) und das Gas dabei zwischen heißen und kalten Räumen hin- und herschieben. In den anderen beiden Prozessen bleibt je ein Kolben fest und der andere bewegt sich auf diesen zu (Kompression des Gases) bzw. entfernt sich, wenn das Gas expandiert. Der Wirkungsgrad ist mit über 40 % so groß wie der von Dieselmotoren. Der Vorteil gegenüber Verbrennungsmotoren ist der geräuscharme Lauf und dass beliebige Heizquellen verwendet werden können. Nachteil: Die Leistungsregelung ist sehr träge, da sie nur durch Änderung der Gasmenge erfolgen kann, was die Baugröße und die Kosten erhöht.

A3.3.12 Das Arbeitsdiagramm des 4-Takt Otto-Motors ist in Abb. 3.17 gezeigt.

$1 \to 2$ adiabatische Kompression $\Delta Q = \Delta S = 0$: Ansaugen des kalten Gases bei T_1 und adiabatische Verdichtung durch Kolbenbewegung steigert Gastemperatur auf T_2

$2 \to 3$ isochore Wärmezufuhr $\Delta Q_H = c_V \, m \, (T_3 - T_2)$: Verbrennung führt zum Temperaturanstieg von T_2 nach T_3 und Drucksteigerung (~ 2000 °C, ~ 70 bar)

$3 \to 4$ adiabatische Expansion: Gas schiebt Kolben vor sich her und kühlt auf T_4 ab

$4 \to 1$ isochore Wärmeabgabe $\Delta Q_K = c_V \, m \, (T_1 - T_4)$ durch Gasaustausch

A3.3.13 Ein reversibler Prozess kann nur unendlich langsam ablaufen.

A3.3.14 Der **3. Hauptsatz der Thermodynamik** (Nernst'sches Wärmetheorem) besagt: Nähert sich die Temperatur eines Körpers dem absoluten Nullpunkt, so nähert sich auch die Entropie dem Betrag Null (erreicht diese aber nicht). Eine andere Formulierung lautet: Der absolute Nullpunkt der Temperatur kann nie erreicht werden.

3.4 Aggregatzustände, Phasenübergänge, reale Gase

I Theorie

In diesem Kapitel untersuchen wir die verschiedenen Aggregatzustände, d. h. die Phasen fest, flüssig und gasförmig, sowie die Übergänge zwischen ihnen.

Flüssigkeit & Gas

Wird ein abgeschlossener Behälter teilweise mit einer Flüssigkeit, z. B. Wasser, gefüllt, so verdampfen einige Moleküle und halten sich als Gas im Raum oberhalb der Flüssigkeit auf (Abb. 3.18a). Einige Moleküle kehren aus der Gasphase zurück in die Flüssigkeit und kondensieren. Nach kurzer Zeit bildet sich ein Gleichgewicht zwischen diesen beiden Prozessen und es stellt sich der **Dampfdruck** $p_D(T)$ im Gas ein. Die Dampfdruckkurve $p_D(T)$ bildet im pT-Diagramm (Abb. 3.18b) die Grenze zwischen der gasförmigen und der flüssigen Phase. Wird bei konstantem Druck, z. B. $p_0 = 1$ bar die Temperatur erhöht, so verdampfen mehr Moleküle und bei Überschreitung der Dampfdruckkurve bei $T = 100\,°C$ beginnt die Flüssigkeit zu sieden (Weg 1 in Abb. 3.18b). Den Übergang von flüssig nach gasförmig können wir aber auch bei konstanter Temperatur unterhalb von $100\,°C$ durch Druckreduzierung (Weg 2) erreichen. Dies geschieht durch Abpumpen des Dampfes über der Flüssigkeit, wodurch freier Platz zum Verdampfen weiterer Moleküle geschaffen wird. Dampf entwickelt sich nicht nur an der Oberfläche, sondern auch

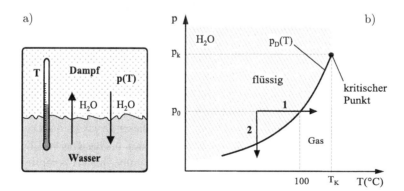

Abb. 3.18 Veranschaulichung des Dampfdrucks: a) Flüssigkeit und Dampf, b) Dampfdruckkurve von Wasser

in der Flüssigkeit in Form von Blasen. Die Flüssigkeit beginnt zu sieden und zwar für Wasser bei $p < 1$ bar schon unter $100\,°C$. Der **kritische Punkt** bildet den Abschluss der Dampfdruckkurve (T_K, p_K). Für Werte $T > T_K$ lässt sich das Gas nicht mehr verflüssigen (Abb. 3.18b).

Um aus der Flüssigkeit zu verdampfen, benötigen die Moleküle Energie, um die Bindungskräfte zu den benachbarten Molekülen zu überwinden. Schnelle Moleküle mit hoher kinetischer Energie können die Flüssigkeit verlassen. Zurück bleiben die langsamen Moleküle und die Temperatur der Flüssigkeit sinkt, denn $E_{kin} \sim kT$ (Abschn. 3.1). Soll beim Verdampfen der Flüssigkeitsmenge m die Temperatur der Flüssigkeit konstant bleiben, so muss die Wärmeenergie

$$Q = m\lambda_D, \quad [Q] = J \quad \text{(Verdampfungswärme)} \tag{3.19}$$

zugeführt werden. Jede Substanz hat ihre spezifische Verdampfungswärme λ_D und die gesamte benötigte Energie steigt mit der verdampften Masse m. Wenn der Dampf kondensiert, wird diese Energie natürlich wieder frei gesetzt.

Reale Gase

Bei steigendem Druck oder auch sinkender Temperatur weicht das Verhalten realer Gase stark von der idealen Gasgleichung ab. Im **Van-der-Waals-Modell** werden daher das Eigenvolumen sowie die Kräfte zwischen den Gasteilchen mit berücksichtigt. Für die Menge von 1 Mol gilt

$$\left(p + \frac{a}{V^2}\right)(V - b) = RT \quad \text{(Van-der-Waals-Gleichung)}. \tag{3.20}$$

Wegen des Eigenvolumens b der Teilchen ist das für die Bewegung der Teilchen zur Verfügung stehende Volumen auf $(V - b)$ reduziert. Die Anziehungskräfte der Teilchen werden durch a/V^2 erfasst und führen zu einem Binnendruck. Im idealen Gas sind die materialabhängigen Größen a und b gleich Null und wir erhalten die ideale Gasgleichung $pV = nRT$ (hier $n = 1$). Das Verhalten realer Gase ist in Abb. 3.19a am Beispiel von CO_2 mit $a = 3,6 \cdot 10^{-6}$ bar $\cdot$ m^6 $\cdot$ mol^{-2}, $b = 4,3 \cdot 10^{-5}$ m^3 $\cdot$ mol^{-1} gezeigt. Komprimiert man z. B. das reale CO_2-Gas bei konstanter Temperatur T_1, so steigt der Druck bis zum Punkt A an. Wird das Gas weiter komprimiert, so bleibt der Druck konstant. Ursache ist die Kondensation des Gases wobei sich ein Gas-Flüssigkeitsgemisch bildet. Hier herrscht ein Gleichgewicht zwischen den Molekülen, die vom Gas in die Flüssigkeit übergehen, und denen, die aus der Flüssigkeit verdampfen. Dieser Druck ist der Dampfdruck $p_D(T)$, und er bleibt so lange konstant (waagerechte Linie), bis das Gas vollständig verflüssigt worden ist (Punkt C). Will man die Flüssigkeit darüber hinaus komprimieren, so steigt der Duck extrem steil an, denn Flüssigkeiten haben eine sehr kleine Kompressibilität (Abschn. 1.6). Durchläuft man diesen Prozess bei Temperaturen oberhalb der kritischen Temperatur T_K, so lässt sich das Gas nicht mehr verflüssigen, selbst bei hohem Druck nicht. Die Kurve schneidet den Flüssigkeit-Dampfbereich nicht mehr. In Abb. 3.19b sind

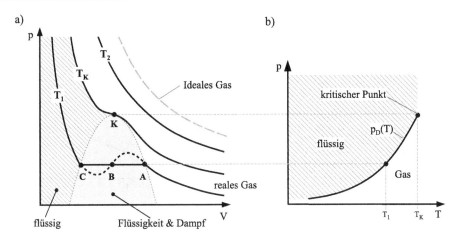

Abb. 3.19 a) Isothermen für ideales und reales Gas. b) pT-Diagramm als Schnitt des pV-Diagramms für konstantes Volumen (vgl. Abb. 3.18b)

die entsprechenden Werte im pT-Diagramm für konstantes Volumen dargestellt. Für O_2 und N_2 liegt T_K weit unter Zimmertemperatur (300 K), so dass man zur Verflüssigung von Luft diese stark kühlen muss. Bei Propan-Gas liegt T_K oberhalb von 300 K, so dass es in flüssiger Form in Gasflaschen transportiert wird. Innerhalb des Gas-Flüssigkeitsbereiches der Abb. 3.19a bleibt $p(V)$ konstant, d. h. die wirkliche Kurve folgt nicht der Van-der-Waals-Gleichung (punktierte Kurve). Diese Van-der-Waals Kurve kann man beobachten, wenn auf dem Weg von A nach B Kondensationskeime fehlen und sich übersättigter Dampf bilden kann. Auf dem Weg von C nach B müsste sich eine überhitzte Flüssigkeit bilden, d. h. es könnten keine Dampfblasen entstehen (Siedeverzug).

Festkörper & Flüssigkeit

Beim Schmelzen werden, ähnlich wie beim Sieden, Bindungskräfte der Moleküle überwunden. Die **Schmelzkurve** $p_S(T)$ (Abb. 3.20) trennt den festen vom flüssigen Bereich. Die Schmelzkurve verläuft viel steiler als die Dampfdruckkurve, d. h. die Schmelztemperatur hängt viel weniger vom Druck ab als die Siedetemperatur. Um eine Substanz der Masse m bei konstanter Temperatur zu schmelzen, ist die Schmelzwärme (latente Wärme)

$$Q = m\lambda_S, \quad [Q] = \text{J} \quad \text{(Schmelzwärme)} \tag{3.21}$$

nötig. Die Größe λ_S ist die auf ein kg der Substanz normierte spezifische Schmelzwärme.

Phasendiagramm

Das Phasendiagramm einer typischen Substanz ist für konstantes Volumen in Abb. 3.20a dargestellt. Die Schmelz- und Siedekurven sind oben besprochen worden. Der Übergang von fest nach gasförmig ist bei tiefen Temperaturen und kleinem Druck direkt möglich. Die Phasengrenze wird durch die **Sublimationskurve** gebildet, die im **Tripelpunkt**

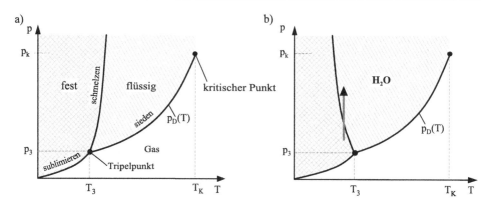

Abb. 3.20 Phasendiagramm a) für typische Materialien, b) für Wasser mit nach links geneigter Schmelzkurve. Pfeil: Verflüssigung durch Druckerhöhung

(T_3, p_3) endet. Am Tripelpunkt liegen alle Phasen im Gleichgewicht vor. Für Wasser liegt er bei $(T_3 = 0\,°\mathrm{C}, p_3 = 6{,}1\,\mathrm{mbar})$. Sie erhalten den Tripelpunkt also nicht, wenn Sie bei Normaldruck Eiswürfel in Wasser geben, sondern es müssen auch Vakuumbedingungen herrschen. Das Phasendiagramm von Wasser unterscheidet sich von den meisten anderen Substanzen durch die negative Steigung der Schmelzkurve $p_S(T)$ (Abb. 3.20b). Dies bedeutet, dass man durch Drucksteigerung bei konstanter Temperatur Eis zum Schmelzen bringen kann, ein Effekt, der beim Schlittschuhlaufen ausgenutzt wird.

Gasverflüssigung

Will man Gase verflüssigen, so muss man ihre Temperatur unter die Siedetemperatur senken. Nach dem 1. Hauptsatz ist die Temperaturabsenkung um dT eine Folge der Absenkung der inneren Energie um dU. In der Praxis will man dies adiabatisch ($dQ = 0$), also ohne Wärmeaustausch erreichen, was bedeutet, dass das ideale Gas Druckarbeit an der Umgebung leisten muss, indem es gegen den äußeren Druck expandiert. Bei realen Gasen kann dagegen die Temperatur auch ohne Arbeitsleistung gegen einen äußeren Druck gesenkt werden, denn anders als bei idealen Gasen hängt hier die innere Energie vom Gasvolumen ab. Ursache ist die Anziehung der Moleküle eines realen Gases, die zusätzlich zur kinetischen Energie auch potentielle Energie liefert. Expandiert das Volumen um dV, so wächst der mittlere Abstand der Moleküle, wozu kinetische Energie $f\,kT/2$ in potentielle Energie a/V umgewandelt wurde (**Joule-Thomson-Effekt**). Damit fällt die Temperatur um $dT = (R\,T\,b - 2a)/\big((1 + f/2)\,R\,V^2\big)dV$. Substanzen mit großer Van-der-Waals-Konstanten a erreichen also eine starke Temperatursenkung bei Expansion des Gases um dV. Allerdings muss der Zähler negativ werden, d. h. das Gas muss eine Temperatur unterhalb der Inversionstemperatur $T < T_i$ mit $T_i = 2a/R\,b$ haben, sonst erwärmt es sich bei Expansion. Der Joule-Thomson-Effekt wird beim Linde-Verfahren zur Gasverflüssigung genutzt (Abb. 3.21). Luft wird in einem Kompressor auf $p_1 = 200\,\mathrm{bar}$ Druck gebracht. Sie strömt durch ein Drosselventil und entspannt sich adiabatisch auf $p_2 = 20\,\mathrm{bar}$, wobei

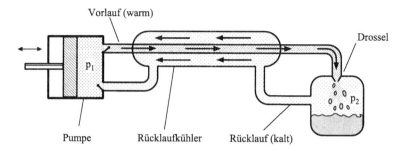

Abb. 3.21 Gasverflüssigung nach Linde

eine Abkühlung um etwa 45 °C eintritt. Die kühle Luft strömt in den Kompressor zurück und kühlt auf ihrem Weg die vor der Entspannung stehende Luft vor. Dieser Prozess wiederholt sich so lange, bis die Lufttemperatur ihre Siedetemperatur bei 20 bar unterschritten hat und sich als flüssige Luft im Behälter sammelt. In einem offenen Behälter (1 bar) liegt die Siedetemperatur der Luft bei 80,2 K. Will man H_2, He oder Ne verflüssigen, so muss man die Gase erst unter ihre Inversionstemperatur T_i abkühlen, was meist mit flüssiger Luft geschieht.

II Prüfungsfragen

Grundverständnis

F3.4.1 Was ist der Dampfdruck? Zeichnen Sie eine Dampfdruckkurve $p_D(T)$.

F3.4.2 Zeichnen Sie ein typisches Phasendiagramm und diskutieren Sie die Phasenübergänge.

F3.4.3 Zeichnen und diskutieren Sie das Phasendiagramm von Wasser und erklären Sie die Funktionsweise des Schlittschuhs.

F3.4.4 Durch Energiezufuhr mit konstanter Leistung wird aus Eis Wasserdampf erzeugt. Skizzieren Sie die Temperatur als Funktion der Zeit und geben Sie die benötigte Energiemenge an.

F3.4.5 Diskutieren Sie reale Gase anhand der Van-der-Waals Gleichung und erläutern Sie die Isothermen im pV-Diagramm.

F3.4.6 Erläutern Sie den Joule-Thomson-Effekt.

F3.4.7 Beschreiben Sie das Linde-Verfahren zur Gasverflüssigung.

Messtechnik

F3.4.8 Wie kann man die Dampfdruckkurve experimentell ermitteln?

F3.4.9 Wie kann man Verdampfungswärme und Schmelzwärme einer Substanz messen?

Vertiefungsfragen

F3.4.10 Wie funktioniert ein Kühlschrank?

F3.4.11 Was besagt die Clausius-Clapeyron-Gleichung?

F3.4.12 Was sind Kältemischungen und wie funktioniert die Gefrierpunktserniedrigung?

F3.4.13 Was ist gesättigter, untersättigter, übersättigter Dampf? Was ist Siedeverzug?

III Antworten

A3.4.1 Befindet sich eine Flüssigkeit sowie ihr Dampf (Gas) in einem geschlossenen Gefäß (Abb. 3.18a), so stellt sich im Gleichgewicht im Gas der Dampfdruck $p_D(T)$ ein. Er hängt nicht von der Flüssigkeitsmenge, sondern nur von der Temperatur ab, da mit steigender Temperatur mehr Moleküle die Flüssigkeit aufgrund der höheren kinetischen Energie verlassen können. Die Dampfdruckkurve bildet im pT-Diagramm (Abb. 3.18b) die Grenze (Gleichgewicht) zwischen der gasförmigen und der flüssigen Phase. Jede Substanz hat ihre spezifische Dampfdruckkurve. Für Temperaturen oberhalb des kritischen Punktes lässt sich das Gas (Dampf) nicht mehr verflüssigen.

A3.4.2 Das Phasendiagramm (Zustandsdiagramm) beschreibt den Zusammenhang der Zustandsgrößen p, V, T eines realen thermodynamischen Systems und kennzeichnet die Aggregatzustände fest, flüssig und gasförmig (Abb. 3.20a). Durch Druck- oder Temperaturänderungen kann man die Grenzen zwischen zwei Aggregatzuständen überschreiten. Nur am Tripelpunkt existieren alle drei Phasen im Gleichgewicht (Abb. 3.20a). Seine Werte (p_3, T_3) sind materialspezifisch. Bei Überschreiten der Sublimationskurve gelangt man direkt vom festen in den gasförmigen Zustand, ohne die Substanz erst schmelzen zu müssen. Die in Abb. 3.18b gezeigte Dampfdruckkurve $p_D(T)$ ist die Siedekurve in Abb. 3.20a, also ein Ausschnitt des Phasendiagramms. Zustandsdiagramme sind wichtig für die chemische Verfahrenstechnik, z. B. der Kristallzüchtung aus der gasförmigen oder flüssigen Phase.

A3.4.3 Das Phasendiagramm von Wasser (Abb. 3.20b) unterscheidet sich von den meisten Substanzen durch die nach links geneigte Schmelzkurve. Dies bedeutet, dass durch

Drucksteigerung (Schlittschuhlaufen) Wasser von der festen in die flüssige Phase gelangt. Bei den meisten Substanzen wird dagegen durch Drucksteigerung die Flüssigkeit verfestigt (Abb. 3.20a). Der Tripelpunkt von Wasser ($T_3 = 0\,°C$, $p_3 = 6{,}1$ mbar) ist ein Fixpunkt der Temperaturskala.

A3.4.4 Das qualitative Zeitverhalten ist in Abb. 3.22 gezeigt. Es setzt sich aus folgenden Prozessen zusammen: Erwärmen von Eis – Schmelzen – Erwärmen des Wassers – Verdampfen – Heizen des Dampfes. Der Erwärmungsprozess startet bei Eis mit der Temperatur von $T = -10\,°C$. Es wird als Festkörper (Masse m, spezifische Wärme $c_{\text{Eis}} = 2050\,\text{J} \cdot \text{kg}^{-1} \cdot \text{K}^{-1}$) auf die Temperatur $T = 0\,°C$ erwärmt. Dabei steigt die Temperatur $\Delta T = \Delta Q / (c_{\text{Eis}}\, m)$ linear mit der Zeit, da die Heizleistung $P = \mathrm{d}Q/\mathrm{d}t$ konstant ist. Während des Schmelzvorgangs bleibt die Temperatur des Wasser-Eis-Gemisches konstant bei $T = 0\,°C$. Die Schmelzwärme beträgt $\Delta Q = m\lambda_S$ (spezifische Schmelzwärme $\lambda_S = 333\,\text{kJ} \cdot \text{kg}^{-1} \cdot \text{K}^{-1}$). Danach steigt die Temperatur $\Delta T = \Delta Q / (c_W\, m)$ des Wassers wieder linear bis auf $100\,°C$ an ($c_W = 4{,}18\,\text{kJ} \cdot \text{kg}^{-1} \cdot \text{K}^{-1}$). Während des Siedevorgangs bleibt die Wassertemperatur konstant bei $T = 100\,°C$. Die zum Verdampfen benötigte Wärme beträgt $\Delta Q = m\lambda_D$ (spezifische Verdampfungswärme $\lambda_D = 2257\,\text{kJ} \cdot \text{K}^{-1}$). Erst wenn das Wasser komplett verdampft ist, kann der Wasserdampf weiter aufgeheizt werden. Die meiste Energie wird zum Verdampfen des Wassers benötigt.

Abb. 3.22 Erwärmung von Eis – Wasser – Dampf

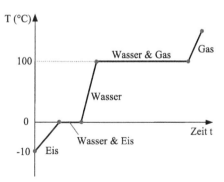

A3.4.5 Reale Gase werden durch die Van-der-Waals-Gleichung $\left(p + a/V^2\right)\left(V - b\right) = R\,T$ gut beschrieben (für $n = 1$ mol). Die Teilchen von realen Gasen besitzen ein Eigenvolumen b und üben untereinander Kräfte aus, die zum Binnendruck a/V^2 führen. Ohne diese beiden Terme ergibt sich die ideale Gasgleichung $p\,V = n\,R\,T$. Diskussion siehe Theorieteil „Reale Gase". Die Isothermen im pV-Diagramm eines realen Gases sind in Abb. 3.19a gezeigt. Diskussion siehe Theorieteil „Reale Gase". Wichtig ist der schraffierte Bereich unter dem kritischen Punkt K. Hier verläuft die Isotherme bei konstantem Druck, dem Dampfdruck $p_D(T)$ (Abb. 3.19b), da ein Gleichgewicht zwischen Gas- und Flüssigkeitsphase besteht. Für hohe Temperaturen verhält sich das reale wie das ideale Gas.

A3.4.6 Beim **Joule-Thomson-Effekt** strömt Gas aus einer Kammer mit hohem Druck durch ein Drosselventil in einen Bereich mit geringerem Druck und kühlt sich dabei ab. Bei dieser Entspannung leistet es keine Druckarbeit ($\Delta W = 0$), da es nicht gegen einen Außendruck „arbeiten" muss. Zudem verläuft die Expansion durch das Drosselventil adiabatisch ($\Delta Q = 0 = \Delta S$). Die Abkühlung kann man nicht mit dem idealen Gasmodell, sondern nur mit dem Modell realer Gase erklären. Bei idealen Gasen dürfte nach dem ersten Hauptsatz wegen $\Delta U = \Delta W + \Delta Q = 0$ die Temperatur des Gases nicht sinken, denn die innere Energie bleibt konstant. Bei realen Gasen dagegen liefern die Anziehungskräfte der Moleküle einen zusätzlichen Beitrag zur inneren Energie. Nach der Entspannung durch das Drosselventil besitzen die Moleküle einen größeren Abstand, wodurch die innere Energie und damit die Temperatur sinken. Allerdings muss zur Abkühlung durch Entspannung erst eine Inversionstemperatur unterschritten werden, sonst heizen sich die Gase auf (siehe auch Theorieteil).

A3.4.7 Das Linde-Verfahren zur Gasverflüssigung ist im Theorieteil beschrieben (Abb. 3.21).

A3.4.8 Die Messung des Dampfdrucks einer Flüssigkeit kann z. B. wie folgt geschehen: Ein Becher wird mit der zu messenden Flüssigkeit gefüllt, eine Heizwendel und ein Thermoelement zur Temperaturmessung in die Flüssigkeit gestellt und alles unter einer Vakuumglocke platziert. Die Flüssigkeit wird auf eine Temperatur T aufgeheizt, die Luft wird so lange abgepumpt, bis die Flüssigkeit zu sieden beginnt. Der herrschende Druck ist der Dampfdruck $p_D(T)$.

A3.4.9 Die experimentelle Bestimmung der Verdampfungswärme sowie der Schmelzwärme einer Substanz kann mittels Kalorimeter erfolgen (Abb. 3.12, Abschn. 3.2). Dazu wird die pro kg Material beim Verdampfen bzw. Schmelzen benötigte Energie bestimmt.

A3.4.10 In **Kältemaschinen** wie der Kaltdampfmaschine wird eine Flüssigkeit (Kühlmittel) verwendet, die bei Zimmertemperatur (20 °C) siedet. Das Kühlmittel wird durch ein Rohrsystem vom zu kühlenden kalten Reservoir, wo es Wärme aufnimmt, in den warmen Bereich transportiert, wo es seine Wärme wieder abgibt. Die Wärmeaufnahme erfolgt durch Verdampfung, die Wärmeabgabe durch Kondensation der Flüssigkeit. Im Verdampfer nahe des Kühlbereichs wird der Druck über der Flüssigkeit verringert, so dass diese verdampfen kann. Die hierfür nötige Verdampfungsenergie entnimmt sie der Umgebung (Kühlraum). Der Dampf wird von einem Kompressor in einen Kondensator (warmes Reservoir) gepumpt und komprimiert, wo er kondensiert. Dabei wird Kondensationswärme freigesetzt und abgeleitet (Kühlrippen hinter dem Kühlschrank). Das Kältemittel strömt dann durch ein Expansionsventil, wodurch es sich auf den Anfangsdruck entspannt und seine Temperatur weiter verringert. Danach wird es in den Verdampfer zurückgeleitet, so dass der Kreislauf neu beginnen kann.

A3.4.11 Die **Clausius-Clapeyron-Gleichung** beschreibt die Phasenumwandlung einer Substanz. Für den Übergang von der flüssigen in die gasförmige Phase gilt $\lambda_D = T \frac{dp}{dT} (v_D - v_{Fl})$. Hierbei ist das spezifische Volumen der Flüssigkeit vor dem Verdampfen durch $v_{Fl} = V_{Fl}/m_{Fl}$ gegeben und das spezifische Volumen des Dampfes $v_D = V_D/m_D$, jeweils für die Temperatur T. Die spezifische Verdampfungswärme λ_D ist also temperaturabhängig. Die Steigung der Dampfdruckkurve (Siedekurve) ist durch dp/dT gegeben (Abb. 3.20a). Daraus kann wiederum λ_D experimentell ermittelt werden (siehe Antwort A3.4.9). Für den Übergang von der festen in die flüssige Phase gilt entsprechend $\lambda_S = T \frac{dp}{dT} (v_{Fl} - v_{Fest})$. Die spezifischen Volumina für die flüssige Phase und die feste Phase bei der Temperatur des Schmelzpunktes sind durch v_{Fl} und v_{Fest} gegeben.

A3.4.12 Kältemischungen werden zur einmaligen Kälteerzeugung eingesetzt. Sie bestehen aus verschiedenen Stoffen wie z. B. Salz und Wasser, wobei die Temperatur des Gemisches durch das Lösen der Salzkristalle sinkt. Mit NaCl kann $T = -23\,°C$ erreicht werden. Entsprechend führt dies zur Gefrierpunktserniedrigung. Allgemein liegt der Gefrierpunkt einer Lösung tiefer als der des reinen Lösungsmittels. Der Gefrierpunkt sinkt mit zunehmender Konzentration des gelösten Stoffs.

A3.4.13 Der Dampf über einer Flüssigkeit ist gesättigt, wenn ein thermodynamisches Gleichgewicht zwischen der Flüssigkeit und dem Dampf besteht, d. h. wenn sich der Dampfdruck eingestellt hat. Übersättigter Dampf liegt vor, wenn der Dampf unter die Siedetemperatur abgekühlt wird, aber keine Kondensationskeime vorliegen, so dass er in den flüssigen Zustand übergehen kann (siehe auch Diskussion der Van-der-Waals-Kurven realer Gase im Theorieteil).

Elektrizität & Magnetismus

4

4.1 Elektrische Ladung, Feld, Fluss, Potenzial, Energie

I Theorie

Die Elektrostatik und -dynamik stellt neben der Mechanik die zweite Säule der Physik dar. Die Bedeutung dieses Themas für unseren Alltag wird deutlich, wenn man sich vor Augen führt, was passiert, bzw. nicht mehr passiert, wenn nur einen Tag lang der Strom ausfällt.

Elektrische Ladung

Elektrische Ladung ist eine intrinsische Materialeigenschaft, aber keine Substanz, ebenso wenig wie die Masse. Die Ladung zeichnet sich durch folgende Eigenschaften aus:

- Es gibt positive q^+ und negative q^- Ladungen, die sich gegenseitig neutralisieren,
- Ladung bleibt im geschlossenen System erhalten, d. h. sie wird nicht erzeugt, sondern getrennt,
- Ladung ist gequantelt, d. h. sie ist immer ein ganzzahliges Vielfaches der Elektronenladung: $q = \pm n\,e$, $n \in N$, $e = 1{,}6 \cdot 10^{-19}$ C, $[q] = $ C $=$ Coulomb,
- gleichnamige Ladungen stoßen sich ab, ungleichnamige ziehen sich an (Abb. 4.1),
- Ladungen sind immer an massive Teilchen gebunden (z. B. Elektronen, Protonen, Ionen),
- Ladungen lassen sich transportieren, z. B. durch isolierte Metallkugeln.

© Springer-Verlag Berlin Heidelberg 2016
H.-C. Mertins, M. Gilbert, *Prüfungstrainer Experimentalphysik*,
DOI 10.1007/978-3-662-49690-9_4

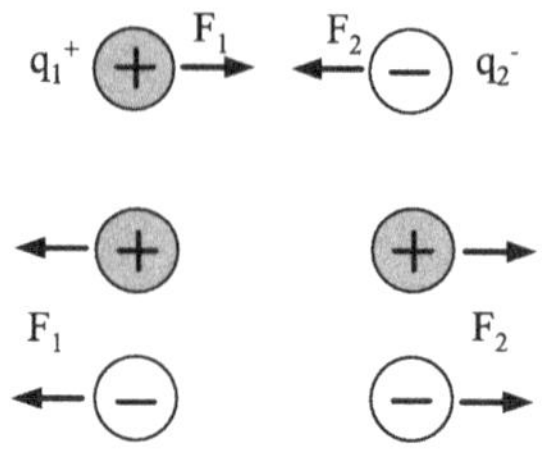

Abb. 4.1 Kräfte zwischen
elektrischen Ladungen

Coulomb-Kraft

Zwischen zwei Punktladungen q_1, q_2 im Abstand r wirkt die Coulomb-Kraft mit dem
Betrag

$$F(r) = \frac{1}{4\pi\varepsilon_0}\frac{q_1 q_2}{r^2} \quad \text{(Coulomb-Kraft)}, \tag{4.1}$$

wobei $\varepsilon_0 = 8{,}85 \cdot 10^{-12}\ \text{C}^2 \cdot \text{N}^{-1} \cdot \text{m}^{-2}$ die Dielektrizitätskonstante ist. Die Kraft zeigt von
der einen zur anderen Punktladung (Abb. 4.1). Sind mehrere Punktladungen vorhanden,
so addieren sich die Kräfte vektoriell.

Elektrische Felder

Warum spüren die Ladungen eine Kraft, obwohl sie sich nicht berühren? Was passiert,
wenn q_1 keine Punktladung, sondern eine ausgedehnte Ladung ist, oder wenn mehrere
Ladungen vorhanden sind? Um solche Probleme beschreiben zu können, wird das elektrische Feld mit der Feldstärke $\vec{E}(\vec{r})$ definiert. Elektrische Felder werden durch Ladungen
erzeugt und können durch eine Probeladung q ausgemessen werden. Allerdings muss eine Probeladung infinitesimal klein sein, um das Feld selbst nicht zu beeinflussen. Zur
Feldvermessung wird die Probeladung durch das Feld bewegt und an jeder Stelle $\vec{r}$ die
wirkende Coulomb-Kraft ermittelt.

$$\vec{F}(\vec{r}) = q\,\vec{E}(\vec{r}), \quad [E] = \frac{\text{N}}{\text{C}} = \frac{\text{V}}{\text{m}} \quad \text{(Definition des E-Feldes)}. \tag{4.2}$$

Aus dem elektrischen Feld lässt sich also die Coulomb-Kraft berechnen. Die Gleichwer-
tigkeit der Einheiten Newton/Coulomb und Volt/Meter wird weiter unten ersichtlich. Das
Feld einer Punktladung Q folgt direkt aus Gl. 4.1.

$$\vec{E}(\vec{r}) = \frac{1}{4\pi\varepsilon_0}\frac{Q}{r^2}\vec{r}_0 \quad \text{(E-Feldstärke der Punktladung } Q), \tag{4.3}$$

wobei $\vec{r}_0$ der radial von der Punktladung ausgehende Einheitsvektor ist. Wie werden elektrische Felder grafisch dargestellt? Hierzu wird an jedem Ort $\vec{r}$ ein Vektor der Länge
$\left|\vec{E}(\vec{r})\right|$ eingetragen. E-Felder beginnen bei positiver Ladung und enden bei negativer Ladung. Für das Beispiel der Punktladung (Gl. 4.3) ist dies in Abb. 4.2 gezeigt. Das Feld
zeigt radial nach außen, und die Feldstärke (Pfeillänge) nimmt mit wachsendem Abstand

ab. Eine positive Probeladung würde in diesem Feld die radial nach außen gerichtete Kraft $\vec{F}(\vec{r}) = q\,\vec{E}(\vec{r})$ erfahren und in diese Richtung beschleunigt werden. Die E-Feldvektoren schließen sich zu E-Feldlinien zusammen, an denen sie tangential anliegen. Je dichter die Feldlinien liegen, desto größer ist die Feldstärke. Die Felder mehrerer Punktladungen Q_i addieren sich vektoriell (Abb. 4.3).

Das E-Feld vor einer unendlich großen, ebenen, geladenen Metallplatte ist homogen, denn es hängt nicht vom Ort $\vec{r}$ vor der Platte, sondern nur von der Flächenladungsdichte $\sigma = \mathrm{d}Q/\mathrm{d}A$ ab.

$$E = \sigma/2\,\varepsilon_0 \quad \text{(Feld einer ebenen Metallplatte)} . \tag{4.4}$$

Man kann mit zwei ebenen, parallel gegenüberliegenden Metallplatten endlicher Größe ein homogenes elektrisches Feld erzeugen. (Plattenkondensator, Abschn. 4.2). Mit Ausnahme des Randbereiches ist das Feld zwischen den Platten homogen mit der Feldstärke $E = \sigma/\varepsilon_0$.

Für Metallplatten und elektrische Leiter generell gilt: E-Felder stehen immer senkrecht auf der Oberfläche (Abb. 4.4), egal ob dies eine Kugel oder eine ebene Platte ist. Wäre dies nicht so, dann würde die parallel zur Oberfläche liegende Feldkomponente $\vec{E}_p$ die frei bewegliche Ladung des Leiters so weit verschieben, bis $\vec{E}_p = 0$, d. h. bis das Feld senkrecht auf der Oberfläche steht.

Abb. 4.2 Das radiale elektrische Feld einer Punktladung Q nimmt mit wachsendem Abstand ab und erzeugt die Coulomb-Kraft auf die Probeladung q. Die kreisförmigen Äquipotenziallinien stehen senkrecht auf den Feldlinien

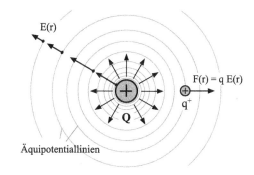

Abb. 4.3 Das Feldlinienbild zweier Punktladungen entsteht durch Vektoraddition der Einzelfelder

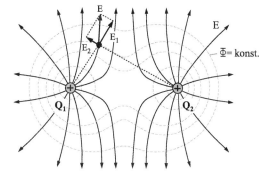

Abb. 4.4 Elektrische Feldlinien stehen senkrecht auf
Leiteroberflächen. Äquipotenzialflächen (Linien) stehen
immer senkrecht auf dem
E-Feld

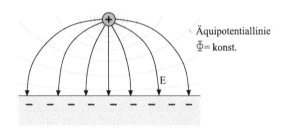

Abb. 4.5 Veranschaulichung
zum Gauß'schen Satz

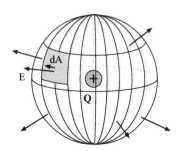

Elektrischer Fluss

Elektrische Felder werden durch Ladungen erzeugt. Um dies quantitativ zu erfassen, definiert man den elektrischen Fluss durch eine Fläche:

$$\Phi_{el} = \int \vec{E} \cdot d\vec{A}, \quad [\Phi_{el}] = Vm \quad \text{(elektrischer Fluss)}. \tag{4.5}$$

Die Vorstellung des elektrischen Flusses entspricht der Strömung einer Flüssigkeit, wobei
die Strömungsgeschwindigkeit der E-Feldstärke entspricht. In dem Beispiel von Abb. 4.5
„strömen" die E-Feldlinien von der eingeschlossenen Punktladung aus radial durch die
umhüllende Kugelfläche. Da die Fläche gekrümmt ist, wird sie aus kleinen Flächenele-
menten aufgebaut, wobei der Flächeninhalt mit dA bezeichnet und die Orientierung im
Raum durch die Flächennormale $d\vec{A}$ gegeben wird. In unserem Fall steht das E-Feld
senkrecht auf der Fläche, d. h. E-Feld und Flächennormale $d\vec{A}$ sind parallel, was einen
maximalen Fluss durch die Fläche ergibt. Würden die E-Felder parallel zur Fläche laufen,
so wäre der Fluss Null. Dieses Verhalten wird durch das Skalarprodukt in Gl. 4.5 erfasst.

Der **Satz von Gauß** besagt, dass die gesamte in einer geschlossenen Fläche eingeschlossene Ladung Q direkt proportional zum elektrischen Fluss durch diese Fläche ist:

$$\Phi_{el} = \frac{1}{\varepsilon_0} Q \quad \text{(Satz von Gauß)}. \tag{4.6}$$

Die Idee des Satzes ist, dass alle in positiven Ladungen beginnenden Feldlinien irgendwo
durch die Fläche stoßen müssen und somit erfasst werden (Abb. 4.5). Die Fläche muss
deshalb geschlossen sein. Ihre Form spielt aber keine Rolle und es ist auch egal, wie die
Ladung in ihr verteilt ist. Damit haben wir den allgemeinen Zusammenhang zwischen
Ladung und E-Feld.

Potenzial, Spannung & Energie

Wollen wir eine Ladung q im E-Feld um die Strecke $\mathrm{d}\vec{r}$ verschieben, so ist die Arbeit

$$W = \int_{r_1}^{r_2} \vec{F} \cdot \mathrm{d}\vec{r} = q \int_{r_1}^{r_2} \vec{E} \cdot \mathrm{d}\vec{r} \quad \text{(Arbeit)} \tag{4.7}$$

nötig. Die Eigenschaft des Feldes steckt in dem Integral der rechten Seite. Für ein elektrostatisches Feld ist das Integral nur von Anfangs- und Endpunkt, nicht aber vom Weg zwischen diesen Punkten abhängig (siehe Abschn. 1.2). Deshalb ist das Feld konservativ und für jeden Ort $\vec{r}$ kann ein Potenzial definiert werden.

$$\Phi(\vec{r}) = \int_{r}^{\infty} \vec{E} \cdot \mathrm{d}\vec{r}, \quad [\Phi] = \mathrm{V} = \text{Volt} \quad \text{(Potenzial)}. \tag{4.8}$$

Das Potenzial ist meist auf $r = \infty$ normiert, so dass $\Phi(\infty) = 0$. Was haben wir mit dem Potenzial gewonnen? Nach Gl. 4.7 ist die Arbeit zur Verschiebung einer Ladung zwischen zwei Orten im E-Feld nur von der entsprechenden Potenzialdifferenz abhängig. Diese Differenz heißt die elektrische Spannung zwischen den beiden Orten.

$$U = \Phi(\vec{r}_2) - \Phi(\vec{r}_1) = \int_{r_1}^{r_2} \vec{E} \cdot \mathrm{d}\vec{r} \quad [U] = \mathrm{V} = \text{Volt} \quad \text{(Spannung)}. \tag{4.9}$$

Durch die Verschiebung im E-Feld hat sich die potenzielle Energie der Ladung geändert und zwar um die Arbeit, die zur Verschiebung der Ladung nötig war.

$$W = q\,U = \Delta E_{\text{pot}} \quad \text{(Arbeit der Ladungsverschiebung)}. \tag{4.10}$$

Somit können wir die Arbeit einfach aus der Spannung berechnen. Dies ist analog zur Arbeit $W = m\,g\,h$, die zur Verschiebung einer Masse m im Schwerefeld der Erde nötig ist:

Die Höhe stellt das Potenzial dar, die Höhendifferenz h entspricht der Spannung U und die Masse entspricht der Ladung (Abschn. 1.2). Das elektrische Feld sowie das Potenzial einer Punktladung sind in Abb. 4.6 gezeigt. Wird eine positive Probeladung in Richtung der im Koordinatenursprung liegenden Punktladung verschoben ($r \to 0$), so muss Arbeit gegen die Coulomb-Kraft aufgewendet werden. Dabei erhöht sich die potenzielle Energie der Probeladung, ähnlich dem Hochrollen einer Kugel auf einen Berg. Wird die Kugel (Probeladung) frei gelassen, so rollt sie den Berg hinab und potenzielle Energie wird in kinetische gewandelt.

Wir haben mit dem Potenzial aber noch mehr gewonnen. Es ist als Skalar einfacher zu behandeln als das vektorielle E-Feld. Zudem können wir das E-Feld direkt aus dem

Abb. 4.6 Qualitative Darstellung des Potenzials $\Phi(r)$, der Feldstärke $E(r)$ und des Verlaufs der Äquipotenziallinien in der Nähe einer Punktladung

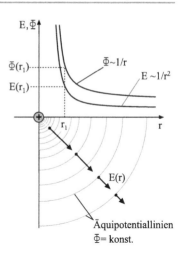

Potenzial bestimmen, indem wir Gl. 4.8 „umkehren" (Abschn. 1.2).

$$\vec{E}(\vec{r}) = -\operatorname{grad} \Phi(\vec{r}) \quad \text{(elektrisches Feld)} \tag{4.11}$$

mit $\operatorname{grad} \Phi(\vec{r}) = \left(\dfrac{\partial \Phi}{\partial r_x}, \dfrac{\partial \Phi}{\partial r_y}, \dfrac{\partial \Phi}{\partial r_z} \right)$.

Wenn es um Kräfte auf Ladungen geht, benutzt man besser das E-Feld, wenn es um die Energie geht, besser das Potenzial.

Die Flächen im Raum mit konstantem Potenzial heißen **Äquipotenzialflächen** ($\Phi(\vec{r}) =$ konstant). Sie sind in den Abb. 4.2–4.4 und 4.6 eingetragen. Sie entsprechen den Höhenlinien auf einer Landkarte. Wandert man auf einer Höhenlinie um einen Berg, so bleibt das Potenzial (Höhe) konstant und es kostet keine Arbeit. Entsprechend ist die Arbeit Null, wenn Ladung auf einer Äquipotenzialfläche (Linie) auf dem Weg d$\vec{r}$ von $\vec{r}_1$ nach $\vec{r}_2$ verschoben wird, denn $W = q \left(\Phi(\vec{r}_2) - \Phi(\vec{r}_1) \right) = 0$. Je dichter der Äquipotenziallinien liegen, desto stärker ist das E-Feld (Abb. 4.6), was sich direkt aus Gl. 4.11 ergibt. Äquipotenzialflächen stehen immer senkrecht auf den E-Feldlinien, was direkt aus dem Skalarprodukt ($0 = W = q \int \vec{E} \cdot d\vec{r} \Rightarrow \vec{E} \perp d\vec{r}$) folgt.

Influenz

Wird ein elektrischer Leiter, z. B. ein Metallkasten, in ein externes Feld $\vec{E}_{ex}$ gebracht (Abb. 4.7), so werden die frei beweglichen Ladungen des Metalls durch die Kraft $\vec{F} = q\vec{E}_{ex}$ verschoben. Diese Influenz erfolgt solange, bis das durch die Ladungsverschiebung erzeugte innere Feld $\vec{E}_{in}$ das externe Feld vollständig kompensiert. Deshalb ist der Innenraum eines solchen „**Faraday-Käfigs**" feldfrei. Entsprechend muss das Potenzial $\Phi(\vec{r})$ überall auf dem Metallkäfig konstant sein, so dass $\vec{E}(\vec{r}) = -\operatorname{grad} \Phi(\vec{r}) = 0$. Auf diesem Effekt basiert die elektrostatische Abschirmung. Der Faraday-Käfig bleibt natürlich elektrisch neutral, denn die Ladungen sind nur verschoben worden.

Abb. 4.7 Im Inneren eines Metallkastens (Faraday-Käfig) kann aufgrund der Influenz kein äußeres elektrisches Feld eindringen

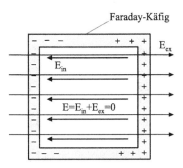

II Prüfungsfragen

Grundverständnis

F4.1.1 Wovon handelt die Elektrostatik?

F4.1.2 Wie erzeugt man elektrische Ladung?

F4.1.3 Was sind elektrische Felder und wie werden sie erzeugt?

F4.1.4 Wie bewegt sich eine Ladung im E-Feld? Nennen Sie technische Anwendungen.

F4.1.5 Skizzieren Sie das Feld einer Punktladung vor einer geladenen Metallplatte.

F4.1.6 Was ist der elektrische Fluss und was sagt der Gauß'sche Satz?

F4.1.7 Was sind elektrisches Potenzial, Spannung und potenzielle Energie?

F4.1.8 Wie schnell wird ein Elektron, das zuerst im Abstand r_1 von einer negativen Punktladung ruht und sich dann auf den Abstand r_2 entfernt?

F4.1.9 Leiten Sie aus dem Coulomb-Potenzial der Punktladung das E-Feld ab.

F4.1.10 Was sind Äquipotenzialflächen? Skizzieren Sie ein Beispiel.

F4.1.11 Was ist Influenz und was ist ein Faraday-Käfig?

Messtechnik

F4.1.12 Wie kann man Ladung messen?

F4.1.13 Wie wird im Millikan-Versuch die Ladung gemessen?

F4.1.14 Wie kann man E-Felder messen und sichtbar machen?

Vertiefungsfragen

F4.1.15 Skizzieren Sie das E-Feld im Bereich einer geladenen Hohlkugel.

F4.1.16 Wie funktioniert der Van-de-Graaff-Generator?

F4.1.17 Wie verhalten sich E-Felder an Spitzen?

F4.1.18 Leiten Sie das E-Feld einer Punktladung mithilfe des Gauß'schen Satzes ab.

F4.1.19 Was sind Bild- oder Spiegelladungen?

III Antworten

A4.1.1 Die Elektrostatik handelt von den Erscheinungen, die durch ruhende Ladungen erzeugt werden. Thema sind das elektrische Feld, das Potenzial, die Spannung sowie Influenz. Grundlage ist das Coulomb'sche Gesetz, das die Kraftwirkung zwischen zwei ruhenden Punktladungen beschreibt.

A4.1.2 Elektrische Ladung kann nicht erzeugt werden. Es ist nur möglich, positive von negativer Ladung räumlich zu trennen. Möglich ist dies folgendermaßen: A) Werden zwei Metallplatten, die in Kontakt stehen, in ein elektrisches Feld gebracht, so werden durch die elektrischen Kräfte die Ladungen zwischen den Platten verschoben (Influenz). Werden beide Platten getrennt und aus dem Feld herausgezogen, so bleibt die Ladungstrennung erhalten. B) Bei der Glühemission, d. h. durch Heizen eines Drahtes, werden Elektronen thermisch emittiert. C) Werden extrem hohe elektrische Felder an Metalle angelegt, so können durch Feldemission Elektronen austreten (siehe Antwort A4.1.17). D) Bei Ausnutzung der Reibungselektrizität werden zwei Substanzen (Kunststoffstab, Wolltuch) in Kontakt gebracht, wobei durch die unterschiedliche Austrittsarbeit der Elektronen diese von einer Substanz zur anderen wandern können. In großem Stil nutzt der Van-de-Graaff-Generator diesen Effekt (siehe Antwort A4.1.16).

A4.1.3 Das elektrische Feld repräsentiert den elektrischen Zustand des Raumes. Es wird durch den Vektor der elektrischen Feldstärke $\vec{E}(\vec{r})$ am Ort $\vec{r}$ dargestellt, der tangential an den elektrischen Feldlinien anliegt. Eine Ladung q erfährt im Feld die Kraft $\vec{F} = q\,\vec{E}$. Erzeugen kann man elektrische Felder auf zwei Arten: A) durch getrennte elektrische Ladungen, wobei elektrische Felder von positiven zu negativen Ladungen verlaufen und B) durch Induktion (Abschn. 4.6).

A4.1.4 Eine Probeladung q wird im elektrischen Feld durch die Kraft $\vec{F} = q\,\vec{E}$ längs der Feldlinien beschleunigt. Fliegt eine Probeladung in ein Feld hinein, so wird sie von der ursprünglich geraden Bahn in Richtung der Kraft abgelenkt, analog dem schiefen Wurf einer Masse im Gravitationsfeld. Dies findet Anwendung im Fernseher, der **Braun'schen Röhre**, dem Oszilloskop oder dem Tintenstrahldrucker. Ziel ist es, die Bahn und damit den Auftreffort des Elektrons auf dem Leuchtschirm bzw. des geladenen Tintentröpfchens auf dem Papier durch elektrische Felder zu steuern. Der prinzipielle Aufbau ist in Abb. 4.8 gezeigt: Aus einer Glühwendel werden Elektronen thermisch emittiert und mit der Spannung U_B auf eine Lochblende beschleunigt. Ein feiner Elektronenstrahl durchläuft danach ein durch Ablenkplatten erzeugtes elektrisches Feld und erfährt die ablenkende Kraft $\vec{F} = q\,\vec{E}$, die zu einer Parabelbahn (wie beim schiefen Wurf) führt. Hinter den Platten bewegen sich die Elektronen geradlinig weiter, treffen auf den Leuchtschirm und erzeugen durch Elektronenstoßanregung mit den Atomen des aufgetragenen Leuchtstoffs einen hellen Fleck (Abschn. 7.1). Die Position des Flecks auf dem Schirm wird durch die ablenkende Kraft, d. h. durch die Feldstärke $E = U_A/d$ bestimmt, wozu die Ablenkspannung U_A im Betrag und der Polung variiert werden kann. Die hängt wie beim Plattenkondensator vom Plattenabstand d ab (Abschn. 4.2).

Abb. 4.8 Bewegte Ladung im E-Feld

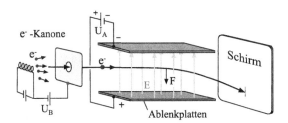

A4.1.5 Das E-Feld einer positiven Punktladung vor einer negativ geladene Metallplatte ist in Abb. 4.4 gezeigt. Wichtig ist, dass die Feldlinien senkrecht auf der Metalloberfläche stehen. Würde es sich nicht um eine Metallplatte mit frei beweglichen Ladungsträgern handeln, sondern um eine geladene Isolatorplatte mit unbeweglichen Ladungen, so müssen die Feldlinien nicht unbedingt im rechten Winkel austreten (siehe Theorieteil).

A4.1.6 Der elektrische Fluss wird durch $\Phi_{el} = \int \vec{E} \cdot d\vec{A}$ definiert. Es ist der Anteil der elektrischen Feldlinien der Feldstärke E, die senkrecht durch eine Fläche dA treten. Der elektrische Fluss wird benötigt, um mithilfe des Gauß'schen Satzes den Zusammenhang zwischen Ladung und dem von ihr erzeugten elektrischen Feld zu berechnen. Der Satz von Gauß besagt, dass die gesamte in einer geschlossenen Fläche eingeschlossene Ladung Q direkt proportional zum elektrischen Fluss durch diese Fläche ist, d. h. $\Phi_{el} = Q/\varepsilon_0$ (siehe Abb. 4.5, Anwendung in Antwort A4.1.18).

A4.1.7 Die Definition des elektrischen Potenzials geht aus von der Frage: Wie groß ist die Arbeit, die man aufbringen muss, um eine Ladung q im elektrischen Feld vom Ort r_1 nach r_2 zu verschieben? Diese ist $W = \int\limits_{r_1}^{r_2} \vec{F} \cdot \mathrm{d}\vec{r} = q \int\limits_{r_1}^{r_2} \vec{E} \cdot \mathrm{d}\vec{r}$. Weil das elektrostatische Feld konservativ ist, kann man die potenzielle Energie bzw. ein Potenzial definieren (siehe Abschn. 1.2). Bei der Ladungsverschiebung hat sich die potenzielle Energie der Ladung im E-Feld um den Wert $\Delta E_{\mathrm{pot}} = W = q\,U$ geändert. Man sagt, die Ladung hat die Spannung $U = \Phi(\vec{r}_2) - \Phi(\vec{r}_1) = \int\limits_{r_1}^{r_2} \vec{E} \cdot \mathrm{d}\vec{r}$ durchlaufen. Die Spannung selbst ist die Potenzialdifferenz, wobei das Potenzial am Ort $\vec{r}$ durch $\Phi(\vec{r}) = \int\limits_{r}^{\infty} \vec{E} \cdot \mathrm{d}\vec{r}$ gegeben ist. Das Potenzial ist auf einen Punkt bezogen, meist $\vec{r} = \infty$ mit $\Phi(\infty) = 0$. Das Potenzial Φ ist nicht mit dem elektrischen Fluss Φ_{el} zu verwechseln! Jedes elektrostatische Potenzial kann aus der Überlagerung der Potenziale von mehreren Punktladungen aufgebaut werden. Da das Feld einer zentralsymmetrischen Punktladung konservativ ist, sind elektrostatische Felder generell konservative Felder und es kann ein Potenzial definiert werden (Abschn. 1.2).

A4.1.8 Die negative Punktladung Q erzeugt im Abstand r das radiale Coulomb-Feld der Stärke $E(\vec{r}) = \frac{-1}{4\pi\varepsilon_0} \frac{Q}{r^2}$. Die Spannung zwischen den Abständen r_1 und r_2 beträgt $U = \int\limits_{r_1}^{r_2} \vec{E} \cdot \mathrm{d}\vec{r} = -Q/(4\pi\varepsilon_0\,r_2) + Q/(4\pi\varepsilon_0\,r_1)$. Damit ändert sich die potenzielle Energie des Elektrons der Ladung $q = -e$ um $\Delta E_{\mathrm{pot}} = -e\,U$. Da die negative Punktladung Q fixiert ist, wird das Elektron radial abgestoßen und wandelt dabei seine potenzielle Energie in kinetische Energie um ($e\,U = mv^2/2$), woraus die Geschwindigkeit berechnet werden kann.

A4.1.9 Das Coulomb-Potenzial einer positiven Punktladung Q wie z. B. dem Atomkern ist durch $\Phi(\vec{r}) = \frac{1}{4\pi\varepsilon_0} \frac{Q}{r}$ gegeben, mit $\Phi(\infty) = 0$ (Abb. 4.6). Das elektrische Feld erhält man generell aus dem Gradienten des Potenzials $\vec{E}(\vec{r}) = -\operatorname{grad}\Phi(\vec{r})$. Für unser kugelsymmetrisches Potenzial ergibt sich $E(\vec{r}) = \frac{\mathrm{d}\Phi}{\mathrm{d}r} = \frac{1}{4\pi\varepsilon_0} \frac{Q}{r^2}$. Das Vorzeichen ist positiv, da $\Phi(\vec{r})$ mit wachsendem $|\vec{r}|$ abnimmt und daher $\operatorname{grad}\Phi(\vec{r}) < 0$ folgt.

A4.1.10 Äquipotenzialflächen sind Flächen mit gleichem elektrischen Potenzial. Verschieben wir eine Probeladung auf einer Äquipotenzialfläche (Linie), so kostet das keine Arbeit, denn $W/q = U = \Phi(r_2) - \Phi(r_1) = 0$. Sie entsprechen den Höhenlinien einer Landkarte. Äquipotenzialflächen (Linien) stehen immer senkrecht auf den E-Feldlinien. Beispiele sind in Abb. 4.2–4.4 gezeigt.

A4.1.11 Influenz ist die Ladungstrennung bzw. die Verschiebung in einem Material, das in ein elektrisches Feld gebracht wird. Ursache ist die elektrische Kraft $\vec{F} = q\,\vec{E}$ auf die bewegliche Ladung. Ausgenutzt wird Influenz z. B. im Faraday-Käfig. Dies ist eine elektrisch leitfähige Umhüllung (z. B. Metallnetz), die den eingeschlossenen Raum gegen äußere elektrische Felder abschirmt (Abb. 4.7). In Isolatoren führt Influenz nur zu einer geringfügigen Ladungsverschiebung, woraus die Polarisation der Moleküle folgt (siehe Dielektrika in Abschn. 4.2).

A4.1.12 Ladungsmessung wird oft auf eine Kraftmessung zurückgeführt. Wird Ladung auf ein **Elektrometer** gebracht, so verteilt sich diese wegen der elektrostatischen Abstoßung gleichmäßig auf die Metallführung und den angebrachten beweglichen Zeiger (Abb. 4.9). Die Ladung erzeugt ein elektrisches Feld, das wiederum Kräfte ausübt, so dass sich der Zeiger gegen die Gravitationskraft bewegt. Aus einer entsprechenden Skala kann die Ladung abgelesen werden. Zum „Befüllen" des Elektrometers mit Ladung berührt man mit der Konduktorkugel die Innenwand des Faraday-Bechers (leitender Hohlkörper), wobei die Ladung auf die äußere Oberfläche fließt. Die Wand des Faradaybechers hat konstantes Potenzial, so dass im Innenraum das elektrische Feld verschwinden muss ($\vec{E}(\vec{r}) = -\,\mathrm{grad}\,\Phi(\vec{r}) = 0$). Dadurch wird es möglich, beliebig viel Ladung mittels Konduktorkugel auf das Elektrometer zu transportieren, da beim „Beladen" keine abstoßenden Kräfte wirken.

Das **Fadenelektrometer** besteht aus einem einige μm dünnen Metallfaden, der sich im elektrischen Feld eines Kondensators befindet (Abschn. 4.2). Wird Ladung auf den Faden gebracht, so verbiegt er sich aufgrund der Coulomb-Kräfte, woraus die Ladung mit einer Auflösung von 10^{-14} C gemessen werden kann.

Abb. 4.9 Elektrometer mit
Faraday-Becher

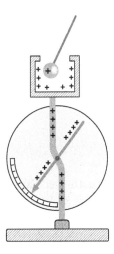

Die **Coulomb'sche Drehwaage** ist ähnlich der Cavendish-Drehwaage (Abschn. 1.1, Abb. 1.9) aufgebaut. Durch die Abstoßung der geladenen Kugeln wird ein Stab bewegt, der wiederum einen Faden verdreht, was durch Lichtablenkung sichtbar gemacht wird. Aus den elektrostatischen Kräften und den Torsionskräften kann die Ladung berechnet werden.

A4.1.13 Im **Millikan-Versuch** bewegen sich kleinste, elektrostatisch geladene Öltröpfchen in einem Kondensator (Abschn. 4.2), dessen elektrisches Feld vertikal ausgerichtet ist. Wird die Kondensatorspannung und damit das E-Feld so eingestellt, dass die Öltröpfchen nicht nach unten sinken, sondern schweben, so kann aus dem Kräftegleichgewicht $q E = mg - F_A$ (F_A: Auftriebskraft) die Ladung bestimmt werden. Es wird immer ein ganzzahliges Vielfaches $q = n e$ der Elementarladung $e = -10^{-19}$ C beobachtet, woraus Millikan die Elementarladung selbst bestimmen konnte.

A4.1.14 Elektrische Felder können durch die Kraftwirkung auf eine Probeladung vermessen werden. Alternativ kann ein Plattenkondensator in das Feld gebracht und die Spannung $U = E/d$ gemessen werden (Abschn. 4.2). Sichtbar machen kann man E-Felder mithilfe von feinen, elektrisch neutralen Spänen eines Isolatormaterials. Werden diese in einer Suspension in ein elektrisches Feld gebracht, so induziert das Feld elektrische Dipole in den Spänen, die sich dann längs der Feldlinien ausrichten (Abschn. 4.2).

A4.1.15 Die Ladung verteilt sich gleichmäßig auf der Oberfläche der Metallkugel, so dass alle Punkte auf gleichem elektrischen Potenzial liegen, auch der Innenbereich. Für die Kugelschale und den Innenbereich gilt $\Phi =$ konstant und damit $E = -$ grad $\Phi = 0$ (Abb. 4.10). Außerhalb klingt das Potenzial $\Phi(r) = q/(4\pi\varepsilon_0 r)$ sowie das Feld ab.

Abb. 4.10 Elektrisches Feld und Potenzial einer geladenen, hohlen Metallkugel

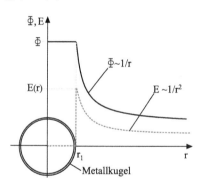

A4.1.16 Der **Van-de-Graaff-Generator** arbeitet mit einem laufenden Band aus isolierendem Kunststoff, das an einem Metallkamm vorbeiläuft, an dessen Spitzen starke elektrische Felder auftreten. Dadurch werden Ladungen getrennt und in eine Metallkugel (Faraday-Becher) transportiert, dort durch einen Metallkamm abgenommen und angesammelt. Da der Innenraum der Metallkugel feldfrei ist, können relativ große Ladungsmengen angesammelt werden, und Spannungen bis zu $U = 10^6$ V erzeugt werden.

A4.1.17 An Spitzen oder Kanten eines geladenen Körpers können wegen $E = -\mathrm{d}\Phi/\mathrm{d}r$ hohe Felder auftreten. Ursache ist der große Gradient $\mathrm{d}\Phi/\mathrm{d}r$, der mit abnehmendem Krümmungsradius r der Spitze stark anwächst. Technisch ausgenutzt wird dies u. a. durch

Verwendung feinster Tastspitzen im Rastertunnelmikroskop. Aufgrund der an der Tastspitze herrschenden starken Felder können Elektronen die zu untersuchende Probe verlassen, woraus letztendlich ein Bild der Oberfläche gewonnen werden kann (Details in
Abschn. 6.3).

A4.1.18 Um den Gauß'schen Satz anwenden zu können, muss die Ladung q von einer
geschlossenen Fläche umhüllt werden (Abb. 4.5). Hierzu wählen wir eine Kugel mit Radius r, um die Integration zu vereinfachen. Der Flächenvektor $\vec{A}$ zeigt radial nach außen,
ebenso wie das E-Feld, d. h. beide sind parallel, und das Skalarprodukt $\vec{E} \cdot d\vec{A}$ vereinfacht
sich zu $E\, dA$. Mit dem Gauß'schen Satz folgt $q = \varepsilon_0 \oint E\, dA$. Der Betrag des E-Feldes ist
auf jedem Ort der Kugelfläche gleich groß, so dass wir E vor das Integral ziehen können
und $\varepsilon_0 E \oint d\vec{A} = \varepsilon_0 E\, 4\pi\, r^2 = q$ erhalten, denn $\oint dA = 4\pi\, r^2$ ist die gesamte Kugelfläche. Daraus folgt das Coulomb-Gesetz $E = \frac{1}{4\pi\varepsilon_0} \frac{q}{r^2}$, d. h. das Coulomb-Gesetz und der
Gauß'sche Satz sind äquivalent.

A4.1.19 Bild- oder Spiegelladungen werden durch Influenz erzeugt. Zum Beispiel erzeugt eine Punktladung Q^+ vor einer ungeladenen Metallplatte ein elektrisches Feld mit
der in Abb. 4.4 gezeigten Verteilung. Dabei werden durch Influenz die beweglichen Elektronen der ungeladenen Platte verschoben und erzeugen eine Feldverteilung, die auch
entstehen würde, wenn statt der Metallplatte eine gleich große, aber entgegengesetzt geladene punktförmige „Spiegelladung" Q^- säße (nicht gezeigt in Abb. 4.4).

4.2 Kondensator, Energie, Dielektrika, Piezoeffekt

I Theorie

Die in Abschn. 4.1 gemachten Betrachtungen der Elektrostatik wenden wir nun auf den
Kondensator an. Dies ist eine Anordnung aus zwei gegenüberliegenden Leiterflächen. Bei-
de tragen die betragsmäßig gleiche Ladung Q, aber mit entgegen gesetztem Vorzeichen.
Im einfachsten Fall ist es der Plattenkondensator in Abb. 4.11. Das Verhältnis der Ladung
zur Spannung U, also zur Potenzialdifferenz zwischen den Platten, heißt Kapazität des
Kondensators:

$$C = \frac{Q}{U}, \quad [C] = \frac{C}{V} = F = \text{Farad} \quad \text{(Kapazität)} . \tag{4.12}$$

Die Kapazität hängt nur von der Bauart des Kondensators ab. Das elektrische Feld befindet sich, mit Ausnahme des Randbereichs, zwischen den Platten mit dem Abstand d.
Es ist homogen und steht senkrecht auf den Platten. Das Potenzial $\Phi(x)$ nimmt linear
zwischen den Platten von minus nach plus zu (Abb. 4.11). Die Äquipotenziallinien mit
konstantem Potenzial verlaufen parallel zu den Platten. Aus $\vec{E}(\vec{r}) = -d\Phi/dx$ folgt, dass

Abb. 4.11 Geladener
Plattenkondensator mit Poten-
zialverlauf $\Phi(r)$, E-Feld und
Äquipotenziallinien

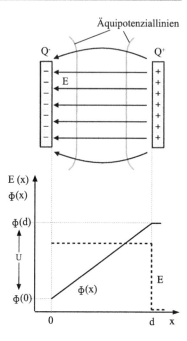

die elektrische Feldstärke im Bereich zwischen den Platten konstant ist.

$$E = \frac{U}{d}, \quad [E] = \frac{\mathrm{V}}{\mathrm{m}} \quad \text{(E-Feld im Plattenkondensator)}. \tag{4.13}$$

Außerhalb der Platten ist das E-Feld Null, was mithilfe des Gauß'schen Satzes (Abschn. 4.1) gezeigt werden kann. Mit dem Gauß'schen Satz können wir auch die Kapazität
des Kondensators bestimmen, wenn die geschlossene Fläche nur um eine der beiden
Kondensatorplatten gelegt wird (Frage F4.2.10). Es folgt

$$C = \varepsilon\,\varepsilon_0 \frac{A}{d} \quad \text{(Kapazität Plattenkondensator)}. \tag{4.14}$$

Die KapazitätKapazität hängt also nur von der Geometrie des Kondensators ab. Die relative Dielektrizitätskonstante ε erfasst die Eigenschaften des Materials zwischen den
Kondensatorplatten und wird weiter unten diskutiert. Für Luft gilt $\varepsilon \approx 1$.

Energie

Welche Arbeit muss geleistet werden, um einen Kondensator der Kapazität C zu laden,
d. h. um die Ladung Q von einer Platte auf die andere zu bringen? Zur Berechnung teilen
wir Q in viele kleine Portionen dq auf. Durch die Verschiebung der Teilladung q von einer
Platte auf die andere hat sich die Spannung $U = q/C$ zwischen den Platten aufgebaut
(Abb. 4.12). Die Verschiebung der nächsten Ladung dq gegen diese Spannung kostet die
Arbeit $dW = U\,dq = q\,dq/C$, wobei die Spannung weiter steigt und mit ihr die Arbeit

Abb. 4.12 Veranschaulichung zur Berechnung der im Kondensator gespeicherten Energie

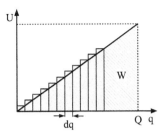

für die darauf folgende Ladungsverschiebung. Die gesamte Arbeit zur Verschiebung der kompletten Ladung Q erhalten wir aus dem Integral $W = \int_0^Q q\,dq/C$ zu

$$E_{el} = \frac{1}{2}\frac{Q^2}{C} = \frac{1}{2}CU^2 \quad \text{(Energie des Kondensators)}. \tag{4.15}$$

Die verrichtete Arbeit W steht als potenzielle Energie E_{el} zur Verfügung und kann bei Kurzschluss der Platten kurzzeitig durch einen kräftigen elektrischen Strom z. B. durch eine Blitzlampe abgerufen werden. Wo genau ist aber die Energie gespeichert? Sie steckt im E-Feld zwischen den Platten! Dies kann man beweisen, indem die Gln. 4.15 und 4.14 umgeformt werden zu $E_{el} = \varepsilon\,\varepsilon_0 A U^2/2d$. Durch Erweiterung mit d und mit der E-Feldstärke $E = U/d$ folgt $E_{el} = \varepsilon\varepsilon_0 E^2 V/2$. Normieren wir auf das Volumen $V = A\,d$ zwischen den Platten, so erhalten wir die Energiedichte $\rho_{el} = E_{el}/V$.

$$\rho_{el} = \frac{\varepsilon\varepsilon_0}{2}E^2 \quad \text{(Energiedichte des E-Feldes)}. \tag{4.16}$$

Die elektrische Energie ist also nicht an den Kondensator gebunden, sondern sie ist im E-Feld gespeichert. Das ist sehr wichtig für das Verständnis elektromagnetischer Wellen (Abschn. 4.9).

Kondensator-Schaltung

Werden Kondensatoren parallel geschaltet (Abb. 4.13a), so addieren sich die Kapazitäten, d. h. sie können ersetzt werden durch einen Ersatzkondensator mit der Kapazität C

$$C = \sum_i C_i \quad \text{(Parallelschaltung von Kondensatoren)}. \tag{4.17}$$

Warum? Bei Parallelschaltung liegt an den Platten aller Kondensatoren dieselbe Spannung U. Somit wird insgesamt die Ladung $Q = UC_1 + UC_2 + \cdots = UC$ verschoben, woraus $C = C_1 + C_2 + \dots$ folgt. Werden Kondensatoren in Reihe geschaltet (Abb. 4.13b), so gilt für den Ersatzkondensator

$$\frac{1}{C} = \sum_i \frac{1}{C_i} \quad \text{(Reihenschaltung von Kondensatoren)}. \tag{4.18}$$

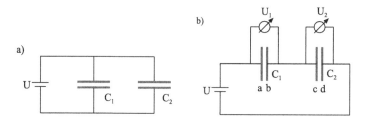

Abb. 4.13 Schaltung von zwei Kondensatoren mit den Kapazitäten C_1, C_2 a) parallel und b) in Reihe

Hier muss für die Spannungen U_1, U_2 zwischen den Platten a, b und c, d der beiden Kondensatoren gelten: $U = U_1 + U_2$. Die Batterie verschiebt die Ladung Q zwischen den äußeren Platten a und d, mit denen sie in Kontakt ist. Die inneren Platten b und c sind elektrisch von der Batterie getrennt. Aufgrund der Influenz wird aber zwischen den Platten b und c dieselbe Ladung verschoben. Somit tragen beide Kondensatoren je dieselbe Ladung Q, so dass aus $U = U_1 + U_2 = Q/C_1 + Q/C_2$ und $1/C = U/Q$ für den Ersatzkondensator Gl. 4.18 folgt.

Dielektrika

Ein Dielektrikum ist ein elektrisch isolierendes Material, durch welches das E-Feld hindurchdringen kann (Kunststoff, Keramik, Gase). Wird solch eine dielektrische Platte zwischen die Metallplatten eines geladenen Kondensators gebracht, der nicht mehr mit einer Spannungsquelle verbunden ist, so sinkt die Spannung U, obwohl seine Ladung Q sich nicht ändert. Deshalb muss nach Gl. 4.12 die Kapazität des Kondensators gestiegen sein und zwar um den Wert ε, die sogenannte **relative Dielektrizitätskonstante** (Gl. 4.14). Sie gibt die relative Änderung der Kapazität an, wenn zwischen den Kondensatorplatten nicht Vakuum ($\varepsilon_{\text{Vakuum}} = 1$), sondern das Dielektrikum sitzt.

$$\varepsilon = C_{\text{Dielek}}/C_{\text{Vakuum}} \quad \text{(relative Dielektrizitätskonstante)}. \tag{4.19}$$

Weiterhin sinkt mit der Spannung auch das E-Feld zwischen den Platten (Gl. 4.13), und damit auch die Energie (Gl. 4.15). Warum?

Ähnlich wie bei der Influenz in elektrischen Leitern führt das externe Feld $\vec{E}_{\text{ex}}$ des Kondensators zu einer Kraft auf die Ladungen des Dielektrikums (Abb. 4.14a). Diese sind aber nicht frei, sondern gebunden und können nur innerhalb der Moleküle um eine kleine Strecke $\vec{d}$ verschoben werden. Durch diese **Polarisation** der Moleküle im Dielektrikum werden elektrische Dipole mit dem Dipolmoment $\vec{p} = q\,\vec{d}$ gebildet, die sich längs der Feldlinien ausrichten (Abb. 4.14b). Dabei kommt es zu einer Ansammlung positiver Ladungen an der negativen Kondensatorplatte und negativer Ladungen an der positiven Kondensatorplatte. Diese gebundenen Oberflächenladungen des Dielektrikums

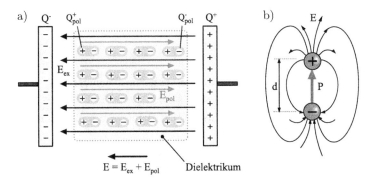

Abb. 4.14 a) Veranschaulichung der dielektrischen Polarisation im Dielektrikum durch Ladungsverschiebung im äußeren Feld E_{ex} und b) elektrischer Dipol

Abb. 4.15 Piezoeffekt an SiO_2

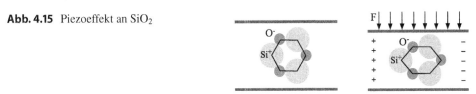

Q_{pol} kompensieren im Kontaktbereich der Platten die freien Ladungen Q des Kondensators teilweise. Durch die Reduzierung der effektiven Ladung $Q_{eff} = Q - Q_{pol}$ sinkt auch das effektive E-Feld im Dielektrikum. Zur Erklärung kann man aber auch das externe Feld $\vec{E}_{ex}$ und das Feld $\vec{E}_{pol}$ des polarisierten Dielektrikums addieren und erhält ebenfalls das reduzierte effektive Feld $\vec{E}$. Beachten Sie, dass die durch die Polarisation erzeugte Oberflächenladung Q_{pol} nur eine Scheinladung ist. Man kann sie nicht durch ein Ampèremeter strömen lassen, denn sie ist an die Moleküle des Dielektrikums gebunden. Wenn $\vec{E}_{ex}$ verschwindet, verschwindet auch die Polarisation und somit Q_{pol}. Die obigen Betrachtungen zeigen, dass die atomare Struktur des Dielektrikums ganz entscheidend für die Größe von ε ist.

Beim **Piezoeffekt** führt die Polarisation zusätzlich zur Verschiebung der Atome. Er tritt auf bei dielektrischen Materialien mit einer polaren Kristallachse wie z. B. SiO_2. Durch Anlegen einer Spannung verschiebt das externe E-Feld die Ladungen und damit auch die Atome (Abb. 4.15), was zu einer Verlängerung oder Verkürzung des ganzen Kristalls führt. Die Längenänderung liegt etwa bei $10^{-10} \, mV^{-1}$. Umgekehrt wird bei Stauchung des Piezokristalls eine Spannung erzeugt (Funke im Feuerzeug). Anwendung finden Piezokristalle als Schwingquarze in Quarzuhren und als Ultraschallsender. In der Mikro- und Nanotechnologie werden sie zur hochpräzisen Justage im Nanometerbereich eingesetzt, so z. B. im Raster-Tunnelmikroskop mit atomarer Auflösung (Abschn. 6.3).

II Prüfungsfragen

Grundverständnis

F4.2.1 Was sind Kondensatoren, wozu werden sie technisch eingesetzt?

F4.2.2 Skizzieren Sie den Plattenkondensator und nennen Sie Kapazität und E-Feld.

F4.2.3 Wie groß ist die elektrische Energie des Kondensators. Wo ist sie gespeichert?

F4.2.4 Was ist ein Dielektrikum, was ist die relative Dielektrizitätskonstante?

F4.2.5 Was ist ein elektrischer Dipol? Geben Sie sein elektrisches Potenzial an.

F4.2.6 Welche Größen ändern sich, wenn eine dielektrische Platte in den Kondensator geschoben wird, wobei a) die Spannungsquelle vorher entfernt wurde, b) die Spannungsquelle angeschlossen bleibt.

F4.2.7 Wie schaltet man Kondensatoren, damit die Gesamtkapazität steigt (sinkt)?

F4.2.8 Was ist der Piezoeffekt? Wo wird er eingesetzt?

Vertiefungsfragen

F4.2.9 Worin unterscheiden sich Stoffe mit großem ε von solchen mit kleinem ε?

F4.2.10 Berechnen Sie die Kapazität eines Plattenkondensators mithilfe des Gauß'schen Satzes.

F4.2.11 Was ist die dielektrische Polarisation?

F4.2.12 Was ist das D-Feld?

F4.2.13 Nennen Sie Beispiele für die Bedeutung der relativen Dielektrizitätskonstante.

III Antworten

A4.2.1 Ein Kondensator ist ein elektronisches Bauelement, das aus zwei gegenüberliegenden Metallflächen besteht, die durch ein dazwischen liegendes Dielektrikum isolierend getrennt sind. Seine Kapazität ist durch $C = Q/U$ definiert, wobei Q die Ladung ist, die von einer Fläche auf die andere verschoben wird, wenn die Spannung U angelegt wird. In einem Gleichstromkreis wirkt er wie ein unendlich großer Widerstand, in einem Wechsel-stromkreis besitzt er aber einen endlichen kapazitiven Widerstand (Abschn. 4.7). Er ist ein notwendiges Bauteil für elektromagnetische Schwingkreise (Abschn. 4.7). Der Kondensa-tor kann zur Speicherung von Ladung bzw. elektrischer Energie genutzt werden. Werden die Platten z. B. über eine Blitzlampe kurzgeschlossen, so fließt in kurzer Zeit ein großer Strom, der das Blitzlicht erzeugt.

A4.2.2 Plattenkondensator siehe Abb. 4.11. Werden die Kondensatorplatten jeweils mit der Ladung $+Q$, $-Q$ belegt, so bildet sich zwischen ihnen ein homogenes E-Feld der Stärke $E = U/d$ aus. Die Kapazität $C = \varepsilon \varepsilon_0 A/d$ hängt vom Plattenabstand und der Plattenfläche ab. Ist der Plattenzwischenraum mit einem Dielektrikum gefüllt, so wird dessen Einfluss durch die relative Dielektrizitätszahl ε berücksichtigt. Durch Änderung der Flächengröße der gegenüberliegenden Platten kann die Kapazität eines Plattenkon-densators eingestellt werden, was bei Drehkondensatoren ausgenutzt wird.

A4.2.3 Die elektrische Energie des Kondensators wird durch $E_{el} = Q^2/(2C) = CU^2/2$ berechnet. Sie steckt im E-Feld, was sofort klar wird, wenn man die Energiedichte $\rho_{el} = E_{el}/A\,d = \varepsilon\varepsilon_0 E^2/2$ betrachtet.

A4.2.4 Das Dielektrikum ist eine elektrisch isolierende Substanz. Wird es in ein elektri-sches Feld gebracht, z. B. im Kondensator (Abb. 4.14a), so wird es polarisiert. Hinsichtlich der Polarisierbarkeit gibt es zwei Typen von **Dielektrika**. Die polaren Dielektrika besit-zen schon elektrische Dipole (Abb. 4.14b, z. B. H_2O-Moleküle im Wasser), die im äußeren E-Feld gegen ihre thermische Bewegung nur ausgerichtet werden. Bei unpolaren Dielek-trika werden die Ladungen geringfügig durch das äußere E-Feld verschoben und somit elektrische Dipole erst gebildet. In beiden Fällen werden die Dipole längs der Feldlinien ausgerichtet. Dadurch wird ein Gegenfeld E_{Pol} im Dielektrikum aufgebaut, welches das äußere Feld E_{ex} abschwächt (Abb. 4.14a). Das effektiv resultierende Feld $E_{eff} = E_{ex}/\varepsilon$ im Dielektrikum wird somit um den Faktor ε abgeschwächt. Dieser Faktor heiß relative Di-elektrizitätskonstante. In einem Kondensator bewirkt die Polarisation des Dielektrikums eine Vergrößerung der Kapazität $\varepsilon = C_{Dielek}/C_{Vakuum}$ gegenüber dem Fall des Vakuums zwischen den Platten.

A4.2.5 Elektrische Dipole sind u. a. wichtig für das Verständnis der Polarisation des Di-elektrikums im E-Feld. Ein **elektrischer Dipol** ist die Anordnung von zwei Ladungen mit gleichem Betrag, aber entgegengesetztem Vorzeichen $+Q$, $-Q$, deren Ladungsschwer-punkte sich in einem geringen Abstand d voneinander befinden (Abb. 4.14b). Das Dipol-moment beträgt $\vec{p} = Q\,\vec{d}$ und zeigt von der negativen zu positiven Ladung. In großer Entfernung $r \gg d$ vom Dipol erzeugt es das Potenzial $\Phi_{Dipol} = \vec{p} \cdot \vec{r}/r^3$. Das Poten-zial klingt also mit $\Phi_{Dipol} \sim r^{-2}$ schneller ab, als das der Punktladung ($\Phi_{Punkt} \sim r^{-1}$), da von weit außerhalb betrachtet die beiden Ladungen des Dipols sich nahezu kompen-sieren. Im homogenen elektrischen Feld wird der Dipol nicht verschoben, da die Kräfte auf die entgegengesetzten Ladungen sich aufheben, sondern nur gedreht, mit dem Dreh-moment $\vec{T} = \vec{p} \times \vec{E}$ (Abschn. 1.4). In einem inhomogenen Feld wirkt allerdings eine resultierende Kraft, da die jeweiligen Kräfte auf die beiden Ladungen sich nicht mehr kompensieren. Dies kann man beobachten, wenn ein elektrostatisch geladener Stab mit seinem inhomogenen E-Feld in die Nähe eines Wasserstrahls gebracht wird. Die Dipole der H_2O-Moleküle werden im E-Feld ausgerichtet und geringfügig angezogen, so dass sie ihre Bahn ändern.

A4.2.6 Der Kondensator besitzt die Kapazität C_0, er ist mit Q_0 geladen, die Spannung beträgt U_0 und die Feldstärke E_0. Nun wird er von der Spannungsquelle getrennt und erst danach wird das Dielektrikum mit der relativen Dielektrizitätskonstanten ε zwischen die Platten geschoben. Die Ladung bleibt erhalten ($Q = Q_0$), die Kapazität steigt ($C = \varepsilon C_0$), die Spannung $U = Q_0/(\varepsilon C_0)$ sowie das Feld $E = U_0/(\varepsilon d)$ nehmen ab. Durch die Feldabnahme sinkt auch die Energiedichte. Die Energie ist zum Ausrichten/Erzeugen der Dipole des Dielektrikums aufgewendet worden.

Bleibt der Kondensator an der Spannungsquelle aber angeschlossen, so bleibt auch $U = U_0$. Aufgrund der gestiegenen Kapazität ($C = \varepsilon C_0$), wird durch die angeschlossene Spannungsquelle weitere Ladung zwischen den Platten verschoben ($Q = U C_0 \varepsilon$). Das E-Feld bleibt erhalten $E = E_0 = U_0/d$. Die Energiedichte steigt um den Faktor ε ($\rho_{el} = \varepsilon \rho_{el-0} = \varepsilon \varepsilon_0 E^2/2$), denn die Spannungsquelle muss zu der im E-Feld gespeicherten Energie zusätzlich die für die Polarisation der Atome notwendige Energie liefern.

A4.2.7 Werden Kondensatoren parallel geschaltet (Abb. 4.13a), so vergrößert sich die Plattenfläche. Die Kapazität $C = \sum_i C_i$ des Ersatzkondensators steigt, da die Kapazitäten der einzelnen Kondensatoren addiert werden. Werden Kondensatoren in Reihe geschaltet (Abb. 4.13b), so sinkt die Kapazität $\frac{1}{C} = \sum_i \frac{1}{C_i}$ des Ersatzkondensators.

A4.2.8 Der Piezoeffekt ist im Theorieteil erklärt (Abb. 4.15).

A4.2.9 Große Werte für ε bedeuten, dass durch die Polarisation des Dielektrikums ein großes Gegenfeld erzeugt und der Innenraum gut abgeschirmt wird (siehe Antwort A4.2.4, Faraday-Käfig Abschn. 4.1). Typische Werte für Dielektrika sind: Luft $\varepsilon \approx 1$, Hartgummi $\varepsilon \approx 3$, Wasser $\varepsilon \approx 81$, keramische Werkstoffe $\varepsilon = 100 - 10.000$.

A4.2.10 Der Einfachheit halber betrachten wir einen Plattenkondensator ohne Dielektrikum. Wird er mit Q geladenen, so bildet sich zwischen den Platten der Fläche A ein E-Feld. Für die Berechnung legen wir die Gauß'sche Fläche (Abschn. 4.1) um die positiv geladene Platte (Abb. 4.16). Der Gauß'sche Satz ergibt $Q = \varepsilon_0\, E\, A$. Die Spannung U zwischen den Platten ist $U = \int\limits_0^d \vec{E} \cdot d\vec{x} = E \int\limits_0^d dx = E\, d$ (da das E-Feld homogen ist, kann E vor das Integral gezogen werden, Abschn. 4.1). Aus der Definition der Kapazität folgt $C = Q/U = \varepsilon_0 A/d$.

Abb. 4.16 Anwendung des Gauß'schen Satzes am Kondensator

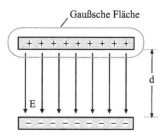

Gaußsche Fläche

E

d

A4.2.11 Befindet sich das Dielektrikum im Feld des Kondensators, so werden Dipole erzeugt oder vorhandene ausgerichtet. Die Vektorsumme aller Dipole $\vec{p}_i$ pro Volumen V heißt **dielektrische Polarisation** $\vec{P} = \sum \vec{p}_i / V$. Die Polarisierbarkeit $\alpha = p/E$ ist die Eigenschaft des Dielektrikums, sich im äußeren E-Feld „polarisieren zu lassen". Sie hängt vom atomaren Aufbau ab und ist ein Maß für die Rückstellkräfte der Atome. Die Polarisation des Dielektrikums ist eine „Antwort" auf das äußere Feld und kann auch durch $\vec{P} = (\varepsilon - 1)\, \varepsilon_0\, \vec{E}$ dargestellt werden.

A4.2.12 Durch die Polarisation werden Ladungen im Dielektrikum verschoben, so dass sich im Kontaktbereich zur Kondensatorplatte „**Oberflächenladungen**" des Dielektrikums ansammeln. Diese sind gebunden und können nicht durch ein Amperemeter abfließen und so gemessen werden. Trotzdem führen sie zur Ausbildung eines E-Feldes ($\vec{E}_{\text{pol}}$, Abb. 4.14a). Zur Unterscheidung der elektrischen Felder definiert man das **D-Feld** durch $\vec{D} = \varepsilon\, \varepsilon_0\, \vec{E}$, bzw. durch $\vec{D} = \varepsilon_0\, \vec{E} + \vec{P}$. Es wird nur durch „wahre" freie Ladungen gebildet, die sich auf der Kondensatorplatte befinden. Die D-Linien können das Dielektrikum ungestört durchdringen, während die E-Felder abgeschwächt werden. Für die elektrischen Kräfte sind die E-Felder verantwortlich.

A4.2.13 A) Die Geschwindigkeit $c = \sqrt{1/(\mu\, \mu_0\, \varepsilon\, \varepsilon_0)}$ einer elektromagnetischen Welle (Licht) im Dielektrikum ist u. a. von der Dielektrizitätskonstanten abhängig (Abschn. 4.9). B) Die elektrischen Bindungskräfte zwischen Ionen werden stark reduziert, wenn sie im Wasser ($\varepsilon = 81$) gelöst sind. Ursache ist die geringere E-Feldstärke ($E \sim 1/\varepsilon$) und die reduzierte resultierende Kraft $F = q\, E$ (Abschn. 8.1).

4.3   Gleichstrom, Widerstand, Leistung, Schaltungen

I Theorie

Strom

Der elektrische Strom wird definiert durch den Fluss der elektrischen Ladung $\mathrm{d}q$ in der Zeit $\mathrm{d}t$ durch den Querschnitt der Fläche A (Abb. 4.17).

$$I = \frac{\mathrm{d}q}{\mathrm{d}t}, \quad [I] = \frac{\mathrm{C}}{\mathrm{s}} = \mathrm{A} = \text{Ampére} \quad \text{(elektrischer Strom)} . \tag{4.20}$$

Die Stromdichte ist der auf die durchflossene Fläche normierte Strom.

$$j = \frac{I}{A}, \quad [j] = \frac{\mathrm{A}}{\mathrm{m}^2} \quad \text{(Stromdichte)} . \tag{4.21}$$

Die den Strom tragenden Ladungsträger sind in Metallen hauptsächlich frei bewegliche Elektronen, in Salzlösungen und Laugen sind es die Ionen und in Gasen sind es beide. Die technische Stromrichtung geht, historisch bedingt, von positiven Ladungsträgern aus, d. h. sie ist immer von Plus nach Minus gerichtet.

Wie bewegen sich die Ladungsträger? Ohne externes E-Feld führen sie nur thermische (Brown'sche) Bewegungen mit etwa $v_{th} = 10^6\,\mathrm{m} \cdot \mathrm{s}^{-1}$ in alle Richtungen aus (Abschn. 3.1), ähnlich einem Mückenschwarm, dessen Schwerpunkt sich aber nicht fortbewegt. Der Netto-Strom ist Null. Wird ein externes E-Feld angelegt, so führt die Coulomb-Kraft zu einer relativ kleinen Driftgeschwindigkeit v_D der Ladungsträger ($\sim 10^{-4}\,\mathrm{m} \cdot \mathrm{s}^{-1}$). Diese entspricht der effektiven Fortbewegungsgeschwindigkeit des Mückenschwarms, der vom Wind mit v_D getrieben wird (Abb. 4.17). Für Materialien mit der Elektronendichte $n = q/V$ folgt

$$j = e\, n\, v_D . \tag{4.22}$$

Abb. 4.17 Elektrischer Leiter im E-Feld und Darstellung der thermischen Geschwindigkeit v_{th} und der Driftgeschwindigkeit v_D der Ladungsträger

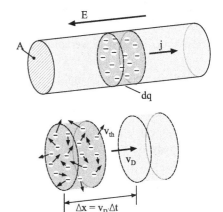

Abb. 4.18 Übersicht der
elektrischen Leitfähigkeit als
Funktion der Temperatur für
Isolatoren, Halbleiter, Metalle
und Supraleiter

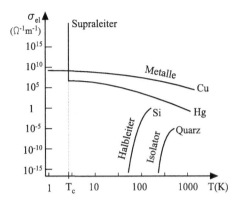

Hohe Ströme entstehen also bei großer Ladungsträgerdichte und großer **Driftgeschwindigkeit**. Die Driftgeschwindigkeit hängt von der Streuung der Ladungsträger auf ihrem
Weg durch den Leiter ab. Sie ist groß, wenn die Ladungsträger sich möglichst ungehindert
im Leiter bewegen können. Das bedeutet, dass sie von dem angelegten E-Feld möglichst
lange beschleunigt werden können, bevor sie nach einer gewissen „Flugzeit" τ mit den
Atomen des Leiters stoßen, wobei sie gestreut bzw. abgebremst werden. Dieses Verhalten
ist eine Materialeigenschaft, die von der elektrischen Leitfähigkeit σ_{el} beschrieben wird.

$$ j = \sigma_{el} E \quad \text{(Ohm'sches Gesetz)}, \tag{4.23} $$

$$ \sigma_{el} = \frac{n\,q^2\tau}{m}, \quad [\sigma_{el}] = \frac{A}{V \cdot m} \quad \text{(elektrische Leitfähigkeit)}. \tag{4.24} $$

Für hohe Stromdichten benötigen wir also Materialien mit großem σ_{el}, d. h. hoher Ladungsträgerdichte n und langer „Flugzeit" τ. Beide Größen hängen von der Temperatur
ab, so dass die Leitermaterialien nach der Temperaturabhängigkeit von σ_{el} klassifiziert
werden können (Abb. 4.18). Für **Metalle** gilt: $\sigma_{el} = \sigma_0(1 - \alpha\,T)$, d. h. die Leitfähigkeit nimmt mit steigender Temperatur leicht ab, da die Bewegung der Atome und damit
die Zahl der Stöße mit den Ladungsträgern zunimmt. Die sehr hohe Ladungsträgerdichte bleibt aber nahezu konstant. Für **Halbleiter** nimmt die Streuung der Ladungsträger
zwar auch mit wachsender Temperatur zu, aber der Haupteffekt ist das starke Anwachsen von σ_{el} (Abb. 4.18) durch den exponentiellen Anstieg der Dichte freier Ladungsträger
$n(T) = n_0\,e^{-\Delta E/kT}$ (Abschn. 8.2). Je größer die thermische Energie ($\sim kT$) im Verhältnis
zur Bindungsenergie ΔE der Ladungsträger wird, desto mehr gebundene Ladungsträger
werden in den freien Leitungszustand versetzt. Durch Dotierung von Halbleitern kann die
Ladungsträgerdichte zusätzlich stark erhöht werden (Details siehe Abschn. 8.3). In Isolatoren wie z. B. Quarz bleibt wegen des großen Wertes von ΔE selbst bei sehr hohen
Temperaturen σ_{el} extrem klein (Abschn. 8.2). Eine Sonderstellung nehmen **Supraleiter**
ein. Für sehr kleine Temperaturen unterhalb der Sprungtemperatur T_C steigt die Leitfähigkeit auf unendlich, d. h. der Widerstand (s. u.) wird nicht nur klein, sondern echt

Null (Abb. 4.18). Die elektrische Leitung wird bei ihnen nicht durch einzelne Elektronen, sondern durch **Cooper-Paare** getragen. Das sind je 2 Elektronen, die durch Polarisationswechselwirkung mit dem Kristallgitter gekoppelt sind (siehe Abschn. 8.5).

Widerstand

Die Potenzialdifferenz U an einem Leiter erzeugt ein elektrisches Feld E, so dass nach Gl. 4.23 ein Strom fließen muss. Je kleiner die Leitfähigkeit, desto größer ist der Widerstand, den der Leiter dem Strom entgegensetzt.

$$R = \frac{U}{I}, \quad [R] = \frac{V}{A} = \Omega = \text{Ohm} \quad \text{(elektrischer Widerstand)}. \tag{4.25}$$

Diese Definition des Widerstandes gilt allgemein. Ein Spezialfall ist der **Ohmsche Widerstand** R. Hier ist R unabhängig von U und I, was meist für Metalle gilt, aber nicht für Halbleiter, Dioden oder Gase. Der materialspezifische Widerstand ρ folgt aus der Leitfähigkeit.

$$\rho = \frac{1}{\sigma_{\text{el}}}, \quad [\rho] = \Omega \cdot \text{m} \quad \text{(spezifischer Widerstand)}. \tag{4.26}$$

Aus diesem kann leicht der konkrete Widerstand R eines Leiters mit Länge L und Querschnitt A berechnet werden.

$$R = \rho \frac{L}{A}. \tag{4.27}$$

Leistung

Bewegt sich Ladung aufgrund einer angelegten Spannung, so wird potenzielle Energie $W = qU$ in kinetische Energie umgewandelt. In einem Leiter kann die Ladung sich aber nicht frei bewegen, sondern gibt durch Stöße ihre Energie an die Atome ab, d. h. als thermische Energie. Die Heizleistung folgt aus $P = \mathrm{d}W/\mathrm{d}t = U\,\mathrm{d}q/\mathrm{d}t$ zu

$$P = U\,I \quad \text{(elektrische Heizleistung)}. \tag{4.28}$$

Bei Wechselstrom müssen die Effektivwerte U_{eff}, I_{eff} und der Leistungsfaktor $\cos\varphi$ berücksichtigt werden (Abschn. 4.7).

Schaltungen

Die **Kirchhoff'schen Regeln** sind fundamentale Regeln, welche die Beschreibung elektronischer Schaltungen erleichtern.

Maschenregel Die Summe aller Potenzialänderungen U_i beim Durchlaufen eines geschlossenen Weges in einem Stromkreis (Masche) ist Null. Dies ist eine Folge der Energieerhaltung, bzw. der Wegunabhängigkeit des Potenzials. In Abb. 4.19 gilt somit z. B. $U + U_1 + U_3 + U_0 = 0$.

Abb. 4.19 Schaltung zur
Erläuterung der Maschen- und
Knotenregel

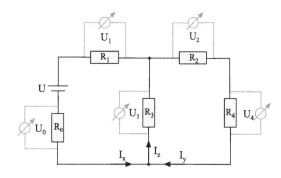

Knotenregel In einem Verzweigungspunkt (Knoten) einer Schaltung ist die Summe der einlaufenden Ströme gleich der Summe der auslaufenden Ströme. Dies ist eine Folge der Ladungserhaltung. In Abb. 4.19 würde z. B. gelten $I_x + I_y = I_z$.

Reihenschaltung Der Gesamtstrom wird durch jeden weiteren Widerstand weiter geschwächt, d. h. der gesamte Widerstand muss mit wachsender Zahl der Einzelwiderstände wachsen. Dazu betrachten wir die Schaltungen in Abb. 4.20a mit idealen widerstandsfreien Verbindungsdrähten. In Reihenschaltungen fließt durch alle Widerstände R_i der selbe Strom I und die an den Widerständen abfallenden Spannungen addieren sich zu $U = I R_1 + I R_2 + \dots$ (Maschenregel). Für den Ersatzwiderstand folgt mit $R = U/I$

$$R = \sum_i R_i \quad \text{(Reihenschaltung)}. \tag{4.29}$$

Parallelschaltung An jedem der parallel geschalteten Widerstände (Abb. 4.20b) liegt dieselbe Spannung U an, so dass durch jeden der Strom $I_i = U/R_i$ fließt. Der gesamte Strom ist $I = I_1 + I_2 + \dots$, so dass für den Ersatzwiderstand folgt

$$\frac{1}{R} = \sum_i \frac{1}{R_i} \quad \text{(Parallelschaltung)}. \tag{4.30}$$

Der Ersatzwiderstand ist kleiner als die Einzelwiderstände, da sich dem Strom durch die Parallelschaltung neue Wege öffnen.

Potenziometer

Dies ist ein **Spannungsteiler**, der durch eine Spannungsquelle und zwei regelbare Widerstände aufgebaut ist (Abb. 4.20c). Zwischen den Punkten A und B eines Widerstandsdrahtes fällt die gesamte Spannung U der Quelle ab. Mithilfe eines Schleifkontaktes lassen sich die geringeren Teilspannungen mit $U = U_1 + U_2$ zwischen Punkt C und den Punkten A bzw. B variabel mit Werten zwischen Null und U einstellen. Mit wachsender Länge L zwischen Punkt A und dem Schleifkontakt bei Punkt C wächst mit dem Widerstand auch die Teilspannung $U_1 = I R_1 = I \rho L/A$ (Gl. 4.27).

Abb. 4.20 a) Reihenschaltung, b) Parallelschaltung,
c) Spannungsteiler, d) Er-
satzschaltbild für den
Innenwiderstand einer
Spannungsquelle

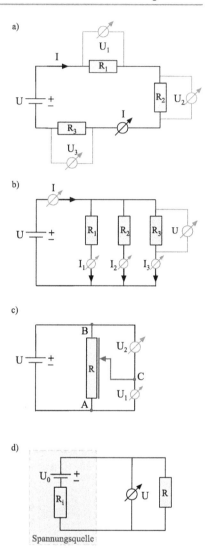

Innenwiderstand der Stromquelle

Wird an eine Stromquelle ein Lastwiderstand R angeschlossen (Abb. 4.20d), so fließt ein
Strom und die Klemmspannung U der Stromquelle sinkt gegenüber dem unbelasteten Fall
U_0 je nach Stromwert auf $U = U_0 - I R_i = U_0 R/(R_i + R)$. Dies liegt an dem Innenwiderstand R_i, der von den Elektronen auf dem Weg vom Ort der Ladungstrennung bis zu
den Polen der Spannungsquelle überwunden werden muss. Bei der Steckdose entsteht er
durch die Zuleitung und die Generatorwicklung.

Abb. 4.21 Galvanisches
Element

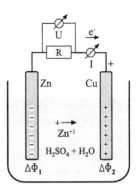

Spannungsquellen

Alle Spannungsquellen basieren auf einer räumlichen Ladungstrennung, wofür Energie aufgebracht werden muss. Die häufigsten Quellen sind elektrodynamische **Generatoren**, welche, basierend auf der Faraday'schen Induktion, mechanische Energie in elektrische wandeln (Abschn. 4.6). In der **Solarzelle** wird Lichtenergie zur Ladungstrennung genutzt (Abschn. 8.3).

Galvanische Elemente Setzt man ein Metall, z. B. Zink, in eine Elektrolytlösung wie z. B. H_2SO_4, so entsteht ein Konzentrationsgefälle der Zn-Ionen zwischen Metall und Elektrolyt (Abb. 4.21). Einige positive Zn-Ionen wandern in den Elektrolyten und lagern sich an H_2O-Moleküle. Dadurch baut sich eine Potenzialdifferenz $\Delta\Phi$ zwischen negativem Metall und positiv geladenem Elektrolyten nahe dem Metall auf.

Die wachsende Potenzialdifferenz versucht die Ionen gegen das Konzentrationsgefälle wieder zum Metall zurückzutreiben und nach einer gewissen Zeit stellt sich ein Gleichgewicht ein. Jedes Metall führt zu einer individuellen Potenzialdifferenz. Setzt man nun zwei Metallelektroden aus verschiedenem Material, z. B. Zn und Cu, in den Elektrolyten, so kann man zwischen beiden Metallen eine Spannung $U = \Delta\Phi_1 - \Delta\Phi_2$ messen, die sich aus den beiden Potenzialdifferenzen ergibt. Schließt man außen einen Lastwiderstand R an, so fließt ein Strom von Elektronen. Im Elektrolyten dagegen fließen positive Zn-Ionen zur Cu-Elektrode, bis diese ganz von einer Zn-Schicht überlagert ist. Dann haben wir zwei gleiche Metalle und die Batteriespannung wird Null. Wird dem Elektrolyten eine $CuSO_4$-Lösung zugesetzt, so wird die Cu-Elektrode ständig mit Cu belegt und die Batterie ist erst dann leer, wenn das Cu der Lösung verbraucht ist.

Thermoelement Hier wird der **Seebeck-Effekt** ausgenutzt und Wärme direkt in elektrische Energie gewandelt, ohne den Umweg über mechanische Energie. Dazu werden Drähte aus zwei verschiedenen Metallen oder Halbleitern kontaktiert und die beiden Kontaktstellen auf unterschiedliche Temperatur gebracht (Abb. 4.22).

Abb. 4.22 Prinzip des
Thermoelementes, hier aus
Kupfer- und Nickeldrähten

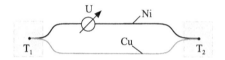

Zwischen den Kontaktstellen bildet sich eine Spannung U aus, so dass durch einen Verbraucherwiderstand ein Strom fließen kann. Ursache der Spannung sind die unterschiedlichen Fermi-Energien (bzw. Austrittsarbeiten) in beiden Metallen (Abschn. 8.2). Damit gehen Elektronen aus dem Metall mit der geringeren Austrittsarbeit so lange in das andere Metall über, bis ein Gleichgewicht herrscht.

II Prüfungsfragen

Grundverständnis

F4.3.1 Was ist die elektrische Leitfähigkeit und wovon hängt sie ab?

F4.3.2 Was ist der Driftstrom?

F4.3.3 Was besagt das Ohm'sche Gesetz? Für welche Materialien gilt es nicht? Zeichnen Sie die $U(I)$-Kennlinie eines Ohm'schen Widerstandes.

F4.3.4 Was ist der spezifische Widerstand?

F4.3.5 Wie ist die elektrische Leistung definiert?

F4.3.6 Geben Sie den Ersatzwiderstand für eine Reihen- bzw. Parallelschaltung mehrerer Widerstände an. Wie muss man die Messgeräte schalten?

F4.3.7 Wodurch zeichnen sich Metalle, Halbleiter, Isolatoren und Supraleiter aus? Wie können Sie diese unterscheiden?

F4.3.8 Nennen Sie typische Spannungsquellen.

F4.3.9 Diskutieren Sie die Kirchhoffgesetze und beschreiben Sie ein Potenziometer.

Messtechnik

F4.3.10 Auf welchen Effekten basieren Strommessgeräte?

F4.3.11 Auf welchen Effekten basieren Spannungsmessgeräte?

F4.3.12 Was passiert bei der Messbereichsumschaltung?

F4.3.13 Welche Bedeutung hat der Innenwiderstand der Messgeräte?

F4.3.14 Wie funktioniert das Widerstandsthermometer?

F4.3.15 Wie wird der Strom definiert?

Vertiefungsfragen

F4.3.16 Wie und wozu nutzt man die Wheatstone'sche Brücke?

F4.3.17 Was ist der Innenwiderstand einer Spannungsquelle?

F4.3.18 Geben Sie das zeitliche Verhalten der Kondensatorentladung an.

F4.3.19 Warum ist die Geschwindigkeit der elektronischen Signalübertragung trotz kleinem Driftstrom hoch?

III Antworten

A4.3.1 Die elektrische Leitfähigkeit σ_{el} eines Materials wird durch die Stromdichte $j = \sigma_{el}E$ (Ohm'sches Gesetz) bei anliegendem E-Feld definiert. Gemäß $\sigma_{el} = n\,q^2\tau/m$ hängt sie von der Dichte n der freien Ladungsträger sowie deren Beweglichkeit ab. Letztere ist groß, wenn die Ladungsträger sich über relativ lange Zeit τ durch den Leiter bewegen können, bevor sie durch Stoß mit Atomen abgebremst werden. Zusätzlich spielt die Masse der Ladungsträger eine Rolle. In ionisierten Gasen werden z. B. Elektronen mit kleiner Masse im E-Feld stärker beschleunigt als schwere Ionen.

A4.3.2 Der Driftstrom gibt die effektive Geschwindigkeit der Ladungsträger im E-Feld an. Aufgrund der Streuung der Ladungsträger an den Atomen des Leiters ist die Driftgeschwindigkeit (typischerweise $v_D \approx 10^{-4}\,\mathrm{m \cdot s^{-1}}$ für Kupfer und $U = 230\,\mathrm{V}$) von der viel größeren, aber ungeordneten thermischen Bewegung (typisch $v_{th} \approx 10^6\,\mathrm{m \cdot s^{-1}}$) zu unterscheiden.

A4.3.3 Der elektrische Widerstand wird generell durch $R = U/I$ definiert. Ein Ohm'scher Widerstand ist unabhängig von U und I (Abb. 4.23). Er kann auch durch die Form $j = \sigma_{el}E$ definiert werden (siehe nächste Frage). Das Ohm'sche Gesetz gilt z. B. für Metalle bei konstanter Temperatur. Es gilt z. B. nicht bei Dioden, wo der Strom nicht linear, sondern exponentiell mit der Spannung steigt (Abschn. 8.3).

Abb. 4.23 $I(U)$-Kennlinien
verschiedener Widerstände

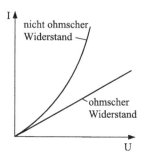

A4.3.4 Der spezifische Widerstand $\rho = 1/\sigma_{\mathrm{el}}$ ist das Inverse der Leitfähigkeit und somit ebenfalls eine Materialeigenschaft. Der Widerstand eines konkreten Leiters der Länge L mit der Querschnittsfläche A wird durch $R = \rho L/A$ berechnet. Je länger der Leiter, desto größer sein Widerstand. Darauf basiert der verstellbare Schiebewiderstand. Je dicker das Kabel, desto kleiner ist der Widerstand, weshalb auch Starkstromkabel dicker sind. Je kleiner der spezifische Widerstand ρ, desto besser ist die Leitfähigkeit.

A4.3.5 Die elektrische Heizleistung, z. B. die eines Tauchsieders, ist durch $P = U\,I$ gegeben. Mit $R = U/I$ folgt $P = U^2/R$.

A4.3.6 Werden mehrere Widerstände in Reihe geschaltet (Abb. 4.20a), so muss der Gesamtwiderstand gemäß $R = \sum\limits_{i} R_i$ steigen und dadurch, sofern die Spannungsquelle konstante Spannung U liefert, der fließende Strom abnehmen. Durch alle Widerstände fließt derselbe Strom. Zur Strommessung wird das Ampèremeter in Reihe geschaltet. An jedem einzelnen Widerstand fällt die Spannung $U_i = R_i\,I$ ab. In der Reihenschaltung addieren sich die Teilspannungen $U = \sum\limits_{i} U_i$ zur Gesamtspannung.

In der Parallelschaltung (Abb. 4.20b) liegt an allen Widerständen dieselbe Spannung U an. Der Gesamtwiderstand wird gemäß $1/R = \sum\limits_{i} 1/R_i$ kleiner, da weitere Wege für den Stromfluss entstehen. Der Strom durch den entsprechenden Widerstand wird mit $I_i = U/R_i$ berechnet.

A4.3.7 Metalle, Halbleiter, Isolatoren und Supraleiter unterscheiden sich durch ihre elektrische Leitfähigkeit, genauer durch die Temperaturabhängigkeit der Leitfähigkeit (Abb. 4.18). Durch die Messung von $\sigma_{\mathrm{el}}(T)$ über einen weiten Temperaturbereich können diese unterschieden werden. Die Vergleichswerte bei einer festen Temperatur geben meist noch keine eindeutige Auskunft (siehe auch Diskussion im Theorieteil).

A4.3.8 Strom wird vorwiegend durch Wechselstromgeneratoren (Dynamo) erzeugt (Abschn. 4.7). Zur Erzeugung von Gleichstrom dienen Galvanische Elemente (Batterie), Solarzellen (Abschn. 8.3) oder z. B. das Thermoelement, wo unter Ausnutzung des Seebeck-Effekts Wärme direkt in elektrische Energie gewandelt wird. Die detaillierte Erklärung findet sich im Theorieteil. Mithilfe von Gleichrichtern (z. B. pn-Diode in Abschn. 8.3) kann aus Wechselstrom ein (pulsierender) Gleichstrom erzeugt werden.

A4.3.9 Die Kirchhoff'schen Gesetze erlauben die Berechnung der in einer elektronischen Schaltung fließenden Ströme und der an den Widerständen anliegenden Spannungen. Ein Spannungsteiler wird durch zwei in Reihe geschaltete Widerstände erzeugt. Bei einem Potenziometer sind diese variabel (Diskussion siehe Theorieteil und Abb. 4.20c).

A4.3.10 Die meisten analogen Strommessgeräte basieren auf der magnetischen Wirkung des Stroms. Solche **Spulenampèremeter** werden im Prüfungsteil von Abschn. 4.5 beschrieben. Die thermische Wirkung des Stroms wird im **Hitzdrahtampèremeter** ausgenutzt. Fließt der Strom durch den Hitzdraht mit dem Ohm'schen Widerstand R, so erzeugt er die Leistung $P = U I = R I^2$ im Draht. Der erhitzt sich, dehnt sich aus, und die Ausdehnung wird auf einer geeichten Skala anzeigt. Dieses Gerät ist zwar robust, aber sehr ungenau ($\Delta I > 0,1$ A).

A4.3.11 Für die Spannungsmessung wird das Ohm'sche Gesetz ausgenutzt, so dass aus dem gemessenen Strom direkt die Spannung ermittelt werden kann. Damit wird die Spannungsmessung auf eine Strommessung zurückgeführt. In Digitalmultimetern mit Ziffernanzeige wird die Messspannung, ggf. nach Verstärkung oder Abschwächung, mit einer intern erzeugten Vergleichspannung bekannter Größe verglichen und angezeigt.

A4.3.12 Messbereichsumschaltung im Ampèremeter: Will man einen großen Strom messen, der das Messgerät zerstören würde, so muss man einen Teil des Stroms durch parallel geschaltete Widerstände (**Shunt**) vorbeileiten (Abb. 4.20b). Sollen mit einem Voltmeter hohe Spannungen gemessen werden, so müssen größere Widerstände in Reihe geschaltet werden, an denen ein Großteil der Spannung abfällt (Abb. 4.20a). Aus den gemessenen Teilwerten (Strom, bzw. Spannung) wird dann mithilfe von Gl. 4.29, 4.30 die eigentlich gesuchte Größe bestimmt.

A4.3.13 Damit eine Messung möglichst wenig durch den Innenwiderstand beeinflusst wird, muss dieser geeignet gewählt werden. Ampèremeter werden in Reihe geschaltet und dürfen daher nur einen sehr kleinen Innenwiderstand (meist $R_i \leq 1\,\Omega$) besitzen, um den zu messenden Strom nicht merklich zu reduzieren. Voltmeter werden parallel geschaltet und müssen daher einen sehr großen Innenwiderstand (meist $R_i \geq 10^6\,\Omega$) besitzen, damit der Strom nicht parallel über das Voltmeter abfließen kann.

A4.3.14 **Widerstandsthermometer** nutzen die Abhängigkeit der Leitfähigkeit bzw. des Widerstandes von der Temperatur. Widerstandsthermometer aus Metall haben den Vorteil geringer Wärmekapazität, reagieren also sehr schnell und sind bei sehr hohen und sehr tiefen Temperaturen gleichermaßen einsetzbar. Typisch sind Platinspiralen mit $R(T = 0\,°\mathrm{C}) = 100\,\Omega$.

A4.3.15 Der elektrische Strom $I = \mathrm{d}q/\mathrm{d}t$ ist die pro Zeiteinheit transportierte Ladung. Definiert wird er aber über seine Fähigkeit ein magnetisches Feld zu erzeugen (Details siehe Abschn. 4.4, 4.5) und die Kraft, die er im Magnetfeld erfährt. Die Definition lautet daher: Ein zeitlich konstanter Strom von einem *Ampère*, der durch zwei im Vakuum parallel verlaufende unendlich lange, dünne Leiter im Abstand von einem Meter fließt, erzeugt zwischen diesen Leitern eine Kraft von $2 \cdot 10^{-7}$ N je Meter Leitungslänge (Abb. 4.37, Abschn. 4.5).

A4.3.16 Die **Wheatstone'sche Brücke** (Abb. 4.24) dient der präzisen Messung von unbekannten Widerständen R_x, auch von Wechselstromwiderständen (Abschn. 4.7).

Abb. 4.24 Schaltung der Wheatstone'schen Brücke

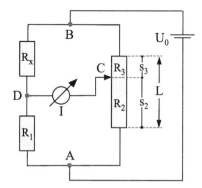

Bei der Brückenschaltung nach Wheatstone werden vier Widerstände, wie in Abb. 4.24 gezeigt, zusammengeschaltet. An die Eckpunkte A und B wird eine Spannung angelegt und die Punkte D und C mit einem Spannungs- oder Strommesser verbunden. Nur wenn die vier Widerstände in einem bestimmten Verhältnis zueinander stehen, ist die Brücke stromlos, d. h. zwischen den Punkten C und D fällt keine Spannung ab und es fließt kein Strom. Aus praktischen Gründen benutzt man zur Einstellung der Widerstände R_2 und R_3 einen Widerstandsdraht mit Schleifkontakt (Spannungsteiler). Für R_1 wird ein kalibrierter, bekannter Widerstand eingesetzt. Der Widerstandsdraht hat den spezifischen Widerstand ρ, so dass sich R_2 und R_3 aus der Länge der Abschnitte S_2 und S_3 des Widerstandsdrahtes ergeben: $R_2 = \rho S_2 / A$, $R_3 = \rho S_3 / A$. Mit dem verschiebbaren Schleifkontakt wird das Verhältnis R_2/R_3 so eingestellt, dass der Spannungsmesser Null anzeigt. Damit kann letztendlich R_x berechnet werden. Diese Messmethode ist ein typisches Beispiel für einen Größenvergleich nach einer Kompensationsmethode mit einer Nullanzeige mittels eines empfindlichen Messgerätes. Das Besondere dabei ist, dass das Messgerät nicht kalibriert sein muss!

A4.3.17 Ursache des Innenwiderstands R_i einer Spannungsquelle ist die Tatsache, dass die getrennten Ladungsträger auf ihrem Weg zu den Ausgangsklemmen der Batterie bzw. des Generators im Leitermaterial einen Widerstand erfahren. Die nutzbare Spannung $U = U_0 - I R_i = U_0 R/(R_i + R)$ hängt somit vom Lastwiderstand R ab (Abb. 4.20d).

A4.3.18 Das zeitliche Verhalten der Kondensatorentladung bzw. des Aufladeprozesses ist wichtig zum Verständnis des elektromagnetischen Schwingkreises (Abschn. 4.7). Wird der Kondensator durch die konstante Batteriespannung U_B aufgeladen, wobei sich ein Widerstand R im Stromkreis befindet, so wird der Prozess durch die Differentialgleichung $U_B - R\mathrm{d}q/\mathrm{d}t - q/C = 0$ beschrieben. Die Lösung ist $q(t) = CU_B\left(1 - \mathrm{e}^{-t/RC}\right)$, woraus für den Stromanstieg $I(t) = \mathrm{d}q/\mathrm{d}t = U_B\,\mathrm{e}^{-t/RC}/R$ und für die Kondensatorspannung $U_C = q(t)/C = U_B\left(1 - \mathrm{e}^{-t/RC}\right)$ folgt (siehe Abb. 4.25a). Durch die Wahl des Widerstandes bzw. der Kapazität kann die Zeitkonstante $\tau = RC$ und somit die Geschwindigkeit des **Ladeprozesses** eingestellt werden. Das **Entladen** des Kondensators über den Widerstand R wird durch dieselbe Differentialgleichung erfasst, wobei allerdings die Batteriespannung $U_B = 0$ zu setzen ist. Die Lösung lautet dann $q(t) = q_0\left(\mathrm{e}^{-t/RC}\right)$, bzw. $I(t) = -\mathrm{d}q/\mathrm{d}t = q_0\,\mathrm{e}^{-t/RC}/(RC)$ (Abb. 4.25b).

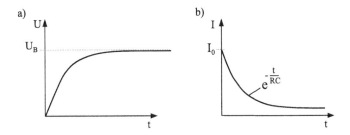

Abb. 4.25 a) Lade-, b) Entladevorgang am Kondensator

A4.3.19 Die hohe Geschwindigkeit der elektronischen Signalübertragung ist in der Ausbreitungsgeschwindigkeit der elektromagnetischen Wellen begründet.

4.4 Magnetfeld, Lorentz-Kraft, Elektromotor, Hall-Effekt

I Theorie

Wir beginnen die Beschreibung des Magnetismus nicht mit den aus dem Alltag bekannten Erscheinungen bei Permanentmagneten, sondern mit der Kraftwirkung auf bewegte Ladung in Magnetfeldern.

Lorentz-Kraft

Bewegt sich die Punktladung q mit der Geschwindigkeit $\vec{v}$ durch ein Magnetfeld der Stärke $\vec{B}$, so wirkt senkrecht zu $\vec{v}$ und $\vec{B}$ die Lorentz-Kraft (Abb. 4.26)

$$\vec{F} = q\,\vec{v} \times \vec{B} = q\,v\,B\sin\varphi \quad \text{(Lorentz-Kraft)}. \tag{4.31}$$

Entsprechend dem Kreuzprodukt ist die Lorentz-Kraft maximal, wenn $\vec{v}$ und $\vec{B}$ senkrecht zu einander stehen und Null, wenn die Ladung parallel zu den B-Feldlinien fliegt. Zur Konstruktion nutzt man die *Rechte-Hand-Regel*: Daumen in $\vec{v}$ -Richtung, Zeigefinger in $\vec{B}$-Richtung und der Mittelfinger zeigt in $\vec{F}$-Richtung. Wir definieren nun das Magnetfeld über die Kraftwirkung auf bewegte Ladung und durch Umformung der Gl. 4.31 erhält man die Einheit

$$[B] = \frac{\mathrm{N \cdot s}}{\mathrm{C \cdot m}} = \frac{\mathrm{V \cdot s}}{\mathrm{m}^2} = \mathrm{T} = \mathrm{Tesla} \quad \text{(B-Feld)} . \tag{4.32}$$

Eine ältere Einheit ist das Gauß mit $1\,\mathrm{G} = 10^{-4}\,\mathrm{T}$, das etwa der Erdmagnetfeldstärke $(0{,}5\,\mathrm{G})$ entspricht.

Magnetfeld

Wollen wir die Lorentz-Kraft auf eine bewegte Ladung berechnen, so müssen wir das magnetische Feld im Raum kennen. Anders als bei E-Feldern sind die B-Feldlinien in sich geschlossen. Außerhalb eines Permanentmagneten laufen sie von seinem Nord- zu seinem Südpol, innerhalb von Süd nach Nord (Abb. 4.27). Wird ein Permanentmagnet geteilt, so erhält man immer einen Dipol mit Nord- und Südpol, aber nie isolierte Monopole, anders als bei elektrischen Ladungen. Die Dichte der Linien ist ein Maß für die Feldstärke, d. h. an den Polen ist $\vec{B}$ maximal (Abb. 4.27). Nähert man zwei Magnete, so stoßen sich gleichnamige Pole ab, ungleichnamige Pole ziehen sich an. Auf dieser Kraftwirkung zwischen den Polen basiert historisch die Definition der **magnetischen Feldstärke** $\vec{H}$, die eigentliche Entsprechung zum E-Feld. Geeigneter für die meisten Anwendungen ist aber die Größe $\vec{B}$, die **magnetische Flussdichte**, meist auch kurz als Magnetfeldstärke bezeichnet.

$$\vec{B} = \mu\,\mu_0 \vec{H} , \quad [H] = \mathrm{A/m} \quad \text{(Magnetische Flussdichte)} . \tag{4.33}$$

Hierbei ist $\mu_0 = 1{,}256 \cdot 10^{-6}\,\mathrm{V \cdot s/A \cdot m}$ die Permeabilitätskonstante, und μ ist die relative Permeabilitätskonstante, die den Einfluss von Materie auf das Magnetfeld erfasst

Abb. 4.26 Lorentz-Kraft F auf eine im Magnetfeld der Stärke B bewegte Ladung q

Abb. 4.27 Magnetische Feldlinien sind geschlossen, hier gezeigt am Stabmagneten

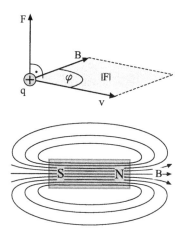

(Abschn. 4.8). Für Vakuum (und näherungsweise Luft) gilt $\mu = 1$, hier sind $\vec{B}$ und $\vec{H}$ einander proportional. Über die Erzeugung magnetischer Felder durch elektrische Ströme wird in Abschn. 4.5 gesprochen.

Bewegung im B-Feld

Fliegt ein Teilchen der Masse m und Ladung q mit der Geschwindigkeit $\vec{v}$ senkrecht zu den B-Feldlinien eines homogenen Magnetfeldes, so wird es auf eine Kreisbahn abgelenkt, denn die Lorentz-Kraft steht immer senkrecht auf $\vec{v}$ (Abb. 4.28). Deshalb leisten B-Felder auch keine Arbeit an geladenen Teilchen, da wegen $\vec{F} \perp \vec{v}$ immer $P = \vec{F} \cdot \vec{v} = 0$ folgt (Abschn. 1.2). Die Lorentz-Kraft (Gl. 4.31) stellt somit die Zentripetalkraft $F = m\,v^2/r$, woraus der Radius der Kreisbahn $r = m\,v/(q\,B)$ folgt. Der Radius hängt von dem Verhältnis der Masse zur Ladung ab.

Anwendung findet dies z. B. im **Massenspektrometer** zur Bestimmung der Elemente eines unbekannten Gases (Abb. 4.29). Die Gasatome werden in der Ionenquelle durch Elektronenbeschuss ionisiert und durch die Spannung U auf die Geschwindigkeit $v = \sqrt{2qU/m}$ (Abschn. 4.1) beschleunigt. Danach treten sie mit konstanter Geschwindigkeit in das homogene B-Feld und werden durch die Lorentz-Kraft je nach Größe der Ladung und der Masse auf eine Kreisbahn abgelenkt. Aus dem Radius, der aus dem Auftreffort in einem Detektor bestimmt wird, kann direkt das Verhältnis m/q berechnet werden. Sind die Atome einfach ionisiert, d. h. $q = e$, so folgt die Masse direkt. Der Kreisradius steigt dann mit der Atommasse.

Abb. 4.28 Im Magnetfeld wird die bewegte Ladung durch die Lorentz-Kraft senkrecht zum B-Feld auf eine Kreisbahn abgelenkt

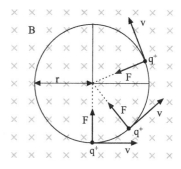

Abb. 4.29 Im Massenspektrometer werden geladene Atome (Ionen) nach ihrem Verhältnis von Ladung und Masse räumlich getrennt und detektiert

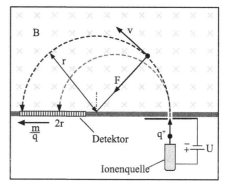

Abb. 4.30 Prinzip des
Elektromotors: In einem
B-Feld führen Lorentz-Kräfte
auf die stromführenden Zweige
einer Leiterschleife zu einem
Drehmoment

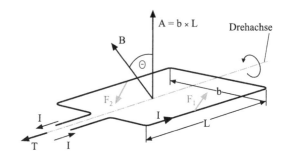

Kräfte auf Ströme

Befindet sich ein stromdurchflossener, gerader Leiter im Magnetfeld, so wirken auf die
fließenden Ladungen Lorentz-Kräfte. Mithilfe von Gl. 4.31, 4.21, und 4.22 kann man
zeigen, dass die Kraft vom Strom I und der Leiterlänge $\vec{L}$, die als Vektor in Stromrichtung
zeigt, abhängt und wie folgt berechnet werden kann:

$$\vec{F} = I \, \vec{L} \times \vec{B} \quad \text{(Kraft auf Strom im B-Feld)} . \tag{4.34}$$

Ein Draht, der sich im Magnetfeld befindet, wird also bewegt, wenn er von einem Strom
durchflossen wird. Dies ist die Grundlage für Elektromotoren und elektrische Messin-
strumente, in denen sich meist eine stromdurchflossene (rechteckige) Leiterschleife im
homogenen B-Feld dreht (Abb. 4.30). Die Drehachse ist bauartbedingt festgelegt und steht
senkrecht auf $\vec{B}$. Auf den Schmalseiten (Länge b) wirkt die Lorentz-Kraft immer in Richtung der Drehachse und kann somit nicht zu einer Drehung führen. Auf den Abschnitten
L wirken dagegen die Kräfte $F_1 = -F_2 = \pm I \, L \, B$ immer quer zur Achse und führen
gemeinsam zum Drehmoment $T = b \, I \, L \, B \sin \theta$ (Abschn. 1.4). Mit der Schleifenfläche,
die durch den Flächennormalenvektor $\vec{A} = \vec{b} \times \vec{L}$ erfasst wird, folgt das Drehmoment
$\vec{T} = I \, \vec{A} \times \vec{B}$. Das Drehmoment hängt also nicht von der speziellen Schleifenform ab.
Für einen Elektromotor mit N Schleifen ergibt sich das Drehmoment zu $N \, \vec{T}$. Das Drehmoment wird Null, wenn $\vec{A}$ parallel $\vec{B}$, d. h. sobald der Winkel θ Null wird. Soll sich der
Motor in die gleiche Richtung weiterdrehen, so muss der Strom durch geeignete mecha-
nische Anordnung nach jeder halben Umdrehung umgepolt werden.

Magnetischer Dipol

Die stromdurchflossene Schleife wird sich im Magnetfeld so drehen, dass $\vec{A}$ und $\vec{B}$ par-
allel liegen, denn dann ist mit $\vec{T} = I \, \vec{A} \times \vec{B} = 0$ ein Gleichgewichtszustand erreicht.
Ähnlich verhält sich die Kompassnadel im B-Feld. Daher definiert man das magnetische
Dipolmoment eines Stroms um die Fläche A (Abb. 4.31a) durch

$$\vec{\mu} = I \, \vec{A}, \quad [\mu] = \text{A} \cdot \text{m}^2 \quad \text{(magnetisches Dipolmoment)} , \tag{4.35a}$$

$$\vec{T} = \vec{\mu} \times \vec{B} \quad \text{(Drehmoment des Dipols im B-Feld)} . \tag{4.35b}$$

Abb. 4.31 Magnetisches Dipolmoment $\vec{\mu}$ a) für Kreisstrom um die Fläche A, b) für einen Permanentmagneten. Um seine Energie im B-Feld zu minimieren dreht er sich um θ

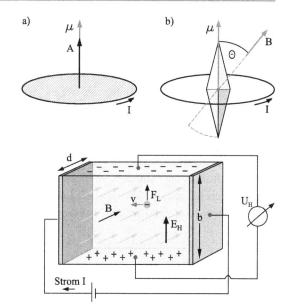

Abb. 4.32 Schematischer Aufbau zum Hall-Effekt

Magnetfelder können also durch Ströme erzeugt werden (ausführlich in Abschn. 4.5). Der Dipol erlaubt weiterhin die Beschreibung der potenziellen Energie eines Magneten im externen B-Feld. Diese erhalten wir, wenn wir die bei der Drehung des Dipols im B-Feld (Abb. 4.31b) verrichtete Arbeit $dW = -T\,d\theta$ betrachten.

$$E_{\text{pot}} = -\vec{\mu} \cdot \vec{B} \quad \text{(Energie des Dipols im B-Feld)}. \tag{4.36}$$

Maximale Energie E_{pot} wird für $\theta = 180°$ erreicht. Dies ist der instabile Zustand der Kompassnadel. Die Energie ist minimal, wenn der Winkel θ zwischen Dipolmoment und B-Feld Null wird, d. h. $E_{\text{pot}} = -\mu\,B\cos 0$ (Abb. 4.31b). Dies ist gleichzeitig das stabile Gleichgewicht, in das sich die Kompassnadel hineindreht. Beachten Sie: Der magnetische Dipol wird im homogenen B-Feld nur gedreht, nicht aber verschoben.

Hall-Effekt

Lässt man einen Strom durch einen Leiter im B-Feld fließen, so kann man an den Leiterflächen senkrecht zu B und senkrecht zur Stromrichtung die Hall-Spannung U_H abgreifen (Abb. 4.32). Die Lorentz-Kraft führt zu einer Ablenkung und somit räumlichen Trennung der bewegten Ladung. Als Folge baut sich ein elektrisches Hall-Feld E_H auf, das der Lorentz-Kraft entgegenwirkt, bis sich ein Gleichgewicht der Kräfte $eE_H = eU_H/b = e\,v_D\,B$ einstellt. Der Strom I durch den Leiter mit der Breite b und dem Querschnitt A hängt von der Driftgeschwindigkeit v_D und von der Dichte n der Ladungsträger ab: $I = n\,e\,v_D\,A$ (Gl. 4.21, 4.22). Damit folgt

$$U_H = \frac{1}{ne}\frac{I}{d}B \quad \text{(Hall-Spannung)}. \tag{4.37}$$

Die **Hall-Spannung** U_H ist also proportional zu B und kann daher zur Magnetfeldmessung genutzt werden. Die **Hall-Konstante** $R_H = 1/n\,e$ bestimmt die Messempfindlichkeit des Materials. Zum Bau einer Hall-Sonde sind nach Gl. 4.37 Metalle mit großer Ladungsträgerdichte ungeeignet, da sie ein kleines Messsignal U_H liefern. Gut geeignet sind dagegen leicht dotierte Halbleiter wie Ge. Mit ihnen erreicht man Werte von einigen V/T für U_H/R_H. Der Hall-Effekt ist für eine weitere Anwendung von Bedeutung und zwar zur Bestimmung der Ladungsträgerdichte von Halbleitern. Zudem lässt sich aus der Polarität der Hall-Spannung der Typ der Ladungsträger ermitteln. Dazu betrachten wir die in Abb. 4.32 eingetragene Stromrichtung: Sind die Ladungsträger Elektronen, so bewegen sie sich nach links und sammeln sich oben. Wären in einem anderen Halbleiter dagegen die beweglichen Ladungsträger positive Löcher, so würden sie nach rechts laufen und sich ebenfalls oben sammeln. Die Hall-Spannung hätte dann ihre Polarität geändert.

II Prüfungsfragen

Grundverständnis

F4.4.1 Nennen Sie Eigenschaften des Magnetfeldes.

F4.4.2 Wie wird das Magnetfeld definiert?

F4.4.3 Wie hängen H- und B-Felder zusammen und was ist die Permeabilitätskonstante?

F4.4.4 Wie kann der Wert m/e des Elektrons bestimmt werden?

F4.4.5 Wie verhält sich ein stromdurchflossener Leiter im Magnetfeld?

F4.4.6 Auf welcher Bahn fliegt ein Elektron durch ein B-Feld?

F4.4.7 Was ist der magnetische Dipol und wie verhält er sich im B-Feld?

F4.4.8 Wie funktioniert der Elektromotor?

Messtechnik

F4.4.9 Wie funktioniert ein Magnetkompass?

F4.4.10 Wie können Magnetfelder vermessen werden?

F4.4.11 Erklären Sie die Funktion der Hall-Sonde.

F4.4.12 Wie arbeitet ein Massenspektrometer?

Vertiefungsfragen

F4.4.13 Wie berechnet man die Energie eines magnetischen Dipols im B-Feld?

F4.4.14 Wie nutzt man den Hall-Effekt zur Untersuchung von Halbleitermaterialien?

F4.4.15 Was ist ein Zyklotron?

III Antworten

A4.4.1 Das Magnetfeld eines Stabmagneten ist in Abb. 4.27 gezeigt. Magnetfelder unterscheiden sich in folgenden Punkten von elektrischen Feldern: Die magnetischen B-Feldlinien sind geschlossen und es gibt keine magnetischen Monopole, sondern immer nur Dipole.

A4.4.2 Definiert wird die Magnetfeldstärke durch die Lorentz-Kraft $\vec{F} = q\,\vec{v} \times \vec{B}$ auf eine Ladung q, die sich mit der Geschwindigkeit $\vec{v}$ durch das Magnetfeld bewegt (Abb. 4.26).

A4.4.3 Die magnetische Feldstärke wird durch das H-Feld beschrieben, die magnetische Flussdichte durch $\vec{B} = \mu\,\mu_0\vec{H}$. Hierbei ist μ_0 die Permeabilitätskonstante und μ die relative Permeabilitätskonstante, welche den Einfluss von Materie auf das Magnetfeld erfasst. Für Vakuum und Luft gilt $\mu = 1$. Für Permanentmagnete und ferromagnetische Stoffe wie Eisen kann die Gleichung $\vec{B} = \mu\,\mu_0\vec{H}$ nicht angewendet werden, da μ vom H-Feld und von der Vorgeschichte abhängt (Hysterese, Abschn. 4.8).

A4.4.4 Elektronen werden im elektrischen Feld durch eine Spannung U auf die Geschwindigkeit $v = \sqrt{2eU/m}$ (aus $e\,U = m\,v^2/2$) beschleunigt und in ein homogenes Magnetfeld der Stärke B geschossen. Durch die senkrecht auf v und B wirkende Lorentz-Kraft $\vec{F} = q\,\vec{v} \times \vec{B}$ werden sie auf eine Kreisbahn abgelenkt. Die hierfür nötige Zentripetalkraft $F = m\,v^2/r$ wird durch die Lorentz-Kraft aufgebracht, so dass man mit $q = e$ die gesuchte Größe $m/e = B^2 r^2/2\,U$ erhält. Merken Sie sich nicht die Formel für m/e, sondern die Herleitung!

A4.4.5 Elektrischer Strom bedeutet bewegte Ladung, auf die im Magnetfeld die Lorentz-Kraft wirkt. Fließt der Strom I durch einen geraden Leiter der Länge L, so wirkt die Kraft $\vec{F} = I\,\vec{L} \times \vec{B}$. Der Leiter wird also bewegt, sobald der Strom fließt (**Lorentz-Schaukel**). Wenn der Leiter parallel zum B-Feld verläuft, ist die Kraft Null.

A4.4.6 Die Flugbahn des Elektrons hängt von dem Eintrittswinkel zum Magnetfeld ab. Fliegt es parallel zum B-Feld, so wird es nicht abgelenkt, da die Lorentz-Kraft Null ist. Fliegt es senkrecht zum B-Feld, so wird es auf eine Kreisbahn gezwungen. Fliegt es schräg zu den Feldlinien hinein, so bewegt es sich auf einer Spiralbahn. Hierbei bewirkt nur die Komponente v_s senkrecht zum B-Feld eine Lorentz-Kraft und damit eine Kreisbewegung. Die Komponente v_p parallel zu den B-Feldlinien erfährt keine Lorentz-Kraft, so dass der Kreis zu einer Spirale „aufgezogen" wird. Anders als im elektrischen Feld ändert sich die Energie des Elektrons nicht bei einem Flug durch ein B-Feld, denn die Lorentz-Kraft wirkt immer senkrecht zu v, so dass keine Leistung aufgenommen werden kann ($P = \vec{F} \cdot \vec{v} = 0$, Abb. 4.28).

A4.4.7 Der magnetische Dipol kann durch den Strom I in einer Leiterschleife um die Fläche A erzeugt werden (Abb. 4.31a). Sein magnetisches Moment $\vec{\mu} = I\,\vec{A}$ ist parallel zum Flächennormalenvektor $\vec{A}$ gerichtet ($\vec{\mu}$ nicht mit der Permeabilität verwechseln!). Diese Definition hat Bedeutung für die Beschreibung der Rotation einer Leiterschleife im B-Feld (Elektromotor, s. u.) und zum Verständnis des Magnetismus von Atomen aufgrund der Elektronenbewegung (Abschn. 4.8). In einem homogenen Magnetfeld erfährt der Dipol keine Kraft, sondern nur ein Drehmoment $\vec{T} = \vec{\mu} \times \vec{B}$ (Abb. 4.31b). Der Dipol versucht sich parallel zum B-Feld einzustellen, so dass mit $\vec{T} = \vec{\mu} \times \vec{B} = 0$ eine Gleichgewichtslage erreicht wird. Nur im inhomogenen B-Feld erfährt ein Dipol eine magnetische Kraft $\vec{F} = \mu\,\mathrm{grad}\,\vec{H}$ und zwar in Richtung der Dipolachse. Dies ist z. B. der Fall, wenn zwei Stabmagnete sich abstoßen bzw. anziehen.

A4.4.8 Die Funktionsweise des Elektromotors ist im Theorieteil detailliert beschrieben.

A4.4.9 Das Dipolmoment der magnetisierten Nadel eines Kompasses erfährt im B-Feld das Drehmoment $\vec{T} = \vec{\mu} \times \vec{B}$, welches die Nadel parallel zu den B-Feldlinien ausrichtet, so dass bei $\vec{T} = \vec{\mu} \times \vec{B} = 0$ die Gleichgewichtslage erreicht wird. Der Kompass bestimmt also die Richtung, nicht aber die Stärke des Erdmagnetfeldes.

A4.4.10 Magnetfelder können durch **Eisenpfeilspäne** „sichtbar" gemacht werden. Die Späne werden im externen B-Feld magnetisiert (Abschn. 4.8), erfahren ein Drehmoment und richten sich parallel zu den B-Feldlinien aus. Die quantitative Vermessung erfolgt mit Magnetometern. Das **Torsionsmagnetometer** misst das Drehmoment $\vec{T} = \vec{\mu} \times \vec{B}$ auf einen Stabmagneten mit bekanntem Dipolmoment $\vec{\mu}$, woraus das B-Feld berechnet wird. **Induktionsmagnetometer** basieren auf einer elektromagnetischen Spule, die durch ein B-Feld bewegt wird. Dabei wird eine Spannung induziert, woraus das B-Feld berechnet werden kann (Details in Abschn. 4.6). Weit verbreitet und kostengünstig ist die Hall-Sonde (s. u.). Hier wird die Hall-Spannung gemessen und daraus die gesuchte B-Feldstärke berechnet. Moderne Magnetometer nutzen den magnetfeldabhängigen elektrischen Widerstand von magnetischen Vielfachschichtsystemen. Zu dessen exakter

Erklärung muss die spinabhängige Streuung der Elektronen betrachtet werden, was aber Thema des Hauptstudiums ist.

A4.4.11 Die Hall-Sonde (Abb. 4.32) basiert auf dem Hall-Effekt. Er ist im Theorieteil ausführlich erklärt.

A4.4.12 Das Massenspektrometer ist ein wichtiges Instrument zur Analyse der Zusammensetzung eines Gases. Hierbei werden die Atome bzw. Moleküle des Gases nach ihrer Masse, genauer dem Verhältnis von Masse zu Ladung getrennt (Abb. 4.29 und Theorieteil).

A4.4.13 Die Energie des Dipols im B-Feld ist durch $E_{\mathrm{pot}} = -\vec{\mu} \cdot \vec{B}$ gegeben. Hat sich z. B. die Kompassnadel mit dem Dipolmoment $\vec{\mu}$ im B-Feld ausgerichtet, so ist ihre Energie minimal. Das Minuszeichen versteht man, wenn man zwei Stabmagneten betrachtet und den einen als Dipol mit dem Moment $\vec{\mu}$ im Feld $\vec{B}$ des anderen Magneten behandelt (Abb. 4.27, 4.36). Hält man die Magneten parallel, so sind $\vec{\mu}$ und $\vec{B}$ antiparallel und sie stoßen sie sich ab. Die Energie des Systems ist maximal. Hält man die Magneten aber antiparallel, so ziehen sie sich an, denn das System kann seine Energie minimieren.

A4.4.14 Der Hall-Effekt ermöglicht die Bestimmung der Dichte n und der Geschwindigkeit v der Ladungsträger, woraus die Leitfähigkeit σ_{el} (Abschn. 4.3) der untersuchten Materialien ermittelt werden kann. Die entsprechenden Formeln ($e E_H = e U_H / b = e\, v B$, $U_H = I\, B / (n\, e\, d)$, siehe Theorieteil) werden umgestellt und nach den gesuchten Größen aufgelöst. Eine wichtige Kenngröße ist dabei die Hall-Konstante $R_H = 1/ne$.

Abb. 4.33 Zyklotron

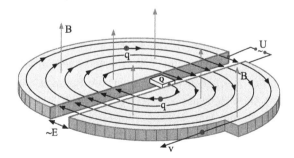

A4.4.15 Ein **Zyklotron** dient der Beschleunigung von Protonen und schweren Ionen in der Teilchenphysik (Abb. 4.33). In einer Quelle werden die elektrisch geladenen Teilchen erzeugt und in ein konstantes, homogenes B-Feld geschossen, wo sie auf eine Kreisbahn gezwungen werden. Die Teilchen bewegen sich dabei in zwei halbkreisförmigen Metallkästen, den sogenannten D-förmigen Hohlelektroden. Die Beschleunigung der Teilchen erfolgt auf einer kurzen geraden Strecke zwischen den Hohlelektroden durch eine phasenrichtig angelegte Wechselspannung. Aufgrund der im E-Feld gewachsenen Geschwindigkeit beschreiben sie einen Halbkreis mit größerem Radius bevor sie wieder in den Zwischenraum eintreten. Bis dahin muss die Spannung umgepolt worden sein, damit sie weiter in Flugrichtung beschleunigt werden können. Die Energie und die Bahnradien wachsen dadurch jedes Mal weiter an, bis die Teilchen durch einen Ausgang ausgekoppelt werden und auf das Experiment zufliegen. Im Inneren der Hohlelektroden existiert wegen der Abschirmung kein elektrisches Feld, sondern nur das B-Feld.

4.5 Magnetfeld & Ströme, Biot-Savart'sches Gesetz, Ampère'scher Satz

I Theorie

Das elektrische Feld wird durch elektrische Ladungen erzeugt, das magnetische Feld durch elektrische Ströme. Diese Analogie und die daraus folgenden technischen Anwendungen werden wir in diesem Kapitel beschreiben.

Fließt ein Strom, so baut sich ringförmig um ihn herum ein magnetisches Feld auf (Abb. 4.34a). Die Richtung folgt aus der Rechten-Hand-Regel, d. h. der Daumen zeigt in die technische Stromrichtung und die Finger zeigen in B-Feldrichtung. Für einen beliebig geformten Leiter zerlegen wir den Strom in kleine Stromelemente $I \cdot \mathrm{d}\vec{s}$, die in Richtung des Leiterstückchens $\mathrm{d}\vec{s}$ fließen (Abb. 4.34b). Das von einem Stromelement im Abstand r erzeugte Feldelement $\mathrm{d}\vec{B}$ ergibt sich aus

$$\mathrm{d}\vec{B} = \frac{\mu_0}{4\pi} \frac{I \, \mathrm{d}\vec{s} \times \vec{e}_r}{r^2} \quad \text{(Biot-Savart'sches Gesetz)} . \tag{4.38}$$

Der Ort P, an dem das Feldelement $\mathrm{d}\vec{B}$ berechnet werden soll, wird durch den Einheits-Richtungsvektor $\vec{e}_r$ mit $|\vec{e}_r| = 1$ und dem Abstand r angegeben. Das gesamte B-Feld am Ort P erhalten wir, wenn wir die Beiträge $\mathrm{d}\vec{B}$ aller weiteren (hier nicht dargestellten) Stromelemente addieren. Die B-Feldstärke, d. h. die Feldliniendichte, nimmt quadratisch mit dem Abstand vom Stromelement ab, genau wie für das elektrische Feld (Abschn. 4.1). Dort war die Ladung q Quelle des E-Feldes. Hier ist die bewegte Ladung, d. h. der Strom I, die Quelle des B-Feldes. Unterschiedlich sind aber die Feldverläufe: Das E-Feld hat seinen Ursprung in positiver Ladung und läuft zur negativen Ladung. Das

Abb. 4.34 a) Ein Strom erzeugt ein ringförmiges Magnetfeld. b) Zur Berechnung des Feldelementes dB am Ort P aus dem Stromelement I ds

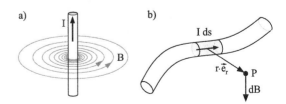

Abb. 4.35 Prinzip der Feldentstehung in einer elektromagnetischen Spule

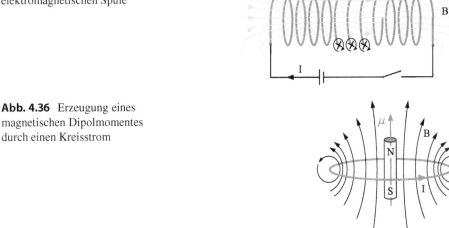

Abb. 4.36 Erzeugung eines magnetischen Dipolmomentes durch einen Kreisstrom

B-Feld ist aber immer geschlossen (Abb. 4.34a). Es hat weder Anfang noch Ende und steht immer senkrecht zum Strom. Letzteres drückt das Kreuzprodukt in Gl. 4.38 aus. Mit dem Biot-Savart'schen Gesetz kann nun das Feld jeder beliebigen Leiteranordnung, wie z. B. der Spule, berechnet werden.

Zylinderspule

Eine Zylinderspule habe die Länge l und soll aus N Windungen bestehen (Abb. 4.35). Ist ihr Radius deutlich kleiner als die Spulenlänge, so berechnet man das Magnetfeld im Innenraum der Spule durch

$$B = \mu\,\mu_0\frac{N}{l}\,I \quad \text{(B-Feld in Spule)}. \tag{4.39}$$

Im Innenraum der Spule bildet sich ein homogenes B-Feld, da sich die Felder jeder einzelnen Spulenwindung addieren (Abb. 4.35). Im Außenraum ist das B-Feld nahezu Null, da sich die Einzelbeiträge auslöschen. Wenn sich in der Spule ein Material befindet, so wird die Feldverstärkung durch die relative Permeabilität μ berücksichtigt (Abschn. 4.8). Für Luft gilt $\mu \approx 1$.

Besteht die Spule nur aus einer Windung, also aus einer Leiterschleife, so haben wir den in Abschn. 4.4 behandelten magnetischen Dipol mit dem Dipolmoment $\vec{\mu} = I\,\vec{A}$. Das zugehörige B-Feld (Abb. 4.36) verhält sich in großer Entfernung so wie das eines Stabmagneten. Aus Gl. 4.38 folgt nach etwas Rechnung für die Stärke des B-Feldes auf der Hauptachse im Abstand z von der Kreisfläche $\vec{B}(z) = (\mu_0/2\,\pi)\cdot(\vec{\mu}/z^3)$. Das für einen Dipol typische Abklingen der Feldstärke mit z^3 wurde schon für den elektrischen Dipol beobachtet.

Abb. 4.37 B-Felder und Kräfte zwischen zwei parallelen stromdurchflossenen Leitern

Abb. 4.38 Der magnetische Fluss durch eine geschlossene Fläche ist immer Null

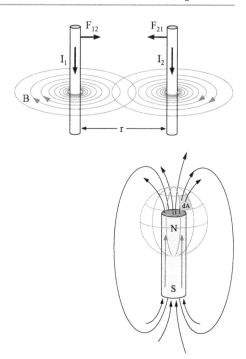

Kräfte zwischen zwei Leitern

Zwei stromdurchflossene Leiter müssen gegenseitig Lorentz-Kräfte der Art $\vec{F} = I\,\vec{L} \times \vec{B}$ aufeinander ausüben, denn der erste Leiter mit dem Strom I_1 erzeugt ein B-Feld am Ort des zweiten Leiters (Abb. 4.37). Ebenso erzeugt der zweite Leiter mit dem Strom I_2 ein B-Feld am Ort des ersten Leiters. Die Felder können mit dem Biot-Savart'schen Gesetz (Gl. 4.38) berechnet werden. Ist der Abstand r der Leiter klein gegen ihre Länge L, so folgt

$$F_{1,2} = \frac{\mu_0 L}{2\pi\,r}\,I_1 I_2\,. \tag{4.40}$$

Bei parallelen Strömen ziehen sich die Leiter an, bei antiparallelen Strömen stoßen sie sich ab. Diese Kraft lässt sich einfach messen und wird daher zur Definition des Stroms herangezogen. Ein Ampère ist demnach die Stärke eines Stroms, der durch zwei dünne, im Abstand $r = 1$ m laufende Drähte im Vakuum eine Kraft von $2 \cdot 10^{-7}$ N pro Meter Leiterlänge hervorruft. Dadurch ist automatisch die Permeabilitätskonstante $\mu_0 = 4\,\pi \cdot 10^{-7}\,\mathrm{N}/\mathrm{A}^2$ festgelegt.

Ampère'scher Satz

Wir haben gesehen, dass B-Felder geschlossen, also ohne Anfang und Ende sind. Dies bedeutet, dass es keine magnetischen Monopole gibt. Elektrische Ladungen dagegen sind Monopole und verhalten sich daher anders. Legt man eine geschlossene Fläche um elektrische Ladungen, so gibt der elektrische Fluss der E-Feldlinien durch diese Fläche die

Abb. 4.39 Veranschaulichung zum Ampère'schen Satz

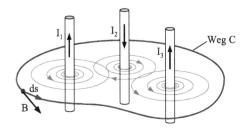

Größe der eingeschlossenen Ladung an (Abschn. 4.1). Ganz anders ist es bei Magneten. Legt man eine geschlossene Fläche z. B. um den Nordpol eines Stabmagneten (Abb. 4.38), so laufen genau so viele B-Feldlinien in die Fläche hinein wie hinaus. Dies gilt für jede beliebige Anordnung. Zur Erfassung dieses Sachverhaltes eignet sich der magnetische Fluss $\Phi_{\mathrm{mag}} = \int \vec{B} \cdot \mathrm{d}\vec{A}$, da er ein Maß für die Zahl der B-Feldlinien durch die Fläche ist. Für den magnetischen Fluss durch eine geschlossene Oberfläche gilt:

$$\Phi_{\mathrm{mag}} = \int \vec{B} \cdot \mathrm{d}\vec{A} = 0 \quad \text{(magn. Fluss durch geschlossene Fläche)}. \tag{4.41}$$

Ein weiterer wichtiger Satz für die Behandlung von Magnetfeldern ist der Ampère'sche Satz (Durchflutungssatz). So wie in Abschn. 4.1 mit dem Gauß'schen Satz das E-Feld aus seinen Quellen, den Ladungen, berechnet werden konnte, so erlaubt der Ampère'sche Satz, das B-Feld aus seinen Quellen, nämlich den Strömen, zu berechnen:

$$\oint_C \vec{B} \cdot \mathrm{d}\vec{s} = \mu_0 I \quad \text{(Ampére'sches Gesetz)}. \tag{4.42}$$

Wie erfolgt die Berechnung des B-Feldes konkret? Wir müssen einen geschlossenen Weg C (nicht Fläche) um die beteiligten stromführenden Leiter legen und an jeder Stelle auf dem Weg das Skalarprodukt aus B-Feld und dem Wegstückchen $\mathrm{d}\vec{s}$ bilden (Abb. 4.39). Die Summe (Integral) ergibt dann den gesamten, eingeschlossenen Strom. Da die Form des Weges keine Rolle spielt, wählt man oft einen einfachen Weg, der der Symmetrie des Problems angepasst ist (siehe Fragen F4.5.6, F4.5.14).

II Prüfungsfragen

Grundverständnis

F4.5.1 Wie können Magnetfelder erzeugt werden?

F4.5.2 Wie sieht das B-Feld um einen geraden Leiter aus?

F4.5.3 Wie sieht das B-Feld einer Spule aus? Wie wird es berechnet?

F4.5.4 Was besagt das Biot-Savart'sche Gesetz und wozu wird es genutzt?

F4.5.5 Was besagt das Ampère'sche Gesetz und wozu wird es genutzt?

F4.5.6 Geben Sie eine Anwendung des Ampère'schen Gesetzes an.

F4.5.7 Stellen Sie die für die Elektrostatik und Magnetostatik wichtigen Größen gegenüber.

Messtechnik

F4.5.8 Wie funktioniert das Drehspulenampèremeter?

F4.5.9 Wie funktioniert ein Weicheiseninstrument?

F4.5.10 Wozu nutzt man ein Helmholtz-Spulenpaar?

Vertiefungsfragen

F4.5.11 Wie können Sie den elektrischen Strom ohne Ampèremeter messen?

F4.5.12 Aus welcher Formel wird ersichtlich, dass es keine magnetischen Monopole gibt?

F4.5.13 Warum ist es schwierig, Elektromagnete für große B-Felder zu bauen?

F4.5.14 Berechnen Sie mithilfe des Ampère'schen Gesetzes die B-Feldstärke im Inneren einer langen stromdurchflossenen Spule.

III Antworten

A4.5.1 Magnetfelder können durch elektrische Ströme erzeugt werden, was für technische Anwendungen von großer Bedeutung ist. Weiterhin entstehen Magnetfelder durch bewegte elektrische Felder (elektromagnetische Wellen in Abschn. 4.9) sowie durch den Spin der Elektronen bzw. des Atomkerns (Abschn. 7.2).

A4.5.2 Das B-Feld um einen geraden Leiter ist in Abb. 4.34a gezeigt. Die Richtung des durch den Strom erzeugten B-Feldes erhält man aus der Rechten-Hand-Regel (Daumen in Stromrichtung, Finger in B-Feldrichtung). Die Dichte der B-Feldlinien ist proportional zur

B-Feldstärke (magnetische Flussdichte). Sie nimmt mit dem Abstand vom stromführenden Leiter ab.

A4.5.3 Das B-Feld einer Zylinderspule ist in Abb. 4.35 gezeigt. Ist die Spulenlänge deutlich größer als der Radius, so erzeugt der Strom ein B-Feld, das im Inneren homogen ist. Außerhalb der Spule ähnelt das Feld dem eines Stabmagneten (Abb. 4.27). Die Feldstärke im Spuleninneren wird mit $B = \mu\,\mu_0 N\,I/l$ berechnet. Hier wächst die Feldstärke mit der Dichte N/l der Drahtwindungen. Über die Stromstärke lässt sich die Feldstärke linear regeln. Elektromagneten werden eingesetzt in elektrischen Maschinen, Messgeräten (s. u.), Relais, Lasthebemagneten und zum Schreiben von magnetischer Information, z. B. auf Tonbändern. Zur Feldverstärkung wird meist ein Eisenkern in die Spule geschoben, dessen Permeabilität in der Größenordnung von $\mu \approx 1000$ liegt. Allerdings hängt μ selbst von der Feldstärke ab (siehe Hysterese in Abschn. 4.8).

A4.5.4 Das Biot-Savart'sche Gesetz bildet die Grundlage zur Berechnung des von einem Strom erzeugten Magnetfeldes. Dazu wird der Strom in kleine Stromelemente der Länge ds eingeteilt (Abb. 4.34b), die im Abstand r vom Stromleiter kleine Feldelemente $\mathrm{d}\vec{B} = \frac{\mu_0}{4\pi} \frac{I\,\mathrm{d}\vec{s} \times \vec{e}_r}{r^2}$ erzeugen. Das Kreuzprodukt taucht hierbei auf, da das B-Feld immer senkrecht zum Strom verläuft (Rechte-Hand-Regel). Die Feldstärke nimmt quadratisch mit dem Abstand vom Leiter ab. Das Biot-Savart'schen Gesetz wird genutzt, um die Feldverteilung für eine konkrete Leiteranordnung berechnen zu können, wozu alle Stromelemente der gesamten Leiteranordnung addiert werden müssen.

A4.5.5 Das Ampère'sche Gesetz verbindet das Magnetfeld mit seiner Quelle, dem elektrischen Strom. Es ermöglicht, so wie das Biot-Savart'sche Gesetz, die Berechnung von B-Feldern aus den erzeugenden Strömen. Es lautet $\oint \vec{B} \cdot \mathrm{d}\vec{s} = \mu_0 I$ und kann wie folgt verstanden werden (Abb. 4.39): Bilden mehrere Ströme den Gesamtstrom $I = I_1 + I_2 + I_3$, so erzeugen sie ein B-Feld. Läuft man auf einem beliebigen, geschlossenen Weg C um den Strom herum und bildet auf jedem infinitesimal kleinen Wegstück d$\vec{s}$ das Skalarprodukt $\vec{B} \cdot \mathrm{d}\vec{s}$, so ergibt die Summe über den gesamten Weg $\oint \vec{B} \cdot \mathrm{d}\vec{s} = \mu_0 I$.

A4.5.6 Eine einfache Anwendung des Ampère'schen Gesetzes ist die Berechnung des von einem geraden, unendlich langen, stromdurchflossenen Leiter erzeugten B-Feldes (Abb. 4.34a). In dieser Anordnung wählt man den einfachen Kreisweg um den durch den Mittelpunkt fließenden Strom. Dann folgte für das Integral $\oint \vec{B} \cdot \mathrm{d}\vec{s} = 2\,\pi\,r\,B$. Damit folgt für die B-Feldstärke in einen beliebigen Abstand r: $B = \mu_0 I/2\pi\,r$. Warum nimmt die B-Feldstärke mit r^{-1} und nicht mit r^{-2} ab, so wie es nach dem Biot-Savart'schen Gesetz erwartet wird? Das Biot-Savart'sche Gesetz beschreibt nur ein infinitesimal kurzes Stromelement. In unserem Beispiel handelt es sich dagegen um einen unendlich langen Leiter, bei dem das resultierende B-Feld durch unendlich viele Stromelemente erzeugt wird.

A4.5.7 Gegenüberstellung wichtiger Größen der Elektro- und Magnetostatik.

Elektrostatik	Magnetostatik
Ladung q erzeugt E-Feld	Strom I erzeugt B-Feld
Gauß'scher Satz $\varepsilon_0 \oint \vec{E} \cdot \mathrm{d}\vec{A} = q$	$\int \vec{B} \cdot \mathrm{d}\vec{A} = 0$
	Ampère'scher Satz $\oint \vec{B} \cdot \mathrm{d}\vec{s} = \mu_0 I$
Drehmoment auf Dipol $\vec{T} = \vec{p} \times \vec{E}$	$\vec{T} = \vec{\mu} \times \vec{B}$

A4.5.8 Der prinzipielle Aufbau eines **Drehspulenampèremeter**s ist in Abb. 4.40 gezeigt. Eine Messspule ist drehbar im B-Feld eines Permanentmagneten aufgehängt.

Fließt der zu messende Strom I durch die Spule, so erfahren die Spulendrähte die Lorentz-Kraft $\vec{F} = I \vec{L} \times \vec{B}$, woraus sich ein Drehmoment ergibt (Abschn. 4.4). Eine Spiralfeder erzeugt ein Rückstellmoment, so dass der Zeigerausschlag proportional zum Strom wird. Die Drehrichtung des Zeigers hängt von der Stromrichtung (Polarität) ab. Daher muss zur Messung von Wechselstrom ein anderes Gerät verwendet werden, da der Zeiger nur um die Nulllage „zittern" würde (s. u. und Abschn. 4.7).

Abb. 4.40 Drehspulampère-meter

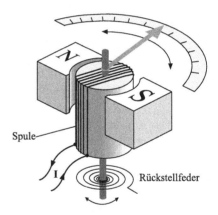

A4.5.9 Das **Weicheiseninstrument** ist in Abb. 4.41 skizziert. Der zu messende Strom fließt durch eine Spule und erzeugt ein Magnetfeld. Ein Eisenkern ist an einer Feder aufgehängt und ragt zum Teil in die Spule hinein. Dort wird er magnetisiert und in die Spule hineingezogen. Der Zeigerausschlag ist unabhängig von der Stromrichtung, so dass man hiermit auch Wechselströme messen kann. Allerdings ist es nicht so empfindlich wie ein Drehspuleninstrument.

A4.5.10 Ein **Helmholtz-Spulenpaar** nutzt man zur Erzeugung eines homogenen Magnetfeldes, das von allen Seiten zugänglich sein muss. Dabei stehen zwei sehr schmale Spulen mit gleichem Radius im Abstand des Radius gegenüber (wie zwei Räder auf einer Achse) und werden vom gleichen Strom durchflossen.

Abb. 4.41 Weicheiseninstrument

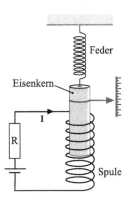

Feder

Eisenkern

I

R

Spule

A4.5.11 Falls man zur Strommessung ein Ampèremeter nicht in den Stromkreis schalten kann, so kann der Strom durch die Messung des erzeugten B-Feldes ermittelt werden
(Abb. 4.34a). Dazu misst eine Hall-Sonde (Abschn. 4.4) die Magnetfeldstärke im Abstand r, woraus der Strom $I = B \, (2\pi r / \mu_0)$ berechnet wird.

A4.5.12 Gäbe es magnetische Monopole (z. B. nur den Nordpol), so würde es einen ma-
gnetischen Fluss $\Phi_{\mathrm{mag}} = \int \vec{B} \cdot \mathrm{d}\vec{A}$ durch eine diesen Monopol einschließende Fläche
geben (Abb. 4.38). Dies wird aber nicht beobachtet, sondern durch eine geschlossene Flä-
che treten insgesamt gleich viele B-Feldlinien ein wie aus, d. h. der gesamte Fluss durch
die geschlossene Fläche ist Null. Die Formulierung lautet also $\Phi_{\mathrm{mag}} = \int \vec{B} \cdot \mathrm{d}\vec{A} = 0$
(siehe auch Maxwell-Gleichungen in Abschn. 4.9).

A4.5.13 Zur Erzeugung von Magnetfeldern, die deutlich größer als ein Tesla sind, müssen
sehr hohe Ströme durch elektromagnetische Spulen fließen. In Spulen aus typischen Metalldrähten wie Cu führt dies zu problematisch starker Erwärmung. Deshalb nutzt man für
die Spulenwindungen supraleitendes Material (z. B. NbTi), was allerdings eine Kühlung
unter die Sprungtemperatur erforderlich macht (Abschn. 4.3). Dies ist technisch durch
flüssiges Helium ($T = 4{,}2$ K) zwar möglich, aber teuer.

A4.5.14 Wir betrachten den Schnitt durch eine Zylinderspule der Länge l (Abb. 4.35).
Um den Ampère'schen Satz anwenden zu können legen wir den geschlossenen Integrationsweg um die oberen N Spulendrähte (nicht gezeigt in der Abbildung). Weil das B-Feld
außerhalb der idealen Spule Null ist, liefert nur die Integration über den Wegabschnitt l
innerhalb der Spule einen Beitrag, und zwar $\oint \vec{B} \cdot \mathrm{d}\vec{s} = B \, l = \mu_0 N I$. Bei N Spulen-
drähten ergibt sich der durch den geschlossenen Integrationsweg laufende Gesamtstrom
zu $N I$. Daraus ergibt sich das B-Feld im Inneren zu $B = \mu_0 N I / l$. In unserem Beispiel
befindet sich kein Material in der Spule, d. h. $\mu = 1$.

4.6 Faraday'sche Induktion, Lenz'sche Regel, magnetische Energie

I Theorie

Wie wandelt ein Dynamo mechanische Arbeit in elektrische Energie um? Was sind die Grundlagen eines elektromagnetischen Schwingkreises im Radioempfänger? Wie hält sich eine elektromagnetische Welle selbst „am Leben"? Wie funktioniert eine Wirbelstrombremse?

Alle Antworten führen auf die Faraday'sche Induktion. Bei allen Induktionserscheinungen geht es immer um dasselbe: Wenn der magnetische Fluss, d. h. die Zahl der durch eine Fläche A hindurch tretenden B-Feldlinien sich zeitlich ändert (Abb. 4.42a), dann wird eine elektrische Spannung U_{ind} induziert: Ganz wichtig hierbei ist die zeitliche Änderung! Ein konstanter magnetischer Fluss selbst induziert noch keine Spannung.

Magnetischer Fluss

Die Bedeutung der beiden Größen A und B für die Induktion wird im magnetischen Fluss Φ_{mag} erfasst. Da diese schon in Abschn. 4.5 eingeführte Größe für die Induktion sehr wichtig ist, wird sie hier noch einmal behandelt. Die in Abb. 4.42a gezeigte Leiterschleife wird durch den Flächenvektor $\vec{A}$ beschrieben, der senkrecht auf der Fläche steht und dessen Länge gleich dem Flächeninhalt ist. Der magnetische Fluss der B-Feldlinien durch diese Fläche ist

$$\Phi_{\text{mag}} = \int \vec{B} \cdot d\vec{A}, \quad \left[\Phi_{\text{mag}}\right] = \text{Wb} \quad \text{(magnetischer Fluss)} \qquad (4.43)$$

Mit der Einheit Weber. Er wird maximal, wenn die Vektoren $\vec{A}$ und $\vec{B}$ parallel sind, was durch das Skalarprodukt $\vec{B} \cdot \vec{A}$ erfasst wird. Da beide Größen sich in der Regel im

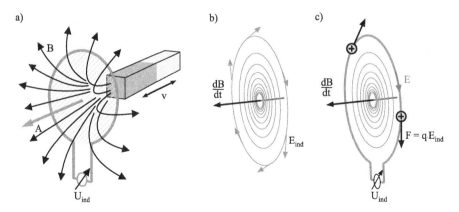

Abb. 4.42 a) Wird ein Magnet relativ zur Drahtschleife bewegt, so wird eine Spannung induziert. b) Ein sich zeitlich änderndes B-Feld induziert ein elektrisches Ringfeld. c) Das Ringfeld trennt die Ladung und induziert eine Spannung in der Drahtschleife

Raum ändern können, muss integriert werden, d. h. man betrachtet die Summe der B-Feldlinien durch alle kleinen Flächenstückchen $\mathrm{d}\vec{A}$. Ist das B-Feld homogen und immer senkrecht zur Fläche, d. h. $\vec{A}$ und $\vec{B}$ sind parallel, so vereinfacht sich die Flussberechnung zu $\Phi_{\mathrm{mag}} = BA$. Aus Gl. 4.43 wird auch die ursprüngliche Bezeichnung von B als Flussdichte deutlich.

Faraday'sche Induktion

Die in der Leiterschleife induzierte Spannung U_{ind} ist gleich der zeitlichen Änderung des Flusses durch eine Leiterschleife.

$$U_{\mathrm{ind}} = -\frac{\mathrm{d}\Phi_{\mathrm{mag}}}{\mathrm{d}t} = -\frac{\mathrm{d}}{\mathrm{d}t}\int \vec{B} \cdot \mathrm{d}\vec{A} \quad \text{(Induktionsspannung)}. \qquad (4.44)$$

Geht der Fluss durch eine Spule mit N Windungen, so addieren sich die Spannungen.

$$U_{\mathrm{ind}} = -N\frac{\mathrm{d}\Phi_{\mathrm{mag}}}{\mathrm{d}t} \quad \text{(Induktionsspannung in Spule)}. \qquad (4.45)$$

Die Spannung kann also durch drei Prozesse der Flussänderung induziert werden:

1. Magnetfeldänderung $\mathrm{d}\vec{B}/\mathrm{d}t \neq 0$
2. Flächenänderung $\mathrm{d}\vec{A}/\mathrm{d}t \neq 0$
3. Winkeländerung $\vec{A}$ zu $\vec{B}$ (über das Skalarprodukt)

In Abb. 4.42a führt die Bewegung des Magneten relativ zur Drahtschleife zu einer Änderung der Zahl der durch die Schleife laufenden Magnetfeldlinien (Prozess 1). In einem Dynamo wird die Drahtschleife im Feld eines Permanentmagneten gedreht, so dass die Winkeländerung (Prozess 3) zur Induktion führt. Dabei wächst mit steigender Drehgeschwindigkeit des Dynamos die zeitliche Änderung der von B-Feldlinien durchsetzten Fläche und damit die induzierte Spannung, so dass die Fahrradlampe heller leuchtet.

Die Induktion durch Änderung der Fläche $\mathrm{d}\vec{A}/\mathrm{d}t \neq 0$ (Prozess 2) wollen wir genauer betrachten. Dazu wird eine Spule der Breite h mit N Windungen mit der Geschwindigkeit v über ein Magnetfeld gezogen (Abb. 4.43a). Sobald die Spule in das B-Feld eintritt, wächst die von B durchströmte Fläche mit $A(t) = h\,v\,t$. Damit wächst auch der Fluss $\Phi_{\mathrm{mag}} = B\,h\,v\,t$ linear mit der Zeit t solange an, bis die Spule vollständig vom B-Feld durchsetzt ist. Danach bleibt Φ_{mag} konstant (Abb. 4.43b). Mit Gl. 4.44 und 4.45 berechnet man die induzierte Spannung aus der zeitlichen Ableitung des Flusses. Da $\vec{B}$ und $\vec{A}$ parallel sind, folgt für das Hinein- und Herausfahren der Spule in das B-Feld: $U_{\mathrm{ind}} = -\mathrm{d}(NB\,A)/\mathrm{d}t = -N\,B\,h\,v$. Davor und dazwischen ist $U_{\mathrm{ind}} = 0$ (Abb. 4.43b). Beachten Sie, dass in unserem Beispiel die Spule schneller aus dem Feld herausgefahren wird als hinein. Aus der Messung der Induktionsspannung kann bei Kenntnis von v somit das Magnetfeld ermittelt werden. Aber auch wenn v unbekannt ist oder zeitlich variiert, kann B ermittelt werden. Dazu muss die Kurve $U_{\mathrm{ind}}(t)$ gemessen und danach über die

Abb. 4.43 Faraday'sche Induktion: a) Die Leiterschleife
fährt mit konstanter Geschwindigkeit durch ein Magnetfeld.
b) Zugehöriger magnetischer
Fluss durch die Leiterschleife
und induzierte Spannung als
Funktion der Zeit

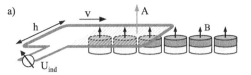

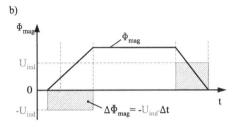

Zeit integriert werden: $-\int_{t_1}^{t_2} U_{\text{ind}}\,dt \;=\; \int_{\Phi_1}^{\Phi_2} d\Phi_{\text{mag}} = \Delta\Phi_{\text{mag}} \;=\; B\,A$. Die induzierte Spannung hängt also von der Änderungsgeschwindigkeit des Flusses ab, die Fläche $\int U_{\text{ind}}\,dt$
hängt aber nur von der Flussänderung selbst ab.

Ringfelder

Wenn zwischen den offenen Enden der Leiterschleife in Abb. 4.42a eine Spannung induziert wird, so müssen wir davon ausgehen, dass ein elektrisches Feld die Ladungen im
Ring getrennt und somit die Induktionsspannung aufgebaut hat. Solch ein elektrisches
Ringfeld E_{ind} wird generell induziert, also auch ohne Spule. Wichtig ist nur, dass ein magnetischer Fluss, bzw. Feld sich zeitlich ändert ($dB/dt \neq 0$). Dieses Ringfeld umläuft
die B-Feldlinien auf einem senkrecht dazu ausgerichteten Kreis (Abb. 4.42b). Die Induktionsspannung ergibt sich aus dem Integral längs des E-Feldes (Abschn. 4.1), also über
den geschlossenen Kreis.

$$U_{\text{ind}} = \oint \vec{E}_{\text{ind}} \cdot d\vec{s} = -\frac{d\Phi_{\text{mag}}}{dt} \quad \text{(Ringspannung/Feld)} . \qquad (4.46)$$

Aus Abb. 4.42c wird nun klar, weshalb die gemessene Induktionsspannung maximal wird,
wenn die B-Feldlinien senkrecht durch die Leiterschleife laufen: Nur dann sind die Coulomb-Kräfte $\vec{F} = q\vec{E}_{\text{ind}}$ des Ringfeldes tangential zur Leiterschleife und können die
Ladungen am effektivsten trennen und zwischen den offenen Leiterenden eine Spannung
aufbauen.

Lenz'sche Regel

Die Lenz'sche Regel beschreibt den Zusammenhang zwischen der Ursache der Induktion
$d\Phi_{\text{mag}}/dt$ und der Richtung des induzierten E-Feldes bzw. der des resultierenden Stromes:
„Ein induzierter Strom ist so gerichtet, dass das von ihm erzeugte B-Feld der Änderung
des magnetischen Flusses entgegenwirkt, welche die Induktion hervorruft."

Was bedeutet das? Wird der Magnet in Abb. 4.44 auf die Leiterschleife zu bewegt, so steigt der magnetische Fluss durch die Schleife ($d\Phi_{mag}/dt > 0$). Als Folge wird ein elektrisches Ringfeld induziert, das zum Strom I_{ind} durch die Schleife führt, der wiederum ein Magnetfeld B_{ind} aufbaut. Nach der Lenz'schen Regel muss B_{ind} dem ansteigenden Feld des Magneten entgegengesetzt sein. Das induzierte Feld B_{ind} versucht den ursprünglich kleineren Feldzustand wieder herzustellen. Das Dipolmoment der Leiterschleife ist also so gerichtet, dass sein Nordpol dem Nordpol des Magneten gegenübersteht. Die Schleife wird damit in unserem Fall nach links abgestoßen. Bewegt sich der Magnet von der Schleife weg, so kehren sich mit $dB/dt < 0$ alle Richtungen um und die Schleife wird vom Magneten angezogen. Beachten Sie: Die Prozesse laufen nur so lange, wie der Magnet bewegt wird, d. h. solange $dB/dt \neq 0$.

Wirbelströme

Wird eine Metallplatte mit der Geschwindigkeit v quer durch ein inhomogenes Magnetfeld gezogen, oder bewegt sie sich in ein B-Feld hinein oder heraus, so wird sie abgebremst (Abb. 4.45). Woher stammt die abbremsende Kraft? Durch jedes Teilstück der Platte ändert sich der magnetische Fluss, so dass elektrische Ringfelder senkrecht zum B-Feld, also in der Platte induziert werden. Diese treiben die Ladung der Metallplatte zu Ringströmen (Wirbelströmen) an. Diese Ströme erfahren im B-Feld die Lorentz-Kraft, welche zur Abbremsung führt. Abb. 4.45 zeigt vereinfacht den resultierenden Wirbelstrom I_{ind} in einer Metallplatte, die aus dem B-Feld herausgezogen wird. Auf die vier Stromzweige wirken

Abb. 4.44 Veranschaulichung
zur Lenz'schen Regel

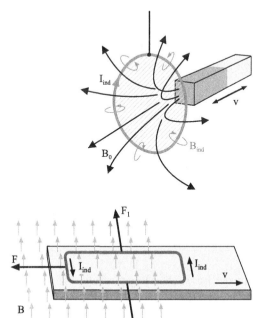

Abb. 4.45 Veranschaulichung
der Wirbelstrombremse

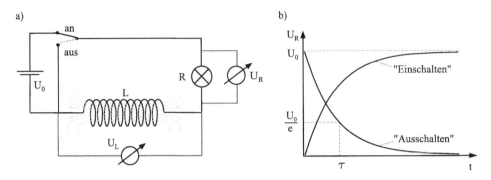

Abb. 4.46 Selbstinduktion: a) Schaltkreis und b) exponentielles Ansteigen/Abklingen der Spannung nach Ein- bzw. Ausschalten

Lorentz-Kräfte, wobei die oberen und unteren Komponenten F_1 und $-F_1$ sich kompensieren. Auf den rechten Zweig wirkt keine Kraft, da dieser außerhalb des B-Feldes verläuft. Übrig bleibt nur die Kraft auf den linken Zweig, welche zur Bremswirkung entgegen der Geschwindigkeitsrichtung führt. Diese Betrachtung ist in Einklang mit der Lentz'schen Regel. Demnach muss der induzierte Strom in unserem Beispiel gegen den Uhrzeigersinn laufen, denn er muss ein Feld B_{ind} erzeugen, das in die Richtung des ursprünglichen, abnehmenden Feldes zeigt.

Induktivität

Bisher haben wir die Induktion in einer Leiterschleife betrachtet, die durch Änderung eines externen B-Feldes erzeugt wird. Was passiert aber, wenn sich der durch eine Leiterschleife oder Spule fließende Strom ändert? Mit dem Spulenstrom muss sich auch das von ihm selbst erzeugte Magnetfeld und damit der magnetische Fluss durch die Spule ändern:

$$\Phi_{\text{mag}} = L\,I\,, \quad [L] = \text{H} = \text{Henry} \quad (\text{Induktivität})\,. \tag{4.47}$$

Die Induktivität L ist eine wichtige Größe, vor allem zur Beschreibung von Wechselstromkreisen (Abschn. 4.7). Für elektromagnetische Spulen spielt sie eine ähnliche Rolle wie die Kapazität für Kondensatoren. Sie hängt nur von der Geometrie des Leiters und der Permeabilität μ des umgebenden Materials ab. Ändert sich der durch die Spule fließende Strom, so wird in der Spule selbst eine Spannung induziert.

$$U_{\text{ind}} = -L\frac{\mathrm{d}I}{\mathrm{d}t} \quad (\text{Selbstinduktion})\,. \tag{4.48}$$

Aus der Lenz'schen Regel erhalten wir die Polarität der induzierten Spannung. Sie versucht einen Strom I_{ind} aufzubauen, der die Stromänderung $\mathrm{d}I/\mathrm{d}t$ kompensieren soll. Dieses Phänomen der **Selbstinduktion** lässt sich in einer elektronischen Schaltung aus Spule (Induktivität L) und Widerstand R (hier Lampe) zeigen (Abb. 4.46a). Nach dem

Anschalten liegt an der Lampe nicht sofort die volle Batteriespannung U_0 an, sondern eine erst mit der Zeit auf U_0 anwachsende Spannung $U_R(t)$. Ursache ist die durch Selbstinduktion aufgebaute Gegenspannung U_{ind}, die den Stromanstieg bremst. Mit der Maschenregel (Abschn. 4.3) und mit $U_R = IR$ lässt sich hierfür die Differentialgleichung $U_0 = IR + L\,dI/dt$ aufstellen. Die Lösungen geben das zeitliche Verhalten des Stroms an:

$$I(t) = \frac{U_0}{R}\left(1 - e^{-\frac{R}{L}t}\right) \quad \text{(Stromanstieg nach Anschalten)} \qquad (4.49a)$$

$$I(t) = \frac{U_0}{R}\left(e^{-\frac{R}{L}t}\right) \quad \text{(Stromabklingen nach Abschalten)} \qquad (4.49b)$$

Die Strom- bzw. Spannungsverläufe sind in Abb. 4.46b gezeigt. Die Lampe leuchtet beim Anschalten verspätet auf bzw. leuchtet nach dem Abschalten der Batterie nach, wobei die An- und Abklingzeit, d. h. die **Zeitkonstante** $\tau = L/R$, durch die Induktivität und den Widerstand des Stromkreises einstellbar ist.

Energie

Woher kommt die Energie, die nach Abschalten der Batterie im RL-Kreis (Abb. 4.46a) die Lampe weiterleuchten lässt? Sie ist vorher als magnetische Energie E_{mag} im B-Feld der Spule gespeichert worden und beträgt

$$E_{mag} = \frac{1}{2}LI^2 \quad \text{(magnetische Energie der Spule)}. \qquad (4.50)$$

Ähnlich der elektrischen Energie des Kondensators ist die Energie nicht in der Spule, sondern im Magnetfeld gespeichert, welches das Volumen der Spule füllt. Die Energiedichte $\rho_{mag} = E_{mag}/V$ ist

$$\rho_{mag} = \frac{1}{2\,\mu\,\mu_0}B^2 \quad \text{(Energiedichte des B-Feldes)}. \qquad (4.51)$$

Dies ist u. a. wichtig zum Verständnis elektromagnetischer Wellen (Abschn. 4.9).

II Prüfungsfragen

Grundverständnis

F4.6.1 Welche Möglichkeiten kennen Sie, um elektrische Spannungen zu induzieren?

F4.6.2 Die induzierte Spannung $U_{ind}(t)$ sei gegeben. Berechnen Sie daraus $\Phi_{mag}(t)$.

F4.6.3 Wie entstehen elektrische Ringfelder?

F4.6.4 Wie ist die Induktivität definiert?

F4.6.5 Was besagt die Lenz'sche Regel?

F4.6.6 Diskutieren Sie ein Experiment zur Veranschaulichung der Lenz'schen Regel.

F4.6.7 Nennen Sie die magnetische Energie der Spule.

F4.6.8 Was ist die Selbstinduktion?

F4.6.9 Eine Spannungsquelle wird im elektrischen Schaltkreis aus Glühlampe und Spule ein-/ausgeschaltet. Geben Sie die Strom-Zeitkurve $I(t)$ an.

F4.6.10 Was sind elektrische Wirbelströme? Nennen Sie ein entsprechendes Experiment.

Messtechnik

F4.6.11 Wie ermittelt man mit einer Drahtschleife und einem Spannungsmessgerät die Stärke eines unbekannten B-Feldes?

F4.6.12 Wie funktioniert ein Dynamo?

Vertiefungsfragen

F4.6.13 Wie berechnet man die Induktivität einer Spule?

F4.6.14 Was hat die Lenz'sche Regel mit dem Energieerhaltungssatz zu tun?

F4.6.15 Was gibt die Zeitkonstante eines RL-Kreises an?

F4.6.16 Kann man für elektrische Ringfelder ein Potenzial definieren?

F4.6.17 Welche der Maxwell'schen Gleichungen beschreibt das Induktionsgesetz?

III Antworten

A4.6.1 Grundlage der Spannungsinduktion ist das Faraday'sche Induktionsgesetz $U_{ind} = -d\Phi_{mag}/dt$. Dies bedeutet, dass bei jeder zeitlichen Änderung des magnetischen Flusses $\Phi_{mag} = \int \vec{B} \cdot d\vec{A}$ durch die Fläche einer Leiterschleife in dieser eine Spannung induziert wird (Abb. 4.42a). Die zeitliche Flussänderung kann durch verschiedene Prozesse erfolgen: a) Man kann die Leiterschleife fest halten und den Magneten nähern, so dass B

wächst, b) durch Drehung der Schleife kann man den Winkel zwischen $\vec{A}$ und $\vec{B}$ ändern, so dass sich mit dem Skalarprodukt auch $\Phi_{\mathrm{mag}} = \int \vec{B} \cdot \mathrm{d}\vec{A}$ ändert (Dynamo), c) die Leiterschleife wird zusammen gebogen, so dass sich ihre Fläche ändert, d) die Leiterschleife wird quer zum Magnetfeld verschoben (Abb. 4.43a), so dass sich die von B-Feldlinien durchsetzte Fläche A ändert, e) ein Eisenkern mit der Permeabilität μ wird in die Leiterschleife geschoben, wodurch das Magnetfeld $\vec{B} = \mu\,\mu_0 \vec{H}$ verstärkt wird.

A4.6.2 Das zeitliche Verhalten der Induktionsspannung $U_{\mathrm{ind}}(t)$ sei z. B. in Abb. 4.43b gegeben. Aus dem Induktionsgesetz $U_{\mathrm{ind}} = -\mathrm{d}\Phi_{\mathrm{mag}}/\mathrm{d}t$ erhält man den gesuchten Fluss durch Integration, also durch $-\int U_{\mathrm{ind}}\mathrm{d}t = \Phi_{\mathrm{mag}}(t)$. Meist wird die umgekehrte Frage gestellt: $\Phi_{\mathrm{mag}}(t)$ ist gegeben und Sie müssen $U_{\mathrm{ind}}(t)$ berechnen. Dann bilden Sie natürlich die negative Ableitung der Kurve $U_{\mathrm{ind}} = -\mathrm{d}\Phi_{\mathrm{mag}}/\mathrm{d}t$.

A4.6.3 Ein elektrisches Ringfeld E_{ind} wird induziert, wenn sich ein magnetisches Feld zeitlich ändert ($\mathrm{d}B/\mathrm{d}t \neq 0$). Dieses Ringfeld umläuft die B-Feldlinien auf einem senkrecht dazu ausgerichteten Kreis (Abb. 4.42b, c). Die Induktionsspannung ergibt sich aus dem Integral längs des E-Feldes (Abschn. 4.1), also über den geschlossenen Kreis. In elektromagnetischen Wellen werden E-Felder durch die periodische Änderung des B-Feldes erzeugt und generieren ihrerseits wieder periodische B-Felder. (Abschn. 4.9)

A4.6.4 Die Induktivität L eines Leiters ist die Proportionalitätskonstante zwischen dem magnetischen Fluss $\Phi_{\mathrm{mag}} = L\,I$ und dem elektrischen Strom I, der diesen Fluss erzeugt. Sie hängt nur von der Geometrie des Leiters ab, ähnlich wie die Kapazität des Kondensators. Die Induktivität geht in die Berechnung der magnetischen Energie einer Spule ein ($E_{\mathrm{mag}} = LI^2/2$). Sie bestimmt zudem die durch die zeitliche Änderung des Stroms erzeugte Spannung $U_{\mathrm{ind}} = -L\,\mathrm{d}I/\mathrm{d}t$ (Selbstinduktion).

A4.6.5 Die Lenz'sche Regel gibt einen Zusammenhang zwischen induzierter Spannung und ihrer Ursache (Flussänderung) an. Der durch die induzierte Spannung erzeugte Strom muss nach der Lenz'schen Regel so gerichtet sein, dass das vom Strom erzeugte Magnetfeld der Induktionsursache, d. h. der magnetischen Flussänderung entgegenwirkt (siehe Theorieteil).

A4.6.6 Ein Experiment, das die Lenz'sche Regel nachweist, ist z. B. die elektromagnetische Induktionsschleuder. Eine horizontal ausgerichteter Elektromagnet besitzt zur Feldverstärkung einen Eisenkern, der etwas aus der Spule herausragt. Auf ihm steckt locker ein Metallring (z. B. aus Aluminium, aber nicht aus ferromagnetischem Material wie Eisen). Wird ein Strom durch die Spule schnell angeschaltet, z. B. durch eine Kondensatorentladung, so wird der Ring fortgeschleudert. Ursache ist das schnell ansteigende Magnetfeld (Fluss) durch die Spule sowie durch den Ring, was zu einem induzierten Strom durch den Ring führt. Der Strom durch den Ring ist nach der Lenz'schen Regel so gerichtet, dass er ein entgegengesetztes B-Feld aufbaut und dadurch der Ring abgestoßen wird. Ein anderes Experiment ist in Frage F4.6.8 diskutiert.

A4.6.7 Zum Aufbau eines Magnetfeldes muss Energie aufgebracht werden. Generell ist die Energiedichte des Magnetfeldes (Energie pro Volumen) durch $\rho_{\mathrm{mag}} = B^2 / (2\,\mu_0\mu)$ gegeben. Im Spezialfall einer vom Strom I durchflossenen Spule folgt daraus $E_{\mathrm{mag}} = L I^2 / 2$. Experimentell zeigt sich dies im Abschalten eines Stromkreises mit Induktivität (Abb. 4.46a). Die zuvor im Magnetfeld gespeicherte Energie trägt den Strom auch nach Abschalten für kurze Zeit weiter (Gl. 4.49b) und ermöglicht das Nachleuchten der Lampe.

A4.6.8 Selbstinduktion ist die Rückwirkung eines sich ändernden Magnetfeldes im eigenen Leiterkreis. Sie tritt z. B. auf, wenn der durch eine Spule fließende Strom an- oder abgeschaltet wird (siehe Antwort A4.6.9). Die induzierte Gegenspannung hängt von der Bauart des Leiterkreises, genauer seiner Induktivität L ab, und ist durch $U_{\mathrm{ind}} = -L\,\mathrm{d}I/\mathrm{d}t$ gegeben.

A4.6.9 Die Schaltung ist in Abb. 4.46a gezeigt. Aufgrund der Selbstinduktion und der Lenz'schen Regel wird der Stromanstieg verzögert und es folgt $I(t) = \frac{U_0}{R}\left(1 - \mathrm{e}^{-\frac{R}{L}t}\right)$. Man erhält den Stromverlauf (Abb. 4.46b) als Lösung der Differentialgleichung $U_0 = I R + L\,\mathrm{d}I/\mathrm{d}t$. Die Differentialgleichung ergibt sich aus den an den Bauteilen abfallenden Spannungen (Maschenregel).

A4.6.10 Ursache elektrischer Wirbelströme ist die Faraday'sche Induktion. Wird eine Metallplatte durch ein inhomogenes Magnetfeld bewegt (Abb. 4.45) oder ändert sich ein B-Feld, das eine ruhende Metallplatte durchsetzt, so ändert sich in beiden Fällen der magnetische Fluss. Als Folge müssen elektrische Ringfelder induziert werden, die in der Platte zu Wirbelströmen führen. Nach der Lenz'schen Regel, müssen die Wirbelströme zu einer Abbremsung der bewegten Platte führen (Details siehe Theorieteil!). Experimentell gezeigt werden kann dies im **Waltenhofer-Pendel**. Hier pendelt eine Metallplatte durch das Magnetfeld zwischen den Polschuhen eines Elektromagneten. Wird dieser eingeschaltet, so bremst die Platte aufgrund der induzierten Wirbelströme ab. In einem anderen Experiment fällt ein Permanentmagnet durch ein Metallrohr. Dabei erzeugt er Wirbelströme im Rohr, die wiederum ein Magnetfeld erzeugen, das dem des fallenden Magneten entgegengerichtet sein muss und ihn somit bremst. Die Fallzeit des Magneten durch das Metallrohr ist deutlich größer als die durch ein Kunststoffrohr, in dem keine Wirbelströme erzeugt werden. Auf diesem Effekt basiert auch die Wirbelstrombremse.

A4.6.11 Man verschiebt eine Spule mit N Leiterschleifen aus dem feldfreien Raum in ein Magnetfeld hinein, z. B. so wie in Abb. 4.43a gezeigt, und zeichnet die Spannung $U_{\mathrm{ind}}(t)$ als Funktion der Zeit auf (Abb. 4.43b). Wenn die gemessene Kurve $U_{\mathrm{ind}}(t)$ über die Zeit integriert wird $\left(-\int_{t_1}^{t_2} U_{\mathrm{ind}}\,\mathrm{d}t = \int_0^{\Phi} \mathrm{d}\Phi_{\mathrm{mag}} = \Phi_{\mathrm{mag}}\right)$, so erhält man daraus die Änderung des magnetischen Flusses $\Phi_{\mathrm{mag}} = N\,A \int\limits_0^B \mathrm{d}B = N\,A\,B$ und somit die Magnetfeldstärke. Die B-Feldlinien müssen allerdings senkrecht durch die Fläche laufen.

A4.6.12 In einem Dynamo (Generator) dreht sich eine Spule mit der Fläche A und N Windungen im Magnetfeld eines Permanentmagneten und erzeugt somit eine Wechselspannung (Abb. 4.47, Abschn. 4.7). Dreht sie sich mit der Kreisfrequenz ω_a, so ändert sich der magnetische Fluss durch die Spule gemäß $\Phi(t)_{\mathrm{mag}} = N\,A\,B\cos\omega_a\,t$ und die induzierte Spannung $U(t) = -\mathrm{d}\Phi(t)_{\mathrm{mag}}/\mathrm{d}t$ mit $U(t) = N\,A\,B\,\omega_a\sin\omega_a t$.

A4.6.13 Für die Zylinderspule mit der Fläche A und der Windungsdichte $n = N/l$ (N Windungen auf der Länge l) gilt $L = \mu\,\mu_0 n^2 A\,l$. Beweis: Der Betrag der magnetischen Feldstärke in der Zylinderspule ist $B = \mu\,\mu_0 n\,I$, der magnetische Fluss beträgt dann $\Phi_{\mathrm{mag}} = \int \vec{B}\cdot\mathrm{d}\vec{A} = \mu\,\mu_0 n\,I\,A$ (Ampère'sches Gesetz). Die bei Flussänderung induzierte Spannung ist $U_{\mathrm{ind}} = -N\,\mathrm{d}\Phi_{\mathrm{mag}}/\mathrm{d}t = -L\,\mathrm{d}I/\mathrm{d}t$, woraus $L = \mu\,\mu_0 n^2 A\,l$ folgt.

A4.6.14 Die Lenz'sche Regel lässt sich aus der Energieerhaltung durch folgenden Widerspruchsbeweis begründen: Wird der Stabmagnet in Abb. 4.42a der Leiterschleife genähert, so wird ein Strom induziert, der ein Magnetfeld B_{ind} aufbaut. Die zum Aufbau des Feldes nötige Energie ist die mechanische Energie, die man aufbringen muss, um den Magneten der Schleife zu nähern. Würde das erzeugte Magnetfeld B_{ind} in dieselbe Richtung zeigen wie das Feld des Stabmagneten, so würde der Stabmagnet angezogen werden und sich ohne äußeres Zutun immer schneller auf die Schleife zu bewegen. Damit würde das induzierte Magnetfeld weiter anwachsen und wir hätten ein Perpetuum Mobile geschaffen, was natürlich nicht sein darf.

A4.6.15 Die Zeitkonstante $\tau = L/R$ eines RL-Kreises (Widerstand und Induktivität, Abb. 4.46) gibt die Zeitdauer an, nach welcher der Strom auf den Teil $I(t = \tau)/I_0 = e^{-1}$ abgeklungen ist, nachdem die Spannungsquelle abgeschaltet wurde. Dies folgt direkt aus dem Abklingverhalten des Stroms $I(t) = I_0\left(e^{-\frac{R}{L}t}\right)$ mit $I_0 = U_0/R$.

A4.6.16 Für elektrische Ringfelder kann kein elektrisches Potenzial definiert werden. Gemäß Abschn. 1.2, 4.1 ist dies nur für konservative Kraftfelder möglich. Als „Test" muss die Arbeit für die Verschiebung einer Ladung auf einem geschlossenen Weg Null ergeben ($q\,U_{\mathrm{ind}} = q\oint \vec{E}_{\mathrm{ind}}\cdot\mathrm{d}\vec{s}$). Dies ist bei induzierten Ringfeldern aber nicht der Fall (Abb. 4.42c), denn das E-Feld „wandert" immer in Richtung der Ladungsverschiebung mit.

A4.6.17 Die zweite Maxwell'sche Gleichung $\mathrm{rot}\,E = -\frac{\partial B}{\partial t}$ beschreibt das Induktionsgesetz: Ein sich änderndes Magnetfeld erzeugt ein elektrisches Wirbelfeld (siehe Abschn. 4.9).

4.7 Wechselstrom, Schwingkreis, Transformator

I Theorie

Elektrische Energie wird vorwiegend als Wechselstrom in Generatoren erzeugt. Der Vorteil gegenüber Gleichstrom ist die Möglichkeit, mittels Transformatoren die Spannung zu verändern. Die Energie kann so über Hochspannungsleitungen weit transportiert werden, wobei wegen des kleinen Stroms bei hoher Spannung die Wärmeverluste gering bleiben.

Wechselspannung

Ein Wechselstromgenerator ist prinzipiell wie ein Elektromotor aufgebaut, wird aber umgekehrt betrieben (Abb. 4.47a). Hierbei wird elektrische Energie aus mechanischer Arbeit durch Drehung einer Spule im Magnetfeld gewonnen. Die Arbeit wird gegen die Lorentz-Kraft auf die in der Spule induzierten Ströme verrichtet (siehe Abschn. 4.6). Wird die Spule mit der Fläche A und der Windungszahl N mit der Kreisfrequenz ω_a im B-Feld gedreht, so ändert sich der Winkel $\omega_a t$ zwischen $\vec{A}$ und $\vec{B}$. Damit ändert sich der magnetische Fluss $\Phi(t)_{\mathrm{mag}} = N\,A\,B\cos\omega_a t$ durch die Spule, so dass die Spannung $U(t) = -\mathrm{d}\Phi(t)_{\mathrm{mag}}/\mathrm{d}t$ induziert wird (Abb. 4.47b).

$$U(t) = N\,A\,B\,\omega_a \sin\omega_a t \quad \text{(Wechselspannung des Generators)}. \qquad (4.52)$$

Die Wechselspannung läuft mit derselben Frequenz wie die Spule, d. h. im Stromnetz in Europa mit $f = 50\,\mathrm{Hz}$. Die Maximalspannung (Amplitude $U_0 = N\,A\,B\,\omega_a$) steigt mit der Windungszahl, Spulenfläche, B-Feldstärke und natürlich mit der Frequenz. Was ist aber unter „230 V Wechselspannung" zu verstehen, wenn sie sich periodisch ändert? Gemeint ist, dass ein Verbraucher mit dem Ohm'schen Widerstand R dieselbe Leistung aufnimmt, als wenn eine Gleichspannung von 230 V anliegen würde. Bei Gleichstrom wird die Leistung gemäß $P = U\,I = U^2/R$ berechnet. Für den Wechselstrom $I(t) = U_0 \sin\omega_a t / R$ muss aus der periodisch schwankenden Leistung $P = U_0^2 \sin^2\omega_a t / R$ der zeitliche Mittelwert $\bar{P} = U_0^2/2R$ berechnet werden. Dabei taucht der Faktor $1/2$ als Mittelwert für $\sin^2\omega_a t$ auf. Für die Funktion $\sin\omega_a t$ wäre er dagegen Null. Im Folgenden

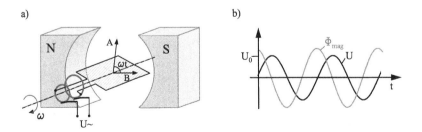

Abb. 4.47 Wechselstromgenerator: a) Aufbau, b) durch die Leiterschleife laufender magnetischer Fluss Φ_{mag} und induzierte Spannung U

Abb. 4.48 Prinzip der Zeigerdarstellung in Wechselstromkreisen

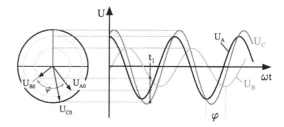

machen wir keinen Unterschied in der Bezeichnung zwischen P und $\bar{P}$. Weil man gern die Form $P = U\,I$ für Gleichströme beibehalten möchte, werden die Effektivwerte für Strom und Spannung definiert:

$$U_{\text{eff}} = \frac{U_0}{\sqrt{2}}, \quad I_{\text{eff}} = \frac{I_0}{\sqrt{2}} \quad \text{(Effektivwerte)}. \tag{4.53}$$

Damit gilt weiterhin die Form $P = U_{\text{eff}}\,I_{\text{eff}}$ für die zeitlich gemittelte Leistung von Wechselströmen beliebiger Frequenz. Die an der Steckdose maximal anliegende Spannung (Scheitelwert) ist also $U_0 = U_{\text{eff}}\sqrt{2} = 325\,\text{V}$.

Wechselstromwiderstände

In einem Wechselstromkreis verhalten sich die elektronischen Bauteile Spule und Kondensator völlig anders als im Gleichstromkreis. Es gelten zwar noch das Ohm'sche Gesetz und die Kirchhoff'schen Maschen- und Knotenregel, doch gegenüber der Spannung $U(t)$ besitzt der Strom eine Phasenverschiebung φ,

$$I(t) = I_0 \sin\left(\omega_a t - \varphi\right) \quad \text{(Wechselstrom)}, \tag{4.54}$$

d. h. Strom und Spannung erreichen nicht zur selben Zeit ihren Maximalwert. Im Folgenden geht es um die Frage: Wie groß ist φ und welchen Widerstand setzen die Bauteile dem Wechselstrom entgegen? Handelt es sich z. B. um zwei Bauteile A und B, so müssen zur Berechnung der resultierenden Spannung die an den Bauteilen abfallenden momentanen Spannungen $U_A(t)$ und $U_B(t)$ mit ihren Amplituden U_{A0} und U_{B0} und ihrer Phase addiert werden. Hierzu kann die Methode der Zeigerdarstellung eingesetzt werden (Abb. 4.48). Zwei „Spannungszeiger" der jeweiligen Bauteile rotieren als Vektoren mit unterschiedlichen Beträgen U_{A0}, U_{B0} auf unterschiedlichen Kreisen gegen den Uhrzeigersinn. Sie sind starr aneinander gekoppelt, d. h. sie besitzen eine feste Phasendifferenz φ und rotieren mit der selben Frequenz ω_a. Die resultierende Spannung ergibt sich aus der Vektorsumme $\vec{U}_{C0} = \vec{U}_{A0} + \vec{U}_{B0}$. Die aktuellen Werte $U_A(t_1)$, $U_B(t_1)$, $U_C(t_1)$ ändern sich mit dem Winkel $\omega_a t$ zwischen dem jeweiligen Zeiger und der x-Achse, und ergeben sich aus der Projektion ($\sin \omega_a t$) auf die y-Achse. Was haben wir mit der Zeigerdarstellung gewonnen? Man kann die komplizierte Addition verschiedener Sinusfunktionen durch die Addition von Vektoren (Zeigern) ersetzen und ihre Projektion auf die y-Achse bestimmen. Unsere

Abb. 4.49 Wechselstromkreise: a) Ohm'scher Widerstand, b) induktiver Widerstand, c) kapazitiver Widerstand

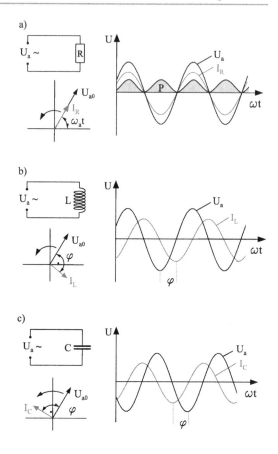

Aufgabe ist es im Folgenden, die Zeiger der Ströme zu bestimmen, die durch die Bauteile fließen, wenn die Wechselspannung $U(t) = U_{a0} \sin \omega_a t$ durch eine äußere Quelle bereitgestellt wird.

Ohm'scher Widerstand R
Hier gilt immer $I_R = U/R$ mit der Zeigerlänge $I_{R0} = U_{a0}/R$ und der Phasenverschiebung $\varphi = 0$ zwischen Spannung und Strom (Abb. 4.49a). Die am Widerstand R abfallende Leistung ist $P = U_{a0}^2/2\,R$.

Induktiver Widerstand X_L
Der durch eine Spule fließende Wechselstrom erzeugt ein wechselndes B-Feld und induziert somit eine Gegenspannung $U_{\text{ind}} = -L\,dI/dt$ (Abschn. 4.6). Da die Spule direkt an der Spannungsquelle liegt, gilt $U_a(t) = L\,dI/dt$. Den Strom erhalten wir aus der Integration $I(t) = (U_{a0}/L) \int \sin \omega_a t\,dt = -(U_{a0}/\omega_a L) \cos \omega_a t$. Den Strom wollen wir gemäß Gl. 4.54 durch $I(t) = I_0 \sin(\omega_a t - \varphi)$ mit $I_0 = U_{a0}/\omega L$ darstellen. Aus einem Vergleich zwischen Strom und Spannung und der Beziehung $-\cos\alpha = \sin(\alpha - 90°)$ erhalten

Abb. 4.50 Schaltung des
LCR-Reihenschwingkreises

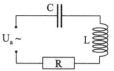

wir $\varphi = +90°$. Der Strom hinkt der Spannung also um $\varphi = 90°$ hinterher, was aus der
Selbstinduktion der Spule folgt (Abb. 4.49b). Für den Betrag des Widerstandes folgt

$$X_L = \frac{U_{a0}}{I_0} = L\omega_a\,, \quad [X_L] = \Omega \quad \text{(induktiver Widerstand)}. \tag{4.55}$$

Der Widerstand steigt mit wachsender Frequenz, weil durch die Induktion auch die Gegenspannung mit der Frequenz wächst. Für Gleichstrom mit $\omega_a = 0$ ist natürlich auch
$X_L = 0$. Im zeitlichen Mittelwert fällt an der Spule keine Leistung ab, da sich positive
und negative Anteile kompensieren ($P \sim \sin\omega_a t \cos\omega_a t$). Die in einem Zyklus in der
Spule gespeicherte Energie wird im anderen Zyklus wieder frei gesetzt. Da sie als ideale
Spule keinen Ohm'schen Widerstand besitzt, wird keine Wärme entwickelt.

Kapazitiver Widerstand X_C

Die am Kondensator anliegende Spannung ist $U = q/C = U_{a0}\sin\omega_a t$. Aus $I = dq/dt$
folgt für den Strom $I(t) = I_0\cos\omega_a t$ mit $I_0 = \omega_a C U_{a0}$. Die Phasenverschiebung zwischen Strom und Spannung ist $\varphi = -90°$, wie ein Vergleich mit Gl. 4.54 zeigt. Beim
Kondensator eilt der Strom der Spannung voraus, denn der Kondensator muss erst durch
den Strom geladen werden, bevor sich die Spannung aufbaut und der Strom ist am größten, wenn die Platten ungeladen sind, also wenn die Spannung Null ist. Der Betrag des
Widerstandes ist

$$X_C = \frac{U_{a0}}{I_0} = \frac{1}{C\omega_a}\,, \quad [X_C] = \Omega \quad \text{(Kapazitiver Widerstand)}. \tag{4.56}$$

Der Widerstand fällt mit wachsender Frequenz. Für $\omega_a = 0$ haben wir Gleichstrom und
der Widerstand muss unendlich sein, da der Kondensator eine Unterbrechung des Stromkreises darstellt. Mit wachsender Frequenz wird die Ladung nur noch periodisch von einer
Kondensatorplatte auf die andere umgeladen, und es fließt ein Wechselstrom. Im zeitlichen
Mittelwert fällt auch am Kondensator keine Leistung ab, da sich positive und negative
Anteile kompensieren. Die in einem Zyklus im Kondensator gespeicherte Energie wird
im anderen Zyklus wieder frei gesetzt.

LCR-Schwingkreis

Koppeln wir alle Bauelemente wie in Abb. 4.50, so erhalten wir den LCR-Reihen-Schwingkreis. Aus der Maschenregel folgt für die an den jeweiligen Bauteilen abfallenden
Spannungen

$$L\frac{d^2q}{dt^2} + R\frac{dq}{dt} + \frac{q}{C} = U_{a0}\sin\omega_a t \quad \text{(erzwungene Schwingung)}. \tag{4.57}$$

Diese Differentialgleichung beschreibt die durch eine Spannungsquelle erzwungene elektromagnetische Schwingung. In einer freien Schwingung gibt es keine äußere Spannungsquelle ($U_{a0} = 0$) und die Ladung „pendelt" zwischen den Kondensatorplatten. Dabei wird die Energie periodisch zwischen $E_{\text{mag}} = L\,I^2/2$ (Spule) und $E_{\text{el}} = C\,U^2/2$ (Kondensator) gewandelt. Dämpfung der Schwingung erfolgt durch Energieverluste (Wärme) am Ohm'schen Widerstand. Die Lösung ist eine Funktion für die Ladung $q(t)$:

$$q(t) = q_0\,e^{-\delta t}\cos(\omega t + \varphi) \quad \text{(freie gedämpfte Schwingung)}, \tag{4.58a}$$

$$\omega = \sqrt{\frac{1}{LC} - \left(\frac{R}{2L}\right)^2} \quad \text{(Eigenfrequenz des LCR-Kreises)}, \tag{4.58b}$$

mit der Dämpfung $\delta = R/2\,L$. Die Verhältnisse sind analog zum Fall der mechanischen Schwingung (Abschn. 2.1), nur dass statt der Verschiebung $x(t)$ die Ladung $q(t)$ zu betrachten ist.

Bei einer erzwungenen Schwingung ($U_{a0} \neq 0$ in Gl. 4.57), fließt nach einer gewissen Einschwingzeit ein Wechselstrom (Gl. 4.54) mit der Frequenz ω_a der anregenden Spannungsquelle. Seine Amplitude hängt über die Widerstände (Gl. 4.55, 4.56) von ω_a ab.

$$I_0 = \frac{U_{a0}}{\sqrt{R^2 + (X_L - X_C)^2}} = \frac{U_{a0}}{Z} \quad \text{(Strom-Amplitude im LCR-Kreis)}. \tag{4.59a}$$

$$Z = \sqrt{R^2 + (\omega_a L - 1/\omega_a C)^2} \quad \text{(Impedanz des LCR-Kreises)}. \tag{4.59b}$$

Den Gesamtwiderstand nennt man **Impedanz** oder Scheinwiderstand. Zur Resonanz kommt es, wenn die Anregungsfrequenz $\omega_a \approx \sqrt{1/LC}$ nahe der Eigenfrequenz liegt. Die Phasenverschiebung zwischen $U_a(t)$ und $I(t)$ hängt von den Widerständen und damit von ω_a ab:

$$\tan\varphi = \frac{X_L - X_C}{R} \quad \text{(Phasenverschiebung)}. \tag{4.59c}$$

Welche elektrische Leistung wird im LCR-Kreis verbraucht? Wir haben oben gesehen, dass nur der Ohm'sche Widerstand, nicht aber Kondensator und Spule Energie verbrauchen. Die **Wirkleistung** errechnet man demnach durch

$$P = U_{\text{eff}} I_{\text{eff}} \cos\varphi \quad \text{(Wirkleistung im LCR-Kreis)}. \tag{4.60}$$

Der Faktor $\cos\varphi$ heißt **Leistungsfaktor** und hängt über die Phasenverschiebung φ von der Relation der Widerstände ab.

Transformator

Ein Transformator besteht aus einer Primärspule mit N_P Windungen, und einer Sekundärspule mit N_S Windungen, die um einen geschlossenen Eisenkern gewickelt sind

Abb. 4.51 Prinzipieller
Aufbau eines Transformators

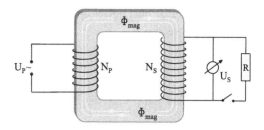

(Abb. 4.51). Die Wechselspannung U_P erzeugt einen Wechselstrom und somit ein magnetisches Wechselfeld in der Primärspule. Der resultierende magnetische Fluss wird durch den Eisenkern nahezu vollständig durch die Sekundärspule geführt. Der Fluss sowie seine zeitliche Änderung sind für beide Spulen gleich: $d\Phi_P/dt = d\Phi_S/dt$, so dass in der Sekundärspule eine Wechselspannung $U_S = -N_S \, d\Phi/dt$ induziert wird, welche „hoch-" oder „heruntertransformiert" werden kann. Dies hängt nur vom Verhältnis der Windungen N_P zu N_S ab:

$$\frac{U_S}{U_P} = \frac{N_S}{N_P}. \tag{4.61}$$

Es lässt sich die Spannung also verstärken, wenn $N_S \gg N_P$. Ein idealer Transformator bietet idealen Leistungstransfer von der Primär- zur Sekundärspule, d. h. $P_P = U_P I_P = U_S I_S = P_S$, woraus folgt $\frac{I_S}{I_P} = \frac{U_P}{U_S} = \frac{N_P}{N_S}$. Dies bedeutet für Anwendungen mit Stromverstärkung (Schweißen), dass die Primärspule eine größere Wicklungszahl ($N_P \gg N_S$) als die Sekundärspule besitzt. Generell ermöglicht ein Transformator den berührungslosen Energietransfer z. B. für Ladegeräte (funktioniert auch ohne Eisenkern) oder wird zur Kopplung zweier aus Sicherheitsgründen getrennter Stromkreise (Trenntrafo im Medizinbereich) eingesetzt.

II Prüfungsfragen

Grundverständnis

F4.7.1 Wie erzeugt man Wechselstrom? Geben Sie $U(t)$ und $\Phi(t)_{\text{mag}}$ an.

F4.7.2 Diskutieren Sie anhand einer Skizze den LCR-Schwingkreis.

F4.7.3 Erklären Sie Blindwiderstand, induktive und kapazitive Widerstände und Impedanz.

F4.7.4 Wie hängen die Widerstände des LCR-Kreises von der Frequenz des Stroms ab?

F4.7.5 Geben Sie die Differentialgleichung und die Lösung des LCR-Schwingkreises an.

F4.7.6 Wann liegt im LCR-Kreis Resonanz vor? Zeichnen Sie die Stromamplitude als Funktion der Frequenz.

F4.7.7 Was sind die Effektivwerte der Wechselspannung bzw. des Wechselstroms?

F4.7.8 Was sind Wirk- und Blindleistung, was ist der Leistungsfaktor?

F4.7.9 Wie funktioniert ein Transformator?

Messtechnik

F4.7.10 Wie werden Wechselströme und Wechselspannungen gemessen?

F4.7.11 Wie wird die Wirkleistung des Wechselstroms in jedem Haushalt gemessen?

Vertiefungsfragen

F4.7.12 Wie lässt sich die Resonanzfrequenz im LCR-Schwingkreis einstellen?

F4.7.13 Was ist die Güte eines LCR-Schwingkreises?

F4.7.14 Wie sind Hochpass- bzw. Tiefpassfilter aufgebaut?

III Antworten

A4.7.1 Siehe Antwort A4.6.12 in Abschn. 4.6 und Abb. 4.47.

A4.7.2 Der LCR-Reihen-Schwingkreis besteht aus Kapazität C (Kondensator), Induktivität L (Spule) und Ohm'schen Widerstand R. Im Fall der erzwungenen Schwingung ist eine Wechselspannungsquelle integriert (Abb. 4.50). Im einfachen Fall der freien Schwingung ohne Spannungsquelle ($U_a = 0$) findet eine periodisch wechselnde Speicherung der Energie im elektrischen Feld des Kondensators ($E_{el} = CU^2/2$) und im magnetischen Feld der Spule ($E_{mag} = LI^2/2$) statt. Bei jedem „Transferprozess" geht ein Teil der Energie am Ohm'schen Widerstand in Form von Wärme verloren, so dass es sich um eine gedämpfte Schwingung handelt. Die mathematische Beschreibung des LCR-Schwingkreises erfolgt analog der des mechanischen Schwingkreises in Abschn. 2.1.

A4.7.3 An einem Blindwiderstand fällt zwar eine Spannung ab, aber es wird keine Energie in Wärme gewandelt und verbraucht, anders als bei einem Ohm'schen Wirkwiderstand R.

Fließt ein Wechselstrom durch einen induktiven Widerstand (Spule, Abb. 4.49b), so wird durch die Faraday'sche Induktion eine Spannung erzeugt, die gemäß der Lenz'schen Regel so gepolt ist, dass sie den ansteigenden Strom bremst. Damit stellt die Induktivität einen Blindwiderstand $X_L = U/I = L\omega_a$ dar. Hierbei wird elektrische Energie nicht in Wärme gewandelt, sondern zum Aufbau des magnetischen Feldes genutzt. Klingt der Strom ab, so wird die gespeicherte Energie wieder freigegeben. Auch dies folgt aus der Lenz'schen Regel, wonach die Induktionsspannung so gepolt ist, dass sie den abnehmenden Strom „unterstützt". Der Strom hinkt in jedem Fall der anliegenden Wechselspannung um $\varphi = 90°$ nach (Abb. 4.49b).

Liegt an einem kapazitiven Widerstand (Kondensator, Abb. 4.49c) eine Wechselspannung an, so wird dieser periodisch auf- und entladen. Dabei eilt der Strom der am Kondensator anliegenden Spannung um $\varphi = 90°$ voraus (Abb. 4.49c). Dies ist ebenfalls ein Blindwiderstand mit $X_C = 1/(C\omega_a)$. Besteht ein Wechselstromkreis (Abb. 4.50) aus mehreren Bauteilen (LCR), so heißt der gesamte Widerstand Impedanz (Scheinwiderstand) $Z = \sqrt{R^2 + (X_L - X_C)^2}$. Er hängt von der Frequenz der Wechselspannung ab ($Z = \sqrt{R^2 + (\omega_a L - 1/\omega_a C)^2}$). Die Größe der Phasenverschiebung φ zwischen Strom und anliegender Spannung U_a kann durch $\tan\varphi = (X_L - X_C)/R$ berechnet werden. Dies hat Bedeutung für die insgesamt verbrauchte Leistung sowie das Resonanzverhalten (s. u.).

A4.7.4 Der Ohm'sche Wirkwiderstand R ist unabhängig von der Frequenz ω_a des Wechselstroms (Abb. 4.52). Der induktive Widerstand $X_L = L\omega_a$ muss aufgrund der Faraday'schen Induktion mit der Frequenz steigen. Im Grenzfall des Gleichstroms ($\omega_a = 0$) ist die induzierte Gegenspannung und damit der Widerstand Null. Der kapazitive Widerstand $X_C = 1/(C\omega_a)$ muss mit wachsender Frequenz abnehmen. Im Grenzfall des Gleichstroms ist er unendlich groß, da der Kondensator wie ein Unterbrecher wirkt (Abb. 4.52).

Abb. 4.52 Frequenzabhängigkeit von Widerständen

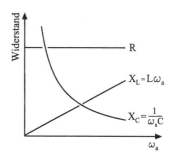

A4.7.5 Die Differentialgleichung für den elektromagnetischen Reihen-Schwingkreis (Abb. 4.50) lautet $L\frac{d^2q}{dt^2} + R\frac{dq}{dt} + \frac{q}{C} = U_{a0}\sin\omega_a t$. Man erhält sie aus den an den Bauteilen abfallenden Spannungen. Für die freie Schwingung entfällt die äußere Spannungsquelle ($U_{a0} = 0$). Die Lösung der Differentialgleichung ist der Ladungsverlauf

$q(t) = q_0 e^{-\delta t} \cos(\omega t + \varphi)$ als Funktion der Zeit. Mit $I(t) = dq/dt$ kann daraus der Strom zu $I(t) = I_0 e^{-\delta t} \sin(\omega t + \varphi)$ berechnet werden (Abb. 4.53). Die Dämpfung $\delta = R/2L$ steigt mit dem Ohm'schen Widerstand. Die Eigenfrequenz (Gl. 4.58b) erhält man experimentell aus der Periodendauer $T = 2\pi/\omega$ (Abb. 4.53). Die an den Bauteilen abfallenden Spannungen sind $U_L = X_L I$, $U_C = X_C I$ und $U_R = R I$. Zwischen den Spannungen und Strömen der jeweiligen Bauteile existiert allerdings eine Phasendifferenz von $\varphi = \pm 90°$, außer für den Ohm'schen Widerstand (Abb. 4.49).

Abb. 4.53 Strom eines gedämpften LCR-Reihen-schwingkreises

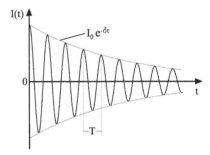

A4.7.6 Wird in einem LCR-Kreis durch eine äußere Wechselspannung $U_{a0} \sin \omega_a t$ eine Schwingung erzwungen, so hängt der maximale Strom, d. h. die Amplitude $I_0 = U_{a0} / \sqrt{R^2 + (X_L - X_C)^2}$ von der Impedanz $Z = \sqrt{R^2 + (X_L - X_C)^2}$ ab. Die Amplitude I_0 wird maximal, wenn Z minimal wird, d. h. für $X_L = X_C$. Dies bedeutet, dass die Frequenz der anregenden Spannung gleich der Eigenfrequenz werden muss: $\omega_a = \sqrt{1/LC}$. Dann liegt Resonanz vor. Die Frequenzabhängigkeit der Amplitude ist in Abb. 4.54 gezeigt.

Abb. 4.54 Resonanzverhalten für LCR-Reihenschwingkreis

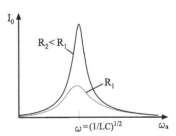

A4.7.7 Die Effektivwerte der Wechselspannung bzw. des Wechselstroms sind durch $U_{\text{eff}} = U_0/\sqrt{2}$ bzw. durch $I_{\text{eff}} = I_0/\sqrt{2}$ gegeben. Sie sind um den Faktor $\sqrt{2}$ kleiner als die Amplitudenwerte U_0 bzw. I_0. Ein Wechselstrom mit $I_{\text{eff}} = 1$ A erzeugt in einem Ohm'schen Widerstand dieselbe Wärme wie ein Gleichstrom der Stärke $I = 1$ A. Wenn Sie die Wechselspannung an der Steckdose messen, so zeigt das Voltmeter $U_{\text{eff}} = 230$ V an. Auf einem Oszillographen können Sie den zeitlichen Verlauf $U(t)$ sichtbar machen und die maximale Spannung (Amplitude) von $U_0 = 325$ V beobachten.

A4.7.8 Die an einem Verbraucher abfallende Leistung des Wechselstroms ist die Wirkleistung, die man aus dem zeitlichen Mittelwert von $P = U\,I$ berechnet. Für einen sinusförmigen Verlauf von Strom und Spannung erhält man die Wirkleistung $P = U_{\text{eff}}I_{\text{eff}}\cos\varphi$. Anders als beim Gleichstrom spielt die Phasendifferenz φ zwischen anliegender Spannung und fließendem Strom eine Rolle. Daher bezeichnet man den Faktor $\cos\varphi$ als Wirkfaktor (Verschiebungsfaktor). Die Wirkleistung ist derjenige Teil, der vom Erzeuger an den Verbraucher abgegeben wird und dort Wärme erzeugt oder Arbeit, z. B. am Elektromotor, leistet. Die Blindleistung ist derjenige Teil, der zum Aufbau elektrischer bzw. magnetischer Felder gebraucht wird. Dieser Teil wird in einer Viertelperiode gespeichert (z. B. als magnetische Energie in Motorspulen), aber in der nächsten Viertelperiode wieder zurück ins Stromnetz gegeben, geht also nicht verloren. Trotzdem wird das Stromnetz dadurch belastet.

A4.7.9 Der Transformator ist in Abb. 4.51 gezeigt und im Theorieteil diskutiert. Im Transformator zeigt sich der technische Vorteil des Wechselstroms gegenüber dem Gleichstrom, denn die Spannung kann durch die geeignete Wahl der Windungszahlen hoch- bzw. heruntertransformiert werden. Für den idealen verlustfreien Transformator gilt ($\frac{U_S}{U_P} = \frac{N_S}{N_P}$, $\frac{I_S}{I_P} = \frac{N_P}{N_S}$).

A4.7.10 Soll das zeitliche Verhalten der Wechselspannungen gemessen werden, so ist ein Oszillograph nötig. Ein Voltmeter misst dagegen den Effektivwert $U_{\text{eff}} = U_0/\sqrt{2}$. Zur Messung von Wechselströmen dienen z. B. das Hitzdrahtampèremeter (Abschn. 4.3, Antwort A4.3.10) oder das Weicheiseninstrument (Abschn. 4.5, Antwort A4.5.9).

A4.7.11 Um die Wirkleistung des Wechselstroms zu messen, muss die am Verbraucher abfallende Leistung $P = U_{\text{eff}}I_{\text{eff}}\cos\varphi$ ermittelt werden. Das Messgerät muss also das Produkt aus Strom und Spannung incl. Wirkfaktor $\cos\varphi$ bestimmen. Dies geschieht z. B. mit dem **Induktionszähler** (**Ferraris-Zähler**). Dies ist der in jedem Haushalt aufgestellte „Stromzähler". Hier dreht sich eine nichtmagnetische Metallplatte, z. B. aus Aluminium, zwischen den Polen zweier Elektromagnete. Der zu messende Wechselstrom fließt durch beide Magnete und erzeugt periodisch wechselnde Magnetfelder. Diese Magnetfelder erzeugen in der Metallplatte Wirbelströme, welche ein Drehmoment auf die Scheibe ausüben, so dass diese rotiert. Ein Kondensator sorgt für eine Phasenverschiebung zwischen den Strömen, die durch die Magnete laufen. Einer der Elektromagneten wird wie ein Ampèremeter in den Stromweg geschaltet, der andere Elektromagnet wird wie ein Voltmeter parallel zur Spannungsquelle geschaltet. Damit sind Drehmoment und die Drehfrequenz der Scheibe proportional zu $P = U_{\text{eff}}I_{\text{eff}}\cos\varphi$ (hier ohne Beweis). Die rotierende Scheibe treibt ein Zählwerk an, das die verbrauchte Energie $E = \int P\,\mathrm{d}t$ aufzeichnet.

A4.7.12 Um in einem Radio die Resonanzfrequenz einstellen zu können, müssen Kapazität oder Induktivität einstellbar sein. Bei einem Drehkondensator werden die gegenüberliegenden Kondensatorplatten mechanisch verschoben. Damit ändert sich die effektive

Fläche A der gegenüberliegenden Platten und die Kapazität $C = \varepsilon\,\varepsilon_0 A/d$ (Abschn. 4.2). Die Induktivität einer Spule ($L = \mu\,\mu_0 n^2 A\,l$, Abschn. 4.6) lässt sich variieren, indem ein Eisenkern teilweise in die Spule hinein geschoben wird, wobei die effektive Permeabilitätszahl μ und damit die Induktivität L geändert wird.

A4.7.13 Die **Güte** $Q = \omega\,E_m/P$ eines LCR-Schwingkreises ist ein dimensionsloses Maß für die Dämpfung im Resonanzfall, d. h. wenn anregende Frequenz und Eigenfrequenz übereinstimmen ($\omega_a = \omega$). Dabei ist $P = U_{a0}^2/(2\,R)$ die zeitlich gemittelte Verlustleistung und E_m die maximal (im Kondensator oder Spule) gespeicherte Energie. Anschaulich drückt die Güte das Verhältnis von Amplitude zur Kurvenbreite im Bereich der Resonanz aus (siehe Abb. 4.54).

A4.7.14 Ein **Hochpassfilter** ist eine elektronische Schaltung von Kondensator und Widerstand, der tiefe Frequenzen ω der Eingangsspannung $U_{in} = U_{in0}\cos\omega\,t$ unterdrückt und hohe Frequenzen durchlässt. Eine mögliche Schaltung und das Verhältnis U_{out}/U_{in} der Ausgangsspannung zur Eingangsspannung ist in Abb. 4.55a gezeigt. Ein **Tiefpassfilter** lässt dagegen vorzugsweise tiefe Frequenzen durch (Abb. 4.55b). Beide Filter arbeiten wie frequenzabhängige Spannungsteiler (siehe Antwort A4.3.9).

Abb. 4.55 Schaltung und Frequenzverhalten für a) Hochpass, b) Tiefpass

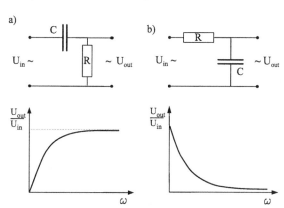

4.8 Dia-, Para-, Ferromagnetismus in Materie

I Theorie

Ein wichtiges Arbeitsfeld ist die Untersuchung des Magnetismus von Materie auf atomarem Niveau mit dem Ziel, starke Permanentmagnete oder magnetische Speicher mit höchster Dichte zu entwickeln. Wie klein kann aber die magnetische Domäne werden, auf der noch ein *Bit* geschrieben werden kann? Gibt es eine kleinste magnetische Einheit, ähnlich wie die Elektronenladung?

Magnetisierung

Wird Materie in das Magnetfeld einer Zylinderspule gebracht, so wird sie magnetisiert. Die Magnetisierung $\vec{M} = \kappa \vec{H}$ hängt vom externen H-Feld der Spule und von der Suszeptibilität κ des Materials ab. Die Magnetisierung überlagert sich dem Feld der Spule und kann dieses abschwächen oder verstärken zum Gesamtfeld

$$\vec{B} = \mu_0(\vec{H} + \vec{M}) \quad \text{(B-Feld in Materie)}, \tag{4.62a}$$

$$\vec{B} = \mu_0 \mu \, \vec{H}, \quad \mu = (1 + \kappa) \quad \text{(Permeabilitätskonstante, ohne Einheit)}. \tag{4.62b}$$

Die Magnetisierung der Materie durch das H-Feld kann wahlweise durch $\vec{M}$, μ oder die **Suszeptibilität** κ (*Kappa*) ausgedrückt werden. Für Vakuum gilt $\mu = 1$, $\kappa = 0$. Man kann drei Typen von magnetischen Materialien hinsichtlich ihrer Reaktion auf inhomogene externe Magnetfelder unterscheiden, was sich im Vorzeichen und in der Größenordnung von κ ausdrückt:

- Diamagnet $\kappa \approx -10^{-6}$, Diamagnet wird aus B-Feld hinausgedrückt, da $\kappa < 0$
- Paramagnet $\kappa \approx +10^{-6}$, Paramagnet wird in B-Feld hineingezogen, da $\kappa > 0$
- Ferromagnet $\kappa \approx +1000$, Ferromagnet wird in B-Feld hineingezogen

Die Magnetisierung eines Materials wird aus der Vektorsumme aller atomaren magnetischen Momente $\vec{\mu}$ pro Volumeneinheit V durch $\vec{M} = \sum \vec{\mu}_i / V$ gebildet. Deshalb müssen wir im Folgenden die magnetischen Momente der Atome betrachten, um z. B. das unterschiedliche Verhalten des Dia-, Para- oder Ferromagnetismus erklären zu können.

Magnetische Momente der Atome

Zur anschaulichen Deutung benutzen wir das Bohr'sche Atommodell (Abschn. 7.1). Hier läuft ein Elektron mit der Geschwindigkeit v auf einer Kreisbahn mit Radius r um den Atomkern und erzeugt dabei einen Kreisstrom. Dieser muss ein Magnetfeld erzeugen (Abschn. 4.5), was zu einem magnetischen Dipolmoment $\vec{\mu} = I \, \vec{A}$ führt. Nach einigen Umformungen kann das Dipolmoment durch den Drehimpuls $\vec{L} = m \vec{v} \times \vec{r}$ des Elektrons ausgedrückt werden und man erhält das magnetische Bahnmoment

$$\vec{\mu}_L = -\mu_{\text{Bohr}} \frac{\vec{L}}{\hbar} \quad \text{(magnetisches Bahnmoment des Elektrons)} \tag{4.63}$$

mit dem **Bohr'schen Magneton** $\mu_{\text{Bohr}} = e \hbar / 2 m = 9{,}27 \cdot 10^{-24} \, \text{J T}^{-1}$ ($\hbar = h/2\pi$, h ist das Plank'sche Wirkungsquantum, Abschn. 7.2). Das magnetische Bahnmoment des Elektrons steht senkrecht auf der umlaufenen Fläche, also parallel zum Drehimpuls, $\vec{L}$ aber in entgegengesetzter Richtung (Abb. 4.56). In Abschn. 7.2 werden wir sehen, dass der Drehimpuls gequantelt ist und damit auch das magnetische Moment des Atoms. Beide können nur bestimmte Werte annehmen. Das Bohr'sche Magneton stellt so etwas wie die magnetische Grundeinheit dar.

Abb. 4.56 Magnetisches
Bahnmoment und Drehim-
puls eines den Atomkern
umkreisenden Elektrons

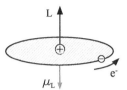

Zusätzlich zum Bahnmoment besitzt das Elektron das magnetische Spinmoment

$$\vec{\mu}_S = -2\mu_{\text{Bohr}} \frac{\vec{S}}{\hbar} \quad \text{(magnetische Spinmoment des Elektrons)} . \tag{4.64}$$

Dies ergibt sich erst aus der Quantenmechanik und kann klassisch nicht erklärt werden.
Es ist ebenfalls gequantelt und S kann nur Werte $\pm 1/2$ annehmen (Details siehe Abschn. 7.2). Für die Magnetisierung ist das gesamte magnetisches Moment verantwortlich.

$$\vec{\mu} = \vec{\mu}_L + \vec{\mu}_S \quad \text{(atomares magnetisches Moment)} . \tag{4.65}$$

Es baut sich für jedes Element der Periodentafel individuell aus den Bahn- und Spinmo-
menten aller Elektronen auf (Abschn. 7.2). Es wird im Folgenden zur Deutung der drei
magnetischen Formen (Dia-, Para-, Ferromagnetismus) herangezogen. Beachten Sie die
unterschiedliche Bedeutung von $\vec{\mu}$ und μ.

Diamagnet

Diamagnetismus tritt in allen Substanzen auf, ist aber so schwach ($\kappa \approx -10^{-6}$), dass er
meist von den anderen Formen überdeckt wird. Bei einem rein diamagnetischen Mate-
rial ist das gesamte magnetische Moment jedes einzelnen Atoms $\vec{\mu} = \vec{\mu}_L + \vec{\mu}_S = 0$.
Eine diamagnetische Probe erhält erst in einem äußeren Magnetfeld H ein dem Feld
entgegengerichtetes magnetisches Moment ($\kappa < 0$). Deshalb wird die Probe aus einem inhomogenen externen Feld hinausgedrängt. Ursache ist die Faraday'sche Induktion. Wird
das diamagnetische Material aus dem feldfreien Raum in das Magnetfeld gebracht, so
steigt der magnetische Fluss und nach der Lenz'schen Regel müssen Ringströme induziert
werden, die ein Gegenfeld aufbauen (Abschn. 4.6). Für diamagnetische Atome bedeutet dies eine Änderung der Elektronenbewegung, was zu einem sehr geringen Gegenfeld
$M \approx -10^{-6} H$ führt. Ein großes Gegenfeld wird dagegen in einem Supraleiter induziert. Mit $\kappa = -1$ stellt er einen idealen Diamagnet dar. Hier kann wegen des fehlenden
Ohm'schen Widerstandes ein ausreichend großer Ringstrom in der Oberfläche des Materials induziert werden, der das externe Magnetfeld genau kompensieren und verdrängen
kann (Meißner-Ochsenfeld-Effekt, Abschn. 8.5), so dass der Supraleiter über dem externen Magneten schwebt.

Paramagnet

Paramagnetische Atome besitzen auch ohne äußeres Magnetfeld ein permanentes magnetisches Moment $\vec{\mu} \neq 0$, das von den Spin- und Bahnmomenten aller Elektronen

Abb. 4.57 Magnetisierung paramagnetischer Materie als Funktion des externen Magnetfeldes durch Ausrichtung der atomaren magnetischen Momente

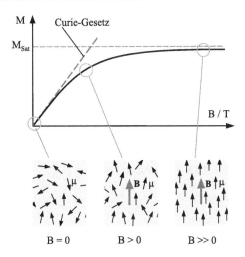

gebildet wird. Allerdings sind in einem Festkörper die Momente aller Atome statistisch verteilt und ergeben in der Summe Null. Erst wenn der Paramagnet in ein äußeres Feld H gebracht wird, richten sie sich parallel zu H aus und ergeben die Magnetisierung des Materials $\vec{M} = \kappa\,\vec{H}$. Ein Paramagnet wird somit in das inhomogene externe Feld hineingezogen ($\kappa > 0$). Die Ausrichtung der Momente ist aber nicht exakt parallel zum externen Feld, denn die thermische Bewegung der Atome führt zu einer Fluktuation um die Richtung von H (Abb. 4.57). Ursache ist die vergleichsweise hohe thermische Energie $E_{th} \sim kT \gg E_{pot}$ gegenüber der durch die magnetische Ausrichtung gewonnenen potenziellen Energie $E_{pot} = -\vec{\mu} \cdot \vec{B}$, mit $\vec{B} = \mu_0 \mu\,\vec{H}$. Die Temperaturabhängigkeit der Magnetisierung paramagnetischer Materialien wird durch das Curie-Gesetz beschrieben

$$M = \frac{C}{T}\,B \quad \text{(Curie-Gesetz)}. \tag{4.66}$$

Es gilt für nicht zu große Werte von B/T (Abb. 4.57), also unterhalb des Sättigungswertes M_{sat}, bei dem alle Momente parallel ausgerichtet sind. Die Curie-Konstante C ist materialabhängig.

Ferromagnet

Ferromagnetismus tritt nur in Festkörpern auf. Hierfür ist die quantenmechanische „Austauschwechselwirkung" verantwortlich, welche die magnetischen Momente benachbarter Atome im Kristallgitter parallel ausrichtet und somit lokal zu magnetisierten Bereichen (**Weiß'sche Bezirke**) führt (Abb. 4.58a). Steigt die Temperatur des Materials allerdings über eine kritische Curietemperatur T_C, so ist die Wärmebewegung der Atome stärker als die quantenmechanische Ausrichtung der atomaren Momente. Die Ordnung geht verloren und das Material verhält sich wie ein Paramagnet. Unterhalb von T_C muss das Material aber netto noch kein magnetisches Moment $\vec{M}$ besitzen, denn in der Regel sind die Magnetisierungsrichtungen der einzelnen Weiß'schen Bezirke statistisch verteilt, so dass die

Abb. 4.58 Ferromagnet:
a) Weiß'sche Bezirke mit atomaren Momenten, b) parallele
Ausrichtung aller Momente im
externen B-Feld

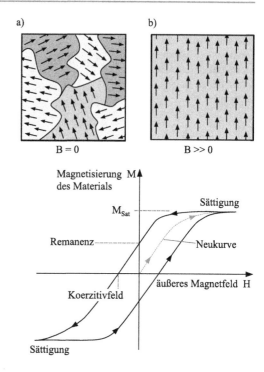

Abb. 4.59 Hysteresekurve
eines ferromagnetischen
Materials

Summe über alle Weiß'schen Bezirke des gesamten Festkörpers Null ergibt (Abb. 4.58a).
Erst im externen Magnetfeld werden die Momente aller Weiß'schen Bezirke parallel ausgerichtet (Abb. 4.58b) und das Material wird wegen $\kappa > 0$ in das inhomogene externe Feld
gezogen. Ferromagnetische Materialien werden gebildet von den Elementen Fe, Co, Ni,
den seltenen Erden wie Gd, Dy, Er, sowie einigen Materialkombinationen. Ihre magnetischen Momente sind sehr groß und führen zu einer großen Suszeptibilität ($\kappa \sim 10.000$).
Während Dia- und Paramagnete nur magnetisiert sind, solange sie sich im äußeren Magnetfeld befinden, behält ein Ferromagnet seine Magnetisierung bei. Diese hängt stark von
der „Vorgeschichte" ab. Sie wächst nicht linear mit $\vec{H}$, denn κ selbst hängt empfindlich
von $\vec{H}$ ab. Das Verhalten der Magnetisierung $\vec{M}(\vec{H})$ wird durch die **Hysteresekurve** erfasst, die die folgenden 4 Kenngrößen umfasst (Abb. 4.59):

- Neukurve: Magnetisierung des unmagnetisierten Materials.
- Sättigung: $M = M_{Sat}$ ist maximal, magnetische Momente sind ausgerichtet.
- Remanenz M_R: permanente Magnetisierung bei $H = 0$.
- Koerzitivfeld H_C: Gegenfeld zur Kompensation von M.

Mit wachsendem $\vec{H}$ werden die atomaren magnetischen Momente parallel zum externen Feld ausgerichtet, wobei die Weiß'schen Bezirke sprunghaft durch Wandverschiebung
(Blochwände) wachsen. Wird das äußere Magnetfeld wieder auf Null zurückgefahren, so
bilden sich wieder Weiß'sche Bezirke aus, die zu einer geringeren Nettomagnetisierung

führen. Allerdings bleibt die Remanenzmagnetisierung, da die Wandverschiebungen nicht auf dem alten Weg zurücklaufen und deshalb nicht zum ursprünglichen Zustand ($H = 0$, $M = 0$) zurückführen. Das Wachstum der Weiß'schen Bezirke kann man beobachten, denn aufgrund von Fehlstellen im Kristall passiert die Wandverschiebung sprunghaft. Dieses sehr schnelle Ändern der Magnetisierung in einem Eisenkern führt in einer Spule zu Induktionsspannung, was als Barkhausen-Rauschen nachgewiesen werden kann.

II Prüfungsfragen

Grundverständnis

F4.8.1 Was sind Magnetisierung, Suszeptibilität und Permeabilität eines Materials?

F4.8.2 Diskutieren Sie Dia-, Para- und Ferromagnetismus. Nennen Sie typische Vertreter.

F4.8.3 Zeichnen und diskutieren Sie die Magnetisierungskurve eines Ferromagnet.

F4.8.4 Wodurch zeichnen sich hart- bzw. weichmagnetische Materialien sowie Permanentmagnete aus?

Messtechnik

F4.8.5 Wie kann man die Magnetisierung eines Materials messen?

F4.8.6 Wie kann man die Suszeptibilität bzw. die Permeabilität messen?

Vertiefungsfragen

F4.8.7 Wodurch entstehen die atomaren magnetischen Momente?

F4.8.8 Was sind Weiß'sche Bezirke?

F4.8.9 Zeichnen Sie die Magnetisierungskurven für Dia- und Paramagnete.

F4.8.10 Was besagt das Curie-Gesetz?

F4.8.11 Wie berechnet man die Ummagnetisierungsenergie aus der Hysteresekurve?

F4.8.12 Woran erkennt man, dass κ und μ vom externen Magnetfeld abhängen?

F4.8.13 Was ist ein idealer Diamagnet?

III Antworten

A4.8.1 Die Magnetisierung $\vec{M}$ eines Materials beschreibt erst einmal seinen magnetischen Zustand. Dieser kann z. B. durch Anlegen eines äußeren Magnetfeldes entstehen ($\vec{M} = \kappa\,\vec{H}$). Hierbei werden die atomaren magnetischen Momente induziert (Diamagnetismus) bzw. ausgerichtet (Para- und Ferromagnetismus).

Die magnetische Suszeptibilität $\kappa = M/H$ beschreibt die Fähigkeit des Materials, sich im externen Magnetfeld magnetisieren zu lassen. Anhand der Suszeptibilität lassen sich die drei Klassen Dia-, Para- und Ferromagnetismus unterscheiden (s. u.). Die Permeabilität ist die Proportionalitätskonstante zwischen magnetischem Feld und magnetischer Flussdichte ($\vec{B} = \mu_0\mu\,\vec{H}$). Die relative Permeabilitätskonstante $\mu = (1+\kappa)$ beschreibt ebenso wie die Suszeptibilität das Verhalten der Materie im Magnetfeld, womit $\vec{B} = \mu_0(\vec{H} + \vec{M})$ folgt. Das B-Feld setzt sich also aus dem äußeren Feld und der Magnetisierung zusammen.

A4.8.2 Dia-, Para- und Ferromagnetismus ist ausführlich im Theorieteil beschrieben. Diamagnetismus wird in Materialien durch die Induktion hervorgerufen, die sie in äußeren Magnetfeldern erfahren. Er zeigt sich in allen Materialien ($\kappa \approx -10^{-6}$), wird aber meist durch den stärkeren Para- oder Ferromagnetismus überdeckt. Typische Vertreter sind Bismut oder die Edelgase. Diamagnetische Stoffe werden aus einem inhomogenen Magnetfeld herausgedrängt, d. h. sie werden in Richtung kleinerer H-Feldstärke gedrängt, denn $\kappa < 0$.

Paramagnetismus beruht auf der Ausrichtung atomarer magnetischer Momente im äußeren Magnetfeld. Die Suszeptibilität ist relativ klein ($\kappa \approx +10^{-6}$). Typische Vertreter sind z. B. Aluminium oder Platin. Paramagnetische Stoffe werden in ein Magnetfeld hineingezogen, d. h sie bewegen sich in Richtung größerer H-Feldstärke.

Ferromagnetismus tritt nur bei Festkörpern auf. Er beruht auf der quantenmechanischen „Austauschwechselwirkung", welche die magnetischen Momente benachbarter Atome im Kristallgitter parallel ausrichtet. Die Suszeptibilität ist sehr groß ($\kappa \approx 10^3 - 10^6$). Ferromagnetische Materialien werden in das Magnetfeld hineingezogen. Anders als bei Para- und Diamagneten bleibt auch nach Abschalten des äußeren Feldes eine Restmagnetisierung (Remanenz) des Materials bestehen. Die Magnetisierungskurve wird durch eine Hysteresekurve beschrieben.

A4.8.3 Die Magnetisierung eines Ferromagneten wird durch die Hysteresekurve in Abb. 4.59 beschrieben. Die vier wichtigen Kenngrößen sind: a) die Neukurve, welche die Magnetisierung des unmagnetisierten Materials beschreibt (wird nur einmal durchlaufen), b) die Sättigung $M = M_{\text{Sat}}$, die erreicht wird, wenn alle magnetischen Momente ausgerichtet sind, c) die Remanenz M_R, d. h. die permanente Magnetisierung bei abgeschaltetem äußeren Magnetfeld und d) das Koerzitivfeld H_C, welches als Gegenfeld zur Kompensation der Magnetisierung angelegt werden muss.

A4.8.4 Permanentmagnete besitzen eine hohe Remanenz (siehe Abb. 4.59). Hartmagnetische Materialien besitzen eine breite Hysteresekurve. Damit ist zur Kompensation der Magnetisierung und zur Ummagnetisierung ein starkes Koerzitivfeld nötig. Weichmagnetische Materialien besitzen eine schmale Hysteresekurve, also eine kleine Koerzitivfeldstärke und lassen sich somit leicht ummagnetisieren. Zum Beispiel sollte das Kernmaterial eines Elektromagneten eine kleine Remanenz besitzen, denn hier soll die Restmagnetisierung verschwinden, wenn der Strom ausgeschaltet wird. Geeignet sind also weichmagnetische Materialien.

A4.8.5 Eine Methode zur Messung der Magnetisierung M eines Materials besteht in der Bestimmung der Magnetisierungskurve. Für Paramagnete siehe Abb. 4.57, für Ferromagnete siehe Abb. 4.59. Dazu kann das Material in das H-Feld einer Spule gesetzt und die gesamte Feldstärke $\vec{B} = \mu_0(\vec{H} + \vec{M})$ als Funktion des H-Feldes gemessen werden. Das H-Feld lässt sich durch den Spulenstrom einstellen ($H = \mu_0 N\, I/l$, Abschn. 4.5). Die B-Feldstärke kann durch eine am Material platzierte Hallsonde gemessen werden (Abschn. 4.4).

Eine zweite Methode beruht auf der Messung der Kraft, mit der ein Material in ein inhomogenes Magnetfeld gezogen wird. Ein Körper mit dem Volumen V und der Magnetisierung $\vec{M}$ erfährt die Kraft $\vec{F} = V\,\vec{M} \cdot \text{grad}\,\vec{B}$.

A4.8.6 Die Suszeptibilität $\kappa = M/H$ und die Permeabilität $\mu = (1 + \kappa)$ erhält man aus der Magnetisierung (siehe Antwort A4.8.5).

A4.8.7 Die atomaren magnetischen Momente entstehen durch den Bahndrehimpuls der Elektronen eines Atoms sowie den Spin (siehe Theorieteil).

A4.8.8 Weiß'sche Bezirke sind kleine Kristallbereiche einheitlicher Magnetisierung (siehe Abb. 4.58a und Diskussion im Theorieteil).

A4.8.9 Die Magnetisierungskurven für Paramagnete sind in Abb. 4.57 gezeigt. Die Ausrichtung der Momente erfolgt gegen die thermische Bewegung, so dass bei höheren Temperaturen auch größere Magnetfelder zur vollständigen Ausrichtung (Sättigungsmagnetisierung) benötigt werden. Die Magnetisierungskurve des Diamagneten ist eine im Nullpunkt beginnende Gerade negativer Steigung.

A4.8.10 Das Curie-Gesetz beschreibt die Temperaturabhängigkeit der Magnetisierung eines paramagnetischen Materials $M = B\,C/T$ durch ein äußeres B-Feld (Abb. 4.57). Die Magnetisierung ist in Bereichen unterhalb der Sättigungsmagnetisierung umgekehrt proportional zur Temperatur, was die gegenläufigen Prozesse der Ausrichtung magnetischer Momente und thermischer Bewegung zeigt. Oberhalb der Curie-Temperatur werden ferromagnetische Substanzen paramagnetisch.

A4.8.11 Die zur **Ummagnetisierung** nötige Energie E pro Materialvolumen V ergibt sich aus der von der Hysteresekurve eingeschlossenen Fläche: $E/V = \oint B \, dH$ (Abb. 4.59). Sie ist eine wichtige Größe zur Optimierung von Wechselstromtransformatoren, denn hier wird typischerweise 50-mal pro Sekunde (Netzfrequenz) ummagnetisiert. Idealerweise zeigt der magnetfeldführende Kern eines Transformators eine Hysteresekurve mit verschwindender Fläche. Damit bleibt der Energieverlust bei jedem Ummagnetisierungsvorgang klein. Geeignet sind Weicheisenmaterialien mit kleiner Koerzitivfeldstärke H_C und Remanenz M_r.

A4.8.12 Die Suszeptibilität und die Permeabilität hängen vom äußeren Magnetfeld ab, was sich in der Hysteresekurve zeigt. Wären sie konstant, so müsste statt der Hysteresekurve ein linearer Anstieg $B = \mu_0 \mu H$, bzw. $M = \kappa H$ beobachtet werden. Somit gewinnt man $\kappa = dM/dH$ aus der Steigung der Hysteresekurve. In Tabellen findet man daher κ-Werte für $H = 0$ und für bestimmte, ausgewählte H-Feldstärken.

A4.8.13 Ein idealer Diamagnet verdrängt das äußere Magnetfeld vollständig. Dies kann nur ein Supraleiter sein, indem er ein ausreichend großen Strom und damit ein Magnetfeld aufbauen kann, welches das äußere Feld kompensiert (siehe Theorieteil).

4.9 Elektromagnetische Wellen, Hertz'scher Dipol

I Theorie

Radiowellen, Mikrowellen, Licht oder Röntgenstrahlen stellen je einen Ausschnitt des Spektrums elektromagnetischer Wellen dar (Abb. 4.60). Das für das menschliche Auge sichtbare Spektrum deckt den Wellenlängenbereich von etwa 400 nm (Violett) bis 750 nm (rot) ab. Elektromagnetische Wellen sind für die Nachrichtenübertragung, Sensorik sowie für zahlreiche Messmethoden der Grundlagenforschung unverzichtbar geworden. Welche Eigenschaften haben all diese Strahlungsarten gemeinsam? Anders als mechanische Wellen (Abschn. 2.2, 2.3) können sie sich auch ohne Medium, also im Vakuum ausbreiten. Das folgt aus den Maxwell-Gleichungen (s. u.), wonach sich elektrische und magnetische Wechselfelder gegenseitig induzieren. Für den wichtigen Fall ebener harmonischer Wellen (Abb. 4.61) lautet der elektrische Feldvektor $E(x,t) = E_0 \sin(kx - \omega t)$. Im Vakuum und weit entfernt von der Quelle stehen die elektrischen ($\vec{E}$) und magnetischen Felder ($\vec{B}$) senkrecht aufeinander und je senkrecht auf der Ausbreitungsrichtung (transversale Welle). Damit kann die Ausbreitungsrichtung eines (Licht)-Strahls auch durch den Wellenvektor $\vec{k} = \vec{E} \times \vec{B}$ angegeben werden, der senkrecht auf den Phasenflächen (Wellenfront) steht. Die E- und B-Felder sind in Phase, d. h. sie haben die Maxima an derselben Stelle und es gilt $E = cB$ (Abb. 4.61). Generell berechnet man die Lichtgeschwindigkeit gemäß $c = 1/\sqrt{\mu_0 \mu \varepsilon_0 \varepsilon}$. Im Vakuum gilt $\mu = 1$ und $\varepsilon = 1$ woraus $c = 1/\sqrt{\mu_0 \varepsilon_0} \approx 3 \cdot 10^8 \, \text{m} \cdot \text{s}^{-1}$ folgt. Die Frequenz $f = \omega/2\pi$ und die Wellenlänge

$\lambda = 2\pi/k$ sind über die bekannte Form $c = \lambda f$ miteinander verbunden. Die elektromagnetische Welle transportiert Energie mit der Lichtgeschwindigkeit in Richtung des Wellenvektors $\vec{k}$. Die pro Zeit durch eine Fläche senkrecht zu $\vec{k}$ fließende Energie heißt Intensität (Energiestromdichte). In Abschn. 4.2 und 4.6 haben wir gesehen, dass die Energie in den Feldern steckt, ausgedrückt durch die Energiedichte $\rho = \left(\varepsilon_0 E^2 + B^2/\mu_0\right)/2$. Mit $E = cB$ folgt $\rho = \varepsilon_0 E^2$ und da der zeitliche Mittelwert von $\left(\sin^2 \omega t\right)$ 0,5 beträgt, erhalten wir für die Intensität $I = E_0^2/(2\mu_0 c)$ mit der Einheit $\mathrm{W} \cdot \mathrm{m}^{-2}$. Wie erwartet ist die Intensität der Welle proportional zum Quadrat der Amplitude E_0. Der Energiefluss kann auch durch den **Poynting-Vektor** angegeben werden:

$$\vec{S} = \frac{1}{\mu_0}\left(\vec{E} \times \vec{B}\right), \quad [S] = \frac{\mathrm{W}}{\mathrm{m}^2} \quad \text{(Poynting-Vektor)}. \tag{4.67}$$

Abb. 4.60 Elektromagnetisches Spektrum

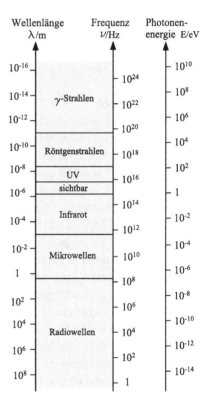

Abb. 4.61 Elektromagnetische Welle

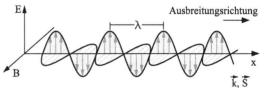

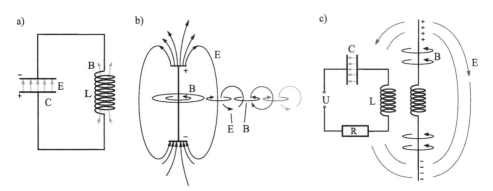

Abb. 4.62 a) Geschlossener elektomagnetischer Schwingkreis, b) offener Schwingkreis (Hertz'scher Dipol), c) Prinzip der Leistungseinkopplung bei einer Sendeantenne

Er zeigt, so wie der Wellenvektor, in Strahlrichtung und mit $B = E/c$ folgt $|\vec{S}| = I$. Meist wird nur das E-Feld der Welle betrachtet, da dieses für viele Effekte und Messtechniken relevant ist und das in Phase laufende B-Feld analog beschrieben werden kann.

Hertz'scher Dipol

Wie können elektromagnetische Wellen erzeugt werden? Hierzu betrachten wir einen geschlossenen elektromagnetischen Schwingkreis (Abb. 4.62a), in dem die Ladung zwischen den Kondensatorplatten oszilliert. Entsprechend wird die Energie periodisch gewandelt und zwar von elektrischer Energie, gespeichert im E-Feld zwischen den Kondensatorplatten, in magnetische Energie, gespeichert im B-Feld der Spule. An diesen Bauteilen ist die Energie auch jeweils lokalisiert. Anders ist die Situation in einem offenen Schwingkreis (Abb. 4.62b). Hier bilden die Kondensatorplatten den Abschluss eines geraden Drahtes, der als auseinander gezogene Spule gedacht werden kann. Die Kapazität und die Induktivität haben sich dadurch natürlich verringert. Letztendlich können die Kondensatorplatten ganz wegfallen. Die Ladungen schwingen zwischen den Drahtenden und erzeugen bei Ladungstrennung E-Felder, die nicht mehr lokalisiert sind, sondern sich in den ganzen Raum erstrecken. Wenn die Ladung von einem Drahtende zum anderen fließt, erzeugt der Strom ein B-Feld um den Leiter, welches sich auch in den ganzen Raum ausbreiten kann. Im Nahbereich einer solchen Antenne sind E- und B-Feld daher um 90° phasenverschoben, denn bei maximalem Strom ist auch das B-Feld maximal, aber die Ladungstrennung und damit das E-Feld Null. Eine Viertelperiode später wird dagegen der Strom und damit das B-Feld Null, denn nun ist die Ladungstrennung und damit das E-Feld maximal. Dies ist anders als bei der in Abb. 4.61 gezeigten Welle für den Fernbereich, wo E- und B-Felder in Phase sind und sich gegenseitig durch Induktion am Leben erhalten. Für den Schwingkreis bedeutet die Abstrahlung elektromagnetischer Wellen Energieverlust und somit Dämpfung der Schwingung, selbst bei verschwindendem Ohm'schen Widerstand. In einer Sendeantenne muss diese Strahlungsleistung also „nachgefüttert" werden, was z. B. durch die induktive Kopplung an einen geschlossenen

Schwingkreis passiert (Abb. 4.62c). Die Frequenz wird durch die Wahl der Kapazität und Induktivität eingestellt (Abschn. 4.7).

Die emittierte Strahlung heißt **elektrische Dipolstrahlung**, da das elektrische Nahfeld der Antenne dem eines elektrischen Dipols entspricht. Die maximale Leistung wird in Richtung senkrecht zur Antennenachse abgestrahlt ($\vartheta = 90°$) und die Intensität fällt quadratisch mit dem Abstand r, d. h. $S \sim \sin^2 \vartheta / r^2$ (Abb. 4.63).

Beachten Sie, dass die Abstrahlung nicht in Antennenrichtung ($\vartheta = 0$) erfolgen kann. Die Strahlung des Hertz'schen Dipols ist linear **polarisiert**, denn die feste Ausrichtung der Dipolantenne im Raum führt dazu, dass der elektrische Feldvektor immer in einer Ebene schwingt (Abb. 4.61). Der Nachweis der Polarisation führte zum Beweis, dass Licht eine transversale elektromagnetische Welle ist. Die Polarisation und die aus ihr folgenden Anwendungen werden in Abschn. 5.2 ausführlich diskutiert.

Strahlungsquellen

Generell strahlt jede beschleunigte elektrische Ladung elektromagnetische Wellen ab. Dies gilt nicht nur für die lineare Beschleunigung im Hertz'schen Dipol, sondern auch für die Zentripetalbeschleunigung. Werden z. B. geladene Teilchen wie Elektronen bei ihrem Flug durch ein Magnetfeld auf eine Kreisbahn durch die Lorentz-Kraft abgelenkt, so führt dies zur Abstrahlung von sogenannter **Synchrotronstrahlung** tangential zur Kreisbahn (Abb. 4.64a). Werden in einer Röntgenröhre schnelle Elektronen auf die Anode geschossen, so werden sie im Coulomb-Feld der Atomkerne des Anodenmaterials abgelenkt und abgebremst. Durch diese Beschleunigung entsteht die so genannte **Röntgen-Bremsstrahlung** (Abb. 4.64b und Abschn. 7.3). In beiden Fällen entsteht ein kontinuier-

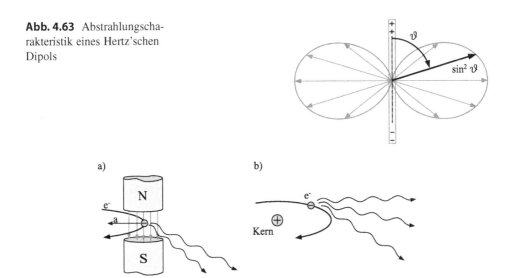

Abb. 4.63 Abstrahlungscharakteristik eines Hertz'schen Dipols

Abb. 4.64 Erzeugung von Röntgenstrahlung: a) durch Ablenkung von Ladung im Magnetfeld (Synchrotronstrahlung), b) durch Abbremsen von Elektronen im Coulomb-Feld der Atome

liches Spektrum elektromagnetischer Strahlung mit einer maximalen Frequenz, die von der Energie der beschleunigten Elektronen abhängt. Die Entstehung elektromagnetischer Strahlung durch innere Übergänge in Atomen wird in Abschn. 7.1 diskutiert, der schwarze Strahler in Abschn. 6.1.

Maxwell-Gleichungen

Die Maxwell-Gleichungen stellen die Grundlage bzw. eine Zusammenfassung der gesamten Elektrodynamik dar. Gemeinsam mit der Coulomb- und der Lorentz-Kraft $\vec{F} = q\,\vec{E} + q\,\vec{v} \times \vec{B}$ sowie der Newton'schen Bewegungsgleichung $\vec{F} = \mathrm{d}\vec{p}/\mathrm{d}t$ erlauben sie die Beschreibung aller elektromagnetischer Phänomene. Die Maxwell-Gleichungen haben wir bereits in den Abschn. 4.1 bis 4.8 kennen gelernt, allerdings in geänderter Formulierung und meist nur für den Fall des Vakuums. Die Maxwellgleichungen stellen ein System gekoppelter Differentialgleichungen für die Felder $\vec{E}$ und $\vec{H}$, bzw. für $\vec{D}$ und $\vec{B}$ dar. Sie können sowohl in differentieller Form als auch in integraler Form geschrieben werden. Für die Umformungen sind spezielle Integralsätze nötig, die aber Thema der theoretischen Physik sind.

$$\mathrm{rot}\,\vec{E} = -\frac{\partial \vec{B}}{\partial t}\,, \quad \oint \vec{E} \cdot \mathrm{d}\vec{s} = -\oint \frac{\partial \vec{B}}{\partial t} \cdot \mathrm{d}\vec{A}\,, \quad \text{(Maxwell-Gleichungen)} \quad (4.68a)$$

$$\mathrm{rot}\,\vec{H} = \vec{j} + \frac{\partial \vec{D}}{\partial t}\,, \quad \oint \vec{H} \cdot \mathrm{d}\vec{s} = \vec{I} + \oint \frac{\partial \vec{D}}{\partial t} \cdot \mathrm{d}\vec{A}\,, \quad (4.68b)$$

$$\mathrm{div}\,\vec{D} = \rho\,, \quad \oint \vec{D} \cdot \mathrm{d}\vec{A} = q\,, \quad (4.68c)$$

$$\mathrm{div}\,\vec{B} = 0\,, \quad \oint \vec{B} \cdot \mathrm{d}\vec{A} = 0\,. \quad (4.68d)$$

Die obige Formulierung der Maxwell-Gleichungen gilt für den allgemeinen Fall in Materie, so dass die elektrische Polarisation $\vec{P}$ und die Magnetisierung $\vec{M}$ berücksichtigt werden müssen, was zu den **Materialgleichungen** führt:

$$\vec{D} = \varepsilon_0 \vec{E} + \vec{P}\,, \quad \vec{D} = \varepsilon_0\,\varepsilon\,\vec{E}\,, \quad (4.69a)$$

$$\vec{B} = \mu_0 (\vec{H} + \vec{M})\,, \quad \vec{B} = \mu_0\,\mu\,\vec{H}\,. \quad (4.69b)$$

Für den Spezialfall des Vakuums existiert keine polarisierbare ($\vec{P} = 0$) bzw. magnetisierbare ($\vec{M} = 0$) Materie. Die dielektrische Verschiebungsdichte bzw. die magnetische Flussdichte vereinfacht sich zu $\vec{D} = \varepsilon_0 \vec{E}$ bzw. $\vec{B} = \mu_0 \vec{H}$.

Im Folgenden wollen wir die Maxwell-Gleichungen veranschaulichen:

- Gl. 4.68a: Zeitlich veränderliche B-Felder erzeugen elektrische Ringfelder (Abb. 4.65a). Dies ist das Faraday'sche Induktionsgesetz. Die induzierte Spannung erhalten wir aus dem Wegintegral des elektrischen Feldes um eine geschlossene Kurve. Ist ein ringförmiger Leiter vorhanden, so fließt in ihm ein Strom (Abschn. 4.6).

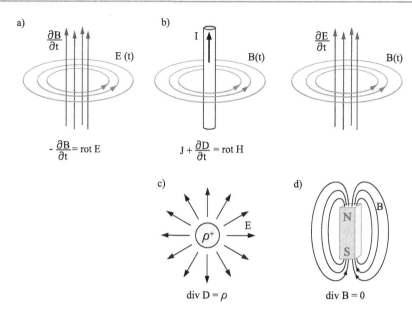

Abb. 4.65 Veranschaulichung der Maxwell-Gleichungen

- Gl. 4.68b: Magnetfelder können auf zwei Wegen erzeugt werden: erstens durch Ströme $I = \int j \, dA$, zweitens durch zeitlich veränderliche elektrische Felder $\partial D / \partial t$ (Abb. 4.65b). Der erste Term $\oint \vec{H} \cdot d\vec{s} = \vec{I}$ ist der Ampère'sche Satz (Abschn. 4.5).
- Gl. 4.68c: Die Quellen des elektrischen Feldes sind Ladungen, hier durch die Ladungsdichte beschrieben (Abb. 4.65c). Dies wird durch den Gauß'schen Satz ausgedrückt (Abschn. 4.1).
- Gl. 4.68d: Es gibt keine magnetischen Monopole (Abb. 4.65d). Folglich ist der magnetische Fluss durch eine geschlossene Fläche Null (Abschn. 4.5).

Die Maxwellgleichungen zeigen deutlich die Symmetrie zwischen elektrischen und magnetischen Feldern: Sich zeitlich ändernde elektrische Felder erzeugen magnetische Wirbelfelder und sich zeitlich ändernde magnetische Felder erzeugen elektrische Wirbelfelder. Zur Erinnerung: Die Divergenz und die Rotation eines Vektorfeldes $\vec{u} = (u_x, u_y, u_z)$ sind wie folgt definiert: $\operatorname{div} \vec{u} = \partial u_x / \partial x + \partial u_y / \partial x + \partial u_z / \partial z$ und $\operatorname{rot} \vec{u} = (\partial u_z / \partial y - \partial u_y / \partial z) \vec{e}_x + (\partial u_x / \partial z - \partial u_z / \partial x) \vec{e}_y + (\partial u_y / \partial x - \partial u_x / \partial y) \vec{e}_z$.

II Prüfungsfragen

Grundverständnis

F4.9.1 Was ist eine elektromagnetische Welle?

F4.9.2 Diskutieren Sie das elektromagnetische Spektrum.

F4.9.3 Wie kann man elektromagnetische Strahlung erzeugen?

F4.9.4 Was ist ein Hertz'scher Dipol? Skizzieren Sie die E- und B-Feldverteilung.

F4.9.5 Wodurch zeichnet sich Dipolstrahlung aus?

F4.9.6 Skizzieren Sie den prinzipiellen Aufbau einer Sendeantenne.

F4.9.7 Was gibt der Poynting-Vektor an?

Messtechnik

F4.9.8 Wie kann man elektromagnetische Wellen messen?

F4.9.9 Wie kann man die Lichtgeschwindigkeit messen?

F4.9.10 Wie zeigt man, dass elektromagnetische Wellen transversal sind?

Vertiefungsfragen

F4.9.11 Schreiben Sie die Maxwell-Gleichungen auf und diskutieren Sie diese.

F4.9.12 Wovon hängt die Lichtgeschwindigkeit ab?

F4.9.13 Was wissen Sie über Mikrowellen, Sender und Hohlleiter?

III Antworten

A4.9.1 Elektromagnetische Wellen sind räumlich und zeitlich periodische elektromagnetische Felder, die sich mit Lichtgeschwindigkeit im Vakuum oder in Materie ausbreiten. Weit entfernt von der Quelle ist der Feldverlauf in Abb. 4.61 dargestellt.

A4.9.2 Das Spektrum elektromagnetischer Strahlung ist in Abb. 4.60 gezeigt. Elektromagnetische Wellen unterscheiden sich nur durch ihre Wellenlänge bzw. Frequenz.

A4.9.3 Elektromagnetische Strahlung wird erzeugt, wenn elektrische Ladungen beschleunigt werden. Damit ändern sich die Ladungs- und Stromdichten räumlich und zeitlich, so dass elektrische und magnetische Felder entstehen. Am besten lässt sich dieser technologisch wichtige Fall am Hertz'schen Dipol erklären (siehe Antwort A4.9.4). Elektromagnetische Strahlung entsteht aber auch beim Abbremsen von Elektronen in der Röntgenröhre (Abb. 4.64b, Abschn. 7.3), als Synchrotronstrahlung durch Ablenkung schneller Elektronen in einem Magnetfeld (Abb. 4.64a) oder durch quantenmechanische Übergänge in einem angeregten Atom (Abschn. 7.1).

A4.9.4 Ein Hertz'scher Dipol ist ein elektrischer Dipol, in dem die Ladungen periodisch schwingen. Er kann als offener Schwingkreis verstanden werden, der zu einer geraden Antenne aufgebogen wurde (Abb. 4.62c). Durch die räumliche Ladungstrennung werden elektrische Felder aufgebaut und durch den fließenden Strom werden kreisförmig um die Antenne magnetische Felder erzeugt. Beide Felder ändern sich periodisch mit der Zeit. Die Maxima der Felder sind im Nahbereich der Antenne um 90° phasenverschoben (anders als im Fernbereich).

A4.9.5 Dipolstrahlung ist eine transversale, elektromagnetische Welle, die in Richtung des elektrischen Feldvektors polarisiert ist. Die Abstrahlcharakteristik eines Hertz'schen Dipols ist in Abb. 4.63 gezeigt. Quer zur Dipolachse ($\vartheta = 90°$) wird die höchste Intensität abgestrahlt, wohingegen in Längsrichtung keine Abstrahlung möglich ist ($S \sim \sin^2 \vartheta / r^2$). Deshalb hat Ihr Handy auch keinen (kaum) Empfang, wenn Sie unter der Sendeantenne Ihres „Anbieters" stehen. In großer Entfernung vom Dipol sind elektrische und magnetische Felder in Phase (Abb. 4.61). Am Dipol sind beide um 90° phasenverschoben (siehe Antwort A4.9.4).

A4.9.6 Der prinzipielle Aufbau einer Sendeantenne ist in Abb. 4.62c gezeigt. Durch die Abstrahlung der elektromagnetischen Wellen verliert der Hertz'sche Dipol Energie, die in einer Sendeanlage durch induktive Kopplung mit einem Schwingkreis nachgeliefert werden muss.

A4.9.7 Der Poynting-Vektor $\vec{S} = (\vec{E} \times \vec{B})/\mu_0$ gibt die Stärke der Energieströmung eines elektromagnetischen Feldes pro Zeiteinheit durch eine senkrecht zur Strömungsrichtung ($\vec{k}$-Richtung in Abb. 4.61) liegende Fläche an. Sein Betrag $|\vec{S}| = I$ ist die Strahlungsintensität.

A4.9.8 Zum Nachweis elektromagnetischer Wellen verwendet man einen Hertz'schen Dipol als Empfangsantenne. Die in ihm durch das elektrische Feld der Welle erzeugten Wechselströme werden verstärkt und nachgewiesen. Zum Nachweis elektromagnetischer Wellen mit kürzerer Wellenlänge wie z. B. Mikrowellen (s. u.) oder von Licht verwendet man Halbleiterdioden (Abschn. 8.3).

A4.9.9 Zur Bestimmung der Lichtgeschwindigkeit gibt es verschiedene Methoden. Die **Zahnradmethode nach Fizeau** ist eine Laufzeitmessung. Ein Lichtstrahl läuft durch eine Lücke zwischen den Zähnen eines rotierenden Zahnrades und wird von einem weit entfernten Spiegel in sich zurück reflektiert. Auf dem Weg vom Spiegel zur Quelle zurück muss der Strahl wieder eine Lücke zwischen den Zähnen eines rotierenden Zahnrades treffen. Je nach Drehgeschwindigkeit des Rades trifft der reflektierte Strahl auf einen Zahn oder kann das Rad passieren. Aus Weglänge und Drehgeschwindigkeit kann die Lichtgeschwindigkeit berechnet werden.

Wird ein Sender vor einer Metallplatte positioniert, so werden die elektromagnetischen Wellen an der Platte reflektiert und bei geeignetem Abstand bilden sich stehende Wellen aus (Abschn. 2.2). Zwischen Sender und Wand wird eine Dipolantenne verschoben und die Bäuche und Knoten des elektrischen Feldes vermessen, woraus die Wellenlänge bestimmt werden kann. Bei bekannter Frequenz kann die Geschwindigkeit $c = f \lambda$ direkt ermittelt werden. Eine zweite Möglichkeit bietet die Erzeugung stehender Wellen auf einem U-förmig gebogenen Draht (**Lecher-Leitung**). Durch die Einkopplung des Strahlungsfeldes werden die Elektronen in den parallelen Drähten zu Schwingungen angeregt und es bilden sich Spannungsknoten und Bäuche aus. Wird eine Glimmlampe zwischen die parallelen Drähte gelegt, so leuchtet sie im Bereich der Spannungsbäuche. Aus dem Abstand der Spannungsbäuche kann die Wellenlänge der stehenden Welle bestimmt werden.

A4.9.10 Transversale Wellen müssen linear polarisierbar sein, wobei die Polarisationsrichtung durch die Richtung des elektrischen Feldvektors gegeben ist. Man muss also die lineare Polarisation der elektromagnetischen Welle experimentell nachweisen, was durch die Ausrichtung einer Empfangsantenne relativ zum elektrischen Feld der Welle passiert (ausführlich in Abschn. 5.2).

A4.9.11 Siehe Gln. 4.68a–4.68d und 4.69a–4.69b sowie die Diskussion im Theorieteil.

A4.9.12 Die Ausbreitungsgeschwindigkeit einer elektromagnetischen Welle ist durch die Lichtgeschwindigkeit gegeben. In Vakuum ist dies $c = 1/\sqrt{\mu_0 \varepsilon_0} \approx 3 \cdot 10^8 \, \text{m} \cdot \text{s}^{-1}$. In Materie muss die Wechselwirkung der elektromagnetischen Felder mit den Atomen berücksichtigt werden, was durch die Permeabilität μ und die Dielektrizitätszahl ε erfasst wird. Damit ergibt sich $c = 1/\sqrt{\mu_0 \, \mu \, \varepsilon_0 \, \varepsilon}$.

A4.9.13 Mikrowellen belegen den Spektralbereich elektromagnetischer Wellen zwischen dem Meter- und dem Millimeterbereich, also zwischen den Radiowellen und der Infrarotstrahlung (Abb. 4.60). Die Frequenz liegt zwischen 300 MHz und 300 GHz. Sie werden vorwiegend im Nachrichtenverkehr, Radar oder zur Funknavigation eingesetzt. Bei der Mikrowellenerwärmung werden die elektromagnetischen Wellen von Molekülen absorbiert und in Wärme gewandelt, indem die Ladungen der Moleküle durch das elektrische Wechselfeld zu Schwingungen angeregt werden.

Ein typischer Mikrowellensender ist das **Klystron**. Dies ist eine Elektronenröhre, in der aus einer beheizten Kathode Elektronen austreten und sich durch das Vakuum in Richtung der Anode bewegen. Durch elektrische Wechselfelder werden die Elektronen in einem Teil der Strecke beschleunigt, in einem anderen Teil abgebremst, so dass der ursprünglich kontinuierliche Elektronenstrom in viele Elektronenpakete zerlegt wird. Diese periodische Dichteschwankungen des Stroms (Beschleunigung, Abbremsung) führt zur Emission von elektromagnetischer Strahlung. Dieser Prozess läuft in einem **Hohlraumresonator** (Metallkasten) ab, wodurch sich ein stehendes elektrisches Wechselfeld ausbilden kann und durch die Resonanz den Prozess verstärkt. Prinzipiell verläuft der Verstärkungsprozess ähnlich wie in einer Gitarre. Dort regt die schwingende Gitarrensaite stehende Schallwellen im Resonanzkörper der Gitarre an. Die Auskopplung und Abstrahlung der Leistung aus dem Klystron geschieht mithilfe eines elektrischen Dipols (Antenne). Zur verlustarmen Leitung und Führung von Mikrowellen nutzt man **Wellenleiter** wie einen Hohlleiter oder ein Koaxialkabel. Ein einfaches Kabel mit nur einer Ader ist dagegen ungeeignet, da die Mikrowellen mit ihrer hohen Frequenz die Ladungen im Kabel zu hochfrequenten Schwingungen anregen würden, wodurch das Kabel wie ein Hertz'scher Dipol einen Großteil der Leistung als elektromagnetische Welle abstrahlen würde, was zu großen Leistungsverlusten führen würde. Im Wellenleiter passiert dies nicht, wie man am Beispiel des Koaxialkabels sieht. Es besteht aus einem dünnen, zentralen Metalldraht (Abb. 4.66), der von einem Metallmantel umgeben ist. Der Zwischenraum ist durch einen Isolator gefüllt. Zwischen den beiden Metallen bilden sich ein radiales elektrisches Feld und ein kreisförmiges magnetisches Feld aus, die beide senkrecht auf der Wellenausbreitungsrichtung stehen. Die Wellenformen heißen demnach **TEM-Moden** (Transversale Elektro-magnetische Wellen). Die stehende elektrische Welle bildet sich zwischen dem inneren Draht und dem äußeren Metallmantel aus, d. h. die elektrische Feldamplitude zeigt in diesem Bereich Knoten und Bäuche (nicht gezeigt in Abb. 4.66). Deshalb sind Wellenleiter Resonatoren und da die Endflächen offen sind, können sich stehende und fortschreitende Wellen ausbilden. Der Energiefluss $\vec{S} = (\vec{E} \times \vec{B})/\mu_0$ ist in Abb. 4.66 angedeutet. Im Wellenleiter erfolgt der Energietransport also nicht durch Stromtransport, sondern durch die Wellenausbreitung. Ein einfacher Hohlleiter besitzt keinen zentralen Draht, sondern nur den Metallmantel.

Abb. 4.66 Ausbreitung elektromagnetischer Wellen am Koaxialkabel

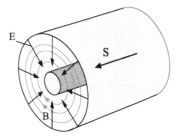

Optik

5

5.1 Brechung, Reflexion, Dispersion, Abbildung

I Theorie

Die Optik lässt sich in zwei Gebiete einteilen. Bei der in den Abschn. 5.1 und 5.2 diskutierten geometrischen oder Strahlenoptik breitet sich Licht in geraden Strahlen aus, die senkrecht auf den Wellenflächen stehen (Ausnahme Doppelbrechung in Abschn. 5.2). Die Strahlenoptik erlaubt die Beschreibung optischer Geräte (Mikroskop, Fernrohr, Spiegel usw.) sofern die Strahlbreite und die Blendenöffnungen groß gegenüber der Wellenlänge λ des Lichtes sind ($\geq 20\,\lambda$). Ist dies nicht der Fall, so tritt Beugung auf und wir müssen mit dem Wellenmodell arbeiten (Abschn. 5.3).

Reflexion & Brechung

Fällt Licht unter dem Einfallswinkel θ_1 auf die Grenzfläche zwischen zwei unterschiedlichen Medien (z. B. aus Luft (1) auf Glas (2)), so wird ein Teil des Lichtes unter demselben Winkel $\theta_1' = \theta_1$ reflektiert (Abb. 5.1). Der andere Teil breitet sich nach Brechung an der Grenze im Medium unter dem Winkel θ_2 aus. Der Brechungswinkel θ_2 hängt vom

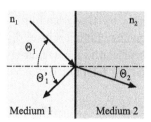

Abb. 5.1 Reflexion und Brechung an der Grenze zwischen zwei Medien mit Brechungsindex $n_1 < n_2$

© Springer-Verlag Berlin Heidelberg 2016
H.-C. Mertins, M. Gilbert, *Prüfungstrainer Experimentalphysik*,
DOI 10.1007/978-3-662-49690-9_5

Abb. 5.2 Dispersion
am Prisma

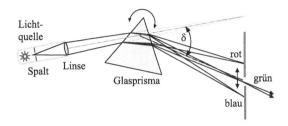

Einfallswinkel und dem Brechungsindex n der beiden Medien ab. Tritt der Strahl aus Medium (1) mit Brechungsindex n_1 in das Medium (2) mit Brechungsindex n_2, so gilt das Brechungsgesetz von Snellius

$$\frac{n_1}{n_2} = \frac{\sin\theta_2}{\sin\theta_1} \quad \text{(Brechungsgesetz)}. \tag{5.1}$$

Der Brechungsindex für Vakuum ist $n = 1$. Mit dem Huygen'schen Prinzip (siehe Antwort A5.3.2) kann gezeigt werden, dass die Brechung durch die unterschiedlichen Ausbreitungsgeschwindigkeiten c_1, c_2 der Lichtwellen in den beiden Medien verursacht wird. Man findet $c_1/c_2 = \sin\theta_1/\sin\theta_2$ woraus mit Gl. 5.1 die Definition des Brechungsindices eines Mediums folgt

$$n = \frac{c}{c_{\text{mat}}} \quad \text{(Brechungsindex)}. \tag{5.2}$$

Der Brechungsindex ist also das Verhältnis der Lichtgeschwindigkeit c im Vakuum zu c_{mat} in Materie. Das Medium mit größerem n heißt optisch dichter, das mit kleinerem n optisch dünner. Fällt ein Lichtstrahl vom optisch dünneren Medium in das optisch dichtere (von Luft nach Glas), so wird der Strahl zum Lot hin gebrochen (Abb. 5.1).

Der Brechungsindex $n(\lambda)$ eines Materials hängt von der Wellenlänge λ des Lichtes ab, was als **Dispersion** bezeichnet wird. Meist nimmt $n(\lambda)$ mit wachsender Wellenlänge ab, so dass blaues Licht (~ 420 nm) beim Übergang von Luft in Glas stärker zum Lot hin gebrochen wird als rotes Licht (~ 700 nm). Damit kann weißes Licht in seine Spektralkomponenten zerlegt werden, da mit $n(\lambda)$ auch der Brechungswinkel von der Wellenlänge abhängt (Abb. 5.2).

Totalreflexion

Tritt Licht vom optisch dichteren Medium mit n_1 in das optisch dünnere Medium mit $n_2 < n_1$ (Glas nach Luft), so wird der Strahl vom Lot weg gebrochen (Abb. 5.3). Mit steigendem Einfallswinkel θ_1 wächst auch der Brechungswinkel θ_2. Hat dieser $90°$ erreicht, bezeichnet man den dazugehörigen Einfallswinkel als kritischen Winkel $\theta_1 = \theta_{\text{krit}}$. Aus Gl. 5.1 folgt mit $\sin 90° = 1$

$$\sin\theta_{\text{krit}} = \frac{n_2}{n_1} \quad \text{(kritischer Winkel der Totalreflexion)}. \tag{5.3}$$

Abb. 5.3 Totalreflexion bei
Überschreiten des kritischen
Einfallwinkels

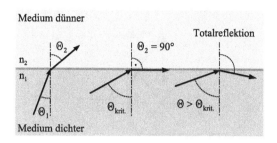

Wird der kritische Winkel überschritten, kann der Strahl nicht mehr in Medium (2) eintreten und wird total reflektiert (Abb. 5.3).

Spiegeloptik

Zur Abbildung mit Spiegeln betrachten wir den sphärischen Hohlspiegel, der ein Segment einer Kugel mit Radius R darstellt (Abb. 5.4a). Ist der Hohlspiegel konkav, so werden parallel zur optischen Achse einfallende Strahlen gemäß Reflexionsgesetz so reflektiert, dass sie durch den Brennpunkt (Fokus) mit der Brennweite f verlaufen

$$f = \frac{R}{2} \quad \text{(Brennweite des Hohlspiegels)}. \tag{5.4}$$

Die Brennweite gibt den Abstand des Fokus vom Scheitelpunkt S an (Abb. 5.4). Der Lichtweg ist umkehrbar, d. h. die von einer im Brennpunkt platzierten Lampe ausgehenden Strahlen werden so reflektiert, dass sie parallel zur optischen Achse verlaufen. Ist der Hohlspiegel konvex (Abb. 5.4b), so werden die reflektierten Strahlen nicht gebündelt. Sie verlaufen dann, als ob sie von einem hinter dem Spiegel liegenden virtuellen Fokus mit $f = -R/2$ kämen. Ein im virtuellen Fokus platzierter Detektor würde natürlich das Licht nicht detektieren können. Dies gelingt nur im reellen Fokus des konkaven Hohlspiegels.

Für die **Bildkonstruktion** eines Gegenstandes muss jedem Gegenstandspunkt genau ein Bildpunkt zugeordnet werden können. Dann kann man auf einem Schirm in der Bildebene ein Bild erkennen. Im Fall eines Hohlspiegels gehen wir folgendermaßen vor. Wir betrachten nicht alle vom Gegenstand ausgehenden Lichtstrahlen, sondern nur folgende Konstruktionsstrahlen (Abb. 5.4c):

1. Parallele Strahlen zur optischen Achse werden durch den Brennpunkt reflektiert.
2. Strahlen durch Brennpunkt werden parallel zur optischen Achse reflektiert.
3. Strahlen durch Krümmungsmittelpunkt R werden in sich reflektiert.
4. Im Scheitelpunkt S einfallende Strahlen werden symmetrisch zur optischen Achse reflektiert.

Alle von einem Punkt des Gegenstandes ausgehenden Konstruktionsstrahlen schneiden sich auch wieder in einem Punkt, dem Bildpunkt. Daher reicht es, nur zwei Konstrukti-

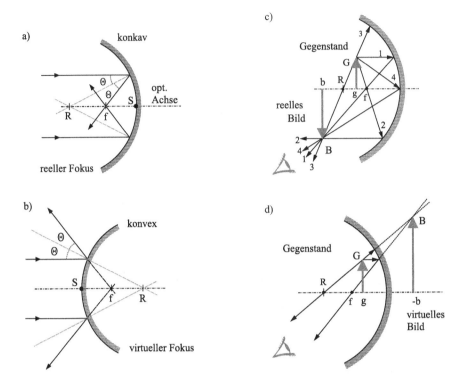

Abb. 5.4 Der Verlauf achsennaher Strahlen am a) konkaven und b) konvexen Hohlspiegel sowie die Bildkonstruktion für den Fall eines c) rellen und d) virtuellen Bildes

onsstrahlen zu zeichnen. Tun wir das für alle Punkte des Gegenstandes, so erhalten wir das vollständige Bild. Es reicht aus, die begrenzenden Punkte (Kopf- und Fußende) zu betrachten, alle andern Punkte des Bildes müssen auf der Verbindungslinie liegen. Verschieben wir in Abb. 5.4c den Gegenstand zum Spiegel hin, d. h. verringern wir die Gegenstandsweite g, so wandert das Bild vom Spiegel fort, d. h. die Bildweite b wächst. Gleichzeitig wächst auch die Bildgröße B. Der Zusammenhang dieser Größen wird durch die Abbildungsgleichung erfasst.

$$\frac{1}{f} = \frac{1}{b} + \frac{1}{g} \quad \text{(Abbildungsgleichung)} . \tag{5.5}$$

Der Vergrößerungsmaßstab m ist das Verhältnis aus Bildgröße B zu Gegenstandsgröße G:

$$m = \frac{B}{G} = -\frac{b}{g} \quad \text{(Abbildungsmaßstab)} . \tag{5.6}$$

Das negative Vorzeichen berücksichtigt, dass das Bild auf dem Kopf steht. Schieben wir den Gegenstand in Richtung Spiegel über den Fokus hinaus, d. h. $g < f$, so schneiden die reflektierten Strahlen sich nicht mehr und vor dem Spiegel kann kein reelles Bild entstehen (Abb. 5.4d). Zur Bildkonstruktion müssen wir die reflektierten Strahlen in den Bereich

Abb. 5.5 Strahlverlauf
bei a) Sammellinse und
b) Zerstreuungslinse

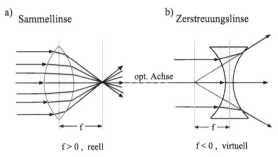

Abb. 5.6 Bildkonstruktion an
einer Sammellinse

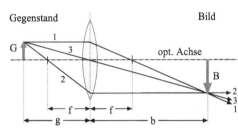

hinter den Spiegel verlängern. Es entsteht bei der negativen Bildweite $-b$ ein virtuelles Bild, das man nicht mit einer dort aufgestellten Fotoplatte abbilden könnte. Trotzdem können wir es sehen, da unser Auge die reflektierten Strahlen bündelt und das virtuelle Bild des Gegenstandes auf der Netzhaut abbildet.

Linsenoptik

Linsen sind lichtdurchlässige Körper, die im einfachsten Fall von zwei Kugelflächen begrenzt sind. **Sammellinsen** sind konvex, **Zerstreuungslinsen** sind konkav (Abb. 5.5). Wir betrachten nur dünne Linsen, deren Dicke klein gegen ihren Durchmesser ist. Dann kann die zweifache Brechung an den beiden Grenzflächen durch eine effektive Brechung an der Mittelebene der Linse ersetzt werden. Strahlen, die parallel zur optischen Achse einfallen, werden bei Sammellinsen im reellen Brennpunkt mit der Brennweite f gebündelt. Die Brennweite hängt vom Krümmungsradius der Linsenflächen und vom Brechungsindex des Materials ab. Bei Zerstreuungslinsen laufen die Strahlen hinter der Linse auseinander und der Fokus ist virtuell, d.h. liegt vor der Linse (negative Brennweite) (Abb. 5.5b). Die **Brechkraft** $D = 1/f$ einer Linse wird in Dioptrien gemessen, mit der Einheit $[D] = $ dpt. Für ein System aus mehreren dicht hintereinander stehenden Linsen addieren sich nicht die Brennweiten, sondern die Brechkräfte $D = \sum D_j$. Zur Bildkonstruktion mit Sammellinsen betrachten wir die von einem Punkt des Gegenstandes ausgehenden Konstruktionsstrahlen und ihren Verlauf durch die Linse (Abb. 5.6):

1. Strahlen parallel zur optischen Achse werden durch den Brennpunkt gebrochen.
2. Brennpunktstrahlen werden parallel zur optischen Achse gebrochen.
3. Mittelpunktstrahlen werden nicht gebrochen.

Abb. 5.7 Bildkonstruktion an
der Lupe

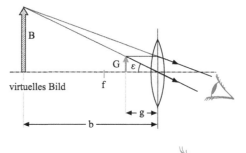

Abb. 5.8 Sehwinkel ε_0 eines
Gegenstandes im Abstand von
25 cm vor dem Auge

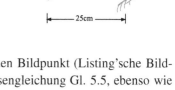

Der Schnittpunkt der Konstruktionsstrahlen ergibt den Bildpunkt (Listing'sche Bildkonstruktion). Wie beim Spiegel gilt auch hier die Linsengleichung Gl. 5.5, ebenso wie Gl. 5.6 für den Abbildungsmaßstab. Reelle Bilder erhalten wir für $g > f$. Sie liegen hinter der Linse. Virtuelle Bilder erhalten wir für $g < f$ (Lupe). Sie liegen vor der Linse, also auf der Seite des Gegenstandes (Abb. 5.7).

Optische Instrumente
Der Sehwinkel legt die Größe des Bildes auf der Netzhaut des Auges fest (Abb. 5.8). Je näher ein Gegenstand vor dem Auge steht, desto größer ist der Sehwinkel und damit das Bild auf der Netzhaut. Um einen Gegenstand noch scharf zu erkennen, kann man ihn bis auf etwa 25 cm dem Auge nähern. Damit wird der maximale Sehwinkel ε_0 festgelegt. Aufgabe optischer Instrumente (Lupe, Mikroskop, Fernrohr) ist die Vergrößerung des Sehwinkels ε eines Gegenstandes. Die Vergrößerung v ist sein Verhältnis zum maximalen Sehwinkel ε_0 des Gegenstandes im Abstand von 25 cm zum Auge.

$$v = \frac{\varepsilon}{\varepsilon_0} \quad \text{(Vergrößerung)}. \tag{5.7}$$

Die Vergrößerung ist nicht identisch mit dem Abbildungsmaßstab (Gl. 5.6). Mit der Lupe (Abb. 5.7) erzielt man maximale Vergrößerung, wenn $g \approx f$. Daraus folgt $v = G/f : G/25\,\text{cm} = 25\,\text{cm}/f$, so dass man mit Brennweiten von 12 mm Vergrößerungen bis $v \approx 20$ erzielen kann. Eine stärkere Vergrößerung erzielt man mit dem **Mikroskop** (Abb. 5.9). Das Objektiv entwirft von dem sehr nahe liegenden Gegenstand ein reelles, vergrößertes Zwischenbild, das sich innerhalb der Brennweite des Okulars befindet. Damit wirkt das Okular wie eine Lupe und entwirft ein noch einmal vergrößertes virtuelles Bild des Zwischenbildes. Mit Gln. 5.6 und 5.7 folgt für die Vergrößerung des Mikroskops $v = (t \cdot 25\,\text{cm})/(f_{\text{ob}} \cdot f_{\text{ok}})$, mit der Tubuslänge t.

Abb. 5.9 Aufbau und Strahlengang im Mikroskop

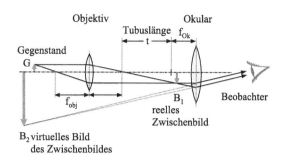

II Prüfungsfragen

Grundverständnis

F5.1.1 Wann gelten die Gesetze der Strahlenoptik?

F5.1.2 Wie lautet das Snellius'sche Brechungsgesetz?

F5.1.3 Was ist Totalreflexion?

F5.1.4 Nennen Sie eine technische Anwendung der Totalreflexion.

F5.1.5 Was ist Dispersion? Zeichnen Sie eine Kurve für die normale Dispersion.

F5.1.6 Skizzieren Sie die Bildentstehung durch eine Sammellinse.

F5.1.7 Erläutern Sie die Linsengleichung und den Abbildungsmaßstab.

F5.1.8 Erklären Sie die Entstehung reeller und virtueller Bilder anhand der Lupe.

F5.1.9 Was ist die Brechkraft einer Linse?

F5.1.10 Skizzieren Sie die Bildentstehung am Hohlspiegel.

Messtechnik

F5.1.11 Wie kann man den Brechungsindex eines Materials ermitteln?

F5.1.12 Wie wird die Brennweite einer Linse bestimmt?

F5.1.13 Wie funktioniert ein Prismen-Monochromator?

F5.1.14 Wie ist die Vergrößerung optischer Geräte definiert?

F5.1.15 Wie funktioniert ein Mikroskop?

F5.1.16 Wie funktioniert ein Teleskop?

Vertiefungsfragen

F5.1.17 Wie ermitteln Sie die Brennweite einer Zerstreuungslinse?

F5.1.18 Welche Linsenfehler kennen Sie?

F5.1.19 Nennen Sie die Linsenschleifformel.

F5.1.20 Wodurch ist das Auflösungsvermögen optischer Geräte begrenzt?

F5.1.21 Was besagt das Fermat'sche Prinzip?

F5.1.22 Wodurch entsteht die Dispersion?

III Antworten

A5.1.1 Die Gesetze der geometrischen oder Strahlenoptik gelten, wenn Strahlbreite und die Blendenöffnungen groß gegenüber der Wellenlänge λ des Lichtes sind ($\geq 20\,\lambda$). Sonst tritt Beugung auf und die Gesetze der Wellenoptik (Abschn. 5.3) müssen angewendet werden.

A5.1.2 Verläuft ein Lichtstrahl vom Medium mit Brechungsindex n_1 in ein Medium mit n_2, so wird er an der Grenze gemäß dem Snellius'schen Brechungsgesetz $n_1/n_2 = \sin\theta_2/\sin\theta_1$ gebrochen (Abb. 5.1).

A5.1.3 Totalreflexion ist die vollständige Reflexion eines Lichtstrahls beim Übergang vom optisch dichten in das optisch dünnere Medium (z. B. Wasser in Luft, Abb. 5.3). Dazu muss der Einfallswinkel größer als der kritische Winkel $\sin\theta_{\text{krit}} = n_2/n_1$ sein. Totalreflexion tritt nicht nur bei Licht, sondern auch bei anderen Wellen wie Elektronen oder Neutronenwellen auf (Abschn. 6.2).

A5.1.4 Die Lichtleitung in einer **Glasfaser** nutzt die Totalreflexion aus. Tritt ein Lichtstrahl nahezu parallel zur Faserachachse in die Faser ein, so ist der Einfallswinkel auf die Grenzfläche Glasfaser – Luft größer als θ_{krit} und der Strahl erfährt immer Totalreflexion. Licht wird so, auch ohne äußere Verspiegelung, immer in der Faser geführt.

A5.1.5 Dispersion ist die Abhängigkeit des Brechungsindices $n(\lambda)$ von der Wellenlänge bzw. der Lichtfrequenz. Deshalb wird Licht unterschiedlicher Wellenlängen (Farben) an der Grenze zwischen zwei Medien unterschiedlich stark gebrochen. Dies wird beim Dispersionsprisma ausgenutzt um weißes Licht in seine spektralen Bestandteile zu zerlegen (Abb. 5.2 und Antwort A5.1.13.). Bei normaler Dispersion wird Licht mit kurzer Wellenlänge stärker gebrochen als Licht mit größerer Wellenlänge, d. h. blau stärker als rot. Dies zeigt die Dispersionskurve von Quarzglas in Abb. 5.10.

Abb. 5.10 Dispersionskurve
für Quarzglas

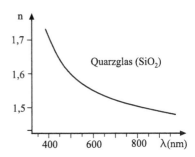

A5.1.6 Für die Bildkonstruktion müssen mindestens zwei Konstruktionsstrahlen gezeichnet werden, und zwar für jeden Punkt des Gegenstandes. Der Schnittpunkt der Strahlen ergibt den entsprechenden Bildpunkt. Dies ist im Theorieteil diskutiert und in Abb. 5.6 für den Kopf des Gegenstandes gezeigt. Das Bild des Fußpunktes liegt in diesem Beispiel auf der optischen Achse. Alle anderen Bildpunkte müssen auf der Verbindungsgeraden zwischen Fuß- und Kopfpunkt liegen.

A5.1.7 Die Linsengleichung für die Abbildung lautet $1/f = 1/b + 1/g$. Reelle Bilder erhalten wir für $g > f$. Sie liegen um $180°$ gedreht hinter der Linse. Will man das Bild des Gegenstandes abbilden, so muss man einen Schirm oder Film im Abstand der Bildweite b hinter der Linse anbringen. Die Vergrößerung wird durch den Abbildungsmaßstab $m = B/G = -b/g$ berechnet (das Minuszeichen berücksichtigt das „Kopfstehen" des Bildes). Will man das in Abb. 5.6 gezeigte Bild weiter vergrößern, so muss man den Gegenstand näher an die Linse schieben (Gegenstandsweite g verkleinern) und gleichzeitig den Schirm weiter von der Linse entfernen, d. h. gemäß $1/f = 1/b + 1/g$ auf die neue Bildweite anpassen. Wird der Gegenstand näher als die Brennweite an die Linse herangeschoben ($g < f$, Lupe), so entsteht ein virtuelles Bild, das nicht mehr auf einem Schirm abgebildet werden kann.

A5.1.8 Bei einem reellen Bild schneiden sich die von einem Gegenstand ausgehenden Strahlen nach Durchlaufen der Linse oder nach Reflexion am Spiegel wirklich. Wird an dieser Stelle ein Blatt Papier platziert, so kann das Bild sichtbar gemacht werden. Bei einem virtuellen Bild werden die Strahlen rückwärts verlängert gedacht und die Verlängerungen schneiden sich in einem virtuellen Punkt. So funktioniert die Sammellinse als

Lupe, wenn $g < f$ (Abb. 5.7). Wird ein Schirm im Bildabstand b platziert, so erscheint auf ihm kein Bild. Der Beobachter kann aber trotzdem ein virtuelles Bild sehen, da seine Augenlinse die divergierenden Strahlen auf der Netzhaut bündelt und dort ein reelles Bild erzeugt.

A5.1.9 Die Brechkraft $D = 1/f$ einer Linse ist das Inverse ihrer Brennweite. Sie wird in Dioptrien gemessen. Je größer die Brechkraft, desto kürzer die Brennweite, d. h. desto stärker werden die Strahlen zum Brennpunkt hin gebrochen. Eine Linse mit der Brechkraft von 4 dpt hat also eine Brennweite $f = 1/D = 0{,}25\,\text{m}$. Die Brechkraft wird verwendet, um für ein System aus mehreren, dicht hintereinander stehenden Linsen, die Gesamtbrennweite aus der Gesamtbrechkraft $D = \sum D_j$ zu berechnen.

A5.1.10 Auch für die Bildkonstruktion am Hohlspiegel müssen die Konstruktionsstrahlen für die Punkte des Gegenstandes gezeichnet werden (siehe Abb. 5.4c, d und Theorieteil). Es gelten ebenso wie bei den Linsen die Abbildungsgleichung $1/f = 1/b + 1/g$ und die Gleichung für die Vergrößerung $m = B/G = -b/g$. Streng genommen werden nur achsenparallele Strahlen in einem Fokus gebündelt, die nah an der optischen Achse verlaufen. Will man weiter außen verlaufende Strahlen im selben Fokus bündeln, so man einen Parabolspiegel verwenden (Autoscheinwerfer).

A5.1.11 Zur Bestimmung des Brechungsindizes eines Materials kann der Brechungswinkel gemessen werden. Allerdings muss der Brechungsindex für das angrenzende Medium bekannt sein. Man kann aber auch die Totalreflexion ausnutzen und den kritischen Winkel bestimmen. Diese Technik wird oft bei Flüssigkeiten eingesetzt. Eine weitere Möglichkeit ist die Bestimmung der Lichtgeschwindigkeit c_{mat} für das Material, woraus $n = c/c_{\text{mat}}$ berechnet wird.

A5.1.12 Zur Bestimmung der Brennweite einer Linse wird von einem Gegenstand ein reelles Bild auf einem Schirm entworfen. Mithilfe der Abbildungsgleichung $1/f = 1/b + 1/g$ kann aus der Bildweite und der Gegenstandsweite die Brennweite berechnet werden. Im einfachsten Fall werden sehr weit entfernte Gegenstände ($g \gg f$) genutzt. Mit $g \approx \infty$ folgt dann $1/f = 1/b$, d. h. das Bild liegt im Fokus ($b = f$).

A5.1.13 Ein **Prismenmonochromator** wird zur Auswahl eines schmalen Wellenlängenbereichs aus dem Spektrum des weißen Lampenlichts eingesetzt (Abb. 5.2). Durch die zweifache Brechung beim Eintritt und Austritt aus dem Glasprisma wird die Trennung des Lichtes unterschiedlicher Wellenlänge verstärkt. Der effektive Ablenkwinkel δ ist abhängig von der Wellenlänge, so dass der Austrittsspalt nur Licht eines schmalen Wellenlängenbereichs passieren lässt. Durch Drehung des Prismas ändert sich mit dem Einfallswinkel des weißen Lichtes auch der Ablenkwinkel δ, so dass die Wellenlängen am Austrittsspalt durchgestimmt werden können.

A5.1.14 Die Vergrößerung $v = \varepsilon/\varepsilon_0$ eines optischen Gerätes ist das Verhältnis zwischen dem mit einem optischen Gerät erzielten Sehwinkel ε zu dem Sehwinkel ε_0, den der betrachtete Gegenstand im Abstand von 25 cm vor dem Auge bilden würde (Abb. 5.8).

A5.1.15 Der Strahlengang des Mikroskops ist in Abb. 5.9 gezeigt und im Theorieteil erklärt. Es kann eine bis zu 2000fache Vergrößerung erzielt werden.

A5.1.16 Der Strahlengang eines **Teleskop**s (Fernrohr) ist in Abb. 5.11 gezeigt. Es ist ähnlich wie das Mikroskop aus einer Sammellinse als Objektiv und einer Sammellinse als Okular aufgebaut. Im Gegensatz zum Mikroskop wird ein unendlich weit entfernter Gegenstand G beobachtet und dabei der Sehwinkel vergrößert. Das Fernrohr entwirft ein umgekehrtes, reelles Bild der Größe B_1 in der Brennebene. Dieses „Zwischenbild" wird durch ein Okular als virtuelles Bild der Größe B_2 im Unendlichen betrachtet. Dazu müssen die Brennpunkte von Okular und Objektiv zusammenfallen. Für die Winkelvergrößerung folgt dann: $v = \varepsilon/\varepsilon_0 = (B_1/f_{ok})/(B_1/f_{ob}) = f_{ob}/f_{ok}$. In optischen Aufbauten wird das Keplerfernrohr zudem zur Strahlaufweitung bzw. zur Verkleinerung eines parallelen Strahlenbündels benutzt.

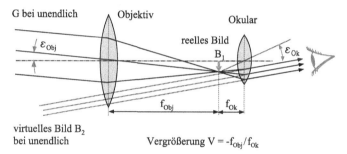

Abb. 5.11 Aufbau und Strahlengang im Teleskop

A5.1.17 Wird eine Zerstreuungslinse mit einer Sammellinse bekannter und ausreichend kleiner Brennweite kombiniert, so ergibt sich die Brechkraft dieses Zwei-Linsensystems aus $D = D_Z + D_S$. Für dieses System kann gemäß Antwort A5.1.12 die Brennweite $f = 1/D$ und damit $f_Z = 1/D_Z$ bestimmt werden.

A5.1.18 Linsenfehler: Streng genommen gelten die Abbildungsgesetze nur für Strahlen, die nahe der optischen Achse von Linsen und Spiegeln verlaufen. Weiter außen verlaufende Randstrahlen schneiden sich in einem anderen Fokus mit kürzerer Brennweite (**sphärische Aberration**). Wenn aber die Brennpunkte nicht zusammenfallen, fallen auch die Bilder nicht zusammen und man erhält nur dann ausreichend scharfe Bilder, wenn die Randstrahlen abgeblendet werden (Abb. 5.12a). Ein anderer Fehler (**Astigmatismus**) entsteht, wenn die Linsenfläche nicht durch eine Kugeloberfläche mit einem wohl definierten

Radius gebildet wird, sondern aus einer Fläche mit verschiedenen Krümmungsradien (Abb. 5.12b). Dann gibt es nicht einen Brennpunkt, sondern mehrere Brennebenen, was zu einem unscharfen Bild führt. Astigmatismus gibt es aber auch bei sphärischen Flächen für Objekte, deren Strahlen nicht nah genug an der optischen Achse verlaufen (siehe auch Spiegel in Antwort A5.1.10). Die **chromatische Aberration** ist eine Folge der Dispersion. Die Farben (Wellenlängen) werden unterschiedlich stark gebrochen, so dass jeder Farbe ein eigener Fokus zugeordnet werden muss (Abb. 5.12c). Ein mit weißem Licht beleuchteter Gegenstand entwirft daher für jede Farbe sein eigenes Bild, so dass ein Gesamtbild mit farbigen Rändern entsteht. Korrigieren kann man den Fehler teilweise, indem die Sammellinse mit einer Zerstreuungslinse kombiniert wird (Achromate), die einen anderen Brechungsindex besitzt (Abb. 5.12c).

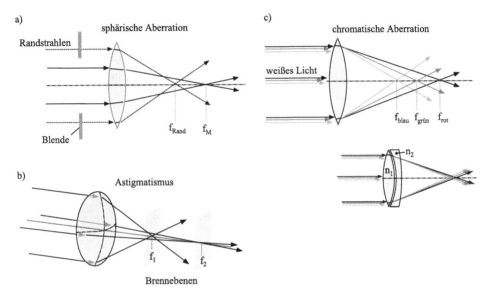

Abb. 5.12 Linsenfehler: a) sphärische Aberration, b) Astigmatismus, c) chromatische Aberration

A5.1.19 Die **Schleifformel** zur Herstellung einer dünnen Linse mit Brennweite f lautet $\frac{1}{f} = (n-1)\left(\frac{1}{r_1} - \frac{1}{r_2}\right)$. Dabei können die gegenüberliegenden Linsenflächen Kugelsegmente mit unterschiedlichen Radien sein. Je größer der Brechungsindex n, desto stärker ist die Brechkraft $D = 1/f$. Ebenso steigt die Brechkraft mit der Krümmung der Linsenflächen, also mit abnehmendem Radius (r_2 wird negativ gerechnet).

A5.1.20 Unter dem **Auflösungsvermögen** optischer Geräte versteht man die Fähigkeit sehr nah beieinander liegende Objekte getrennt wahrnehmen zu können. Das Auflösungsvermögen wird durch die Beugung der von diesen Objekten ausgehenden Lichtwellen begrenzt. Beugung tritt z. B. an der Objektivfassung bzw. der Objektivbegrenzung auf und wird detailliert in Abschn. 5.3 diskutiert. Als Faustformel gilt: Das

Auflösungsvermögen kann nicht besser als die Wellenlänge des verwendeten Lichtes werden, für Mikroskopie mit grünem Licht also nicht besser als etwa $500\,\text{nm}$. Objekte, die näher beieinander liegen, werden nicht mehr getrennt wahrgenommen.

A5.1.21 Nach dem **Fermat'schen Prinzip** wählt das Licht den schnellsten Weg zwischen zwei Punkten. Es minimiert also nicht den geometrischen Weg s, sondern den optischen Weg $L = s\,n$, also das Produkt aus geometrischer Weglänge und Brechungsindex. Aus diesem Prinzip folgen Brechungs- und Reflexionsgesetz. Das Verhalten ist analog dem eines Rettungsschwimmers, der vom Strand aus einen Ertrinkenden im Wasser möglichst schnell erreichen muss. Er wird eine längere Strecke schnell über den Strand laufen und eine kleinere Strecke im Wasser langsamer schwimmen. Beim Übergang in das Wasser wird seine Richtung geändert, ähnlich der Lichtbrechung beim Übergang in ein Medium mit größerem Brechungsindex (kleinerer Lichtgeschwindigkeit).

A5.1.22 Ursache der **Dispersion** ist die wellenlängenabhängige Wechselwirkung des Lichtes mit der Materie. Trifft Licht auf Materie, so werden die Elektronen durch das elektrische Feld der einfallenden Welle verschoben und es entsteht eine Polarisation $\vec{P} = \varepsilon_0\,(\varepsilon - 1)\,\vec{E}$ (Abschn. 4.2). Die Elektronen werden durch das periodisch wechselnde elektrische Feld zu erzwungenen Schwingungen angeregt. Die Amplitude einer erzwungenen Schwingung, hier die Polarisation, ist aber von der Anregungsfrequenz abhängig, also von der Frequenz und damit auch von der Wellenlänge des anregenden Lichtes. Mit der Polarisation $\vec{P}$ ist auch die relative Dielektrizitätszahl ε von der Lichtfrequenz abhängig und damit der Brechungsindex $n = c/c_{\text{mat}} = \sqrt{\varepsilon\,\mu}$. Durch ähnliche Überlegungen kommt auch die magnetische Eigenschaft des Materials, charakterisiert durch die Permeabiliät μ, zum Tragen (Abschn. 4.9).

5.2   Polarisation, Brewster-Winkel, optische Aktivität

I Theorie

Polarisation

Die Polarisation ist neben der Intensität und der Wellenlänge eine weitere grundlegende Eigenschaft des Lichtes. Schwingt der elektrische Feldvektor der elektromagnetischen Welle nur in einer Ebene, so ist die Welle linear polarisiert (Abb. 5.13a). Die Polarisationsrichtung ist durch die Richtung des E-Feldes gegeben (Abb. 5.13b) und entspricht bei Dipolstrahlung der Richtung des Hertz'schen Dipols (Abschn. 4.9). Unpolarisiertes Licht setzt sich aus vielen statistisch verteilten linear polarisierten Wellen gleicher E-Feldstärke zusammen (Abb. 5.13c). Licht einer Glühlampe oder der Sonne ist nicht polarisiert, denn jedes Atom für sich emittiert zwar polarisierte Wellenzüge, aber die Polarisationsrichtungen aller emittierten Wellen sind statistisch verteilt. Bei einer zirkular polarisierten Welle rotiert das E-Feld auf einer Kreisbahn, während sich das Licht in z-Richtung ausbreitet (Abb. 5.14a). So entsteht eine Schraubenbahn des E-Feldes, die mathematisch als Summe aus zwei linear polarisierten Wellen gleicher Amplitude $E_{x0} = E_{y0}$ verstanden werden kann, die in x-Richtung bzw. in y-Richtung polarisiert und um 90° phasenverschoben sind (Abb. 5.14b). Wenn $E_{x0} \neq E_{y0}$ oder die Phasenverschiebung nicht exakt 90° beträgt, spricht man von einer elliptisch polarisierten Welle, denn das resultierende E-Feld rotiert auf einer Ellipse um die z-Richtung.

Polarisatoren/Analysatoren

Polarisatoren sind Geräte, die aus unpolarisiertem Licht linear polarisiertes Licht „herausfiltern". Analysatoren sind die selben Geräte, die aber zur Bestimmung des Polarisationsgrades einer Welle eingesetzt werden. Im einfachsten Fall sind es halbtransparente Polarisationsfolien, in denen langkettige Moleküle eingebaut und parallel zueinander orientiert sind. Schwingt das E-Feld der Welle parallel zu diesen Molekülen, so werden die Elektronen zu gedämpften Schwingungen längs der Moleküle angeregt. Dabei absorbieren sie Energie und löschen die Welle aus. Steht die Polarisation der Welle senkrecht zur Richtung der Moleküle, so kann das E-Feld der Welle die Elektronen der Moleküle kaum zu Schwingungen anregen und die Welle kann die Polarisationsfolie durchdringen. Steht die Polarisationsrichtung in einem beliebigen Winkel zur Molekülrichtung, so werden nur die E-Feld-Komponenten durchgelassen, die senkrecht zu den Molekülen orientiert sind.

Abb. 5.13 Linear polarisiertes Licht: a) Polarisationsrichtung der Welle, b) Blick gegen die Strahlrichtung, c) unpolarisiertes Licht besitzt alle Schwingungsrichtungen

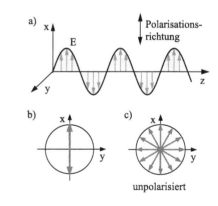

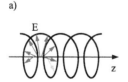

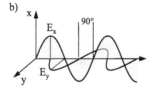

Abb. 5.14 Zirkular polarisiertes Licht: a) Das E-Feld rotiert um die Ausbreitungsrichtung. b) Zwei um 90° phasenverschobene linear polarisierte Wellen gleicher Amplitude erzeugen eine zirkular polarisierte Welle

Abb. 5.15 Aufbau für Polarisationsmessungen: Der Polarisator erzeugt linear polarisiertes Licht, optisch aktive Materialien drehen die Polarisationsrichtung, durch Drehung des Analysators wird die Polarisationsrichtung ermittelt

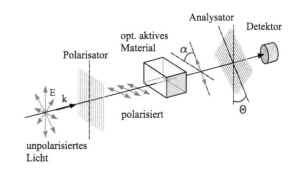

Somit kann aus unpolarisiertem Licht polarisiertes Licht erzeugt werden (linker Teil in Abb. 5.15). Wird eine zweite Polarisationsfolie als Analysator unter dem Winkel θ hinter dem Polarisator platziert (das optisch aktive Material wird erst später in den Strahlengang gesetzt), so lässt der Analysator nur den Anteil $E \cos \theta$ der Welle passieren. Da die Intensität quadratisch von der Amplitude abhängt, reduziert sich die Intensität I_1 der Welle hinter dem Analysator auf.

$$I_2 = I_1 \cos^2 \theta \quad \text{(Gesetz von Malus)}. \tag{5.8}$$

Mithilfe dieser Gleichung kann der Grad der Linearpolarisation des Lichtes ermittelt werden. In der entsprechenden Messung wird der Analysator um die Lichtrichtung gedreht, bis die Molekülketten parallel zur Polarisationsrichtung des Lichtes liegen, d. h. bis die Lichtintensität minimal wird. Ist das Licht vollständig linear polarisiert, so wird es ausgelöscht. Handelt es sich um teilweise linear polarisiertes Licht, so wird die Intensität nur abgeschwächt. Bei unpolarisiertem oder zirkular polarisiertem Licht hängt die Intensität nicht von dem Analysatorwinkel θ ab.

Brewster-Winkel

Trifft unpolarisiertes Licht auf eine Glasplatte, so ist das reflektierte Licht teilweise linear polarisiert, wobei der Grad der Polarisation vom Einfallswinkel θ abhängt. Das reflektierte Licht ist genau dann vollständig linear polarisiert, wenn der gebrochene und der reflektierte Strahl einen rechten Winkel bilden (Abb. 5.16). Dieser Fall tritt für einen bestimmten Einfallswinkel θ_B (Brewster-Winkel) ein, der aus dem Brechungsgesetz (Abschn. 5.1) berechnet werden kann:

$$\tan \theta_B = n \quad \text{(Brewster-Winkel)}. \tag{5.9}$$

Zur Deutung des Phänomens betrachten wir den Prozess im atomaren Bild. Im Glas werden die Elektronen durch das elektrische Feld der einfallenden Lichtwelle zu Schwingungen in Feldrichtung angeregt. Die Atome wirken dadurch wie kleine Antennen (Hertz'scher Dipol, Abschn. 4.9), die selbst wieder Lichtwellen abstrahlen und zwar in das Glas hinein und aus dem Glas hinaus (reflektiertes Licht). Dabei unterscheiden wir zwei Schwingungsrichtungen der vom Licht angeregten Moleküle, indem wir das

Abb. 5.16 Wird Licht unter
dem Brewster-Winkel θ_B
reflektiert, so ist es linear
polarisiert

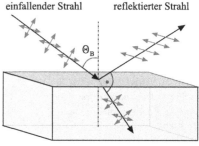

einfallende unpolarisierte Licht in zwei Komponenten aufteilen: 1) Licht mit dem E-Feld
senkrecht zur Einfallsebene und 2) Licht mit dem E-Feld parallel zur Einfallsebene. Die
Einfallsebene wird aufgespannt durch einfallenden und reflektierten Lichtstrahl. Wichtig
ist nun die Tatsache, dass ein Dipol nicht in seine Längsrichtung abstrahlen kann. Stehen
also gebrochener und reflektierter Strahl im rechten Winkel, so zeigt die Schwingungsrichtung der Elektronen, die durch das E-Feld parallel zur Einfallsebene angeregt wurden,
exakt in Richtung des reflektierten Strahls. Aber in diese Richtung kann der Dipol nicht
abstrahlen. Nur solche Dipole können in die Reflexionsrichtung abstrahlen, die von Licht
angeregt wurden, welches senkrecht zur Einfallsebene polarisiert war. Deshalb besitzt das
unter dem Brewster-Winkel reflektierte Licht nur eine E-Feldkomponente senkrecht zur
Einfallsebene und ist damit linear polarisiert (Abb. 5.16). Nach Gl. 5.9 ist eine präzise Bestimmung des Brechungsindices n eines Materials durch Messung des Brewster-Winkels
möglich. Im Gegensatz zu Glas ist bei Reflexion an Metallen das reflektierte Licht nie
vollständig polarisiert.

Optische Aktivität

Einige Substanzen wie Quarz, Rohrzucker oder magnetische Materialien sind optisch ak-
tiv. Dies bedeutet, dass sich beim Durchstrahlen dieser Materialien mit linear polarisiertem
Licht die Polarisationsebene dreht (Abb. 5.15). Der Drehwinkel α hängt vom spezifischen
Drehvermögen $\alpha_0(\lambda, T)$, der Wellenlänge, der Temperatur und der Dicke d des durch-
strahlten Materials ab, und es gilt $\alpha = \alpha_0(\lambda, T)\, d$. Die Ursache ist eine Asymmetrie der
Kristallstruktur bzw. der Molekülstruktur. Will man Informationen über die Kristallstruk-
tur gewinnen, so muss man die Drehung der Polarisationsrichtung des Lichtes durch die
Wechselwirkung mit diesen Materialien messen. Hierzu wird das optisch aktive Material
zwischen gekreuzten Polarisator und Analysator gestellt ($\theta = 90°$, Abb. 5.15) und der
Analysator so weit gedreht, bis die Lichtintensität hinter ihm wieder ausgelöscht wird.
Der Drehwinkel folgt direkt aus $\alpha = \theta$. In Lösungen, wie z. B. einer Zuckerlösung,
ist der Drehwinkel proportional zur Konzentration c des gelösten Stoffs. Damit kann
aus der Messung von α die Konzentration des Zuckers bestimmt werden, ein Standard-
verfahren zur medizinischen Blut- oder Harn-Untersuchung. Beim magneto-optischen
Faraday-Effekt wird die Polarisationsrichtung gedreht, wenn Licht durch Materialien

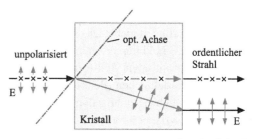

Abb. 5.17 Ein doppelbrechender Kristall erzeugt aus einem unpolarisierten Lichtstrahl zwei getrennte, senkrecht zueinander polarisierte Strahlen

läuft, die ein Magnetfeld parallel zur Lichtrichtung besitzen. Beim magneto-optischen **Kerr-Effekt** dreht die Polarisationsrichtung, wenn Licht von magnetisierten Materialen reflektiert wird, wobei der Drehwinkel von der Magnetfeldstärke abhängt. Beide Effekte werden zur Messung der Magnetisierung eines Materials durch Bestimmung des Drehwinkels ausgenutzt. Eine Hall-Sonde (Abschn. 4.4) könnte Magnetfelder nur außerhalb, aber nicht innerhalb der optisch aktiven Materialien bestimmen. Technisch ausgenutzt wird der magneto-optische Kerr-Effekt zum Lesen magnetisch gespeicherter Daten, indem die Drehung der Polarisationsrichtung eines Laserstrahls durch die Reflektion auf der magnetisierten „Festplatte" des PCs bestimmt wird. In einer **Kerr-Zelle** wird der elektro-optischen Kerr-Effekt ausgenutzt. Hier wird ein elektrisches Feld an eine Flüssigkeit angelegt, so dass sich die Moleküle teilweise im externen E-Feld ausrichten (siehe Dielektrika in Abschn. 4.2). Ähnlich wie bei den Molekülen der Polarisationsfolie bestimmt der Winkel zwischen den Molekülen und der Polarisationsrichtung des Lichtes, ob es absorbiert oder durchgelassen wird. In Displays mit **Flüssigkristallanzeige** (LCD) werden viele solcher Zellen nebeneinander gesetzt und von polarisiertem Licht durchleuchtet. Durch Anlegen einer Spannung kann die Ausrichtung der Moleküle in jeder Zelle individuell eingestellt werden und somit helle und dunkle Felder zur Textgestaltung erzeugt werden. Beachten Sie, dass für alle genannten Effekte das Licht linear polarisiert sein muss.

Doppelbrechung

In doppelbrechenden Kristallen wie Kalkspat hängt die Ausbreitungsgeschwindigkeit des Lichtes und damit der Brechungsindex von der Polarisation und der Ausbreitungsrichtung des Lichtes im Kristall ab (Abb. 5.17). Ursache ist der anisotrope Kristallaufbau, d. h. die Atome und ihre Elektronen sind nicht isotrop verteilt, sondern symmetrisch um eine optische Achse (Symmetrieachse) angeordnet. Damit ist die „Bewegungsmöglichkeit" der Elektronen parallel zur optischen Achse anders als senkrecht dazu. Die Lichtgeschwindigkeit im Kristall hängt von der Wechselwirkung des E-Feldes der Welle mit den Elektronen im Kristall ab. Daher unterscheidet sich die Geschwindigkeit, je nachdem ob das E-Feld der Welle parallel oder senkrecht zur optischen Achse schwingt, d. h. ob die Elektronen im Kristall durch das E-Feld des Lichtes zu Schwingungen parallel oder senkrecht zur optischen Achse angeregt werden. Trifft der Lichtstrahl parallel zur optischen Achse in den Kristall, so passiert noch nichts Ungewöhnliches, denn für jede Polarisationsrichtung des Lichtes steht das E-Feld immer senkrecht zur optischen Achse. Fällt das Licht aber unter einem Winkel zur optischen Achse ein, so tritt Doppelbrechung auf, d. h. der Strahl spaltet sich in einen ordentlichen (Polarisationsrichtung senkrecht zur optischen Achse) und einen außerordentlichen (Polarisation paralell zur optischen Achse) Strahl auf (Abb. 5.17). Mit solch einem Kristall können also aus einem Strahl unpolarisierten Lichtes zwei getrennte Lichtstrahlen mit zueinander orthogonaler Polarisation gewonnen werden.

II Prüfungsfragen

Grundverständnis

F5.2.1 Diskutieren Sie die Polarisation des Lichtes.

F5.2.2 Was besagt das Brewster'sche Gesetz?

F5.2.3 Wie liegt die Polarisation des von einer Glasscheibe reflektierten Lichtes?

F5.2.4 Was ist optische Aktivität?

F5.2.5 Was ist Doppelbrechung?

F5.2.6 Nennen Sie technische Anwendungen der Lichtpolarisation.

Messtechnik

F5.2.7 Wie funktioniert ein Polarisationsfilter für Licht, bzw. für Mikrowellen?

F5.2.8 Wie kann man linear polarisiertes Licht erzeugen?

F5.2.9 Was ist ein Polarimeter und wie läuft eine Polarisationsmessung ab?

Vertiefungsfragen

F5.2.10 Was ist ein Nicol-Prisma?

F5.2.11 Was ist zirkular polarisiertes Licht und wie wird es erzeugt?

F5.2.12 Was sind $\lambda/4$-Plättchen?

F5.2.13 Erklären Sie die Polarisation des Himmellichtes.

III Antworten

A5.2.1 siehe Theorieteil „Polarisation" und Abb. 5.13a–5.14b.

A5.2.2 Das Brewster'sche Gesetz beschreibt den Zusammenhang zwischen Reflexion und Polarisation von Licht. Fällt unpolarisiertes Licht unter dem Brewster-Winkel auf ein nicht-absorbierendes Medium (Glas, Wasser), so ist der reflektierte Strahl linear polarisiert (Abb. 5.16). Seine Polarisationsrichtung (E-Feldrichtung) ist senkrecht zur Einfallsebene orientiert. Ursache ist die Abstrahlcharakteristik der in der Materie angeregten Elektronen, die sich wie ein Hertz'scher Dipol verhalten (Details siehe Theorieteil). Bei Reflexion an absorbierenden Materialien wie Metallen ist der unter dem Brewster-Winkel reflektierte Strahl nicht mehr vollständig polarisiert.

A5.2.3 Nach dem Brewster'schen Gesetz liegt die Polarisationsrichtung des reflektierten Lichtes senkrecht zur Einfallsebene, also parallel zur Glasscheibe. Mit einem Polarisationsfilter kann man daher gezielt die polarisierten Lichtreflexe auslöschen.

A5.2.4 Optische Aktivität ist die Eigenschaft einiger Stoffe, wie z. B. Quarz oder Rohrzucker, die Polarisationsrichtung linear polarisierten Lichtes zu drehen (Abb. 5.15, Details siehe Theorieteil, Messung in Antwort A5.2.9).

A5.2.5 Die Doppelbrechung ist die Eigenschaft von anisotropen Kristallen (z. B. Kalkspat), einen Lichtstrahl in zwei senkrecht zueinander polarisierte Teilstrahlen aufzuspalten (Abb. 5.17). Ursache ist der richtungs- und polarisationsabhängige Brechungsindex des Materials. Der ordentliche Strahl gehorcht dem Snellius'schen Brechungsgesetz. Seine Polarisation ist senkrecht zur optischen Achse des Kristalls ausgerichtet und sein Brechungsindex ist unabhängig von der Strahlrichtung bzgl. der optischen Achse. Die Polarisation des außerordentlichen Strahls besitzt eine Komponente parallel zur optischen Achse. Für diesen Strahl gilt ein anderer Brechungsindex, der von der Strahlrichtung zur optischen Achse abhängt. Somit entstehen zwei Strahlen mit unterschiedlicher Geschwindigkeit, die in unterschiedliche Richtungen laufen. Wenn der Lichtstrahl allerdings parallel zur optischen Achse des Kristalls einfällt, kann sich nur ein einziger Strahl ausbreiten, denn die Polarisationsrichtung liegt immer senkrecht zur optischen Achse.

A5.2.6 Technische Anwendung findet die Lichtpolarisation in Flüssigkristallanzeigen (siehe Theorieteil) oder in der Analyse des Zuckergehaltes durch Messung der optischen Aktivität, d. h. der Drehung der Polarisationsrichtung. In der Polarisationsmikroskopie wird polarisiertes Licht zur Untersuchung von z. B. optisch anisotropen Kristallen eingesetzt. Manche Brillen sind mit einer Polarisationsfolie beschichtet. Damit lassen sich gezielt Reflexe auslöschen, so z. B. das von der nassen Straße reflektierte und damit polarisierte Licht (Brewster'sches Gesetz). Magnetisch gespeicherte Daten lassen sich durch die Drehung der Polarisationsrichtung des reflektierten Lichtes auslesen (magneto-optischer Kerr-Effekt).

A5.2.7 Ein Polarisationsfilter basiert in der Regel auf der Absorption von Licht einer bestimmten Polarisationsrichtung. Diese Filter sind Polaroidfolien mit lang gestreckten, parallel ausgerichteten Molekülen. Die parallel zu den Molekülen schwingende E-Feldkomponente des einfallenden Lichtes wird absorbiert, so dass das Licht hinter der Folie nur ein senkrecht zu den Molekülen ausgerichtetes E-Feld besitzt und damit linear polarisiert ist. Im Prinzip funktioniert ein Polarisationsfilter für Mikrowellen wie die Polaroidfolie für sichtbares Licht. Weil die Wellenlänge der Mikrowellen viel größer ist, benutzt man kein Gitter aus Molekülen, sondern parallele Metalldrähte, die im Abstand einiger Millimeter angeordnet sind. Oft wird nicht die Richtung der Moleküle (Sperrrichtung), sondern die Richtung quer dazu (Durchlassrichtung) als Polarisationsrichtung bezeichnet. An der Physik und an Gl. 5.8 ändert dies aber nichts.

A5.2.8 Linear polarisiertes Licht kann aus unpolarisiertem Licht durch Polarisationsfolien oder durch Reflexion an einer Glasscheibe unter dem Brewster-Winkel erzeugt werden. Man kann aber auch doppelbrechende Kristalle verwenden und den einfallenden unpolarisierten Lichtstrahl in zwei linear polarisierte Strahlen aufspalten und diese getrennt weiter verwenden (Nicol-Prisma in Antwort A5.2.10).

A5.2.9 Mit einem **Polarimeter** wird die Drehung der Polarisationsrichtung von Licht nach Transmission eines optisch aktiven Materials gemessen (Abb. 5.15). Es besteht aus Lichtquelle, Polarisator zur Erzeugung linear polarisierten Lichtes und dem Analysator zur Bestimmung der Drehung der Polarisationsebene. Bei gekreuzter Stellung von Polarisator und Analysator ($\theta = 90°$) ist die Lichtintensität am Detektor Null ($I_2 = I_1 \cos^2 \theta$). Bringt man zwischen Polarisator und Analysator das zu untersuchende Material, so wird die Polarisationsrichtung um den Winkel α gedreht und das Signal am Detektor steigt an. Der Analysator muss nun um den Winkel $\theta = \alpha$ gedreht werden, bis das Signal wieder erlischt.

A5.2.10 Ein **Nicol-Prisma** ist ein doppelbrechender Kristall (z. B. Kalkspat), der schräg zur optischen Kristallachse geschnitten ist (Abb. 5.18). Er wird diagonal zersägt und wieder zusammengeklebt. Der unpolarisierte, schräg einfallende Lichtstrahl wird in zwei senkrecht zueinander polarisierte Strahlen aufgespalten. Der ordentliche Strahl wird an der Klebefläche durch Totalreflexion abgelenkt und nicht weiter verwendet. Der durchgehende außerordentliche Strahl wird genutzt.

Abb. 5.18 Nicol-Prisma

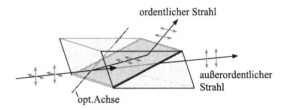

A5.2.11 Bei **zirkular polarisiertem Licht** läuft der elektrische Feldvektor auf einem Kreis um die Ausbreitungsrichtung (Abb. 5.14a). Es kann daher nicht durch einen Polarisationsfilter ausgelöscht werden, denn es gibt immer eine E-Feldkomponente, die senkrecht zu den Molekülketten liegt und nicht absorbiert wird. Zirkular polarisiertes Licht erzeugt man durch die Überlagerung von zwei linear polarisierten Wellen, wenn deren E-Felder gleiche Amplitude und eine Phasenverschiebung von 90° ($\lambda/4$) besitzen (Abb. 5.14b). Technisch wird dies mithilfe eines doppelbrechenden Kristalls erreicht, wenn die Kristallfläche parallel zur optischen Kristallachse geschnitten ist. Dann werden ordentlicher und außerordentlicher Lichtstrahl nicht gebrochen, sondern laufen aufeinander in dieselbe Richtung, aber mit unterschiedlicher Geschwindigkeit. Dadurch entsteht eine Phasenverschiebung zwischen den beiden Strahlen. Wird die Kristalldicke so gewählt, dass hinter dem Kristall die Phasenverschiebung beider Strahlen $\lambda/4$, d. h. 90° beträgt, so haben wir die Situation von Abb. 5.14b und die beiden linear polarisierten Strahlen überlagern sich zu einer zirkular polarisierten Welle.

A5.2.12 Ein **Lambda/4-Plättchen** ist der in Antwort A5.2.11 beschriebene Phasenschieber, der aus linear polarisiertem zirkular polarisiertes Licht erzeugt.

A5.2.13 Die teilweise Linearpolarisation des blauen Himmelslichtes kann im Rahmen der Rayleigh-Streuung gedeutet werden. Die Streuung des Sonnenlichtes an Luftmolekülen oder kleinsten Staubpartikeln (kleiner als die Wellenlänge) kann folgendermaßen verstanden werden: Das E-Feld des Lichtes regt die Luftmoleküle wie Hertz'sche Dipole zu Schwingungen an, die wiederum Licht abstrahlen. Senkrecht zur Einfallsrichtung des Sonnenlichtes muss daher das gestreute Licht linear polarisiert sein, denn der Hertz'sche Dipol kann nicht in seine Längsrichtung abstrahlen (Abschn. 4.9). In Geradeausrichtung ist das Licht dagegen unpolarisiert. Schaut man also gegen die Sonne, so lässt sich das Licht durch einen Polarisationsfilter nicht abschwächen. Hat man dagegen die Sonne im Rücken, so ist das (blaue) von der Luft gestreute Licht stark polarisiert und lässt sich mit einem Polarisationsfilter abschwächen.

5.3 Interferenz, Beugung, Spalt, Gitter

I Theorie

Wenn wir zeigen wollen, dass Licht eine Welle ist, müssen wir Interferenz und Beugung nachweisen. Beugung bedeutet, dass die Welle sich hinter einer kleinen Öffnung nicht geradlinig wie ein Lichtstrahl ausbreitet, sondern auch in den „Schattenbereich" gelangt. Interferenz bedeutet Überlagerung von zwei oder mehreren Wellen an einem Ort, was je nach ihrem Gangunterschied zu einer Verstärkung oder Auslöschung führt (Abschn. 2.2).

Kohärenz

Damit Wellen Interferenzerscheinungen zeigen können, müssen sie kohärent sein. Das bedeutet, dass die Zeitabhängigkeit ihrer Amplitude bis auf eine zeitlich konstante Phasenverschiebung dieselbe ist. Licht einer Glühlampe oder Leuchtstoffröhre ist z. B. nicht kohärent (Abb. 5.19). Die Atome emittieren über die Zeit statistisch verteilt Wellenzüge ohne feste Phasenbeziehung, d. h. ohne festen Gangunterschied Δ. Damit interferieren die einzelnen Wellenzüge so unkoordiniert, dass von Auslöschung bis Verstärkung jeder Fall auftritt und sich im zeitlichen Mittel kein eindeutiger Interferenzfall ausbilden kann. Zudem besitzen die Wellenzüge verschiedene Frequenzen bzw. Wellenlängen, was ebenfalls einen zeitlich stationären Interferenzfall unmöglich macht. Eine weitere Bedingung für die Beobachtung von Interferenzerscheinungen ist eine ausreichende Kohärenzlänge, d. h. die Wellenzüge müssen lang genug sein, um sich auch räumlich überlagern zu können (Abb. 5.19). Eine kohärente Lichtquelle ist z. B. der Laser (Abschn. 7.4). Aber auch Glühlampen können genutzt werden. Dazu muss ihr Abstrahlwinkel aber durch eine Lochblende zu einer punktförmigen Lichtquelle verkleinert werden. Dann kann je-

Abb. 5.19 Veranschaulichung zum Begriff Kohärenz

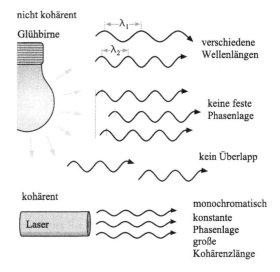

Abb. 5.20 Interferenz an einer
dünnen Schicht

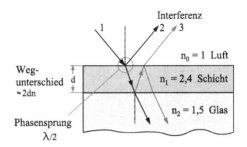

der ausgesandte Wellenzug an einem Beugungsobjekt wie z. B. einem Doppelspalt in zwei Wellenzüge aufgeteilt werden. Diese durchlaufen verschiedene Wege, bevor sie wieder zusammengeführt werden und am Schirm interferieren. Damit entstehen immer zwei Wellenzüge mit definierter Phasenbeziehung, die aufgrund der Wegdifferenz einen feststehenden Gangunterschied besitzen. Dies ist auch bei Interferenz an dünnen Schichten der Fall (s. u.). Generell muss die Kohärenzlänge der Wellenzüge ausreichend groß sein. Dies ist eine Voraussetzung dafür, dass sie, nachdem sie unterschiedlich weite Wege zurückgelegt haben, sich auch am Schirm überlagern und zu Interferenz führen können. Wir werden diesen Punkt am Michelson-Interferometer diskutieren.

Interferenz an dünnen Schichten

Welche Interferenzerscheinung beobachten wir, wenn ein Lichtstrahl von einer dünnen Schicht reflektiert wird, die auf einer dicken Glasscheibe aufgebracht wurde (Abb. 5.20)? Ein Teil des einfallenden Strahls wird an der Grenzfläche Luft – Schicht reflektiert und erhält einen Phasensprung von 180°. Dies passiert immer, wenn Licht vom optisch dünneren Medium mit Brechungsindex n_0 kommend an der Grenze zum optisch dichteren Medium mit dem größeren Brechungsindex $n_1 > n_0$ reflektiert wird (hier ohne Erklärung). Ein Teil des Strahls läuft in der Schicht weiter und wird an der Grenze Schicht – Glas teilweise reflektiert. Dabei tritt in unserem Beispiel kein Phasensprung auf, da wir $n_1 = 2,4$ gewählt haben und der Übergang somit vom optisch dichteren Medium zum optisch dünneren Medium statt findet. Wie interferieren nun die reflektierten Strahlen (2) und (3), wenn sie im Auge des Beobachters zusammenlaufen? Dazu müssen wir ihren Gangunterschied Δ ermitteln. Er setzt sich zusammen aus dem Phasensprung von 180°, der $\lambda/2$ entspricht, und dem Wegunterschied der Strahlen. Der Einfachheit halber nehmen wir senkrechten Einfall des Strahls (1) an, so dass der geometrische Wegunterschied durch die Dicke der Schicht entsteht. Wir müssen aber zusätzlich die reduzierte Geschwindigkeit $c_1 = c/n_1$ von Strahl (3) in der Schicht gegenüber der Lichtgeschwindigkeit c von Strahl (2) in Luft berücksichtigen. Hieraus ergibt sich die optische Weglängendifferenz von $2\,d\,n$, so dass insgesamt folgt

$$\Delta = 2dn + \lambda/2 \quad \text{(Gangunterschied)}. \tag{5.10}$$

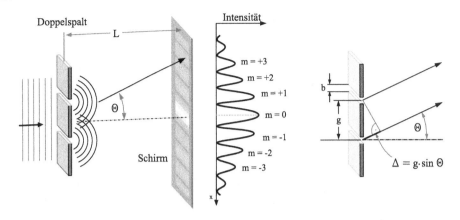

Abb. 5.21 Beugung am Doppelspalt

Auslöschung der Strahlen (2) und (3) tritt ein, wenn der Gangunterschied Δ ein ungerad-zahliges Vielfaches von $\lambda/2$ ist, also für $\lambda = 2\,d\,n/m$ mit $m = 1, 2, 3\ldots$. Bei einem Gangunterschied, der ein geradzahliges Vielfaches von λ beträgt, tritt Verstärkung ein, also bei $\lambda = 4\,d\,n/(2\,m-1)$ mit $m = 1, 2, 3\ldots$. Beachten Sie, dass der Phasensprung von $\lambda/2$ in Gl. 5.10 für jede Schichtkombination individuell ermittelt werden muss, d. h. wenn statt der Schicht mit $n_1 = 2{,}4$ z. B. ein Wasserfilm mit $n_1 = 1{,}3$ aufgebracht wird, gibt es auch an der zweiten Grenze einen Phasensprung. Für die in das Glas laufenden Strahlen entfällt der Phasensprung. Nun können wir auch das farbige Schimmern eines dünnen Ölfilms auf Wasser erklären. Von dem weißen Sonnenlicht werden nur die Spektralkomponenten ausgelöscht, deren Wellenlängen die Bedingung $\lambda = 2\,d\,n/m$ erfüllen. Sie fehlen im reflektierten Licht, dessen Farbe durch die verbleibenden Komponenten gebildet wird.

Doppelspalt

Trifft Licht auf einen Doppelspalt, so stellen die beiden Spalte nach dem Huygen'schen Prinzip je eine Quelle für zwei neue Wellen dar, die sich in den ganzen Raum ausbreiten (Abb. 5.21). (Erklärung des Huygen'schen Prinzips in Antwort A5.3.2). Das Licht läuft also nicht geradlinig durch die Spalte, sondern wird auch in den Schattenraum „gebeugt". Die Wellen überlagern sich und auf einem Schirm kann ein Interferenzmuster beobachtet werden. Damit es zu einem ausgeprägten Interferenzmuster kommt, nutzen wir paralleles, kohärentes, monochromatisches Licht und Spaltbreiten in der Größenordnung der Wellenlänge $b \approx \lambda$. Die Intensitätsverteilung $I(x)$ des Interferenzmusters kann durch Verschieben eines Detektors in x-Richtung längs des Schirms aufgenommen werden. Die Funktion $I(x)$ hängt von dem Größenverhältnis zwischen b und λ ab (s. u.). Ist der Schirmabstand L groß gegenüber dem Spaltabstand g, so können die unter dem Winkel θ ausgehenden Strahlen als parallel angenommen werden. Wenn sie am Schirm ankommen, besitzen sie aufgrund des Wegunterschiedes einen Gangunterschied $\Delta = g\sin\theta$

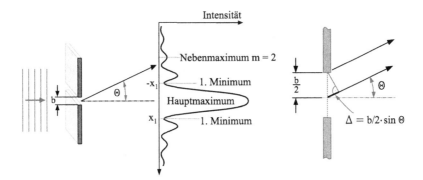

Abb. 5.22 Beugung am Einzelspalt

(Abb. 5.21). Konstruktive Interferenz beider Wellen, d. h. Interferenzmaxima treten für Richtungswinkel θ auf, wenn

$$g \sin \theta = m \lambda, \quad m = 0, \pm 1, \pm 2, \dots \quad \text{(Interferenzmaxima am Doppelspalt)}. \quad (5.11)$$

Die Ordnung der Interferenzmaxima wird durch m gegeben. Den Abstand x des Maximums m-ter Ordnung von der Mittelachse erhält man aus $\tan \theta = x/L \approx \sin \theta = m\lambda/g$ zu $x \approx m\lambda \, L/g$. Für kleine Winkel haben die Maxima also gleiche Abstände.

Einzelspalt

Es kommt aber auch schon bei einem einzelnen Spalt zu Interferenzerscheinungen. Treffen kohärente Wellen auf einen Einzelspalt, dessen Breite b klein gegen den Schirmabstand L ist, so ergibt sich das in Abb. 5.22 gezeigte Beugungsmuster. Die Hauptintensität wird zwar im Zentrum beobachtet, aber anders als beim geraden Verlauf von Lichtstrahlen werden Lichtwellen auch in den Randbereich gebeugt, wo Nebenmaxima und Minima erscheinen. Zur Berechnung der Minima wenden wir das Huygen'sche Prinzip an und teilen die Wellenfront in der Spaltebene in viele, z. B. 100, Wellenzentren auf (Antwort A5.3.2, Abb. 5.25). Die in Richtung θ laufenden Wellen des 1. und des 51. Wellenzentrums besitzen den Gangunterschied $\Delta = \sin \theta \cdot b/2$, ebenso wie die Wellen aus Zentrum 2 und 52, 3 und 53 usw. Es gibt also 50 Paare von Wellen aus der oberen und unteren Hälfte des Spaltes, die sich auslöschen, wenn sie die Bedingung

$$b \cdot \sin \theta = m \lambda, \quad m = \pm 1, \pm 2, \dots \quad \text{(Minima am Einzelspalt)} \quad (5.12)$$

erfüllen. Im Zentrum mit $\theta = 0$ liegt natürlich das Hauptmaximum nullter Ordnung. Was passiert mit dem Hauptmaximum auf dem Schirm, wenn wir die Spaltbreite b verkleinern? Das Hauptmaximum wird links und rechts von den bei x_1 und $-x_1$ liegenden Minima erster Ordnung ($m = 1$) begrenzt und hat damit die Breite $2x_1 = 2L \tan \theta \approx 2L \lambda/b$ (Abb. 5.22). Das Hauptmaximum muss sich also verbreitern, wenn der Spalt schmaler wird. Dieser Effekt zeigt anschaulich den Übergang von der Strahlenoptik zur Wellenoptik. Für einen breiten Spalt $b \gg \lambda$ erzeugen die vielen Wellenzentren nach dem Huygen'schen Prinzip näherungsweise einen gerade laufenden Strahl mit vernachlässigbaren Beugungserscheinungen am Rand. Im Grenzfall $b \ll \lambda$ bleibt aber nur noch ein Wellenzentrum übrig, von dem aus sich die Welle kugelförmig in den ganzen Raum ausbreitet. Die Intensität des Maximums nimmt natürlich dabei ab.

Gitter

Ein Beugungsgitter besteht aus vielen Spalten (Gitterstriche) mit dem Abstand g (Gitterkonstante). Typisch sind 100–1000 Spalte pro mm. Im Beugungsbild eines Gitters erscheinen äquidistante Hauptmaxima, die sehr viel schmaler, aber viel heller sind als die Maxima des Doppelspaltes (Abb. 5.23). In den Bereichen zwischen den Hauptmaxima ist das Licht nahezu ausgelöscht. Ursache ist die größere Anzahl N der Spalte, die zu vielen Paarungen von Strahlen mit destruktiver Interferenz führen. Die Energie der Wellen wird aber nicht vernichtet, sondern auf die Hauptmaxima umverteilt. Am Ort der Hauptmaxima interferieren insgesamt N Wellen konstruktiv und ergeben zusammen die Amplitude $N \cdot E_0$, so dass die Intensität quadratisch mit der Zahl der ausgeleuchteten Gitterstriche steigt ($I_{max} \sim N^2$). Zum anderen werden mit wachsender Strichzahl N die Hauptmaxima schmaler. Ihre Position ist aber unabhängig von der Strichzahl. Sie wird gegeben durch

$$m\lambda = g\ \sin\theta\,, \quad m = 0,\ \pm 1,\ \pm 2,\dots \quad \text{(Maxima am Gitter)}\,. \qquad (5.13)$$

Die Intensitätsverteilung der Beugungsfigur (Abb. 5.23) ergibt sich aus dem Produkt zweier Funktionen: Das ideale Gitter mit kleiner Spaltbreite $b \ll \lambda$ erzeugt die Hauptmaxima, die alle dieselbe Intensität besitzen. Ein reales Gitter besitzt aber Spalte mit größeren Breiten $b \geq \lambda$. Dies führt zu einer Intensitätsverteilung eines Einzelspaltes, womit die Intensitätsverteilung des idealen Gitters gewichtet werden muss. In unserem Beispiel der Abb. 5.23 führt dies dazu, dass das Hauptmaximum sechster Ordnung des idealen Gitters verschwindet, da es am Ort des Minimums der Einzelspaltverteilung liegt. Zwischen den Hauptmaxima liegen $N - 2$ Nebenmaxima, deren Intensität mit wachsender Strichzahl abnimmt.

In einem Gitterspektrometer (Monochromator) wird die Wellenlängenabhängigkeit der Position θ eines Hauptmaximums technisch ausgenutzt. Wird das Gitter mit weißem Licht beleuchtet, so erscheinen die Maxima höherer Ordnung ($m \geq 1$) farbig, d. h. das Licht wird in seine Spektralkomponenten räumlich aufgespalten. Rotes Licht erscheint weiter außen, blaues Licht dagegen weiter innen ($\theta_{rot} > \theta_{blau}$). Mit Hilfe einer schmalen Blende wird dann Licht eines schmalen Wellenlängenbereichs ausgekoppelt und der Rest des Spektrums ausgeblendet (Details in Antwort A5.3.16).

Auflösungsvermögen

Das räumliche Auflösungsvermögen optischer Geräte wird durch Beugung an der Linsenfassungen begrenzt. Wenn z. B. ein Stern mit einem Teleskop beobachtet wird, so erscheint

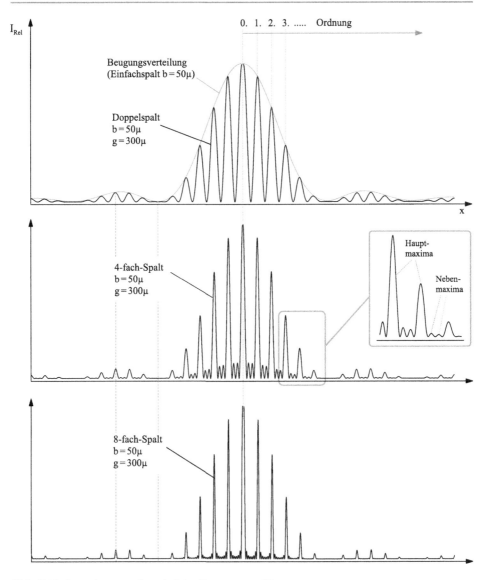

Abb. 5.23 Intensitätsverteilung bei der Beugung am Gitter

er nie als scharfer Punkt, sondern immer als breite Beugungsscheibe (Abb. 5.22, 5.24). Ihr Zentrum ist durch die Lage des Hauptmaximums gegeben, ihr Radius durch den Abstand zum ersten Minimum. Für optische Geräte mit kreisförmiger Lochblende vom Durchmesser b berechnet man die Richtung θ_{krit} zum ersten Minimum durch

$$\sin \theta_{\text{Krit}} \approx \theta_{\text{Krit}} = 1{,}22 \frac{\lambda}{b} \quad \text{(Rayleigh-Kriterium der Auflösung)}. \tag{5.14}$$

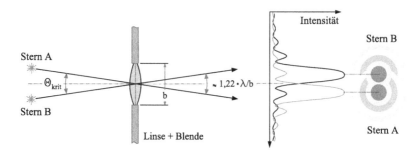

Abb. 5.24 Prinzipskizze zur Definition der beugungsbegrenzten Auflösung zweier Objekte

Damit haben wir ein Kriterium, ob zwei benachbarte Sterne noch räumlich aufgelöst, d. h. getrennt abgebildet werden können. Dies ist gerade noch der Fall, wenn das Hauptmaximum des einen Sterns im ersten Minimum des zweiten Sterns liegt (in Abb. 5.24 ist nicht der Grenzfall dargestellt). Dies bedeutet, dass das Licht der Sterne unter einem Winkel $\theta \geq \theta_{Krit}$ in das Fernrohr einfallen muss, der größer als der kritische Rayleigh-Winkel θ_{Krit} ist. Das Auflösungsvermögen des Fernrohrs wird also gesteigert, wenn der Durchmesser b der verwendeten Objektive bzw. Blenden vergrößert wird. Es gibt aber noch eine weitere Möglichkeit das Auflösungsvermögen zu steigern, und zwar über die Wahl der Wellenlänge. Sollen benachbarte Objekte mit dem Abstand b in der Mikroskopie getrennt werden, so folgt mit $b = 1{,}22 \cdot \lambda / \sin \theta$, dass keine Strukturen aufgelöst werden können, die kleiner als die Wellenlänge des Lichtes sind. Daher verwendet man in der hochauflösenden Mikroskopie nicht sichtbares Licht mit $\lambda \approx 500\,\text{nm}$, sondern kürzere Wellenlängen (Röntgenmikroskopie $\lambda \approx 1\,\text{nm}$) oder man nutzt die Wellennatur der Elektronen in der Elektronenmikroskopie aus (Abschn. 6.2).

Das spektrale Auflösungsvermögen eines Gittermonochromators beschreibt, wie gut zwei benachbarte Wellenlängen λ und $\lambda + \Delta \lambda$ getrennt werden können.

$$A = \frac{\lambda}{|\Delta \lambda|} = m\,N \quad \text{(spektrales Auflösungsvermögen)}. \tag{5.15}$$

Dies folgt aus dem Rayleigh-Kriterium und Gl. 5.12 (mit $b = N\,g$, d. h. der ausgeleuchteten Gitterbreite). Die Auflösung steigt also mit der Zahl N der Gitterstriche, die ausgeleuchtet sind und an der Lichtbeugung teilnehmen, sowie mit der Beugungsordnung m.

II Prüfungsfragen

Grundverständnis

F5.3.1 Wie kann man die Wellennatur des Lichtes nachweisen?

F5.3.2 Was besagt das Huygen'sche Prinzip?

F5.3.3 Was ist kohärentes Licht? Wofür ist es wichtig?

F5.3.4 Beschreiben Sie die Lichtbeugung an einer Kante oder am dünnen Draht.

F5.3.5 In welchen technischen Anwendungen spielt Beugung eine Rolle?

F5.3.6 Beschreiben Sie die Beugung am Doppelspalt. Leiten Sie die Beugungsgleichung her.

F5.3.7 Worin unterscheidet sich das Interferenzmuster des realen vom idealen Doppelspalt?

F5.3.8 Beschreiben Sie die Beugung am Einzelspalt.

F5.3.9 Wie ändert sich die Interferenzfigur des Einzelspaltes mit abnehmender Spaltbreite?

F5.3.10 Wie kann man den Durchmesser von kleinen Lochblenden bestimmen?

F5.3.11 Was besagt das Rayleigh-Kriterium über das räumliche Auflösungsvermögen?

F5.3.12 Beschreiben Sie die Beugung am Strichgitter.

F5.3.13 Wovon hängt das spektrale Auflösungsvermögen eines Gitters ab?

F5.3.14 Beschreiben Sie Interferenz an dünnen Schichten und ihre technische Anwendung.

F5.3.15 Was sind Newton'sche Ringe?

Messtechnik

F5.3.16 Wie funktioniert ein Gitterspektrometer?

F5.3.17 Was ist ein Michelson-Interferometer?

Weiterführend

F5.3.18 Worin unterscheiden sich Fraunhofer und Fresnel-Beugung?

F5.3.19 Was ist ein Fabry-Perot-Interferometer?

F5.3.20 Wie funktioniert die Fresnel-Zonenplatte?

F5.3.21 Was ist ein Blaze-Gitter?

F5.3.22 Wo ist die Energie des Lichtes im Interferenzminimum geblieben?

F5.3.23 Was besagt das Babinet'sche Theorem?

III Antworten

A5.3.1 Um die Wellennatur des Lichtes nachzuweisen, müssen wir Beugungs- bzw. Interferenzexperimente durchführen, wie z. B. Beugung am Einfachspalt, am Doppelspalt oder am Gitter. Beugung bedeutet eine Abweichung der Wellenausbreitung von der ursprünglichen Richtung, wenn die Welle auf ein Hindernis (Kante, Spalt, Gitter etc.) trifft. Beugung ist etwas anderes als Brechung (Abschn. 5.1)! Alle Wellen zeigen Beugung. Nicht nur transversale Lichtwellen, sondern auch longitudinale Schallwellen, ebenso wie Wasserwellen und quantenmechanische Wahrscheinlichkeitswellen (Abschn. 6.2).

A5.3.2 Das **Huygen'sche Prinzip** beschreibt die Lichtausbreitung im Wellenbild. Demnach kann die Wellenfront als Ausgangspunkt vieler elementarer Kugelwellen betrachtet werden, die sich in den ganzen Raum ausbreiten (Abb. 5.25). Nach einer gewissen Ausbreitungszeit wird die neue Wellenfront durch die Einhüllende aller Kugelwellen zu diesem Zeitpunkt gebildet. Mit diesem Modell können Lichtreflexion und Brechung ebenso erklärt werden wie Beugungserscheinungen.

Abb. 5.25 Veranschaulichung des Huygen'schen Prinzips

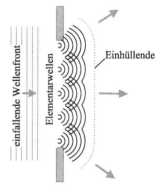

A5.3.3 Die Eigenschaften des kohärenten Lichtes sind im Theorieteil beschrieben und in Abb. 5.19 dargestellt. Kohärente Wellen sind die Voraussetzung für Interferenzexperimente. Eine typische kohärente Lichtquelle ist der Laser (Abschn. 7.4).

A5.3.4 Stellt man in das einfallende parallele Lichtbündel die Kante eines Objektes, so erscheint auf einem weit entfernten Schirm keine scharfe Schattengrenze, sondern ein kontinuierlicher Übergang vom dunklen zum hellen Bereich, an den sich Interferenzstreifen anschließen (Abb. 5.26). Stellt man einen dünnen Draht in den parallelen Lichtstrahl, so wird aufgrund der Beugung im Zentrum des Schattenbereichs ein heller Strich erscheinen.

Abb. 5.26 Intensitätsverteilung hinter einer Kante

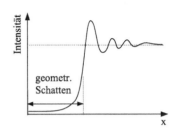

A5.3.5 Beugung und Interferenz wird im Gitterspektrometer zur Spektralanalyse ausgenutzt. Gitter finden auch Anwendung als frequenzselektive Elemente in der Lasertechnik oder für die Bilderzeugung in der Holographie. Zur Bestimmung von Kristallstrukturen mit Röntgenlicht oder Elektronenwellen nutzt man die „Gitterwirkung" des Kristalls (Abschn. 8.1). Zur Fokussierung von Röntgenstrahlen wird die Beugung an Fresnel-Zonenplatten ausgenutzt (Antwort A5.3.20).

A5.3.6 Die Beugung am Doppelspalt und die Herleitung der Beugungsgleichung sind im Theorieteil beschrieben (Abb. 5.21). Die Beugungsmaxima der Ordnung $m = 0, \pm 1, \pm 2, \ldots$ entstehen, wenn $g \sin \theta = m \lambda$ erfüllt ist. Diese Gleichung wird aus dem Gangunterschied der von den beiden Spalten ausgehenden Wellen abgeleitet. Die Spaltbreite muss etwa in der Größenordnung der Lichtwellenlänge sein. Damit eine Interferenzfigur auf dem Schirm entsteht, muss kohärentes Licht auf die Spalte treffen. Entweder wird Laserlicht, oder eine konventionelle, aber punktförmige Lichtquelle (Doppelspaltexperiment von *T. Young*) verwendet.

A5.3.7 Das Interferenzmuster des realen Doppelspaltes unterscheidet sich von dem des idealen Doppelspaltes durch die Intensitätsverteilung. In Abb. 5.21 ist das Interferenzmuster eines realen Doppelspaltes gezeichnet. Ein idealer Doppelspalt (Spaltbreite kleiner als λ) würde zu einem Interferenzmuster führen, dessen Maxima identische Intensität besitzen. Da in der Realität die Spalte aber deutlich breiter als die Lichtwellenlänge sind, muss die Intensitätsverteilung mit der Verteilungskurve des Einzelspaltes (s. u.) multipliziert werden. Die Position der Minima und Maxima ändert sich gegenüber dem idealen Doppelspalt aber nicht.

A5.3.8 Die Beugung am Einzelspalt ist im Theorieteil beschrieben. Der Strahlengang ist in Abb. 5.22 skizziert.

A5.3.9 Die Breite des Hauptmaximums wird durch die beiden ersten Minima bei x_1, $-x_1$ festgelegt (Abb. 5.22). Ihre Richtung ist durch $b \cdot \sin\theta = m\lambda$, $m = \pm 1, \pm 2, \ldots$ gegeben. Wenn die Spaltbreite b verkleinert wird, verbreitert sich das Hauptmaximum, denn die Minima wandern weiter nach außen und die Breite $2x_1 = 2L\tan\theta \approx 2L\lambda/b$ des Maximums wächst. In der Strahlenoptik würde dagegen der Lichtfleck mit abnehmender Spaltbreite kleiner werden.

A5.3.10 Zur Vermessung der Breite b kleinster Spalte im Mikrometerbereich ($b \approx \lambda$) wird Lichtbeugung genutzt. Bei bekannter Laserwellenlänge muss nur die Richtung θ zum ersten Minimum gemessen werden. Für eine Lochblende ändert sich die Bedingung der Gl. 5.12 für die Position der ersten Minima geringfügig zu $1{,}22 \cdot \lambda = b\sin\theta$.

A5.3.11 Das Rayleigh-Kriterium gibt ein Maß für das räumliche Auflösungsvermögen optischer Instrumente an (Abb. 5.24). Ausgangspunkt der Betrachtung ist die Beugung des von einem Objekt kommenden Lichtes an der Lochblende mit Durchmesser b (z. B. Mikroskoplinse, Teleskoplinse), was zu einer Intensitätsverteilung des Bildpunktes wie in Abb. 5.22 führt. Um zwei Objekte räumlich trennen zu können, darf das Hauptmaximum des ersten Objektes höchstens im ersten Minimum des zweiten Objektes liegen, also noch etwas enger als in Abb. 5.24 gezeigt. Der kleinste Betrachtungswinkel θ_{Krit} zwischen den beiden Objekten ist durch das Rayleigh-Kriterium $\sin\theta_{\mathrm{Krit}} = 1{,}22\lambda/b$ gegeben. Um die Auflösung zu steigern muss also die Blende vergrößert oder Licht mit einer kleineren Wellenlänge verwendet werden (Röntgen- oder Elektronenmikroskop).

A5.3.12 Die Beugung am Strichgitter ist im Theorieteil beschrieben und die Intensitätsverteilung ist in Abb. 5.23 gezeigt. Die Beugungsbedingung für Hauptmaxima lautet $m\lambda = g\sin\theta$, $m = 0, \pm 1, \pm 2, \ldots$, ebenso wie die für den Doppelspalt. Die Hauptmaxima sind deutlich schmaler als für den Doppelspalt, denn es gibt mehr Spalte im Gitter, die zu destruktiver Interferenz (Auslöschung) führen. Das Entstehen der Intensitätsverteilung ist im Theorieteil erklärt.

A5.3.13 Das spektrale Auflösungsvermögen eines Spektrometers gibt an, wie gut zwei benachbarte Wellenlängen λ und $\lambda + \Delta\lambda$ getrennt werden können. Für ein Gitter ist es durch $A = \lambda/|\Delta\lambda| = mN$ gegeben. Es steigt also mit der Anzahl N der ausgeleuchteten Gitterstriche und mit der Beugungsordnung m.

A5.3.14 Interferenz an dünnen ($d \approx \lambda$) Schichten ist im Theorieteil erklärt und in Abb. 5.20 dargestellt. Sie erklärt u. a. die Farben eines dünnen Ölfilms auf Wasser. Die Interferenzbedingung hängt vom speziellen Fall ab, d. h. ob Transmission oder Reflexion betrachtet wird. Weiterhin hängt sie von den Brechungsindices ab, die die optische Weglänge festlegen und davon, ob Phasensprünge an den Grenzflächen auftreten. Die Interferenzbedingung muss also aus dem individuellen Strahlengang und dem zugehörigen Gangunterschied der zur Interferenz führenden Strahlen berechnet werden. Anwendung finden dünne Schichten in der Vergütung von Linsen, Kameras oder Brillengläsern. Anti-Reflex-Beschichtungen z. B. sollen in einem Spektralbereich um λ die Reflexion mindern und die Transmission erhöhen. Ihre optische Dicke wäre für senkrechten Lichteinfall $n_1 d = \lambda/4$. Bei Spiegeln wird die Vergütungsschicht so gewählt, dass die Reflexion maximal und die Transmission minimal wird. Mit **dielektrischen Spiegeln** können Werte für das Reflexionsvermögen von bis zu 99,995 % erreicht werden. Klassische Metallspiegel erreichen typischerweise nur 95 %, was für Anwendungen z. B. als Laserspiegel nicht ausreicht. Dielektrische Spiegel sind oft nicht nur mit einer einzelnen Schicht belegt, sondern sie bestehen aus einer periodischen Abfolge von 10–20 dünnen Schichten mit den abwechselnden Brechungsindices n_1 und n_2 (Abb. 5.27a). Das einfallende Licht wird nicht nur an der obersten, sondern an allen Schichten reflektiert. Die Schichtdicken und Brechungsindices sind so gewählt, dass alle reflektierenden Strahlen zu positiver Interferenz führen. Der Prozess ist ähnlich der Bragg-Reflexion von Röntgenstrahlung an einem Gitter (Abschn. 8.1). Die Schichten bestehen nicht aus Metallen, sondern aus Dielektrika mit einer geringeren Absorption wie z. B. ZnSe.

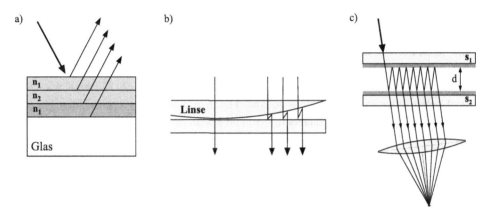

Abb. 5.27 a) Interferenz an dielektrischem Vielfachspiegel, b) Entstehung Newton'scher Ringe, c) Etalon (zu Antworten A5.3.14, A5.3.15, A5.3.19)

A5.3.15 Newton'sche Ringe entstehen durch die Interferenz von zwei Lichtstrahlen, die an der Vorder- und Rückseite einer Luftschicht zwischen Platte und Linse reflektiert werden (Abb. 5.27b). Im durchgehenden oder auch reflektierten Licht erscheinen Interferenzringe, die zu Luftschichten gleicher Dicke gehören. Hieraus kann man den Krümmungsradius der Linse bestimmen.

A5.3.16 Der typische Aufbau eines **Gitterspektrometers** ist in Abb. 5.28 gezeigt. Die Strahlung der Lichtquelle wird auf den Eintrittsspalt (ES) fokussiert und durch einen Hohlspiegel (Sp$_2$) als paralleles, breites Lichtbündel auf das Reflexionsgitter gelenkt. Damit treffen alle Strahlen unter demselben Winkel auf das Gitter. Das gebeugte, parallele

Licht wird von einem zweiten Hohlspiegel (Sp₁) auf den Austrittsspalt (AS) fokussiert
und gelangt danach in einen Photodetektor oder zum Experiment. Durch Drehen des Gitters wird das Spektrum über den Austrittsspalt „gefahren", der, je nach Spaltbreite, den
gewünschten Wellenlängebereich $\lambda \pm \Delta\lambda$ passieren lässt. Meist wird wegen der höheren
Intensität in erster Beugungsordnung ($m = 1$) gearbeitet (Abb. 5.23).

Abb. 5.28 Aufbau eines
Gitterspektrometers

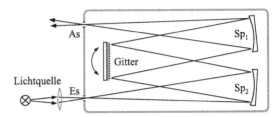

A5.3.17 Das **Michelson-Interferometer** dient der Messung von Längenänderung mittels Zweistrahlinterferenz (Abb. 5.29). Ein Lichtstrahl wird an einem halbdurchlässigen
Spiegel (Strahlteiler) in zwei Strahlen zerlegt, die nach Reflexion an zwei Spiegeln wieder in sich zurückgeführt werden und interferieren. Die Interferenzfigur (Kreise, Streifen)
kann durch ein Teleskop oder auf einem Schirm betrachtet werden. Wird die Weglänge
eines Strahls durch Verstellen des Spiegels um $d = \lambda/4$ verändert, so ändert sich der
Gangunterschied der interferierenden Strahlen um $\Delta = 2d = \lambda/2$. Damit wird aus
einem hellen Interferenzstreifen ein dunkler. Durch Abzählen der wechselnden Interferenzstreifen kann die Weglängenänderung mit einer sehr hohen Genauigkeit von $d = \lambda/4$
gemessen werden. Beachten Sie, dass nicht absolute Weglängen, sondern nur Längenänderungen bestimmt werden können. Bei der verwendeten Lichtquelle ist darauf zu achten,
dass die Kohärenzlänge der Wellenzüge größer als der Gangunterschied sein muss, damit
die Wellenzüge sich am Schirm auch überlagern.

Abb. 5.29 Michelson-
Interferometer

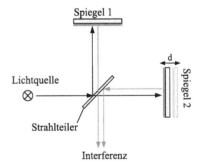

A5.3.18 Bei **Fraunhofer-Beugung** fallen parallele Lichtstrahlen auf das Beugungsobjekt, bzw. ist die Lichtquelle sehr weit vom Beugungsobjekt entfernt (Abb. 5.21–5.23).
Hinter dem Beugungsobjekt befindet sich oft eine Sammellinse, die alle parallelen Strahlen in der Brennebene der Linse bündelt, wo der Beobachtungsschirm plaziert wird. Damit

werden alle Strahlen, die unter demselben Winkel gebeugt worden sind, auf einen Punkt am Schirm abgebildet (z. B. Abb. 5.27c). Anders ist es bei der **Fresnel-Beugung**. Hier fällt divergentes Licht auf das Beugungsobjekt und dahinter befindet sich keine Sammellinse. An einem bestimmten Ort auf dem Schirm treffen daher Strahlen ein, die unter verschiedenen Winkeln gebeugt wurden, so dass die Berechnung der Interferenzfigur komplizierter ist. Bei der Fresnel-Beugung sind die Abstände zwischen Lichtquelle und Beugungsobjekt klein, d. h. etwa so groß wie das Beugungsobjekt selbst. Die physikalischen Prozesse der Interferenz und Beugung sind aber für beide Fälle identisch.

A5.3.19 Ein **Fabry-Perot-Interferometer** (**Etalon**) besteht aus zwei exakt parallelen Glasplatten, deren gegenüberliegende Seiten verspiegelt sind (Abb. 5.27c). Ein einfallender Lichtstrahl wird mehrfach zwischen den verspiegelten Flächen hin- und herreflektiert, wobei jedes Mal ein kleiner Teil ausgekoppelt wird. Der Gangunterschied zwischen zwei benachbarten Strahlen ist identisch und kann durch Verstellen des Spiegelabstandes d, meist mittels Piezomotoren, variiert werden. Die Teilstrahlen werden mit einer Linse überlagert und erzeugen ein Interferenzmuster. Das Fabry-Perot-Interferometer ermöglicht die genaue Bestimmung der Lichtwellenlänge mit einem sehr hohen spektralen Auflösungsvermögen $A = \lambda/\Delta\lambda \approx 10^6$. Dies ist besser als das eines Gittermonochromators.

A5.3.20 **Fresnel-Zonenplatten** sind eine Anordnung von konzentrischen Ringen, deren Dicke nach außen hin abnimmt. Meist sind es einige Mikrometer dünne Metallringe, die auf einer transparenten Membran aufgedampft sind. Fällt Licht auf die Zonenplatte, so wird es von den Metallringen reflektiert und von den dazwischen liegenden transparenten Bereichen durchgelassen. Durch die Beugung an der Ringstruktur wird das Licht in einen Punkt fokussiert, so dass die Zonenplatte wie eine Sammellinse wirkt. Die Brennweite ist allerdings wellenlängenabhängig. Zonenplatten werden z. B. zur Fokussierung von Röntgenstrahlung eingesetzt, die in Glaslinsen absorbiert werden würde.

A5.3.21 Ein Reflexionsgitter wird oft als **Blaze-Gitter** eingesetzt. Es besteht nicht wie ein Transmissionsgitter aus vielen lichtdurchlässigen Spalten, sondern aus dünnen reflektierenden Streifen. Ziel ist es, möglichst viel Licht in der ersten Beugungsordnung zu erhalten. Deshalb werden die reflektierenden Streifen um den Blaze-Winkel „gekippt", so dass der Reflexionswinkel dem Beugungswinkel entspricht. Natürlich gilt dies genau genommen nur für eine bestimmte Wellenlänge, aber die Intensität wird deutlich auch in einem Bereich um diese Blaze-Wellenlänge erhöht.

A5.3.22 Für das Interferenzminimum wird die Energie des Lichtes nicht „vernichtet", sondern auf die Maxima „umverteilt".

A5.3.23 Das **Babinet'sche Theorem** besagt, dass bei der Beugung von Licht an einem Spalt das gleiche Beugungsbild entsteht wie an einem gleich dicken Draht (komplementäre Hindernisse).

Quantenmechanik

6

6.1 Photoeffekt, Compton-Streuung, Schwarzer Strahler

I Theorie

Ende des 19. Jahrhunderts wurden bewegte Massepunkte durch die Mechanik und Licht durch Wellen beschrieben. Allerdings konnten einige neue Experimente wie der Photoeffekt oder die Compton-Streuung nicht gedeutet werden, ebenso wenig wie Experimente, wonach sich schnell bewegende Elektronen wie Wellen verhielten. Die strenge Einteilung in Teilchen oder Wellen schien nicht mehr zu gelten. Ein neues Modell, die Quantenmechanik, musste entwickelt werden. In diesem Kapitel betrachten wir die hierfür grundlegenden Experimente zum Teilchencharakter des Lichtes und zum Energieaustausch zwischen Lichtwelle und Materie. In Abschn. 6.2 werden die Experimente zum Wellencharakter von Teilchen beschrieben.

Photoeffekt

Wird eine Metalloberfläche mit Licht ausreichend hoher Energie beleuchtet, so werden Elektronen aus dem Metall ausgelöst. Bewegen sie sich auf ein Drahtgitter zu, so können sie als Photostrom gemessen werden (Abb. 6.1a). Ist das Gitter durch eine elektrische Spannung positiv vorgespannt, so werden sie angezogen. Ist das Gitter mit U_{gegen} negativ vorgespannt, so erreichen nur die schnellen Elektronen mit ausreichend hoher kinetischer Energie $E_{kin} > |e\,U_{gegen}|$ das Gitter und können als Strom gemessen werden, indem U_{gegen} so weit erhöht wird, bis $|e\,U_{gegen}| \geq E_{kin}$. Dann erreicht kein Elektron mehr das Gitter, der Photostrom sinkt auf Null, und die kinetische Energie der schnellsten Elektronen kann direkt aus der Spannung ermittelt werden. Bei diesem Experiment konnten folgende Beobachtungen (Abb. 6.1b) durch das Wellenmodell des Lichtes nicht erklärt werden:

© Springer-Verlag Berlin Heidelberg 2016
H.-C. Mertins, M. Gilbert, *Prüfungstrainer Experimentalphysik*,
DOI 10.1007/978-3-662-49690-9_6

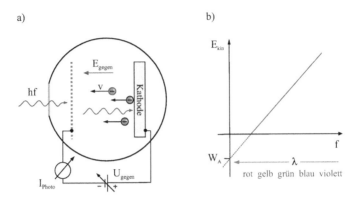

Abb. 6.1 Photoeffekt: a) schematischer Aufbau, b) maximale kinetische Energie der ausgelösten Elektronen als Funktion der Lichtfrequenz

1. Das Licht muss eine Mindestfrequenz f_{min} besitzen um Elektronen auszulösen.
2. E_{kin} steigt linear mit der Frequenz f des Lichtes: $E_{kin} \sim (f - f_{min})$.
3. E_{kin} hängt *nicht* von der Lichtintensität ab.

Zur Deutung benutzte Einstein die von Max Planck formulierte Quantenhypothese: „Monochromatisches Licht der Frequenz f tritt bei Absorptions- und Emissionsvorgängen nur in Energiequanten der Größe $E = h f$ auf."

$$E = h f \quad \text{(Photonenenergie)}, \tag{6.1}$$

$$h = 6{,}626 \cdot 10^{-34} \, \text{J} \cdot \text{s} \quad \text{(Planck'sches Wirkungsquantum)}.$$

Licht wird in diesem Experiment nicht als Welle, sondern als Strom von n Teilchen (**Photonen**) mit der Gesamtenergie $n\,E = n\,h\,f$ beschrieben. Die Lichtintensität ist die pro Zeit t durch die Fläche A strömende Energie.

$$I = \frac{P}{A} = \frac{E/t}{A} = n\frac{h\,f}{A\,t} \quad \text{(Licht-Intensität)}. \tag{6.2}$$

Die Photonen können ihre Energie nur als ganzes Paket (Quantum) abgeben oder gar nicht, aber auf keinen Fall teilweise. Ein im Metall gebundenes Elektron nimmt diese Energie auf und kann aus dem Material „herausgerissen" werden, wozu die „Austrittsarbeit" W_A nötig ist. Die restliche Photonenenergie wird dem freien Elektron als kinetische Energie übertragen $E_{kin} = hf - W_A$. Diese Gleichung erklärt den linearen Anstieg der Messkurve (Abb. 6.1b) ebenso wie die Mindestfrequenz $h\,f > W_A$, die nötig ist, um Elektronen auszulösen. Auch die Unabhängigkeit der Messkurve von der Lichtintensität folgt aus dem Teilchencharakter. Würde Licht hier wie eine Welle wirken, so müsste mit wachsender Intensität ($I \sim E_0^2$, Abschn. 4.9) durch das elektrische Feld die Elektronen zu immer stärkeren Schwingungen angeregt werden, bis sie „abreißen". Dies müsste auch für Lichtfrequenzen unterhalb der Grenzfrequenz gelten, was aber nicht beobachtet wird. Mit wachsender Lichtintensität wächst nur die Zahl n der abgelösten Elektronen, nicht aber ihre Energie $E = h f - W_A$.

Compton-Effekt

Betrachten wir Licht als Strom von Photonen (Energiepaketen), so können wir diesen Teilchen auch einen Impuls zuordnen:

$$p = \frac{h}{\lambda} \quad \text{(Photonenimpuls)}. \tag{6.3}$$

Dies lässt sich auch theoretisch ableiten, wobei die entsprechenden Gleichungen der Relativitätstheorie angewendet werden müssen, was aber nicht Thema dieses Buches ist. Im Teilchenbild wird dem Photon eine „Ruhemasse" $m = 0$ zugeschrieben und eine endliche Masse m für den „Normalfall" der Bewegung mit Lichtgeschwindigkeit.

Wie kann der Photonenimpuls aber gemessen werden? Durch Stoß mit einem anderen Teilchen, z. B. mit Elektronen. Hierzu bestrahlte Compton die nahezu freien Elektronen einer Graphitprobe mit monochromatischer Röntgenstrahlung. Für verschiedene Ablenkwinkel θ wurden die Wellenlänge und die Intensität $I(\lambda, \theta)$ der gestreuten Röntgenphotonen gemessen (Abb. 6.2a). Er beobachtete gestreutes Röntgenlicht mit derselben Wellenlänge ($\lambda = 71$ pm) wie die der einfallenden Strahlung und zusätzlich Röntgenlicht einer größeren Wellenlänge $\lambda' = \lambda + \Delta\lambda$, die mit wachsendem Streuwinkel größer wurde (Abb. 6.2b–d). Dies war mit der klassischen Theorie der elektrodynamischen Strahlung nicht zu erklären. Demnach müsste die einfallende Welle die Elektronen im Graphit zu Schwingungen anregen, die wie Hertz'sche Dipole Licht mit derselben Frequenz (Wellenlänge) abstrahlen sollten. Das Entstehen von Licht mit einer zweiten Wellenlänge λ' kann nur durch die Impuls- und Energieerhaltung bei Stößen von Teilchen erklärt werden. Durch den Stoß gibt das Photon die Energie $\Delta E = hc/\lambda - hc/\lambda'$ an das zuvor ruhende Elektron ab. Das Röntgenlicht (Photon) muss also nach dem Stoß eine kleinere Energie, d. h. eine größere Wellenlänge λ' besitzen. Für eine quantitative Auswertung muss man relativistisch rechnen, woraus die Compton-Verschiebung $\Delta\lambda = \lambda' - \lambda$ folgt

$$\Delta\lambda = \frac{h}{mc}(1 - \cos\theta) \quad \text{(Compton-Verschiebung)}. \tag{6.4}$$

Die maximale Compton-Verschiebung $\Delta\lambda = 2h/mc$ erhält man für Rückwärtsstreuung ($\theta = 180°$). Der Term $\lambda_C = h/mc$ (**Compton-Wellenlänge**) ist nur von der Masse m des streuenden Teilchens abhängig, nicht aber von der Wellenlänge des einfallenden Lichtes. Für Streuung an Elektronen folgt $\lambda_{C-\text{Elektron}} = 2,5 \cdot 10^{-12}$m $= 2,5$ pm. Die in der Messung (Abb. 6.2b–d) beobachteten Photonen mit der unveränderten Wellenlänge $\lambda = 71$ pm resultieren aus der Streuung an den Atomkernen der Graphitprobe. Da deren

Abb. 6.2 Compton-Effekt:
a) Aufbau, b–d) Intensität
der gestreuten Strahlung als
Funktion vom Streuwinkel und
Wel- lenlänge. Die einfallenden
Strahlung hat $\lambda = 71$ pm

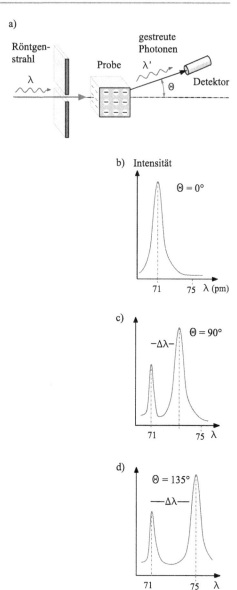

Masse etwa 20.000-mal größerer als die der Elektronen ist, folgt aus $\lambda_{C-\text{Kern}} \approx 10^{-16}$ m $\Delta\lambda \approx 0$. Beachten Sie, dass die Röntgenphotonen bei der Compton-Streuung, anders als beim Photoeffekt oder bei der Absorption durch Atome (Abschn. 7.1), beliebige „Energie-portionen" abgeben können. Ein gequantelter Energieaustausch mit den Elektronen wird hier nicht beobachtet, da die äußeren Elektronen des Graphits nur schwach gebunden, d. h. quasi-frei sind und beliebige Mengen kinetischer Energie aufnehmen können.

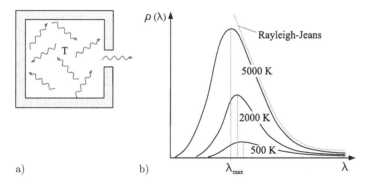

Abb. 6.3 Schwarzer Strahler: a) Prinzip, b) Strahlungsdichte als Funktion der Wellenlänge für verschiedene Temperaturen

Schwarzer Strahler

Historisch ist die Idee der Quanten von Max Planck bei der Beschreibung des schwarzen Strahlers entwickelt worden. Den schwarzen Strahler (Hohlraumstrahler) kann man sich idealisiert als Hohlraum mit einem kleinen Loch vorstellen (Abb. 6.3a), der die eintretende Strahlung ohne Bevorzugung der Wellenlänge (daher schwarzer Strahler) vollständig absorbiert. Gleichzeitig ist er auch ein Temperaturstrahler, wobei die spektrale Intensitätsverteilung der emittierten elektromagnetischen Strahlung von seiner Temperatur abhängt. Im thermischen Gleichgewicht wird von den Wänden des Hohlraumstrahlers ebensoviel Energie absorbiert wie emittiert. Die Energie, die sich bei der Gleichgewichtstemperatur T im Frequenzintervall $(f, f + \mathrm{d}f)$ pro cm^3 befindet, nennen wir Strahlungsdichte $\rho(f, T)$. Die durch ein kleines Loch ausgekoppelte Hohlraumstrahlung weist das in Abb. 6.3b gezeigte Frequenzspektrum $\rho(f, T)$ auf. Die Fläche unter der Kurve ist die abgestrahlte Gesamtintensität. Der korrekte Verlauf $\rho(f, T)$ konnte erst durch **Planck's Quantenhypothese** beschrieben werden: „Monochromatisches Licht der Frequenz f tritt bei Absorptions- und Emissionsvorgängen nur in Energiequanten der Größe $E = h f$ auf". Der Energieaustausch zwischen der Wand des schwarzen Strahlers und dem Strahlungsfeld in seinem Inneren (Abb. 6.3a) kann also nur gequantelt stattfinden. Dies war revolutionär, denn nach der klassischen Elektrodynamik war ein beliebiger Energieaustausch zwischen Strahlungsfeld und Materie erlaubt. Das Planck'sche Strahlungsgesetz lautet $\rho(f, T)\, \mathrm{d}f = 4\pi h f^3 c^{-3} \cdot 1/(\exp\{h f / k T\} - 1)\, \mathrm{d}f$. Experimentell beobachtet man, dass mit wachsender Temperatur die spektrale Strahlungsdichte steigt und dass das Maximum zu kleineren Wellenlängen schiebt. Die Sonne mit T = 5800 K leuchtet deshalb heller als die Herdplatte mit $T = 800$ K ($\rho_{\text{Sonne}}(f, T) > \rho_{\text{Herd}}(f, T)$). Entsprechend liegt das Maximum der Verteilung für die Sonne im sichtbaren Spektralbereich bei $\lambda_{\max} \sim 500$ nm, das der Herdplatte im infraroten Spektralbereich bei $\lambda_{\max} \sim 5000$ nm. Durch die Messung des Spektrums kann daher die Temperatur T eines Körpers (Stern, glühende Metalle) kontaktlos bestimmt werden (Thermografie). Dies drückt sich im

Wien'sche Verschiebungsgesetz aus:

$$\lambda_{\max} = \frac{2{,}898\,\text{mm} \cdot \text{K}}{T} \quad \text{(Wien'sches Verschiebungsgesetz)} . \tag{6.5}$$

Das Gesetz ergibt sich näherungsweise aus dem Planck'schen Strahlungsgesetz für den Grenzfall sehr großer Frequenzen $h\,f \gg k\,T$ mit $\rho\,(f,\,T) \sim f^3 \exp\{-h\,f/k\,T\}$. Es kann zwar die Existenz des Maximums beschreiben, ist aber für kleine Frequenzen falsch. Für den Grenzfall kleiner Energie $h\,f \ll k\,T$, d. h. großer Wellenlänge (rechts in Abb. 6.3b) erhält man das **Rayleigh-Jeans-Gesetz** mit $\rho\,(f,\,T) \sim f^2\,T$. Es hat aber ein Problem, die **Ultraviolett-Katastrophe**, denn mit fallender Wellenlänge, d. h. steigender Frequenz, wird nach dieser Näherung die Strahlungsdichte im UV-Bereich unendlich groß, was natürlich nicht sein darf. Die abgestrahlte Leistung eines schwarzen Strahlers steigt mit wachsender Oberfläche A, aber vor allem mit seiner Temperatur:

$$P = \varepsilon\,\sigma\,A\,T^4 \quad \text{(Stefan-Boltzmann-Gesetz)} \tag{6.6}$$

mit der Stefan-Boltzmann-Konstante $\sigma = 5{,}67 \cdot 10^{-8}\text{W}/(\text{m}^2\text{K}^4)$. Eine Eigenschaft der Oberfläche des strahlenden Körpers ist der Emissionsgrad, bzw. der Absorptionsgrad ε mit $0 \le \varepsilon \le 1$. Für den Fall des idealen schwarzen Strahlers ist er eins, denn die Strahlung wird vollständig absorbiert.

II Prüfungsfragen

Grundverständnis

F6.1.1 Welche Experimente waren für die Entwicklung der Quantenphysik wichtig?

F6.1.2 Erläutern Sie den Photoeffekt und die zugehörige Messung.

F6.1.3 Wie ändert sich die Messkurve des Photoeffektes wenn die Lichtintensität, bzw. das Kathodenmaterial geändert wird?

F6.1.4 Was ist ein Photon?

F6.1.5 Beschreiben Sie den Compton-Effekt.

F6.1.6 Was ist das Planck'sche Wirkungsquantum? Wie kann man es messen?

F6.1.7 Was ist ein schwarzer Strahler?

F6.1.8 Skizzieren Sie die spektrale Intensitätsverteilung des schwarzen Strahlers.

F6.1.9 Was besagt das Wien'sche Verschiebungsgesetz?

Messtechnik

F6.1.10 Wie kann man hohe Temperaturen berührungslos messen?

F6.1.11 Wie kann man den Impuls des Photons messen?

F6.1.12 Wie funktioniert ein Photomultiplier?

Vertiefungsfragen

F6.1.13 Warum nutzt man für den Compton-Effekt Röntgenlicht statt sichtbares Licht?

F6.1.14 Wie lautet das Rayleigh-Jeans-Gesetz und was ist die Ultraviolett-Katastrophe?

F6.1.15 Was besagt das Stefan-Boltzmann-Gesetz?

F6.1.16 Welche wichtige Messmethode basiert auf dem Photoeffekt?

III Antworten

A6.1.1 Die für die Entwicklung der Quantenphysik wichtigen Experimente zeigten, dass Licht bei der Wechselwirkung mit Materie nicht nur wie eine Welle, sondern auch wie ein Teilchen (Photon) behandelt werden muss. Hierbei wird Energie $E = h\,f$ nur in Form von Quanten mit der Materie ausgetauscht. Durch diese Annahme konnte der Photoeffekt erklärt werden und Planck konnte seine Formel für die spektrale Intensitätsverteilung des schwarzen Strahlers aufstellen. Beim Compton-Effekt gilt der Impulserhaltungssatz zwischen stoßendem Photon und Elektron. Ein weiterer Hinweis, dass die Energieabgabe und -aufnahme nur in gequantelter Form stattfindet, liefert das Wasserstoffspektrum mit seinen diskreten Linien, was durch die Bohr'schen Postulate gedeutet werden konnte (Abschn. 7.1). Die zweite Gruppe von wichtigen Experimenten behandelt den Wellencharakter von bewegter Materie, was z. B. durch Elektronenbeugung gezeigt werden konnte (Abschn. 6.2). Weitere wichtige Experimente sind z. B. der Stern-Gerlach-Versuch, der den Spin des Elektrons nachweisen konnte (Abschn. 7.2).

A6.1.2 Der Photoeffekt ist ausführlich im Theorieteil beschrieben und in Abb. 6.1a, b dargestellt. Er zeigt, dass die kinetische Energie der durch Lichtbestrahlung ausgelösten Elektronen von der Lichtfrequenz (Energie) und nicht von der Lichtintensität abhängt. Ziel der Messung ist die Bestimmung des Planck'schen Wirkungsquantums h, wozu die kinetische Energie der Elektronen, als Funktion der Lichtfrequenz ermittelt werden muss. Die Lichtfrequenz bzw. Wellenlänge wird mittels Monochromator eingestellt (Abschn. 5.3).

In einer evakuierten Röhre sitzt die mit Kalium beschichtete Photokathode (kleine Ablösearbeit $W_A \approx 2{,}3$ eV), aus der die Elektronen durch Bestrahlung mit Licht ausgelöst werden. Sie bewegen sich auf ein gegenüberliegendes Metallgitter zu und können über ein Amperemeter zur Kathode zurückfließen. Der Strom gibt die Zahl der ausgelösten Elektronen an. Wichtiger ist aber die kinetische Energie der Elektronen, welche über die Gegenfeldmethode gemessen wird. Dazu wird eine Spannung U_{gegen} zwischen Gitter und Katode, mit negativem Potenzial am Gitter angelegt. Damit können nur solche Elektronen das Gegenfeld überwinden und das Gitter erreichen, deren kinetische Energie größer als die potenzielle Energie eU_{gegen} ist. Zur Messung der kinetischen Energie regeln wir daher die Gegenspannung U_{gegen} so weit hoch bis der Strom erlischt. Genau dann gilt für die schnellsten Elektronen $E_{\text{kin}} = mv^2/2 = eU_{\text{gegen}}$. Diese „Nullmessung" führt man für verschiedene Frequenzen durch und trägt die Gerade $E_{\text{kin}} = hf - W_A$ auf, woraus h sowie W_A bestimmt wird (Abb. 6.1.b).

A6.1.3 Die Änderung der Lichtintensität $I = nh\,f/A\,t$ beeinflusst die Messkurve des Photoeffektes (Abb. 6.1b) nicht, denn entscheidend ist die Energie $h\,f$ der Photonen, aber nicht ihre Anzahl n. Die Energie W_A ist nötig, um Elektronen aus dem Material herauszulösen. Dies sind meist äußere Elektronen, die an der chemischen Bindung der Atome im Festkörper beteiligt sind. Typische Werte sind $W_A = 2{,}3$ eV (540 nm) für Kalium und $W_A = 4{,}5$ eV (276 nm) für Wolfram. Wird ein Kathodenmaterial mit größerer Ablösearbeit W_A verwendet, so rutscht die Kurve $E_{\text{kin}}(f) = hf - W_A$ nach rechts. Mit $W_A = h\,f_{\text{min}}$ wächst also auch die Mindestfrequenz.

A6.1.4 Ein Photon ist das Energiequant des elektromagnetischen Strahlungsfeldes (z. B. Licht, Röntgenstrahlung). Photonen bewegen sich mit Lichtgeschwindigkeit. Sie besitzen einen Impuls $p = h/\lambda$. Sie haben keine Ruhemasse, keine elektrische Ladung und besitzen den Spin 1 (Abschn. 7.2). Photonen besitzen eine bestimmte Energie $E = hf$, die sie bei ihrer Absorption nur als Ganzes an Materie abgeben können (Photoeffekt).

A6.1.5 Der Beweis für die Existenz des Impulses eines Photons wird u. a. durch den Compton-Effekt geführt. Er ist im Theorieteil beschrieben und in den Abb. 6.2a–d illustriert.

A6.1.6 Das Planck'sche Wirkungsquantum $h = 6{,}626 \cdot 10^{-34}$ Js ist eine Naturkonstante und hat die Dimension der Wirkung (Energie * Zeit). Es kann mithilfe des Photoeffektes oder durch die Messung der Grenzwellenlänge des Röntgenspektrums (Abschn. 7.3) bestimmt werden. Es tritt u. a. als Proportionalitätskonstante zwischen Frequenz und Energie der elektromagnetischen Strahlung auf ($E = h\,f$).

A6.1.7 Der schwarze Strahler ist ein idealer Temperaturstrahler. Bei ihm (z. B. Sonne, Faden der Glühlampe) stammt die abgestrahlte Energie ausschließlich aus der Wärme. Die spektrale Intensitätsverteilung (Abb. 6.3b) hängt von seiner Temperatur ab und wird durch das Planck'sche Strahlungsgesetz beschrieben. Er kann durch einen Hohlraum (Abb. 6.3a) realisiert werden, in dem eine durch ein kleines Loch eintretende Strahlung vollständig absorbiert wird. Seine Wände stehen mit dem Strahlungsfeld im Inneren im thermischen Gleichgewicht, d. h. sie absorbieren genau soviel Energie wie sie emittieren. Plancks Leistung für die Entwicklung der Quantenmechanik war die Hypothese, dass die Energie zwischen Strahlungsfeld und Wand nur durch Energiequanten der Größe $E = h f$ ausgetauscht werden kann.

A6.1.8 Die spektrale Intensitätsverteilung $\rho(f, T)$ des schwarzen Strahlers ist in Abb. 6.3b gezeigt. Mit wachsender Temperatur steigt die Intensität und das Maximum $\lambda_{\max}$ der Kurve verschiebt sich zu kleineren Wellenlängen (höheren Energiewerten).

A6.1.9 Das Wien'sche Verschiebungsgesetz $\lambda_{\max} = 2{,}898\,\text{mm} \cdot \text{K}/T$ gibt einen Zusammenhang zwischen der Temperatur und dem Maximum der spektralen Intensitätsverteilung des schwarzen Strahlers an (Abb. 6.3b).

A6.1.10 Durch die Messung der spektralen Intensitätsverteilung (Abb. 6.3b) eines glühenden Körpers und der Bestimmung von $\lambda_{\max}$ kann seine Temperatur kontaktlos bestimmt werden (Thermografie). Dazu wird das Wien'sche Verschiebungsgesetz $\lambda_{\max} = 2{,}898\,\text{mm} \cdot \text{K}/T$ ausgenutzt.

A6.1.11 Da der Impuls $p = h/\lambda$ nur von der Wellenlänge des Lichtes abhängt, ist jede Wellenlängenmessung geeignet (Abschn. 5.3).

Abb. 6.4 Photomultiplier

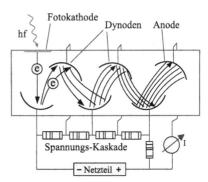

A6.1.12 Der **Photomultiplier** dient der empfindlichen Intensitätsmessung und Verstärkung von Photonen, basierend auf dem Photoeffekt (Abb. 6.4). Ein Photon trifft in einer evakuierten Röhre auf die Kathode und löst ein Elektron aus. Dieses wird durch eine Spannung auf eine zweite Kathode (Dynode) beschleunigt und löst dort aufgrund seiner hohen kinetischen Energie mindestens 2 Elektronen aus. Durch Hintereinanderschalten mehrerer Kathoden entsteht dann aus einem einzigen Photon eine Lawine von Elektronen. Damit ist es möglich, einzelne Photonen zu messen, d. h. zu zählen (Photon counting).

A6.1.13 Die Änderung der Wellenlänge $\Delta\lambda = \lambda' - \lambda$ durch die Streuung der Photonen an den Elektronen ist unabhängig von der Wellenlänge des Lichtes. Die Compton-Verschiebung $\Delta\lambda = h\,(1 - \cos\theta)/m\,c$, genauer der Vorfaktor $\lambda_C = h/m\,c$ (Compton-Wellenlänge) hängt nur von der Masse der streuenden Teilchen ab. Trotzdem lässt sich der Compton-Effekt mit Röntgenlicht besser beobachten als mit sichtbarem Licht, denn $\Delta\lambda = h/m\,c \approx 2\cdot 10^{-12}$ m (Streuung an Elektronen) bedeutet für kurze Röntgenwellenlängen von z. B. $\lambda = 20$ pm eine relativ große Änderung von $10\,\%$. Für sichtbares Licht mit $\lambda = 500$ nm, würde die Änderung nur $4\cdot 10^{-6}\,\%$ betragen und schwer messbar sein.

A6.1.14 Für große Wellenlängen und hohe Temperaturen, d. h. relativ kleine Energien, erscheint das Rayleigh-Jeans-Gesetz mit $\rho\,(f,\,T) \sim f^2\,T$ als Grenzfall des Planck'schen Strahlungsgesetzes und beschreibt näherungsweise den niederenergetischen Teil des Spektrums des schwarzen Strahlers (rechts in Abb. 6.3b). Für große Photonenenergien ist es ungültig, denn es führt zur sogenannten Ultraviolett-Katastrophe, d. h. mit fallender Wellenlänge wird nach dieser Näherung die Strahlungsdichte im UV-Bereich unendlich groß, was natürlich nicht sein darf.

A6.1.15 Das Stefan-Boltzmann-Gesetz lautet $P = \varepsilon\,\sigma\,A\,T^4$. Es gibt den Zusammenhang zwischen der spezifischen Strahlungsleistung und der Temperatur eines schwarzen Körpers an. Die Oberfläche ist durch A, der Emissionsgrad durch ε gegeben (für den idealen schwarzen Strahler gilt $\varepsilon = 1$). Damit kann man z. B. die von einer Glühwendel abgestrahlte Leistung berechnen. Die Stefan-Boltzmann-Konstante $\sigma = 5{,}67\cdot 10^{-8}\,\mathrm{W}/(\mathrm{m}^2\,\mathrm{K}^4)$ ist eine Naturkonstante. Das Stefan-Boltzmann-Gesetz folgt aus dem Planck'schen Strahlungsgesetz durch Integration über den gesamten Wellenlängenbereich.

A6.1.16 Eine wichtige auf dem Photoeffekt basierende Messmethode ist die **Photoelektronenspektroskopie**. Hierbei werden feste, flüssige oder gasförmige Stoffe mit hochenergetischem UV- oder Röntgenlicht bestrahlt. Aus der Messung der kinetischen Energie der abgelösten Elektronen kann deren ursprüngliche Bindungsenergie bestimmt werden. Für Atome erhält man hieraus das Termschema (Abschn. 7.1) und für Festkörper die Bandstruktur (Abschn. 8.2). Am besten geeignet ist Synchrotronstrahlung, da sich ihre Energie vom sichtbaren bis in den Röntgenbereich kontinuierlich durchstimmen und damit auf die speziell zu untersuchenden Atome und Energieniveaus abstimmen lässt. Als Detektoren verwendet man Elektronenvervielfacher (z. B. Channeltrons), die ähnlich dem Photomultiplier (Antwort A6.1.12) arbeiten. Die kinetische Energie der Elektronen kann mithilfe der Ablenkung durch die Lorentzkraft im Magnetfeld (Abschn. 4.4), durch Anlegen einer Gegenspannung (siehe Photoeffekt) oder durch die Messung ihrer Flugzeit zwischen Auslösung und Detektion bestimmt werden.

6.2 Materiewellen, Unschärfe, Wahrscheinlichkeitsdichte

I Theorie

Materiewellen

Licht zeigt Teilcheneigenschaften, denn bei der Wechselwirkung mit Materie tauscht es Impuls und Energie in Form von Photonen aus (Abschn. 6.1). Aus Symmetriegründen postulierte *De Broglie* 1924, dass sich Teilchen auch wie Wellen verhalten müssten. Zur Bestimmung der Wellenlänge solcher **De-Broglie-Wellen** nahm er Gl. 6.3 des Photonenimpulses und formte sie einfach um:

$$\lambda = \frac{h}{p} = \frac{h}{mv} \quad \text{(Wellenlänge von Materiewellen)} . \tag{6.7}$$

Die Frequenz der Materiewelle ergab sich aus Gl. 6.1 zu $f = E/h$. Dies sollte für jegliche Materie der Masse m gelten, die sich mit der Geschwindigkeit v ausbreitet, also den Impuls $p = mv$ und die Energie $E = mv^2/2$ besitzt. Für relativistische Teilchen mit Geschwindigkeiten nahe der Lichtgeschwindigkeit gelten modifizierte Gleichungen. Wie konnten Materiewellen experimentell bewiesen werden? Man musste Beugung nachweisen. Hierzu waren leichte Teilchen mit sehr geringer Masse nötig, um relativ große Wellenlängen zu erhalten, denn für Beugungsexperimente muss λ etwa so groß wie das Beugungsobjekt (Spalt, Gitter) sein (siehe Abschn. 5.3). Dies gelang mit Elektronen. Werden sie im elektrischen Feld durch eine Spannung von z. B. 100 V beschleunigt, so folgt aus Gl. 6.7 $\lambda = h/p = h/\sqrt{2meU} = 0{,}12\,\text{nm}$, was der Wellenlänge von Röntgenstrahlen entspricht. Als Beugungsobjekt eignet sich daher ein Kristallgitter mit einer typischen Gitterkonstanten $g \approx 0{,}2\,\text{nm}$, woran Elektronen wie Röntgenstrahlen gebeugt werden und auf einem Leuchtschirm Beugungsmuster zeigen (Abb. 6.5 und Abschn. 8.1).

Die **Elektronenbeugung** der an Kristalloberflächen gestreuten Elektronen wird als Standardmethode zur Untersuchung von Kristallen, insbesondere zur Bestimmung der Gitterkonstanten eingesetzt. Ihr Vorteil gegenüber der Beugung von Röntgenstrahlen ist die sehr geringe Eindringtiefe der Elektronen in Materie, so dass vorwiegend die Kristalloberflächen und selbst darauf adsorbierte einzelne Atome untersucht werden können. Röntgenstrahlen dringen dagegen tief in den Kristall ein und messen somit das ganze Kristallvolumen aus. In einem **Elektronenmikroskop** werden mit Hilfe elektrischer und

Abb. 6.5 Elektronenbeugung
an einem Kristall

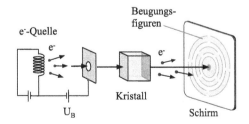

Abb. 6.6 Veranschaulichung
der Heisenberg'schen Unschärferelation anhand der Beugung
von Materiewellen

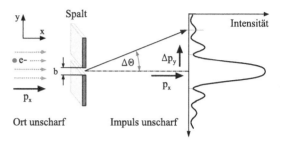

magnetischer Linsen die Elektronenstrahlen fokussiert, um kleinste Objekte abzubilden.
Der Vorteil gegenüber einem optischen Mikroskop ist das höhere Auflösungsvermögen.
Da dieses durch die Beugung der Wellen begrenzt ist (Abschn. 5.3), profitiert das Elektronenmikroskop von der deutlich geringeren Wellenlänge der Elektronenstrahlen, die zudem
durch die Beschleunigungsspannung variabel einstellbar ist.

Man kann aber auch Beugungserscheinungen mit größeren Teilchen wie Neutronen
oder Atomen nachweisen, wobei die De-Broglie-Wellenlänge nach Gl. 6.7 aus der entsprechenden Masse und Geschwindigkeit errechnet wird. Technisch eingesetzt wird dies
bei der **Neutronenbeugung** zur Kristallstrukturanalyse. Der Vorteil gegenüber Elektronen ist ihre elektrische Neutralität, d. h. Neutronen dringen tief in den Kristall ein und
werden an den Kernen, nicht aber an der Elektronenhülle der Atome gebeugt. Zudem besitzen Neutronen ein magnetisches Moment (Abschn. 7.2) und „spüren" zusätzlich die
magnetischen Momente der streuenden Atome. Aus der Beugungsfigur kann so rückwir-
kend auch die magnetische Struktur des Kristall ermittelt werden. Um Spektroskopie mit
Neutronen betreiben zu können, gibt es Monochromatoren zur Einstellung der Neutronenwellenlänge. Hierzu werden Neutronen z. B. in Kernreaktionen frei gesetzt (Abschn. 9.3)
und treffen auf ein aus Kristallen bestehendes Beugungsgitter. Über die Wahl des Einfallswinkels werden gemäß der Bragg-Bedingung (siehe Abschn. 8.1) Neutronen eines
schmalen Wellenlängenbereichs „herausgefiltert" und gelangen zum Experiment.

Unschärferelation

Die Heisenberg'sche Unschärferelation besagt, dass es unmöglich ist, Ort und Impuls eines Teilchens gleichzeitig beliebig genau zu bestimmen. Wenn der Ort sehr genau, d. h.
mit einer kleinen Ungenauigkeit Δx bestimmt wurde, so kann der Impuls nur noch ungenau ermittelt werden, d. h. die Impulsunschärfe Δp ist groß.

$$\Delta x \Delta p \geq \hbar/2 \quad \text{(Heisenberg'sche Unschärferelation)} \qquad (6.8)$$

mit $\hbar = h/2\pi$. Dies ergibt sich direkt aus dem **Welle-Teilchen-Dualismus**, wie das folgende Beispiel zeigt. Ein paralleler Strahl von Elektronen trifft auf einen kleinen Spalt
(Abb. 6.6). Vor dem Spalt ist der Impuls der Elektronen $\vec{p} = (p_x, p_y = 0)$ bekannt, so
dass der Elektronenstrahl auch als Welle mit $\lambda = h/p_x$ aufgefasst werden kann. Der Ort
(x, y) eines einzelnen Elektrons ist aber unbekannt. Erst wenn ein Elektron durch den

Spalt fliegt, ist sein Ort bekannt. Je kleiner die Spaltbreite b, desto genauer kann sein Ort angegeben werden, d. h. die Ortsunschärfe $\Delta y = b$ sinkt. Am Spalt wird die Elektronenwelle aber gebeugt. Das bedeutet, dass das Elektron nicht mehr geradeaus fliegen muss, sondern auch eine neue Richtung $\Delta \theta$ nehmen kann. Damit erhält es eine unbekannte Impulskomponente Δp_y, die umso größer wird, je kleiner die Spaltbreite wird (siehe Einzelspalt in Abschn. 5.3). Durch die Beugung haben wir also die Information über den Impuls hinter dem Spalt verloren. Genau dies drückt das Produkt $\Delta x \Delta p$ in Gl. 6.8 aus. Beachten Sie, dass die Unschärferelation nichts mit der Ungenauigkeit der Messgeräte zu tun hat, sondern dass es eine prinzipielle physikalische Eigenschaft der Welt ist. Wir können Ereignisse in der Quantenmechanik also nicht mehr beliebig genau voraussagen, so wie wir es aus der klassischen Mechanik gewohnt waren. Dort konnten wir aus dem anfänglichen Ort und Impuls eines Teilchens seine Bahn berechnen. Allerdings kann die Unschärferelation in der klassischen Mechanik großer Teilchen nicht beobachtet werden, denn der Wert von h ist sehr klein. Für modernste Entwicklungen in der Nanotechnologie ist die Unschärferelation allerdings von großer Bedeutung, da aus ihr die untere Grenze der technischen Realisierbarkeit elektronischer Schaltungen folgt (siehe auch Tunneleffekt in Abschn. 6.3).

Wahrscheinlichkeitsdichte

Wie sollen wir aber nun Wellen und Teilchen in Einklang bringen, um Experimente beschreiben zu können? Hierzu wird eine **Wahrscheinlichkeitswelle** $\Psi(x, t)$ definiert, die anschaulich als Führungswelle für Elektronen bzw. Photonen verstanden werden kann. Anders als in der klassischen Mechanik kann nur noch die Wahrscheinlichkeit $P(x, x + \mathrm{d}x) = |\Psi(x)|^2 \cdot \mathrm{d}x$ eines Ereignisses, wie z. B. die Detektion eines Photons im kleinen Intervall $\mathrm{d}x$ um den Ort x, vorausgesagt werden. Sie ergibt sich aus der Wahrscheinlichkeitsdichte $|\Psi(x)|^2$. Die Wahrscheinlichkeit ein Teilchen im größeren Bereich zwischen x_1 und x_2 anzutreffen, ergibt sich dann aus dem Integral:

$$P(x_1, x_2) = \int_{x_1}^{x_2} |\Psi(x)|^2 \, \mathrm{d}x \quad \text{(Wahrscheinlichkeit)} . \qquad (6.9)$$

Mit diesem Modell kann auch das folgende wichtige Experiment gedeutet werden: Monochromatisches Licht fällt auf einen Doppelspalt und auf einem dahinter liegenden Schirm werden Beugungsfiguren beobachtet (Abschn. 5.3). Die gleichen Beugungsfiguren entstehen auch dann noch, wenn die Intensität der Lichtquelle so weit reduziert wird, bis sich nur noch ein einziges Photon in der Apparatur befindet. Wie soll ein Photon aber allein Interferenz erzeugen können? Die Erklärung im quantenmechanischen Verständnis lautet folgendermaßen: Das Licht wird in der Lampe als Photon erzeugt und am Detektor als Photon absorbiert. Die Ausbreitung von der Lampe über den Spalt bis zum Detektor wird aber durch eine Wahrscheinlichkeitswelle beschrieben, welche das Photon „führt". Die Wellenfunktion $\Psi(x, t)$ erhält man aus der **Schrödinger-Gleichung**. Dies ist eine

Wellengleichung, deren Randbedingungen für jeden Spezialfall angepasst werden müssen, so wie wir es auch von mechanischen oder elektromagnetischen Wellen kennen. Sie wird ausführlich in den Vertiefungsfragen diskutiert.

II Prüfungsfragen

Grundverständnis

F6.2.1 Was sind Materiewellen bzw. De-Broglie-Wellen?

F6.2.2 Berechnen Sie die Wellenlänge bewegter Elektronen.

F6.2.3 Wie kann man Materiewellen nachweisen?

F6.2.4 Warum kann man die Materiewellen von Staubkörnern nicht nachweisen?

F6.2.5 Was besagt die Heisenberg'sche Unschärferelation?

F6.2.6 Worin zeigt sich der Welle-Teilchen-Dualismus?

F6.2.7 Was sind Wahrscheinlichkeitswellen und Wahrscheinlichkeitsdichte?

F6.2.8 Worin unterscheiden sich Quantenmechanik und klassische Mechanik?

Messtechnik

F6.2.9 Nennen Sie technische Anwendungen von Elektronenwellen.

F6.2.10 Wie funktioniert ein Monochromator für Neutronen?

Vertiefungsfragen

F6.2.11 Wie lautet die stationäre Schrödinger-Gleichung?

F6.2.12 Wie lautet die zeitabhängige Schrödinger-Gleichung?

F6.2.13 Wie lautet die Normierungsbedingung für die Wellenfunktionen?

F6.2.14 Diskutieren Sie die Schrödinger-Gleichung für ein freies Teilchen.

F6.2.15 Diskutieren Sie die Beschreibung von Teilchen durch Wellenpakete.

F6.2.16 Geben Sie den Hamilton-Operator an. Was ist die Eigenwertgleichung?

F6.2.17 Welche Rolle spielt die Messung für ein quantenmechanisches System?

F6.2.18 Wie beeinflusst die Unschärferelation die Breite von Spektrallinien?

III Antworten

A6.2.1 Die Bewegung und Ausbreitung von Materie kann im Rahmen von zwei Modellen beschrieben werden. Im Teilchenbild nutzt man die beiden Größen Masse und Impuls $p = m v$ des Teilchens, im Wellenbild wird dem bewegten Teilchen eine Wellenlänge (De-Broglie-Wellenlänge) $\lambda = h/p$ zugeordnet. Im Formalismus der Quantenmechanik wird die Materiewelle durch die Wahrscheinlichkeitswelle ersetzt (Antwort A6.2.7).

A6.2.2 Durchfallen Elektronen eine Spannung U, so gewinnen sie die kinetische Energie $m v^2/2 = e U$ (Abschn. 4.1) und damit den Impuls $p = \sqrt{2 m e U}$. Daraus berechnet sich ihre De-Broglie-Wellenlänge zu $\lambda = h/\sqrt{2 m e U}$. Für eine Spannung von z. B. $U = 100\,\text{V}$ erhalten wir $\lambda = 0{,}12\,\text{nm}$, was in der Größenordnung der Wellenlänge von Röntgenstrahlung liegt. Nimmt man statt Elektronen Protonen, so sinkt die Wellenlänge, da die Masse gestiegen ist ($\lambda \sim 1/\sqrt{m}$). Die De-Broglie-Wellenlänge der schweren Protonen wird um den Faktor 42 kleiner und damit schwieriger nachweisbar.

A6.2.3 Der Wellencharakter lässt sich generell durch Beugungs- und Interferenzexperimente nachweisen (Abschn. 5.3). Die Abmessung der Beugungsobjekte (Spalte, Gitter) muss allerdings in der Größenordnung der Wellenlänge liegen. Materiewellen lassen sich für Elektronen durch Beugung am Doppelspalt und vor allem am Kristallgitter nachweisen (Abb. 6.5). Neutronenbeugung kann an Kristallgittern beobachtet werden (siehe auch Frage F6.2.10). Selbst mit mehratomigen Molekülen konnten Beugungsexperimente durchgeführt werden.

A6.2.4 Materiewellen von z. B. Staubkörnern im Sandsturm konnten bisher nicht beobachtet werden. Wegen ihrer große Masse wird die Wellenlänge so klein, dass keine geeigneten kleinen Beugungsobjekte verfügbar sind. Dass Materiewellen nur bei extrem leichten Objekten wie Elektronen zu beobachten sind, zeigt sich schon an der geringen Größe des Planck'schen Wirkungsquantums in der Formel $\lambda = h/p$. Die bisher größten Objekte, an denen Materiewellen nachgewiesen werden konnten, sind C-60 Fullerene. Dies sind Makromoleküle, die wie ein Fußball aus sechzig Kohlenstoffatomen aufgebaut sind.

A6.2.5 Die Heisenberg'sche Unschärferelation besagt, dass Ort und Impuls eines Teilchens nicht gleichzeitig mit beliebiger Genauigkeit bestimmt werden können. Das Produkt der jeweiligen Genauigkeiten kann eine Grenze nicht unterschreiten: $\Delta x \, \Delta p \geq \hbar/2$. Wenn der Impuls exakt bekannt ist ($\Delta p \to 0$), dann muss der Ort völlig unbekannt sein ($\Delta x \to \infty$). Die Unschärferelation ergibt sich aus dem Welle-Teilchen-Dualismus (siehe Theorieteil und Abb. 6.6). Im Alltag, der durch die Gesetze der klassischen Mechanik beschrieben wird, können wir die Unschärferelation nicht beobachten, denn $\hbar = h/2\,\pi$ ist sehr klein und die Messungenauigkeit ist deutlich größer als Δx bzw. Δp.

A6.2.6 Der Welle-Teilchen-Dualismus zeigt sich darin, dass je nach Experiment die Objekte Wellen- oder Teilcheneigenschaften zeigen können. In Beugungsexperimenten zeigt Licht Welleneigenschaften, beim Photo- und beim Compton-Effekt sowie bei Absorption und Emission (Abschn. 7.1) dagegen Teilcheneigenschaften.

A6.2.7 Durch die Einführung der Wahrscheinlichkeitswellen wird der Welle-Teilchen-Dualismus überwunden. Die Bewegung von Teilchen wird durch Wahrscheinlichkeitswellen beschrieben, genauer durch Wellenpakete (siehe Antwort A6.2.15). Die Wahrscheinlichkeitswelle $\Psi(x)$ für ein bestimmtes Problem erhält man als Lösung aus der Schrödinger-Gleichung mit den speziellen Randbedingungen für dieses Problem (siehe Antwort A6.2.11). Interpretiert wird aber nicht die Wahrscheinlichkeitswelle, sondern ihr Quadrat, die Wahrscheinlichkeitsdichte $|\Psi(x)|^2$. Diese bestimmt die Wahrscheinlichkeit $P(x, x + \mathrm{d}x) = |\Psi(x)|^2 \cdot \mathrm{d}x$ ein Teilchen oder Photon in der Umgebung $\mathrm{d}x$ um einen Ort x zu finden.

A6.2.8 Stichpunktartige Gegenüberstellung

Klassische Mechanik	Quantenmechanik
Gilt im Makrokosmos	Gilt im Mikrokosmos
Welle oder Teilchen	Wahrscheinlichkeitswelle „führt" Teilchen
Teilchen = Massepunkt	Teilchen = Wellengruppe (s. u.)
Wellengleichung	Schrödinger-Gleichung
Wellenintensität $I \sim |E|^2$	Wahrscheinlichkeits-Dichte $|\Psi(x)|^2$
Ereignisse exakt vorhersagbar	Berechnung von Wahrscheinlichkeiten
$x(t)$ exakt berechenbar	Bahn $x(t)$ unscharf
Δx, Δp unabhängig für Teilchen	$\Delta x \, \Delta p \geq \hbar/2$ gekoppelt
System unabh. von Messprozess	Messprozess ändert Zustand des Systems (s. u.)

Der Übergang von der quantenmechanischen Beschreibung zur klassischen Mechanik wird durch das Korrespondenzprinzip erfasst (Abschn. 6.3, Frage F6.3.5).

A6.2.9 Elektronenwellen finden heute standardmäßig Anwendung bei der Kristallstrukturanalyse durch Elektronenbeugung wie LEED (Low Energy Electron Diffraction) und in der Elektronenmikroskopie (siehe Theorieteil).

A6.2.10 Um Spektroskopie mit Neutronen betreiben zu können, benötigen wir einen **Neutronen-Monochromator** zur Einstellung der Neutronenwellenlänge. Hierzu werden Neutronen z. B. in Kernreaktionen frei gesetzt (Kap. 9) und treffen auf ein aus Kristallen bestehendes, drehbares Beugungsgitter. Für die Beugung von Neutronen gilt die Bragg-Bedingung $m\,\lambda = 2\,d\,\sin\theta$, ganz analog zur Röntgenstrahlung (Abschn. 7.3, 8.1). Die Wellenlänge $\lambda = h/p$ wird aus dem Neutronenimpuls berechnet. Über die Wahl des Einfallswinkels werden gemäß der Bragg-Bedingung Neutronen eines schmalen Wellenlängenbereichs (Geschwindigkeitsbereichs) „herausgefiltert" und gelangen zum Experiment.

A6.2.11 Die stationäre, dreidimensionale **Schrödingergleichung** lautet

$$\frac{-\hbar^2}{2m}\Delta\Psi(r) + E_{\text{pot}}(r)\,\Psi(r) = E\,\Psi(r)\,.$$

Die Gesamtenergie $E = E_{\text{kin}} + E_{\text{pot}} = $ konstant ist die Summe aus kinetischer und potenzieller Energie. Die stationäre Schrödinger-Gleichung stellt damit den Energieerhaltungssatz dar. Handelt es sich nur um ein eindimensionales Problem, so wird der Ortsvektor $r = (x, y, z)$ zu x und der Laplace-Operator $\Delta = \left(\frac{\partial^2}{\partial x^2}, \frac{\partial^2}{\partial y^2}, \frac{\partial^2}{\partial z^2}\right)$ reduziert sich zu $\partial^2/\partial x^2$. Man erhält dann die eindimensionale stationäre Schrödingergleichung

$$\frac{-\hbar^2}{2m}\frac{\partial^2\Psi(x)}{\partial x^2} + E_{\text{pot}}\Psi(x) = E\,\Psi(x)\,.$$

Die Lösung der stationären Schrödingergleichung ist die Wahrscheinlichkeitswelle $\Psi(x)$, wobei $|\Psi(x)|^2$ als Wahrscheinlichkeitsdichte für die Interpretation physikalischer Experimente bedeutsam ist (siehe Antwort A6.2.7). Beachten Sie, dass die Schrödinger-Gleichung nicht hergeleitet, sondern „gefunden" wurde. Sie stellt einen Erfahrungssatz der Physik dar, ebenso wie z. B. der Energieerhaltungssatz.

A6.2.12 Die allgemeine **zeitabhängige Schrödinger-Gleichung** lautet

$$i\,\hbar\frac{\partial\Psi(r,t)}{\partial t} = \frac{-\hbar^2}{2m}\Delta\Psi(r,t) + E_{\text{pot}}(r,t)\,\Psi(r,t)\,.$$

Die Lösung $\Psi(r, t)$ ist die von der Zeit t und der Raumkoordinate $r = (x, y, z)$ abhängige Wahrscheinlichkeitswelle. Für stationäre Probleme (z. B. Elektron im Potenzialkasten oder im H-Atom) sind Energie und Impuls unabhängig von der Zeit, und man kann den **Separationsansatz** $\Psi(r, t) = \Psi(r) \cdot e^{-i(E/\hbar)t}$ machen. Setzt man diesen Ansatz in die Schrödinger-Gleichung ein, so erhält man für den Ortsanteil $\Psi(r)$ die stationäre, dreidimensionale Schrödinger-Gleichung (Antwort A6.2.11).

A6.2.13 Nicht alle mathematisch möglichen Lösungen $\Psi(x)$ der Schrödinger-Gleichung sind auch physikalisch sinnvoll. Eine Einschränkung wird durch die **Normierungs-bedingung** gegeben. Dies bedeutet, dass die Wahrscheinlichkeit, das Teilchen irgendwo zwischen $-\infty$ und $+\infty$ zu finden eins sein muss. Dies bedeutet $\int\limits_{-\infty}^{+\infty} |\Psi(x)|^2\,\mathrm{d}x = 1$. Damit lassen sich u. a. die Amplituden der Wellenfunktionen ermitteln (siehe Beispiel in Antwort A6.2.14).

A6.2.14 Als **freies Teilchen** wählen wir ein Elektron, das aus einer Glühwendel emittiert wird, dann durch eine Beschleunigungsspannung auf konstante Geschwindigkeit gebracht wird und sich danach auf der Strecke L in einem konstanten Potenzial bis zu einem Detektor hin bewegt. Dieses Teilchen ist frei, da keine Kräfte wirken, denn aus $E_{\mathrm{pot}} =$ konstant folgt $\vec{F} = -\,\mathrm{grad}\,E_{\mathrm{pot}} = 0$ (siehe Abschn. 1.2). Wenn wir den Energienullpunkt geeignet wählen, können wir $E_{\mathrm{pot}} = 0$ setzen und erhalten als Schrödinger-Gleichung $-\hbar^2/2m\cdot\partial^2\Psi(x)/\partial x^2 = E\,\Psi(x)$. Die Gesamtenergie ist dann $E = E_{\mathrm{kin}} = p^2/2m = \hbar^2 k^2/2m$, was aus $p = h/\lambda$ und $k = 2\pi/\lambda$ folgt. Damit reduziert sich die Schrödinger-Gleichung weiter zu $\partial^2\Psi(x)/\partial x^2 = -k^2\,\Psi(x)$. Für unsere Elektronen, die in Richtung Detektor fliegen, lautet die Lösung dieser Differentialgleichung $\Psi(x) = A\,\mathrm{e}^{\mathrm{i}kx}$. Die komplette, zeitabhängige Lösung lautet dann $\Psi(x,t) = A\,\mathrm{e}^{\mathrm{i}kx}\,\mathrm{e}^{-\mathrm{i}\omega t} = A\,\mathrm{e}^{\mathrm{i}(kx-\omega t)}$. Die Amplitude A erhalten wir aus der Normierungsbedingung. Man weiß, dass das Elektron sich nur auf der Strecke L zwischen Elektronenkanone und Detektor aufhalten kann. Die Wahrscheinlichkeit, es auf dieser Strecke anzutreffen, muss also eins sein, d. h. $1 = \int\limits_{0}^{L} |\Psi(x)|^2\,\mathrm{d}x$. Mit $|\Psi(x)|^2 = A^2\,\mathrm{e}^{\mathrm{i}kx}\,\mathrm{e}^{-\mathrm{i}kx}$ ergibt sich aus dem Integral $A = 1/\sqrt{L}$. Streng genommen erfolgt die Beschreibung des bewegten Elektrons durch ein Wellenpaket (siehe Antwort A6.2.15).

A6.2.15 Um den Ort eines Teilchens zu einer bestimmten Zeit festlegen zu können, sind ebene Wellen ungeeignet, denn sie sind weit ausgedehnt. Statt dessen nimmt man ein räumlich lokalisiertes **Wellenpaket** (**Wellengruppe**). Solch ein Paket besteht aus der Überlagerung vieler in gleiche Richtung laufender Wellen mit verschiedener Frequenz ω_j und verschiedener Amplitude C_j $\Psi(x,t) = \sum\limits_{j} C_j\,\mathrm{e}^{\mathrm{i}\left(\omega_j t - k_j x\right)}$. Meist wird das Wellenpaket aus unendlich vielen Wellen aufgebaut, deren Frequenzen um ein Zentrum ω_0 verteilt sind (Abb. 6.7).

Abb. 6.7 Wellenpaket

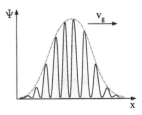

Das Zentrum des Wellenpakets breitet sich mit der Gruppengeschwindigkeit $v_{gr} =$ $\mathrm{d}\omega/\mathrm{d}k$ aus, die der Geschwindigkeit des Teilchens entspricht. Der Impuls $p = h/\lambda_0 =$ $\hbar k_0$ des Teilchens wird durch die Wellenlänge bzw. den Wellenvektor k_0 des Zentrums gegeben. Eine Eigenart dieses Wellenpaketes ist sein **Zerfließen** mit der Zeit, d. h. es wird mit der Zeit breiter, was für klassische Teilchen natürlich nicht beobachtet wird. Die Ursache ist die Heisenberg'sche Unschärferelation $\Delta x\,\Delta p \geq \hbar$. Die Gruppengeschwindigkeit, dargestellt durch $v_g = p/m$, muss so wie der Impuls eine Unschärfe $\Delta v_g = \Delta p/m =$ $\hbar/(\Delta x_0\, m)$ haben. Dabei ist Δx_0 die ursprüngliche Breite des Wellenpaketes, also die Ortsunschärfe. Nach einer gewissen Zeit t muss aufgrund der Geschwindigkeitsunschärfe Δv_g die Ortsunschärfe auf $\Delta x = \Delta v_g\, t$ angewachsen sein, d. h. das Paket ist auseinander geflossen.

A6.2.16 Der **Hamilton-Operator** gibt die Gesamtenergie des quantenmechanischen Systems an. Mit ihm kann die Schrödinger-Gleichung als Eigenwertgleichung $i\,\hbar\,\partial\Psi(r,t)/$ $\partial t = H\,\Psi(r,t)$ geschrieben werden (siehe Antworten A6.2.11, A6.2.12). Für ein Teilchen der Masse m im Potenzial $V(r)$ ist er durch $H = \left(-\hbar^2/2m\right)\Delta + V(r)$ gegeben.

A6.2.17 Ein quantenmechanisches System wird durch die Messung selbst beeinflusst. Dies wird schon aus der Heisenberg'schen Unschärferelation klar. Je genauer der Ort gemessen wird, d. h. je kleiner die Ortsunschärfe Δx wird, desto größer muss die Impulsunschärfe Δp werden. Dies bedeutet, dass durch die Ortsmessung selbst die Impulsgenauigkeit verändert wird. Anschaulich kann es verstanden werden, wenn wir die Position eines ruhenden Elektrons ($p = \Delta p = 0$) bestimmen wollen, indem wir an ihm ein Photon streuen und das Photon detektieren. Durch den Streuprozess, also durch die Ortsmessung selbst, erhält das Elektron einen Impuls und verändert damit seinen Impuls (siehe Compton-Effekt, in Abschn. 6.1).

A6.2.18 Die Heisenberg'sche Unschärferelation gilt auch für die beiden Größen Zeit und Energie und lautet dann $\Delta E\,\Delta t \geq \hbar/2$. Was bedeutet das? Betrachten wir ein Photon, das durch den Übergang eines Atoms vom angeregten in einen tieferen Energiezustand emittiert wird (Abschn. 7.1). Ist der Zeitpunkt der Emission nur auf Δt bekannt, so kann die Energie des emittierten Photons nicht genauer als auf $2\Delta E \geq \hbar/\Delta t$ angegeben werden. Damit kann die natürliche **Linienbreite** von Spektrallinien erklärt werden. Wenn z. B. die Lebensdauer τ eines angeregten Zustandes eines Atoms $\tau = \Delta t = 1$ ns beträgt, dann kann die Energie der emittierten Photonen nur auf $2\Delta E \geq \hbar/\left(10^{-9}\,\mathrm{s}\right) = 6{,}6\cdot10^{-7}\,\mathrm{eV}$ bestimmt werden. Für sichtbares Licht mit typischerweise $E = h\,f = 2{,}2\,\mathrm{eV}$ ist solche Linienbreite relativ gering. Für angeregte Zustände mit typischerweise $\tau = 10^{-12}\,\mathrm{s}$ ist die zugehörige Linienbreite dagegen relativ groß.

6.3   Potenzialkasten, Tunneleffekt, Harmonischer Oszillator

I Theorie

In diesem Kapitel behandeln wir den wichtigen Fall eines im Kasten-Potenzial eingesperrten Elektrons, das für optische und elektronische Bauteile (Quantumwell, Quantumdot) in der Nanotechnologie von großer Bedeutung ist. In Abschn. 7.1 werden die im Coulombpotenzial eines Atomkerns eingesperrten Elektronen diskutiert, woraus sich die quantisierten Elektronenenergien und Orbitale ergeben.

Elektronen im Potenzialkasten

Wir wollen im Folgenden die Konsequenzen der Welleneigenschaften untersuchen. Hierzu betrachten wir ein Elektron, das im eindimensionalen Potenzialkasten der Breite d eingesperrt ist und sich nur zwischen den Wänden bewegen kann (Abb. 6.8a). Das Potenzial im Kasten ist Null und außerhalb unendlich, d. h. die Randbedingungen der Schrödingergleichung lauten: $E_{pot}(x) = 0$ für $0 < x < d$ und $E_{pot}(x) = \infty$ für $x \leq 0$, $x \geq d$. Aus der Lösung der Schrödingergleichung erhalten wir die erlaubten Energiewerte und Aufenthaltsorte des Elektrons. Für die Gesamtenergie des Elektrons im Kasten gilt $E = E_{kin}$. Damit vereinfacht sich die Schrödinger-Gleichung zu $\partial^2 \Psi(x) / \partial x^2 = -k^2 \Psi(x)$, wobei $E = E_{kin} = p^2 / 2m = \hbar^2 k^2 / 2m$ verwendet wurde (siehe Antwort A6.2.14). Zum anderen besagen die Randbedingungen, dass sich das Elektron nur im Kasten aufhalten kann, womit für die Wellenfunktion außerhalb des Kastens $\Psi(x) = 0$ gelten muss. Daraus folgt nach etwas Rechnung $\Psi_n(x) = C \sin(n \pi x / d)$ mit der Amplitude C und der Quantenzahl n. Wir haben also stehende Elektronenwellen, ganz analog den stehenden Seilwellen auf einer beidseitig eingespannten Gitarrensaite (Abschn. 2.2)! Wäre das Elektron ein klassisches Teilchen, so könnte es bei seiner horizontalen Bewegung zwischen den Wänden jeden Impuls und jede Energie annehmen. Im Rahmen der Quantenmechanik verhält sich das Elektron aber wie eine stehende Welle. Die erlaubten Wellenlängen

Abb. 6.8 Modell des Kastenpotenzials: a) gebundenes Elektron, b) diskrete Energieniveaus E_n mit Quantenzahlen n, c) stehende Wellen Ψ_n und zugehörige Wahrscheinlichkeitsdichte $|\Psi_n|^2$

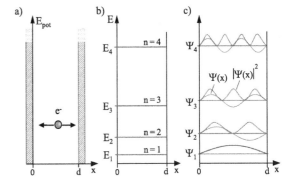

hängen von der Breite des Kastens und der Schwingungsmode (Quantenzahl n) wie folgt ab:

$$\lambda_n = \frac{2\,d}{n}, \quad n = 1, 2, \ldots \quad \text{(stehende Elektronenwelle im Kastenpotenzial)}. \quad (6.10)$$

Die Energie des Elektrons ist seine kinetische Energie $E = p^2/2m$. Mit der De-Broglie-Wellenlänge $\lambda_n = h/p_n$ und Gl. 6.10 folgt

$$E_n = n^2 \frac{h^2}{8\,m\,d^2} \quad \text{(Elektronenenergie im Kastenpotenzial)}. \quad (6.11)$$

Das Elektron kann, wenn sein Bewegungsraum durch das Kastenpotenzial eingeschränkt ist, also nur **diskrete**, d. h. **quantisierte Energiewerte** E_n annehmen. Die Werte dieser erlaubten Energieniveaus steigen quadratisch mit der **Quantenzahl** n der stehenden Welle (Abb. 6.8b). Da die kleinste Quantenzahl $n = 1$ ist, besitzt das Elektron eine nicht verschwindende **Nullpunktsenergie** $E_1 > 0$. Diese Nullpunktsenergie gibt es für klassische Teilchen nicht. Sie taucht erst durch die Behandlung des Elektrons als stehende Welle auf. Generell gibt sie für ein System die Energie am absoluten Temperaturnullpunkt an und ist immer größer als Null.

Die Wellenfunktionen $\Psi_n(x)$ (Abb. 6.8c) für das Elektron im Potenzialkasten sehen genauso aus wie die einer stehenden Seilwelle (Abschn. 2.2). Wie erhalten wir nun den Aufenthaltsort x des Elektrons im Kasten? In der Quantenmechanik lautet diese Frage: Mit welcher Wahrscheinlichkeit würde ein Detektor das Elektron im kleinen Intervall dx um den Ort x nachweisen? Hierzu müssen wir aus der Wahrscheinlichkeitsdichte $|\Psi_n(x)|^2$ die entsprechende Aufenthaltswahrscheinlichkeit $P(x, x + dx) = |\Psi_n(x)|^2 \cdot dx$ berechnen (Abschn. 6.2). Für die Zustände mit den Quantenzahlen $n = 1 - 4$ ist das in Abb. 6.8c gezeigt. Für den Grundzustand $n = 1$ ist die Wahrscheinlichkeit das Elektron am Rand des Kastens zu finden Null. Mit höchster Wahrscheinlichkeit wird es bei $x = d/2$ detektiert. Für den ersten angeregten Zustand $n = 2$ ist die Wahrscheinlichkeit es bei $x = d/2$ zu finden dagegen Null. Mit wachsender Quantenzahl n entstehen immer mehr Maxima in $|\Psi_n(x)|^2$, so dass für $n \to \infty$ die Wahrscheinlichkeit das Elektron zu finden für alle Orte im Kasten nahezu gleich ist. Dies entspricht dem **Korrespondenzprinzip**, wonach bei großen Quantenzahlen klassische und quantenmechanische Berechnungen zum gleichen Ergebnis führen müssen. Der Übergang zur klassischen Physik findet beim Übergang zu großen Dimensionen statt, d. h. wenn die Kastenbreite $d \to \infty$ wächst. Dann sinkt auch der Wert der Nullpunktsenergie $E_1 \to 0$.

Übergänge

Wie kann das im Kasten eingesperrte Elektron z. B. aus dem Grundzustand $n_1 = 1$ mit der kleinsten Energie E_1 in einen angeregten Zustand $n_2 > 1$ mit höherer Energie E_{n_2}

Abb. 6.9 Absorption und
Emission von Photonen durch
Übergänge zwischen erlaubten
Energiezuständen

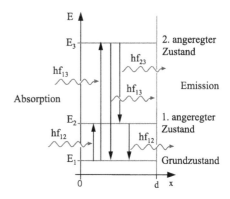

gelangen? Hierzu muss ein Photon absorbiert werden, dessen Energie hf_{n_1,n_2} genau der Energiedifferenz der beteiligten Zustände entspricht.

$$hf_{n_1,n_2} = |E_{n_2} - E_{n_1}| \quad \text{(Absorptions- und Emissionsenergie)}. \tag{6.12}$$

Es wird also nicht jedes beliebige Photon absorbiert (Abb. 6.9), sondern nur solche, deren Energie gemäß Gl. 6.12 „passt". Soll das Elektron z. B. aus dem Grundzustand in den zweiten angeregten Zustand $n = 3$ angeregt werden, so muss Licht mit der passenden Wellenlänge $\lambda_{1,3} = c/f_{1,3}$ absorbiert werden. Bei der Absorption muss das Photon seine gesamte Energie abgeben. Die teilweise Absorption der Photonen ist nicht erlaubt. Kehrt das Elektron wieder in den Grundzustand oder einen anderen Zustand geringerer Energie zurück, so wird die Energiedifferenz in Form eines Photons emittiert (Abb. 6.9). Diese „Relaxation" kann auch in Zwischenschritten ablaufen. Kehrt es z. B. aus dem Zustand $n = 3$ in den Grundzustand zurück, so können drei verschieden „Linien" mit den Wellenlängen $\lambda_{1,3}$ oder $\lambda_{2,3}$, $\lambda_{1,2}$ emittiert werden (Abb. 6.9). Diese grundlegenden Prinzipien der Lichtabsorption und Lichtemission werden wir bei der Behandlung von Atomen (Abschn. 7.1) wieder finden.

In realistischen Potenzialkästen wie sie in Halbleiterbauelementen, Quantenpunkten oder Nanokristallen vorkommen, sind die Potenzialwände nicht unendlich hoch, sondern durch einen Wert E_0 begrenzt. Als Folge gibt es zwei prinzipiell verschiedene Bereiche im Energieschema (Abb. 6.10a). Für Energien $E_n < E_0$ ist das Elektron gebunden und die möglichen Energiewerte sind weiterhin quantisiert. Ist die Energie des Elektrons größer als die Potenzialhöhe E_0, so ist das Elektron nicht mehr gebunden, sondern kann sich frei bewegen. Dies entspricht dem Grenzfall $d \to \infty$ und damit nach dem Korrespondenzprinzip einer kontinuierlichen Energieverteilung (Gl. 6.11). Damit kann es jeden beliebigen nicht quantisierten Energiewert in Form kinetischer Energie annehmen. Für die Lichtabsorption ergibt sich damit folgende Neuerung: Trifft Licht mit einer Energie $hf_j = |E_0 - E_1|$ auf das Elektron, so wird dieses aus dem Kasten „befreit" und kann sich im so genannten „Kontinuum" frei bewegen. Zu diesem Ionisationsprozess führen alle Photonen ausreichender Energie $hf \geq hf_j$. Die überschüssige Energie $\Delta E = hf - hf_j$

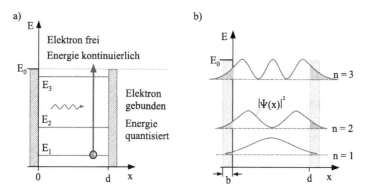

Abb. 6.10 Kasten mit endlichem Potenzial: a) diskrete und kontinuierliche Energiezustände, b) auch außerhalb der Wand ist $|\Psi_n|^2 > 0$ (Tunneleffekt)

erhält das Elektron als kinetische Energie. Im Prinzip kennen wir das aus dem Photoeffekt (Abschn. 6.1), wobei wir die Ablösearbeit mit der Ionisationsenergie $W_A = h f_j$ gleichsetzen können.

Tunneleffekt

Als weitere Folge des endlichen Potenzials E_0 wird das Elektron nicht mehr perfekt von den Wänden reflektiert, so dass sich an den Wänden keine perfekten Knoten bilden können. Ähnliches kennt man von einer Seilwelle, die an den nur locker befestigten Seilenden nicht vollständig reflektiert wird. Dies bedeutet aber, dass das Elektron in die Wand eindringen kann. Genau genommen gibt es eine gewisse Wahrscheinlichkeit, das Elektron auch in der Wand zu finden, denn außerhalb des Kastens wird $|\Psi(x)|^2 \neq 0$ (Abb. 6.10b). Das Elektron kann durch die Wand „hindurch tunneln", wenn deren Breite nicht zu dick ist. Dies ist der Tunneleffekt. Es gibt also eine Wahrscheinlichkeit $P(x, \infty) = \int\limits_{d+b}^{\infty} |\Psi(x)|^2 \, dx$ (schraffierte Fläche unter der Kurve in Abb. 6.10b), das Elektron außerhalb des Kastens, d. h. für $x > d + b$ zu finden. Diese Tunnelwahrscheinlichkeit steigt mit der Quantenzahl n, d. h. mit der Energie des Elektrons (Abb. 6.10b). Die Wahrscheinlichkeit eine Potenzialbarriere zu „durchtunneln" wird durch den Transmissionskoeffizienten gegeben.

$$T \approx e^{-2\kappa b} \quad \text{(Tunnelwahrscheinlichkeit)}, \tag{6.13a}$$

$$\kappa = \sqrt{\frac{8\,\pi^2\,m\,(E_0 - E)}{h^2}}. \tag{6.13b}$$

Die Tunnelwahrscheinlichkeit ist groß für Teilchen mit kleiner Masse und großer Energie, d. h. wenn ihre Energie E nahe der Potenzialhöhe E_0 liegt. Weiterhin steigt T mit sinkender Breite b der Potenzialbarriere. Der Tunneleffekt findet praktische Anwendung im Tunnelmikroskop (siehe Frage F6.3.8) oder in bestimmten mikroelektronischen Bauteilen, wo Elektronen durch dünne dielektrische Schichten tunneln (Tunneldiode). Der Tunneleffekt tritt generell bei Teilchen auf und führte u. a. zur Erklärung des radioaktiven Alpha-Zerfalls von Atomkernen (Abschn. 9.2).

II Prüfungsfragen

Grundverständnis

F6.3.1 Diskutieren Sie das Elektron im unendlich hohen Kastenpotenzial.

F6.3.2 Skizzieren Sie das entsprechende Termschema und die Wellenfunktionen.

F6.3.3 Wie kann die Energie des Elektrons im Kastenpotenzial geändert werden?

F6.3.4 Was ist die Nullpunktsenergie?

F6.3.5 Was ist das Korrespondenzprinzip?

F6.3.6 Was ist der Tunneleffekt?

F6.3.7 Wo findet der Tunneleffekt Anwendung?

Messtechnik

F6.3.8 Wie funktioniert das Tunnelmikroskop?

Vertiefungsfragen

F6.3.9 Diskutieren Sie das Elektron im dreidimensionalen Potenzialkasten.

F6.3.10 Wie kann ein Kastenpotenzial technisch realisiert werden?

F6.3.11 Wo werden Quanten-Töpfe eingesetzt?

F6.3.12 Diskutieren Sie den quantenmechanischen harmonischen Oszillator.

F6.3.13 Gibt es ein Analogon zum Tunneleffekt in der klassischen Physik?

III Antworten

A6.3.1 Das Elektron im unendlich hohen Kastenpotenzial ist im Theorieteil diskutiert (Abb. 6.8a–c).

A6.3.2 Das Termschema für das Elektron im unendlich hohen Kastenpotenzial wird durch die möglichen Energiewerte $E_n = n^2 h^2 / 8\, m\, d^2$ gebildet (Abb. 6.8b). Wichtig ist hierbei der quadratische Anstieg mit der Quantenzahl $E_n \sim n^2$. Da es sich um ein gebundenes Elektron handelt, kann es nur die diskreten Werte E_n annehmen. Zwischenwerte sind nicht erlaubt. Die Wellenfunktionen $\Psi_n(x)$ sind stehende Wellen, aus denen die Aufenthaltswahrscheinlichkeit des Elektrons am Ort x im Intervall dx durch $P(x,\, x + dx) = |\Psi_n(x)|^2\, dx$ berechnet wird (Abb. 6.8c).

A6.3.3 Die Energie des Elektrons im Kastenpotenzial ist durch $E_n = n^2 h^2 / 8\, m\, d^2$ gegeben. Wird die Breite d des Potenzialkastens reduziert, so steigt E_n proportional zu $1 / d^2$ an. Dieses Verhalten ist analog zum Anstieg der Frequenz einer stehenden Welle auf einer Gitarrensaite, wenn die Saite verkürzt wird. Die Energie des Elektrons kann aber auch durch Absorption von Photonen mit der passenden Energie $h f_{n_1, n_2} = E_{n_2} - E_{n_1}$ vergrößert werden. Dabei wird das Elektron aus dem Grundzustand $n_1 = 1$ in einen höherenergetischen Zustand n_2 angehoben.

A6.3.4 Die Nullpunktsenergie ist die kleinste mögliche Energie eines Systems. Sie führt u. a. dazu, dass am absoluten Temperaturnullpunkt das System eine nicht verschwindende Energie besitzt. Ursprung der nicht verschwindenden Nullpunktsenergie ist die Heisenberg'sche Unschärferelation $\Delta x\, \Delta p \geq \hbar / 2$ (Abschn. 6.2), was sich für das im Kastenpotenzial eingesperrte Elektron einfach zeigen lässt. Je kleiner die Kastenbreite d, desto größer wird die kinetische Energie $E_{n=1} = h^2 / 8\, m\, d^2$ des Elektrons. Denn mit abnehmender Kastenbreite kann man den Ort des Elektrons immer genauer angeben, d. h. die Ortsunschärfe $\Delta x = d$ sinkt. Dadurch muss aber die Impulsunschärfe $\Delta p \geq \hbar / 2 \Delta x$ anwachsen und folglich die kinetische Energie.

A6.3.5 Das Korrespondenzprinzip besagt, dass für große Quantenzahlen $n \to \infty$ die Aussagen der Quantenmechanik mit denen der klassischen Physik übereinstimmen. Dies findet man z. B. für die Aufenthaltswahrscheinlichkeit des Elektrons im Potenzialkasten. Für große Quantenzahlen verliert sie den Charakter der stehenden Welle mit lokalen Maxima und geht in die homogene Verteilung über, wie sie für ein zwischen den Potenzialwänden pendelndes Elektron klassisch erwartet werden würde (Abb. 6.8c).

A6.3.6 Der Tunneleffekt basiert auf der Welleneigenschaft der Materie. Ein Teilchen kann eine Potenzialbarriere (Wand) auch dann durchdringen, wenn seine Energie $E < E_0$ kleiner als die der Barriere ist (Abb. 6.11). Die Wahrscheinlichkeit, die Barriere zu durchdringen, wird durch den Transmissionskoeffizienten $T \approx e^{-2 \kappa b}$ gegeben. Im Gegenzug ist die Wahrscheinlichkeit, dass das Teilchen von der Barriere reflektiert wird (Reflexionskoeffizient R), kleiner als eins, denn es gilt $T + R = 1$. Für ein klassisches Teilchen kennen wir so etwas nicht, d. h. Sie können den Tennisball beliebig oft gegen die Wand schlagen, er wird die Wand nicht durchdringen, sondern immer reflektiert werden. Die Tunnelwahrscheinlichkeit steigt exponentiell mit abnehmender Wanddicke b und mit sinkender Energiedifferenz $E_0 - E$.

Abb. 6.11 Veranschaulichung
zum Tunneleffekt.

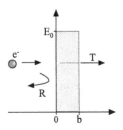

A6.3.7 Anwendung findet der Tunneleffekt im Tunnelmikroskop (Antwort A6.3.8), bei elektrischer Leitung durch sehr dünne Isolatorschichten, bei der Feldemission von Elektronen aus Metallen oder in der Erklärung des Alpha-Zerfalls (Abschn. 9.2).

A6.3.8 Das **Tunnelmikroskop** dient der Vermessung von Metall- oder Halbleiteroberflächen mit atomarer Auflösung (Abb. 6.12). Eine feine Metallspitze wird im Abstand $b \approx 1\,\text{nm}$ über der Halbleiteroberfläche bewegt, wobei eine Spannung $U \sim 0{,}01\text{--}1\,\text{V}$ zwischen negativer Spitze und positiver Probe anliegt. Durch Feldemission treten Elektronen aus der Metallspitze aus und tunneln durch die Luftbarriere in die Oberfläche. Der entstehende Tunnelstrom $I \sim T \approx e^{-2\kappa b}$ hängt empfindlich vom Abstand b (Barrierendicke) der Spitze zur Oberfläche ab. Zur Vermessung der Probenoberfläche wird die Spitze mithilfe eines Piezomotors (Abschn. 4.2) über der Probe verschoben und der Abstand b jeweils so angepasst, dass der Tunnelstrom konstant bleibt. Der Abstand ergibt dann eine Karte der Oberfläche. Die laterale Auflösung (x-y-Richtung) liegt bei 0,2 nm, die vertikale (z-Richtung) bei 0,001 nm. Damit liegt das Auflösungsvermögen in der Größenordnung von Atomen ($\sim 0{,}5\,\text{nm}$) und ist somit größer als das eines optischen und selbst eines Elektronenmikroskops.

Abb. 6.12 Tastspitze des
Tunnelmikroskops.

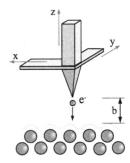

A6.3.9 Für ein Elektron im **dreidimensionalen Potenzialtopf** mit unendlich hohem Kastenpotenzial ergeben sich aus der Lösung der Schrödingergleichung die folgenden Energiewerte:

$$E_{n_x,n_y,n_z} = \frac{h^2}{8m}\left(\frac{n_x^2}{L_x^2} + \frac{n_y^2}{L_y^2} + \frac{n_z^2}{L_z^2}\right).$$

Hierbei geben L_x, L_y und L_z die Kastenlängen in den drei Richtungen an. Da es sich um ein dreidimensionales Problem handelt, bilden sich stehende Wellen aus, die durch drei verschiedene Quantenzahlen n_x, n_y und n_z erfasst werden. Folglich hängt auch die Energie von drei Quantenzahlen ab.

A6.3.10 Ein Kastenpotenzial kann durch **Heterostrukturen** realisiert werden. Durch Aufdampfen verschiedener Materialen wird eine sehr dünne, nur einige 10 nm dicke Kristallschicht (z. B. GaAs) zwischen zwei dickeren Kristallschichten (z. B. aus AlGaAs) eingeschlossen. Die Kristallelektronen der Zwischenschicht können diese nicht verlassen und sich nur in x- und y-Richtung bewegen. Sie sind wie in einem zweidimensionalen Elektronengas eingesperrt. Die möglichen Energiezustände werden durch die Abmessungen d_x, d_y der Zwischenschicht bestimmt. Für diesen zweidimensionaler **Quantentopf** (Quantumwell) benötigt man zwei Quantenzahlen n_x, n_y zur Berechnung der Energie E_{n_x, n_y}. Einen eindimensionalen **Quantentrog** erhält man, wenn die Zwischenschicht nur wenige Atomlagen breit ist ($d_y \approx 0$), also eher einem Draht gleicht. Seine Länge d_x legt dann das Energieschema E_n mit nur einer Quantenzahl n fest (Abb. 6.8). Dreidimensionale Quantentöpfe können z. B. durch einige nm große Kristalle (Granulate) erzeugt werden.

A6.3.11 Quanten-Tröge und -Töpfe sind in Antwort A6.3.10 beschrieben. Da sich in ihnen stehende Elektronenwellen ausbilden, können die Elektronen nur diskrete Energiewerte annehmen. Übergänge zwischen den Zuständen führen zur Emission von Licht bestimmter Wellenlänge, so dass sie Anwendung in der Optoelektronik als Lumineszenz- und Laserdioden finden. Die Laserwellenlänge kann u. a. durch die Wahl der Schichtdicke festgelegt werden.

A6.3.12 Der quantenmechanische **harmonische Oszillator** ist ein wichtiges System zur Beschreibung von Molekül- und Festkörperschwingungen. Analog dem aus der klassischen Physik bekannten System aus Feder mit der Federkonstanten k und Masse m bewegt sich das Teilchen in einem parabelförmigen Potenzial mit $E_{\text{pot}} = k\, x^2/2$ (Abschn. 1.2). Die in das Gleichgewicht zurücktreibende Kraft ist dann $F = -\,\mathrm{d}E_{\text{pot}}/\mathrm{d}x = -k\,x$. Das System führt harmonische Schwingungen mit der Eigenfrequenz $\omega = \sqrt{k/m}$ aus (Abschn. 2.1). Zur Beschreibung des quantenmechanischen harmonischen Oszillators müssen wir die entsprechende Schrödinger-Gleichung der Form $\frac{-\hbar^2}{2m} \frac{\partial^2 \Psi(x)}{\partial x^2} + \frac{1}{2}k\,x^2\,\Psi(x) = E\,\Psi(x)$ lösen (Abschn. 6.2). Dies führt nach einiger Rechnung auf die Hermite'schen Polynome, die wiederum in eine Reihe entwickelt werden können. Die daraus resultierenden ersten drei Wellenfunktionen $\Psi_n(x)$ bzw. die zugehörigen Wahrscheinlichkeitsdichten $|\Psi_n(x)|^2$ sind in Abb. 6.13 gezeigt. Die Energiewerte unterscheiden sich von denen des Potenzialkastens. Für den harmonischen Oszillator erhalten wir $E_n = (n + 1/2)\,\hbar\,\omega$ mit den Quantenzahlen $n = 0, 1, 2, \ldots$. Die Energieabstände sind äquidistant. Auch hier erhalten wir eine von Null verschiedene Nullpunktsenergie $E_0 = \hbar\,\omega/2$, wie nach der Heisenberg'schen Unschärferelation erwartet wird. Auch das Korrespondenzprinzip lässt sich wieder finden. Mit wachsender Quantenzahl n entstehen mehr und mehr Maxima $|\Psi_n(x)|^2$, deren Amplituden im Zentrum des Parabelpotenzials klein sind und zum Rand hin steigen. Klassisch bedeuten die Ränder die Umkehrpunkte des schwingenden Systems, d. h. dort ist die Geschwindigkeit Null und die Aufenthaltswahrscheinlichkeit am größten.

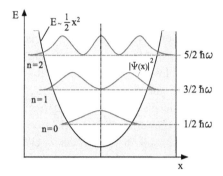

Abb. 6.13 Quantenmechanischer harmonischer Oszillator

A6.3.13 Da der Tunneleffekt aus dem Wellencharakter der Teilchen folgt, ist ein entsprechendes Phänomen auch bei klassischen Wellen zu erwarten. Es wird bei der Totalreflexion von Licht auch beobachtet. Trifft Licht unter einem Einfallswinkel, der größer als der Grenzwinkel ist, aus dem optisch dichteren Medium auf die Grenze zum optisch dünneren Medium (Glas nach Luft), so wird der Strahl vollständig reflektiert (Abschn. 5.1). Allerdings tritt das Licht trotz Totalreflexion in das optisch dünnere Medium ein, wobei die Amplitude exponentiell mit dem Abstand zur Grenzfläche abnimmt. Dieses Verhalten entspricht dem Tunneleffekt.

Atomphysik

7.1 Atomspektren, Bohr'sches Atommodell, Franck-Hertz-Versuch

I Theorie

Nach dem Atommodell von **Rutherford** bewegen sich die Elektronen auf Kreisbahnen um den positiv geladenen Kern, in welchem die Masse des Atoms konzentriert ist. Im einfachsten Fall des Wasserstoffatoms bewegt sich das Elektron im kugelsymmetrischen Coulomb-Potenzial des Kerns. Es besitzt die Energie $E = E_{\text{kin}} + E_{\text{pot}}$, die sich aus kinetischer ($E_{\text{kin}} = p^2/2m$) und potenzieller Energie

$$E_{\text{pot}} = eU(r) = \frac{-1}{4\,\pi\,\varepsilon_0}\frac{e^2}{r} \quad \text{(potenzielle Energie des Elektrons)} \quad (7.1)$$

zusammensetzt. Die Coulombkraft und die Fliehkraft der Elektronen gleichen sich aus, so dass eine stabile Elektronenhülle entsteht. Allerdings dürfte solch ein Atom nach der klassischen Elektrodynamik gar nicht stabil sein, denn das Elektron führt eine beschleunigte Bewegung aus und müsste solange Energie abstrahlen (siehe Synchrotronstrahlung in Abschn. 4.9), bis es auf einer Spiralbahn in den Kern stürzt. Ein weiterer Nachteil dieses Atommodells war, dass es nicht das Entstehen der diskreten Spektrallinien erklären konnte. Eine Lösung bot das **Atommodell** von **Bohr** durch folgende **Postulate**: 1) Elektronen bewegen sich ohne Strahlungsverluste nur auf bestimmten Kreisbahnen, wobei ihr Drehimpuls $L = m\,r\,v = n\,\hbar$ nur ganzzahlige Vielfache von $\hbar = h/2\,\pi$ annehmen darf mit der Quantenzahl n. Zu jeder erlaubten Quantenbahn gehört eine Bindungsenergie $E_n = R_y^*/n^2$ und ein Bohr'scher Radius $r_n = a_0 n^2$. 2) Emission oder Absorption von elektromagnetischer Strahlung vom Betrag $hf = E_{n_2} - E_{n_1}$ erfolgt nur, wenn das Elektron von einer Bahn mit der Energie E_{n_1} auf eine andere Bahn mit der Energie E_{n_2} übergeht. Man kann eine Elektronenbahn als stehende Elektronenwelle interpretieren, wobei der Bahnumfang $2\,\pi\,r = n\,\lambda$ ein ganzzahliges Vielfaches der De-Broglie-Wellenlänge

© Springer-Verlag Berlin Heidelberg 2016
H.-C. Mertins, M. Gilbert, *Prüfungstrainer Experimentalphysik*,
DOI 10.1007/978-3-662-49690-9_7

Abb. 7.1 Wasserstoffatom:
a) Energieniveaus und Übergänge, b) Spektrum

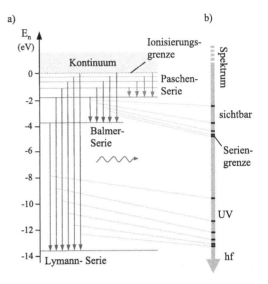

ist. Mit $\lambda = h/m\,v$ folgt daraus das zweite Bohr'sche Postulat. Ein Gewinn war die Erklärung, warum das Elektron auf seiner Bahn nicht mehr strahlt, denn eine stehende Welle
transportiert effektiv keine Ladung.

Für eine exakte **quantenmechanische Beschreibung** des H-Atoms müssen wir aber
die dreidimensionale, stationäre Schrödinger-Gleichung

$$-\left(\frac{\hbar^2 \Delta}{2m} + E_{\text{pot}}(\vec{r})\right) \Psi(\vec{r}) = E\,\Psi(\vec{r}) \quad \text{(Schrödinger-Gleichung)} \tag{7.2}$$

für das Potenzial von Gl. 7.1 lösen (siehe Abschn. 6.2, Antworten A6.2.11, A6.2.12).
Als Lösung erhalten wir die erlaubten Energiewerte und die zugehörigen Wellenfunktionen $\Psi(x)$, aus denen sich die erlaubten Bahnen des Elektrons, genauer seine Orbitale,
ergeben.

Energiewerte
Die erlaubten Energiewerte für das H-Atom sind durch

$$E_n = -\frac{me^4}{8\varepsilon_0^2 h^2}\frac{1}{n^2} = -13{,}6\,\text{eV}\,\frac{1}{n^2} \quad \text{(Energieniveaus des H-Atoms)} \tag{7.3}$$

gegeben. Da das Elektron gebunden ist, müssen sich zwangsläufig diskrete, negative Werte ergeben. Sie skalieren mit $E_n \sim 1/n^2$ (Abb. 7.1a). Im Grundzustand $n = 1$ beträgt
die Bindungsenergie des Elektrons $E_1 = -13{,}6$ eV. Mit wachsendem n laufen die Energiewerte gegen Null und auch die Energieabstände im **Termschema** werden immer enger
(Abb. 7.1a). Um das H-Atom aus dem Grundzustand in den ersten angeregten Zustand
($n = 2$) zu bringen, muss ein Photon mit der passenden Energiedifferenz $hf_{12} = E_2 -$

$E_1 = -13{,}6\,\mathrm{eV}\,(1/2^2 - 1/1^2)$ absorbiert werden. Um das Atom zu ionisieren, muss das Photon mindestens die Bindungsenergie des Grundzustandes überwinden, d. h. $hf_j = E_\infty - E_1 = -13{,}6\,\mathrm{eV}\,(1/\infty^2 - 1/1^2) = 13{,}6\,\mathrm{eV}$. Nun ist das Elektron vollständig aus der Bindung gelöst und besitzt positive Energie in Form kinetischer Energie, die nicht mehr quantisiert ist. Man sagt, es befindet sich im „Kontinuum". Wird das freie Elektron wieder vom ionisierten, d. h. positiv geladenen H-Atom eingefangen, so kann es auf verschiedenen Zwischenschritten in den Grundzustand zurückkehren. Dabei wird bei jedem Übergang von einem höherenergetischen Niveau n_2 in ein tieferenergetisches Niveau n_1 die Energiedifferenz in Form eines Photons emittiert.

$$hf_{n_1,n_2} = -13{,}6\,\mathrm{eV}\left(\frac{1}{n_2^2} - \frac{1}{n_1^2}\right) \quad \text{(Spektrum des H-Atoms)}. \tag{7.4}$$

Die Gesamtheit der möglichen Photonenenergien bzw. Wellenlängen nennt man Spektrum. Da die Energieniveaus quantisiert sind, müssen es auch die Photonenenergien sein. Deshalb zeigen Atome kein kontinuierliches, sondern ein diskretes **Linienspektrum** (Abb. 7.1b). In der Spektroskopie verwendet man oft die Darstellung in Wellenzahlen $1/\lambda_{n_1,n_2} = Ry\,(1/n_2^2 - 1/n_1^2)$ mit der **Rydberg-Konstante** $Ry = 1{,}098 \cdot 10^7\,\mathrm{m^{-1}}$. Den Vorfaktor $Ry^* = -13{,}6\,\mathrm{eV}$ in Gl. 7.3 nennt man entsprechend die **Rydberg-Energie**.

Das Spektrum kann experimentell durch Absorptions- oder Emissionsmessungen bestimmt werden. Bei der **Emissionsmessung** werden in einer Entladungslampe die Atome des Wasserstoffgases durch Elektronenstoß ionisiert. Bei der Relaxation in den Grundzustand emittieren die Atome Licht, dessen Wellenlänge mittels Monochromator (Abschn. 5.3) gemessen wird. Bei der **Absorptionsmessung** wird Licht mit einem kontinuierlichen (weißen) Spektrum durch eine Zelle mit Wasserstoffgas geschickt. Mit einem Monochromator hinter der Zelle werden die im Spektrum „fehlenden" Wellenlängen bestimmt. Die Ergebnisse beider Messungen sind Spektrallinien, die zu Serien zusammengefasst werden. Sie werden nach dem Zustand benannt, in welchem die entsprechenden Elektronenübergänge enden. Die Linien der **Lyman-Serie** werden durch Übergängen in den Grundzustand erzeugt. Die Linie kleinster Energie wird durch den Übergang $n_2 = 2 \rightarrow n_1 = 1$ erzeugt. Die nächste Linie durch $n_2 = 3 \rightarrow n_1 = 1$ usw. Da der Abstand der Energieniveaus mit wachsendem n immer enger wird, drängen auch die Linienabstände im Spektrum immer mehr zusammen und konvergieren zur Seriengrenze ($n_2 = \infty \rightarrow n_1 = 1$, Abb. 7.1b). Beachten Sie: Die Spektrallinien selber sind noch nicht die Energiewerte des H-Atoms, sondern diese müssen mittels Gl. 7.4 durch Kombination passender Paare von n_2, n_1 ermittelt werden. Während die Linien der Lyman-Serie im UV-Bereich liegen, befinden sich die Linien der **Balmer-Serie** ($n_2 \rightarrow n_1 = 2$) im sichtbaren Spektralbereich (Abb. 7.1b). Die Linien der **Paschen-Serie** liegen im Infrarotbereich.

Die entsprechende Energieberechnung für Atome mit mehreren Elektronen gestaltet sich deutlich schwieriger, da auch die Wechselwirkung der Elektronen untereinander berücksichtigt werden muss. Vernachlässigen wir diesen Aspekt aber, so ist nur das mit der Ordnungszahl Z steigende Kernpotenzial zu berücksichtigen. Dies ist eine sehr grobe Näherung, die für innere Elektronen Anwendung findet! Wir erhalten damit für

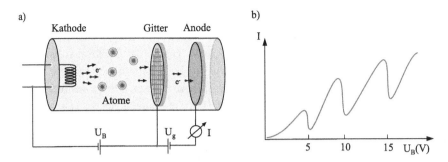

Abb. 7.2 Franck-Hertz-Versuch a) Aufbau, b) Anodenstrom als Funktion der Beschleunigungs-spannung

die Energiewerte eines Elementes mit Kernladungszahl Z statt Gl. 7.3 die Gleichung $E_n \approx -13{,}6\,\mathrm{eV}\left(Z^2/n^2\right)$ (siehe auch *Moseley*-Gesetz in Abschn. 7.3). Damit besitzt jedes Element sein individuelles Termschema, und seine „individuelle Rydberg-Energie" ($Z^2 \cdot 13{,}6\,\mathrm{eV}$), das mit Gl. 7.4 zu einem individuellen Spektrum führt, ähnlich einem „Fingerabdruck". Durch die Spektralanalyse eines unbekannten Gases oder Sterns kön-nen deshalb die enthaltenen Elemente eindeutig identifiziert werden.

Franck-Hertz-Versuch

Dass Atome nur diskrete Energiebeträge aufnehmen bzw. abgeben können, wurde von *Franck* und *Hertz* 1913 in einem weiteren Versuch gezeigt. Eine Röhre wird evakuiert und mit Quecksilberdampf (Hg) von etwa 10^{-2} mbar gefüllt (Abb. 7.2a). Aus einer Glühka-thode werden Elektronen emittiert, die durch eine Spannung U_B auf ein Drahtgitter hin beschleunigt werden. Hinter dem Drahtgitter treffen die Elektronen auf eine Anode und fließen über ein Ampèremeter ab, welches den Elektronenstrom misst. Eine geringe Ge-genspannung U_g zwischen Anode und Drahtnetz bremst die Elektronen ab, so dass nur solche mit ausreichender kinetischer Energie $E_{\mathrm{kin}} > eU_g$ die Anode erreichen und zum Strom beitragen können. Das Experiment läuft folgendermaßen ab: Die Gegenspannung wird konstant gehalten ($U_g \approx 0{,}1\,\mathrm{V}$), die Beschleunigungsspannung hoch geregelt und der Elektronenstrom gemessen (Abb. 7.2b). Anfangs steigt der Strom, bis er bei etwa 5 V einbricht. Danach steigt er wieder bis ca. 10 V, bricht ein, steigt wieder an bis ca. 15 V usw. Warum bricht der Strom ein? Auf dem Weg zur Anode stoßen die Elektronen mit den Hg-Atomen. Ist die kinetische Energie $E_{\mathrm{kin}} = eU_B$ der Elektronen klein, so sind es elastische Stöße ohne Energieverlust. Ist die kinetische Energie aber groß genug, so werden die Hg-Atome aus dem Grundzustand in den Zustand $n_1 = 1 \rightarrow n_2 = 2$ oder in höhere Zustände angeregt, bzw. ionisiert. Dies sind **inelastische Stöße**, bei denen die Elektronen ihre kinetische Energie an das Hg-Atom abgeben, langsamer werden und die Gegenspannung nicht mehr überwinden können. Weil das elektrische Potenzial von der Kathode bis zum Gitter hin ansteigt, erreichen die Elektronen erst kurz vor dem Gitter die für den inelastischen Stoß nötige kinetische Energie (Potenzialverlauf siehe Abschn. 4.1).

Steigt die Beschleunigungsspannung weiter an, so erreichen die Elektronen schon weit vor dem Gitter die notwendige kinetische Energie. Nach dem Stoß werden sie erneut beschleunigt, bis sie wieder ausreichende Energie für einen weiteren inelastischen Stoß besitzen. Das Minimum im Strom bei ca. 10 V entsteht also durch zwei aufeinander folgende inelastische Stöße in der Mitte der Anordnung und kurz vor dem Gitter. Generell gibt der Abstand der Minima (4,9 V) die Energie an, die sich aus der Anregung des Atoms aus dem Grundzustand in die vielen verschiedenen Energieniveaus zusammensetzt. Genau genommen wird das breite Minimum also durch viele eng beieinander liegende Minima gebildet, die bei guter experimenteller Auflösung auch beobachtet werden können. Nach der Anregung gehen die Atome in mehreren Zwischenschritten durch Emission von Licht in den Grundzustand zurück. Deshalb, wird bei Spannungswerten von 5 V, 10 V, 15 V usw. ein intensives Leuchten der Atome beobachtet. Auf diesem Prinzip basiert eine **Entladungslampe**. Zum Betrieb einer Hg-Lampe ist also mindestens die Beschleunigungsspannung von 4,9 V nötig, bei anderen Gasen sind es natürlich andere Spannungswerte, je nach dem individuellen Termschema.

Orbitale

Nach der Bestimmung der möglichen Energiewerte fragen wir nun nach dem Aufenthaltsort der Elektronen, genauer nach der Wahrscheinlichkeit das Elektron in einem Volumenelement dV um den Ort $\vec{r}$ zu finden. Wie bei dem eindimensionalen Kastenpotenzial (Abschn. 6.3) bedeutet dies, aus der Wellenfunktionen $\Psi(x)$ die Wahrscheinlichkeitsdichte $|\Psi(x)|^2$ (Orbitale) zu berechnen. Ähnlich wie bei den *chladnischen Klangfiguren* der zweidimensionalen schwingenden Membran einer Pauke (Abschn. 2.3, Antwort A2.3.17), erwarten wir für unser dreidimensionales H-Atom zahlreiche unterschiedliche räumliche Amplitudenverteilungen $\Psi(x)$, der „stehenden Elektronenwelle". Zur Lösung dieses komplexen Problems nutzen wir die Kugelsymmetrie aus, denn die potenzielle Energie des Elektrons hängt nur vom Abstand r zum Kern ab. Daher wird Gl. 7.2 und die Wellenfunktionen in Kugelkoordinaten beschrieben, d. h. der Ort des Elektrons wird durch den Abstand r und zwei Richtungswinkel θ, ϕ angegeben. Die Wellenfunktion ist, so wie die Energie, quantisiert. Da es sich um ein dreidimensionales Problem handelt (siehe Antwort A6.3.9), treten zu der Hauptquantenzahl n noch zwei weitere Quantenzahlen l und m_l auf, die als Index angefügt werden:

$$\Psi_{n,l,m_l}(r,\theta,\phi) = \underbrace{R_{n,l}(r)}_{\text{Radialanteil}} \cdot \underbrace{Y_{l,m_l}(\theta,\phi)}_{\text{Kugelwellenfunktion}} \quad \text{(Wellenfunktionen für H-Atom)}. \quad (7.5)$$

Der Radialteil $R_{n,l}(r)$ beschreibt im Prinzip den Abstand des Elektrons vom Kern und daher die Gesamtenergie E_n. Die Kugelwellenfunktion $Y_{l,m_l}(\theta,\phi)$ beschreibt die Winkelabhängigkeit. Dass sich die Wellenfunktion als solch ein Produkt schreiben (separieren) lässt, wird in der theoretischen Physik gezeigt. Wie hängen nun die Orbitale von den Quantenzahlen ab? Jede Kombination von Quantenzahlen n, l, m_l führt zu einer individuellen Funktion Ψ_{n,l,m_l}, welche den atomaren Zustand eindeutig festlegt. Die möglichen Werte der Quantenzahlen sind in Gl. 7.6 aufgelistet. Wir wollen hier aber nicht die jeweils konkrete mathematische Form, sondern nur den prinzipiellen Verlauf diskutieren. Beginnen wir mit der Wahrscheinlichkeit $P(r)\,\mathrm{d}r$, das Elektron in einem Kernabstand, genauer im Volumen zwischen den Kugelschalen mit den Radien r, $r + \mathrm{d}r$ zu finden. Für die Darstellung in Kugelkoordinaten ergibt sich $P(r)\,\mathrm{d}r = 4\,\pi\,r^2\,|R_{n,l}(r)|^2\,\mathrm{d}r$. Das Ergebnis ist in Abb. 7.3a gezeigt. Dabei ist Folgendes zu beachten: Die Funktion $R_{n,l=1}(r)$ und damit die radiale Wahrscheinlichkeitsdichte $|R_{n,l=1}(r)|^2$ hat bei $r = 0$, also im Kern ihren Maximalwert (nicht gezeigt in Abb. 7.3). Trotzdem ist die Wahrscheinlichkeit, das Elektron im Kern zu anzutreffen Null, denn diese ist $P(r = 0)\,\mathrm{d}r = 4\,\pi\,0^2\,|R_{n,l=0}(r = 0)|^2\,\mathrm{d}r = 0$. Das Elektron hält sich mit höchster Wahrscheinlichkeit im Maximum von $P(r)$ auf, d. h. auf einer Kugel im Kernabstand $a_0 = 0{,}05$ nm. Dieser Abstand ist der **Bohr'sche Radius** im Bohr'schen Modell. Nach der Quantenmechanik ist dies aber kein Kreis, sondern eine Kugel, wobei das Elektron mit einer gewissen Wahrscheinlichkeit auch außerhalb dieser Kugel angetroffen werden kann. Mit wachsendem Abstand vom Kern ($r \rightarrow \infty$) fällt $P(r)$ exponentiell auf Null ab. Für den ersten angeregten Zustand ($n = 2$) müssen wir die Fälle $l = 0, 1$ unterscheiden. Die Radialwellenfunktion $R_{n=2,l=0}$ führt zu der in Abb. 7.3b gezeigten Verteilung $P(r)$. Auch dies ist wieder eine kugelsymmetrische Verteilung, allerdings mit dem Maximum beim zweiten Bohr'schen Radius, der etwa fünfmal größer ist als a_0. Als generelle Tendenz beobachtet man eine Zunahme des „Abstands" der Elektronen vom Kern mit wachsender Hauptquantenzahl n. Dies ist im Einklang mit der Abnahme der Bindungsenergie $E_n \sim 1/n^2$ (Gl. 7.3). Anschaulich bedeutet dies, je weiter die Elektronen vom Kern entfernt sind, desto schwächer sind sie gebunden, bis sie bei $n \rightarrow \infty$ frei sind, d. h. das Atom ist ionisiert. Für den anderen Fall $n = 2$, $l = 1$ ist die radiale Verteilung $P(r)$ in Abb. 7.3c gezeigt. Die zugehörigen drei Wellenfunktionen sind nicht mehr kugelsymmetrisch, besitzen aber eine identische „Keulenform", die durch $Y_{l,m}(\theta, \phi)$ gegeben ist. Sie werden durch die magnetische Quantenzahlen $m_l = -1, 0, 1$ charakterisiert, die ihre Lage im Raum beschreiben (Abb. 7.3c). Für höher angeregte Zustände mit $n = 3, 4, \ldots$ und $l = 2$ gibt es wegen $-l \leq m_l \leq l$ fünf verschiedene „kreuzartige" Formen (nicht gezeigt). Die verschiedenen Orbitale werden nach ihrer Drehimpulsquantenzahl benannt: $l = 0$: s-Orbital (Kugelform), $l = 1$: p-Orbital (Keulenform), $l = 2$: d-Orbital (Kreuzform).

Wie können die Quantenzahlen interpretiert werden? Die **Hauptquantenzahl** n hängt mit dem Radialanteil $R_{n,l}(r)$ der Wellenfunktion zusammen. Mit ihr wächst die Energie E_n der Elektronen und der „Abstand" vom Kern. Alle Elektronen mit derselben Hauptquantenzahl n werden zu Elektronenschalen zusammengefasst: K-Schale: $1s$, L-Schale: ($2s, 2p$), M-Schale: ($3s, 3p, 3d$).

Die **Drehimpulsquantenzahl** l gibt die Form der Wellenfunktion (des Orbitals) an (Abb. 7.3a–c). Der Betrag des quantenmechanischen „Drehimpulses" ist durch $L = \sqrt{l(l+1)}\,\hbar$ gegeben. Dies ist anders als im Bohr'schen Atommodell, wo mit $L = m\,r\,v = n\,\hbar$ im Prinzip nur die Größe der Kreisbahn festgelegt wurde.

Die **magnetische Quantenzahl** m_l gibt die Orientierung des Orbitals bezüglich einer ausgezeichneten Achse im Raum an. Meist ist dies ein in z-Richtung zeigendes exter-

Abb. 7.3 Radiale Aufenthaltswahrscheinlichkeit $P(r)$
der s- und p-Orbitale sowie
deren Winkelverteilung. a) Das
1s-Orbital zeigt eine kugelsymmetrische Verteilung der
Aufenthaltsverteilung des
Elektrons. Es wird mit höchster
Wahrscheinlichkeit auf einer
Kugel im Abstand $r = a_0$, dem
Bohr'schen Radius angetroffen. b) Ein Elektron auf der
2s-Schale zeigt ebenfalls eine
kugelsymmetrische Verteilung
der Aufenthaltswahrschein-lich-
keit, aber mit einem größeren
Radius von $5a_0$. c) Die Elektronen der 2p-Orbitale werden
mit größter Wahrscheinlichkeit
im Abstand $4a_0$ angetroffen.
Allerdings ist die räumliche
Verteilung nicht kugelsymmetrisch, sondern entspricht den
dargestellten Keulen

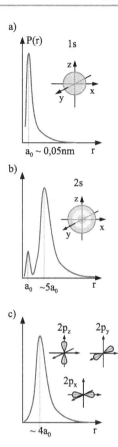

nes magnetisches Feld, so dass m_l die Projektion $L_z = m_l \hbar$ des Drehimpulses auf die
Feldrichtung angibt (Details in Abschn. 7.2). Eine Übersicht der Quantenzahlen und ihrer
möglichen Werte gibt die folgende Auflistung:

$$n = 1, 2, 3, \dots \quad \text{(Hauptquantenzahl, Energie } E_n, \text{ „Abstand" vom Kern)}, \tag{7.6}$$

$$l = 0, 1, 2, \dots (n-1) \quad \text{(Drehimpulsquantenzahl, Drehimpuls, Orbitalform)},$$

$$m_l = -l, (-l+1) \dots, 0, \dots (l-1), l \quad \text{(magnetische Quantenzahl, Orientierung)},$$

$$m_S = -1/2, +1/2 \quad \text{(Spinquantenzahl)},$$

Eine zusätzliche Eigenschaft des Elektrons wird durch seinen Spin beschrieben. Der **Spin**
nimmt den Wert $S = 1/2$ mit den beiden möglichen magnetischen Spinquantenzahlen
$m_s = -1/2, +1/2$ an. Er verhält sich wie ein Drehimpuls, hat aber kein Analogon in der
klassischen Physik. Er taucht als weitere Quantenzahl bei der Lösung der relativistischen
Schrödinger-Gleichung (*Dirac*-Gleichung) auf.

Sofern kein externes Magnetfeld oder elektrisches Feld anliegt, gibt es auch keine ausgezeichnete Richtung, anhand derer die Orbitale sich unterschiedlich ausrichten könnten.

Man spricht dann von **Entartung**, d. h. alle Wellenfunktionen mit derselben Quanten-zahl n gehören zu derselben Energie E_n. Erst bei Anlegen eines externen Magnetfeldes spalten die Energieniveaus in Unterniveaus E_{n,l,m_l} auf und werden durch die Quanten-zahlen l, m_l charakterisiert (Abschn. 7.2). Mit Berücksichtigung des Spins gibt es $k = 2 \sum_{l=0}^{n-1} (2l + 1) = 2\,n^2$ verschiedene Zustände für die Hauptquantenzahl n.

II Prüfungsfragen

Grundverständnis

F7.1.1 Geben Sie das Termschema und die Energiewerte des H-Atoms an.

F7.1.2 Diskutieren Sie das Emissionsspektrum des H-Atoms.

F7.1.3 Tragen Sie die Lyman-, Balmer- und Paschen-Serien in das Termschema ein.

F7.1.4 Wie sieht das Absorptionsspektrum von Wasserstoff aus?

F7.1.5 Beschreiben Sie die Stärken und Schwächen des Bohr'schen Atommodells.

F7.1.6 Diskutieren Sie den Franck-Hertz-Versuch.

F7.1.7 Diskutieren Sie die quantenmechanische Beschreibung des H-Atoms.

F7.1.8 Geben Sie alle Quantenzahlen an und interpretieren Sie diese.

Messtechnik

F7.1.9 Wie wird ein Atomspektrum experimentell bestimmt?

F7.1.10 Wie funktioniert eine Entladungslampe?

Vertiefungsfragen

F7.1.11 Skizzieren Sie einige Orbitale.

F7.1.12 Skizzieren Sie die ersten Radialwellenfunktionen.

F7.1.13 Was ist Entartung?

F7.1.14 Wodurch zeichnen sich komplett gefüllte Schalen aus?

F7.1.15 Wie kann man Atomradien ausmessen?

III Antworten

A7.1.1 Das Termschema für das H-Atom ist in Abb. 7.1a gezeigt. Nur die diskreten Energiewerte $E_n = -13{,}6/n^2$ eV mit der Hauptquantenzahl $n = 1, 2, 3, \ldots$ können angenommen werden. Negative Energiewerte $E_n < 0$ bedeuten, dass das Elektron im Coulomb-Potenzial des Atomkerns gebunden ist. Wenn das Elektron frei ist (ionisiertes H-Atom), so kann es jeden beliebigen Energiewert im Kontinuum annehmen.

A7.1.2 Das Emissionsspektrum erhält man, wenn das H-Atom im ersten Schritt ionisiert wird und das freie Elektron nach Wiedereinfang durch das positiv geladene H-Atom in den Grundzustand zurückkehrt. Dabei können verschiedene Übergänge $n_2 \rightarrow n_1$ von höherenergetischen (n_2) in niederenergetische (n_1) Zustände stattfinden, bei denen jeweils die entsprechende Energie $hf_{n_1,n_2} = \Delta E = -13{,}6 \left(1/n_2^2 - 1/n_1^2\right)$ in Form eines Photons freigesetzt wird. Die Gesamtheit aller Übergänge bildet das Emissionsspektrum (Abb. 7.1b).

A7.1.3 Die Lyman-, Balmer- und Paschen-Serien sind Spektrallinien, die aus Übergängen $n_2 \rightarrow n_1$ zwischen verschiedenen Energiezuständen des H-Atoms stammen (Abb. 7.1a). Der Name der Serie richtet sich nach der Hauptquantenzahl des Endzustandes (Lyman $n_2 \rightarrow n_1 = 1$, Balmer $n_2 \rightarrow n_1 = 2$, Paschen $n_2 \rightarrow n_1 = 3$). Die Abstände der Energiewerte nehmen für jede Serie mit $1/n_2^2$ am hochenergetischen Ende der Serie bis auf Null ab und enden in der Seriengrenze (Abb. 7.1b). Im Prinzip besitzt jede Serie unendlich viele Linien, die aber nahe der Seriengrenze wegen der kleinen Energieabstände experimentell nicht mehr getrennt werden können. Nur die Spektrallinien der Balmer-Serie liegen im sichtbaren Spektralbereich. Die Linien der Lyman-Serie liegen im UV-Bereich, die der Paschen-Serie im Infrarotbereich.

A7.1.4 Absorption findet statt, wenn das Atom aus dem Grundzustand in höherenergetische Zustände angeregt oder ionisiert wird. Der Grundzustand des H-Atoms mit $E_n = -13{,}6/1^2$ wird für die Quantenzahl $n = 1$ eingenommen. Um in einen energetisch höheren (angeregten) Zustand $E_n = -13{,}6/n^2$ mit $n_2 = 2, 3, 4\ldots$ zu gelangen, muss genau die passende Energiedifferenz $hf_{1,n_2} = \Delta E = -13{,}6 \left(1/n_2^2 - 1/1^2\right)$ eV aufgenommen werden. Dies geschieht z. B. durch Absorption eines Photons oder durch Elektronenstoß. Die Gesamtheit aller möglichen Energiewerte, die zu solchen Übergängen führen, nennt man Absorptionsspektrum, was genau die Lyman-Serie ergibt. Die Balmer- und Paschen-Serie können in Absorption nicht beobachtet werden, da die Zustände mit $n = 2$ und

$n = 3$ nicht mit einem Elektron besetzt sind, das durch Absorption in höhere Zustände angeregt werden könnte.

A7.1.5 Die Bohr'schen Postulate lauten 1) nur bestimmte Elektronenbahnen sind erlaubt und 2) elektromagnetische Strahlung wird nur durch Übergänge zwischen den erlaubten Bahnen emittiert bzw. absorbiert. Die Stärken des Modells liegen in der korrekten Berechnung der Energiewerte und der daraus resultierenden diskreten Spektrallinien des H-Atoms. Die zuvor experimentell gefundene Formel $hf_{n_1,n_2} = -13{,}6\left(1/n_2^2 - 1/n_1^2\right)$ konnte Bohr nun theoretisch herleiten. Das „strahlungslose Kreisen" der Elektronen um die Atome wurde aber nur postuliert, nicht erklärt! Die weiteren Schwächen des Bohr'schen Atommodells liegen darin, das es nur auf Atome mit einem einzigen Elektron wie H, He^+, Li^{3+} usw. anwendbar ist. Alle anderen Atome mit mehreren Elektronen können nicht beschrieben werden. Ebenso kann es nicht die Feinstruktur erklären (z. B. Zeemann-Effekt in Abschn. 7.2). Es kann den Magnetismus der Atome nicht erklären, ebenso wenig wie die chemischen Bindungen. Trotzdem war das Bohr'sche Atommodell sehr wichtig für die Entwicklung der Atomphysik.

A7.1.6 Der Franck-Hertz-Versuch ist im Theorieteil beschrieben und in Abb. 7.2 skizziert. Hier werden nicht durch Lichtabsorption / Emission, sondern durch Elektronenstoß die diskreten Energiezustände eines Atoms nachgewiesen.

A7.1.7 Für eine exakte quantenmechanische Beschreibung des H-Atoms muss die Schrödinger-Gleichung (Gl. 7.2) für das Elektron im Coulomb-Potenzial (Gl. 7.1) des Atomkerns gelöst werden. Als Lösung erhält man die erlaubten Energiewerte $E_n = -13{,}6/n^2\,\mathrm{eV}$ und die zugehörigen Wellenfunktionen $\Psi_{n,l,m_l}(r,\theta,\phi) = R_{n,l}(r) \cdot Y_{l,m_l}(\theta,\phi)$, die von zwei weiteren Quantenzahlen abhängen. Die Elektronen bewegen sich nicht wie im Bohr'schen Atommodell auf Bahnen, sondern ihre Aufenthaltswahrscheinlichkeit wird durch die Orbitale beschrieben (Abb. 7.3, ausführliche Diskussion siehe Theorieteil).

A7.1.8 Quantenzahlen geben den Zustand eines quantenmechanischen Systems wie z. B. ein Atom, Molekül oder Atomkern an. Zum Beispiel ist der Zustand des H-Atoms, d. h. die Wellenfunktion (Orbital) eindeutig durch die vier Quantenzahlen n, l, m_l, m_s festgelegt. Sie folgen aus der Lösung der Schrödinger-Gleichung und können folgendermaßen interpretiert werden: Die Hauptquantenzahl $n = 1, 2, 3, \dots$ gibt die Energie $E_n = -13{,}6/n^2\,\mathrm{eV}$ der Elektronen und den „Bahnradius" an. Die Drehimpulsquantenzahl $l = 0, 1, 2, \dots (n-1)$ gibt die Form der Wellenfunktion (Orbital) an (Abb. 7.3). Die magnetische Quantenzahl $m_l = -l, (-l+1) \dots, 0, \dots (l-1), l$ gibt die Orientierung des Orbitals bezüglich einer Achse im Raum an. Meist ist dies ein in z-Richtung zeigendes externes magnetisches Feld, so dass m_l die Projektion $L_z = m_l \hbar$ des Drehimpulses auf die Feldrichtung ist (Details in Abschn. 7.2). Der Spin kann die beiden Werte $m_s = -1/2, +1/2$ annehmen.

A7.1.9 Die Bestimmung von Atomspektren erfolgt spektroskopisch, meist durch Aufnahme des Emissionsspektrums. Dazu werden in einer Entladungslampe (s. u.) die Atome ionisiert. Bei ihrer Rückkehr in den Grundzustand senden sie die für ihr Energieschema charakteristischen Linien aus (Abb. 7.1b). Mittels Monochromator (Abschn. 5.3) werden die Wellenlänge bzw. Energie der Spektrallinien gemessen, woraus mit Gl. 7.4 das Termschema bestimmt werden kann.

A7.1.10 Eine **Entladungslampe** besteht meist aus einer mit Gas gefüllten Glasröhre. An den Enden der Röhre befinden sich zwei Elektroden, zwischen denen außen eine Spannung angelegt werden kann. Durch das entstehende elektrische Feld werden Elektronen im Gas beschleunigt, stoßen mit den Atomen, ionisieren diese und erzeugen dadurch weitere Ladungsträger (Elektronen und Ionen), die zu einem größeren Strom führen. Ziel ist die Erzeugung von Licht, indem die ionisierten Atome freie Elektronen einfangen und in den Grundzustand zurückkehren. Typische Entladungslampen enthalten Edelgase wie He, Ar oder Xe. In anderen Entladungslampen werden Metalle verdampft und so in den gasförmigen Zustand gebracht (Hg-Lampe im Franck-Hertz-Versuch). Die für die Ionisation der Atome nötige Spannung (Energie der Elektronen) hängt von der Grundzustandsenergie der jeweiligen Atome ab.

A7.1.11 Die Orbitale sind die Wellenfunktionen eines Ein-Elektronen-Atoms, die sich als Lösung $\Psi_{n,l,m}$ der Schrödinger-Gleichung ergeben. Die Aufenthaltswahrscheinlichkeitsdichte der Elektronen, d. h. ihre Verteilung, wird durch $\left|\Psi_{n,l,m_l}\right|^2$ angegeben. Sie werden durch die Quantenzahlen n, l, m_l festgelegt und nach der Drehimpulsquantenzahl bezeichnet, beginnend mit s-Orbital ($l = 0$, Kugelform), p-Orbital ($l = 1$, Keulenform) und d-Orbital ($l = 2$, Kreuzform) (siehe Abb. 7.3 und Diskussion im Theorieteil).

A7.1.12 Die Wellenfunktionen $\Psi_{n,l,m_l}(r, \theta, \phi) = R_{n,l}(r) \cdot Y_{l,m_l}(\theta, \phi)$ ergeben sich als Produkt aus Kugelwellenfunktion und Radialwellenfunktion. Während die Kugelwellenfunktion eher die Form (Winkelabhängigkeit) beschreiben, geben die Radialwellenfunktionen $R_{n,l}(r)$ die Abhängigkeit vom Abstand zum Atomkern an. Für die anschauliche Interpretation betrachtet man aber nicht $R_{n,l}(r)$, sondern die Wahrscheinlichkeit $P(r)\, \mathrm{d}r = 4\pi r^2 \left|R_{n,l}(r)\right|^2 \mathrm{d}r$, das Elektron zwischen den Kugelschalen mit den Radien r und $r + \mathrm{d}r$ zu finden (Abb. 7.3). Das Maximum in $P(r)$ kann als Bohr'scher Radius des entsprechenden Orbitals gedeutet werden.

A7.1.13 In der Quantenmechanik bedeutet Entartung das Auftreten mehrerer Wellenfunktionen, die zu demselben Energiewert gehören. Zum Beispiel gehören zum Energiewert E_n mit der Hauptquantenzahl n alle Funktionen Ψ_{n,l,m_l} mit insgesamt $k = 2 \sum_{l=0}^{n-1} (2l + 1) = 2n^2$ verschiedenen Quantenzahlen l, m_l, m_S. Der Entartungsgrad k gibt die Anzahl der möglichen Realisierungen der Energie E_n an. Die Entartung kann durch eine Störung, wie z. B. durch ein äußeres Magnetfeld aufgehoben werden.

Dann hängt die Energie zusätzlich von den weiteren Quantenzahlen ab und spaltet in maximal k Unterniveaus auf (Details in Abschn. 7.2).

A7.1.14 Komplett gefüllte Elektronenschalen mit der Quantenzahl n sind kugelsymmetrisch, ebenso wie das s-Orbital. Dies folgt, wenn man den Gesamtdrehimpuls für festes n aus allen erlaubten Werten von l und m_l bestimmt. Man erhält jeweils $\sum_{-l}^{+l} m_l = 0$ und damit einen resultierenden Drehimpuls $\vec{L} = 0$. Anschaulich kann die komplett gefüllte Kugelschale aus Kreisbahnen mit statistischer Verteilung der Orientierung im Raum gedacht werden, wodurch sich Drehimpulse zu Null addieren.

A7.1.15 Die Bestimmung bzw. Abschätzung der Atomradien kann durch verschiedene Methoden erfolgen. 1) In der Thermodynamik geht in das Modell des Van-der-Waals-Gases u. a. das Atomvolumen ein (Abschn. 3.4), was durch die Messung der Druckkurve ermittelt werden kann. 2) Durch Beugung von Röntgenstrahlen an einem Kristall kann der Atomabstand und somit die Elementarzelle bestimmt werden (Abschn. 8.1, 7.3), woraus sich das Atomvolumen berechnen lässt. 3) Die Berechnung des Bohr'schen Radius stellt nur eine indirekte Methode dar.

7.2 Spin, Feinstruktur, Periodensystem

I Theorie

Wie ändern sich die Energiewerte eines Atoms, wenn es in ein Magnetfeld gebracht wird, und welche Rolle spielen dabei die Nebenquantenzahlen l, m_l und m_s? Wie kann der Spin nachgewiesen werden und was bedeutet das Pauli-Prinzip für den Aufbau des Periodensystems? Diese Fragen werden wir im Folgenden beantworten.

Magnetisches Moment
In diesem Kapitel vernachlässigen wir das magnetische Moment des Kerns (Abschn. 9.1) und betrachten nur die Beiträge durch die Elektronenhülle. Nach dem Bohr'schen Atommodell erzeugt das auf einer Kreisbahn um den Atomkern laufende Elektron ein magnetisches Moment, das proportional zu seinem Drehimpuls ist. Der Drehimpuls steht senkrecht auf der Bahnebene und definiert damit die Lage der Bahn im Raum (Abschn. 4.8, Abb. 4.56). Nach dem ersten Bohr'schen Postulat können nur diskrete Bahnen eingenommen werden, d. h. der Drehimpuls muss gequantelt sein. Auch wenn nach der Quantenmechanik Elektronen nicht auf Kreisbahnen laufen, sondern ihre Aufenthaltswahrscheinlichkeit durch Orbitale angegeben wird, so ist das anschauliche Modell weiterhin hilfreich. Der klassische Drehimpuls wird durch die gequantelte Größe $\vec{L} = \sqrt{l(l+1)}\,\hbar$ mit der

Drehimpulsquantenzahl $l = 0, 1, 2, \ldots (n-1)$ ersetzt und erzeugt das Bahnmoment

$$\vec{\mu}_L = -\mu_{\text{Bohr}} \frac{\vec{L}}{\hbar} \quad \text{(magnetisches Bahnmoment)}. \tag{7.7}$$

Das **Bohr'sche Magneton** $\mu_{\text{Bohr}} = e\,\hbar/2\,m = 5{,}79 \cdot 10^{-5}$ eVT^{-1} bildet dabei eine magnetische Grundeinheit. Ein weiterer magnetischer Beitrag entsteht durch den Spin $\vec{S}$ des Elektrons

$$\vec{\mu}_S = -2\mu_{\text{Bohr}} \frac{\vec{S}}{\hbar} \quad \text{(magnetisches Spinmoment)}. \tag{7.8}$$

Das gesamte magnetische Moment eines Atoms wird somit durch $\vec{\mu} = \vec{\mu}_L + \vec{\mu}_S$ gegeben. In der Quantenmechanik benutzt man statt $\vec{\mu}$ die gleichwertige Darstellung durch die Drehimpulse, die vektoriell zum Gesamtdrehimpuls koppeln.

$$\vec{J} = \vec{L} + \vec{S} \quad \text{(Gesamtdrehimpuls)}. \tag{7.9}$$

Um das grundsätzliche Verhalten der Atome im Magnetfeld zu diskutieren, beginnen wir mit zwei einfachen Spezialfällen. Zum einen betrachten wir Atome, die nur ein magnetisches Spinmoment besitzen, d. h. deren Gesamtbahnimpuls verschwindet ($L = 0$, Stern-Gerlach-Versuch). Zum anderen betrachten wir Atome, die nur ein magnetisches Bahnmoment besitzen, d. h. deren Gesamtspin verschwindet ($S = 0$, normaler Zeeman-Effekt). Den allgemeinen Fall, wo beide Komponenten zum Gesamtimpuls $\vec{J} = \vec{L} + \vec{S}$ gekoppelt werden müssen (anomaler Zeeman-Effekt) behandeln wir im Prüfungsteil (Frage F7.2.9).

Normaler Zeeman-Effekt

Wir betrachten hier nur Atome mit abgesättigtem Spin $S = 0$. Ihr magnetisches Moment wird also nur durch den Bahndrehimpuls erzeugt (Gl. 7.7). Für die Messung ist wichtig, dass $\vec{L}$ selbst nicht ermittelt werden kann, sondern nur seine Projektionen L_z auf eine ausgezeichnete Achse, die hier durch ein externes Magnetfeld in z-Richtung gegeben ist.

$$L_z = m_l \hbar, \quad m_l = -l, \cdots + l \quad \text{(erlaubte Projektionen von } \vec{L}). \tag{7.10}$$

Das Gleiche gilt natürlich auch für den Spin ($S_z = m_s \hbar$, $m_s = \pm 1/2$) bzw. den Gesamtdrehimpuls ($J_z = m_j \hbar$, $m_j = -J, \cdots + J$). Nach der Quantenmechanik kann der Drehimpuls sich also nur in bestimmten Winkeln zum Magnetfeld einstellen (Abb. 7.4a), denn es dürfen sich nur die erlaubten Projektionen $L_z = m_l \hbar$ ergeben. Dieses Verhalten heißt **Richtungsquantelung**. Die Spitze von $\vec{L}$ kann aber irgendwo auf einem Kreis liegen. Was bedeutet dieses Verhalten für die Energie des Atoms? Durch die Drehimpulsquantenzahl ist jedem Orbital Ψ_{n,l,m_l} ein magnetisches Moment zugeordnet (Gl. 7.7)

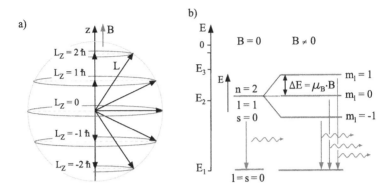

Abb. 7.4 Normaler Zeeman-Effekt: a) mögliche Einstellungen des Drehimpulses zum B-Feld für $l = 2$, b) Aufspaltung des Energieniveaus für $l = 1$

und durch die magnetische Quantenzahl m_l dessen Ausrichtung in einem externen Magnetfeld gegeben. Die Ausrichtung des magnetischen Momentes bestimmt aber dessen Energie $E_{\text{mag}} = -\vec{\mu}_L \cdot \vec{B}$ im B-Feld. (siehe magnetischen Dipol im B-Feld, Abschn. 4.4). Werden Atome in ein B-Feld gebracht, so führt dies also zu einer Aufspaltung und Verschiebung der Energieniveaus, je nachdem wie sich das magnetische Moment zum B-Feld einstellt. Dadurch kommt zur Energie E_n des Elektrons im Coulomb-Feld zusätzlich ein sehr kleiner Korrekturterm

$$E_{n, l m_l} = E_n + \mu_{\text{Bohr}}\, m_l\, B\,. \tag{7.11}$$

Ohne Magnetfeld ist die Energie E_n des Atoms also durch die Hauptquantenzahl n gegeben, unabhängig von m_l. Erst durch das Magnetfeld entsteht eine Vorzugsrichtung im Raum und die Entartung der Zustände wird aufgehoben. In Abb. 7.4b ist das für die 2p-Orbitale ($n = 2$, $l = 1$) gezeigt. Die drei möglichen Orientierungen der 2p-Orbitale zum B-Feld werden durch $m_l = -1, 0, 1$ erfasst und das entartete Niveau $E_{2,1,m_l}$ spaltet in drei Unterniveaus (**Feinstruktur**) auf (siehe auch Antwort A7.2.5). Der Energieabstand $\Delta E = \mu_{\text{Bohr}} B$ heißt **Zeeman-Aufspaltung**. Er kann aus den Spektren bestimmt werden, wenn sich die entsprechende Entladungslampe im Magnetfeld befindet, denn durch die zusätzlichen Energieniveaus entstehen auch zwei zusätzliche Übergänge mit neuen Photonenenergien. Ob die in Abb. 7.4b gezeigten Übergänge auch erlaubt sind, entscheiden die Auswahlregeln (siehe Prüfungsteil).

Stern-Gerlach-Versuch

Mit diesem Versuch konnten *Stern* und *Gerlach* die Richtungsquantelung des Elektronenspins zeigen. Dazu wurde ein Strahl von Silberatomen (Ag) durch ein inhomogenes Magnetfeld geschickt und seine Aufspaltung in zwei Teilstrahlen auf einem Schirm beobachtet (Abb. 7.5a). Schnelle Silberatome können durch Heizen und Verdampfen einer Silberprobe in einem Ofen erzeugt werden, wobei hinter einer Lochblende ein schma-

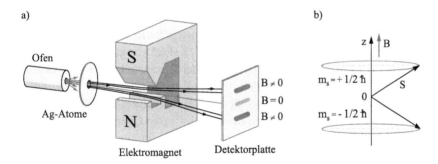

Abb. 7.5 Stern-Gerlach-Versuch: a) Experiment, b) mögliche Einstellungen des Spins zum B-Feld

ler Atomstrahl entsteht. Da die Atome elektrisch neutral sind, werden sie nicht durch die Lorentz-Kraft abgelenkt (Abschn. 4.1), sondern durch das inhomogene Magnetfeld, das sich in den keilförmigen Pohlschuhen des Elektromagneten bildet. Das Feld muss inhomogen sein ($\partial \vec{B}/\partial z \neq 0$), da nur dann eine Kraft $\vec{F} = -\vec{\mu} \cdot \partial \vec{B}/\partial z$ auf das magnetische Moment $\vec{\mu}$ wirkt. Nach der Quantenmechanik kann $\vec{\mu}$ nur bestimmte Orientierungen einnehmen, die sich aus der magnetischen Quantenzahl ergibt. Generell führen die Elektronen bei Atomen mit komplett gefüllten Schalen zu einem verschwindenden magnetischen Moment, denn sowohl Bahnmoment ($\sum\limits_{-l}^{+l} m_l = 0$) als auch Spinmoment ($\sum\limits_{-1/2}^{+1/2} m_s = 0$) werden Null. Unser Ag-Atom besitzt komplett gefüllte Schalen und ein einzelnes Elektron in der äußersten 5s-Schale. Allein der Spin dieses Elektrons erzeugt das gesamte magnetische Moment (Gl. 7.8), das sich entweder parallel ($m_s = 1/2$), oder anti-parallel ($m_s = -1/2$) zum B-Feld einstellen kann (Abb. 7.5b). Deshalb spaltet der Strahl der Ag-Atome genau in zwei Teilstrahlen auf. Nach der klassischen Physik würde man eine kontinuierliche Verbreiterung des Flecks erwarten, da das magnetische Moment des Ag-Atoms beliebige Einstellungen zum B-Feld zwischen Null und dem Maximalbetrag einnehmen kann.

Periodensystem

Für Atome mit mehreren Elektronen kann kein einfaches Potenzial mehr angegeben werden, in dem die Elektronen sich bewegen. Daher ist die Bestimmung der Energiewerte nur noch näherungsweise möglich, wobei die Abschirmung des Kernpotenzials durch Elektronen auf inneren Schalen und die komplexe Wechselwirkung der Elektronen untereinander zu berücksichtigen ist. Wir beschränken uns daher nur auf die Systematik des Aufbaus der Elemente im Periodensystem. Wichtig hierfür ist, dass die Wellenfunktionen (Zustände) eindeutig durch vier Quantenzahlen n, l, m_l, m_s beschrieben werden. Welche Quantenzahlen die Elektronen annehmen wird durch zwei Prinzipien bestimmt: Das System Atomkern + Elektronen will immer den Zustand kleinster Energie einnehmen, ein Prinzip das wir aus der klassischen Physik kennen. Das zweite Prinzip ist das

Pauli-Prinzip. Es besagt, **dass niemals zwei Elektronen in allen vier Quantenzahlen übereinstimmen dürfen**. Das folgt aus Symmetrieüberlegungen und gilt generell für **Fermionen**, also Teilchen mit dem Spin $s = 1/2$ (Elektronen, Protonen und Neutronen, siehe auch Antwort A8.2.12). Der Aufbau der Elemente erfolgt nach dem Prinzip der minimalen Energie durch Auffüllen der möglichen Zustände mit Elektronen „von unten her". Der Zustand n, l, m_l, m_s mit der kleinsten Energie erhält das erste Elektron. Wenn für dieselbe Energie weitere Kombinationen der Quantenzahlen möglich sind, kann das zweite Elektron dieselbe Energie annehmen, ansonsten muss, wegen des Pauli-Prinzips, der energetisch nächst höhere Zustand besetzt werden usw. Die Orientierung der Spins der einzelnen Elektronen zueinander wird durch die Hund'sche Regel festgelegt (Antwort A7.2.13). Generell gilt, dass die Energie in erster Ordnung durch die Hauptquantenzahl n festgelegt wird. Für Zustände mit gleichem n wächst die Energie mit l. Wir wollen das an Beispielen klarmachen.

Helium hat zwei Elektronen. Wir beginnen die Zustände mit $n = 1$ zu besetzen, also $(n = 1, l = 0, m_l = 0, m_s = 1/2)$ und $(n = 1, l = 0, m_l = 0, m_s = -1/2)$. Beide haben dieselbe Energie E_1. Wir können also zwei Elektronen „unterbringen", weil sie sich im Spin unterscheiden, angedeutet durch die Pfeile nach oben bzw. nach unten (Abb. 7.6). Wegen der größeren Kernladungszahl $Z = 2$ sind die Elektronen stärker gebunden als für Wasserstoff mit $Z = 1$, d. h. der tiefste Energiezustand E_1 liegt für Helium unter dem für Wasserstoff. Entsprechend ist die Ionisationsenergie $E_{ion} = hf_j$ (Abschn. 7.1) auch für Helium größer. Während das H-Atom den Gesamtspin $S = 1/2$ besitzt, kompensieren sich die Spins der Elektronen in Helium zu $S = 0$. Wegen $l = 0$ (s-Orbitale) folgt für den Bahndrehimpuls beider Atome $L = \sqrt{l(l+1)}\,\hbar = 0$.

Lithium besitzt drei Elektronen. Da die beiden ersten möglichen 1s-Zustände (K-Schale) besetzt sind (Abb. 7.6), muss das dritte Elektron die nächst höhere Energie E_2 annehmen und den 2s-Zustand mit $(n = 2, l = 0, m_l = 0, m_s = 1/2)$ besetzen. Wegen der größeren Kernladung $Z = 3$ ist die Energie des Grundzustandes E_1 gegenüber dem von Helium weiter abgesenkt. Dagegen ist die Ionisationsenergie geringer, d. h. die minimal nötige Energie, um ein Elektron vom Atom abzutrennen. Ursache ist die reduzierte Anziehungskraft des Kerns auf das 2s-Elektron, denn dieser wird durch die beiden näher am Kern liegenden Elektronen der 1s-Schale abgeschirmt.

Natrium hat 11 Elektronen, welche nach dem Pauli-Prinzip und dem Prinzip minimaler Energie von unten her auf die möglichen Zustände verteilt werden. In der L-Schale werden zuerst die 2s-Zustände mit $l = 0$ aufgefüllt, danach die 2p-Zustände mit $l = 1$. Generell können pro Schale $2n^2 = 2\sum_{l=0}^{n-1}(2l+1)$ Elektronen untergebracht werden. Dies bedeutet zwei Elektronen in der K-Schale, acht Elektronen für die L-Schale, (zwei in 2s, und sechs in 2p), achtzehn Elektronen in der M-Schale (zwei in 3s, sechs in 3p und zehn in 3d) usw.

Die chemischen **Elemente** werden also durch ihre Kernladungszahl (**Ordnungszahl**) und damit die Zahl der Elektronen eindeutig charakterisiert. Beachten Sie, dass ohne das

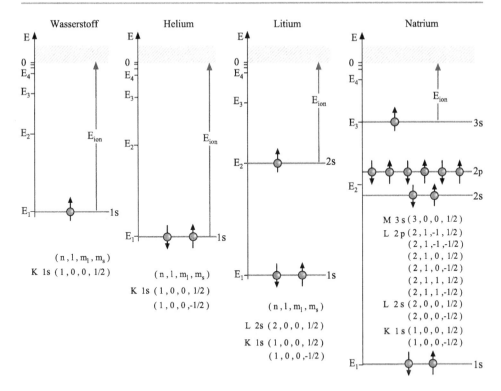

Abb. 7.6 Energieschema und Besetzung der Zustände mit Elektronen nach dem Pauli-Prinzip für die ersten Elemente des Periodensystems mit den zugehörigen Quantenzahlen, Schalen und Ionisationsenergie E_{ion}. Die Pfeile kennzeichnen den Spin

Pauli-Prinzip alle Elektronen sich im selben, energetisch tiefsten Zustand E_1 befinden würden. Es gäbe keine „Chemie", denn diese beruht auf den äußersten Elektronen, welche zur Bindung in Molekülen und Festkörpern führen. Entsprechend werden die Elemente im **Periodensystem** nach der Anzahl der äußeren Elektronen in Gruppen (Spalten) geordnet. Die Elemente einer Gruppe zeigen ähnliches chemisches Verhalten (Abb. 7.7). **Edelgase** wie He, Ne, Ar besitzen komplett gefüllte Schalen mit einer tiefen Energie des Grundzustandes. Dies ist die angestrebte ideale Elektronenkonfiguration eines Elementes. Die Ionisationsenergie ist deshalb relativ groß, so dass sich Elektronen für eine mögliche chemische Bindung nur schwer abtrennen lassen. Daher sind sie chemisch stabil. Edelgase bilden die Gruppe VIII, d. h. die Spalte am rechten Rand des Periodensystems. Die **Alkalimetalle** wie Li, Na, K sind dem Wasserstoff ähnlich, da sie außerhalb der gefüllten Schalen nur ein äußeres Elektron besitzen. Sie bilden die Gruppe I (linke Spalte). Sie sind chemisch sehr reaktiv, da sie die Tendenz haben, das äußere Elektron in einer chemischen Bindung „abzugeben", z. B. an **Halogene** wie F, Cl, Br der Gruppe VII. Dadurch erhalten beide jeweils komplett gefüllte Schalen und haben in dieser idealen Elektronen-

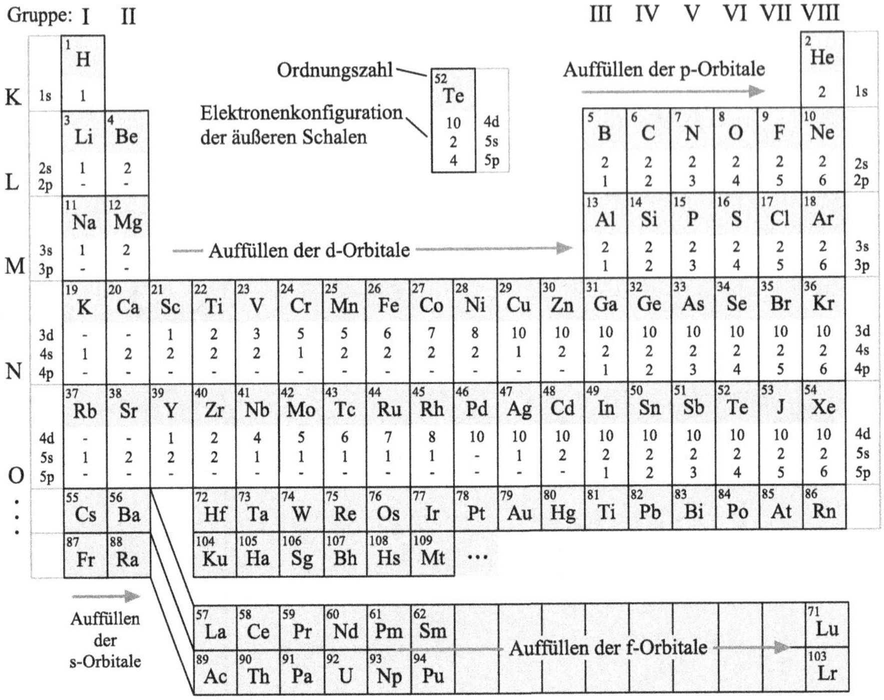

Gruppe: I   II   III IV V VI VII VIII

	I	II												III	IV	V	VI	VII	VIII	
K	**1 H** 1																		**2 He** 2	1s
	1s																			

Ordnungszahl → 52 Te
Elektronenkonfiguration der äußeren Schalen → 10 4d / 2 5s / 4 5p

Auffüllen der p-Orbitale →

	3 Li	4 Be								5 B	6 C	7 N	8 O	9 F	10 Ne	
2s	1	2								2	2	2	2	2	2	2s
L 2p	-	-								1	2	3	4	5	6	2p

Auffüllen der d-Orbitale →

	11 Na	12 Mg								13 Al	14 Si	15 P	16 S	17 Cl	18 Ar	
3s	1	2								2	2	2	2	2	2	3s
M 3p	-	-								1	2	3	4	5	6	3p

	19 K	20 Ca	21 Sc	22 Ti	23 V	24 Cr	25 Mn	26 Fe	27 Co	28 Ni	29 Cu	30 Zn	31 Ga	32 Ge	33 As	34 Se	35 Br	36 Kr	
3d	-	-	1	2	3	5	5	6	7	8	10	10	10	10	10	10	10	10	3d
4s	1	2	2	2	2	1	2	2	2	2	1	2	2	2	2	2	2	2	4s
N 4p	-	-	-	-	-	-	-	-	-	-	-	-	1	2	3	4	5	6	4p

	37 Rb	38 Sr	39 Y	40 Zr	41 Nb	42 Mo	43 Tc	44 Ru	45 Rh	46 Pd	47 Ag	48 Cd	49 In	50 Sn	51 Sb	52 Te	53 J	54 Xe	
4d	-	-	1	2	4	5	6	7	8	10	10	10	10	10	10	10	10	10	4d
5s	1	2	2	2	1	1	1	1	1	-	1	2	2	2	2	2	2	2	5s
O 5p	-	-	-	-	-	-	-	-	-	-	-	-	1	2	3	4	5	6	5p

	55 Cs	56 Ba		72 Hf	73 Ta	74 W	75 Re	76 Os	77 Ir	78 Pt	79 Au	80 Hg	81 Ti	82 Pb	83 Bi	84 Po	85 At	86 Rn

	87 Fr	88 Ra		104 Ku	105 Ha	106 Sg	107 Bh	108 Hs	109 Mt	...

Auffüllen der s-Orbitale →

57 La	58 Ce	59 Pr	60 Nd	61 Pm	62 Sm	Auffüllen der f-Orbitale →	71 Lu
89 Ac	90 Th	91 Pa	92 U	93 Np	94 Pu		103 Lr

Abb. 7.7 Periodensystem der Elemente

konfiguration ihre Energie minimiert. Beim Aufbau der Elemente des Periodensystems wird sukzessiv die L-Schale vom Li bis zum Ne mit Elektronen gefüllt (zweite Reihe). Entsprechend verläuft der Aufbau in der dritten Reihe vom Na bis zum Ar. Die Bezeichnung der besetzten Zustände der Elektronenhülle erfolgt durch die Form $He(1s^2)$, $Li(1s^2, 2s^1)$, $Na(1s^2, 2s^2, 2p^6, 3s^1)$ usw.

Jedes Element besitzt sein individuelles Termschema, wobei in Abb. 7.6 nur die höheren unbesetzten Zustände angedeutet sind. Jedes Termschema führt zu einem charakteristischen Spektrum, ähnlich einem „Fingerabdruck". Durch die Spektralanalyse eines unbekannten Gases oder Sterns können somit die enthaltenen Elemente eindeutig identifiziert werden. Dabei ist zu beachten, dass Übergänge von Elektronen wegen des Pauli-Prinzips nur in solche Zustände stattfinden können, die ein Loch, d. h. einen freien Platz besitzen. Weiterhin ist zu beachten, dass nur die Übergänge zwischen den oberen Zuständen mit relativ geringem Energieabstand zwischen 1,5 eV und 3 eV zu Strahlung im sichtbaren Spektralbereich führen. Übergänge in energetisch tiefer liegende Zustände führen in der Regel zu UV-Strahlung und bei schweren Elementen mit großer Ordnungszahl ($Z \geq 15$) und entsprechend tief liegenden Niveaus E_1, E_2, ... zu Röntgenstrahlung (Abschn. 7.3).

II Prüfungsfragen

Grundverständnis

F7.2.1 Welche Experimente deuten auf magnetische Eigenschaften der Atome hin?

F7.2.2 Was ist der Spin des Elektrons?

F7.2.3 Wie wird das magnetische Moment eines Atoms gebildet?

F7.2.4 Diskutieren Sie Zweck und Aufbau des Stern-Gerlach-Experiments.

F7.2.5 Was ist die Feinstruktur und wodurch wird sie hervorgerufen?

F7.2.6 Beschreiben Sie den normalen Zeeman-Effekt.

F7.2.7 Was besagt das Pauli-Prinzip?

F7.2.8 Diskutieren Sie den Aufbau des Periodensystems.

Vertiefungsfragen

F7.2.9 Beschreiben Sie den anomalen Zeeman-Effekt.

F7.2.10 Was ist die Spin Bahn Kopplung?

F7.2.11 Was beweist der Einstein-de-Haas-Effekt?

F7.2.12 Diskutieren Sie Molekülspektren.

F7.2.13 Was besagt die Hund'sche Regel?

F7.2.14 Was besagen die Auswahlregeln?

F7.2.15 Was ist der Lamb-Shift?

F7.2.16 Wann wird L-S-Kopplung, wann wird j-j-Kopplung angewendet?

III Antworten

A7.2.1 Der Zeeman-Effekt, der Stern-Gerlach-Versuch, der Einstein-de-Haas-Effekt
(Antwort A7.2.11) lassen sich durch die Wechselwirkung des atomaren magnetischen
Moments mit einem Magnetfeld erklären. Die magnetischen Eigenschaften der Festkör-
per sind in Abschn. 4.8 besprochen worden.

A7.2.2 Der Spin des Elektrons ergibt sich als vierte Quantenzahl aus der Lösung der relativistischen Schrödinger-Gleichung, der Dirac-Gleichung (Abschn. 7.1). Er hat den Wert
$S = 1/2$ und besitzt die beiden magnetischen Quantenzahlen $m_s = \pm 1/2$. Damit kann er
nur zwei Orientierungen (parallel oder antiparallel) zum äußeren Magnetfeld einnehmen
(siehe Stern-Gerlach-Versuch). Er verhält sich wie ein Drehimpuls und koppelt mit dem
Bahndrehimpuls zum Gesamtdrehimpuls $\vec{J} = \vec{L} + \vec{S}$.

A7.2.3 Das magnetische Moment eines Atoms wird durch den Bahndrehimpuls ($\vec{\mu}_L =
-\mu_{\text{Bohr}} \vec{L}/\hbar$) und durch den Spin ($\vec{\mu}_S = -2\mu_{\text{Bohr}} \vec{S}/\hbar$) der Elektronen gebildet. Das ver-
gleichsweise sehr kleine magnetische Moment des Kerns vernachlässigen wir. Statt des
magnetischen Moments betrachtet man meist den Gesamtdrehimpuls $\vec{J} = \vec{L} + \vec{S}$. Das
Bohr'sche Magneton $\mu_{\text{Bohr}} = e\,\hbar/2\,m$ bildet die magnetische „Grundeinheit".

A7.2.4 Zweck des Stern-Gerlach-Experiments war der Nachweis der Richtungsquantelung. Dabei wurden Silberatome verwendet, deren Gesamtdrehimpuls $J = L + S = 1/2$
nur durch den Spin des äußeren Elektrons gebildet wird. Im Magnetfeld kann er nur zwei
Einstellungen einnehmen, die durch die Quantenzahlen $m_s = 1/2, -1/2$ erlaubt sind
(Abb. 7.5b). Das Experiment wird in Abb. 7.5a gezeigt und im Theorieteil diskutiert.

A7.2.5 Feinstruktur bezeichnet die Aufspaltung von Spektrallinien der Atomspektren in
mehrere Komponenten. Sie ist ein intrinsischer Effekt der Atome und wird auch ohne
äußere Felder beobachtet. Die Feinstruktur besteht aus magnetischer Feinstruktur (Wechselwirkung des Bahndrehimpulses mit dem magnetischen Spinmoment des Elektrons)
und aus relativistischen Effekten. Werden zusätzlich äußere elektrische bzw. magnetische
Felder angelegt, so spalten die Zustände in der Regel weiter auf. Diese Effekte mit einem
äußeren Feld haben eigene Namen: Zeeman-Effekt bei schwachem B-Feld und Paschen-
Back-Effekt bei starkem B-Feld sowie Stark-Effekt beim E-Feld. Streng genommen sind
die Effekte mit äußeren Feldern von der Feinstruktur zu trennen. Die Aufspaltung der
Spektrallinien ist eine Folge der Aufspaltung der Energieniveaus in mehrere eng benachbarte Niveaus. Dadurch wird die Entartung der Zustände aufgehoben, und die Energie
hängt nicht mehr allein von der Hauptquantenzahl n ab, sondern zusätzlich von den
Nebenquantenzahlen l, m_l, m_s. Für die Messung der Feinstruktur ist wegen der oftmals
geringen Aufspaltung ein Spektrometer mit ausreichend hohem Auflösungsvermögen
nötig.

A7.2.6 Bei dem normalen Zeeman-Effekt spalten die Energieniveaus durch Anlegen eines Magnetfeldes in $(2l + 1)$ Unterniveaus auf, was zur Feinstruktur führt (Abb. 7.4b). Ursache ist die Wechselwirkung zwischen dem Magnetfeld und dem magnetischen Bahnmoment $\vec{\mu}_L = -\mu_{\text{Bohr}} \vec{L}/\hbar$ des Atoms, wobei es insgesamt $2l + 1$ Einstellmöglichkeiten des Bahndrehimpulses zum äußeren B-Feld gibt (Richtungsquantelung, Abb. 7.4a). Jede Einstellung, die durch die magnetische Quantenzahl $m_l = -l, \ldots, +l$ erfasst wird, führt zu einer kleinen Energiekorrektur $\mu_{\text{Bohr}} \, m_l \, B$ bzgl. der Energie E_n. Die Energie kann deshalb näherungsweise durch die Hauptquantenzahl n angegeben werden. Bei genauer Betrachtung müssen aber zusätzlich die Nebenquantenzahlen l, m_l berücksichtigt werden. Die Entartung wird also bzgl. der Drehimpulsquantenzahl aufgehoben. Die Spinquantenzahl spielt im Fall des normalen Zeeman-Effekts keine Rolle, da die hier betrachteten Atome einen abgesättigten Spin mit $S = 0$ besitzen.

A7.2.7 Nach dem Pauli-Prinzip ist es nicht möglich, dass in einem Atom mehrere Elektronen in allen Quantenzahlen (n, l, m_l, m_s) übereinstimmen. Auf dem Pauli-Prinzip beruht der Aufbau der Elemente des Periodensystems, d. h. die Reihenfolge der Besetzung der Schalen mit Elektronen.

A7.2.8 Der Aufbau des Periodensystems unter Anwendung des Pauli-Prinzips ist ausführlich im Theorieteil beschrieben und in Abb. 7.6 und Abb. 7.7 illustriert.

Abb. 7.8 Aufspaltung beim anomalen Zeeman-Effekt

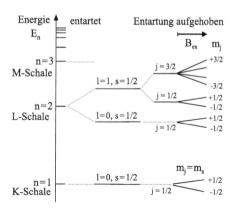

A7.2.9 Der **anomale Zeeman-Effekt** wird bei Atomen beobachtet, bei denen sowohl der Bahndrehimpuls als auch der Spin zum magnetischen Moment beitragen. Man muss also den Gesamtdrehimpuls $\vec{J} = \vec{L} + \vec{S}$ betrachten. Die Physik ist aber prinzipiell dieselbe wie für den normalen Zeeman-Effekt (Theorieteil, Antwort A7.2.6). In Abb. 7.8 wird dies veranschaulicht. Ein s-Elektron hat mit $l = 0$ und $s = 1/2$ den Gesamtdrehimpuls $J = 1/2$ mit den beiden magnetischen Quantenzahlen $m_j = \pm 1/2$. Im Magnetfeld spaltet das entartete Niveau daher in zwei Unterniveaus auf, wobei die

Aufspaltung mit wachsender B-Feldstärke steigt (Gl. 7.11) Ein p-Elektron hat $l = 1$ und $s = 1/2$. Der Spin kann sich parallel oder anti-parallel zum Bahndrehimpuls einstellen, und da beide wie Vektoren koppeln, gibt es zwei mögliche Werte für den Gesamt-drehimpuls, nämlich $J = 1 + 1/2 = 3/2$ und $J = 1 - 1/2 = 1/2$. Die Anzahl der möglichen magnetischen Quantenzahlen ist durch $(2J + 1)$ gegeben. Ihre Werte laufen immer in Einerschritten von $-J$ bis $+J$, so dass wir für $J = 1/2$ die Werte $m_j = \pm 1/2$ und für $J = 3/2$ die Werte $m_j = -3/2, -1/2, 1/2, 3/2$ erhalten. Beachten Sie, dass die Zeeman-Aufspaltung $\Delta E = \mu_{\text{Bohr}} B$ typischerweise etwa eine Million Mal kleiner ist als die Energie E_n, selbst bei großen Magnetfeldern von einigen Tesla. Die Energiewerte sind in Abb. 7.8 nicht maßstabsgerecht gezeichnet!

A7.2.10 Die **Spin-Bahn-Kopplung** bezeichnet die Wechselwirkung zwischen dem Spin eines Elektrons und dem durch die eigene Bahnbewegung verursachten Magnetfeld. Nach dem Bohr'schen Atommodell läuft das Elektron auf einer Kreisbahn und erzeugt dadurch ein Magnetfeld, das senkrecht zur Bahnebene ausgerichtet ist (Abb. 4.56, 4.36). Der Spin dieses Elektrons kann sich nun parallel oder anti-parallel zum selbst erzeugten Magnetfeld einstellen. Für ein p-Elektron mit $l = 1$ und $s = 1/2$ führt das zu zwei möglichen Werten für den Gesamtdrehimpuls $\vec{J} = \vec{L} + \vec{S}$, und zwar $J = 3/2$ und $J = 1/2$. Die Entartung des Zustandes mit den Quantenzahlen ($n = 2$, $l = 1$, $s = 1/2$) ist dadurch teilweise auf-gehoben (siehe Abb. 7.8), auch wenn noch kein äußeres Magnetfeld anliegt. Kommt dieses dazu, so wird die Entartung vollständig aufgehoben, indem die Zustände entsprechend den magnetischen Quantenzahlen m_j weiter aufspalten (siehe auch anomaler Zeeman-Effekt in Antwort A7.2.9). Elektronen mit den Quantenzahlen n, $l = 0$, $s = 1/2$ zeigen die Spin-Bahn-Aufspaltung nicht, denn wegen $l = 0$ und folglich $\mu_L = 0$ (Gl. 7.7) wird erst gar kein Magnetfeld erzeugt, zu dem sich der Spin einstellen könnte (Abb. 7.8).

A7.2.11 Der **Einstein-de-Haas-Effekt** beweist, dass das magnetische Moment eines Ferromagneten (Abschn. 4.8) nicht durch „Elementarmagnete" erzeugt wird, sondern an einen Drehimpuls gebunden ist. Dies ist aber nicht, wie ursprünglich erwartet, der Bahndrehimpuls des Elektrons, sondern sein Spin. Ferromagnetismus beruht also auf dem Spin der Elektronen. Das Experiment läuft wie folgt ab: Ein unmagnetisierter Eisenstab ist um seine Längsachse drehbar im Zentrum eines Elektromagneten aufgehängt. Wird dessen Magnetfeld schnell angeschaltet, so wird der Eisenstab magnetisiert, d. h. die ma-gnetischen Momente der Atome werden parallel zum äußeren Feld ausgerichtet. Da die magnetischen Momente mit dem Bahndrehimpuls bzw. dem Spin gekoppelt sind (Gl. 7.7, 7.8), muss sich der gesamte Drehimpuls des Eisenstabes dadurch ändern. Aufgrund des Drehimpulserhaltungssatzes (Abschn. 1.5) muss aber der Stab einen entgegengerichteten Drehimpuls aufnehmen und sich drehen, denn ursprünglich war der Gesamtdrehimpuls des unmagnetisierten ruhenden Stabes Null. Aus der Drehung des Eisenstabes kann auf das magnetische Moment der Elektronen geschlossen werden.

A7.2.12 Moleküle können im Gegensatz zu Atomen Energie auch durch Rotation oder Schwingung aufnehmen (siehe auch Abschn. 3.1). Dadurch entstehen im Molekülspektrum deutlich mehr Spektrallinien, deren energetischer Abstand sehr klein ist und oft nur einige meV beträgt, so dass sie wie kontinuierliche Banden erscheinen. Die Anregungsenergie liegt damit im Bereich thermischer Energie bis in den Infrarotbereich. Für alle Energieniveaus bzw. für die Übergänge zwischen diesen gelten entsprechende Quantenbedingungen. Als grobes Modell zur Berechnung des Schwingungsspektrums von zwei Atomen eines Moleküls wie z. B. N_2, dient der harmonische Oszillator (Abschn. 6.3, Frage F6.3.12, Abb. 6.13). Wenn die Atome nur geringfügig um ihre Gleichgewichtslage schwingen, dann können die rücktreibenden Kräfte als linear angenommen werden und das entsprechende Potenzial durch eine Parabel angenähert werden.

A7.2.13 Nach der **Hund'schen Regel** werden die Zustände eines Atoms, die gleiche Quantenzahlen n, l besitzen, zuerst mit Elektronen von gleichem Spin besetzt. Erst wenn alle diese Zustände einfach besetzt sind, werden Elektronen mit entgegengesetztem Spin hinzugefügt. Dies bedeutet z. B., dass in der 3d-Schale von Mangan (Mn) fünf Elektronen mit gleichem Spin sitzen und somit zum Gesamtspin von $S = 5/2$ führen. Beim nächsten Element in der Periodentafel (Fe) muss aber das sechste Elektron der 3d-Schale entgegengesetzten Spin haben, was zu einem Gesamtspin $S = 4/2$ führt.

A7.2.14 Die **Auswahlregeln** geben an, ob im Termschema eines Atoms ein Übergang zwischen zwei Zuständen erlaubt oder verboten ist. Hintergrund sind Drehimpulserhaltungssatz und Symmetrieprinzipien. Da das Photon einen „Drehimpuls" von eins trägt, kann der Drehimpuls des Atoms bei Absorption bzw. Emission eines Photons sich auch nur um eins ändern. Dies bedeutet $\Delta l = \pm 1$. Daher sind z. B. Übergänge zwischen den Zuständen mit den Quantenzahlen $n = 2$, $l = 0$ und $n = 1$, $l = 0$ verboten, da $\Delta l = 0$. Erlaubt ist aber der Übergang zwischen $n = 2$, $l = 1$ und $n = 1$, $l = 0$. Für Zustände, die durch den Gesamtdrehimpuls beschrieben werden, gilt die Auswahlregel $\Delta J = 0, \pm 1$, wobei aber Übergänge von $J = 0$ nach $J = 0$ verboten sind. Für die magnetischen Quantenzahlen gilt $\Delta m = 0, \pm 1$, sowohl für m_l als auch für m_j. Zum Beispiel ist der Übergang zwischen den im B-Feld aufgespaltenen Zuständen $(n = 2, J = 3/2, m_j = 3/2)$ und $(n = 1, J = 1/2, m_j = -1/2)$ verboten, da in diesem Fall $\Delta m_j = 4/2$ betragen würde (Abb. 7.8).

A7.2.15 Wenn Atome Photonen absorbieren bzw. emittieren, so darf streng genommen nicht das Energieschema des isolierten Atoms betrachtet werden, sondern man muss die Wechselwirkung zwischen dem Atom und dem Strahlungsfeld berücksichtigen. Im Rahmen der Quantenelektrodynamik führt dies zu einer sehr geringen Energiekorrektur im Bereich von etwa 10^{-6} eV, dem **Lamb-Shift**. Dies konnte durch Absorption von Mikrowellenstrahlung gemessen werden.

A7.2.16 Für Atome mit mehreren Elektronen koppeln die Momente der einzelnen Elektronen zum Gesamtmoment. Die **L-S-Kopplung** (Russel-Saunders-Kopplung) gilt für leichte Atome ($Z < 50$). Hier werden zuerst die Bahndrehimpulse der einzelnen Elektronen zum Gesamtdrehimpuls $\vec{L} = \sum \vec{l}_i$ addiert sowie die Spins der einzelnen Elektronen zum Gesamtspin $\vec{S} = \sum \vec{s}_i$. Erst dann koppelt man die jeweiligen Summen zum Gesamtdrehimpuls $\vec{J} = \vec{L} + \vec{S}$. Hintergrund ist die starke Kopplung der Drehimpulse der individuellen Elektronen untereinander sowie die starke Kopplung der Spins untereinander. Dabei sind Drehimpuls sowie jeweils Spin getrennte Erhaltungsgrößen.

Dagegen wird die **j-j-Kopplung** angewendet, wenn die Wechselwirkung zwischen Drehimpuls und Spin ein und desselben Elektrons groß ist. Man berechnet also zuerst für die einzelnen Elektronen $\vec{j}_i = \vec{l}_i + \vec{s}_i$ und daraus den Gesamtdrehimpuls $\vec{J} = \sum \vec{j}_i$. Dies gilt meist für schwere Atome.

7.3 Röntgenstrahlung

I Theorie

Entstehung

Röntgenstrahlung kann auf zwei Wegen entstehen: entweder durch Abbremsen elektrisch geladener Teilchen (Bremsstrahlung) oder beim Elektronenübergang angeregter Atome in den Grundzustand (charakteristische Strahlung). Als natürliche Röntgenquellen existieren nur die Röntgensterne im Weltraum, deren Strahlung aber in der Erdatmosphäre absorbiert wird. Im Labor wird Röntgenstrahlung wie folgt erzeugt (Abb. 7.9): In einer evakuierten Röhre werden Elektronen aus einer Glühkathode emittiert und danach durch

Abb. 7.9 Aufbau der Röntgenröhre

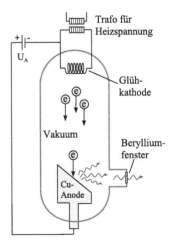

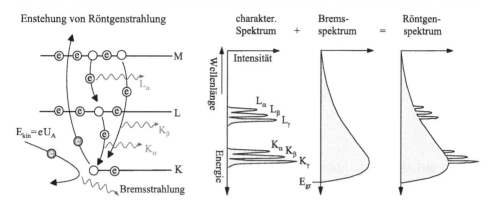

Abb. 7.10 Entstehung von charakteristischer Röntgenstrahlung und Bremsstrahlung

die Spannung U_A beschleunigt. Ihre kinetische Energie geben sie dann beim Abbremsen in der Anode (Material oft Kupfer) als Strahlung ab. Allerdings wird nur ein sehr geringer Teil der Elektronenenergie in Strahlung umgewandelt, der Hauptanteil geht als Wärme verloren, weshalb die Anode auch gekühlt werden muss. Von der entstehenden Strahlung kann nur ein geringer Teil durch ein für Röntgenstrahlung transparentes Fenster ausgekoppelt und verwendet werden.

Bremsstrahlung

Nach den Gesetzen der Elektrodynamik entsteht elektromagnetische Strahlung, wenn elektrische Ladung beschleunigt wird. Deshalb entsteht Bremsstrahlung, wenn die auf die Anode treffenden Elektronen abgelenkt oder gebremst, d. h. beschleunigt werden. Dies passiert im Coulomb-Feld der Elektronenhülle der Anodenatome (siehe Abb. 7.10). In der Regel teilt sich der Abbremsvorgang in mehrere Teilschritte auf, wobei jedes Mal kinetische Energie der Elektronen in Strahlungsenergie umgewandelt wird. Pro Abbremsvorgang wird Röntgenlicht der Frequenz f und der Wellenlänge λ emittiert, bzw. im Teilchenbild gesprochen wird ein Photon der Energie $E = h f$ emittiert. Die emittierte Strahlung besitzt ein kontinuierliches Frequenzspektrum, denn das Elektron kann in vielen beliebigen Teilschritten auf $E_{kin} = 0$ abgebremst werden. Gibt das Elektron aber in einem einzigen Vorgang seine gesamte Energie als Strahlung ab, so erhalten wir ein Photon mit der maximalen Energie $E_{gr} = h f_{gr}$ bzw. mit minimaler Wellenlänge λ_{gr}:

$$eU_A = E_{gr} = hf_{gr} = \frac{h\,c}{\lambda_{gr}} \quad \text{(Grenzenergie)} \tag{7.12}$$

mit h Planck'sche Konstante, e Elektronenladung und c Lichtgeschwindigkeit. Die hochenergetische Grenze E_{gr} des Bremsspektrums (Abb. 7.10) wird also durch die Beschleunigungsspanung U_A der Elektronen bestimmt.

Abb. 7.11 Energieab-
hängigkeit des Absorptionskoeffizienten im Bereich der
K-Schalen für verschiedene
Materialien

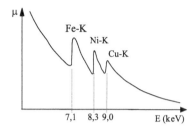

Charakteristische Strahlung

Zusätzlich entsteht die charakteristische Strahlung, wenn das auf die Anode zufliegende
Elektron durch Ionisation eines Anodenatoms abgebremst wird. Dabei wird ein tief gebundenes Elektron des Anodenatoms aus seiner Schale herausgeschlagen. In Abb. 7.10 ist
es für ein Elektron der K-Schale gezeigt. Der dadurch frei werdende Platz wird schnell
von einem Elektron aus einer höherliegenden Schale aufgefüllt, wobei die frei werdende Energie als Photon emittiert wird. Elektronen, die in die K-Schale „springen", führen
zu Emissionslinien, die als K_α, K_β, K_γ, klassifiziert werden. Übergänge in die L-Schale
heißen entsprechend L_α usw. Diese erscheinen als diskrete (charakteristische) Linien dem
kontinuierlichen Bremsspektrum überlagert. Der Index α, β, γ gibt das „Niveau" des Elektrons vor dem Übergang an (siehe Abb. 7.10). Da die Energieniveaus für ein Element
charakteristisch sind, ist auch die Energie der emittierten Röntgenstrahlung charakteristisch für dieses Element, wie ein Fingerabdruck. Diese Eigenschaft wird z. B. in der
Röntgenfluoreszenzanalyse zur Identifizierung der chemischen Zusammensetzung beliebiger Substanzen genutzt.

Absorption

Im Fall der Absorption von Strahlung gilt generell für die Intensität $I(x)$ beim Durchdringen von Materie

$$I(x) = I_0 e^{-\mu x} \text{ (Absorptionsgesetz)}. \tag{7.13}$$

Die Strahlung mit der Anfangsintensität I_0 wird exponentiell mit zunehmender Materialdicke x geschwächt. Die Absorptionskonstante μ hängt empfindlich von der Energie E
der Röntgenstrahlung ab. Mit steigender Photonenenergie nimmt μ ab und bei bestimmten
Photonenenergien gibt es starke Anstiege, so genannte „Kanten" im Spektrum (Abb. 7.11).
Diese treten dann auf, wenn die Photonenenergie gleich der Bindungsenergie der Elektronen wird, d. h. wenn sie ausreichend groß ist, um ein Atom zu ionisieren. Damit steigt die
Absorptionskonstante stark an. Ähnlich wie die charakteristischen Emissionslinien sind
auch die Absorptionskanten elementspezifisch, und können bei Durchleuchtung eines unbekannten Materials zu dessen Identifizierung dienen. Beachten Sie, dass die Energie der
Emissionslinien kleiner als die Energie der Absorptionskanten ist, denn es sind unterschiedliche elektronische Übergänge beteiligt.

Das „Charakteristische" der Linien (Abb. 7.10) ist auf die charakteristische Kernladungszahl Z und damit die Anzahl der Elektronen in der Hülle der verschiedenen Ele-

mente zurückzuführen. Mit wachsendem Z steigt das Kernpotenzial und damit die Bindungsenergie der Elektronen in den inneren Schalen. Entsprechend steigt auch die Energiedifferenz zwischen den Schalen, so dass die bei entsprechenden Übergängen emittierte Energie der charakteristischen Linien ansteigen muss. Für die Energie der K_α-Linie, also derjenigen die zur Absorption in der inneren Schale gehört, kann dieser Effekt näherungsweise beschrieben werden durch

$$h\, f_{K_\alpha} = 0{,}75\, R_y^* \,(Z-1)^2 \quad \text{(Moseley-Gesetz)};\qquad (7.14)$$

Die Energie steigt mit wachsender Kernladungszahl des Anodenmaterials ($R_y^* = 13{,}6\,\text{eV}$). Da mit Z auch die Zahl der Elektronen in der Atomhülle und damit das Coulomb-Feld wächst, können schnelle Elektronen auch viel effektiver abgebremst werden. Anodenmaterialien mit großem Z haben daher eine größere Röntgenausbeute (Wolfram höher als Kupfer). Entsprechend ist die Absorptionskonstante μ für schwere Elemente (großes Z) größer als für leichte Elemente, denn es stehen viel mehr Elektronen zur Absorption der Röntgenphotonen zur Verfügung. Deshalb werden auch schwere Materialien wie Blei zur Abschirmung (Absorption) der Röntgenstrahlung benutzt, z. B. im medizinischen Labor.

Röntgenbeugung

Welche Methode zur Messung von Röntgenspektren gibt es? Im sichtbaren Spektralbereich verwendet man Beugung an optischen Gittern mit Strichbreiten im Bereich der Lichtwellenlänge ($d \sim 500\text{--}2000\,\text{nm}$, siehe Abschn. 5.3). Da die Wellenlänge der Röntgenstrahlung mindestens 1000-mal kleiner ist als die des sichtbaren Lichtes, können solche Gitter nicht verwendet werden. Statt dessen nutzt man natürliche Kristalle wie LiF. Die periodisch angeordneten Atome stellen ein dreidimensionales Raumgitter mit hinreichend kleiner Gitterkonstanten dar (LiF: $d = 0{,}2\,\text{nm}$). Ähnlich wie bei einem Gitterspektrometer wird hier die Interferenz der Röntgenstrahlung durch Beugung an den verschiedenen Atomschichten (Gitterebenen) des Kristalls ausgenutzt. Trifft Röntgenlicht einer bestimmten Wellenlänge auf den Kristall, so tritt nur bei bestimmten Einfallswinkeln θ positive Interferenz für das reflektierte Licht auf. Dieser Sachverhalt ist als Bragg-Bedingung formuliert:

$$m\,\lambda = 2d \sin\theta \quad \text{(Bragg-Bedingung)},\qquad (7.15)$$

wobei m die Ordnung des Beugungsreflexes ist. Zur Bestimmung der Wellenlänge des Röntgenlichtes (oder zur Ausfilterung einer Wellenlänge aus Strahlung mit mehreren Frequenzen) lässt man dieses unter dem Winkel θ auf einen drehbar aufgehängten Kristall fallen (Abb. 7.12, Drehachse senkrecht zur Papierebene). Seine beugenden Gitterebenen liegen i. d. R. parallel zur Kristalloberfläche. Damit der Intensitätsdetektor einen intensiven Reflex beobachten kann, muss positive Interferenz stattfinden, d. h. die Bragg-Bedingung muss erfüllt sein. Zusätzlich muss der Detektor auf dem Winkel 2θ stehen, um den reflektierten Strahl einzufangen. Um Licht einer anderen Wellenlänge zu erhalten, müssen sowohl der Einfallswinkel als auch der Detektorwinkel verändert werden. Entsprechend Gl. 7.15 kann so jede Wellenlänge aus dem kontinuierlichen Spektrum der Röntgenröhre

Abb. 7.12 Aufbau zur Beugung von Röntgenstrahlung an einem Kristall

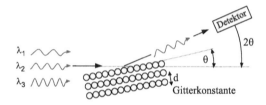

„herausgeholt" werden. Beachten Sie: Beim zweidimensionalen Gitterspektrometer wird nur der Einfallswinkel, nicht aber der Detektorwinkel (Austrittsspalt) verändert (Antwort A5.3.16).

Röntgendetektor

Es gibt verschiedene Typen von Detektoren, die im Detail in Abschn. 9.3 erklärt sind. Oft genutzt werden Ionisationskammern, wie z. B. der Geiger-Müller-Zähler, der Szintillationszähler oder pn-Halbleiterdioden. Ortsauflösende Messungen erzielt man mit klassischen Fotoplatten oder zu Arrays geschalteten Dioden oder CCD-Kameras.

II Prüfungsfragen

Grundverständnis

F7.3.1 Was ist Röntgenstrahlung?

F7.3.2 Wie entsteht Röntgenstrahlung?

F7.3.3 Skizzieren Sie den Aufbau der Röntgenröhre und erklären Sie die Funktion.

F7.3.4 Skizzieren und diskutieren Sie Bremsstrahlung und charakteristisches Spektrum.

F7.3.5 Berechnen Sie die Grenzwellenlänge für $U_A = 30\,\text{kV}$.

F7.3.6 Bestimmen Sie aus dem Röntgenspektrum die Planck'sche Konstante h.

F7.3.7 Was ändert sich am Röntgenspektrum, wenn U_A vergrößert wird?

F7.3.8 Skizzieren Sie ein Absorptionsspektrum und erklären Sie die Kanten.

F7.3.9 Welche Elemente absorbieren am stärksten Röntgenstrahlung?

F7.3.10 Wie berechnet man die Dicke einer Bleiplatte, so dass 99 % der einfallenden Strahlung absorbiert wird?

Messtechnik

F7.3.11 Wozu wird Röntgenstrahlung benötigt?

F7.3.12 Nennen Sie ein Verfahren der Kristallanalyse mit Röntgenstrahlung.

F7.3.13 Mit Röntgenstrahlung ($\lambda = 0{,}1$ nm) wurde ein Bragg-Spektrum aufgenommen (Abb. 7.13). Bestimmen Sie den Kristallgitterabstand d.

Abb. 7.13 (zu Frage F7.3.13)

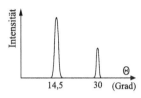

F7.3.14 Nennen Sie Röntgendetektoren und beschreiben Sie einen im Detail.

F7.3.15 Wie funktionieren abbildende Verfahren mit Röntgenstrahlung?

Vertiefungsfragen

F7.3.16 Was besagt das Moseley-Gesetz?

F7.3.17 Beschreiben Sie das Prinzip der Röntgenfluoreszenzanalyse.

F7.3.18 Welche weiteren Röntgenquellen kennen Sie?

F7.3.19 Wie erzeugt man monochromatische Röntgenstrahlung?

III Antworten

A7.3.1 Röntgenstrahlung deckt den Teil des elektromagnetischen Spektrums zwischen der UV- und der γ-Strahlung ab. Im Vergleich zum sichtbaren Licht ist die Wellenlänge der Röntgenstrahlung deutlich kleiner (Nanometer bis Picometer) und die Energie ist entsprechend höher (~ 1 keV bis 100 keV).

A7.3.2 Röntgenstrahlung kann auf 2 Wegen entstehen: 1) durch Beschleunigung von elektrischer Ladung, hier Abbremsen schneller Elektronen im Coulomb-Feld der Atome der Anode (Bremsstrahlung), 2) durch Emission von Licht nach Übergang von Elektronen auf tiefere Energieniveaus im Atom (charakteristische Strahlung). Beachten Sie: Nicht jeder Übergang zwischen zwei Niveaus führt zur Emission von Röntgenquanten. Bei geringem energetischem Abstand, meist der oberen Niveaus, wird sichtbares Licht emittiert (siehe Abschn. 7.1). Von charakteristischer Röntgenstrahlung spricht man nur, wenn die Energiedifferenz im Bereich von einigen keV liegt. Dies sind Übergänge aus höheren Schalen in die tiefsten K- oder L-Schalen.

A7.3.3 Siehe Abb. 7.9 und Diskussion im Theorieteil.

A7.3.4 Siehe Abb. 7.10. Beachten Sie die unterschiedlichen Darstellungen $I(E)$ oder $I(\lambda)$ in der Literatur, ebenso E_{gr} bzw. λ_{gr}. Diskussion siehe Theorieteil. Die zu den charakteristischen Linien führenden Übergänge sind in Abb. 7.10 gezeigt.

A7.3.5 Wenn das Elektron durch einen einzigen Abbremsvorgang im Anodenmaterial seine gesamte kinetische Energie $E_{kin} = eU_A$ in Form eines Photons abgibt, so besitzt dieses Photon die höchst mögliche Energie $E_{gr} = eU_A$. Aus Gl. 7.12 folgt dann $\lambda_{gr} = hc/E_{gr} = 41$ pm.

A7.3.6 Diese Aufgabe ist im Prinzip eine andere Formulierung der vorigen Aufgabe. Durch Bragg-Streuung der Röntgenstrahlung an einem Kristall mit bekanntem Netzebenenabstand wird die Grenzwellenlänge $\lambda_{gr} = hc/E_{gr}$ bestimmt (Frage F7.3.12). Da $E_{gr} = eU_A$ bekannt ist, kann $h = \lambda_{gr}/(c\,E_{gr})$ direkt berechnet werden.

A7.3.7 Das Bremsspektrum wandert mit $E_{gr} = eU_A$ zu höherer Energie, da die kinetische Energie der Elektronen anwächst. Zusätzlich steigt die Intensität der Strahlung. Die Position der charakteristischen Linien ändert sich nicht, da sie von Übergängen atomarer Niveaus mit festem Energieabstand stammen.

A7.3.8 Ein Röntgenabsorptionsspektrum ist in Abb. 7.11 für den Bereich der K-Schalen von Fe, Ni und Cu gezeigt. Besitzen die Photonen ausreichend hohe Energie um Atome im absorbierenden Material zu ionisieren, so steigt die Absorptionskonstante $\mu(E)$ sprunghaft an.

A7.3.9 Die schweren Elemente wie Blei mit großer Kernladungszahl Z absorbieren am stärksten.

A7.3.10 Wenn der Absorptionskoeffizient $\mu(E)$ des Materials für die Photonenenergie E bekannt ist, kann mit $I(x) = I_0 e^{-\mu x}$ die Materialdicke x bestimmt werden: $0{,}99 = I(x)/I_0 \Rightarrow -\ln(0{,}99)/\mu(E) = x$.

A7.3.11 Es ist eines der wichtigsten „Werkzeuge" der zerstörungsfreien Materialanalyse. In medizinischen Untersuchungen sind die bildgebenden Verfahren, wie z. B. die dreidimensionale Darstellung der Computertomographie wichtig.

A7.3.12 Die Verfahren beruhen auf der Beugung von Röntgenstrahlen am Kristallgitter. Das Prinzip der Bragg-Streuung ist in Abb. 7.12 gezeigt. Trifft Röntgenstrahlung der Wellenlänge λ unter dem Winkel θ auf den Kristall, so erhält man positive Interferenz aller an den Gitterebenen reflektierten Strahlen, wenn die Bragg-Bedingung gilt (Gl. 7.15). Der Detektor muss dann bei 2θ stehen. Aus λ und aus dem Einfallswinkel θ der Strahlung kann man den Netzebenenabstand d berechnen.

A7.3.13 Aus Gl. 7.15: $m\,\lambda = 2d\sin\theta$ folgt für den Reflex erster Ordnung ($m = 1$) bei $14{,}5°$ $d = 0{,}2\,\text{nm}$. Das gleiche d folgt auch aus dem zweitem Reflex zweiter Ordnung ($m = 2$) bei $30°$. Beachten Sie: $\sin\theta$ wird verdoppelt, nicht θ!

A7.3.14 Häufig benutzte Röntgendetektoren sind Geiger-Müller Zählrohre, aber auch Photodioden (Abschn. 8.3) oder Szintillationszähler (Abschn. 9.3) werden benutzt. Ortsaufgelöste Messungen (Röntgenbilder) werden mit Fotoplatten und CCD-Kameras gemacht. Der Geiger-Müller-Zähler ist eine Ionisationskammer (Abb. 9.12, Abschn. 9.3). Trifft ein Röntgenquant in das Zählrohr, so ionisiert es Gasatome. Die entstehenden freien Ladungen werden im elektrischen Feld zwischen Draht und Wand beschleunigt und lösen durch Stoß eine Ladungslawine aus, die als Strompuls verstärkt und gemessen wird. Das Signal ist proportional zur Intensität der Röntgenstrahlung, wobei die Intensität als Leistung pro Fläche definiert ist.

A7.3.15 Bildgebende Röntgendiagnostik beruht auf der energie- und materialabhängigen Absorption (Schwächung) der Röntgenstrahlung bei Durchdringen von Proben einer bestimmten Dicke (Gl. 7.13). Die Intensität hinter der Probe hängt vom Absorptionskoeffizienten $\mu(E)$ ab. Der Kontrast, z. B. zwischen Knochen und Gewebe, entsteht durch die unterschiedlichen μ-Werte der zugehörigen Atome.

A7.3.16 Das **Moseley-Gesetz** gibt die Abhängigkeit der Energie der charakteristischen Röntgenlinien von der Kernladungszahl an. Für die K-Linien wächst diese nahezu quadratisch ($h\,f_{K_\alpha} = 0.75\,R_y^*\,(Z-1)^2$) mit Z. Ursache ist das mit Z ansteigende Potenzial, welches ein Elektron auf der L-Schale spürt, wenn es mit dem Loch in der K-Schale rekombiniert. Allerdings wird der Kern durch das zweite Elektron auf der K-Schale abgeschirmt, so dass Z um eins reduziert werden muss. Für die L-Linien ist die Abschirmung des Kerns durch zwei K-Elektronen und sieben L-Elektronen angestiegen und statt $h\,f_{K_\alpha} \sim (Z-1)^2$ gilt näherungsweise $h\,f_{L_\alpha} \sim (Z-9)^2$.

A7.3.17 Bei der **Röntgenfluoreszenzanalyse** werden Elektronen auf das zu untersuchende Material geschossen. Durch die Abbremsung der Elektronen wird die Emission von charakteristischer Röntgenstrahlung angeregt, dessen Energie bestimmt werden muss. Dies ist für jedes Element charakteristisch und erlaubt durch Vergleich mit Tabellenwerten die Bestimmung des Materials.

A7.3.18 Synchrotron-Strahlung wird durch radiale Beschleunigung schneller Elektronen im Feld eines Dipolmagneten erzeugt (Abschn. 4.9, Abb. 4.64). Da ihre Intensität die der klassische Röhren um viele Größenordungen übersteigt, wird vermehrt Synchrotronstrahlung zur Forschung eingesetzt. Röntgensterne emittieren ebenfalls Röntgenstrahlung.

A7.3.19 Die Röntgenröhre emittiert ein kontinuierliches Spektrum polychromatischen Lichtes mit einer Maximalenergie $E_{gr} = e U_A$. Mithilfe eines Röntgenmonochromators wird eine bestimmte Wellenlänge (Energie) herausgefiltert, indem der Einfallswinkel des Kristalls gedreht wird (siehe Abb. 7.12 und Diskussion im Theorieteil). Durch die Wahl des Einfallswinkels kann bei bekannter Gitterkonstante jede Wellenlänge bis hin zur Grenzwellenlänge eingestellt werden.

7.4 Laser

I Theorie

Der Name *Laser* ist die Abkürzung für „Light Amplification by Stimulated Emission of Radiation". Der wesentliche Unterschied zu konventionellen Lampen liegt in dem Prozess der Lichterzeugung. Während Licht in Glühlampen oder Leuchtstoffröhren durch die spontane Emission statistisch angeregter Atome entsteht, basiert der Laser auf der stimulierten Emission, was zu einem kollektiven Verhalten der Atome führt. Laserlicht ist **monochromatisch**. Je nach Lasertyp kann Strahlung vom infraroten über den sichtbaren bis hin zum UV-Spektralbereich erzeugt werden. Allerdings emittieren die Laser jeweils nur eine „scharfe" Linie, aber kein breites Spektrum. Laserstrahlung ist **kohärent** (Abschn. 5.3) mit Kohärenzlängen von bis zu 100 km (zum Vergleich: Glühlampe $\sim$ 1 m). Der Laserstrahl ist **parallel**, wobei die Strahlaufweitung im Wesentlichen durch Beugung beim Austritt entsteht. Durch die scharfe Strahlbündelung sind **hohe Leistungsdichten** bis hin zu 10^{17} W $\cdot$ cm^{-2} möglich. Im Vergleich bringt die Flamme eines Schweißbrenners nur 1 W $\cdot$ cm^{-2}.

Funktionsprinzip

Ein Laser besteht im Wesentlichen aus drei Komponenten (Abb. 7.14):

1. Aktives Lasermedium
   Es ist das Herzstück des Lasers in dem der Verstärkungsprozess des Lichtes erfolgt. Es bestimmt daher die Eigenschaft der Laserstrahlung (s. u.). Meist ist es ein Kristall oder ein Gas.
2. Energiepumpe
   Dies ist meist eine Blitzlampe, eine Gasentladung oder ein anderer Laser. Sie dient der Erzeugung der Besetzungsinversion im Lasermedium (s. u.).

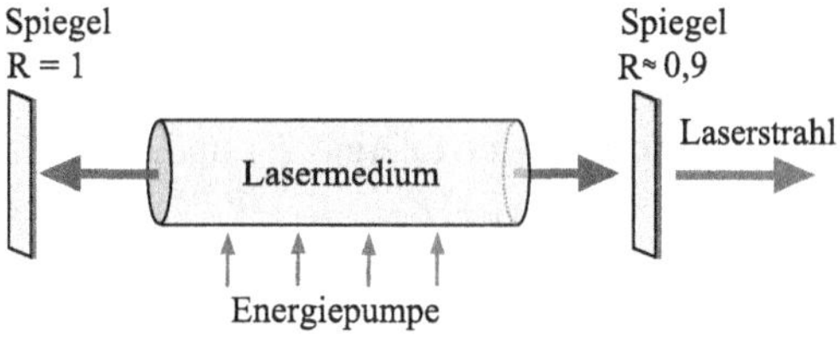

Abb. 7.14 Prinzipieller
Aufbau eines Lasers

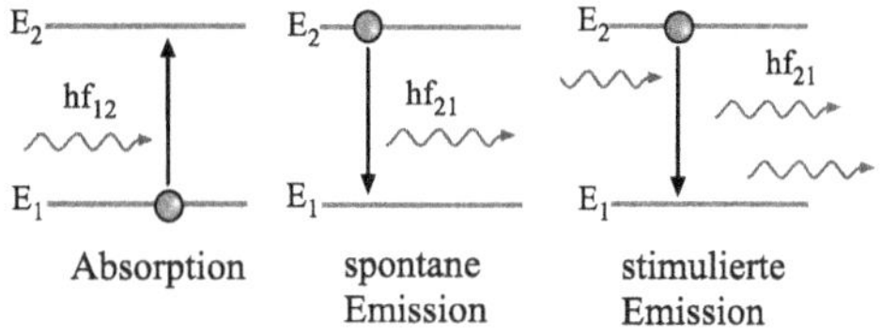

Abb. 7.15 Mögliche Wechselwirkungen zwischen Strahlung
und Materie

3. Optischer Resonator

   Er besteht aus zwei parallelen Spiegeln, zwischen denen die Laserstrahlung hin- und
   herreflektiert wird und so immer wieder das Lasermedium passieren kann, um dort zu
   stimulierter Emission zu führen. Nur ein Teil wird als Laserstrahl ausgekoppelt (s. u.).

Das kollektive Verhalten der das Laserlicht emittierenden Atome im Lasermedium basiert auf der **stimulierten Emission**. Dies ist neben der Absorption (Abb. 7.15) und der
spontanen Emission ein weiterer möglicher Prozess, der bei der Wechselwirkung von elektromagnetischer Strahlung mit Materie auftritt. Der Normalfall ist die spontane Emission,
die auftritt, wenn das Atom ohne äußere Einwirkung aus seinem angeregten Zustand E_2
spontan nach einer typischen Lebensdauer von $\tau \approx 10^{-9}\,\text{s} - 10^{-12}\,\text{s}$ in den Grundzustand E_1 zurückkehrt (Abb. 7.15). Die Energiedifferenz $E_2 - E_1$ wird in Form eines
Photons der Energie hf_{12} emittiert. Die stimulierte Emission ist die Grundlage des La-
serprozesses. Sie wird durch ein Photon ausgelöst, wenn dieses mit einem angeregten
Atom in Wechselwirkung tritt. Hierzu muss seine Photonenenergie gleich der Energiedifferenz $hf_{12} = E_2 - E_1$ der beteiligten Zustände sein. Als Folge erhält man zwei Photonen
mit der gleichen Energie, Phase, Polarisation und Ausbreitungsrichtung. Darauf basieren
die wesentlichen Eigenschaften der Laserstrahlung: gleiche Energie $\rightarrow$ monochromatisch,
gleiche Phase $\rightarrow$ kohärent, gleiche Ausbreitungsrichtung $\rightarrow$ parallel.

   Da die Wahrscheinlichkeit für Absorptionsprozesse und Emissionsprozesse gleich groß
ist, tritt effektive Lichtverstärkung durch induzierte Emission nur dann auf, wenn sich
mehr Atome des Lasermediums im angeregten Zustand als im Grundzustand befinden.
Ansonsten wird mit hoher Wahrscheinlichkeit das emittierte Photon von einem Atom
im Grundzustand wieder absorbiert. Im Normalfall befinden sich allerdings die meisten
Atome im Grundzustand (Abb. 7.16). Um überhaupt Lichtverstärkung durch stimulierte
Emission im Lasermedium zu erreichen, muss also erst **Besetzungsinversion** geschaffen
werden. Hierzu ist die Zuführung von Energie durch einen Pumpprozess nötig. Leider
funktioniert das Pumpen durch die Zufuhr thermischer Energie, d. h. einfaches Heizen

des Lasermediums nicht. Das folgt aus der Boltzmannverteilung. Demnach sind bei der Temperatur T von den insgesamt N_0 Atomen des Lasermediums nur N_2 Atome im angeregten Zustand der Energie E_2 und $N_1 = N_0 - N_2$ Atome im Grundzustand. Dabei gilt $N_2 = N_0 \exp\{-(E_2 - E_1)/kT\}$ und weil $E_2 > E_1$ folgt immer $N_2 < N_1$. Wie kann also die Besetzungsinversion praktisch erzielt werden? Dazu betrachten wir einen 3-Niveau-Laser.

3-Niveau-Laser

Das aktive Lasermedium des **Rubinlasers** sind Cr^{3+}-Ionen, die zu einem Anteil von etwa 0,05 % in einem *Korundkristall* (Al_2O_3) eingebaut sind. Sie besitzen höherenergetische Zustände E_3, E_4, die durch die Wechselwirkung mit dem Wirtsgitter des Al_2O_3 sich zu Bändern verbreitern (Abb. 7.17) (Details zu Bändern siehe Abschn. 8.2). Optisches Pumpen geschieht durch Beleuchten mit weißem Licht einer intensiven Blitzlampe. Hierbei werden Elektronen aus dem Grundzustand E_1 des Cr^{3+} in die höherenergetischen Zustände angeregt. Dort halten die Elektronen sich aber nur kurz auf und gehen nach einer typischen Lebensdauer von etwa $\tau \approx 10^{-10}$ s spontan in den Zustand E_2 über. Die Energiedifferenz wird dabei strahlungslos an das Kristallgitter abgegeben (Gitterschwingungen). Der Zustand E_2 ist ein **metastabiler Zustand** mit einer vergleichsweise großen Lebensdauer von etwa $\tau \approx 10^{-3}$ s. Somit kann der Grundzustand „leergepumpt" und die Elektronen im metastabilen Zustand angesammelt werden. Dadurch wird die nötige Besetzungsinversion zwischen E_2 und E_1 geschaffen. Beachten Sie: Der Umweg von E_1 über E_3, E_4 nach E_2 ist für die Schaffung der Besetzungsinversion nötig (3-Niveau-Laser). Der Laserprozess zwischen den Niveaus E_2 und E_1 des Rubinlasers führt zur Laserstrahlung der Wellenlänge $\lambda = 694,3$ nm. Sie wird ausgelöst, wenn ein anderswo spontan emittiertes Photon mit der Energie hf_{12} die stimulierte Emission anregt. Damit auch alle im metastabilen Zustand „gespeicherten" Elektronen an der stimulierten

Abb. 7.16 Erzeugung der Besetzungsinversion durch Pumpen

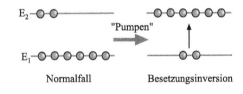

Abb. 7.17 Energieschema und Übergänge im Drei-Niveau-Laser

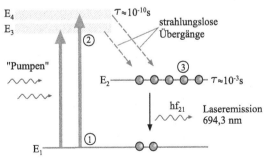

Emission teilnehmen, werden die Photonen von den Spiegeln des **optischen Resonators** (Abb. 7.14) mehrmals reflektiert, um mit möglichst vielen angeregten Cr^{3+}-Ionen des aktiven Lasermediums in Wechselwirkung zu treten. Einer der beiden Resonatorspiegel ist teildurchlässig ($R \approx 0{,}9$) und ermöglicht die Auskopplung des Laserstrahls. Natürlich müssen die Spiegel parallel ausgerichtet sein, damit die Photonen auf der Resonatorachse laufen (Abb. 7.14). Photonen, die schräg zur Resonatorachse laufen, gehen nach wenigen Reflexionen für den Laserprozess verloren.

Lasertypen

Man unterscheidet hinsichtlich des Zeitverhaltens zwischen **gepulsten** und **kontinuierlichen** (*cw = continuous wave*) Lasern. Je nach Energiezufuhr unterscheidet man **optisch gepumpte** Laser (Halbleiter-, Farbstofflaser) und **elektrisch gepumpte** Laser (Gaslaser, Halbleiterlaser). Trotz aller Vorteile haben Laser einen großen Nachteil: Die Strahlung ist monochromatisch. Für die Spektroskopie sind daher „durchstimmbare" Laser mit variabler Laserwellenlänge wichtig, meist **Farbstofflaser**. Das aktive Lasermedium ist bei diesen meist ein flüssiger „Farbstoff", dessen Moleküle viele Schwingungsenergieniveaus besitzen (Abschn. 7.2, Antwort A7.2.12), die Laserstrahlung in einem weiten Spektralbereich ermöglichen. Mit Hilfe von verstellbaren optischen Gittern werden hierbei die gewünschten Wellenlängen ausgewählt und verstärkt. Auch in **Festkörperlasern** (Neodym-YAG-, Titan-Saphir-Laser) können breite „Banden" von Energieniveaus realisiert werden, wodurch die Laserwellenlänge „durchgestimmt" werden kann. Die kleinsten Laser sind die **Halbleiterlaser**. Bei ihnen entsteht die Laserstrahlung durch Elektron-Loch-Rekombinationen an der Grenze zwischen den p- und n-dotierten Halbleitern (Abschn. 8.3). Sie werden u. a. zum Lesen von Daten in PCs und CD-Playern eingesetzt.

Anwendung

Konventionelle Lichtquellen liefern oft zwar hohe Intensität, strahlen diese aber über einen großen Raumwinkel ab. Der Laserstrahl hat dagegen einen kleinen Durchmesser und ist nahezu parallel, d. h. auf einen sehr kleinen Winkelbereich beschränkt, so dass er eine sehr hohe Flächenleistungsdichte liefert. Daher wird der Laser u. a. in der Chirurgie zur Zerstörung von Krebszellen oder zum Befestigen sich ablösender Netzhaut verwendet. Er wird zum Schreiben und Lesen von auf kleinstem Raum gespeicherten Daten eingesetzt. Hierbei wird vor allem sein hoher Polarisationsgrad ausgenutzt, um durch den magneto-optischen Kerr-Effekt die magnetisch gespeicherte Information zu lesen (Abschn. 5.2).

Wegen seiner geringen Winkelaufweitung kann er zu Vermessungszwecken über lange Strecken eingesetzt werden. Abstandsmessungen erfolgen über Laufzeitmessungen des Laserstrahls. Die hohe Flächenleistungsdichte der Laserstrahlung erzeugt sehr hohe Temperaturen, die u. a. in der Materialbearbeitung zum Schweißen und Schneiden als auch zum „Brennen" kleinster Lochblenden im μm-Bereich ausgenutzt werden. In der Kernforschung können für Fusionsexperimente (Abschn. 9.2) kurzzeitig die nötigen Plasmatemperaturen von bis zu 10^8 K erzeugt werden. In der Grundlagenforschung der Atom-, Molekül- und Festkörperphysik wird er vorwiegend zur optischen Anregung der Proben

eingesetzt. Nach der Laseranregung gehen die zu untersuchenden Atome in den Grundzustand unter Emission von Lumineszenzstrahlung zurück, welche spektroskopiert wird.
Eine ganz wichtige Eigenschaft ist hierbei die kurze Zeitdauer der Laserpulse. Damit kann
eine Probe kurz angeregt und ihr darauf folgendes zeitliches Abklingverhalten gemessen
werden. Dies ist wichtig, um in chemischen und biologischen Reaktionen die Energie-
austauschprozesse zu untersuchen. Ziel der Laserentwicklung ist in dieser Hinsicht die
Erzeugung kurzer Pulse. Stand der Technik sind Pulsdauern von Pico-Sekunden (10^{-12} s),
seit kurzem hat man den Atto-Sekundenbereich (10^{-15} s) erreicht. Ein weiterer Vorteil
gegenüber selbst sehr intensiven Lichtquellen wie Bogenlampe oder Hg-Dampflampe ist
seine hohe spektrale Brillanz, d. h. die gesamte Intensität ist auf einen sehr schmalen Wellenlängenbereich konzentriert und verteilt sich nicht über das gesamte Spektrum. Dies ist
von großem Vorteil, wenn in der Spektroskopie von Atomen, Molekülen oder Festkörpern
mit monochromatischem Licht gezielt nur ein Übergang in Atomen angeregt werden soll.

II Prüfungsfragen

Grundverständnis

F7.4.1 Wodurch zeichnet sich Laserstrahlung aus?

F7.4.2 In welchen Bereichen finden Laser Anwendung?

F7.4.3 Wie ist ein Laser prinzipiell aufgebaut?

F7.4.4 Auf welchen physikalischen Prozessen basiert der Laser?

F7.4.5 Beschreiben Sie einen 3-Niveau-Laser.

Vertiefungsfragen

F7.4.6 Wie funktioniert der He-Ne-Laser und welchen Vorteil bietet er?

F7.4.7 Nennen Sie einige Lasertypen.

F7.4.8 Was sind Freie-Elektronenlaser?

F7.4.9 Was ist die Laserkühlung?

III Antworten

A7.4.1 Laserstrahlung besitzt folgende Eigenschaften: monochromatisch, kohärent (Abschn. 5.3) und scharf gebündelt, d. h. nahezu parallel und sie besitzt daher eine hohe Leistungsdichte.

A7.4.2 Laser werden in folgenden Bereichen angewendet: a) in der Grundlagenforschung zur Spektroskopie, u. a. zur Kurzzeitspektroskopie, b) in der Informationstechnologie zum Schreiben, Lesen und Übermitteln von Daten, c) in der Materialbearbeitung zum Schweißen und Schneiden, d) in der Medizin zu chirurgischen Zwecken, e) in der Vermessungstechnik zum Bestimmen großer Abstände über die Laufzeitmessung des Laserblitzes zum Objekt und zurück. Kleine Abstände im Mikrometerbereich, z. B. in der maschinellen Fertigung, werden durch Interferenzmethoden (Abschn. 5.3) gemessen, f) Laser können die für Kernfusionsexperimente nötigen hohen Temperaturen eines Plasmas erzeugen.

A7.4.3 Ein Laser ist aus drei Elementen aufgebaut: dem Resonator, dem aktiven Lasermedium und der Energiepumpe (Abb. 7.14, Diskussion siehe Theorieteil).

A7.4.4 Der Laser basiert auf der stimulierten Emission (Abb. 7.15, und Theorieteil), die zu den charakteristischen Eigenschaften der Laserstrahlung führt. Voraussetzung ist aber die Besetzungsinversion, die durch Pumpen erzeugt wird (Abb. 7.16). Dazu müssen die Atome des aktiven Mediums einen metastabilen Zustand besitzen, in dem die angeregten Elektronen „gespeichert" werden (siehe Beschreibung des 3-Niveau-Lasers und Abb. 7.17).

A7.4.5 Der 3-Niveau-Laser ist im Theorieteil beschrieben und in Abb. 7.17 skizziert.

A7.4.6 Ein typischer 4-Niveau-Laser ist der **Helium-Neon-Laser**. Das aktive Lasermedium ist ein He-Ne-Gasgemisch (Verhältnis 7:1), das bei einem Druck von einigen mbar in einem dünnen Glasrohr eingesperrt ist. Der Pumpprozess findet durch eine Gasentladung statt. Hierbei werden durch Elektronenstoß He-Atome aus dem Grundzustand $E_{1,\text{He}}$ in höherenergetische Zustände $E_{3,\text{He}}$ angeregt, die durch spontane Emission von Strahlung in metastabile Zustände $E_{2,\text{He}}$ übergehen (Abb. 7.18), wo wegen der großen Lebensdauer von $\tau \approx 10^{-2}$ s die Anregungsenergie relativ lange gespeichert werden kann. Der metastabile Zustand $E_{2,\text{He}}$ liegt 20,6 eV über dem Grundzustand $E_{1,\text{He}}$. Ähnlich groß ist der Energieabstand zwischen den Niveaus $E_{1,\text{Ne}}$ und $E_{3,\text{Ne}}$ im Neon. Genau dies wird im He-Ne-Laser ausgenutzt, wenn durch Stöße zwischen den He- und Ne-Atomen die Energie vom angeregten He-Atom auf das Ne-Atom übertragen wird. Energieübertrag bedeutet, dass in

Neon ein Elektron aus dem Grundzustand $E_{1,Ne}$ in den Zustand $E_{3,Ne}$ angeregt wird. Die
Laserstrahlung der Wellenlänge 633 nm wird durch den Übergang $E_{3,Ne} \to E_{2,Ne}$ erzeugt.
Die für einen Laserprozess notwendige Besetzungsinversion zwischen $E_{3,Ne}$ und $E_{2,Ne}$ ist
automatisch gegeben, denn der Zustand $E_{2,Ne}$ ist nicht mit Elektronen besetzt. Nach dem
Laserübergang kehrt das Elektron schnell durch spontane Emission in den Grundzustand
$E_{1,Ne}$ zurück und macht damit den Zustand $E_{2,Ne}$ wieder frei. Genau in diesem vierten
Niveau $E_{2,Ne}$ liegt der große Vorteil: Während bei einem 3-Niveau-Laser über 50 % der
Atome in den angeregten Zustand versetzt werden müssen um Besetzungsinversion zu
erzeugen, ist bei einem 4-Niveau-Laser die Besetzungsinversion einfacher zu erreichen.
Konkret bedeutet das für den He-Ne-Laser, dass statt 50 % nur ein geringer Anteil von
etwa 10^{-6} % der Ne-Atome angeregt werden müssen. Kurz zusammengefasst funktioniert
der He-Ne-Laser wie folgt (Abb. 7.18): Pumpen durch Elektronenstoß mit He-Atomen
und Speichern der Anregungsenergie in metastabilen Zuständen des He, Energieübertrag
durch Atomstöße auf Ne. Der Laserübergang findet im Ne statt, aber nicht direkt in den
Grundzustand, sondern in einen unbesetzten (vierten) Zwischenzustand.

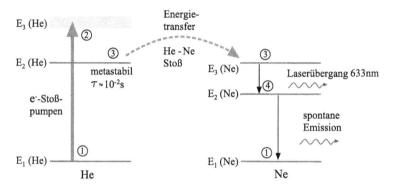

Abb. 7.18 Schema eines Vier-Niveau-Lasers (He-Ne-Laser)

A7.4.7 Wichtige Lasertypen sind im Theorieteil unter „Lasertypen" beschrieben.

A7.4.8 Freie-Elektronenlaser werden zur Zeit an Synchrotronanlagen entwickelt, um
Laserstrahlung im Röntgenbereich zu erzeugen. Das aktive Medium sind Elektronen,
die in einem räumlich periodischen Magnetfeld (Undulator) sich auf schlangenförmige
Bahnen mit typischerweise 50–100 Windungen bewegen. An jeder Bahnkurve emittieren
sie tangential elektromagnetische Strahlung (Synchrotronstrahlung, Abschn. 4.9). Bei geeigneter Anordnung der Magneten führt die Wechselwirkung zwischen Elektronen und
Strahlungsfeld zur stimulierten Emission.

A7.4.9 Laserkühlung dient dem Abbremsen von Atomen. Bewegt sich das Atom gegen die Richtung der Laserstrahlung, so führt die Absorption von Photonen zu einer Anregung und gleichzeitigen Abbremsung des Atoms. Nach dem Anregungsprozess emittiert das Atom zwar wieder das Photon und gewinnt wieder kinetische Energie, aber die Emission ist statistisch in alle Raumrichtungen gleichmäßig verteilt. Dadurch wird nach mehreren Absorptions- und Emissionsprozessen die Geschwindigkeit reduziert, was nach der Thermodynamik zu einer Reduzierung der Temperatur ($E_{\text{kin}} \sim kT$) des Gases führt. Werte bis hin zu einigen μK konnten erreicht werden.

Festkörperphysik

8

8.1 Kristallstruktur, Röntgenbeugung, Kristallbindungen

I Theorie

Die wichtigsten technischen Innovationen der letzten Jahrzehnte stammen aus dem Bereich der Festkörperphysik. Neben den mechanischen Eigenschaften wie Härte, Elastizität oder thermische Ausdehnung interessieren vor allem optische Eigenschaften, die elektrische Leitfähigkeit und die magnetischen Eigenschaften, zu deren Verständnis die Quantenmechanik unerlässlich ist.

Kristallstruktur

Wird eine Flüssigkeit hinreichend abgekühlt, so erstarrt sie zum Festkörper. Mit der Temperatur sinkt die kinetische Energie der Atome, so dass die Anziehungskraft zwischen den Atomen zu einer festen Bindung führen kann. Dabei werden hinsichtlich der Kristallordnung drei Klassen unterschieden:

Einkristalle zeigen eine strenge Periodizität und die Orte der Atome können durch ein periodisches Gitter beschrieben werden, das sich über den gesamten Kristall erstreckt. Es besteht eine Fernordnung unter den Atomen (Abb. 8.1a). Der Kristall kann sowohl aus einer Atomsorte (z. B. Si-Kristall) als auch aus verschiedenen Atomen (z. B. NaCl) aufgebaut sein

Polykristalline Festkörper bestehen aus vielen kleinen Einkristallen, deren Größe und Orientierung beliebig verteilt ist. Die periodische einkristalline Ordnung erstreckt sich allerdings nur über den jeweiligen Mikrokristall (Abb. 8.1b).

Amorphe Festkörper zeigen keine strenge Periodizität, d. h. es bildet sich keine Fernordnung aus (Abb. 8.1c). Typische Vertreter sind Gläser.

© Springer-Verlag Berlin Heidelberg 2016
H.-C. Mertins, M. Gilbert, *Prüfungstrainer Experimentalphysik*,
DOI 10.1007/978-3-662-49690-9_8

Von den genannten Klassen lassen sich die **Einkristalle** am einfachsten beschreiben,
denn sie können durch Aneinanderreihung vieler **Elementarzellen** aufgebaut werden
(Abb. 8.1a). Zur Beschreibung einer Elementarzelle legt man den Ursprung des Koordinatensystems in ein beliebiges Atom. Von diesem laufen die **Basisvektoren** $\vec{a}$, $\vec{b}$ zu den
nächsten Nachbaratomen und bilden die Elementarzelle. Der Atomabstand ist durch den
Betrag der Basisvektoren gegeben. Gemeinsam mit dem eingeschlossenen Winkel wird
die Kristallstruktur festgelegt. Die übernächsten Nachbarn sowie alle weiteren Atome
des Einkristalls erhält man einfach durch Addition der Basisvektoren (z. B. $2\,\vec{a}$, $3\,\vec{a}$, . . .),
d. h. durch Kopie und Aneinanderreihung der Elementarzelle. Der Vorteil dieser Darstellung ist, dass sich die Beschreibung des gesamten Kristalls auf die Beschreibung
einer einzelnen Elementarzelle reduziert. Die Sache vereinfacht sich noch weiter, denn
es gibt nicht unendlich viele verschiedene Kristallstrukturen, weil die Basisvektoren $\vec{a}$, $\vec{b}$
der Elementarzelle nicht jeden Winkel einnehmen können. Die Anzahl verschiedener
Elementarzellen ist begrenzt, da sie, ähnlich wie beim „Fliesenlegen", durch Aneinanderreihung den gesamten Raum vollständig ohne Lücken ausfüllen müssen. Man kann
z. B. den Fußboden nicht vollständig durch fünfeckige Kacheln ausfüllen. Aus Symme-
triebetrachtungen kommt man für den dreidimensionalen Kristall auf insgesamt sieben
verschiedene **Kristallsysteme** (**Bravaisgitter**), wenn eine Elementarzelle aus mehreren
verschiedenen Atomen besteht (z. B. NaCl), gibt es vierzehn Bravaisgitter. Wir wollen diese Kristallsysteme nicht im Detail diskutieren, sondern den Formalismus der
Röntgenbeugung betrachten, der für die experimentelle Bestimmung der Kristallstruktur-
untersuchung wichtig ist.

Die Atome werden zu **Gitterebenen** (Netzebenen) zusammengefasst, wobei eine Gitterebene durch drei Atome definiert wird, die nicht auf einer Geraden liegen. Wie in
Abb. 8.2 gezeigt, können verschiedene Ebenen durch den Kristall gelegt werden.

Die (100)-Ebenen sind alle Ebenen, die parallel zu der durch die Basisvektoren $\vec{b}$, $\vec{c}$
aufgespannten Ebene liegen. Entsprechend werden die (010)-Ebenen durch die Basis-

Abb. 8.1 Verschiedene Typen
von Festkörpern

Abb. 8.2 Zur Definition der
verschiedenen Gitterebenen
(Netzebenen) eines Kristalls

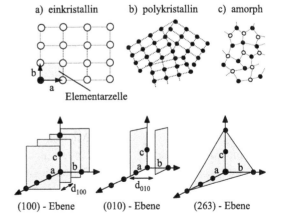

a) einkristallin   b) polykristallin   c) amorph

Elementarzelle

(100) - Ebene   (010) - Ebene   (263) - Ebene

Abb. 8.3 Prinzip der Röntgeninterferenz durch Beugung an den Gitterebenen mit dem Abstand d_{hkl}

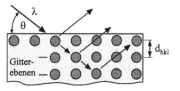

vektoren $\vec{a}$, $\vec{c}$ aufgespannt. Aber auch schräg zu den Basisvektoren verlaufende Ebenen können definiert werden, wie z. B. die (263)-Ebene. Wie werden die verschiedenen Ebenen definiert? Zuerst bestimmt man die Schnittpunkte ($m_1\vec{a}$, $m_2\vec{b}$, $m_3\vec{c}$) der Ebene mit den Basisvektoren. Im Fall der (100)-Ebene sind das ($m_1 = 1$, $m_2 = \infty$, $m_3 = \infty$), für die (263)-Ebene sind es ($m_1 = 3$, $m_2 = 1$, $m_3 = 2$). Dann bildet man die Kehrwerte $1/m$ und multipliziert sie mit der kleinstmöglichen ganzen Zahl p, die die Kehrwerte zu teilerfremden ganzen Zahlen ($h\,k\,l$) machen.

$$h = \frac{p}{m_1}, \quad k = \frac{p}{m_2}, \quad l = \frac{p}{m_3} \quad \text{(Miller-Indizes)}. \tag{8.1}$$

Das Tripel ($h\,k\,l$) heißt **Miller-Indizes**. Im Beispiel der (263)-Ebene ist $p = 6$. Das Tripel (h, k, l) kann als Normalenvektor verstanden werden, der senkrecht auf der Gitterebene steht und somit die Schar paralleler Gitterebenen ($h\,k\,l$) definiert. Der Abstand d_{hkl} der Gitterebenen hängt von den Miller-Indizes und der Länge der Basisvektoren ab. Beachten Sie, dass d_{hkl} nicht unbedingt der Abstand zwischen den Atomen sein muss (z. B. bei der (263)-Ebene).

Röntgenbeugung

Wie können wir den Gitterabstand d_{hkl} experimentell bestimmen? Durch Beugung von Licht an den periodisch angeordneten Atomen, da diese ein dreidimensionales Beugungsgitter darstellen, ähnlich der Beugung am eindimensionalen Strichgitter (Abschn. 5.3). Allerdings wird nicht sichtbares Licht, sondern Röntgenstrahlung verwendet, da die Wellenlänge in der Größenordnung der Atomabstände sein muss ($\approx 0,2$ nm). Folgende drei Verfahren werden oft angewendet:

Bragg-Streuung

Hierbei werden monochromatische Röntgenstrahlen unter dem Winkel θ zur Gitterebene ($h\,k\,l$) eingestrahlt (Abb. 8.3). Der einfallende Röntgenstrahl wird an den verschiedenen Gitterebenen teilweise reflektiert. Wegen der unterschiedlichen Wegstrecken besitzen die reflektierten Strahlen einen Gangunterschied. Konstruktive Interferenz aller Teilstrahlen tritt ein, wenn die Wellenlänge λ, der Gitterebenenabstand d_{hkl} und der Einfallswinkel die Bragg-Bedingung erfüllen.

$$m\lambda = 2d_{hkl}\sin\theta \quad \text{(Bragg-Bedingung)}. \tag{8.2}$$

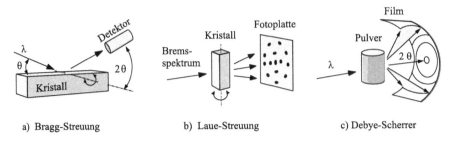

a) Bragg-Streuung   b) Laue-Streuung   c) Debye-Scherrer

Abb. 8.4 Messmethoden zur Kristallstrukturanalyse mit Röntgenstrahlung

Hierbei ist m eine ganze Zahl, die Interferenzordnung genannt wird. In einer Messung
wird der Kristall um den Einfallswinkel θ gedreht (Abb. 8.4a). Ein Detektor fährt auf
dem doppelten Winkel 2θ mit und misst die reflektierte Intensität, die genau dann stark
ansteigt, wenn die Bragg-Bedingung erfüllt ist (siehe auch Abschn. 7.3). Bei bekannter
Wellenlänge können dadurch die verschiedenen Gitterabstände d_{hkl} ermittelt werden. Beachten Sie, dass die Kristalloberfläche immer nur zu einer bestimmten Gitterebene parallel
sein kann! Deshalb besitzt ein Bragg-Spektrum auch immer Reflexe, die aus Gitterebenen
stammen, die nicht parallel zur Kristalloberfläche sind.

Statt Röntgenstrahlung werden oft auch monoenergetische Elektronen oder Neutronen benutzt. Ihre De-Broglie-Wellenlänge $\lambda = h/mv \approx d_{hkl}$ muss entsprechend über
die Geschwindigkeit der Teilchen dem Gitterabstand angepasst werden (Abschn. 6.2).
Im Gegensatz zu Neutronen und Röntgenphotonen dringen Elektronen wegen ihrer Ladung kaum in den Kristall ein, so dass sie zur Untersuchung von Oberflächen und dünnen
Schichten geeignet sind.

Laue-Beugung
Hierbei wird nicht monochromatische Röntgenstrahlung eingesetzt, sondern solche, die
ein breiten Spektralbereich abdeckt, z. B. Bremsstrahlung einer Röntgenröhre oder Synchrotronstrahlung (Abschn. 7.3). Der Kristall beugt die Strahlung in den gesamten Raum
und die Beugungsreflexe werden nicht wie im Bragg-Verfahren mit einem Detektor, sondern großflächig mit einer Fotoplatte hinter dem Kristall aufgenommen (Abb. 8.4b). Ähnlich der Bragg-Streuung tritt positive Interferenz nur unter bestimmten Winkeln auf und
führt zu Beugungsmaxima (Punkte) auf dem Schirm. Aus deren Verteilung lassen sich mit
Hilfe der Laue-Gleichungen die Gitterabstände bestimmen.

Debye-Scherrer
Dieses Verfahren wird angewendet, wenn statt eines großen Einkristalls nur Mikrokris-
talle in Pulverform vorliegen, die viel kleiner als der Durchmesser des Röntgenstrahls
sind. Monochromatisches Röntgenlicht wird auf die Pulverprobe gestrahlt und die Interferenzmaxima auf einem um die Probe gebogenen Film aufgenommen (Abb. 8.4c). Diese
Interferenzmaxima werden nur von wenigen Mikrokristallen erzeugt, deren Gitterebenen

Abb. 8.5 Bindungsarten und
Verteilung der an der Bindung
beteiligten äußeren Elektronen

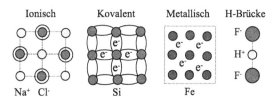

gerade den passenden Winkel θ zum einfallenden Röntgenstrahl besitzen, und damit die Bragg-Bedingung (Gl. 8.2) erfüllen. Konstruktive Interferenz findet dann für Reflexionen in die Richtung $2\,\theta$ statt, d. h. es bilden sich Interferenzringe um die Achse des einfallenden Röntgenstrahls. Damit alle möglichen Beugungsrichtungen erfasst werden können, wird der Filmstreifen kreisförmig um die Probe herum angeordnet.

Kristallbindungen

Welche Kräfte halten die Atome im Festkörper zusammen und welche Energie muss man aufbringen, um sie wieder zu trennen? Letztendlich sind elektrostatische Kräfte für die Bindung verantwortlich, wobei die Atome sich in einem Gitter so anordnen, dass ihre Bindungsenergie minimal wird. Im Folgenden sollen zunächst die Extremfälle elementarer Bindungen diskutiert werden. Die meisten Verbindungen liegen irgendwo zwischen diesen Extremen.

Ionische Bindungen

Dies sind Verbindungen aus Alkaliatomen (z. B. Na) mit nur einem äußeren Elektron und Halogenen (z. B. Cl), denen genau ein Elektron an der komplett gefüllten Schale fehlt (siehe Periodentafel in Abschn. 7.2). Ausgangspunkt der Bindung ist die vollständige Abgabe des äußeren Elektrons vom Na-Atom an das Cl-Atom. Dadurch entstehen einfach positiv geladene $Na^+(1s^2, 2s^22p^6)$ und negativ geladene $Cl^-(1s^2, 2s^22p^6, 3s^23p^6)$ Ionen mit jeweils komplett abgeschlossener Schale und kugelförmiger Ladungsverteilung. Die beiden unterschiedlich geladenen Ionen werden durch die elektrostatische Coulomb-Kraft angezogen und nähern sich soweit an, bis sich abstoßende und anziehende Komponente der Coulomb-Kraft das Gleichgewicht halten (Abb. 8.5). Dieser Gleichgewichtsabstand ist der Atomabstand im Kristallgitter (Na^+Cl^-: $a = 0{,}281$ nm). Die Stärke der Kristallbindung und damit die mechanische Härte und Schmelztemperatur ergibt sich aus der Bindungsenergie der Ionen, die für Na^+Cl^--Kristalle etwa $-8{,}2$ eV beträgt. Ionische Kristalle sind schlechte elektrische Leiter, d. h. Isolatoren (Abschn. 8.2). Ursache ist die starke Bindung der Elektronen in den abgeschlossenen Schalen an die Atome, wodurch die Elektronen an den Atomen lokalisiert sind und sich nicht frei durch den Kristall bewegen können.

Kovalente Bindungen

In kovalenten Bindungen werden die Elektronen nicht vollständig von einem Atom zum anderen abgegeben, sondern sie halten sich zwischen diesen auf, „gehören" quasi beiden Atomen (Abb. 8.5). Die Elektronendichte ist daher nicht kugelsymmetrisch um die jeweiligen Atome verteilt, so wie bei den Ionenkristallen, sondern die Elektronen nutzen die gemeinsamen Orbitale zwischen den Atomen und gewinnen somit mehr Platz. Das führt zu einer Energieabsenkung, welche die Kristallbindungsenergie ausmacht. Kovalente Bindungen treten vorwiegend bei Elementen gleicher Art, d. h. bei Atomen mit gleich vielen Elektronen auf. Typische Vertreter sind Elemente der vierten Gruppe wie C, Si, Ge, SiC oder die für die Halbleitertechnologie wichtigen *III-V*-Verbindungen wie z. B. GaAs. Die typische Bindung ist die Diamantstruktur des Si, wo die Bindungen in Richtung der vier Nachbaratome angeordnet sind, schematisch dargestellt in Abb. 8.5. Si hat die Elektronenkonfiguration Si ($1s^2, 2s^2 2p^6, 3s^2 3p^2$), d. h. jedem Atom fehlen vier Elektronen an der komplett gefüllten p-Schale. In der Kristallbindung liefert jedes der vier Nachbaratome je ein Elektron, so dass sich insgesamt zwei Elektronen mit entgegen gesetztem Spin (Pauli-Prinzip) zwischen den Si-Atomen aufhalten und die Bindung bewirken. Wegen der Stärke und Gerichtetheit der Bindungen entstehen extrem harte und spröde Materialien mit sehr hohem Schmelzpunkt (Diamant, BN, SiC). Hinsichtlich der elektrischen Leitfähigkeit stehen kovalent gebundene Kristalle zwischen den isolierenden Ionenkristallen und den leitenden Metallen, wobei Si und Ge Halbleiter sind (Abschn. 8.2, 8.3).

Metallische Bindungen

Bei Metallen werden die äußeren Elektronen nicht nur zwischen den Nachbaratomen „aufgeteilt", sondern sie werden für alle Atome des Kristalls „freigegeben". Sie bilden ein so genanntes Elektronengas und können sich frei durch den ganzen Kristall bewegen, was zu der guten Leitfähigkeit für Wärme und elektrischen Strom führt. In diesem negativ geladenen Elektronengas sitzen die positiv geladenen Metallionen, was zur Bindung der Atome im Kristall führt (Abb. 8.5). Alkalimetalle wie Na besitzen sehr geringe Bindungsenergien von etwa 1 eV. Sie sind somit sehr weich und schmelzen schon bei niedrigen Temperaturen. Die 3d-Übergangsmetalle wie Fe, Co, Ni, Cu besitzen höhere Bindungsenergien von etwa 4 eV und sind somit härter. Ursache sind zusätzliche kovalente Bindungen der nur teilweise gefüllten 3d-Schalen.

Wasserstoffbrücken

Befindet sich das H-Atom nahe einem elektronegativen Atom wie F, so gibt es sein Elektron an dieses ab, und die beiden unterschiedlich geladenen Ionen ziehen sich an. Bei der Wasserstoffbrücke sitzt das H-Atom zwischen zwei elektronegativen Atomen, und die räumliche Verteilung des Elektrons verschiebt sich vom H-Atom auf beide benachbarten Atome (Abb. 8.5). Diese werden somit negativ geladen und jeweils vom dazwischen sitzenden positiv geladenen H-Atom angezogen. Das H-Atom bildet somit eine Brücke zwischen den negativen Nachbarn. Bei vielen organischen Molekülen oder auch bei Eis spielen Wasserstoffbrücken eine große Rolle.

II Prüfungsfragen

Grundverständnis

F8.1.1 Wodurch zeichnen sich Kristalle aus?

F8.1.2 Durch welche Größen wird die Kristallstruktur beschrieben?

F8.1.3 Beschreiben Sie die wichtigsten Kristallbindungen.

F8.1.4 Was ist Hybridisierung?

Messtechnik

F8.1.5 Nennen Sie Verfahren zur Kristallstrukturbestimmung.

F8.1.6 Beschreiben Sie die Bragg-Streuung.

F8.1.7 Wann nutzt man Elektronen, wann Neutronen zur Kristallstrukturanalyse?

Vertiefungsfragen

F8.1.8 Was sind die Miller-Indizes?

F8.1.9 Was ist die Wigner-Seitz-Zelle?

F8.1.10 Was sind fcc-, bcc-Kristallstrukturen?

F8.1.11 Was ist das reziproke Gitter und wozu wird es eingesetzt?

F8.1.12 Was ist die Brillouinzone?

III Antworten

A8.1.1 Kristalle zeichnen sich durch eine periodische Anordnung der Atome in einem dreidimensionalen Kristallgitter aus (Abb. 8.1a–c). Nur bei Einkristallen erstreckt sich die Raumordnung über den gesamten Festkörper. Polykristalline Festkörper sind dagegen aus vielen Mikrokristallen zusammengesetzt. Amorphe Festkörper besitzen keine weitreichende Kristallstruktur.

A8.1.2 Die Kristallstruktur wird durch die Basisvektoren $\vec{a}$, $\vec{b}$, $\vec{c}$ beschrieben, die von einem Atom zu den nächsten Nachbaratomen laufen (Abb. 8.1a für den zweidimensionalen Fall). Sie spannen die Elementarzelle auf, deren Volumen sich aus dem Spatprodukt $V = (\vec{a} \times \vec{b}) \cdot \vec{c}$ berechnen lässt. Durch die Aneinanderreihung von Elementarzellen lässt sich der Kristall lückenlos aufbauen. Je nach Längenverhältnis und Winkel zwischen den Basisvektoren ergeben sich insgesamt sieben unterschiedliche Kristallsysteme mit vierzehn Bravaisgittern. Es gibt verschieden Möglichkeiten zueinander parallel Gitterebenen durch einen Kristall zu legen (Abb. 8.2). Definiert werden sie durch die Millerindices. Ihr Abstand kann experimentell z. B. durch Röntgenbeugung bestimmt werden.

A8.1.3 Die wichtigsten Typen von Kristallbindungen sind die kovalente Bindung (meist Halbleiter), die ionischen Bindungen (meist Isolatoren) und die Metallbindung. Wasserstoffbrückenbindungen spielen für Moleküle eine große Rolle. Sie sind alle detailliert im Theorieteil diskutiert (Abb. 8.5).

A8.1.4 In Festkörpern oder Molekülen können sich die Atomorbitale zu Hybridorbitalen umordnen (**Hybridisierung**), was zur kovalenten Bindung der Atome führt (Abb. 8.5). Dabei überlappen sich die Wellenfunktionen zwischen den Atomen so, dass die Gesamtenergie minimiert wird. Wichtige Fälle sind die Umordnung der s- und p-Orbitalen zu sp^2-Orbitalen in Silizium.

A8.1.5 Kristallstrukturen werden meist durch Beugung von Röntgenstrahlung, Elektronen oder Neutronen am Kristallgitter bestimmt. Gängige Röntgenbeugungsverfahren sind Bragg-Streuung von monochromatischem Licht an Einkristallen, Laue-Streuung von polychromatischem Licht an Einkristallen und das Debye-Scherrer-Verfahren mit monochromatischem Licht an polykristallinem Pulver (Abb. 8.4a–c und Theorieteil).

A8.1.6 Die Bragg-Streuung ist eine **Drehkristallmethode** und wird mit Röntgen- oder Neutronenstrahlen durchgeführt. Sie ist ausführlich im Theorieteil sowie in Abschn. 7.3 diskutiert (Abb. 8.4a).

A8.1.7 Röntgenstrahlen dringen tief in den Kristall ein und eignen sich daher zur Analyse des Kristallvolumens. Elektronen sind elektrisch geladen und dringen daher kaum in den Kristall ein. Deshalb wird Elektronenbeugung vorwiegend zur Analyse der Oberflächenstruktur von Kristallen genutzt. Neutronen sind elektrisch neutral und werden nicht an den Elektronen, sondern an den Atomkernen gestreut. Zudem besitzen sie ein magnetisches Moment, wodurch sie sich zur Untersuchung der Struktur magnetischer Kristalle eignen.

A8.1.8 Die Miller-Indizes (h, k, l) kennzeichnen die Gitterebenen eines Kristalls. Ihre konkrete Bestimmung ist im Theorieteil erklärt, und einige Beispiele sind in Abb. 8.2 gezeigt.

A8.1.9 Die **Wigner-Seitz-Zelle** ist auch eine Elementarzelle, aber mit speziell gewählter Lage. Die Lage der in Abb. 8.1a gezeigten Elementarzelle wird durch die beiden von einem Atom ausgehenden Vektoren $\vec{a}$, $\vec{b}$ festgelegt, wobei die Atome an den Rändern der Zelle sitzen. Bei der entsprechenden Wigner-Seitz-Zelle sitzt das Atom im Zentrum und dieselben Vektoren zeigen auch zu den Nachbaratomen, enden aber auf halber Strecke. Man erhält also die Wigner-Seitz-Zelle in diesem Beispiel durch Verschiebung der Elementarzelle um $-\vec{a}/2$ und um $-\vec{b}/2$.

A8.1.10 Wichtige **Gitterstrukturen** sind die kubisch flächenzentrierten (**fcc** = face centered cubic) und die kubisch raumzentrierten (**bcc** = body centered cubic) Kristallstrukturen (Abb. 8.6). Beide lassen sich durch einen Würfel mit je einem Atom an den acht Ecken darstellen. Das fcc-Gitter besitzt zusätzlich ein Atom im Zentrum jeder der sechs Seitenflächen. Das bcc-Gitter besitzt nur ein zusätzliches Atom im Zentrum des Würfels. Typische Vertreter für fcc-Gitter sind Gold, Aluminium, NaCl, für bcc-Gitter sind es Eisen oder Cäsium.

Abb. 8.6 Kubisch flächenzentriertes (fcc) und kubisch raumzentriertes-Gitter (bcc)

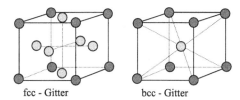

fcc - Gitter   bcc - Gitter

A8.1.11 Das **reziproke Gitter** ist eine mathematische Konstruktion zur Beschreibung des Kristallgitters und es stellt ein sinnvolles Hilfsmittel zur Auswertung von Röntgenbeugungsspektren dar. Die reziproken Gittervektoren werden aus den Basisvektoren folgendermaßen gewonnen: $\vec{a}* = 2\pi(\vec{b}\times\vec{c})/V_E$, $\vec{b}* = 2\pi(\vec{c}\times\vec{a})/V_E$ und $\vec{c}* = 2\pi(\vec{a}\times\vec{b})/V_E$, wobei $V_E = \vec{a}\cdot(\vec{b}\times\vec{c})$ das Volumen der Einheitszelle ist. Das reziproke Gitter beschreibt den k-Raum, wobei $k = 2\pi/\lambda$ die Wellenzahl ist und somit die Bezeichnung „reziprok" durch die Einheit $[\vec{a}*] = \text{m}^{-1}$ verständlich wird. Während der Gittervektor $\vec{T} = m_1\vec{a} + m_2\vec{b} + m_3\vec{c}$ einen Gitterplatz im realen Ortsraum beschreibt, erfasst der reziproke Gittervektor $\vec{G}* = h\cdot\vec{a}* + k\cdot\vec{b}* + l\cdot\vec{c}*$ einen Platz im k-Raum. Ein Gewinn dieses Formalismus ist, dass hierbei die Miller-Indizes $h = p/m_1, \ldots$ direkt auftauchen (siehe Theorieteil). Damit steht der reziproke Gittervektor senkrecht auf der Gitterebene (hkl) und gibt den Abstand d_{hkl} dieser Gitterebenen durch $|\vec{G}*| = 2\pi/d_{hkl}$ an. Daraus erhält man einen direkten Zusammenhang zwischen Gitterabstand $d_{hkl} = 1/\sqrt{(h/a)^2 + (k/b)^2 + (l/c)^2}$, den Miller-Indizes und den Basisvektoren im realen Ortsraum. Der reziproke Gittervektor ist zur praktischen Auswertung der Laue-Beugung von Röntgenlicht wichtig. Ähnlich der Bragg-Bedingung für konstruktive Interferenz der reflektierten Röntgenstrahlen (Gl. 8.2) muss für den Fall der Laue-Streuung (Abb. 8.4b) die Laue-Gleichung $\vec{k} - \vec{k}' = \vec{G}$ erfüllt sein. Dabei ist $\vec{k}$

der Wellenvektor des einfallenden Röntgenlichtes und $\vec{k}'$ der des gestreuten Lichtes. Aus der Streurichtung $\vec{k}'$, die zu einem Punkt auf der Fotoplatte gehört, kann der reziproke Gittervektor $\vec{G} = \vec{k} - \vec{k}'$ ermittelt werden, woraus der Gitterabstand d_{hkl} folgt.

A8.1.12 Die **Brillouinzone** stellt die Einheitszelle, d. h. die Wigner-Seitz-Zelle im reziproken Gitter dar.

8.2 Bandstruktur, Isolator, Halbleiter, Metall

I Theorie

In diesem Kapitel behandeln wir die elektronische Struktur fester Körper. Aus ihr lassen sich die elektrische Leitfähigkeit sowie das optische Verhalten ableiten, beides grundlegende Eigenschaften moderner opto-elektronischer Bauteile.

Fermi-Elektronengas

In einem Metall können sich die äußeren Elektronen quasi-frei durch den Kristall bewegen und lassen sich durch ein Elektronengas beschreiben. Während für ein klassisches Gas die kinetische Energie der Teilchen durch die Maxwell-Boltzmann-Statistik beschrieben wird (Abschn. 3.1), gehorchen die Elektronen einer anderen, der **Fermi-Dirac-Statistik**. Diese beschreibt generell in der Quantenmechanik Teilchen mit Spin 1/2. Um die möglichen Energiewerte des Elektronengases zu bestimmen, behandeln wir den Festkörper wie ein dreidimensionalen Potenzialtopf mit den Kantenlängen L und einem unendliche hohen Potenzial, in welchen N Elektronen eingesperrt sind (Abschn. 6.3, Antwort A6.3.9). Die erlaubten Energiezustände werden von unten her mit Elektronen aufgefüllt, wobei jeder Zustand mit zwei Elektronen besetzt werden kann, die entgegengesetzte Spinwerte besitzen (Pauli-Prinzip). Die Energie des höchsten mit Elektronen besetzten Zustands heißt **Fermi-Energie** E_F (Abb. 8.7a). Genau genommen liegt die Fermienergie zwischen dem höchst besetzten und dem nächst höheren unbesetzten Zustand. Da die Zustände aber im Fall des Elektronengases sehr eng liegen, macht dies faktisch keinen Unterschied. Oberhalb dieser Grenze ($E > E_F$) sind alle Zustände leer, unterhalb sind alle Zustände besetzt, allerdings nur bei der Temperatur $T = 0\,\text{K}$. Aus quantenmechanischer Sicht besitzt ein realer Kristall große Abmessungen und sehr viele Elektronen (typisch $n \approx 10^{22}\,\text{cm}^{-3}$),

Abb. 8.7 a) Zustände werden bis zur Fermi-Energie mit Elektronen besetzt und b) Zustandsdichte $D(E) \sim \sqrt{E}$, jeweils für $T = 0\,\text{K}$

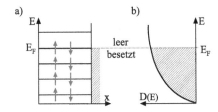

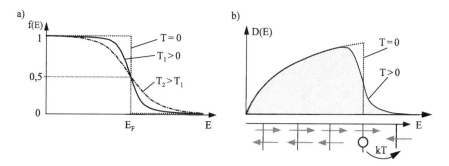

Abb. 8.8 Durch thermische Anregung besetzen Elektronen auch Zustände oberhalb der Fermi-Energie: a) Fermi-Funktion, b) Zustandsdichte

so dass es aus praktischen Gründen in der Beschreibung zwei Änderungen zum Fall eines einzelnen Atoms gibt. Erstens werden nicht mehr die einzelnen Elektronen, sondern die Elektronendichte $n = N/V$, bezogen auf das Volumen $V = L^3$, betrachtet. Zweitens nehmen die Abstände der diskreten Energieniveaus mit wachsender Kantenlänge des Potenzialtopfes ab (Abschn. 6.3), d. h. die diskreten Energiezustände liegen in unserem relativ großen Festkörper sehr dicht beieinander. Daher werden diese durch eine kontinuierliche Zustandsdichte $D(E) = dZ/dE$, d. h. durch die Zahl dZ der Zustände pro Energieintervall dE und pro Volumeneinheit ersetzt. Für einen dreidimensionalen Potenzialtopf ergibt sich ein Anstieg der Zustandsdichte mit der Wurzel der Energie (Abb. 8.7b).

$$D(E) = \frac{(2\,m)^{3/2}}{2\,\pi^2\hbar^3}\sqrt{E} \quad \text{(Zustandsdichte)}. \tag{8.3}$$

Die Zahl der insgesamt besetzten Zustände Z ist die Fläche unter der Kurve $D(E)$ (Abb. 8.7b) von Null bis zur Fermi-Energie. Die mittlere kinetische Energie eines Elektrons wächst mit der Fermi-Energie und hat bei $T = 0$ K den Wert $E_{kin} = 0{,}6\,E_F$.

Welche Rolle spielt die Temperatur T für die Besetzung der Zustände? Hierfür ist die **Fermi-Dirac-Verteilungsfunktion** $f(E, T)$ wichtig. Sie gibt die Wahrscheinlichkeit an, mit der ein Elektron einen Zustand der Energie E besetzt, wenn der Festkörper die Temperatur T besitzt. Für $T = 0$ K sind alle Zustände bis zur Fermi-Energie mit der Wahrscheinlichkeit $f(E \leq E_F, T = 0) = 1$ besetzt. Die Zustände oberhalb dieser Grenze sind unbesetzt, d. h. die Wahrscheinlichkeit ein Elektron mit der Energie $E > E_F$ anzutreffen ist $f(E > E_F, T = 0) = 0$ (Abb. 8.8a). Mit wachsender Temperatur steigt die Wahrscheinlichkeit, dass durch Aufnahme thermischer Energie kT Elektronen in höherenergetische Zustände $E > E_F$ angeregt werden können. Die kantenförmige Verteilung von $f(E, T)$ (Abb. 8.8a) weicht daher mit zunehmender Temperatur auf. Die Wahrscheinlichkeit, ein Elektron bei der Temperatur $T > 0$ im Zustand der Energie E vorzufinden ist

$$f(E, T) = \frac{1}{e^{(E - E_F)/kT} + 1} \quad \text{(Fermi-Dirac-Verteilung)}. \tag{8.4}$$

Abb. 8.9 Übergang von
diskreten Energieniveaus freier
Atome zu breiten Bändern in
Festkörpern

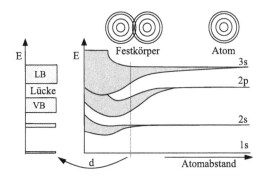

Die Temperaturabhängigkeit der Zustandsdichte erhalten wir daher aus dem Produkt $D(E) f(E, T)$ (Abb. 8.8b). Diese ist von großer Bedeutung für die Temperaturabhängigkeit der elektrischen Leitfähigkeit von Halbleitern, insbesondere wenn sie dotiert sind (s. u. und Abschn. 8.3).

Bandstruktur

Die Energiezustände der beweglichen Elektronen in Metallen lassen sich gut durch das oben diskutierte Elektronengas beschreiben. Wie sieht es aber für Halbleiter und Isolatoren aus, die kaum oder gar keine beweglichen Elektronen besitzen? Hierzu entwickeln wir die Bandstruktur des Festkörpers und gehen dabei von den atomaren Energieniveaus aus. Während freie Atome diskrete Energieniveaus besitzen (Abb. 8.9 rechts), sind die Atome in Festkörpern so nah beieinander, dass sich die Elektronen der äußeren Orbitale beeinflussen. Sie spüren die elektrischen und magnetischen Felder der Nachbaratome, was zur Aufspaltung der entarteten Zustände führt (Abschn. 7.2, Zeeman-Effekt). Mit sinkendem Atomabstand nimmt die Feldstärke und damit die Aufspaltung zu, wobei die vielen aufgespaltenen Zustände zu quasi-kontinuierlichen Bändern zusammengefasst werden (Abb. 8.9 Mitte). Der Effekt ist am stärksten für die weit außen liegenden Valenzelektronen. Hier können die Elektronen von einem Atom zum anderen „tunneln" und sind delokalisiert, also keinem Atom mehr fest zugeordnet. Die tiefer liegenden, also stärker gebundenen Rumpfelektronen mit ihrem kleineren „Bahnradius" beeinflussen sich dagegen kaum. Ein Festkörper besteht aber nicht nur aus zwei, sondern aus N Atomen. Daher kann jedes Band mit der N-fachen Zahl von Elektronen besetzt werden. Aus dem 3s-Niveau des Atoms mit 2 Elektronen wird also das 3s-Band des Festkörpers mit $2 N$ Elektronen usw. Die Elektronen dürfen alle möglichen Energiewerte innerhalb eines Bandes annehmen, aber keine Werte zwischen den Bändern. Dieser verbotene Bereich zwischen Bändern heißt **Bandlücke** oder „Bandgap". Die Bandstruktur eines bestimmten Festkörpers wird durch die Energiebreite der Bänder bei dessen individuellem Atomabstand d festgelegt, was zu der Darstellung der Bandstruktur in Abb. 8.9 links führt. Anhand der Elektronenbesetzung der obersten Bänder, dem Leitungsband (LB), dem Valenzband (VB) sowie der relativen Größe der obersten Bandlücke werden im Folgenden drei Typen von Festkörpern unterschieden.

Abb. 8.10 Bandschema mit
Valenz- und Leitungsbändern
sowie der Bandlücke in Leitern,
Halbleitern und Isolatoren

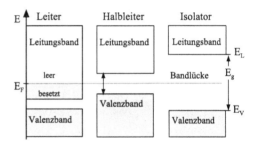

Leiter Ähnlich wie die Energieniveaus der Atome werden auch die Bänder des Festkörpers von unten her mit den verfügbaren Elektronen entsprechend dem Pauli-Prinzip bis
zur Fermi-Energie E_F aufgefüllt (Abb. 8.10 links). Liegt E_F innerhalb eines Bandes, so
besitzt dieses Band oberhalb der von Elektronen besetzten Zustände auch freie Plätze.
Ein solches nur teilweise besetztes Band wird **Leitungsband** (**LB**) genannt, da hier die
Leitungsbandelektronen zum elektrisches Stromfluss beitragen.

Um einen Stromfluss zu erzielen, wird an den Festkörper eine äußere Spannung, d. h.
ein elektrisches Feld angelegt. Dadurch werden die Elektronen beschleunigt und nehmen
die kinetische Energie $E = eU$ auf. Energieaufnahme bedeutet aber, dass die Elektronen in die um $E = eU$ höher liegenden Energiezustände im LB angehoben werden. Die
Elektronen im voll besetzten **Valenzband** (**VB**) können diese Energie dagegen nicht aufnehmen, denn es gibt keine freien Zustände (Plätze) im VB. Elektronen des VB können
also nicht an der elektrischen Leitung teilnehmen, denn sie müssten aus dem VB heraus
in die verbotene Lücke angeregt werden. Dort existieren aber keine Zustände.

Isolatoren Typische Vertreter sind ionische Kristalle, die nur komplett gefüllte oder leere
Schalen besitzen (Abschn. 8.1). Isolatoren besitzen daher komplett gefüllte Valenzbänder
und unbesetzte Leitungsbänder (Abb. 8.10 rechts), so dass keine elektrische Leitung möglich ist. Da es im VB keine freien Zustände gibt, können die Valenzbandelektronen im
elektrischen Feld keine Energie $E = eU$ aufnehmen. In die höher liegenden Leitungs-
bandzustände können sie auch nicht gelangen, da die Bandlücke $E_g \gg eU$ zu groß ist
und nicht überwunden werden kann. Bei Isolatoren liegt die Fermi-Energie in der Mitte
der Bandlücke, also zwischen dem höchsten besetzten und dem nächst höheren unbesetzten Zustand.

Halbleiter Wir betrachten intrinsische, also undotierte Halbleiter wie Si oder Ge. Sie haben eine prinzipiell ähnliche Bandstruktur wie Isolatoren, aber mit einer deutlich kleinerer
Bandlücke E_g (Abb. 8.10 Mitte). Dies hat zur Folge, dass mit steigender Temperatur auch
die Wahrscheinlichkeit steigt, dass Elektronen thermisch aus dem VB in das LB angeregt
werden (Abb. 8.11). Damit wird elektrische Leitung durch Elektronen im LB möglich. Zusätzlich wird Löcherleitung im VB möglich, denn jedes Elektron, das in das LB angeregt
wird, hinterlässt ein **Loch** (**Defektelektron**) im VB, das wie ein positiver Ladungsträger

Abb. 8.11 Prinzip der Elektronen- und Löcherleitung im Halbleiter, bei dem Elektronen aus dem VB in das LB angehoben worden sind. Die Zahl der freien Ladungsträger folgt aus der Fermi-Verteilung.

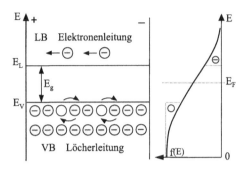

am Stromfluss teilnehmen kann. Beachten Sie, dass trotz entgegengesetzter Bewegungsrichtung beide Ladungsträgertypen einen positiven Beitrag zum Stromfluss liefern. Die Wahrscheinlichkeit, ein Elektron aus dem oberen VB mit der Energie E_V in das untere LB mit der Energie $E = E_L$ anzuregen, wird durch die Fermi-Verteilung (Gl. 8.4) gegeben. Je kleiner die Energiedifferenz $E_L - E_F = E_g/2$, d. h. je kleiner E_g und je größer die thermische Energie kT, desto größer wird die Anregungswahrscheinlichkeit. Deshalb nimmt die Zahl der freien Ladungsträger exponentiell mit dem Verhältnis $E_g/2kT$ zu. Als Folge steigt auch die elektrische Leitfähigkeit (Abschn. 4.3) exponentiell mit der Temperatur $\sigma_{el} \sim e^{-E_g/2kT}$. Die Leitfähigkeit von Halbleitern kann natürlich auch durch Absorption von Licht erhöht werden. Um Elektronen aus dem VB über die verbotene Lücke in das LB zu heben, muss die Photonenenergie größer als die Bandlücke sein $hf \geq E_g$. Auf diesem Effekt basieren Detektoren zur Messung der Lichtintensität (siehe Prüfungsfragen und Abschn. 8.3).

II Prüfungsfragen

Grundverständnis

F8.2.1 Wodurch zeichnen sich Metalle, Halbleiter und Isolatoren aus?

F8.2.2 Diskutieren Sie Metalle, Halbleiter und Isolatoren anhand ihrer Bandstruktur.

F8.2.3 Nennen Sie typische Halbleiter und Isolatoren sowie ihre Bindungsart.

F8.2.4 Diskutieren Sie optische Eigenschaften anhand der Bandstruktur.

F8.2.5 Was beschreibt die Fermi-Dirac-Funktion?

F8.2.6 Beschreiben Sie das Modell des freien Elektronengases.

F8.2.7 Wie lässt sich die Bandstruktur aus den atomaren Energieniveaus ableiten?

F8.2.8 Beschreiben Sie die elektrische Leitung im Bändermodell.

Messtechnik

F8.2.9 Wie funktioniert ein Thermoelement?

F8.2.10 Wie arbeitet ein Photowiderstand?

F8.2.11 Wie wird die Bandstruktur experimentell bestimmt?

Vertiefungsfragen

F8.2.12 Worin unterscheiden sich Bosonen und Fermionen?

III Antworten

A8.2.1 Anhand der Temperaturabhängigkeit der elektrischen Leitfähigkeit (Abschn. 4.3, Abb. 4.18) lassen sich die drei Leitertypen unterscheiden. Metalle sind bei Zimmertemperatur elektrisch leitend mit Leitfähigkeiten von über $10^5 \Omega^{-1} \, m^{-1}$. Sie sind für Licht nicht transparent und besitzen ein hohes Reflexionsvermögen. Halbleiter sind bei Zimmertemperatur elektrisch leitend und bei tiefen Temperaturen Isolatoren. Ihre elektrische Leitfähigkeit steigt exponentiell mit der Temperatur. Isolatoren sind elektrisch nicht leitend, d. h. sie besitzen einen hohen spezifischen Widerstand von mindestens $10^{10} \, \Omega \, m$. Sie sind in der Regel optisch transparent (siehe Frage F8.2.4).

A8.2.2 Die Bandstruktur eines Festkörpers gibt die möglichen Energiezustände für die Elektronen des Körpers an. Zur Diskussion der elektrischen und optischen Eigenschaften von Metallen, Halbleitern und Isolatoren betrachtet man daher den entsprechenden Energiebereich des oberen Valenzbandes (VB) und den Bereich des unteren Leitungsbandes (LB) (Abb. 8.10). Entscheidend ist die Lage der Fermi-Energie E_F und die relative Breite E_g der Bandlücke. Liegt E_F im LB, so handelt es sich um Metalle. Liegt E_F in der Bandlücke, d. h. ist das VB komplett gefüllt und das LB leer (Halbleiter, Isolatoren), so ist elektrische Leitung bei tiefen Temperaturen nicht möglich. Allerdings können durch thermische Energiezufuhr Elektronen aus dem VB in das LB angeregt und somit freie Ladungsträger erzeugt werden. Die Anregungswahrscheinlichkeit steigt mit wachsender Temperatur und fallender Bandlücke, beschrieben durch die Fermi-Verteilung (Frage F8.2.5). Isolatoren unterscheiden sich daher durch ihre größere Bandlücke ($E_g > 4 \, eV$) von den Halbleitern.

A8.2.3 Elementhalbleiter wie Si und Ge werden je nur aus einem Element gebildet. Typische Verbindungshalbleiter werden aus Elementen der III. und V. Hauptgruppe aufgebaut und bilden die III-V-Halbleiter wie GaAs oder InP. Oder sie werden aus Elementen der II. und VI. Hauptgruppe aufgebaut und bilden die II-VI-Halbleiter wie ZnSe oder CdTe. Der Bindungstyp ist meist die kovalente Bindung (Abschn. 8.1). Neben den Keramiken werden typische Isolatoren aus Salzen, d. h. Verbindungen der Elemente der ersten und siebten Hauptgruppe gebildet (NaCl. LiF). Der Bindungstyp ist die Ionenbindung, die zu abgeschlossenen Schalen führt (Abschn. 8.1).

A8.2.4 Licht kann in einem Festkörper absorbiert werden, indem das Photon seine Energie an ein Elektron abgibt und dieses in einen energetisch höheren Zustand anregt. Bei Isolatoren und Halbleitern bedeutet dies, dass Elektronen aus dem Valenzband in das Leitungsband angeregt werden müssen. Damit können nur solche Photonen absorbiert werden, deren Energie $hf \geq E_g$ mindestens so groß wie die Bandlücke ist. Isolatoren besitzen Bandlücken mit Werten oberhalb von etwa 4 eV, d. h. 300 nm (Umrechnung mit $1240/E = \lambda$, Einheiten in nm und eV). Deshalb wird die sichtbare Strahlung mit 400 nm $< \lambda <$ 750 nm nicht absorbiert und der Isolator ist transparent. Die Farbe eines Festkörpers hängt von seiner Bandlücke ab. Beträgt diese z. B. 2 eV, so werden Photonen mit $hf \geq E_g = 2$ eV absorbiert und niederenergetische Strahlung im Wellenlängenbereich $\lambda > 600$ nm durchgelassen. Dieser Festkörper erscheint somit rot.

Metalle können Photonen beliebiger Energie absorbieren. Es reichen schon geringe Energien aus, um Elektronen innerhalb des Leitungsbandes über das Fermi-Niveau aus besetzten in unbesetzte Zustände anzuregen (Abb. 8.10). Deshalb werden selbst niederenergetische Mikrowellen und Infrarotstrahlung absorbiert bzw. reflektiert, so dass der metallische Glanz entsteht.

A8.2.5 Die Fermi-Dirac-Funktion $f(E, T)$ (Gl. 8.4) gibt die Wahrscheinlichkeit an, dass das Energieniveau E bei der Temperatur T von einem Elektron besetzt ist. Für $T = 0$ K sind alle Zustände unterhalb von E_F besetzt und oberhalb davon leer (Abb. 8.8a). Mit steigender Temperatur können die Elektronen durch Aufnahme thermischer Energie auch höherenergetische Zustände besetzen, so dass der kantenförmige Anstieg bei E_F mit steigender Temperatur zunehmend „abflacht". Alle Kurven laufen aber durch denselben Wert $f(E_F, T) = 1/2$ (Abb. 8.8.a). Wichtig ist die Fermi-Dirac-Funktion u. a. für die Erklärung der Temperaturabhängigkeit der elektrischen Leitfähigkeit von Halbleitern (Abb. 8.11 und Diskussion im Theorieteil unter „Halbleiter").

A8.2.6 Als Elektronengas bezeichnet man die Gesamtheit vieler Elektronen, die sich statistisch ungeordnet in einem bestimmten Bereich bewegen. Zur Beschreibung wird meist das Modell des dreidimensionalen Potenzialtopf verwendet. Da Elektronen den Spin 1/2 besitzen, wird das Elektronengas durch die Fermi-Dirac-Statistik beschrieben (siehe

Fermi-Dirac-Funktion $f(E, T)$). Für sehr hohe Temperaturen verhält sich das Elektronengas nahezu wie ein Gas aus klassischen Teilchen und kann durch die Boltzmann-Statistik beschrieben werden (Abschn. 3.1). Bei tiefen Temperaturen verhält es sich aber ganz anders. Insbesondere sind am absoluten Nullpunkt $T = 0$ alle Zustände unterhalb der Fermi-Energie besetzt und Zustände darüber unbesetzt. Das Modell des freien Elektronengases lässt sich gut auf Metalle anwenden.

A8.2.7 Der Übergang von den Energieniveaus eines einzelnen Atoms zum Festkörperverbund ist in Abb. 8.9 gezeigt und im Theorieteil „Bandstruktur" diskutiert.

A8.2.8 Die Prinzipien der elektrischen Leitung sind im Theorieteil unter „Bandstruktur, Leiter" erklärt worden. Die Elektronen- und Löcherleitung eines Halbleiters ist in Abb. 8.11 gezeigt und im Theorieteil „Bandstruktur, Halbleiter" beschrieben.

A8.2.9 Viele **Thermosensoren** beruhen auf dem Seebeck-Effekt (Abschn. 4.3). Ein Halbleiterthermometer basiert auf dem Anstieg der Leitfähigkeit $\sigma_{el} \sim e^{-E_g/2kT}$ mit steigender Temperatur T. Je größer das Verhältnis von thermischer Energie kT zur Bandlückenenergie E_g ist, desto größer ist die Wahrscheinlichkeit, dass Elektronen aus dem VB in das LB angeregt werden und zur elektrischen Leitung beitragen.

A8.2.10 Mit einem **Photowiderstand** kann die Lichtintensität gemessen werden, seine elektrische Leitfähigkeit hängt von der eingestrahlten Lichtintensität ab. Er besteht aus einem Halbleitermaterial, in dem durch Absorption von Photonen mit ausreichend großer Energie $hf \geq E_g$ Elektronen aus dem Valenzband in das Leitungsband angeregt und somit freie Ladungsträger erzeugt werden, die zum Stromfluss beitragen können (Abb. 8.11). Die Leitfähigkeit $\sigma_{el} = n\,q^2\tau/m$ (Abschn. 4.3) wird also durch Erhöhung der Dichte n freier Ladungsträger erhöht. Solch ein Sensor kann aber nur Photonen oberhalb der Bandlückenenergie detektieren. Für die Messung von niederenergetischem Infrarotlicht wird der Halbleiter dotiert. Die Absorption der Photonen erfolgt dann nicht durch Anheben der Elektronen aus dem Valenzband, sondern durch Transfer der Donatorelektronen in das Leitungsband, denn die Donatorzustände liegen meist dicht unter dem Leitungsband (siehe Abschn. 8.3). Der Photowiderstand ist anders als die Solarzelle kein pn-Kontakt, und kann nicht zur Umwandlung von Lichtenergie in elektrische Energie eingesetzt werden (Details in Abschn. 8.3).

A8.2.11 Zur Bestimmung der Bandstruktur von Festkörpern muss die Bindungsenergie E_b der Elektronen der verschiedenen Bänder experimentell ermittelt werden (Abb. 8.9, 8.10). Die Technik heißt **Photoelektronenspektroskopie**. Hierzu wird UV- oder Röntgenlicht einer bestimmten Energie hf auf den Kristall gestrahlt und die kinetische Energie $E_{kin} = hf - E_b - W_A$ der ausgelösten Elektronen gemessen (Photoeffekt, Abschn. 6.1).

Elektronen, die aus tiefer gelegenen Bändern mit großem E_b stammen, haben entsprechend eine kleinere kinetische Energie als Elektronen, die aus den oberen Bändern mit geringerem E_b ausgelöst werden. Meist wird die Bindungsenergie auf das Fermi-Niveau bezogen, und es muss eine konstante Ablösearbeit W_A berücksichtigt werden. Zur Bestimmung der Bandlückenenergie E_g reicht es aus, die für Absorption von Licht mindestens notwendige Photonenenergie zu messen. Experimentell wird hierzu weißes Licht durch einen Kristall gestrahlt und die Intensität des durchgehenden Lichtes als Funktion der Wellenlänge (Energie) mit einem Monochromator (Abschn. 5.3) gemessen. Wird die Bandlückenenergie $hf = E_g$ erreicht, so ändert sich die Intensität drastisch.

A8.2.12 Bosonen sind Teilchen, die keinen oder einen ganzzahligen Spin tragen. Dies sind z. B. Photonen, Cooper-Paare oder He-Atome. Ein Gas aus solchen nicht-unterscheidbaren Teilchen wird durch die Bose-Einstein-Statistik beschrieben. Es verhält sich anders als ein Gas aus **Fermionen**, d. h. nicht-unterscheidbaren Teilchen mit Spin $1/2$, welches durch die Fermi-Dirac-Statistik beschrieben wird (s. o.). In einem Gas aus Fermionen müssen aufgrund des Pauli-Prinzips (Abschn. 7.2) unterschiedliche Energiezustände eingenommen werden, so dass die Energieniveaus von unten her aufgefüllt werden. In einem Bosonengas ist das anders. Hier können alle Bosonen denselben energetisch tiefsten Zustand annehmen (Abb. 8.12). Die Eigenart des Bosonengases wird deutlich im Vergleich zu dem klassischen Gas, das aus unterscheidbaren Teilchen besteht und durch die Boltzmannstatistik beschrieben wird (Abschn. 3.1). Die Temperatur des Gases ist ein Maß für die kinetische Energie, d. h. die Geschwindigkeit der Teilchen. Die Wahrscheinlichkeit ein Teilchen im Energieintervall $(E, E + dE)$ zu finden, wird durch eine entsprechende Verteilungsfunktion $f(E)\,dE$ gegeben. Für klassische unterscheidbare Teilchen ist dies die Maxwell-Boltzmann-Verteilung (Abb. 3.4, Abb. 8.12). Ganz anders verläuft diese bei einem Bosonengas. Wird dieses unter eine kritische Temperatur abgekühlt, so tritt die **Bose-Einstein-Kondensation** ein. Dabei wird sprungartig der kleinste mögliche Energiezustand eingenommen und zwar von allen Teilchen (Abb. 8.12). Alle Teilchen besitzen denselben diskreten Energiewert und zeigen nicht die Verbreiterung über einen gewissen Energiebereich wie klassische Teilchen, sondern eine schmale Linie. Beobachtet werden konnte dies 1995 durch Laserkühlung von Na-Atomen.

Abb. 8.12 Unterschiedliche Besetzung der Zustände durch Fermionen bzw. Bosonen und Energieverteilung im Vergleich zum idealen Gas

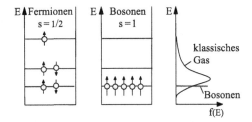

8.3 Dotierung, Dioden, LED, Solarzelle

I Theorie

Für elektronische Anwendung ist oft die gezielte Einstellung der Leitfähigkeit eines Halbleiters wichtig, wofür durch Dotierung des Halbleiters mit Fremdatomen die notwendigen zusätzlichen Ladungsträger bereit gestellt werden können.

Dotierung

Bei der **n-Dotierung** werden zusätzliche Elektronen zur Verfügung gestellt. Dazu werden z. B. in einem Si-Kristall einige der vierwertigen Si-Atome durch fünfwertige **Donator-Atome** (z. B. As, P aus Gruppe V der Periode) ersetzt. Von den fünf äußeren Elektronen des Donators nehmen aber nur vier an der Kristallbindung teil. Das fünfte Elektron wird für die Bindung nicht benötigt und ist nur noch sehr schwach an den Donator gebunden ($E_D \approx 0{,}02 - 0{,}2\,\mathrm{eV}$). Daher kann es sehr leicht durch thermische Energiezufuhr abgetrennt werden und zur Leitung beitragen (Abb. 8.13a). Als frei bewegliches Elektron wird es dann im Energieschema der Bandstruktur im Leitungsband eingetragen (Abb. 8.14a) und die Energiezustände der mit E_D locker an Donatoren gebundenen Elektronen liegen knapp unter dem Leitungsband.

Bei der **p-Dotierung** werden statt negativen positive Ladungsträger (Löcher) zur Verfügung gestellt. Hierzu werden einige der vierwertigen Si-Atome durch dreiwertige Atome (**Akzeptoren**) der Gruppe III wie B, Al oder Ga ersetzt. Da die Akzeptoren ein Elektron weniger als Si-Atome besitzen, kann eine der vier Kristallbindungen nicht abgesättigt werden (Abb. 8.13b). Diese Bindung kann aber durch ein Elektron aufgefüllt werden, das sich zuvor aus einer regulären Si-Bindung gelöst hat. Im Bandstrukturschema müssen daher die Akzeptorzustände etwas oberhalb des Valenzbandes liegen (Abb. 8.14b). Ihre Energie E_A entspricht der Energie, die nötig ist ein Valenzbandelektron aus einer regulären Bindung zu lösen und in die nicht abgesättigte Bindung am Akzeptor zu transferieren. Die p-Dotierung führt zur Löcherleitung im Valenzband, wobei die Elektronen von Loch zu Loch „springen", was einer Löcherwanderung in die entgegen gesetzte Richtung entspricht (Abb. 8.13b).

Abb. 8.13 Dotierung eines Si-Halbleiters: a) n-Dotierung mit Donatoren, hier As, führt zur Elektronenleitung.
b) p-Dotierung mit Akzeptoren, hier B, führt zur Löcherleitung

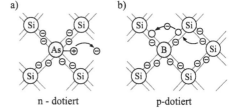

Man nennt die vorwiegend vorkommenden freien Ladungsträger **Majoritätsträger**.
Dies sind Elektronen im n-Halbleiter und Löcher im p-Halbleiter. Die in Unterzahl auftre-
tenden freien Ladungsträger nennt man **Minoritätsträger**, d. h. Löcher im n-Halbleiter,
Elektronen im p-Halbleiter. Die geringen energetischen Abstände der Donator-und Akzeptorzustände von den entsprechenden Bandkanten führen dazu, dass bei Zimmertemperatur
($T = 300$ K) die thermische Energie $kT \approx 0{,}025$ eV ausreicht, um nahezu alle Donatoren zu ionisieren und alle Akzeptoren mit einem zusätzlichen Elektron zu besetzen.
Daher ist die Dichte dieser freien Ladungsträger ab einer bestimmten Temperatur nahezu
konstant. Die exakte Konzentration freier Ladungsträger kann aus der Fermi-Verteilung
berechnet werden (Abschn. 8.2).

pn-Diode

Die typische Halbleiterdiode besteht aus einem pn-Übergang, d. h. einer Kontaktstelle
zwischen einem p-dotierten und einem n-dotierten Halbleiter (Abb. 8.15). An der Kontaktfläche von p- und n-dotiertem Halbleiter tritt infolge der unterschiedlichen Konzentration der Majoritätsträger ein **Diffusionsstrom** von Elektronen aus dem n-Gebiet in
das p-Gebiet und von Löchern aus dem p-Gebiet in das n-Gebiet auf. Diese Löcher und

Abb. 8.14 Bandstruktur
dotierter Halbleiter sowie
thermische Anregung.
a) n-dotiert, b) p-dotiert

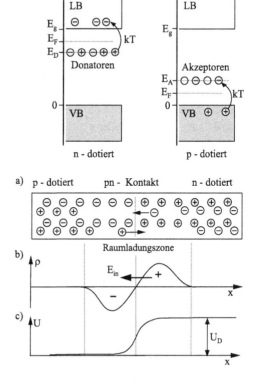

Abb. 8.15 pn-Halbleiterkon-
takt: a) Positive Donatoren und
negative Akzeptoren (dunkle
Kreise) sind ortsfest, Elektronen und Löcher (helle Kreise)
sind beweglich. b) Raumladungszone und inneres E-feld
führen zur c) Kontaktspannung

Abb. 8.16 Kennlinie $I(U)$ der
pn-Diode

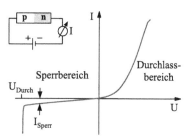

Elektronen rekombinieren im Grenzbereich, d. h. ein freies Elektron wird vom Loch des Akzeptors eingefangen und gebunden. Damit verschwinden die freien Ladungsträger im Grenzgebiet (**Verarmungszone**) und zurück bleiben die geladenen ortsfesten Dotierungsatome. Dadurch entsteht an der Grenze auf der n-Seite eine positive **Raumladungszone** und auf der p-Seite eine negative Raumladungszone, dargestellt durch die Ladungsdichte $\rho(x)$ (Abb. 8.15b). Als Folge wird ein inneres elektrisches Feld E_{in} an der Grenze aufgebaut, das der weiteren Diffusion von Ladungsträgern entgegenwirkt, bis sich ein stromloses Gleichgewicht zwischen Feldstrom und Diffusionsstrom einstellt. Statt des E-Feldes kann man ebenso die Potenzialdifferenz U_D (Kontaktspannung) mit $E_{\text{in}} = -\mathrm{d}U_D/\mathrm{d}x$ betrachten. Das innere Feld existiert nur im Grenzbereich und ist die Ursache für das typische Diodenverhalten und für die Funktion der Solarzelle.

Je nach Polung kann die pn-Diode den elektrischen Strom sperren oder durchlassen. In **Durchlassrichtung** ist sie geschaltet, wenn der Pluspol einer externen Spannungsquelle am p-dotierten Teil und der Minuspol am n-dotierten Teil anliegt. Dann strömen von beiden Seiten die Majoritätsträger zur Grenzfläche und erhöhen damit wieder den Anteil freier Ladungsträger in der zuvor verarmten Grenzschicht und reduzieren die Breite der Raumladungszone. Das innere Feld wird durch das größere externe Feld überlagert und abgebaut. Wird die äußere Spannungsquelle aber umgepolt, so verstärkt sich der Effekt der Ladungsträgertrennung an der pn-Grenzschicht (**Sperrrichtung**). Die Kontaktspannung wächst und das den Strom sperrende innere E-Feld steigt. Nur die Minoritätsträger fließen über die Grenze und bilden den sehr geringen Sperrstrom. Die Stromdichte als Funktion der externen Spannung folgt näherungsweise der Gleichung

$$j = j_S \left(e^{e\,U/kT} - 1\right) \quad \text{(Diodenkennlinie)} \tag{8.5}$$

(siehe Abb. 8.16). In Durchlassrichtung steigt die Stromdichte bzw. der Strom exponentiell an und kann Werte von einigen Ampère erreichen. In Sperrrichtung fließt bei negativer Spannung nur ein sehr kleiner Sperrstrom µA -Bereich, der erst oberhalb eines Durchbruchwertes stark ansteigt. Beachten Sie, dass j_S stark temperaturabhängig ist (Antwort A8.3.11).

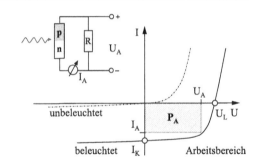

Abb. 8.17 Kennlinie der Solarzelle (Photodiode) mit Leerlaufspannung U_L und Kurzschlusstrom I_K. Spannung U_A und Strom I_A hängen vom Arbeitswiderstand R ab

LED

Eine Leuchtdiode (Light emitting diode) ist eine hochdotierte pn-Diode, die in Durchlassrichtung betrieben wird. Im pn-Grenzgebiet rekombinieren die freien Elektronen mit Löchern, wobei jedes Mal die frei werdende Energie in Form eines Lichtquantes abgestrahlt wird. Näherungsweise entspricht die Photonenenergie dem Wert der Bandlücke des Kristalls, $hf = E_g$. Da die Bandlücke eines Halbleiterkristalls von seiner Atomsorte abhängt, kann eine LED nur Licht einer bestimmten Wellenlänge (Farbe) abstrahlen. Leider eignen sich nur wenige Materialien zur Herstellung von LEDs (typisch sind GaAs, GaP, GaN), denn bei vielen Halbleitern rekombinieren Elektronen und Löcher strahlungslos, d. h. statt Licht wird Wärme erzeugt. Grundlage des **Halbleiterlasers** ist auch eine LED, wobei die gegenüberliegenden Stirnflächen verspiegelt sind (Resonator, siehe Abschn. 7.4). Die notwendige Besetzungsinversion wird schon durch die Ladungsträgerinjektion am pn-Kontakt erzeugt, wenn der Strom oberhalb eines Schwellwertes liegt.

Solarzelle

Solarzellen (Photodioden) sind pn-Dioden, bei denen der Sperrstrom durch Lichteinstrahlung erhöht wird. Photonen mit ausreichender Energie $hf \geq E_g$ regen dabei Valenzbandelektronen in das Leitungsband an, womit freie Ladungsträger (Elektronen und Löcher) zur Verfügung stehen. Wichtig ist, dass die Photonen im pn-Grenzbereich absorbiert werden und freie Ladungsträger in der Raumladungszone des pn-Kontaktes erzeugen. Denn hier ist das innere E-Feld des pn-Kontaktes am stärksten und kann die freien Ladungsträger räumlich trennen und aus der Raumladungszone hinaus befördern. Es fließt dadurch ein Strom, der **Kurzschlussstrom** I_K, ohne dass eine äußere Spannung angelegt werden muss! Ist kein Stromkreis vorhanden, so erhält man statt dessen eine Potenzialdifferenz, die **Leerlaufspannung** U_L zwischen dem p- und n-dotierten Bereich (Abb. 8.17).

Der pn-Kontakt liegt bei den meisten Solarzellen großflächig und nahe unter der Oberseite der Solarzelle, damit möglichst viele Photonen bis in die pn-Grenzschicht vordringen können und nicht schon vorher, d. h. außerhalb des inneren E-Feldes absorbiert werden. Der Arbeitsbereich der Solarzelle ist in Abb. 8.17 gezeigt. Wird ein Verbraucher (Widerstand R) angeschlossen, so stellen sich ein Arbeitsstrom $0 < I_A < I_K$ und eine Arbeitsspannung $0 < U_A < U_L$ ein. Die an den Verbraucher abgegebene Leistung $P_A = I_A U_A$ hängt vom Widerstand des Verbrauchers selbst ab. Mit wachsender Beleuchtungsstärke steigt die Leistung der Solarzelle, da Leerlaufspannung und Kurzschlussstrom

Abb. 8.18 pnp-Transistor
mit a) Beschaltung und
b) qualitativem Verlauf der
Kennlinien für verschiedene
Basis-Emitter-Spannungswerte

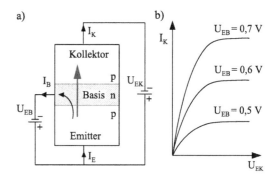

ansteigen. Der Wirkungsgrad einer Solarzelle ist das Verhältnis aus gewonnener elektrischer Energie zu eingestrahlter Lichtenergie und beträgt typischerweise 11 %.

Transistor

Mit dem Transistor (aus „transfer" und „resistor") wird über ein kleines Eingangssignal ein großes Ausgangssignal gesteuert. Der **bipolare pnp-Transistor** besteht aus zwei p-dotierten Halbleiterschichten (**Emitter**, **Kollektor**), die eine sehr dünne n-dotierte Schicht (**Basis**) einschließen (Abb. 8.18). Die Emitterschicht ist deutlich stärker dotiert als die anderen beiden Schichten. Das Eingangssignal wird durch eine an Basis und Emitter in Durchlassrichtung geschaltete Spannung U_{EB} gestellt. Anfangs fließt ein Löcherstrom I_E vom Emitter zur Basis. Da die Basisschicht sehr dünn ist ($\sim \mu$m), gelangen die Löcher über sie hinaus bis in den Kollektor und bilden den Kollektorstrom I_K. In der n-dotierten Basis rekombinieren aber einige der Löcher und bilden somit eine positiv geladene Barriere, die den weiteren Stromfluss I_K reduziert. Um diesen wieder zu ermöglichen, müssen einige dieser positiven Ladungsträger „abgesaugt" werden. Dazu wird die Spannung U_{EB} leicht hoch geregelt, so dass ein geringer Basisstrom I_B fließt. Als Folge kann der Kollektorstrom, der etwa so groß wie der Emitterstrom ist, wieder fließen. Man kann also mit einem kleinen Basisstrom, d. h. durch Wahl der Spannung U_{EB} einen großen Kollektorstrom eines zweiten Stromkreises steuern (Abb. 8.18b), wobei $I_K = \beta I_B$ mit typischerweise $\beta \approx$ 10–500 gilt. Natürlich kann man auch npn-Transistoren verwenden, die entsprechend gepolt sein müssen. Transistoren sind robust, klein, langlebig, preiswert herzustellen und werden als Verstärker, Schalter oder Sensoren eingesetzt.

II Prüfungsfragen

Grundverständnis

F8.3.1 Erklären Sie die Dotierung von Halbleitern und ihren Nutzen.

F8.3.2 Skizzieren Sie die Bandstruktur von n- bzw. p-dotierten Halbleitern.

F8.3.3 Diskutieren Sie die Störstellenleitung im Halbleiter.

F8.3.4 Beschreiben Sie Funktion und Nutzen der pn-Diode.

F8.3.5 Skizzieren Sie die Diodenkennlinie.

F8.3.6 Wie funktioniert eine LED?

F8.3.7 Was ist der innere Photoeffekt?

F8.3.8 Beschreiben Sie die Solarzelle und zeichnen Sie die Kennlinie.

Vertiefungsfragen

F8.3.9 Erklären Sie die Verstärkerfunktion des pnp-Transistors.

F8.3.10 Skizzieren Sie die Bandstruktur der pn-Diode für Sperr- und Durchlassrichtung.

F8.3.11 Wie ändert sich die Ladungsträgerdichte dotierter Halbleiter mit der Temperatur?

F8.3.12 Was ist ein NTC-Widerstand (Thermistor)?

F8.3.13 Nennen sie typische Materialien für Leuchtdioden.

III Antworten

A8.3.1 Dotierung von Halbleitern bedeutet die kontrollierte Zugabe von Fremdatomen zu einem reinen Halbleitermaterial. Hierbei ersetzen die Dotierungsatome einen geringen Anteil (10^{-8}–10^{-4}) der Halbleiteratome und verändern dadurch die elektrische Leitfähigkeit, was letztendlich Ziel der Dotierung ist. Ausgenutzt wird dies in elektronischen Bauelementen, die aus verschieden dotierten Halbleitern aufgebaut sind (pn-Diode, LED, Solarzelle, Transistor). Donatoren stellen Elektronen (n-Dotierung), Akzeptoren stellen Löcher (p-Dotierung) als Ladungsträger zur Verfügung (Abb. 8.13 und Theorieteil). Donatoren besitzen ein Valenzelektron mehr als das Atom des Wirtsgitters, was nicht zur Gitterbindung beiträgt und thermisch leicht „befreit" werden kann. Akzeptoren besitzen ein Valenzelektron weniger und „akzeptieren" daher gern ein Elektron, was zu einem Loch im Valenzband führt.

A8.3.2 Die Bandstruktur von n- bzw. p-dotierten Halbleitern ist in Abb. 8.14 gezeigt und im Theorieteil erklärt.

A8.3.3 Wird an einen Halbleiter eine Spannung angelegt, so werden vorhanden freie Ladungsträger durch das äußere elektrische Feld beschleunigt und bilden einen elektrischen Strom. Freie Ladungsträger sind entweder Elektronen im Leitungsband (LB) oder Löcher im Valenzband (VB). Bei intrinsischen Halbleitern werden die für die Leitung nötigen Elektronen und Löcher durch optische oder thermische Anregungen von Elektronen aus dem VB erzeugt. Bei n-dotierten Halbleitern werden freie Elektronen durch thermische Anregung aus Donatorzuständen erzeugt. Bei p-dotierten Halbleitern werden Löcher im VB durch thermische Anregung von Elektronen aus dem VB in Akzeptorzustände erzeugt (Abb. 8.14). Ohne thermische bzw. optische Anregung sind Halbleiter also isolierend! Löcherleitung ist eigentlich Elektronenleitung, wobei das Elektron auf das nächste freie Loch „springt" und dadurch auf seinem alten Platz ein neues, wanderndes Loch erzeugt (Abb. 8.13b).

A8.3.4 Die Funktion der pn-Diode ist im Theorieteil beschrieben und in Abb. 8.15 skizziert worden. Entscheidend ist die Raumladungszone und das innere E-Feld im pn-Grenzbereich. Der Nutzen der Diode liegt in der Polungsabhängigkeit ihres Widerstandes, d. h. ein großer Strom fließt nur bei Polung in Durchlassrichtung. Damit kann sie z. B. zur Gleichrichtung von Wechselstrom eingesetzt werden.

A8.3.5 Die Kennlinie $I(U)$ einer Diode ist in Abb. 8.16 gezeigt. Nach Gl. 8.5 wächst der Strom exponentiell mit der anliegenden Spannung bis zu einem Sättigungswert. Damit stellt die Diode keinen Ohm'schen Widerstand dar.

A8.3.6 Die LED basiert auf einer pn-Diode, die in Durchlassrichtung betrieben wird. Elektronen, die aus dem n-dotierten Bereich kommen sowie Löcher, die aus dem p-dotierten Bereich kommen, rekombinieren im pn-Grenzbereich. Durch diese Übergänge aus dem Leitungs- in das Valenzband wird Licht emittiert, dessen Energie $hf = E_g$ der Bandlücke entspricht.

A8.3.7 Als **inneren Photoeffekt** bezeichnet man die optische Anregung von Elektronen aus dem Valenzband in das Leitungsband. Anders als beim äußeren Photoeffekt werden die Elektronen nicht aus dem Material herausgelöst (Abschn. 6.1). Auf dem inneren Photoeffekt basiert der Photowiderstand (siehe Frage F8.2.10, Abschn. 8.2).

A8.3.8 Die Solarzelle ist ausführlich im Theorieteil beschrieben worden und die Kennlinie in Abb. 8.17 gezeigt. Die Umwandlung von Licht in elektrische Energie erfolgt prinzipiell in zwei Schritten: a) durch „Pumpen" von Elektronen aus dem Valenz- in das Leitungsband, wenn Photonen im Bereich des pn-Kontaktes absorbiert werden und b) durch Trennung der erzeugten freien Ladungsträger durch das innere elektrische Feld im Bereich des pn-Kontaktes.

A8.3.9 Die Funktion des pnp-Transistors ist im Theorieteil erklärt und in Abb. 8.18 skizziert. Heutzutage werden allerdings kaum noch die besprochenen pnp-Transistoren eingesetzt, sondern vorwiegend sogenannte MOSFET. Dies sind Metall-Oxid-Halbleiter-Feldeffekt-Transistoren mit einer isolierenden Oxidschicht. Sie sind Thema der Festkörperphysik im Hauptstudium.

A8.3.10 Der Verlauf der Bandstruktur einer pn-Diode im Kontaktbereich ist in Abb. 8.19a gezeigt. Aufgrund des Diffusionsstromes von Elektronen aus der n- in den p-Bereich hat sich ein inneres Feld aufgebaut, das den weiteren Fluss von Elektronen in diese Richtung bremst. Daher kostet der Transport weiterer Elektronen aus der n- in den p-Bereich die Arbeit eU_D, da die Kontaktspannung U_D überwunden werden muss. Dies wird durch die Verbiegung und Anhebung der Bänder um eU_D im p-Bereich dargestellt. Wird eine äußere Spannung U_{ex} an die Diode angelegt, so ändert sich diese Bandverbiegung um den Betrag $e\,U_{ex}$ (Abb. 8.19b). Wird die pn-Diode in Sperrrichtung gepolt ($U_{ex} < 0$), so verstärkt sich die Bandverbiegung, d. h. die innere Barriere für den Elektronenfluss vom n- in den p-dotierten Bereich wird größer. Wird die Diode aber in Durchlassrichtung gepolt ($U_{ex} > 0$), so baut sich die Barriere ab.

Abb. 8.19 Bandschema am pn-Kontakt a) ohne und b) mit externer Spannung

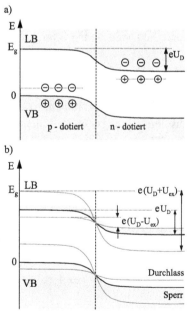

A8.3.11 In einem dotierten Halbleiterwerden freie Ladungsträger durch Ionisation der Dotierungsatome sowie durch Anregung von Elektronen aus dem Valenz- in das Leitungsband erzeugt. Am absoluten Temperaturnullpunkt gibt es keine freien Ladungsträger. Mit wachsender Temperatur steigt die Wahrscheinlichkeit, dass Elektronen thermisch aus den Donatoren (Dichte N_D) in das Leitungsband angeregt werden, wobei die Dichte der ionisierten Donatoren, und damit die Dichte freier Elektronen, exponentiell mit der Temperatur gemäß $n(T) = N_D \exp\{-(E_F - E_D)/k\,T\}$ ansteigt. Die Fermi-Energie E_F liegt zwischen der Energie des Donatorzustandes E_D und der Leitungsbandunterkante (Abb. 8.14a). Die Akzeptoren erzeugen eine entsprechende Löcherdichte $p(T)$. Bei größeren Temperaturen, d. h. wenn $kT > E_F - E_D$, sind alle Dotierungsatome ionisiert und die Dichte freier Ladungsträger steigt nicht weiter mit der Temperatur an. Erst wenn die thermische Energie ausreicht, um Elektronen aus dem Valenzband in das Leitungsband anzuregen, steigt die intrinsische Ladungsträgerdichte exponentiell weiter an: $n_i(T) = \sqrt{n(T)\,p(T)} \sim \exp\{-E_g/2k\,T\}$. Aus dem exponentiellen Anstieg der Dichte freier Ladungsträger folgt natürlich der exponentielle Anstieg der elektrischen Leitfähigkeit $\sigma_{el} \sim e^{-E_g/2k\,T}$ (Abschn. 4.3).

A8.3.12 Ein **Thermistor** oder auch **NTC-Widerstand** (negative temperature coefficient) ist ein Halbleiter. Er wird als Temperatursensor wie ein Ohm'scher Widerstand verwendet. Sein spezifischer Widerstand nimmt mit wachsender Temperatur ab, wobei die relative Temperaturabhängigkeit zehnmal empfindlicher als die eines Metalls ist (Abschn. 4.3). Seine Temperaturabhängigkeit ist in Antwort A8.3.11 erklärt.

A8.3.13 Typische LED-Materialien sind GaAs ($E_g = 1{,}43$ eV, $\lambda = 870$ nm, Infrarot), Mischkristalle wie GaAsP ($E_g = 1{,}92$ eV, $\lambda = 650$ nm, Rot), GaP ($E_g = 2{,}26$ eV, $\lambda = 560$ nm, Orange), InGaN ($E_g = 2{,}76$ eV, $\lambda = 450$ nm, Blau). Um eine weißes Licht emittierende LED herzustellen, setzt man eine blau emittierende LED in eine Leuchtstoffhülle. Durch das hochenergetische, blaue Licht wird der Leuchtstoff zur Emission eines breiten Spektrums angeregt, und somit weißes Licht erzeugt.

8.4 Phononen

I Theorie

Bisher wurde das Kristallgitter als ruhend angesehen. Tatsächlich schwingt es aber aufgrund seiner thermischen Energie. Die Schwingungsanregung erfolgt dabei nicht kontinuierlich, sondern quantisiert, beschrieben durch Phononen. Damit ist die Schwingungsenergie immer ein ganzzahliges Vielfaches der Phononenenergie. Mit diesem Konzept lassen sich Schallausbreitung, die spezifische Wärme und auch die Wechselwirkung des Kristalls mit Licht gut erklären.

Phononen

Zum grundlegenden Verständnis der Gitterschwingung betrachten wir den eindimensionalen Fall einer Abfolge von zwei Atomen mit unterschiedlicher Masse M_1 und M_2. Diese sind längs der x-Achse im Abstand d aufgereiht, so dass die Gitterkonstante $a = 2d$ beträgt. Die Atome sind durch Rückstellkräfte gekoppelt, die hier, ähnlich wie bei einer klassischen Feder, durch eine entsprechende Federkonstante C beschrieben werden können. Wird das Atom Nummer n am Ort $n2d$ aus seiner Gleichgewichtslage um die Strecke x_n ausgelenkt, so wirken auf die benachbarten Atome $(n-1)$ und $(n+1)$ veränderte Kräfte, die diese ebenfalls aus der Gleichgewichtslage auslenken, usw. Die resultierenden Beschleunigungen aller Atome können durch ein gekoppeltes System aus Differenzialgleichungen

$$M_1 \frac{d^2 x_n}{dt^2} = -C\,(2x_n - x_{n-1} - x_{n+1})$$

$$M_2 \frac{d^2 x_{n+1}}{dt^2} = -C\,(2x_{n+1} - x_n - x_{n+2}) \quad \text{usw.} \tag{8.6}$$

beschrieben werden. Die Lösung dieses Systems erfolgt durch den Ansatz

$$x_n = A_1 e^{i(2nqd - \omega t)}, \quad x_{n+1} = A_2 e^{i(2nqd - \omega t)}, \tag{8.7}$$

wobei $A_{1,2}$ die Amplituden, ω die Frequenz und $q = 2\pi/\lambda$ die durch die Wellenlänge λ bestimmte Wellenzahl ist. Um uns von den Photonen abzugrenzen, wählen wir die Bezeichnungen q statt k für die Wellenzahl und $\hbar\omega$ statt hf für die Energie. Einsetzen der beiden Ansätze (Gl. 8.7) in Gl. 8.6 führt uns zu der **Dispersionsrelation**, d. h. der Funktion $\omega(q)$:

$$\omega_{\pm}^2(q) = \frac{C\,(M_1 + M_2)}{M_1 M_2} \left(1 \pm \sqrt{1 - \frac{4M_1 M_2}{(M_1 + M_2)^2} \sin^2 qd} \right). \tag{8.8}$$

Für jeden Wert q gibt es also zwei Werte $\omega(q)$. Diese beiden Dispersionskurven sind in Abb. 8.20 dargestellt. Aufgrund der Gitterperiodizität sind die Lösungen für verschiedene $q' = q + 2\pi/a$ physikalisch identisch und man kann sich auf den Bereich $-\pi/a < q < \pi/a$, die erste Brillouinzone, beschränken.

Akustischer Zweig Er entspricht der Lösung ω_- und besitzt für die Wellenzahl $q = 0$ die Frequenz Null. Für kleine q steigt die Frequenz näherungsweise linear, gemäß der Näherung der Gl. 8.8:

$$\omega_-(q) = \sqrt{\frac{2C}{M_1 + M_2}}\, qd. \tag{8.9}$$

Für kleine q, d. h. große Wellenlängen $\lambda = 2\pi/q \gg a$, geht dieses Dispersionsgesetz des akustischen Zweiges in das bekannte Dispersionsgesetz $\omega = c\,q$ von Schallwellen der

Phasengeschwindigkeit c über. Außerdem sind wegen des linearen Verlaufes in diesem Bereich Phasengeschwindigkeit $c = \omega/q$ und Gruppengeschwindigkeit $v_{gr} = d\omega/dq$ identisch (siehe Antwort A2.2.16). Anders ist es am Rand der Brilluoinzone bei $q = \pi/a$. Die entsprechende Wellenlänge beträgt $\lambda = 2a$ und aus der laufenden Welle ist eine stehende Welle geworden. Wie erwartet folgt für eine stehende Welle $v_{gr} = 0$. Anschaulich bedeutet dies, dass Wellen mit $q = \pi/a$ die Bragg-Bedingung erfüllen und in sich reflektiert werden, d. h. sich nicht ausbreiten.

Optischer Zweig Er verläuft flach und besitzen auch für $q = 0$ eine endliche Frequenz, die über der des akustischen Zweiges liegt. Die Phasengeschwindigkeit ist nahezu unabhängig von q und die Gruppengeschwindigkeit ist etwa Null. Der wesentliche Unterschied zum akustischen Zweig wird deutlich, wenn wir uns die zugehörige Schwingung, d. h. die Bewegungsform der beteiligten Atome ansehen. Während bei akustischen Schwingungen beide Atomsorten mit Massen M_1 und M_2 in die gleiche Richtung ausgelenkt werden (Abb. 8.21a), schwingen im optischen Fall die unterschiedlichen Atome gegenphasig (Abb. 8.21b). Die akustische Schwingungsform zeigt die Bewegung einer Schallwelle. Typisch für die optische Schwingungsform ist die starke Änderung der Abstände der benachbarten Atome mit Massen M_1 und M_2. Dies führt zu Ladungsverschiebungen, verbunden mit der Schaffung starker elektrischer Dipolmomente (siehe Abschn. 4.2). Bei ionischen Kristallen wie z. B. Na^+Cl^- mit deutlich unterschiedlicher Ladung der beiden

Abb. 8.20 Dispersion der Gitterschwingung mit akustischen und optischen Phononenzweigen, sowie Verlauf für Photonen

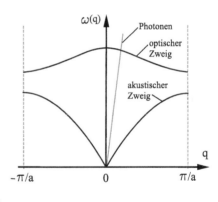

Abb. 8.21 Schwingungsformen einer Kette mit zwei unterschiedlichen Atomen. a) akustische Schwingungsform, b) optische Schwingungsform

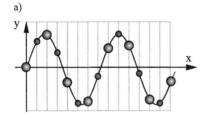
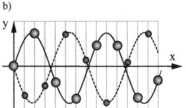

Abb. 8.22 Die molare spezifische Wärmekapazität als
Funktion der Kristalltem-
peratur (Punkte) lässt sich
gut durch das Debye-Modell
(Linie) wiedergeben. Für
hohe Temperaturen gilt das
Dulong-Petit'sche Gesetz

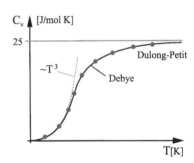

Atome sind diese Effekte besonders stark. Deshalb können Wechselwirkungen mit elektromagnetischen Feldern, also Photonen stattfinden. Dies lässt sich auch durch Eintragen
der Photonendispersionskurve in Abb. 8.20 veranschaulichen. Wegen der im Vergleich zur
Schallgeschwindigkeit hohen Lichtgeschwindigkeit c, schneidet diese nur den optischen
Zweig der Dispersionskurven für Phononen und zwar bei sehr kleinem q.

Zusätzlich zu den in Abb. 8.21 gezeigten Zweigen der transversalen Schwingung gibt
es natürlich auch Zweige für longitudinale Schwingungen. Hierbei schwingen die Atome
nicht quer zur Ausbreitungsrichtung, sondern in Ausbreitungsrichtung der Welle. Auch
hier unterscheiden wir zwischen optischen und akustischen Schwingungen. Bei longitudinal optischen Wellen bewegen sich die unterschiedlich geladenen Nachbaratome ge-
genläufig und ändern periodisch ihr elektrisches Dipolmoment, während bei longitudinal
akustischen Wellen die benachbarten Atome in die gleiche Richtung schwingen und kein
Dipolmoment bilden. Erweitert man die bisherigen Betrachtungen auf einen dreidimensionalen Kristall, so erhält man typischerweise 3 akustische und 3 optische Dispersionszweige, die sich je nach richtungsabhängiger Kraft zwischen den Atomen leicht unterscheiden.

Spezifische Wärmekapazität

Thermische Energie wird im Festkörper in Form von Gitterschwingungen seiner N Atome
gespeichert. Dies wird durch die spezifische Wärmekapazität (Abschn. 3.2) beschrieben
und ist wegen der geringen Volumenausdehnung in Festkörpern durch

$$C_V = \frac{dQ}{dT} = \frac{\partial U}{\partial T} \tag{8.10}$$

gegeben. Mit den 3 Schwingungsrichtungen erhält man für $N_A = 6{,}02 \cdot 10^{23}$ Teilchen pro
Mol die Schwingungsenergie $U = 3N_A{\cdot}kT$, woraus der feste Wert $C_V = 24{,}9\,\mathrm{J/(mol \cdot K)}$
folgt. Dieser, als Dulong-Petit'sches Gesetz bekannter Sachverhalt, gilt aber nur für ausreichend hohe Temperaturen über 300 K. Mit abnehmender Temperatur sinkt C_V drastisch
(Abb. 8.22). Dieses Temperaturverhalten kann durch die folgenden zwei Modelle erklärt
werden.

Das Einstein-Modell geht nicht wie in der klassischen Thermodynamik von einer
kontinuierlichen Energieverteilung aus, sondern postuliert diskrete Schwingungsenergi-
en, d. h. der Festkörper kann nur ein n-faches der Phononenenergie $E = \hbar\omega$ aufnehmen

oder abgeben. Damit besitzt eine Schwingung die Energie $E_n = n\hbar\omega$. Nun wird für den Festkörper ermittelt, wie viele seiner insgesamt N Atome mit der Energie E_n schwingen. Im thermischen Gleichgewicht wird diese Anzahl durch die Boltzmannverteilung festgelegt. Berechnungen ergeben für die resultierende innere Energie

$$U = 3N \left(\frac{\hbar\omega}{e^{\hbar\omega/kT} - 1} + \frac{\hbar\omega}{2} \right), \tag{8.11}$$

wobei der zweite Term in Gl. 8.11 die Nullpunktsenergie darstellt. Die spezifische Wärme wird gemäß Gl. 8.10 aus U berechnet. Dadurch ergibt sich ein Verlauf, der an den beiden Grenzen $T = 0$ und große Temperaturen passt, dazwischen aber von den experimentellen Werten abweicht.

Das Debye-Modell verfeinert Einsteins Betrachtungen dahingehend, dass es nicht nur eine einzige Schwingungsfrequenz, sondern eine große Bandbreite von Frequenzen zulässt. Die Verteilung dieser Frequenzen wird durch die Zustandsdichte der Phononen D(E) bestimmt. Mit dem Ansatz stehender Schallwellen im schwingenden Kristall mit N Atomen ergibt sich der Ausdruck $D(\omega) = \left(9N/\omega_D^3\right) \omega^2$, wobei nur Werte $\omega \leq \omega_D$ unterhalb der Debye-Frequenz zugelassen sind. Die Zustandsdichte steigt also parabelförmig an und bricht bei $\omega = \omega_D$ auf Null ab. Dieser Abschneidefrequenz kann gemäß $kT_D = \hbar\omega_D$ eine Debye-Temperatur T_D zugeordnet werden. Letztendlich ergibt sich eine Formel für die spezifische Wärmekapazität, welche die experimentellen Werte über den gesamten Bereich sehr gut wiedergibt (Abb. 8.22). Bei tiefen Temperaturen $T \gg T_D$ gilt

$$C_V \sim (T/T_D)^3 . \tag{8.12}$$

Phononenspektroskopie

Um die Dispersionsrelation der Phononen (Gl. 8.8) experimentell zu bestätigen, können niederenergetische Photonen im Infrarotbereich, sichtbares Licht oder Neutronen eingesetzt werden. Die Grundprinzipien der verschiedenen Methoden werden im Folgenden beschrieben.

Neutronenstreuung ist die beste Methode, Dispersionskurven von Phononen zu messen. Neutronen wechselwirken nicht mit den Elektronen, sondern werden nur an den Atomkernen gestreut, wobei sie effizient Gitterschwingungen anregen.

Infrarotspektroskopie verwendet zur Untersuchung der optischen Dispersionszweige als Lichtquellen schwarze Strahler. Diese decken breitbandig den Infrarotbereich ab, wobei sich durch die Temperatur der Schwerpunkt ihres Wellenlängenspektrums einstellen lässt (Abschn. 6.1, Abb. 6.3, Gl. 6.5). Bei der Absorptionsspektroskopie wird die Probe der Dicke x durchleuchtet, die Wellenlänge des Lichtes durchgestimmt und die transmittierte Intensität $I(\lambda)$ sowie die einfallende Intensität $I_0(\lambda)$ für jede Wellenlänge gemessen. Hieraus wird gemäß $I(\lambda) = I_0 \exp\{-\mu x\}$ die Absorptionskonstante $\mu(\lambda)$ ermittelt. Bei dicken Proben wird statt der transmittierten die reflektierte Intensität gemessen, woraus über einige Integraltransformationen letztendlich auch die Absorptionskonstante bestimmt werden kann.

Brillouin- und Ramanstreuung nutzen die inelastische Streuung von sichtbaren, also vergleichsweise hochenergetischen Photonen an den Phononen. Werden die Phononen als Quasiteilchen betrachtet, so ist der Streuvorgang prinzipiell vergleichbar mit der Comptonstreuung von Photonen an Elektronen (Kapitel 6.1). Bei der Anregung von Gitterschwingungen geben die einfallenden Photonen der Energie hf_0 einen sehr geringen Anteil ihrer Energie, die Phononenenergie $\hbar\omega$, ab und ändern zudem ihren Impuls von $\hbar k_0$ auf $\hbar k_S$. Entsprechend lauten Energie- und Impulserhaltung:

$$hf_0 = hf_S + \hbar\omega \tag{8.13a}$$

$$\hbar\vec{k}_0 = \hbar\vec{k}_S + \hbar\vec{q} + \vec{G} \tag{8.13b}$$

Den reziproken Gittervektor G vernachlässigen wir im Folgenden, da wir uns nur in der ersten Brillouinzone bewegen. Seine Bedeutung wird später erläutert. Der maximale Impulsübertrag erfolgt bei Rückwärtsstreuung, so dass der maximal erzeugte Phononenimpuls $\hbar\vec{q}_{\max} = \hbar(\vec{k}_0 - \vec{k}_S)$ beträgt. Um die Relation der Photonen- zur Phononenfrequenz abzuschätzen, betrachten wir die jeweiligen Wellengeschwindigkeiten. Die Schallgeschwindigkeit $c = \omega/q$ ist sehr viel kleiner als die Lichtgeschwindigkeit $c = f\lambda$, woraus folgt, dass die Phononenfrequenz sehr viel kleiner als die Lichtfrequenz sein muss, also $\omega \ll f$. Deshalb unterscheidet sich die Energie des gestreuten Lichtes nur sehr geringfügig von der des einfallenden Lichtes. Als Folge müssen solche Experimente mit sehr hochauflösenden Spektrometern bzw. mit sehr schmalbandigen Lichtquellen, d. h. einem sehr großem Verhältnis $\lambda/\Delta\lambda$, durchgeführt werden. Die beteiligten Phononen müssen zudem einen sehr kleinen Wellenvektor $q \approx 0$ nahe dem Zentrum der Brillouinzone besitzen (Abb. 8.20, Gl. 8.13b). Eine Überschlagsrechnung für Licht mit $\lambda = 600\,\text{nm}$ ergibt bei Rückwärtsstreuung $\hbar\,q_{\max} = 2{,}1 \cdot 10^7\,\text{m}^{-1}$. Das ist tausend mal kleiner als der reziproke Gittervektor $a^* = 2\pi/a = 2{,}5 \cdot 10^{10}\,\text{m}^{-1}$ für typische Gitterkonstanten von $a = 0{,}25\,\text{nm}$.

Brillouinstreuung ist die Streuung von Licht an den akustischen Phononen. Um Energie $\omega \neq 0$ zwischen Photon und Phonon auszutauschen, muss für die beteiligten Phononen $q \neq 0$ gelten, denn der akustische Zweig steigt linear aus dem Nullpunkt an, und im Ursprung gilt $\omega(q = 0) = 0$. **Ramanstreuung** ist die Streuung von Licht an optischen Phononen. Energie kann hierbei auch für $q = 0$ ausgetauscht werden (Abb. 8.20). Optische Phononen führen zu einer periodischen Änderung der elektrischen Polarisierbarkeit des Kristalls, die mit Abstrahlung elektromagnetischer Strahlung verbunden ist. Dies ist ähnlich zur Infrarotspektroskopie an optischen Phononen, wo sich das elektrische Dipolmoment ändert (Abb. 8.21b).

II Prüfungsfragen

Grundverständnis

F8.4.1 Was sind Phononen?

F8.4.2 Was sind akustische bzw. optische Phononen?

F8.4.3 Welche Phänomene lassen sich durch Phononen deuten?

F8.4.4 Diskutieren Sie die Temperaturabhängigkeit der spezifischen Wärme.

Messtechnik

F8.4.5 Wie können Dispersionskurven für Phononen gemessen werden?

F8.4.6 Nennen Sie Quellen und Detektoren für Phononenspektroskopie mit Licht.

F8.4.7 Beschreiben Sie den Messaufbau zur Phononenspektroskopie mit Neutronen.

Vertiefungsfragen

F8.4.8 Welche Bedingungen gelten für Photon-Phonon-Streuung?

F8.4.9 Was sind Umklappprozesse?

F8.4.10 Was ist die Debye-Temperatur? Nennen Sie typische Werte.

F8.4.11 Beschreiben Sie die Physik der Neutronen-Phonon-Streuung.

F8.4.12 Beschreiben Sie Brillouin- und Ramanstreuexperimente.

III Antworten

A8.4.1 Phononen sind die Elementaranregungen des Festkörpergitters. Anregungs- bzw. „Abregungs"-Prozesse erfolgen durch Absorption bzw. Emission von Phononen. Phononen stellen die Energiequanten der Gitterschwingung dar. Sie können wie Quasiteilchen behandelt werden, an denen andere Teilchen wie Photonen oder Neutronen gestreut werden können.

A8.4.2 Je nach Schwingungsform unterscheidet man akustische und optische Phononen. Die Dispersionskurven mit akustischen und optischen Zweigen sind in Abb. 8.20 gezeigt. Die Bewegungsformen der schwingenden Atome im akustischen bzw. optischen Fall, sind im Haupttext ausführlich erklärt (Abb. 8.21). Aus der Dispersionsrelation des akustischen Zweiges folgt die Schallgeschwindigkeit $c = \omega/q$.

A8.4.3 Die Deutung der Temperaturabhängigkeit von C_V basiert auf den Phononen. Sie spielen aber auch zur Erklärung der elektrischen Leitfähigkeit eine Rolle, wobei die Streuung der Elektronen an Phononen zur Berechnung des spezifischen Widerstandes eingeht.

In der Supraleitung spielen sie für die Bildung von Cooper-Paaren eine wichtige Rolle (Abschn. 8.5).

A8.4.4 Die Temperaturabhängigkeit der spezifischen molaren Wärmekapazität C_V (Abb. 8.22) kann durch das Einstein-Modell, besser aber noch durch das Debye-Modell gut beschrieben werden (siehe Haupttext).

A8.4.5 Für kleine Werte $q \approx 0$ kann die Phononenenergie $\hbar\omega$ in Absorption oder Reflexion von Infrarotstrahlung gemessen werden. Die Bestimmung der kompletten Dispersionskurven $\omega(q)$ ist allerdings aufwändiger. Hierzu müssen Photonen oder Neutronen an Phononen gestreut werden, wobei die Energie der Neutronen bzw. Photonen vor und nach der Streuung, sowie der Streuwinkel experimentell bestimmt werden müssen. Weitere Details folgen aus Fragen F8.4.6, F8.4.7, F8.4.11 und F8.4.12.

A8.4.6 Da die Gitterschwingungen im Bereich 10^{11}–10^{14}Hz liegen, müssen zur Bestimmung der optischen Dispersionszweige Infrarotquellen eingesetzt werden, um den Spektralbereich von 1–1000 μm abzudecken. Hierzu eignen sich schwarze Strahler (Abschn. 6.1), wie z. B. SiC-Stäbe. Für Temperaturen von 600 K liegt das Maximum des breitbandigen Spektrums (Abb. 6.3) bei 4,8 μm (Gl. 6.5). Alternativ können Infrarot-Festkörperlaser eingesetzt werden. Natürlich müssen wegen der starken Absorption von CO_2 und Wasserdampf im Infrarotbereich die Experimente im Vakuum oder unter Stickstoffatmosphäre stattfinden.

   Detektoren können gekühlte Bolometer sein. Kern eines Bolometers ist eine nur wenige Mikrometer dicke Platinfolie. Sie ist auf der Oberseite geschwärzt und absorbiert somit die einfallende Strahlungsenergie und leitet sie als Wärme direkt in die Platinfolie. Durch den Temperaturanstieg ändert sich der elektrische Widerstand der Platinfolie. Dieser wird als Maß für die einfallende Strahlungslcistung (Gl. 6.6) genutzt.

A8.4.7 Zur Neutronenstreuung an Phononen müssen der Streuwinkel und die Energie der gestreuten Neutronen bestimmt werden. Die Dispersionskurven werden daraus entsprechend den in Antwort A8.4.11 diskutierten Schritten bestimmt. Die aus Kernreaktionen gewonnenen Neutronen (siehe Antwort A9.3.9) sind meist sehr schnell und müssen zuerst durch einen Moderator (Abschn. 9.3) abgebremst werden. Danach wird aus dem breiten Geschwindigkeits- bzw. Energiespektrum ein monochromatischer Neutronenstrahl für die Messung extrahiert. Dies kann z. B. in einem Röntgenmonochromator über Bragg-Reflexion erfolgen (siehe Antwort A6.2.10). Die an dem Kristall gestreuten Neutronen müssen ebenfalls hinsichtlich ihrer Energie bzw. Wellenlänge analysiert werden, wozu ebenfalls ein Neutronenmonochromator geeignet ist. Alternativ bieten sich zur mechanische Geschwindigkeitsmessung zwei rotierende Zahnräder an (siehe Antwort A3.1.9).

A8.4.8 Zur Beschreibung der Wechselwirkung von Phonon und Photon müssen Energie- und Impulserhaltung berücksichtigt werden (Gl. 8.13a, 8.13b, Abb. 8.20).

A8.4.9 Bei **Umklappprozessen** ist ein Vektor $\vec{G}$ des reziproken Gitters beteiligt und muss in Gl. 8.13b für den Impulssatz berücksichtigt werden. Bei den obigen Betrachtungen haben wir uns wegen der Gitterperiodizität auf die erste Brillouinzone beschränkt und $G = 0$ gesetzt. Zur Veranschaulichung betrachten wir Phononenstreuung, wobei ein Phononenvektor q' entsteht, der außerhalb der ersten Brillouinzone liegt. Durch Addition von G kann daraus ein äquivalenter Vektor erzeugt werden, der dann wieder in der ersten Brillouinzone liegt (Antwort A8.1.11). Für unser einfaches Modell der linearen Kette von Atomen beträgt der reziproke Gittervektor $G = 2\pi/a$. Betrachten wir z. B. in Abb. 8.20 den Vektor $q' = \pi/a$ am rechten Rand der Brillouinzone, so bedeutet der Umklappprozess eine Verschiebung um G, also ein Umklappen auf den linken Rand der Brillouinzone mit $q = \pi/a - G = -\pi/a$. Verständlich wird dieser Sachverhalt auch, wenn elastische Streuprozesse, also $\hbar q = 0$ betrachtet werden. Dann beschreibt Gl. 8.13b die klassische Braggstreuung der als Schallwelle aufgefassten Phononen am Kristallgitter.

A8.4.10 Zur Deutung der spezifischen molaren Wärmekapazität im Debye-Modell wird eine quadratisch mit der Frequenz ansteigende Zustandsdichte der Phononen angenommen. Bis zu einer Maximalfrequenz ω_D sind diese Zustände besetzt, darüber hinaus sind alle Zustände unbesetzt. Dieser Abschneidefrequenz ω_D kann gemäß $kT_D = \hbar\omega_D$ eine Debye-Temperatur T_D zugeordnet werden. Diese Größe taucht wieder in der Formel für die spezifische Wärmekapazität auf. Bei tiefen Temperaturen $T \ll T_D$ gilt $C_V \sim (T/T_D)^3$ (siehe Abb. 8.22). Werden die experimentellen Daten auf die Debye-Temperatur des entsprechenden Materials normiert, so lassen sich Daten beliebiger Materialien über (T/T_D) auftragen und das universelle Gesetz $C_V \sim (T/T_D)^3$ für tiefe Temperaturen zeigen. Die Näherung von *Dulong-Petit* $C_V = 24{,}9\,\text{J/K}$ gilt für die Hochtemperaturseite in Abb. 8.22, genauer für Temperaturen oberhalb der Debye-Temperatur $T \gg T_D$.

Die Debye-Temperaturen hängen vom Material ab. Einige Werte sind im Folgenden aufgelistet: Blei: $T_D = 90\,\text{K}$, Kupfer: $T_D = 343\,\text{K}$, Eisen: $T_D = 467\,\text{K}$, Diamant: $T_D = 1860\,\text{K}$.

A8.4.11 Bei der unelastischen Streuung von Neutronen am Kristallgitter müssen Impuls- und Energieerhaltung berücksichtigt werden:

$$\vec{p}_0 - \vec{p}_S = \hbar\vec{q} + \hbar\vec{G}$$

$$\frac{p_0^2}{2m} - \frac{p_S^2}{2m} = \hbar\omega$$

und entsprechend Streuwinkel und die Energie der gestreuten Neutronen experimentell bestimmt werden. Die Differenz zwischen dem Impuls $\vec{p}_0$ der einlaufenden Neutronen und dem Impuls $\vec{p}_S$ nach dem Streuprozess wird durch den Phononenimpuls $\hbar\vec{q}$ ausgeglichen. Findet elastische Streuung ohne Energietransfer zwischen Neutronen und

Phononen statt, so ist $\hbar q = 0$ und die Neutronen werden am Atomgitter gestreut. Dann beschreibt die obige Gleichung die Braggstreuung mit dem reziproken Gittervektor G (siehe Antwort A8.1.11).

Welche Energie besitzen die verwendeten Neutronen? Betrachten wir hierzu die fliegenden Neutronen als Materiewelle, so muss ihre Wellenlänge etwa dem Gitterabstand entsprechen, also $\lambda = h/p \approx 0{,}25\,\text{nm}$. Die kinetische Energie beträgt in diesem Fall $E = p^2/2m = 12\,\text{meV}$. Diese entspricht gemäß $E = 3kT/2$ einer Temperatur von 93 K.

A8.4.12 Für **Brillouin**- bzw. **Ramanstreuung** benötigt man extrem schmalbandiges Licht, so dass Einmodenlaser als Lichtquelle und Fabry-Perot-Interferometer (siehe Antwort A5.3.19) als Spektrometer zur Analyse der an der Probe gestreuten Strahlung eingesetzt werden müssen. Der Hauptteil der Strahlung wird ohne Energieveränderung, also ohne Phononenanregung, elastisch gestreut (Abb. 8.23) und heißt Rayleighstrahlung. Dieser vergleichsweise intensive Anteil muss herausgefiltert werden, um die extrem schwachen Nebenbanden sauber detektieren zu können. Diese heißen Stokes-Strahlung, wenn das gestreute Licht Energie $\hbar\omega = hf_0 - hf_S$ an das Kristallgitter abgegeben hat. Sie liegen dann auf der niederenergetischen Seite der Rayleigh-Strahlung (Abb. 8.23). Werden bei der Streuung dagegen Gitterschwingungen „abgeregt", so nimmt das Licht Phononenenergie auf und liegt mit $hf_S = hf_0 + \hbar\omega$ auf der höher energetischen Seite der Rayleigh-Strahlung.

Abb. 8.23 Streuintensität als Funktion der Energie der an Phononen gestreuten Photonen

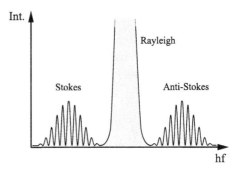

Raman-Spektroskopie wird nicht nur in Festkörpern, sondern ebenfalls zur Untersuchung von Molekülen eingesetzt, wobei die Schwingungs- und Rotationsbanden vermessen werden (siehe auch Antwort A7.2.12, Antwort A6.3.12).

8.5 Supraleitung

I Theorie

Supraleiter scheinen die Welt der klassischen Physik auf den Kopf zu stellen, denn sie zeigen Stromtransport ohne Energieverlust. Dadurch könnten immense Energiemengen eingespart werden, wenn es gelänge elektrische Maschinen und Leitungen aus supraleitenden Materialien herzustellen.

Elektrische Leitfähigkeit

Werden manche Materialien unter die für sie charakteristische **Sprungtemperatur** T_C abgekühlt, so fällt der elektrische Widerstand sprungartig, typischerweise um mehr als 20 Zehnerpotenzen auf Null ab und ist nicht mehr messbar (Abb. 8.24, 4.18). Entsprechend wächst die elektrische Leitfähigkeit auf unendlich an. Ein einmal erzeugter elektrischer Strom wird in diesem Fall ununterbrochen weiterfließen. Supraleitung wurde seit seiner Entdeckung 1911 von H. Kammerlingh Onnes an über tausend Metallen und metallhaltigen Verbindungen nachgewiesen. Die Sprungtemperaturen der klassischen Supraleiter liegen typischerweise unterhalb von 20 K. Deutlich höhere Sprungtemperaturen zeigen Hochtemperatur-Supraleiter (s. u.).

Meißner-Ochsenfeld-Effekt

Supraleiter sind unterhalb der kritischen Temperatur T_C nicht nur ideale elektrische Leiter, sondern auch ideale Diamagneten (Abschn. 4.8). Sie verdrängen die magnetische Flussdichte B vollständig aus dem Material (Meißner-Ochsenfeld-Effekt), sofern eine kritische, temperaturabhängige Flussdichte $B_C(T)$ nicht überschritten wird (Abb. 8.25). Supraleiter verhindern nicht nur das Eindringen des B-Feldes, sondern das B-Feld wird auch dann aus dem Material verdrängt, wenn der Supraleiter bei $T > T_C$ zuvor magnetisiert wurde und erst danach unter T_C abgekühlt wird. Die Ursache der Feldverdrängung liegt in Strömen, die in einer dünnen Oberflächenschicht von typischerweise 10 nm induziert werden und ein Gegenfeld aufbauen. Hinsichtlich des magnetischen Verhaltens unterscheidet man zwei Typen:

Abb. 8.24 Verlauf des spezifischen Widerstandes einiger Supraleiter im Bereich der jeweiligen Sprungtemperaturen

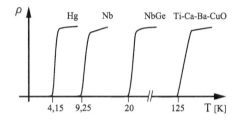

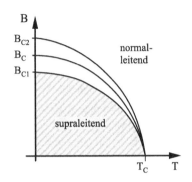

Abb. 8.25 Verlauf der
kritischen B-Felder für
Supraleiter erster und zweiter
Art

Supraleiter 1. Art verdrängen das B-Feld vollständig für $B < B_C$, so wie oben beschrieben, und werden für $B > B_C$ normalleitend. **Supraleiter 2. Art** verdrängen das
B-Feld nur noch bei kleineren Grenzwerten $B < B_{C1} < B_C$ vollständig, gehen aber erst
für größere Grenzwerte $B > B_{C2} > B_C$ in den normalleitenden Zustand über (Abb. 8.25).
Dringt das B-Feld teilweise in den Supraleiter ein, d. h. $B_{C1} < B < B_{C2}$, so spricht man
von der *Shubnikow*-Phase. Supraleiter 2. Art eignen sich daher für den Bau von Elektromagneten, weil diese große Magnetfelder bis 20 T bei hohen Betriebsströmen „ertragen"
können. Während Supraleiter 1. Art typischerweise durch unlegierte, reine Metalle gebildet werden, bestehen Supraleiter 2. Art gewöhnlich aus Legierungen und „verunreinigten"
Verbindungen wie z. B. NbTi oder Nb_3Sn.

BCS-Theorie

Die grundlegende Physik der klassischen Supraleiter kann durch die von *Bardeen*, *Cooper*
und *Schrieffer* entwickelte BCS-Theorie gut erklärt werden. Hierbei werden zwei durch
das Kristallgitter „fliegende" Elektronen als **Cooper-Paar** betrachtet. Das erste Elektron
polarisiert das Kristallgitter auf seinem Weg geringfügig, indem es aufgrund der Coulombkraft die positiven Atomrümpfe leicht anzieht. Durch diese Verzerrung konzentriert
sich im Bahnbereich des ersten Elektrons positive Ladung. Da die Atomrümpfe schwer
und träge sind, kehren sie vergleichsweise langsam in ihre Ursprungslage zurück, und
bilden für das zweite Elektron noch für eine ausreichend lange Zeit eine anziehende
Bahn, entlang derer es sich energetisch günstiger bewegen kann. Aufgrund dieser Wechselwirkung über das Kristallgitter werden die beiden Elektronen zu einem Cooper-Paar
gekoppelt. Beide Elektronen besitzen als Folge eine geringfügig abgesenkte Energie, welche die Coulombabstoßung der Elektronen überkompensieren kann, solange die beiden
Elektronen selbst einen ausreichend großen Abstand besitzen. Detaillierte Berechnungen fordern, dass Impuls und Spin beider Elektronen jeweils antiparallel sein müssen,
d. h. $\vec{p}_2 = -\vec{p}_1$ und $\vec{s}_2 = -\vec{s}_1$. Da somit die Impulse der beiden gekoppelten Elektronen zu Null summieren, besitzt das Cooper-Paar keine kinetische Energie. Damit kann es
auch keine kinetische Energie durch Streuung an das Gitter abgeben, d. h. es existiert kein
elektrischer Widerstand, welcher das Cooper-Paar bremst. Dies ist eine vereinfachte, anschauliche Beschreibung der Elektronenkopplung. Da Supraleitung auf dem kollektiven

Abb. 8.26 Zustandsdichte D_S eines Supraleiters im Bereich der Fermienergie E_F. Im normalleitenden Zustand D_n existiert die Aufspaltung 2Δ nicht

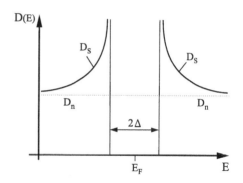

Verhalten der Elektronen beruht, muss ein individuelles Cooper-Paar nicht dauerhaft gebunden sein, sondern es reicht aus, wenn für kurze Zeit Elektronen mit entgegengesetztem Impuls Cooper-Paare bilden. Diese Kopplung der beiden Elektronen zu einem Cooper-Paar kann alternativ durch den Austausch **virtueller Phononen** beschrieben werden. Der Flug des Elektrons führt zu einer kurzzeitigen Gitterverzerrung, gefolgt von einer Relaxation. Als Resultat ergeben sich Gitterschwingungen. Die Anregung bzw. „Abregung" einer Gitterschwingung entspricht dem Austausch von Phononen (Abschn. 8.4). Da diese aber nicht dauerhaft, sondern nur für eine sehr kurze Zeit bestehen bleiben, spricht man von virtuellen Phononen.

Die Bindung der beiden Elektronen zu einem Cooper-Paar wird aufgebrochen, wenn die thermische Energie des Gitters, gemessen in kT zu groß wird, d. h. wenn die Sprungtemperatur T_C überschritten wird. Weiterhin wird bei zu großen Stromstärken die kinetische Energie die Bindungsenergie der Cooper-Paare überschreiten, so dass diese wieder in getrennte Elektronen zerfallen und der elektrisch normalleitende Zustand eintritt.

Welche Elektronen eines supraleitenden Metalls können zu Cooper-Paaren koppeln und ihre Energie dadurch absenken? Dies sind nur die Elektronen nahe der Fermienergie E_F (Abb. 8.8). Für $T > 0\,\mathrm{K}$ werden einige dieser Elektronen thermisch angeregt und besitzen zunächst eine Energie $E > E_F$. Entsprechend sind unterhalb E_F Plätze frei geworden. Koppeln nun Elektronen der Energie E zu Cooper-Paaren, so wird ihre Energie abgesenkt und die freien Plätze unterhalb E_F werden besetzt. Durch den Übergang in den supraleitenden Zustand ändert sich deshalb die Zustandsdichteverteilung. In der Nähe der der Fermienergie zeigt sie den Verlauf $D_S(E) = D_n(E) \cdot (E - E_F)/\sqrt{(E - E_F)^2 - \Delta^2}$. Dieser ist in Abb. 8.26 für einen sehr engen Bereich um die Fermienergie dargestellt. Die Zustandsdichte D_n für den normalleitenden Zustand wird dabei im engen Bereich um E_F in grober Näherung als konstant betrachtet und bei Übergang in den supraleitenden Zustand um einen kleinen Betrag 2Δ aufgebrochen. Im Energieverlauf D_S der Zustandsdichte für den supraleitenden Zustand entsteht also eine kleine verbotene Energielücke der Breite 2Δ, denn gemäß obiger Formel gibt es nur für $|E - E_F| > \Delta$ reelle Zustände.

Die besetzbaren Zustände werden quasi aus dieser verbotenen Energielücke nach oben herausgedrängt. Der Wert der Energielücke 2Δ ist selbst temperaturabhängig und zudem sehr gering. Als Folge kann durch geringe Energiezufuhr, z. B. durch thermische Anregung, d. h. durch reale Phononen, Energie $\hbar\omega > 2\Delta$ auf die Cooper-Paare übertragen werden, so dass diese aufbrechen und der normalleitende Zustand wieder eintritt. Dieses Aufbrechen tritt bei Temperaturen $T > T_C$, d. h. für $kT > 2\Delta$ ein, wodurch sich verstehen lässt, dass Sprungtemperatur und Energielücke sich gegenseitig bedingen.

Hochtemperatursupraleiter

Hochtemperatursupraleiter (**HTSL**) zeigen deutlich höhere Übergangstemperaturen im Bereich zwischen 35 K und ca. 200 K. Diese Oxidkeramiken, wie z. B. die Cupratverbindung $YBa_2Cu_3O_7$, werden seit 1986 intensiv untersucht, wobei die Ursache der Supraleitung bisher noch nicht vollständig verstanden worden ist. Im Rahmen der BCS-Theorie kann keine zufriedenstellende Erklärung gegeben werden. Kennzeichnend für die Kristallstruktur der HTSL sind parallele Cu-O-Ebenen, die wie zweidimensionale Leiter zu betrachten sind. In ihnen findet die Supraleitung statt. Die Bildung von Cooper-Paaren kann allerdings nicht auf den Austausch virtueller Phononen zurückgeführt werden. Stattdessen gibt es Hinweise, dass die elektrostatische Wechselwirkung, bedingt durch die d-Wellenfunktionen der Cu-Atome, eine entscheidende Rolle spielt.

II Prüfungsfragen

Grundverständnis

F8.5.1 Durch welche Effekte zeichnen sich Supraleiter aus?

F8.5.2 Erklären Sie die Supraleitung im Rahmen der BCS-Theorie.

F8.5.3 Nennen Sie typische Supraleiter und ihre Sprungtemperaturen.

F8.5.4 Nennen Sie technische Anwendungen von Supraleitern.

F8.5.5 Welche Schwierigkeiten begrenzen die Nutzung von Supraleitern?

Messtechnik

F8.5.6 Wie kann der Widerstand im Supraleiter bestimmt werden?

F8.5.7 Beschreiben Sie Experimente zum *Meißner-Ochsenfeld*-Effekt.

F8.5.8 Wie kann die Energielücke gemessen werden?

Vertiefungsfragen

F8.5.9 Wie wird die Energielücke mittels Tunnelkontakt gemessen?

F8.5.10 Wie sind Hochtemperatursupraleiter aufgebaut?

F8.5.11 Was sind Supraleiter 1. Art bzw. 2. Art?

F8.5.12 Was sind magnetische Flussschläuche?

F8.5.13 Wie verläuft die Energielücke mit der Temperatur?

F8.5.14 Was besagt der Isotopeneffekt?

F8.5.15 Welcher Statistik gehorchen Cooper-Paare?

III Antworten

A8.5.1 Zwei Eigenschaften charakterisieren Supraleiter: Supraleiter verlieren unterhalb einer kritischen Temperatur T_C ihren elektrischen Widerstand (Abb. 8.24) und sie verdrängen das B-Feld aus ihrem Inneren, sofern eine kritische Feldstärke nicht überschritten wird (*Meißner-Ochsenfeld*-Effekt).

A8.5.2 Die BCS-Theorie wird detailliert im obigen Text erklärt. Weiterführende Erläuterung stehen in Antworten A8.5.13–A8.5.15.

A8.5.3 Entdeckt wurde die Supraleitung an Hg (Quecksilber, $T_C = 4{,}15$ K, Abb. 8.24), besonders hohe Werte zeigt Nb (Niob, $T_C = 9{,}2$ K), kleine Werte zeigt z. B. Al (Aluminium, $T_C = 1{,}19$ K). Legierungen zeigen höhere Werte als reine Metalle, z. B. In-NbSn ($T_C = 18{,}1$ K). Die höchsten Werte zeigen Hochtemperatursupraleiter, Cuprate wie $YBa_2Cu_3O_7$ ($T_C = 92{,}5$ K), $HgBa_2Ca_2Cu_3O_{8+x}$ ($T_C = 135$ K). Der bisher höchste Wert von $T_C = 212$ K wurde im Jahr 2008 an $(Sn_5In)Ba_4Ca_2Cu_{10}O_y$ gemessen. Aber auch dotierte Fullerene (Kohlenstoffverbindungen) wie Rb_3C_{60} ($T_C = 28$ K) zeigen vergleichsweise hohe Sprungtemperaturen.

A8.5.4 Während klassisch wassergekühlte **Elektromagnete** Magnetfelder nur bis maximal $B \approx 1{,}5$ T erzeugen können, erreichen elektromagnetische Spulen aus supraleitenden Windungen typischerweise $B = 10$ T. Aber auch größere Felder bis 20 T sind möglich. Hierzu werden sehr viele extrem dünne Drähte aus den Supraleitermaterialien

NbTi, V_3Ga oder Nb_3Sn, parallel verlaufend, in eine Matrix aus vielen dünnen Kupferdrähten eingebettet. Diese Anordnung erlaubt die Biegung der Supraleiter, und die Kupferdrähte ermöglichen auch dann noch einen Stromfluss, wenn der Supraleiter in den normalleitenden Zustand übergeht. Bei Kühlung mit flüssigem Helium ($T = 4{,}2$ K) können Felder bis 20 T bei Stromdichten von 10^3 A/mm^2 erzielt werden. Der Strom läuft hierbei völlig widerstandslos, nur das flüssige Helium muss bezahlt werden. Supraleitende Elektromagnete werden in Teilchenbeschleunigern, Synchrotron-Speicherringen oder Kernspintomographen für medizinische Untersuchungen eingesetzt.

A8.5.5 Die wesentlichen technischen Schwierigkeiten liegen in der Kühlproblematik. Klassische Supraleiter müssen mit flüssigem Helium gekühlt werden (4,2 K). Hierbei ist sowohl das Helium, als auch der gegen Wärmeleitung und Wärmestrahlung abzuschirmende Aufbau teuer.

Der Verwendung von Hochtemperatursupraleitern sind Grenzen gesetzt, da diese als spröde Keramiken sich nicht zu biegsamen Kabeln verarbeiten lassen. Dadurch kann der prinzipielle Vorteil, preiswerteren flüssigen Stickstoff (77,3 K) zur Kühlung einzusetzen, praktisch nicht genutzt werden.

Aber auch der Bau von Magnetspulen aus klassischen Supraleitern wie Nb_3Sn ist technologisch aufwendig. Die Materialien sind spröde, so dass diese als zahlreiche, dünne Fäden in eine Kupferdrahtmatrix aus ebenfalls dünnen Kupferdrähten eingebettet werden müssen. Die Kupfermatrix dient neben der Bestromung zu Beginn des Betriebes gleichzeitig dem Wärmetransport nach „außen" zum Kühlmedium.

In supraleitenden Spulen treten aufgrund der hohen Magnetfelder starke Lorenzkräfte auf die fließenden Ströme auf, so dass sich die gesamte Spule zusammenziehen und verformen kann (siehe Gl. 4.40). Dies darf bei Supraleitern aber nicht passieren, denn selbst bei kleinsten Bewegungen der Drähte wird Reibungswärme erzeugt, welche zum Temperaturanstieg bis über die Sprungtemperatur T_C führen kann. Als Folge würde die Supraleitung zusammenbrechen und die einige 100 A starken Ströme zu starker Wärmeentwicklung und zur Zerstörung der Spule führen. Deshalb müssen die Wicklungen der Spule perfekt fixiert sein.

Ein weiteres Problem ist die Tatsache, dass große Magnetfelder und große Ströme zum Aufbrechen der Cooper-Paare führen. Deshalb nimmt die Sprungtemperatur mit zunehmendem Strom und zunehmenden B-Feld ab (siehe auch Antwort A8.5.11). Unter Umständen muss im Betrieb der Supraleiter weit unter 4,2 K gekühlt werden, so dass zusätzlich zum flüssigen Helium weitere teure Kühlverfahren eingesetzt werden müssen.

A8.5.6 Zur Widerstands- bzw. Strommessung können keine klassischen, normalleitenden Amperemeter in den supraleitenden Stromkreis geschaltet werden, da sie selbst einen vergleichsweise großen Widerstand darstellen. Stattdessen wird kontaktlos gemessen. Wickelt man Supraleiter zu einem geschlossenen Ring und erzeugt einen Ringstrom, so entsteht ein Magnetfeld, aus dessen Stärke auf den Strom geschlossen werden kann (siehe Abschn. 4.5). So kann der zeitlich konstante Stromfluss über Jahre beobachtet werden.

A8.5.7 Wird ein Supraleiter unter seine Sprungtemperatur abgekühlt, so verdrängt er das B-Feld aus seinem Inneren. Als Folge schwebt er über einem Magneten. Ebenso wird ein Permanentmagnet über einem Supraleiter schweben. In entsprechenden Experimenten liegt ein Hochtemperatursupraleiter wie z. B. $YBa_2Cu_3O_7$, ($T_C = 92,5$ K) in flüssigem Stickstoff ($T = 77,3$ K) und ein kleiner Permanentmagnet schwebt über dem Supraleiter.

A8.5.8 Die verbotene Energielücke kann z. B. durch Absorption von Mikrowellen gemessen werden. Dazu werden Supraleiter in einem Hohlleiter (siehe Antwort A4.9.13) gelegt, die Wellenlänge bzw. Frequenz f durchgestimmt und die Absorption der Mikrowellen gemessen. Cooper-Paare können Energie hf nur dann aufnehmen, wenn sie in einen erlaubten Zustand, also über die verbotene Lücke 2Δ angehoben werden. Deshalb setzt Absorption erst für $hf \geq 2\Delta$ ein.

A8.5.9 Ein sehr genaues Verfahren zur Bestimmung der Energielücke nutzt die Strommessungen an einem **Tunnelkontakt**. Dieser besteht aus einer normalleitenden und einer supraleitenden Schicht, die durch eine dünne isolierende Oxidschicht elektrisch getrennt sind (Abb. 8.27a). Der Tunnelstrom von der normalleitenden zur supraleitenden Schicht wird als Funktion der angelegten Spannung gemessen.

Die Zahl der durch die Oxidschicht tunnelnden Elektronen, und damit der Strom, ist abhängig von der Tunnelwahrscheinlichkeit (Gl. 6.13a, 6.13b) und von der Zahl der unbesetzten Zustände im Energieintervall $E + dE$. Aufgrund der Energielücke im Supraleiter stehen dort aber keine Zustände in Höhe der Fermienergie zur Verfügung, in welche Elektronen, bzw. Cooper-Paare tunneln könnten. Um ausreichend freie Zustände „bereitzustellen" muss durch Anlegen einer Spannung die supraleitende Seite um $eU = \Delta$ abgesenkt, bzw. die normalleitende Seite um $eU = \Delta$ angehoben werden (Abb. 8.27b). Erst jetzt kann ein Strom fließen. Dies wird durch den um $U = \Delta$ verschobenen Einsatz des Stromes in der Kennlinie (Abb. 8.28) deutlich.

A8.5.10 Der Aufbau von Hochtemperatursupraleitern ist im einleitenden Text beschrieben. Da die Erklärungsmodelle dieser HTSL noch nicht zufriedenstellend sind, wird hier auf die Beschreibung der verschiedenen Modellansätze verzichtet.

A8.5.11 Die wesentlichen Unterschiede zwischen Supraleitern 1. Art und 2. Art liegen im magnetischen Verhalten. Supraleiter 1. Art verdrängen das B-Feld vollständig und zeigen den *Meißner-Ochsenfeld*-Effekt. Sie gehen bei einer kritischen Feldstärke B_C in den normalleitenden Zustand über. Supraleiter 2. Art lassen das Magnetfeld ab einer gewissen Feldstärke B_{C1} zwar eindringen, bleiben aber auch bei größeren Magnetfeldern bis B_{C2} noch supraleitend (Abb. 8.25). Supraleiter 1. Art bestehen aus reinen Metallen (Ausnahme Nb) und lassen sich durch Legierung zu Supraleitern 2. Art wandeln.

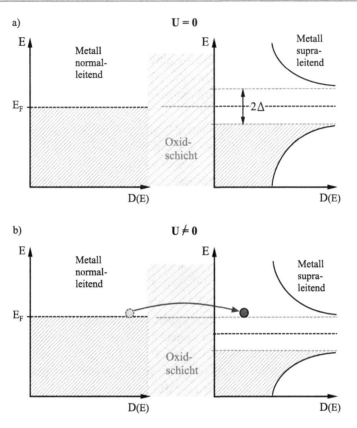

Abb. 8.27 Skizze zum Tunnelprozess zwischen einem Normalleiter und Supraleiter, getrennt durch eine dünne isolierende Oxidschicht. a) $U = 0$, kein Tunnelstrom, b) $U \neq 0$, Tunnelstrom möglich (Antwort A8.5.9)

Abb. 8.28 Kennlinie
eines Normalleiter-
Supraleiter-Tunnelkontaktes
(Antwort A8.5.9)

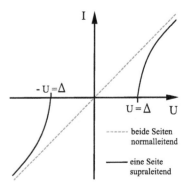

A8.5.12 Supraleiter 2. Art können ab einer bestimmten Magnetfeldstärke $B_{C1} < B < B_{C2}$ das Feld nicht mehr komplett verdrängen. In dieser *Shubnikov*-Phase dringt B-Feld in den Supraleiter ein. Allerdings ist das Feld nicht homogen verteilt, sondern das Material ist von parallelen, dünnen **magnetischen Flussschläuchen** durchzogen. Sie liegen typischerweise im Abstand weniger nm auf einem Dreiecks-Gitterstruktur. Die B-Werte magnetischer Flussschläuche sind quantisiert. Sie betragen immer ein ganzzahliges Vielfaches eines magnetischen Flussquants $\phi_0 = h/2e$. Auch dieses Ergebnis folgt aus der BCS-Theorie.

A8.5.13 Die Energielücke Δ eines Supraleiters nimmt mit steigender Temperatur ab, denn mit zunehmender Temperatur werden entsprechend der Fermiverteilung mehr Elektronen in höhere Zustände angeregt und stehen somit für die Bildung von Cooper-Paaren nicht mehr zur Verfügung. Der Maximalwert $\Delta(T = 0)$ wird bei 0 K erreicht. Mit steigender Temperatur fällt er auf $\Delta(T = T_C) = 0$ ab. Um verschiedene Supraleiter mit ihren individuellen Lücken und Sprungtemperaturen vergleichen zu können, trägt man die reduzierte Energielücke $\Delta(T)/\Delta(T = 0)$ über der reduzierten Temperatur T/T_C auf. Die Kurve beginnt bei $T/T_C = 0$ mit $\Delta(T)/\Delta(T = 0) = 1$, fällt wie ein Viertelkreis (ähnlich wie in Abb. 8.21) und endet bei $T/T_C = 1$ mit dem Wert $\Delta(T)/\Delta(T = 0) = 0$.

A8.5.14 Der **Isotopeneffekt** belegt die Bedeutung der Elektron-Phonon-Kopplung für die Bildung der Cooper-Paare in klassischen Supraleitern. Er beschreibt die Abhängigkeit der Sprungtemperatur von der Masse M der Atome des Kristallgitters. Sie lautet näherungsweise: $T_C \sim \sqrt{1/M}$.

Der Isotopeneffekt konnte an sehr vielen, reinen Supraleitern nachgewiesen werden. Er lässt sich einfach verstehen, indem das Kristallgitter als harmonischer Oszillator betrachtet wird, der aus schwingenden Massepunkten besteht, die durch eine „Federkraft" gekoppelt sind. Sei die Federkonstante C, so beträgt die Eigenfrequenz des Feder-Masse-Systems $\omega = \sqrt{C/M}$ (Kapitel 2.1). Die Verbindung von ω zur Sprungtemperatur folgt nach umfangreicher Rechnung aus der **BCS-Formel für die Sprungtemperatur**: $kT_C = 1{,}13\,\hbar\omega_C \exp\{-1/N(E_F)V_0\}$. Dabei sind k die Boltzmann-Konstante, $N(E_F)$ die Dichte der Cooper-Paare im Bereich der Fermienergie E_F und V_0 beschreibt das für Cooper-Paare geltende, anziehende Potenzial. Die Frequenz ω_C ist die Debye-Frequenz. Wird der exponentielle Term als unabhängig von der Masse angesehen, so folgt $T_C \sim \omega_C \sim \sqrt{1/M}$.

A8.5.15 Cooper-Paare bilden wegen des Gesamtspins $s = 0$ Bosonen, während die nicht gekoppelten Elektronen Fermionen sind. Cooper-Paare gehorchen der *Bose*-Statistik und kondensieren im tiefsten Energiezustand. Eine ausführliche Beschreibung findet sich in Antwort A8.2.12.

Kernphysik

9

9.1 Kernmodell, Bindungsenergie

I Theorie

In der Beschreibung der Atome (Abschn. 7.1) haben wir selbstverständlich angenommen, dass die Atommasse im positiv geladenen, punktförmigen Kern konzentriert ist und die negativ geladenen, sehr leichten Elektronen einen vergleichsweise großen Raum darum einnehmen. Dies bedeutet anschaulich, dass in einem Festkörper der Raum zwischen den Atomkernen praktisch leer ist, was **Rutherford** um 1911 beweisen konnte. Dazu hat er eine sehr dünne Goldfolie ($d \approx 1\,\mu\mathrm{m} \approx 5000$ Atomlagen) mit schweren α-Teilchen (He-Kerne) beschossen und ihre Ablenkung von der ursprünglichen Bahn mit einem schwenkbaren Detektor nachgewiesen (Abb. 9.1). Hierfür eignen sich Geiger-Müller-Zähler oder Szintillationszähler (Abschn. 9.3). Die Beobachtung war völlig unerwartet: Fast alle α-Teilchen flogen ungestört geradeaus durch die Goldfolie, nur ganz wenige wurden abgelenkt, manche allerdings um 180°. Als Erklärung kam nur ein neues Atommodell in Frage, wonach die Masse der Goldatome in wenigen kleinen, sehr weit

Abb. 9.1 Rutherford-Streuung von α-Teilchen an einer dünnen Goldfolie

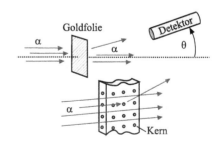

© Springer-Verlag Berlin Heidelberg 2016
H.-C. Mertins, M. Gilbert, *Prüfungstrainer Experimentalphysik*,
DOI 10.1007/978-3-662-49690-9_9

Abb. 9.2 Kurve der stabilen Nuklide. Für leichte Nuklide gilt $N = Z$, für schwere gilt $N > Z$

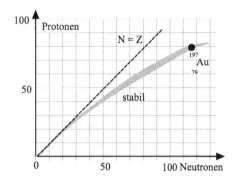

voneinander entfernten Punkten, den positiv geladenen Kernen, konzentriert sein musste (Abb. 9.1). Nur an den Kernen können die positiv geladenen α-Teilchen durch die Coulomb-Kraft gestreut werden. Die zwischen den Kernen sitzenden Elektronen sind dagegen zu leicht, um die schweren α-Teilchen von ihrer Bahn abzulenken (siehe Stoß in Abschn. 1.3).

Kernaufbau

Wie ist solch ein Kern aufgebaut und wie groß ist er? Ein Kern besteht aus positiv geladenen **Protonen** und ungeladenen **Neutronen**, die beide **Nukleonen** (Kernbausteine) genannt werden. Die Kernladung $q = Z \cdot e$ ist durch die Zahl Z der Protonen (**Ordnungszahl**) gegeben und die Massezahl $A = Z + N$ des Kerns ergibt sich aus der Neutronenzahl N und Protonenzahl Z. Der Kern eines beliebigen Elements X wird dann wie folgt bezeichnet:

$$\ _{Z}^{A}X \ . \tag{9.1}$$

Die Masse des Neutrons $m_n = 1{,}0087\,u$ ist nahezu identisch mit der des Protons $m_p = 1{,}0073\,u$, wobei die atomare Masseneinheit $1\,u = 1{,}66 \cdot 10^{-27}\,$kg genau $1/12$ der Masse des Kohlenstoffisotops $_{6}^{12}$C ist. Die chemische Eigenschaft eines Elements wird durch die Anzahl seiner Elektronen und damit nur durch die Ordnungszahl Z festgelegt. Daher kann ein Element bei gleichen chemischen Eigenschaften unterschiedlich viele Neutronen, d. h. unterschiedliche Massezahlen A, besitzen. Man spricht dann von **Isotopen**. Zum Beispiel kommt Kohlenstoff am häufigsten als Isotop $_{6}^{12}$C vor. Das weitaus seltener vorkommende Isotop $_{6}^{14}$C verhält sich chemisch identisch, besitzt aber 2 Neutronen mehr. Es ist radioaktiv und wird zur Altersbestimmung genutzt (Abschn. 9.2). Die meisten Isotope sind nicht stabil, d. h. sie zerfallen radioaktiv unter Emission von Teilchen und Energie in leichtere Elemente (Abschn. 9.2). Nur bestimmte Kombinationen von Protonenzahl und Neutronenzahl führen zu **stabilen Isotopen** (Abb. 9.2). Bei stabilen leichten Elementen mit kleiner Massezahl $A = Z + N$ gilt $N = Z$. Bei stabilen schweren Elementen überwiegen die Neutronen. Zum Beispiel besitzt Gold $_{79}^{197}$Au 79 Protonen, aber 118 Neutronen. Isotope, deren Proton-Neutron-Verhältnis von dieser Stabilitätslinie abweicht, zerfallen in Endprodukte, die auf der stabilen Linie liegen.

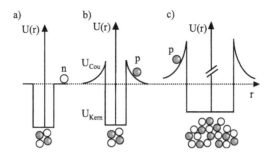

Abb. 9.3 Potenziale in Kernnähe: a) Das Neutron wird bei Kontakt mit dem Kern durch die kurzreichweitige, starke Kernkraft gebunden. b) Ein Proton muss vor der Bindung erst die langreichweitige abstoßende Coulomb-Kraft überwinden. c) Schwere Kerne mit großem Z besitzen einen größeren Durchmesser und ein höheres Coulomb-Potenzial

Einige Eigenschaften des Kerns lassen sich gut durch das **Tröpfchenmodell** beschreiben (siehe Antwort A9.1.13). Demnach bauen die Nukleonen ein kugelförmiges Tröpfchen auf, dessen Radius mit der Massezahl wächst.

$$r \approx r_0 A^{\frac{1}{3}}, \quad r_0 = 1{,}3 \cdot 10^{-15}\,\text{m} \quad \text{(Kernradius)}. \tag{9.2}$$

Damit ist das Volumen des Kerns ($V \sim r^3 \sim A$) proportional zur Massezahl. Die Dichte nimmt mit $\rho = A/V \approx 2 \cdot 10^{17}\,\text{kg} \cdot \text{m}^{-3}$ extrem große Werte an und ist für alle Kerne etwa gleich groß. Der Kernradius ist etwa 100.000-mal kleiner als der Atomradius, der durch die Elektronenbahnen gegeben ist. Im Vergleich dazu ist der Sonnenradius nur 2000-mal kleiner als der „Radius" der Erdumlaufbahn. Mit diesen Zahlen wird klar, warum im Rutherford-Experiment fast alle α-Teilchen unabgelenkt durch die Goldfolie fliegen konnten.

Kernkräfte

Der Kern von $^{4}_{2}\text{He}$ besteht aus zwei Neutronen und zwei Protonen. Was hält aber die beiden positiv geladenen Protonen zusammen? Es ist die **starke Kernkraft** (**hadronische Kraft**), die etwa 100-mal stärker als die elektrostatische Coulomb-Kraft ist. Sie wirkt unabhängig von der Ladung gleichermaßen anziehend zwischen zwei Protonen, zwischen zwei Neutronen oder zwischen Proton und Neutron. Sie hat eine sehr kurze Reichweite von etwa $r \approx 1{,}3 \cdot 10^{-15}$ m und wirkt wie ein „Klebstoff" nur im Kontakt zweier benachbarter Nukleonen. Das entsprechende Potenzial $U(r)$, welches die Kraft $F = -\mathrm{d}U/\mathrm{d}r$ in Kernnähe verursacht, ist schematisch in Abb. 9.3 dargestellt. Nähert sich ein Neutron einem He-Kern (Abb. 9.3a), so setzt die anziehende Wirkung der Kernkraft schlagartig bei „Berührung" ein, d. h. das Neutron „fällt" in einen Potenzialtopf und ist gebunden. Nähert sich ein Proton dem positiv geladenen He-Kern, so spürt es in größerem Abstand das abstoßende Coulomb- Potenzial und erst bei Kontakt das anziehende Kernpotenzial (Abb. 9.3b). Nähert sich das Proton einem schweren Kern wie $^{239}_{94}\text{Pu}$, so ist mit $Z = 94$ das abstoßende

Coulomb-Potenzial größer und die Bindung im Kern entsprechend reduziert (Abb. 9.3c). Beachten Sie: Die Bindungsenergie der Nukleonen liegt im Bereich einiger MeV, die der Elektronen in der Atomhülle aber nur bei einigen eV. Dies deutet schon die millionenfach größere Energieausbeute bei Kernreaktionen gegenüber der Energieausbeute bei chemischen Reaktionen wie Verbrennung oder Explosion an!

Bindungsenergie

Verbinden sich einzelne freie Neutronen und Protonen zu einem Atomkern, so ist die Masse des Atomkerns um Δm kleiner als die Summe der einzelnen Nukleonenmassen. Dies ist der **Massendefekt**, der sich aus der Äquivalenz von Masse und Energie erklären lässt.

$$\Delta E = \Delta mc^2 \quad \text{(Äquivalenz von Masse und Energie)}. \tag{9.3}$$

Durch die Bindung der zuvor freien Nukleonen zum Kern hat das System der Nukleonen einen energetisch tieferen Zustand eingenommen. Die Bindungsenergie entspricht der Energiedifferenz $E_B = \Delta E = \Delta mc^2$, die zu der Massendifferenz $\Delta m = E_B/c^2$ führt. Die Bindungsenergie $E_B = \left(Zm_p + Zm_e + Nm_n - m_A\right)c^2$ eines bestimmten Kerns kann also aus der Differenz zwischen Atommasse m_A (incl. der Elektronen) und der Summe der einzelnen Komponenten, bestehend aus Z Protonen der Masse m_p, Z Elektronen der Masse m_e und N Neutronen der Masse m_n bestimmt werden. Zum Beispiel wird aus dem Experiment die Masse des Atoms ^{12}C zu $m = 1{,}9922 \cdot 10^{-26}$ kg ermittelt. Die Gesamtmasse der einzelnen Nukleonen und Hüllenelektronen ergibt dagegen $m = 2{,}0089 \cdot 10^{-26}$ kg. Die Massendifferenz beträgt in diesem Beispiel etwa 10 % der Masse eines Protons. Für die praktische Anwendung wird aber nicht die Bindungsenergie des gesamten Kerns, sondern die **Bindungsenergie pro Nukleon** E_B/A betrachtet, wobei sich für jedes Element ein individueller Wert E_B/A ergibt (Abb. 9.4). Wie ist diese wichtige Kurve zu lesen? Die stabilsten Kerne $^{56}_{26}$Fe besitzen eine vergleichsweise hohe Bindungsenergie pro Nukleon von $E_B/A \approx 8{,}8$ MeV (Abb. 9.4). Dies bedeutet, man müsste die Energie $E = 8{,}8$ MeV aufbringen, um ein einzelnes Nukleon vom Kern abzulösen, bzw. man müsste $E = 56 \cdot 8{,}8$ MeV aufbringen, um den Fe-Kern in seine 56 Nukleonen zu zerlegen. Schwächer gebunden sind dagegen die Nukleonen der leichten Kerne auf der linken Seite der Kurve sowie die schweren Kerne der rechten Seite (Abb. 9.4). Anwendung findet diese Kurve zur Berechnung des Energiegewinns durch Kernfusion oder **Kernspaltung**. Würde z. B. ein schwerer Kern ^{220}X sich in zwei gleich schwere Kerne spalten $^{220}X \rightarrow 2 \cdot {}^{110}Y + \Delta E$, so müsste dabei Energie ΔE frei werden, da die Teilkerne ^{110}Y eine stärkere Bindungsenergie pro Nukleon besitzen als der Mutterkern ^{220}X. Aus Abb. 9.4 können wir den Energiegewinn für die Spaltung eines einzelnen Kerns abschätzen zu $\Delta E = 2 \cdot 110 \cdot 8{,}1\,\text{MeV} - 220 \cdot 7{,}2\,\text{MeV} = 198\,\text{MeV}$. Beachten Sie den riesigen Energiegewinn im Bereich einiger hundert MeV, schon für die Spaltung eines einzigen Kerns. Energie kann aber auch prinzipiell durch **Fusion** von leichten Kernen der linken Seite der Kurve wie z. B. $^{6}_{3}$Li zu schwereren Kernen weiter rechts in der Kurve gewonnen werden. Auch hier beruht der Energiegewinn auf der Erhöhung der

Abb. 9.4 Betrag der Bindungsenergie pro Nukleon für einige Elemente

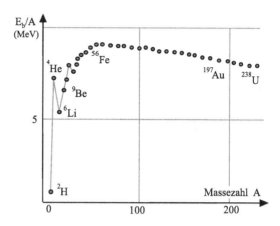

Bindungsenergie. Der genaue Vorgang beider Prozesse wird in Abschn. 9.3 (Antwort A9.3.11) beschrieben.

Paarbildung und Zerstrahlung

Ein weiterer Beweis für die Masse-Energie-Äquivalenz $E = mc^2$ ist die Paarbildung. Dabei wandelt sich ein γ-Quant (Photon) in ein Elektron-Positron-Paar (Abschn. 9.2). Die Energie des Photons muss dazu mindestens so groß sein wie die Energie von Elektron und Positron zusammen, also $h\,f \geq 2\,m_e\,c^2 = 2 \cdot 0{,}51\,\text{MeV}$, wobei die Masse $m_e = 9{,}1 \cdot 10^{-31}$ kg für Elektron und Positron identisch ist. Die überschüssige Photonenenergie erhalten die beiden Teilchen als kinetische Energie. Damit die Impulserhaltung gewährleistet ist, kann dieser Prozess nur in der Nähe eines Kerns stattfinden, auf den der entsprechende Impuls übertragen werden kann. Da die Ladung des Positrons $q = +1{,}6 \cdot 10^{-19}$ C beträgt, ist die Ladungserhaltung bei der Paarbildung gewährleistet. Der zur Paarbildung inverse Prozess ist die Zerstrahlung. Hierbei treffen Positron und Elektron aufeinander und wandeln ihre Energie $E = 2\,m_e c^2$ in zwei γ-Quanten der Energie $h\,f = m_e\,c^2 = 0{,}51\,\text{MeV}$ um.

II Prüfungsfragen

Grundverständnis

F9.1.1 Beschreiben Sie das Rutherford'sche Atommodell.

F9.1.2 Worin unterscheiden sich Isotope?

F9.1.3 Wodurch zeichnen sich stabile Isotope aus?

F9.1.4 Welche Kräfte wirken zwischen den Nukleonen im Kern?

F9.1.5 Wie lässt sich die Äquivalenz von Masse und Energie zeigen?

F9.1.6 Was ist der Massendefekt?

F9.1.7 Warum ist die Atommasse nicht ein ganzzahliges Vielfaches der Massezahl A?

F9.1.8 Skizzieren und diskutieren Sie die Bindungskurve E_B/A.

F9.1.9 Diskutieren Sie Kernspaltung und Fusion an der E_B/A-Kurve.

Messtechnik

F9.1.10 Wie werden Durchmesser und Masse von Kernen ermittelt?

F9.1.11 Wie erzeugt man einen Strahl schneller Teilchen?

F9.1.12 Wie lassen sich Isotope experimentell untersuchen?

Vertiefungsfragen

F9.1.13 Skizzieren Sie das Tröpfchenmodell.

F9.1.14 Beschreiben Sie das Kernschalenmodell.

F9.1.15 Was wissen Sie über die magnetischen Eigenschaften des Kerns?

III Antworten

A9.1.1 Das Rutherford'sche Atommodell war der entscheidende Schritt auf dem Wege zum heutigen Atommodell (siehe Theorieteil und Abb. 9.1).

A9.1.2 Isotope $_Z^A X$ eines Elements X sind Atomkerne mit derselben Protonenzahl Z, aber mit unterschiedlicher Neutronenzahl N, und daher mit unterschiedlicher Massezahl $A = Z + N$. Isotope sind chemisch identisch, da die Anzahl Z der Elektronen in der Hülle identisch ist. Deshalb stehen sie in der Periodentafel an derselben Stelle.

A9.1.3 Zahlreiche Isotope eines Elements sind radioaktiv, d. h. ihre Kerne wandeln sich spontan in andere Kerne um (Abschn. 9.2). Ursache ist ein Überschuss an Neutronen oder Protonen im Kern, d. h. ein Abweichen von der Stabilitätskurve (Abb. 9.2). Nur Isotope auf der Stabilitätslinie sind stabil. Für Gold bedeutet dies, dass $_{79}^{197}$Au stabil ist (Abb. 9.2). Ein anderes Goldisotop mit weniger Neutronen, z. B. $^{180}_{79}$Au, das links von der Stabilitätslinie liegt, würde in Tochterkerne zerfallen, die am Ende der Zerfallskette irgendwo auf der Stabilitätskurve liegen müssen.

A9.1.4 Zwischen den Nukleonen im Kern wirken folgende Kräfte: Die Coulomb-Kraft wirkt abstoßend zwischen Protonen, die hadronische Kernkraft, die etwa 100-mal stärker ist, wirkt anziehend zwischen beliebigen Nukleonen, und die Gravitationskraft, die etwa 10^{-41}-mal schwächer als die Kernkraft ist, kann vernachlässigt werden. Die Kernkraft kann nicht durch elektromagnetische Kräfte oder durch die Gravitationskraft erklärt werden. Sie hat nur eine sehr kurze Reichweite von etwa $r \approx 1{,}3 \cdot 10^{-15}$ m und erklärt den steilen Potenzialanstieg, sobald die Nukleonen in „Kontakt" kommen (Abb. 9.3, siehe auch Theorieteil).

A9.1.5 Die Äquivalenz von Masse und Energie wird durch $E = mc^2$ ausgedrückt. Sie zeigt sich in der Paarbildung und Zerstrahlung (siehe Theorieteil) und im Massendefekt (siehe Antwort A9.1.6).

A9.1.6 Binden sich freie Nukleonen zu einem Kern, so ändert sich die Energie des Systems um $\Delta E = \Delta m c^2$. Dies entspricht der Kernbindungsenergie $E_B = \left(Z m_p + Z m_e + N m_n - m_A\right) c^2$, was zu einer Differenz $\Delta m = E_B / c^2$ zwischen der Atommasse (m_A) und der Summe der einzelnen Nukleonenmassen ($Z\, m_p + N\, m_n$) führt. Weil das Atom zusätzlich die Elektronen in der Hülle besitzt, muss deren Masse ($Z\, m_e$) mit berücksichtigt werden.

A9.1.7 Ohne Berücksichtigung des Massendefektes müsste man die Masse eines Kerns durch $m = A$ in Einheiten der Nukleonenmasse angeben können. Aufgrund des Massendefektes reduziert sich die Kernmasse und damit die Atommasse um $\Delta m = E_B / c^2$. Als kleine Korrektur ist zusätzlich die Masse der Elektronen zu berücksichtigen. Beide Beiträge führen zu einer Abweichung von der einfachen Formel $m = A$.

A9.1.8 Die Bindungskurve E_B / A ist in Abb. 9.4 gezeigt und im Theorieteil diskutiert.

A9.1.9 Für die Berechnung der Energiebilanz bei Kernfusion und Kernspaltung betrachtet man immer die Gesamtenergie eines Kerns vor und nach dem Kernprozess. Bei Kernfusion verbinden sich leichte Kerne mit geringer Bindungsenergie (linke Seite der E_B / A-Kurve in Abb. 9.4) zu einem Kern mit großer Bindungsenergie im mittleren Bereich der Kurve. Bei der Spaltung zerfällt ein schwerer Kern (rechte Seite der Kurve) in Teilkerne, die im mittleren Bereich der Kurve liegen. In beiden Fällen nimmt die Bindungsenergie der Endprodukte zu, was zum Energiegewinn führt. Der prinzipielle Rechenweg zur Energiebestimmung ist im Theorieteil (Stichwort Kernspaltung) gezeigt. In Abschn. 9.3, Frage F9.3.3 wird ein konkretes Beispiel gerechnet.

A9.1.10 Der **Kerndurchmesser** kann durch Streuexperimente ermittelt werden. Dazu wird ein paralleler Strahl von Teilchen (Elektronen, α-Teilchen, Neutronen) auf den Kern, genauer, auf eine dünne Folie oder ein Gas geschossen und die Ablenkung von der ursprünglichen Richtung gemessen. Mithilfe eines entsprechenden Streumodells, das den Streuwinkel auf die wirkende Coulombkraft und Kernkraft zwischen dem gestreuten Teilchen und dem Kern zurückführt, kann der Kernradius abgeleitet werden. Man findet $r \approx r_0 A^{1/3}$ mit $r_0 = 1{,}3 \cdot 10^{-15}$ m. Die Kernmasse wird mittels Massenspektrometer bestimmt (Abschn. 4.4).

A9.1.11 Teilchenstrahlen, wie sie für Streuexperimente verwendet werden, lassen sich durch unterschiedliche Methoden erzeugen. Alpha-Strahlen werden bei Zerfällen von natürlichen radioaktiven Präparaten wie z. B. ^{238}U, ^{230}Th oder ^{226}Ra erzeugt. Die kinetische Energie dieser α-Teilchen liegt typischerweise zwischen 2 MeV und 11 MeV. Hochenergetische Protonen oder generell geladene Teilchen lassen sich durch einen Beschleuniger erzeugen (siehe Zyklotron in Abschn. 4.4, Antwort A4.4.15). Neutronen erhält man aus Kernreaktionen wie z. B. der Kernspaltung. Ihre kinetische Energie kann durch Beugung an einem Kristall des Neutronenmonochromators eingestellt werden (siehe Abschn. 6.2, Frage F6.2.11).

A9.1.12 Isotope besitzen dieselbe Ladung, aber unterschiedliche Masse. Daher lassen sie sich experimentell mit einem Massenspektrometer untersuchen (Abschn. 4.4). Die **Isotopentrennung** kann wegen der identischen Ladungszahl nicht chemisch erfolgen, sondern hierfür muss der Massenunterschied ausgenutzt werden. In einer schnell laufenden Ultrazentrifuge (ca. 50.000 Umdrehungen pro Minute) sammeln sich die schweren Isotope außen, während die leichten Isotope sich näher an der Drehachse befinden.

A9.1.13 Das **Tröpfchenmodell** ist hilfreich zur Deutung der Kernbindungsenergie (Abb. 9.4) sowie zur Beschreibung der Kernspaltung (Abschn. 9.3). Im Tröpfchenmodell wird der Kern aus Nukleonen aufgebaut, ebenso wie ein inkompressibler, reibungsfreier Flüssigkeitstropfen aus seinen Molekülen. Die Analogie zwischen Kern und Flüssigkeitstropfen liegt in der homogenen Dichte und den starken Kernkräften zwischen den Nukleonen bzw. den Bindungskräften zwischen den Molekülen. In beiden Fällen verschwinden diese Kräfte sobald sich die Teilchen aus dem Kern- bzw. Tröpfchenverband gelöst haben. Für den Kern müssen zusätzlich die abstoßenden Coulomb-Kräfte berücksichtigt werden, welche die Bindungsenergie reduzieren. Deshalb besitzen schwere Kerne mehr Neutronen als abstoßende Protonen. In der **Bethe-Weizsäcker-Formel** sind diese Kräfte, ebenso wie zusätzliche quantenmechanische Terme berücksichtigt, wodurch der Verlauf E_B/A (Abb. 9.4) beschrieben werden kann. Allerdings werden die „Spitzen" in der Kurve der Bindungsenergie E_B/A der Kerne mit $A = 4, 8, 12, 16$ nicht durch diese Formel erklärt, sondern erst durch das Schalenmodell des Kerns (Antwort A9.1.14).

A9.1.14 Das **Kernschalenmodell** erklärt die Schalenstruktur der im Kern gebunden Nukleonen. Sind die Kernschalen mit einer bestimmten **magischen Zahl** von Protonen bzw. Neutronen besetzt, so ändert sich die Bindungsenergie sehr stark (s. u.). Dieses Verhalten ist ähnlich dem der Elektronenschalen der Atomhülle, wo bei Abschluss einer Elektronenschale die Bindungsenergie der Elektronen stark ansteigt (Edelgase, Abschn. 7.2). Im Kernschalenmodell wird die Bewegung der Nukleonen in einem Potenzialkasten betrachtet und durch eine stehende De-Broglie-Welle beschrieben (Abschn. 6.3). Das aus der Kernkraft folgende Potenzial wird in die Schrödinger-Gleichung eingesetzt und aus der Lösung erhält man die erlaubten Energieniveaus (Abb. 9.5). Die Niveaus für die Protonen sind gegenüber denen der Neutronen leicht angehoben, da die abstoßende Coulomb-Kraft mit berücksichtigt werden muss (Stufen in Abb. 9.5). Daher ist auch die Bindungsenergie der Protonen ist etwas größer als die der Neutronen, da zusätzlich der Coulomb-Wall überwunden bzw. durchtunnelt werden muss (siehe α-Zerfall in Abschn. 9.2). Da die Nukleonen jeweils den Spin $I = 1/2$ tragen (I: Zeichen für Kernspin), kann jedes Niveau unter Berücksichtigung des Pauli-Prinzips mit zwei Neutronen und zwei Protonen besetzt werden. Eine abgeschlossene Schale mit 2 Protonen und zwei Neutronen führt zu einem stabilen Kern, wie z. B. $^4_2$He in Abb. 9.5. Fügt man ein weiteres Neutron zu, so entsteht das instabile $^5_2$He, das sehr schnell unter Emission eines Neutrons wieder in $^4_2$He zerfallen würde. Fügt man statt dessen ein Proton hinzu, so entsteht das instabile $^5_3$Li, das ebenfalls unter Emission eines Protons in $^4_2$He zerfällt. Stabile Kerne erhält man immer, wenn eine gerade Zahl von Neutronen sowie eine gerade Zahl von Protonen vorliegt (**g-g-Kerne**), denn dann können sich Neutronen und Protonen mit jeweils antiparallelem Spin paaren und dasselbe Niveau besetzen. Damit haben die leichten Isotope $^4_2$He, $^8_4$Be, $^{12}_6$C und $^{16}_8$O relativ große Bindungsenergie und sind daher stabil. Diese Isotope bilden die Spitzen in der E_B/A-Kurve (Abb. 9.4).

Abb. 9.5 Schalenstruktur des Kerns

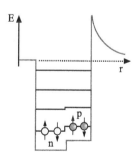

A9.1.15 Das **magnetische Moment** des Kerns folgt aus seinem Spin, ähnlich wie beim Elektron (Abschn. 7.2), wobei der gesamte Kernspin sich aus der Kopplung der Spins der einzelnen Nukleonen ergibt. Allerdings ist das Bohr'sche Magneton durch ein Kernmagneton zu ersetzen, das um den Faktor 1800 kleiner ist, so dass auch das magnetische

Moment des Kerns deutlich kleiner als das des Elektrons ist. Die magnetischen Eigenschaften des Kerns lassen sich u. a. durch spektroskopische Untersuchungen der Hyperfeinstruktur in den Atomspektren messen, wobei das Kernfeld zur Zeeman-Aufspaltung der Energieniveaus führt (Abschn. 7.2).

9.2 Radioaktivität, α-, β-, γ-Zerfälle

I Theorie

Radioaktivität ist die Eigenschaft einiger Elemente, sich spontan ohne äußere Einwirkung in andere Elemente umzuwandeln. Die Umwandlung passiert im Kern unter Emission von Energie und elektromagnetischer Strahlung oder Emission von Teilchen (α, β^+, β^-). Radioaktivität bestimmter Isotope beruht auf ihrer Instabilität. Ihre Kerne besitzen einen Überschuss an Protonen oder Neutronen bezüglich dem stabilen Zustand, d. h. gegenüber den stabilen Isotopen, die in Abb. 9.2 (Abschn. 9.1) auf der Stabilitätslinie eingetragen sind. Um in einen stabilen Zustand zu gelangen, können die links oder rechts von dieser „Stabilitätslinie" liegenden instabilen Isotope die überschüssigen Neutronen bzw. Protonen abstoßen, z. B. im α-Zerfall. Sie können aber auch durch Umwandlung von Protonen in Neutronen bzw. von Neutronen in Protonen zum stabilen Zustand gelangen (β-Zerfall.). Nach mehrere solcher radioaktiver Zerfälle befinden sich die Endprodukte in der Regel auf der „Stabilitätslinie". Natürliche Radioaktivität tritt bei allen schweren Elementen mit der Ordnungszahl $Z > 80$ auf, aber nur bei wenigen mit $Z \leq 80$. Künstliche Radioaktivität kann man erzeugen, indem stabile Kerne durch energiereiche Teilchen oder Neutronen beschossen werden.

Zerfallsgesetz

Radioaktiver Zerfall ist ein statistischer Prozess, d. h. man kann nicht vorhersagen wann welcher Kern zerfällt. Man kann nur eine Wahrscheinlichkeit, genauer die **Zerfallskonstante** λ angeben, mit der ein Kern pro Zeiteinheit zerfällt. Existieren zu Beginn ($t = 0$) N_0 Kerne, so sind nach der Zeit t nur noch $N(t)$ nicht zerfallene Kerne vorhanden.

$$N(t) = N_0 e^{-\lambda t} \quad \text{(Zerfallsgesetz)}, \tag{9.4}$$
$$\tau = 1/\lambda \quad \text{(Lebensdauer)}.$$

Nach Ablauf der Zeit $t = \tau = 1/\lambda$ (**Lebensdauer**) hat die Zahl der noch nicht zerfallenen Kerne auf den Teil $1/e \approx 0{,}37$ abgenommen. Die **Halbwertszeit** $T_{1/2}$ ist die Zeit, nach der die Hälfte der ursprünglich vorhandenen N_0 Kerne zerfallen ist.

$$T_{1/2} = \ln 2/\lambda \quad \text{(Halbwertszeit)}. \tag{9.5}$$

Diese Gesetze sind am Beispiel des α–Zerfalls $^{238}_{92}\text{U} \rightarrow {}^{234}_{90}\text{Th} + {}^{4}_{2}\alpha + \Delta E$, in Abb. 9.6 dargestellt. Die Zahl der radioaktiven Urankerne nimmt exponentiell ab, die Zahl der Ker-

Abb. 9.6 Zerfallsgesetz:
Die Zahl der radioaktiven
Urankerne nimmt exponentiell
ab, die der Zerfallsprodukte
Thorium nimmt zu, ihre
Summe bleibt konstant

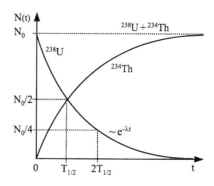

ne des Zerfallsprodukts Thorium nimmt exponentiell zu und die Summe bleibt natürlich
konstant. Jede radioaktive Substanz besitzt eine charakteristische Halbwertszeit bzw. Zerfallskonstante, durch welche die Substanz eindeutig identifiziert werden kann. Wie kann λ
experimentell bestimmt werden? Hierzu wird die **Zerfallsrate** $R(t) = -\mathrm{d}N/\mathrm{d}t$, d. h. die
Anzahl der radioaktiven Zerfälle pro Zeiteinheit, ermittelt.

$$R = \lambda\, N_0 \mathrm{e}^{-\lambda t} \quad \text{(Zerfallsrate)}. \tag{9.6}$$

Diese Größe wird auch **Aktivität** der radioaktiven Substanz genannt. Anschaulich bedeutet sie den Strom der α-Teilchen pro Zeiteinheit. Sie ist u. a. wichtig für die Dosisberech-
nung bei der medizinischen Bestrahlungstherapie. Gemessen wird sie in *Becquerel*,

$$1\,\mathrm{Bq} = 1\,\text{Becquerel} = 1\,\text{Zerfall/Sekunde} \quad \text{(Aktivität)}. \tag{9.7}$$

Die ältere Einheit ist Curie mit $1\,\mathrm{Ci} = 1\,\text{Curie} = 3{,}7 \cdot 10^{10}\,\mathrm{Bq}$.

α-Zerfall

Ein α-Zerfall ist jede Umwandlung einer radioaktiven Substanz unter Emission von α-
Teilchen und Energie ΔE. α-Teilchen sind positiv geladene He-Kerne mit 2 Protonen und
2 Neutronen, die sich nach dem Zerfallsprozess 2 Elektronen einfangen und als elektrisch
neutrales Helium spektroskopisch (Linienspektrum von Helium, Abschn. 7.1) nachgewiesen werden können. Wir betrachten den α-Zerfall an folgendem Beispiel

$$^{238}_{92}\mathrm{U} \rightarrow {}^{234}_{90}\mathrm{Th} + {}^{4}_{2}\alpha + \Delta E \quad \text{(Beispiel für } \alpha\text{-Zerfall)}. \tag{9.8}$$

Das Zerfallsprodukt $^{234}_{90}\mathrm{Th}$ besitzt 2 Protonen und 2 Neutronen weniger als der Mutterkern
$^{238}_{92}\mathrm{U}$, so dass Z um 2 und A um 4 reduziert ist. Dies gilt generell für jeden α-Zerfall. Es
gibt sehr viele radioaktive Substanzen, die unter Emission von α-Teilchen zerfallen, wobei
jede Substanz ihre charakteristische Halbwertszeit besitzt und die α-Teilchen eine charakteristische diskrete kinetische Energie. Je größer die kinetische Energie, desto kleiner ist
die Halbwertszeit. Weshalb ist dies so und wie läuft der Zerfall ab? Schon im Mutterkern

binden sich 2 Neutronen und 2 Protonen zum α-Teilchen. Dieser Fusionsprozess ist mit einem Energiegewinn verbunden (Abschn. 9.1), so dass das α-Teilchen im Potenzialtopf des Kerns einen ganz bestimmten diskreten Zustand mit der Energie E_α einnimmt, der vom speziellen Mutterkern abhängt (Abb. 9.7).

Das α-Teilchen ist aber noch im Potenzialtopf gefangen, denn seine Energie reicht nicht aus, um die Potenzialbarriere der Höhe E_0 zu überwinden. Allerdings gibt es eine gewisse **Tunnelwahrscheinlichkeit** (Abschn. 6.3), mit der es die Barriere „durchtunneln" und dem anziehenden Kernpotenzial „entfliehen" kann. Da das Kernpotenzial nur eine sehr kurze Reichweite in der Größenordnung des Kernradius besitzt (Abschn. 9.1), wirkt nach „Ablösung" des α-Teilchens vom Mutterkern die abstoßende Coulomb-Kraft und es entfernt sich mit der diskreten kinetischen Energie $E_{\text{kin}} = E_\alpha$. Deshalb beobachtet man auch ein diskretes Energiespektrum, aus der die Anregungsenergie E_α bestimmt werden kann (Abb. 9.8a). Die Tunnelwahrscheinlichkeit wächst mit steigender Energie E_α, d. h. mit fallendem Abstand $(E_0 - E_\alpha)$ und schmaler werdender Barriere (Abschn. 6.3). Höhere Tunnelwahrscheinlichkeit bedeutet aber höhere Zerfallswahrscheinlichkeit, d. h. λ, und entsprechend eine kleinere Halbwertszeit $T_{1/2} = \ln 2/\lambda$. Somit wird durch den Tunnelprozess der Zusammenhang zwischen steigender kinetischer Energie $E_{\text{kin}} = E_\alpha$ der α-Teilchen und sinkender Halbwertszeit erklärt.

β-Zerfall

Unter β-Zerfall versteht man die Umwandlung radioaktiver Kerne unter Emission von Elektronen (β^-) bzw. positiv geladenen Elektronen, den Positronen (β^+) und Neutrinos

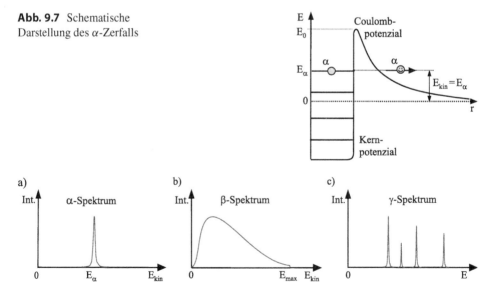

Abb. 9.7 Schematische Darstellung des α-Zerfalls

Abb. 9.8 Spektren verschiedener radioaktiver Strahler: a) diskretes α-Spektrum, b) kontinuierliches β-Spektrum und c) diskretes γ-Spektrum

(ν) bzw. Anti-Neutrinos ($\bar{\nu}$) und Energie. Die Massezahl A des Mutterkerns bleibt erhalten und seine Ordnungszahl Z erhöht oder erniedrigt sich um eins. Beides erklärt sich einfach durch die Umwandlung eines Neutrons in ein Proton bzw. eines Protons in ein Neutron, was sich prinzipiell sowie anhand eines Beispiels wie folgt darstellen lässt:

$$n \rightarrow p + e^- + \bar{\nu} + \Delta E \quad (\beta^- \text{-Zerfall}), \tag{9.9a}$$

$$^{32}_{15}P \rightarrow \,^{32}_{16}S + e^- + \bar{\nu} + \Delta E, \tag{9.9b}$$

$$p \rightarrow n + e^+ + \nu + \Delta E \quad (\beta^+ \text{-Zerfall}), \tag{9.10a}$$

$$^{64}_{29}Cu \rightarrow \,^{64}_{28}Ni + e^+ + \nu + \Delta E. \tag{9.10b}$$

Das **Positron** besitzt die gleiche Masse wie das Elektron und die betragsmäßig gleiche Ladung, allerdings mit positivem Vorzeichen. Die Elektronen bzw. Positronen stammen beim Zerfall nicht aus der Elektronenhülle des Atoms, sondern sie werden gemeinsam mit den Neutrinos im Kernprozess erzeugt. Sie sind nicht im Kern gelagert, ebenso wenig wie die Photonen in der Elektronenhülle gelagert sind.

Die **Neutrinos** bzw. **Anti-Neutrinos** sind neutrale Teilchen ohne Ladung und wahrscheinlich ohne Masse, zumindest ohne Ruhemasse. Ihr Spin ist so groß wie der der Elektronen und Positronen: $S_\beta = 1/2$. Sie sind experimentell sehr schwer nachzuweisen, d. h. ihre Wechselwirkung mit Materie ist extrem gering. Bevor sie in Wasser mit einem Molekül reagieren, legen sie eine freie Weglänge von etwa 1000 Lichtjahren zurück. Neutrinos konnten erst 1957 nachgewiesen werden. Warum musste man aber schon 1930 annehmen, dass es diese Teilchen gibt? Man brauchte sie, weil sonst folgende **Erhaltungssätze** im β-Zerfall verletzt wären:

- Spinerhaltung: Mutter- und Tochterkern unterscheiden sich um $\Delta S = 1 = S_\beta + S_\nu$.
- Impulserhaltung: $\vec{p}_p = \vec{p}_n + \vec{p}_\beta + \vec{p}_\nu$.
- Energieerhaltung: $\Delta E = E_{\text{kin}-\beta} + E_{\text{kin}-\nu}$.

Letzteres sieht man deutlich an der kontinuierlichen Verteilung im Spektrum der kinetischen Energie der Elektronen bzw. Positronen (Abb. 9.8b). Eigentlich wird bei dem β–Zerfall ein diskreter Energiebetrag $\Delta E = E_{\text{max}}$ freigesetzt. Da dieser aber in Form kinetischer Energie auf beide Teilchen, Elektronen und Neutrinos, aufgeteilt wird ($E_{\text{max}} = E_{\text{kin}-\beta} + E_{\text{kin}-\nu}$), entsteht ein kontinuierliches und kein diskretes Spektrum. Ohne die Emission von Neutrinos müssten alle Elektronen die gleiche maximale Energie $E_{\text{max}} = E_{\text{kin}-\beta}$ besitzen.

γ-Zerfall

Bei einem γ-Zerfall geht der Kern aus einem angeregten Zustand (X^*) in einen Zustand geringerer Energie über und emittiert dabei elektromagnetische Strahlung, die γ-Strahlung. Dabei bleiben sowohl Ladungszahl Z als auch Massezahl A konstant.

$$^A_Z X^* \rightarrow \,^A_Z X + \gamma \quad (\gamma \text{-Zerfall}). \tag{9.11}$$

Das γ-Spektrum ist diskret (Abb. 9.8c), denn der Kern ist ein System gebundener Nukleonen und kann daher nur diskrete, quantisierte Energiewerte annehmen (siehe Abschn. 6.3 und Kernschalenmodell in Antwort A9.1.14). Das Verhalten des Kerns ist ähnlich dem des Atoms, das als System gebundener Elektronen auch nur diskrete Energiewerte annehmen kann (Abschn. 7.1). Geht der Kern aus einem angeregten Zustand in einen mit geringerer Energie über, so wird die frei werdende Energie in Form eines Photons emittiert, dessen Energie im Bereich einiger MeV liegt. Der große Unterschied der γ-Strahlung im Vergleich zu der sichtbaren Strahlung bei Übergängen in der Elektronenhülle liegt in dieser hohen Energie, d. h. die Wellenlänge liegt im pm-Bereich.

Strahlenschäden

Die schädlichen Eigenschaften der α-, β-, γ-Strahlung auf biologische Substanzen liegen an der Ionisation von Materie. Als Folge werden die Zellen des Gewebes zerstört. In der Strahlentherapie wird dies zur gezielten Abtötung der Krebszellen eingesetzt. Die Stärke der ionisierenden Wirkung hängt von der Art der Strahlung sowie ihrer Energie ab, wozu als Maß die an den Körper abgegebene Strahlungsmenge (**Strahlendosis**) dient. Die auf die Körpermasse normierte Energiemenge ist die **Energiedosis**, gemessen in *Gray*, mit $1\,\text{Gy} = 1\,\text{J/kg}$, früher gemessen in *Rad*. Die Strahlungsarten unterscheiden sich durch ihre typischen Reichweiten in Materie, woraus die effektiven Abschirmmaßnahmen resultieren:

Strahlung	Reichweite in Materie	Abschirmmaterial
α	< 0,1 mm	Glas, Kunstharz
β	< 1 cm	Metall, Wasser
γ	Einige m	Blei, Beton, Schwermetall
Neutronen	cm–m	Graphit, Wasser, Paraffin

Altersbestimmung

Das exponentielle Zerfallsgesetz (Gl. 9.4) ist so gut erfüllt, dass der radioaktive Zerfall zur Altersbestimmung, z. B. von Mineralien mit radioaktiven Einschlüssen, genutzt werden kann. Eine wichtige Methode zur Bestimmung des Alters biologischer Substanzen wie z. B. Holz ist die **Radiocarbonmethode**. Sie nutzt den β-Zerfall des Isotops ^{14}C ($^{14}_{6}\text{C} \rightarrow {}^{14}_{7}\text{N} + \text{e}^- + \bar{\nu}$) mit der Halbwertszeit von 5730 Jahren. Das radioaktive ^{14}C wird in oberen Atmosphärenschichten durch Beschuss mit kosmischer Strahlung gebildet, wandert in tiefere Schichten und bindet sich dort mit Sauerstoff zu $^{14}\text{CO}_2$. Chemisch ist es identisch mit dem natürlich vorkommenden stabilen $^{12}\text{CO}_2$, so dass beide Molekültypen gleichermaßen in lebenden Organismen eingebaut werden. Ihr Verhältnis beträgt in der Atmosphäre und damit auch in den lebenden Organismen $^{14}\text{C}/^{12}\text{C} = 1{,}2 \cdot 10^{-12}$. Das radioaktive ^{14}C zerfällt zwar im Organismus, wird aber ständig wieder aufgenommen, so dass das Verhältnis konstant bleibt, bis die Organismen absterben. Danach wird kein weiteres radioaktives ^{14}C mehr aufgenommen. Aufgrund des Zerfalls sinkt dessen relativer Anteil und aus dem heutigen Verhältnis $^{14}\text{C}/^{12}\text{C}$ kann das Alter der organischen Substanz bestimmt werden.

II Prüfungsfragen

Grundverständnis

F9.2.1 Was ist Radioaktivität?

F9.2.2 Was sind α-, β-, γ-Strahlen?

F9.2.3 Beschreiben Sie den α-Zerfall eines Kerns.

F9.2.4 Wie sieht das Energiespektrum eines α-Strahlers aus?

F9.2.5 Beschreiben Sie den β-Zerfall und geben Sie das Spektrum an.

F9.2.6 Was ist ein Neutrino und warum wurde seine Existenz postuliert?

F9.2.7 Beschreiben Sie den γ-Zerfall und skizzieren Sie das Spektrum.

F9.2.8 Wie sieht für $^{218}_{84}X$ die Zerfallskette α, β^-, β^-, γ im $A(Z)$-Diagramm aus?

F9.2.9 Wie lautet das radioaktive Zerfallsgesetz?

F9.2.10 Was ist die Aktivität und was ist die Dosis?

F9.2.11 Welche Abschirmung ist für α-, β-, γ-Strahlen geeignet?

Messtechnik

F9.2.12 Wie wird die Halbwertszeit radioaktiver Substanzen gemessen?

F9.2.13 Erläutern Sie die Radiokarbonmethode zur Altersbestimmung.

F9.2.14 Wie kann man die Zerfallsprodukte identifizieren?

Vertiefungsfragen

F9.2.15 Was ist die Ursache der Radioaktivität?

F9.2.16 Wovon hängen die Halbwertszeiten beim α-Zerfall ab?

F9.2.17 Warum ist das Proton, aber nicht das Neutron stabil?

F9.2.18 Was sind Quarks, was sind Leptonen?

III Antworten

A9.2.1 Natürliche Radioaktivität ist die Eigenschaft von Kernen bestimmter Elemente, sich spontan, d. h. ohne äußere Einwirkung, unter Emission von Strahlung (α, β, γ) in andere Kerne zu wandeln. Man kann aber auch Kerne künstlich durch Beschuss mit Teilchen zur Radioaktivität anregen (Kernspaltung).

A9.2.2 α**-Strahlung** ist ein Strom von α-Teilchen. Dies sind zweifach positiv geladene He-Kerne $^4_2\text{He}^{2+}$, die aus zwei Neutronen und zwei Protonen aufgebaut sind. Sie besitzen eine hohe kinetische Energie (etwa $2 < E < 11\,\text{MeV}$). Sie haben eine sehr hohe Ionisationswirkung und daher eine sehr geringe Reichweite in Materie (cm in Luft, unter 0,1 mm in fester Materie). Wenn sie vom Körper aufgenommen werden, sind sie aufgrund der hohen Ionisationswirkung biologisch sehr schädigend (Zerstörung der Erbsubstanz).

β**-Strahlung** ist ein Strom hochenergetischer (einige MeV), d. h. schneller Elektronen bzw. Positronen ($\sim 99\,\%$ Lichtgeschwindigkeit). Ihre Ionisationswirkung ist hoch, aber geringer als die der α-Teilchen, was zu einer mittleren Reichweite (cm) in Materie führt.

γ**-Strahlung** ist hochenergetische ($hf \sim \text{MeV}$), d. h. kurzwellige elektromagnetische Strahlung ($10^{-14} < \lambda < 10^{-10}\,\text{nm}$). Sie entsteht, wenn der Atomkern aus einem angeregten in einen energetisch tieferen Zustand übergeht. Meist passiert das als Folge von vorausgegangenen α- oder β-Zerfällen. Sie kann aber auch durch Paarzerstrahlung von Elektron und Positron (Abschn. 9.1) erzeugt werden. γ-Strahlung hat eine sehr hohe Reichweite und lässt sich nur durch schwere Elemente wie Blei effektiv absorbieren.

A9.2.3 Der α-Zerfall des Kerns ist im Theorieteil ausführlich beschrieben. Die Energieverhältnisse sind in Abb. 9.7 skizziert. Entscheidend für die Erklärung ist der Tunnelprozess des α-Teilchens durch den Coulomb-Wall. Ein Beispiel für eine Reaktionsgleichung ist in Gl. 9.8 gegeben. Generell gilt $^A_Z X \rightarrow {}^{A-4}_{Z-2} Y + {}^4_2\alpha + \Delta E$. Das Zerfallsprodukt besitzt 2 Protonen und 2 Neutronen weniger als der Mutterkern.

A9.2.4 Das Energiespektrum eines α-Strahlers ist diskret (Abb. 9.8a). Die von einer radioaktiven Substanz emittierten α-Teilchen besitzen dieselbe Energie und damit dieselbe Reichweite sowie dieselbe Geschwindigkeit. Ursache ist dieselbe diskrete Anregungsenergie E_α im Mutterkern (Abb. 9.7).

A9.2.5 Der β-Zerfall ist im Theorieteil erklärt. Bei dem β^--Zerfall wandelt sich ein Neutron in ein Proton unter Emission eines Elektrons und eines Antineutrinos, wobei die Massezahl konstant bleibt ($n \rightarrow p + \text{e}^- + \bar{\nu} + \Delta E$). Für ein beliebiges Element X lautet die Reaktionsgleichung $^A_Z X \rightarrow {}^A_{Z+1} Y + {}^0_{-1}e + \bar{\nu} + \Delta E$. Beim β^+-Zerfall wandelt sich ein Proton in ein Neutron um, unter Emission eines Positrons und eines Neutrinos ($p \rightarrow n + \text{e}^+ + \nu + \Delta E$). Generell gilt $^A_Z X \rightarrow {}^A_{Z-1} Y + {}^0_{+1}e + \nu + \Delta E$. Die Bezeichnungen β^+ und e^+ sowie β^- und e^- sind gleichbedeutend. Die Zerfallsgleichungen kann man sich einfach einprägen, wenn man auf die Ladungserhaltung achtet. Das β-Spektrum ist kontinuierlich und unterscheidet sich somit von den diskreten Spektren der α- und γ-Strahlung (Abb. 9.8b). Diese kontinuierliche Energieverteilung der Elektronen bis hin zu einer maximalen Energie kann nur durch die Existenz eines weiteren emittierten Teilchens, des Neutrinos, erklärt werden (siehe Frage F9.2.6). Ähnlich wie beim α-Zerfall befindet sich ein Kern vor dem β-Zerfall auch in einem diskreten angeregten Zustand mit einer bestimmten Energie und man würde daher für das β-Spektrum auch eine diskrete Linie bei einem diskreten Energiewert erwarten. Kontinuierlich wird das Spektrum aber, weil die frei werdende Energie beliebig auf das β-Teilchen und das Neutrino verteilt werden kann. Die maximale Elektronenenergie entspricht der frei werdenden Anregungsenergie des Kerns.

A9.2.6 Neutrinos sind elektrisch neutrale Teilchen, die kinetische Energie und Impuls tragen können. Sie besitzen den Spin $S = 1/2$ und eine verschwindend kleine Ruhemasse. Aufgrund ihres sehr geringen Wechselwirkungsquerschnitts mit Materie sind sie schwer nachzuweisen. Ihre Existenz wurde postuliert, damit beim β-Zerfall die Erhaltungssätze für Energie, Impuls und Spin erklärt werden konnten (siehe Theorieteil).

A9.2.7 Der γ-Zerfall ist im Theorieteil beschrieben und das diskrete Linienspektrum ist in Abb. 9.8c skizziert. Die allgemeine Zerfallsgleichung lautet $_Z^A X^* \rightarrow {}_Z^A X + \gamma$.

A9.2.8 Die Zerfallskette $\alpha, \beta^-, \beta^-, \gamma$ für das Element $_{84}^{218} X$ ist in Abb. 9.9 gezeigt. Das Endelement lautet $_{84}^{214} X$.

Abb. 9.9 Zerfallskette im A(Z)-Diagramm

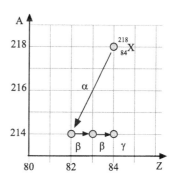

A9.2.9 Das radioaktive Zerfallsgesetz lautet $N(t) = N_0 e^{-\lambda t}$. Es beschreibt die exponentielle Abnahme der radioaktiven Kerne, d. h. es gibt die Zahl der nach der Zeitdauer t noch nicht zerfallenen Kerne an (Abb. 9.6). Die Lebensdauer $\tau = 1/\lambda$ ist umgekehrt proportional zur Zerfallskonstanten. Die Halbwertszeit $T_{1/2} = \ln 2/\lambda$ ist die Zeit, nach der die Hälfte der ursprünglich vorhandenen N_0 Kerne zerfallen ist.

A9.2.10 Die Aktivität einer radioaktiven Substanz ist die Zerfallsrate $R(t) = -\mathrm{d}N/\mathrm{d}t$, bzw. $R = \lambda\, N_0 \mathrm{e}^{-\lambda t}$ d. h. die Anzahl der radioaktiven Zerfälle pro Zeiteinheit. Ihre Einheit ist Bequerel mit 1 Bq = 1 Zerfall pro Sekunde. Die Strahlendosis ist ein Maß für die an den Körper abgegebene Strahlungsmenge. Die auf die Körpermasse normierte Energiemenge ist die Energiedosis, gemessen in Gray, mit 1 Gy = 1 J/kg, früher gemessen in *Rad*.

A9.2.11 Die Absorption der α- und β-Strahlung in Materie beruht auf der Ionisation von Atomen. Wegen der hohen Ionisationswirkung der α-Strahlung reichen sehr dünne (Dicke $\ll$ mm) Papier, Kunststoff oder Metallfolien. Die Ionisationswirkung von der β-Strahlung ist etwa 100-mal kleiner, so dass etwa 1 mm dicke Bleiplatten zur Abschirmung benötigt werden. Zur Abschirmung von γ-Strahlen verwendet man einige cm dicke Bleiplatten. Am effektivsten sind Materialien mit großer Ordnungszahl, also mit vielen und auch tief gebundenen Elektronen in der Atomhülle. Die für Abschirmmaßnahmen zu verwendende Materialdicke x richtet sich nach dem Absorptionskoeffizienten $\mu(E)$ des Materials und der Photonenenergie E der Gammaquanten. Sie lässt sich mithilfe des Absorptionsgesetzes $I(x) = I_0 \mathrm{e}^{-\mu x}$ berechnen (Abschn. 7.3).

A9.2.12 Die Halbwertszeit radioaktiver Substanzen wird durch die Messung der Aktivität (Zerfallsrate) bestimmt. Man ermittelt z. B. mit einem Zählrohr den Strom der emittierten α, β oder γ-Teilchen und erhält daraus direkt die Aktivität $R(t) = -\mathrm{d}N/\mathrm{d}t$ bzw. $R = \lambda\, N_0 \mathrm{e}^{-\lambda t}$. Trägt man nicht R über t, sondern $\ln R = \ln(\lambda\, N_0) - \lambda\, t$ über t auf, so erhält man eine fallende Gerade der Steigung λ.

A9.2.13 Die Radiokarbonmethode ist im Theorieteil „Altersbestimmung" erläutert worden. Sie wird zur Bestimmung des Alters von organischen Substanzen wie Holz durchgeführt. Die Genauigkeit liegt bei plus / minus einigen 100 Jahren, was an der Schwankung des ^{14}C-Gehaltes der Atmosphäre im Laufe der Jahrhunderte liegt.

A9.2.14 Zerfallsprodukte können durch unterschiedliche Methoden identifiziert werden: a) charakteristische chemische Reaktionen, b) optische Atomspektroskopie, z. B. der He-Linien von α-Teilchen (Abschn. 7.1), c) Bestimmung von Ladung und Masse im Massenspektrometer (Abschn. 4.4).

A9.2.15 Ursache der natürlichen Radioaktivität ist die Abweichung radioaktiver Kerne von der Stabilitätskurve (Abb. 9.2, Abschn. 9.1).

A9.2.16 Die Halbwertzeit für den α-Zerfall hängt von der Tunnelwahrscheinlichkeit des α-Teilchens durch den Coulomb-Wall ab (Abb. 9.7). Die Tunnelwahrscheinlichkeit steigt mit der Energie E_α, genauer mit der abnehmenden Energiedifferenz $E_0 - E_\alpha$ sowie mit abnehmender Breite des Potenzialwalls (Abschn. 6.3).

A9.2.17 Das Neutron besitzt mit $m_n = 1,0087\,u$ eine geringfügig größere Masse als das Protonen ($m_p = 1,0073\,u$). Damit ist die Neutronenenergie $E = m\,c^2$ größer als die Protonenenergie. Als freies Teilchen zerfällt das Neutron unter Emission von β^--Strahlung ($n \rightarrow p + \mathrm{e}^- + \bar{\nu} + \Delta E$) in ein Proton und kann dadurch seine Energie minimieren. Die Halbwertszeit beträgt etwa 12 Minuten. Eine spontane Wandlung des Protons in ein Neutron ist aus Energie- bzw. Massegründen nicht möglich.

A9.2.18 Mit dieser Frage öffnet sich das weite Feld der Elementarteilchen, das ein eigenes großes Kapitel benötigen würde. Da es aber nur sehr selten im Vordiplom abgefragt wird, wird hier nur ein knapper Überblick gegeben. Sie sollten den Prüfer im Vorfeld nach dem Stellenwert dieses Themenbereichs für die Prüfung fragen!

Nach dem Standardmodell der Elementarteilchen sind die fundamentalen Bausteine der Materie die Leptonen und die Quarks. Zu den **Leptonen** gehören sechs Teilchen sowie deren Antiteilchen. Das Elektron, (e^-), das Myon (μ^-) und das Tauon (τ^-). besitzen eine Ruhemasse, eine elektrische Ladung $q = 1.6 \cdot 10^{-19}$ C und den Spin $S = 1/2$. Zwischen ihnen wirken die Coulomb-Kraft und die **schwache Wechselwirkung**. Die drei weiteren Teilchen der Leptonenfamilie sind die elektrisch ungeladenen Neutrinos (ν_e, ν_μ, ν_τ). Sie besitzen vermutlich keine Masse und tragen den Spin $S = 1/2$. Treffen die geladenen Paare von Leptonen und Antileptonen zusammen, wie z. B. Elektron und Positron, so zerstrahlen sie zu γ-Quanten (Abschn. 9.1).

Die **Quarks** sind die Bausteine der Hadronen, wovon wir hier nur Protonen und Neutronen erwähnen. Es gibt sechs verschieden Quarks (up, down, strange, charm, bottom, top) sowie die zugehörigen Anti-Quarks. Sie tragen den Spin $S = 1/2$ und ein Ladung $q = -e/3$ bzw. $q = 2e/3$. Die Nukleonen setzten sich aus drei Quarks zusammen und zwar das Proton aus (down, up, up,) und das Neutron aus (down, down, up). Zwischen den Quarks herrscht die **starke Wechselwirkung**, die durch den Austausch von **Gluonen** hervorgerufen wird. Die Quarks konnten bisher allerdings nicht getrennt nachgewiesen werden. An den großen Beschleunigeranlagen wie dem CERN bei Genf versucht man durch Stöße zwischen hochenergetischen Kernen ein Quark-Gluon-Plasma zu erzeugen, und somit die Quarks getrennt nachweisen zu können.

9.3 Kernspaltung, Teilchendetektoren

I Theorie

Kernspaltung ist die Teilung eines schweren Atomkerns in zwei leichtere Teilkerne (Spaltprodukte). Zusätzlich werden Elementarteilchen wie Neutronen, Elektronen, Neutrinos sowie γ-Strahlung emittiert und große Energiemengen freigesetzt. Die Spaltung schwerer Kerne ist mit einem Energiegewinn verbunden, was aus Abb. 9.4 (Abschn. 9.1) klar wird.

Abb. 9.10 Schematische
Darstellung der Kernspaltung
anhand des Tröpfchenmodells

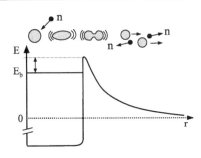

Schon mittelschwere Kerne mit der Massezahl $A \approx 100$ haben eine geringere Bindungs-energie als zwei Kerne mit halber Massezahl. Viel größer ist der Energiegewinn bei sehr schweren Kernen wie z. B. Uran oder Plutonium. Wird ein ^{235}U-Kern mit langsamen Neu-tronen beschossen, so fängt er das Neutron ein und spaltet danach in verschieden schwere Spaltprodukte auf. Die Massen der Spaltprodukte liegen um den Schwerpunkt $A \approx 140$ und um $A \approx 93$ verteilt. Sie sind radioaktiv und zerfallen über verschiedene Prozesse, bis letztendlich ein stabiler Kern entsteht. Zusätzlich zu den Spaltprodukten werden im Mittel 2,5 Neutronen emittiert, so dass die Reaktionsgleichung der Spaltung wie folgt aussehen kann:

$$^{235}\text{U} + n \rightarrow \, ^{236}\text{U} \rightarrow \, ^{141}\text{Ba} + \, ^{92}\text{Sr} + 3\,n + \Delta E \quad \text{(Kernspaltung)} . \qquad (9.12)$$

Pro gespaltenem Urankern wird $\Delta E = 208$ MeV gewonnen, d. h. es wird eine um 10^6 größere Energie als bei chemischen Prozessen wie Verbrennungen freigesetzt. Trotzdem läuft die Kernspaltung meist nicht spontan ab, sondern es wird eine Aktivierungsenergie durch Neutronenbeschuss benötigt. Warum? Verständlich wird der Spaltprozess, wenn man den Kern als elektrisch positiv geladenes **Tröpfchen** (Abschn. 9.1) betrachtet. Wird der ^{235}U-Kern mit Neutronen beschossen, so kann er zu Schwingungen angeregt werden. Dabei ändert sich die Form des Tröpfchens von kugelförmig zu elliptisch und dehnt sich aus (Abb. 9.10). Wenn aus der Ellipse eine langgezogene Hantelform wird, entstehen im Prinzip zwei positiv geladenen, nur noch schwach verbundenen Tröpfchen. Aufgrund der Coulomb-Kraft stoßen die sich ab und fliegen als Spaltprodukte (z. B. Ba, Sr) auseinander. Damit die Spaltung überhaupt ausgelöst werden kann, muss die Energie des anregenden Neutrons größer als die Potenzialbarriere E_b sein (Abb. 9.10). Zum anderen muss die Wahrscheinlichkeit für einen Neutroneneinfang durch den Urankern groß sein. Für ^{235}U ist diese am größten für langsame, so genannte **thermische Neutronen** ($E_{\text{kin}} \approx 0{,}04$ eV).

Kernreaktoren

Damit aus der Uranspaltung Energie gewonnen werden und der Prozess auch technisch ge-handhabt werden kann, müssen zuvor einige Probleme gelöst werden. Die Hauptelemente eines Reaktors sind Brennstab, Moderator und Absorber (Abb. 9.11). Ziel ist es, eine **Kettenreaktion** der Spaltungsprozesse auszulösen. Dazu müssen die bei einer Spaltung frei werdenden Neutronen (Gl. 9.12) für neue Spaltprozesse weiterer Urankerne in einem

Abb. 9.11 Wichtige Komponenten im Kernreaktor

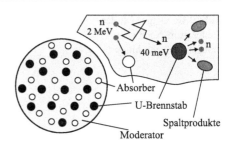

Kernreaktor genutzt werden. Die Neutronen dürfen nicht aus dem Reaktor „entkommen", bzw. nicht von anderen Kernen absorbiert werden. Letztendlich muss bei Berücksichtigung aller möglichen Verlustprozesse pro Spaltung mindestens ein Neutron übrig bleiben (**Vermehrungsfaktor** von eins), damit der Spaltprozess im Reaktor stationär ablaufen kann. Der Prozess heißt dann kritisch. Überschreitet der Vermehrungsfaktor die kritische Grenze von eins (überkritisch), so verselbständigt sich der Prozess und steigt drastisch an (Kernwaffen). In einem Kernreaktor (Abb. 9.11) muss daher der Vermehrungsfaktor nahe eins gehalten und geregelt werden. Diese Regelung geschieht, indem **Kontrollstäbe** zwischen die Brennstäbe eingefahren werden. Kontrollstäbe bestehen aus neutronenabsorbierenden Materialien wie z. B. Cd. Werden ausreichend viele Absorberstäbe weit genug eingefahren, so sinkt der Vermehrungsfaktor unter eins (unterkritisch) und die Kettenreaktion wird abgebrochen. Ein weiteres technisches Problem besteht in der hohen kinetischen Energie ($E_{kin} \approx 1\,\text{MeV}$) der in der Spaltung entstehenden Neutronen. Damit diese schnellen Neutronen wieder eine Spaltung auslösen können, müssen sie erst auf thermische Energie $E_{kin} \approx 0{,}04\,\text{eV}$ abgebremst werden. Dies passiert durch mehrere elastische Stöße mit den Atomen eines **Moderators**, der aus relativ leichten Atomen wie Graphit oder Wasser besteht. Dadurch kann bei einem Stoß mit dem Neutron möglichst viel Energie an den fast gleich schweren Stoßpartner abgeben werden. Die **Brennstäbe** bestehen zu 97 % aus dem nicht spaltbaren Uranisotop ^{238}U und zu 3 % aus spaltbarem ^{235}U. Da in der Natur ^{235}U nur zu ca. 0,7 % vorkommt, muss das zu 99,3 % vorkommende ^{238}U angereichert werden. Ein weiteres Problem liegt darin, dass mittelschnelle Neutronen durch ^{238}U absorbiert werden. Diese Neutronen gehen damit für die Kettenreaktion verloren. Eine technische Lösung besteht in der räumlichen Trennung der Brennstäbe vom Moderatormaterial (Abb. 9.11). Die Auskopplung der im Reaktor entstehenden Wärmeenergie erfolgt über mehrere Wasserkreisläufe und Wärmetauscher bis letztendlich eine Dampfturbine zur Stromerzeugung angetrieben wird. Eines der größten Probleme stellt die sichere Entsorgung der radioaktiven Spaltprodukte (radioaktiver Abfall) dar, denn dessen Halbwertszeit liegt teilweise im Bereich vieler tausend Jahre.

Teilchendetektoren

Die Funktion von Detektoren für elektrisch geladene Teilchen (α, β), sowie für γ- und Röntgenstrahlung beruht auf der ionisierenden Wirkung der Strahlung. Elektrisch neutrale Teilchen (Neutronen) werden meist indirekt durch das Auslösen von Kernprozessen

Abb. 9.12 Geiger-Müller-Zähler zum Nachweis ionisierender Strahlung

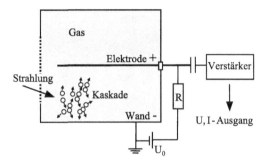

nachgewiesen. Dabei werden geladene Teilchen freigesetzt, die direkt über ihre Ionisationswirkung nachgewiesen werden können.

Geiger-Müller-Zähler sind mit Gas gefüllte Metallrohre. Im Zentrum befindet sich ein Metalldraht, der auf positivem elektrischen Potenzial liegt. Das Gehäuse liegt auf Erdpotenzial. Die Strahlung tritt durch ein dünnes, nur schwach absorbierendes Fenster (z. B. Be, Al) ein und ionisiert die Gasatome (Abb. 9.12). Dabei entstehen freie Ladungsträger, die durch das elektrische Feld zwischen Draht und Gehäuse beschleunigt werden. Auf ihrem Weg stoßen sie mit weiteren Gasatomen zusammen und ionisieren diese. So bildet sich eine lawinenartig anwachsende Kaskade von freien Ladungsträgern, welche als Strompuls detektiert wird. Aus der Zahl der Strompulse wird auf die Zahl der Ionisationsvorgänge, d. h. die Zahl der einfallenden Teilchen geschlossen. Wird der Strompuls über einen Verstärker auf einen Lautsprecher gegeben, so führt das zum typischen „Knacken" des Geiger-Müller-Zählers. Wird das Zählrohr mit einer geringen Spannung betrieben, so hängen die Ausgangsimpulse über das Ionisationsvermögen von der Energie der einfallenden Teilchen ab. In diesem Fall (**Proportionalitätszählrohr**) kann die Energie der Teilchen und damit ihr Spektrum gemessen werden. Bei dem Geiger-Müller-Zähler, der mit einer großen Spannung arbeitet, ist wegen der Lawinenbildung der Ladungsträger ein Rückschluss auf die Anfangsenergie der ionisierenden Teilchen nicht möglich.

Szintillationszähler bestehen aus einem Szintillationskristall (z. B. ZnS), in dem durch Absorption der Strahlung sichtbares Licht erzeugt wird. Das sichtbare Licht gelangt in einen angebauten Photomultiplier, wo es Elektronen auslöst, die über mehrere Dynoden verstärkt und als Strom gemessen werden (siehe Antwort A6.1.12 in Abschn. 6.1). Wegen der hohen Dichte des Szintillationsmaterials ist die Absorption für hochenergetische Strahlung ($E > 10$ keV) effektiver als in einer mit Gas gefüllten Ionisationskammer.

Halbleiterdetektoren sind in der Regel pn-Dioden. Durch Absorption der ionisierenden Strahlung an der pn-Grenzschicht werden freie Ladungsträger erzeugt, die im inneren Feld an der Grenzschicht getrennt und als Strompuls nachgewiesen werden können (Abschn. 8.3). Weil die Dichte des Halbleitermaterials viel größer als die des Gases in einer Ionisationskammer ist, können energiereiche Teilchen viel effektiver absorbiert und nachgewiesen werden. Allerdings sind pn-Dioden wegen der fehlenden internen Stromverstärkung vergleichsweise unempfindlich.

Abb. 9.13 Nebelkammer zur
Sichtbarmachung radioaktiver
Strahlung und Prozesse

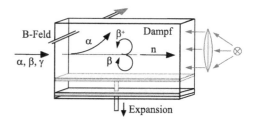

Nebelkammern (Wilson-Kammern) sind mit einem Wasser- bzw. Alkoholdampf gefüllte Behälter. Sie besitzen auf der Oberseite eine Glasplatte und an der Seite einen
verschiebbaren Kolben (Abb. 9.13) Wird der Kolben sehr schnell zurückgezogen, so expandiert der Dampf adiabatisch, kühlt dabei ab und ist übersättigt (Abschn. 3.2, 3.4). Er
kann aber erst dann zu kleinen Tropfen kondensieren, wenn Kondensationskeime, z. B. in
Form von elektrisch geladenen Teilchen vorhanden sind. Treten in diesem Zustand ionisie-
rende Strahlung oder geladene Teilchen in den übersättigten Dampf, so ionisieren sie längs
ihrer Bahn die Moleküle, an denen der Dampf kondensieren kann und eine Spur aus kleinen Tröpfchen bildet. Die Spur wird sichtbar gemacht, indem die Nebelkammer von der
Seite beleuchtet und das Licht an den Tröpfchen gestreut wird, ähnlich einem Kondens-
streifen hinter dem Flugzeug. Ein senkrecht zur Bahn angelegtes homogenes Magnetfeld
lenkt die geladenen Teilchen auf Kreisbahnen ab. Aus Richtung und Krümmungsradius
kann auf Masse und Ladung der Teilchen geschlossen werden (Abschn. 4.4). Ungeladene
Teilchen wie Neutronen oder γ-Quanten werden nicht durch die Lorentz-Kraft abgelenkt
und erzeugen eine gerade Spur (Abb. 9.13). Solche Kammern sind in der Kernphysik
von großer Bedeutung gewesen, da sie die „räumliche" Beobachtung eines Kernprozesses
erlauben. In ihnen wurde u. a. das Positron entdeckt. Heute werden statt dessen Gasspur-
kammern wie z. B. die Funkenkammer benutzt.

Funkenkammern bestehen aus vielen großflächigen dünnen Metallplatten oder Draht-
netzen, die parallel, im Abstand einiger Millimeter angeordnet sind. Zwischen ihnen befindet sich ein Metalldampf-Edelgas-Gemisch und jede zweite Platte ist elektrisch geerdet.
Zum Nachweis der Teilchen wird für kurze Zeit ($\sim 0{,}1\,\mu\text{s}$) ein starkes elektrisches Feld
($10\,\text{kV/cm}$) zwischen den benachbarten Platten angelegt. Das hochenergetische Teilchen
ionisiert auf seiner Bahn Gasmoleküle, was zu Funkenüberschlag zwischen den Platten
führt. Dadurch wird die Teilchenbahn sichtbar und kann fotografisch festgehalten werden.
Bei Drahtfunkenkammern bestehen die Elektroden nicht aus Platten, sondern aus zahl-
reichen, dicht beieinander gespannten Drähten. Die Ionisation des Gases führt zu einem
Strom in den benachbarten Drähten. Da die Drähte individuell ausgelesen werden können, kann der Ort der Ionisation und damit die Spur des Teilchens eindeutig aufgezeichnet
werden.

II Prüfungsfragen

Grundverständnis

F9.3.1 Erläutern Sie den Ablauf der Kernspaltung.

F9.3.2 Welche Voraussetzungen sind für eine Kettenreaktion nötig?

F9.3.3 Wie wird der Energiegewinn bei der Kernspaltung berechnet?

F9.3.4 Wie ist ein Kernreaktor aufgebaut?

Messtechnik

F9.3.5 Welche Messgeräte der Kernphysik kennen Sie?

F9.3.6 Beschreiben Sie den Geiger-Müller-Zähler.

F9.3.7 Wie funktioniert die Nebelkammer?

Vertiefungsfragen

F9.3.8 Was ist schweres Wasser?

F9.3.9 Wie kann man Neutronen erzeugen?

F9.3.10 Welche Bedeutung hat Plutonium für die Kernspaltung?

F9.3.11 Diskutieren Sie die Kernfusion.

III Antworten

A9.3.1 Siehe Theorieteil und die in Abb. 9.10 gezeigten Schritte. Die Zerfallsprodukte sind nicht für jeden Spaltprozess identisch, aber ihre Massenverteilung liegt bei $A \approx$ 140 und um $A \approx 93$. Für die technische Nutzung ist wichtig (s. u.), dass zusätzlich im Mittelwert 2,5 Neutronen emittiert werden, die zu einer Kettenreaktion führen können. Eine mögliche Reaktionsgleichung der Spaltung ist: $^{235}\text{U} + n \rightarrow {}^{236}\text{U} \rightarrow {}^{141}\text{Ba} + {}^{92}\text{Sr} +$ $3\,n + \Delta E$.

A9.3.2 Damit eine Kettenreaktion ablaufen kann, muss pro Spaltung mindestens eines der freigesetzten Neutronen zu einer weiteren Spaltung führen. Dieser Vermehrungsfaktor k entscheidet, ob es zu einem explosionsartigen Anstieg wie in der Bombe ($k > 1$, überkritisch) kommt, ob die Reaktion kontrolliert wie im Kernkraftwerk ($k = 1$, kritisch) läuft oder ob die Kettenreaktion erlischt ($k < 1$, unterkritisch). Als weitere Voraussetzung für den Ablauf einer Kettenreaktion dürfen nicht zu viele Neutronen das spaltbare Material durch die Oberfläche verlassen. Daher muss ein bestimmtes Verhältnis zwischen Oberfläche und Volumen bestehen, was zu einer **kritischen Masse** führt, die mindestens vorliegen muss (etwa Kugel von 15 cm Durchmesser).

A9.3.3 Um den Energiegewinn bei der Kernspaltung zu berechnen, müssen wir die Bindungsenergie pro Nukleon kennen (Abb. 9.4, Abschn. 9.1). Das Prinzip der Berechnung ist in Abschn. 9.1 diskutiert worden und soll hier an einem Zahlenbeispiel konkretisiert werden. Für die Prüfung müssen Sie sich nur das Prinzip merken. Wir betrachten die Energiebilanz für Mutter und Tochterkerne vor und nach der Spaltung ^{235}U $+ n \rightarrow$ ^{140}Xe $+ {}^{94}$Sr $+ 2n$. Die Gesamtenergie erhalten wir also aus der Bindungsenergie pro Nukleon, multipliziert mit der Nukleonenzahl. Vorher: ^{235}U: $E(A = 235) = 7{,}5$ MeV $\cdot$ $235 = 1762{,}6$ MeV, nachher für ^{140}Xe: $E(A = 140) = 8{,}3$ MeV $\cdot 140 = 1162$ MeV und für ^{94}Sr: $E(A = 94) = 8{,}6$ MeV $\cdot 94 = 808{,}4$ MeV. Der Gewinn beträgt also $\Delta E = E(^{235}\text{U}) - E(^{140}\text{Xe})\,E(^{94}\text{Sr}) = 208$ MeV pro Uran-Atom.

A9.3.4 Ein Kernreaktor besteht aus den folgenden Komponenten:

1. Brennstäbe, in denen die Kernspaltung abläuft. Meist ist dies Uranoxid, bestehend aus 97 % des nicht spaltbaren Uranisotop ^{238}U, angereichert mit 3 % des spaltbaren ^{235}U.
2. Moderatormaterial, meist Wasser oder Graphit, um die schnellen Neutronen durch Stöße auf thermische Energie abzubremsen, damit sie wieder Spaltungen auslösen können.
3. Kontrollstäbe zur Regelung der Neutronenzahl, d. h. des Vermehrungsfaktors auf $k = 1$. Sie bestehen aus einem Material, meist Cd, das Neutronen absorbiert.
4. Wärmetauscher: Die bei der Spaltung frei werdende Energie liegt u. a. als kinetische Energie der Spaltprodukte vor. Diese Wärmeenergie wird durch ein Kühlmittel, z. B. Wasser oder flüssiges Natrium an einen Wärmetauscher transportiert und dort an einen zweiten Wärmekreislauf abgegeben. Zwei getrennte Kreisläufe sind nötig, weil das Kühlmittel durch den Kontakt mit den Brennstäben selbst radioaktiv wird.
5. Strahlenschutzmaßnahmen müssen ergriffen werden, z. B. die Abschirmung durch eine dicke Betonkuppel.

A9.3.5 Wichtige Messgeräte der Kernphysik sind **Geiger-Müller-Zähler** und **Szintillationszähler**, welche in einer Kernreaktion auftretende Teilchenströme (α, β, γ) bestimmen können. Sie basieren auf der ionisierenden Wirkung der Strahlung. Die **Nebelkammer** (Wilson-Kammer) und **Funkenkammer** macht die Bahn der an Kernprozessen beteiligten Teilchen deutlich. Das **Massenspektrometer** (Abschn. 4.4) dient der Bestimmung des Verhältnisses zwischen Masse und Ladung, bzw. der kinetischen Energie, welche die Teilchen in der Kernreaktion gewonnen haben. Der Kern selbst kann durch **Streuung**

hochenergetischer Teilchen untersucht werden (siehe Rutherford-Streuung, Abschn. 9.1).
Weiterhin gehören die **Beschleuniger** zu den Geräten der Kernphysik. In ihnen werden
hochenergetische, d. h. schnelle Teilchen erzeugt und aufeinander geschossen. Aus den
Bruchstücken und deren Energie kann dann auf die zwischen den Teilchen wirkenden
Kräfte geschlossen werden.

A9.3.6 Der Geiger-Müller-Zähler ist im Theorieteil beschrieben und in Abb. 9.12 skizziert.

A9.3.7 Die Nebelkammer ist in Abb. 9.13 skizziert und im Theorieteil beschrieben.

A9.3.8 In schwerem Wasser werden die H-Atome durch **Deuterium** (D oder $_1^2$H) ersetzt.
Deuterium ist ein Wasserstoffatom, dessen Kern ein Proton und zusätzlich ein Neutron
enthält. Es ist in natürlichem Wasserstoff zu 0,015 % enthalten. **Schweres Wasser** hat als
Moderator im Kernreaktor eine große Bedeutung, da es eine sehr gute Bremswirkung und
gleichzeitig eine sehr geringe Absorption für schnelle Neutronen besitzt.

A9.3.9 Neutronen erhält man aus Kernprozessen. Dies kann z. B. die Kernspaltung sein.
Oder man bestrahlt Be-Kerne mit α-Teilchen und löst bei der Reaktion $_2^4\alpha + _4^9$Be $\rightarrow$
$_6^{12}$C$+n$ schnelle Neutronen aus. Die α-Teilchen erhält man aus einem α-Strahler, wie z. B.
Radium. Wenn thermische Neutronen benötigt werden, kann man die schnellen Neutronen durch Wasser laufen lassen und dabei abbremsen. Die gezielte Einstellung der Energie
kann man letztendlich mittels Neutronenmonochromator (Abschn. 6.2, Antwort A6.2.10)
erreichen. Den intensivsten Neutronenfluss erhält man in einer **Spallationsquelle**. Hier
wird ein schweres Element, etwa Blei, mit hochenergetischen Protonen aus einem Beschleuniger beschossen. Dadurch werden aus dem Bleikern Neutronen ausgelöst, wobei
die Restprodukte wesentlich weniger radioaktiv sind als bei den oben genannten Kernprozessen.

A9.3.10 **Plutonium** $_{94}^{239}$Pu kann künstlich in Kernreaktoren, den Brutreaktoren, aus $_{92}^{238}$U
in großen Mengen hergestellt werden. Danach kann es durch Einfang thermischer Neutronen gespalten werden, ähnlich wie $_{92}^{235}$U und ist daher als Spaltstoff in Kraftwerken und
Bomben nutzbar. Es ist ein α-Strahler, der eine große Halbwertszeit besitzt und deshalb
lange gelagert werden kann.

A9.3.11 Bei der **Kernfusion** wird durch die Verschmelzung von zwei leichten Kernen
zu einem schweren Kern Energie gewonnen. Dies passiert in der Sonne, wo Protonen
(Wasserstoff) zu Helium fusionieren. Die Berechnung des Energiegewinns erfolgt mithilfe
der Kurve in Abb. 9.4 (Abschn. 9.1), prinzipiell analog zur Berechnung für die Spaltung
(siehe Frage F9.3.3). Zur Zeit arbeitet man an der Entwicklung eines geeigneten Verfahrens zur kontrollierten Fusion für die Energiegewinnung auf der Erde. Eine hierfür
mögliche Fusionsreaktion ist $_1^2$H $+ _1^3$H $\rightarrow _2^4$He $+ n + 17,6$ MeV, wobei Deuterium (^{2}H)

und Tritium (^{3}H) zu Helium verschmelzen und die Energie in Form kinetischer Energie der Endprodukte vorliegt. Ähnlich wie in einem Kernkraftwerk wird dann die frei werdende Energie in Form von Wärme weiter genutzt. Damit die Fusion der positiv geladenen schweren Wasserstoffkerne überhaupt einsetzen kann, müssen diese die langreichweitige, abstoßende Coulomb-Kraft überwinden und in Kontakt kommen, d. h. in den Bereich der kurzreichweitigen Kernkraft gelangen (Abschn. 9.1). Dazu benötigen die Wasserstoffkerne eine sehr hohe kinetische Energie von etwa 10 keV, was einer Temperatur von einigen 100 Millionen Kelvin entspricht. Solch hohe Temperaturen, bei denen Elektronen und Kerne getrennt als Plasma vorliegen, führen zu großen technischen Problemen. Das Plasma muss wärmeisoliert in einem Reaktionsbehälter eingeschlossen sein, ohne ihn zu zerstören. Einen wichtigen Lösungsansatz bieten Magnetfelder, die durch die Lorentz-Kräfte (Abschn. 4.4) das strömende Plasma auf einen begrenzten Raumbereich zwingen können.

Messtechnik 10

10.1 Messgrößen, Einheiten, Fehlerrechnung

I Theorie

Physikalische Größen und Einheiten

Durch die eindeutige Definition von physikalischen Größen, wie Temperatur, Länge, Geschwindigkeit, usw., werden Objekten der sinnlichen Wahrnehmung oder der messtechnischen Erfassung bestimmte Eigenschaften zugeordnet. Für physikalische Größen sind durch das Internationale Einheitensystem (**SI-System**) Maßeinheiten mit sieben Grundgrößen festgelegt:

Größe	Basiseinheit		Definition durch
Länge	Meter	m	Lichtweg im Vakuum in der Zeit $t = 1/c$, c: Lichtgeschwindigkeit
Masse	Kilogramm	kg	Pt-Ir-Zylinder als Urkilogramm
Zeit	Sekunde	s	Periodendauer des Lichtes einer Spektrallinie von ^{133}Cs
Stromstärke	Ampère	A	Kraft zwischen zwei parallelen, stromdurchflossenen Drähten
Temperatur	Kelvin	K	273,16ste Teil der Temperatur des Tripelpunktes von Wasser
Stoffmenge	Mol	mol	Stoffmenge mit ebensoviel Teilchen (N_A) wie in 0,012 kg ^{12}C enthalten sind
Lichtstärke	Candela	cd	in einen bestimmten Raumwinkel abgestrahlte Leistung einer Lichtquelle mit $\lambda = 555$ nm

Die Größe wird angegeben als Produkt des Zahlenwertes und der zugehörigen Einheit. Definiert werden die Basiseinheiten anhand von sogenannten Normalen. Zum Beispiel ist die Länge von einem Meter festgelegt durch die Strecke, die Licht im Vakuum während der Dauer von $1/299.792.458$ Sekunden zurücklegt. Für die Einheit insbesondere von abgeleiteten Größen wird oft der Begriff Dimension verwendet. Sie ist eine rechnerische Kombination aus Basiseinheiten. Die Dimension der Kraft ist Newton (N) und setzt sich

© Springer-Verlag Berlin Heidelberg 2016
H.-C. Mertins, M. Gilbert, *Prüfungstrainer Experimentalphysik*,
DOI 10.1007/978-3-662-49690-9_10

zusammen aus Masse, Länge und Zeit: $1\,\mathrm{N} = 1\,\mathrm{kg}\,\mathrm{m}/\mathrm{s}^2$. Beim Rechnen mit Größen und Einheiten sind einige Regeln wichtig: Subtraktion und Addition nur von Größen gleicher Dimension. Bei Formeln kann schon durch Einheitenkontrolle überprüft werden, ob das Ergebnis überhaupt die richtige physikalische Größe ergibt. Mathematische Funktionen wie Logarithmus, die e-Funktion oder Winkelfunktionen werden nur auf dimensionslose Größen oder Verhältnisse angewendet. Beachten Sie: Die Bezeichnungen Grad($°$) beziehungsweise Radiant (rad) sind keine Einheiten. Der Winkel ist immer das Verhältnismaß aus der Bogenlänge des Winkels am Einheitskreis zu dessen Radius eins.

Messen und Messgenauigkeit

Eine Messung ist das quantitative Erfassen einer physikalischen Größe. Sie erfolgt immer durch Vergleich der Messgröße mit der definierten Grundeinheit dieser Größe. Sie kann direkt erfolgen, z. B. bei der Längenmessung mit einem Lineal, oder indirekt, wie bei einer Temperaturmessung über den Spannungsabfall an einem temperaturabhängigen Widerstand. Dabei wird der gemessene Spannungswert mit einem zuvor bei bekannter Temperatur „geeichten" Wert verglichen. Aber wie genau ist eine Messung? Reichen das Messverfahren und das Messgerät aus? Jede Messung ist fehlerbehaftet. Daher muss dem Ergebnis einer Messung (Messgröße) eine Angabe der Genauigkeit hinzugefügt werden. Grundlegend werden Einzelmessung und Mehrfachmessung unterschieden. Die Messunsicherheit einer Einzelmessung ist nur im Idealfall so klein wie der Skalenteilungswert des Messinstruments. Der Grund dafür ist, dass sich das Messinstrument trotz aller Sorgfalt in der Regel nicht optimal anwenden lässt. So ist z. B. bei einer Zeitmessung mit Stoppuhr die Reaktionszeit sicherlich größer als die Genauigkeit der Uhr.

Fehlerrechnung

Die Abweichung des Messergebnisses vom wahren Wert nennt man Messfehler. Ziel der Fehlerrechnung ist die Ermittlung einer oberen Schranke für den Messfehler, sowie Aussagen über den maximalen Fehler für das aus den Messdaten berechnete Ergebnis. **Statistische Fehler** (zufällige Fehler) heben sich bei wiederholtem Messen im Mittel gegenseitig auf, z. B. durch ungenaues Ablesen einer Skala. Häufiges Messen und Mittelung der Ergebnisse verbessert daher das „Vertrauen" in den Mittelwert der Messung. Ein **systematischer Fehler** verfälscht das Messergebnis bei jeder Messung in die gleiche Richtung, d. h. das Ergebnis ist entweder immer zu groß oder immer zu klein. Beispiel: Ein Maßstab, bei dem die 1 cm Marken einen Abstand von 1,03 cm haben. Dieser Fehler wird auch durch häufiges Messen nicht vermindert. Auch die Fehler durch die beschränkte Genauigkeit der Messgeräte gehen als systematische Fehler in die Fehlerrechnung ein. Die Fehlerrechnung beginnt mit der Bestimmung des Mittelwertes $\bar{x}$ aus einer Messreihe von n Einzelmessungen x_i.

$$\bar{x} = \frac{1}{n} \sum_{i=1}^{n} x_i \quad \text{(Mittelwert)}. \tag{10.1}$$

Der Mittelwert alleine gibt noch keine Information über die Genauigkeit. Will man wissen, wie weit die einzelnen Messwerte der Reihe durchschnittlich von ihrem Mittelwert abweichen, berechnet man die Standardabweichung, d. h. die Streuung der Einzelmessungen S_x um den Mittelwert. Aber auch diese Streuung ist noch kein geeignetes Maß für die Vertrauenswürdigkeit, will man dem Umstand Rechnung tragen, dass man bei wiederholter Messung (größeres n) das Vertrauen in das Ergebnis erhöht. Es wird also eine weitere Definition, die **Standardabweichung des Mittelwerts** (statistischer Fehler) nötig:

$$\Delta x_{\text{stat}} = \sqrt{\frac{\sum (x_i - \bar{x})^2}{n\,(n-1)}} = \frac{S_x}{\sqrt{n}} \quad \text{(Standardabweichung Mittelwert)}. \tag{10.2}$$

Die Standardabweichung der Einzelmessungen S_x ändert sich durch zusätzliche Messwerte kaum. Dagegen sinkt der statistische Fehler mit der Wurzel der Anzahl n der Messungen deutlich. Daher wächst das Vertrauen in den Mittelwert durch die zusätzlichen Messungen. Der erzielte Messwert wird dann durch

$$x = \bar{x} \pm \Delta x \quad \text{(Messwertangabe)}, \tag{10.3a}$$

$$\Delta x = \Delta x_{\text{sys}} + \Delta x_{\text{stat}} \quad \text{(Gesamtfehler)} \tag{10.3b}$$

angegeben, wobei der gesamte absolute Fehler Δx das Vertrauensintervall der Messung bildet. Für den größtmöglichen systematischen Fehler Δx_{sys} wird die Skalenteilung des Messinstruments eingesetzt. Für die Qualität der Messmethode ist der absolute Fehler aber noch nicht sehr aussagekräftig, denn die Messung einer Strecke von 1 km Länge mit einer Ungenauigkeit von $\Delta x = 1$ mm ist sicher höher zu bewerten als die Messung einer Strecke von 10 cm mit dem gleichen Wert von Δx. Relevant für die Qualität der Messung ist der relative Fehler

$$\Delta x_{rel} = \frac{\Delta x}{\bar{x}} \quad \text{(relativer Fehler)}. \tag{10.4}$$

Nun stellt sich die Frage, wie sich der Fehler der Messgrößen auswirkt, wenn mithilfe einer Formel aus einem Messergebnis eine andere Größe berechnet werden soll. Eine physikalische Messgröße lässt sich als Funktion $f(x_1, x_2, x_3, \dots)$ der gemessenen Größen $x_1, x_2, x_3, \dots$ auffassen. Soll zum Beispiel die Dichte ρ eines Körpers aus der gemessenen Masse M und dem Volumen V bestimmt werden, so gilt $\rho(M, V) = M/V$. Wie genau ist aber die bestimmte Dichte ρ, wenn die Variablen mit den Fehlern ΔM bzw. ΔV behaftet sind? Hierzu dient die Rechnung zur **Fehlerfortpflanzung**. Dazu werden die partiellen Ableitungen $\partial f/\partial x_i$ nach allen Variablen gebildet, d. h. dass jeweils nach einer Variablen abgeleitet wird, wobei die übrigen Variablen als Konstanten zu behandeln sind. Für den Fall voneinander unabhängiger Variablen berechnet man den Größtfehler Δf aus

$$\Delta f = \left|\frac{\mathrm{d}f}{\mathrm{d}x_1}\right| \Delta x_1 + \left|\frac{\mathrm{d}f}{\mathrm{d}x_2}\right| \Delta x_2 + \left|\frac{\mathrm{d}f}{\mathrm{d}x_3}\right| \Delta x_3 + \dots \quad \text{(Fehlerfortpflanzung)}. \tag{10.5}$$

Dabei sind Δx_1, Δx_2, Δx_3, ... die absoluten Fehler der zugehörigen Messgrößen x_i.

Für die Berechnung des Größtfehlers der Dichte in unserem Beispiel bedeutet dies $\Delta\rho = \left|\frac{d\rho}{dM}\right|\Delta M + \left|\frac{d\rho}{dV}\right|\Delta V = \frac{1}{V}\Delta M + \frac{M}{V^2}\Delta V$. Wir sehen, dass der Fehler $\Delta\rho$ von den Messwerten M und V selbst abhängt, wobei für diese die Mittelwerte ($\bar{M}$, $\bar{V}$), einzusetzen sind. Setzt sich der Fehler wie in unserem Fall additiv aus den Anteilen mehrerer Messgrößen zusammen, kann man die Summanden ($|df/dx_1|\Delta x_1$, ...) vergleichen und erkennt sofort, welcher Einzelfehler für den resultierenden Größtfehler entscheidend ist. Bei der Ergebnisangabe muss sinnvoll auf signifikante Stellen „gerundet" werden, d. h. die Anzahl der Stellen hinter dem Komma darf nicht beliebig lang sein. Konkret bedeutet dies, dass das Ergebnis keine größere Genauigkeit „vorgaukeln" darf, als der wirkliche Fehler erlaubt. Wird zum Beispiel die Masse auf $m = 5{,}38 \pm 0{,}01$ kg bestimmt, so ist z. B. die Angabe $m = 5{,}380002$ kg nicht sinnvoll, denn sie gaukelt eine Genauigkeit von einigen Milligramm vor, obwohl nur auf einige zehn Gramm genau gemessen werden konnte. Aber auch die Angabe von z. B. $m = 5$ kg ist unsinnig, denn es ist deutlich genauer gemessen worden.

II Prüfungsfragen

Grundverständnis

F10.1.1 Nennen Sie die SI-Basiseinheiten.

F10.1.2 Wie wird eine Größe gemessen?

F10.1.3 Wie können Sie die Messgenauigkeit erhöhen?

F10.1.4 Wie hängt der statistische Fehler des Mittelwertes von der Zahl der Messungen ab?

F10.1.5 Diskutieren Sie die Fehlerfortpflanzungsrechnung.

F10.1.6 Sie sollen ein quadratisches Brett mit den Seitenmaßen $x = 100$ cm sägen, wobei die Genauigkeit $\Delta x = 1$ cm betragen soll. Wie groß ist dann der größtmöglichen Fehler in der Fläche?

III Antworten

A10.1.1 Die internationalen SI-Basiseinheiten sind Meter für die Länge, Kilogramm für die Masse, Sekunde für die Zeitdauer, Ampère für die elektrische Stromstärke, Kelvin für die Temperatur, Mol für die Stoffmenge und Candela für die Lichtstärke. Alle anderen Größen lassen sich aus diesen ableiten.

A10.1.2 Die Messung einer Größe kann direkt oder indirekt erfolgen. Bei direkter Messung handelt es sich um einen quantitativen Vergleich mit einem Bezugswert (Normal), wie z. B. bei der Längenmessung mit einem Lineal. Bei einer indirekten Messung wird die Messgröße auf andere Größen zurückgeführt, wie z. B. die Längenmessung über Laufzeitmessungen beim Echolotverfahren. Der Messwert $x = \bar{x} \pm \Delta x$ wird immer zusammen mit einer Genauigkeit bzw. Fehler $\pm \Delta x$ angegeben.

A10.1.3 Um die Messgenauigkeit zu erhöhen, muss der Gesamtfehler $\Delta x = \Delta x_{\text{sys}} + \Delta x_{\text{stat}}$ reduziert werden. Um den systematischen Fehler Δx_{sys} zu verringern, werden präzisere Messgeräte verwendet. Um den statistischen Fehler Δx_{stat} zu verringern, wird die Zahl der Messungen erhöht.

A10.1.4 Der statistische Fehler des Mittelwertes sinkt mit der Wurzel aus der Zahl n der Messungen. Aus Gl. 10.2 folgt $\Delta x_{\text{stat}} = S_x / \sqrt{n}$. Je mehr Messungen man von einer Größe durchführt, desto genauer kennt man sie. Den größten praktischen „Effekt" erzielt man im Bereich bis etwa $n = 10$, d. h. wenn z. B. statt zwei Messungen acht durchgeführt werden, halbiert man den statistischen Fehler. Für eine weitere Halbierung müsste man schon zweiunddreißig Messungen durchführen.

A10.1.5 Die Fehlerfortpflanzungsrechnung ist immer dann nötig, wenn aus einer Messgröße x durch eine Funktion ein Wert $f(x)$ bestimmt werden soll. Der resultierende größtmögliche Fehler Δf des Funktionswertes muss dann durch die Fehlerfortpflanzungsrechnung (Gl. 10.5) bestimmt werden. Dies ist im Theorieteil diskutiert.

A10.1.6 Die Fläche des zu sägenden quadratischen Bretts beträgt $f(x) = x^2$. Der größtmögliche Messfehler der Seitenlängen beträgt $\Delta x = 1$ cm. Aus der Fehlerfortpflanzung folgt für den größtmöglichen Flächenfehler $\Delta f = |\mathrm{d}f/\mathrm{d}x| \, \Delta x = 2 x \, \Delta x$, so dass für die angestrebte Seitenlänge $x = 100$ cm folgt $\Delta f = 200$ cm^2. Der relative Fehler in der Fläche beträgt damit $\Delta f_{\text{rel}} = \Delta f / f(x) = 200/10.000 = 0{,}02$ also 2 %.

10.2 Übersicht der Messtechniken

Längen

Lineal direkter Vergleich mit Messgenauigkeiten bis ca. $\Delta x = 0{,}3$ mm.

Messschieber, Messschraube $\Delta x = 0{,}1$–$0{,}01$ mm.

Mikroskop $\Delta x \approx 1\,\mu$m, Auflösung ist begrenzt durch die Wellenlänge des verwendeten Lichtes (Abschn. 5.1, 5.3).

Tunnelmikroskop atomares Auflösungsvermögen mit $\Delta x < 1$ nm (Antwort A6.3.8).

Michelson-Interferometer Messung von kleinen Längenänderungen im nm-Bereich mittels Zweistrahlinterferenz (Antwort A5.3.17).

Laufzeitmessung indirekte Längenmessung durch Bestimmung des zurückgelegten Weges von z. B. Schall mittels Echolot (Antwort A2.3.11), bzw. von elektromagnetischen Wellen bei der Radarmessung oder bei Lasermessgeräten; wird u. a. zur Definition des Meters verwendet.

Zeit

Uhren Nutzung periodischer Oszillationen, wobei die Frequenz bzw. Periodendauer T das Zeitmaß und die Messgenauigkeit bestimmt.

Quarzuhren nutzen elektro-mechanische Schwingungen von Piezokristallen mit $T \approx 10^{-7}$ s (Abschn. 4.2).

Atomuhren nutzen die Frequenz von Licht eines bestimmten Übergangs in Cs-Atomen (Abschn. 7.1). Die Genauigkeit liegt bei $\Delta t < 10^{-12}$ s.

Geschwindigkeit, Beschleunigung

Geschwindigkeitsbestimmung durch Strecken- und Zeitmessung.

RADAR (radio detection and ranging) Laufzeitmessung von Zentimeterwellen auf ihrem Weg vom Sender zum reflektierenden Objekt und zurück zum Detektor.

LIDAR wie RADAR, aber mit Licht.

Doppler-Effekt Messung der Frequenzänderung von Radarwellen, Ultraschall oder Licht nach Reflexion an bewegten Objekten (Abschn. 2.3).

Beschleunigungsmesser basieren meist auf der Messung von Kräften als Folge der Trägheit (Abschn. 1.1).

Fliehkraftmesser Aus der Zentripetalkraft können Winkelgeschwindigkeit bzw. Drehzahlen von Rotationsbewegungen bestimmt werden (Antwort A1.4.12).

Wirbelstromtachometer Im Generator wird eine der Rotationsgeschwindigkeit proportionale Induktionsspannung angezeigt (Abschn. 4.6).

Ballistisches Pendel Messung hoher Geschwindigkeit von Geschossen (Antwort A1.3.10).

Kraft, Drehmoment

Federkraftmesser Die Dehnung einer elastischen Feder ist proportional zur wirkenden Kraft (Abschn. 1.1).

Piezokristall Messung der aus der mechanischen Verformung des Kristalls resultierenden Oberflächenladung bzw. Spannung (Abschn. 4.2).

Torsionswaage Messung des Drehmomentes aus der Torsion eines Drahtes.

Drehwaage Torsionswaage zur Vermessung des Gravitations- und Coulomb-Gesetzes (Antwort A1.1.18, Abb. 1.9).

Masse, Trägheitsmoment

Federkraftmesser Bestimmung der Gewichtskraft (Abschn. 1.1)

Schwingungsmessung Bestimmung der Masse aus Schwingungsdauer und Eigenfrequenz eines Massependels (Abschn. 2.1).

Balkenwaage Vergleich der Gewichtskraft zweier Massen. Genau genommen werden die Drehmomente verglichen (Antwort A1.4.14, Abb. 1.26).

Drehschwingung Messung des Trägheitsmomentes aus der Periodendauer bzw. der Eigenfrequenz der Drehschwingung (Antwort A1.5.9).

Aräometer (Senkwaage) Bestimmung der Dichte einer Flüssigkeit aus der Eintauchtiefe eines Bleiröhrchens (Antwort A1.6.11).

Energie, Leistung

Kalorimeter Messung der in einem Prozess erzeugten oder ausgetauschten Wärmeenergie (Antwort A3.2.12).

Prony-Zaum Messung des Drehmomentes eine Motorwelle bei bekannter Drehzahl (Antwort A1.5.11).

Bremsdynamometer Umwandlung mechanischer in elektrische Leistung und Messung der elektrischen Leistung (Abschn. 4.6).

Druck

Barometer Messung des Luftdrucks. Bei Flüssigkeitsbarometern wird die Höhe einer Flüssigkeitssäule bestimmt (Antwort A1.6.12).

Federmanometer Durch die Druckdifferenz zwischen den zwei Seiten einer Membran wird diese durch die resultierende Kraft ausgelenkt und bewegt einen Zeiger (Antwort A1.6.12). Eignen sich zur Messung hoher Drücke.

Pirani-Manometer Messung im Vakuumbereich von $10\,\text{mbar}$ bis $10^{-3}\,\text{mbar}$ durch Ausnutzung der Wärmeleitfähigkeit des Gases als Funktion vom Gasdruck.

Schall

Zungenfrequenzmesser Durch mechanische Anregung einer Serie von schwingungsfähigen Plättchen mit unterschiedlicher Eigenfrequenz schwingt dasjenige Plättchen in Resonanz, dessen Eigenfrequenz getroffen wurde (Antwort A2.1.13).

Mikrophon Messung des Schalldruckpegels, wobei die Druckschwingungen der Schallwelle in elektrische Schwingungen umgewandelt werden (Antwort A2.3.10). Diese können auf einem Oszilloskop dargestellt und analysiert werden. Alternativ erlaubt die resonante Anregung von elektromagnetischen Schwingkreisen die Frequenzbestimmung (Abschn. 4.7).

Kundt'sches Rohr ermöglicht die Bestimmung der Schallgeschwindigkeit durch Vermessung stehender Schallwellen (Antwort A2.3.9).

Thermodynamik

Flüssigkeitsthermometer beruht auf der zur Temperatur proportionalen Ausdehnung einer Flüssigkeit.

Widerstandsthermometer meist aus Metallen, nutzen den Anstieg des spezifischen elektrischen Widerstandes mit wachsender Temperatur (Antwort A4.3.14).

NTC-Widerstand (Thermistor) ein Halbleiterbauelement, dessen Widerstand mit steigender Temperatur stark fällt (Antwort A8.3.12).

Thermoelement Zwischen den Kontaktstellen zweier Drähte aus unterschiedlichen Metallen baut sich eine Spannung auf, aus der die Temperaturdifferenz berechnet wird (Abschn. 4.3, Abb. 4.22).

Pyrometer misst kontaktlos die elektromagnetische Strahlung eines heißen Körpers (schwarzer Strahler) und ermittelt die Temperatur mithilfe des Wien'schen Verschiebungsgesetzes (Antwort A6.1.10).

Bolometer Messung der Energie elektromagnetischer Strahlung, indem diese durch die geschwärzte Oberfläche eines Widerstandsthermometers absorbiert und in Wärme gewandelt wird.

Kalorimeter Messung der in einem Prozess erzeugten oder ausgetauschten Wärmeenergie (Antwort A3.2.12).

Hygrometer Messung der Luftfeuchte unter Ausnutzung der Elastizität von Haaren.

Elektrische Größen

Ladung

Elektrometer Ladungsmessung durch Coulomb-Kräfte auf bewegliche Zeiger oder Metallfäden (Antwort A4.1.12).

Coulomb-Drehwaage Ladungsmessung durch Abstoßung geladener Kugeln (Antwort A4.1.12, Abb. 1.9) und Bestimmung des Abstandsverhaltens des Coulomb-Gesetzes.

Millikan-Versuch Bestimmung der Elementarladung durch Vermessung schwebender Öltröpfchen im Plattenkondensator (Antwort A4.1.13).

Strom, Spannung

Ampèremeter Messung der Stromstärke durch Erzeugung eines Magnetfeldes einer Spule, die sich im Feld eines Permanentmagneten dreht (Antwort A4.5.8). Eignet sich zur Messung von Gleichstrom.

Weicheiseninstrument Messung der Stromstärke durch Erzeugung eines Magnetfeldes, in das ein Weicheisenkern gezogen wird (Antwort A4.5.9). Eignen sich auch zur Messung von Wechselstrom.

Hitzdrahtamperemeter Der zu messende Strom erhitzt einen Widerstandsdraht, der sich ausdehnt und einer Feder nachgibt, die einen Zeiger bewegt. Es eignet sich daher auch für Wechselstrom (Antwort A4.3.10).

Voltmeter Spannungsmessungen werden meist auf Strommessungen zurückgeführt (Antwort A4.3.11).

Kapazitätsmessung entweder direkt (Abschn. 4.2) oder durch Messung der Resonanzfrequenz im Wechselstromkreis (Abschn. 4.7).

Induktionszähler (Ferraris-Zähler) zur Leistungsmessung in Wechselstromkreisen (Antwort A4.7.11).

Hertz'scher Dipol Gekoppelt an einen elektromagnetischen Schwingkreis dient er als Antenne zur Analyse elektromagnetischer Wellen (Abschn. 4.9).

Oszilloskop ermöglicht die Darstellung der Spannung als Funktion der Zeit und dient daher u. a. der Analyse von Wechselspannungen.

Magnetfelder

Eisenfeilspähne richten sich längs der magnetischen Feldlinien aus und machen diese sichtbar (Abschn. 4.8).

Hall-Sonde Messung der Hall-Spannung in einem stromdurchflossenen Halbleiter im Magnetfeld (Abschn. 4.4). Die Hall-Sonde erlaubt auch die Bestimmung der Ladungsträgerdichte z. B. in Halbleitern.

Induktionsspule Durch Drehung einer Spule im zu untersuchenden Magnetfeld wird eine dem B-Feld proportionale Spannung induziert (Antwort A4.6.11).

SQUID (Superconducting Quantum Interference Device) erlaubt die Messung kleinster Magnetfelder, basierend auf dem Josephson-Effekt.

Licht

Photodiode, Solarzelle Messung eines elektrischen Stroms, der durch Absorption des Lichtes an der pn-Grenzschicht erzeugt wird (Antwort A8.3.8).

Photowiderstand Messung der elektrischen Leitfähigkeit eines Halbleiters als Funktion der absorbierten Lichtintensität (Antwort A8.2.10).

Photomultiplier Messung der Lichtintensität mit hoher Empfindlichkeit durch Verstärkung der ausgelösten Photoelektronen (Antwort A6.1.12).

Lichtgeschwindigkeit durch Laufzeitmessungen wie mit der Zahnradmethode nach Fizeau, oder durch Erzeugung stehender Wellen auf der Lecherleitung (Antwort A4.9.9).

Polarisationsfilter Messung des Grades der linearen Polarisation elektromagnetischer Wellen (Antwort A5.2.7).

Spektroskopie

Spektrometer dient der Aufspaltung des Lichtes in seine Spektralkomponenten. In Kombination mit z. B. einer Photodiode wird die Intensität als Funktion der Lichtwellenlänge (Energie) ermittelt. In Kombination mit einer Lichtquelle dient es der Erzeugung von monochromatischem Licht mit variabler Wellenlänge.

Prismenmonochromator spektrale Zerlegung durch Brechung und Dispersion des Lichtes in einem Prisma (Antwort A5.1.13, Abb. 5.2).

Gittermonochromator spektrale Zerlegung durch Beugung des Lichtes an einem optischen Gitter (Antwort A5.3.16).

Fabry-Perot-Interferometer Durch Interferenz nach mehrfacher Reflexion des Lichtes zwischen zwei Spiegeln wird eine Wellenlängenbestimmung mit sehr hohem Auflösungsvermögen erreicht (Antwort A5.3.19).

Photoelektronenspektroskopie   Messung der Geschwindigkeit der im Photoeffekt durch Absorption von Licht ausgelösten Elektronen zur Ermittlung der Bandstruktur in Festkörpern und der Bindungsenergie in Atomen und Molekülen (8.2.11, Abb. 8.4).

Röntgenspektrometer   dienen der Kristallstrukturanalyse (Abschn. 8.1).

Neutronenmonochromator   dient der Einstellung der kinetischen Energie von Neutronen durch Beugung an Kristallen (Antwort A6.2.10).

Kernphysik

Geiger-Müller-Zählrohr   Messung der Intensität ionisierender Teilchen (α, β, γ) oder Röntgenstrahlung (Abschn. 9.3, Abb. 9.12).

Szintillationszähler   Nachweis und Intensitätsmessung ionisierender Teilchen (α, β, γ) oder Röntgenstrahlung durch Absorption und Erzeugung von Licht, das im nachgeschalteten Photomultiplier detektiert wird (Abschn. 9.3).

Nebelkammer   Darstellung der Spur ionisierender Teilchen in einem übersättigten Dampf (Abschn. 9.3, Abb. 9.13).

Funkenkammer   Darstellung der Spur ionisierender Teilchen, die zu einer Funkenentladung zwischen Metallplatten führen (Abschn. 9.3).

Massenspektrometer   Bestimmung der Masse bzw. des Verhältnisses von Masse zu Ladung von Ionen durch Ablenkung im Magnetfeld (Abschn. 4.4, Abb. 4.29).

Dosimeter   Messung der Wirkung ionisierender Strahlung über eine längere Zeitdauer, z. B. durch Schwärzung eines Filmstreifens.

Anhang

A.1 Griechisches Alphabet

A	α	Alpha	N	ν	Ny
B	β	Beta	Ξ	ξ	Xi
Γ	γ	Gamma	O	o	Omikron
Δ	δ	Delta	Π	π	Pi
E	ε	Epsilon	P	ρ	Rho
Z	ζ	Zeta	Σ	σ	Sigma
H	η	Eta	T	τ	Tau
Θ	ϑ	Theta	Υ	υ	Ypsilon
I	ι	Jota	Φ	φ	Phi
K	κ	Kappa	X	χ	Chi
Λ	λ	Lambda	Ψ	ψ	Psi
M	μ	My	Ω	ω	Omega

A.2 Physikalische Konstanten

Lichtgeschwindigkeit $\qquad c = 2{,}997925 \cdot 10^8 \, \text{m/s}$

Planck-Konstante $\qquad h = 6{,}6262 \cdot 10^{-34} \, \text{J s}$

Drehimpulsquantum $\qquad \hbar = h/2\pi = 1{,}0546 \cdot 10^{-34} \, \text{J s}$

Elementarladung $\qquad e = 1{,}602192 \cdot 10^{-19} \, \text{A s}$

Elektronen-Ruhemasse $\qquad m_e = 9{,}10956 \cdot 10^{-31} \, \text{kg}$

Protonen-Ruhemasse $\qquad m_P = 1{,}67261 \cdot 10^{-27} \, \text{kg}$

Neutronen-Ruhemasse $\qquad m_N = 1{,}67482 \cdot 10^{-27} \, \text{kg}$

Elektrische Feldkonstante $\qquad \varepsilon_0 = 8{,}8542 \cdot 10^{-12} \, \text{As V}^{-1} \, \text{m}^{-1}$

Permeabilitätskonstante $\qquad \mu_0 = 1/\varepsilon_0 c^2 = 1{,}2566 \cdot 10^{-6} \, \text{Vs A}^{-1} \, \text{m}^{-1}$

Rydberg-Energie $\qquad R_y = 13{,}605698 \, \text{eV}$

© Springer-Verlag Berlin Heidelberg 2016
H.-C. Mertins, M. Gilbert, *Prüfungstrainer Experimentalphysik*,
DOI 10.1007/978-3-662-49690-9

Gravitationskonstante	$G = 6{,}67259 \cdot 10^{-11}\,\mathrm{Nm^2\,kg^{-2}}$
Erdbeschleunigung	$g = 9{,}8\,\mathrm{ms^{-2}}$
Avogadro-Konstante	$N_A = 6{,}02217 \cdot 10^{23}\,\mathrm{mol^{-1}}$
Boltzmann-Konstante	$k = 1{,}380658 \cdot 10^{-23}\,\mathrm{J\,K^{-1}}$
Gaskonstante	$R = kN_A = 8{,}31\,\mathrm{J\,K^{-1}\,mol^{-1}}$
Stefan-Boltzmann-Konstante	$\sigma = 5{,}6696 \cdot 10^{-8}\,\mathrm{W\,m^{-2}\,K^{-4}}$
Bohr'sches Magneton	$\mu_B = \mu_0 \hbar e / 2 m_e = 1{,}1654 \cdot 10^{-29}\,\mathrm{Vsm}$

A.3 Mathematische Formeln

Kreis mit Radius r	Umfang: $U = 2\pi r$, Fläche: $A = \pi r^2$
Kugel mit Radius r	Oberfläche: $A = 4\pi r^2$, Volumen: $V = \dfrac{4}{3}\pi r^3$
Quadratische Gleichung	$x^2 + px + q = 0$, Lösung $x_{1,2} = -\dfrac{p}{2} \pm \sqrt{\left(\dfrac{p}{2}\right)^2 - q}$
Satz des Pythagoras	$x^2 + y^2 = r^2$
Trigonometrische Funktionen	$\sin\theta = \dfrac{y}{r}$
	$\cos\theta = \dfrac{x}{r}$
	$\tan\theta = \dfrac{y}{x} = \dfrac{\sin\theta}{\cos\theta}$

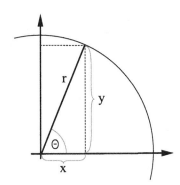

Trigonometrische Gleichungen	$\sin(90° - \theta) = \cos\theta$, $\cos(90° - \theta) = \sin\theta$
	$\sin^2\theta + \cos^2\theta = 1$
Skalarprodukt	$\vec{a} \bullet \vec{b} = a_x b_x + a_y b_y + a_z b_z$ $\left|\vec{a} \bullet \vec{b}\right| = \left|\vec{a}\right|\left|\vec{b}\right|\cos\theta$
Kreuzprodukt	$\vec{a} \times \vec{b} = \vec{c} = (a_y b_z - b_y a_z)\,\vec{e}_x + (a_z b_x - b_z a_x)\,\vec{e}_y$
	$\qquad + (a_x b_y - b_x a_y)\,\vec{e}_z$
	$\left|\vec{a} \times \vec{b}\right| = \left|\vec{a}\right|\left|\vec{b}\right|\sin\theta$
Binomische Reihe	$(1 + x)^n = 1 + \dfrac{n\,x}{1!} + \dfrac{n(n-1)x^2}{2!} + \cdots$

Potenzreihenentwicklung	$e^x = 1 + x + \dfrac{x^2}{2!} + \dfrac{x^3}{3!} + \ldots$
Ableitungen	$x(t) = a = \text{konst.} \quad \dfrac{dx}{dt} = 0$
	$x(t) = a \cdot t \quad \dfrac{dx}{dt} = a$
	$x(t) = t^m \quad \dfrac{dx}{dt} = m \cdot t^{m-1}, \quad m = \text{konstant}$
	$x(t) = e^t \quad \dfrac{dx}{dt} = e^t$
	$x(t) = \ln t \quad \dfrac{dx}{dt} = \dfrac{1}{t}$
	$x(t) = \sin t \quad \dfrac{dx}{dt} = \cos t$
	$x(t) = \cos t \quad \dfrac{dx}{dt} = -\sin t$
Summenregel	$\dfrac{d}{dt}\big(u(t) + v(t)\big) = \dfrac{du}{dt} + \dfrac{dv}{dt}$
Produktregel	$\dfrac{d}{dt}\big(u(t) \cdot v(t)\big) = u\dfrac{dv}{dt} + v\dfrac{du}{dt}$
Kettenregel	$\dfrac{d}{dt}\big[f\big(g(t)\big)\big] = \dfrac{df}{dg} \cdot \dfrac{dg}{dt}$
Integrale	$\displaystyle\int 1\,dx = x$
	$\displaystyle\int x^m\,dx = \dfrac{x^{m+1}}{m+1}$
	$\displaystyle\int \dfrac{dx}{x} = \ln|x|$
	$\displaystyle\int e^x\,dx = e^x$
	$\displaystyle\int a\,g(x)\,dx = a\int g(x)\,dx, \quad a = \text{konstant}$
	$\displaystyle\int \big(u(x) + v(x)\big)\,dx = \int u(x)\,dx + \int v(x)\,dx$

Sachverzeichnis

Printed in the United States
By Bookmasters